国家自然科学基金资助项目

内蒙古藏传佛教建筑形态演变研究　　　　　　　　　(50768007)

The Research on the Evolution of the Form of Inner Mongolia

Tibetan Buddhism Architecture　　　　　　　　　　(50768007)

漠南蒙古地域藏传佛教召庙建筑的比较及其探源研究　(51168032)

The Research on the Comparison and Origin of Tibetan Buddhism

Temple Architecture in Monan Mongolia Region　　　(51168032)

漠北蒙古地区藏传佛教建筑形态演变研究　　　　　　(51768050)

Research of the Evolution of Tibetan Buddhism Architectural Style

in Mobei Mongolia　　　　　　　　　　　　　　　　(51768050)

基于整体保护的内蒙古藏传佛教建筑遗产价值体系构建　(51668049)

Based on the integrated protection conservation of Tibetan Buddhism Architectural

Heritage Value System Construction in Inner Mongolia　　(51668049)

内 蒙 古
召庙建筑

下册

INNER MONGOLIA TEMPLE
ARCHITECTURE　　　　(VOL.2)

张鹏举 著

ZHANG PENGJU

中国建筑工业出版社
CHINA ARCHITECTURE & BUILDING PRESS

"内蒙古召庙建筑" 上册、下册地理位置图

The Geographical Location Diagram in the Fascicule of
"Inner Mongolia Temple Architecture"

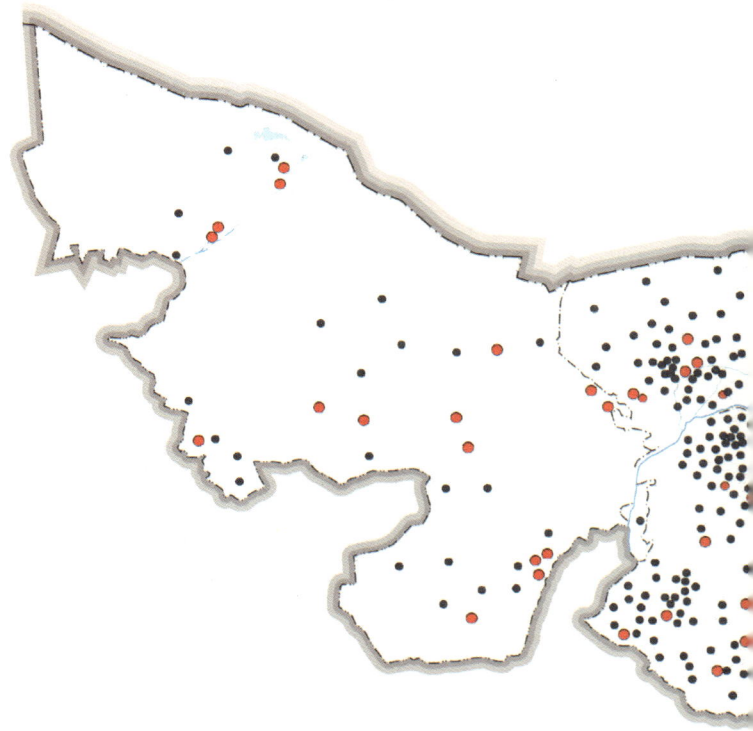

上

下

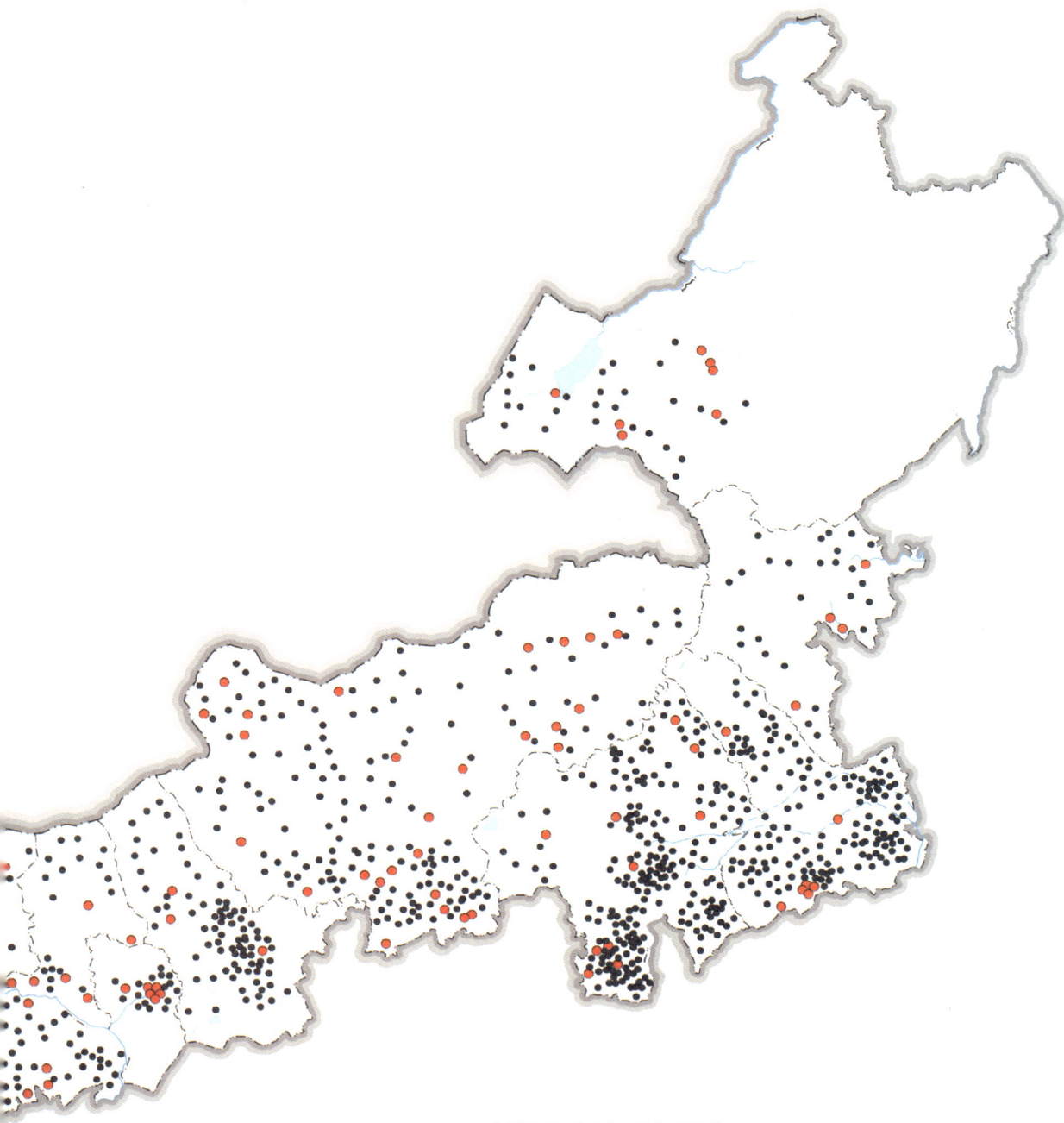

内蒙古自治区各盟市
中华人民共和国成立初期寺庙地理位置分布示意图

Prefectures and Cities of Inner Mongolia
Diagram of Temple Location and Distribution in the establishment of the
People's Republic of China

图例:
Legend:

⬤ 内蒙古地区现存召庙
The Existing Temples in Inner Mongolia Region

⬤ 内蒙古地区曾有召庙
The Temples Ever Existed in Inner Mongolia Region

底图来源:内蒙古自治区自然资源厅官网 内蒙古地图
审图号:蒙S(2017)028号

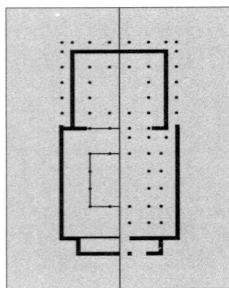

自明末藏传佛教以格鲁派再次传
入漠南蒙古之后，作为其召庙的
核心建筑，经堂和佛殿普遍采用
一经堂一佛殿、前经堂后佛殿的
布局形式，且重要召庙基本都采
用二者相接的空间模式，形制为
门廊→经堂→佛殿。常用于召庙
内措钦大殿以及各个扎仓大殿。

Since Gelug of Tibetan Buddhism
was introduced into the Monan
Mongolia to late Ming dynasty
again, the ceremony hall and the
Buddha hall, the main motif of
architecture in Tibetan Buddhism
Gelug temples, conformed to the
universal layout mode of one cer-
emony hall and one Buddha hall,
namely, ceremony hall in the front
and Buddha hall in the rear. The
spatial mode of combination cer-
emony hall and Buddha hall were
generally adopted in the important
temples, which formed with porti-
co, ceremony hall and Buddha hall,
and it was commonly applied in
Buddha hall of Oratory Palace and
different Gyuto Palaces.

本书摘要

本书是关于内蒙古召庙建筑的学术专论和资料汇集，分上册、下册。

内容分为三部分：第一部分是综述，系统论述了内蒙古地区召庙建筑形态的影响因素、发展的历史分期以及一般的共性特征等，是本书的阅读背景；第二部分是召庙建筑的档案资料，对全区范围内重要历史遗存的召庙及其建筑进行了逻辑整理和系统归档，主要内容包括召庙简介、历史沿革、保存状况、建筑做法、技术档案、测绘图纸及现状照片等，是本书的主体内容；第三部分为相关附录，内容包括现存其他召庙的档案简表、不同历史时期召庙数量列表以及召庙不同名称的汉、蒙古、藏文对照表，是本书的补充内容。

本书对内蒙古地域召庙建筑的静态保护与动态发展具有参考价值，对发掘地域建筑文化和相关学术研究方面具有指导价值，同时，本书成果将成为此类项目后续研究的基础素材，适合相关专业科研人员、高校教师和学生使用。

Abstract

The book is an academic monograph and material collection of Inner Mongolia Temple architecture, divided into two volumes.

The book is composed of three parts. The first part is the summary which systematically discusses the factors affecting the form, historical stages and general features. It is the reading background of the book. The second part contains the file documents of the temples, which systematically and logically filed the important remaining historical temples in the region including temples introduction, history, preservation condition, construction practice, technological files, mapping and current photos. It is the main body of the book. The third part is related appendix including the file table of other extant temples, the numbers of temples in different historical stages and table of comparison of temple names. It is the supplement of the book.

The book has the reference value on the static protection and dynamic development of Inner Mongolia Tibetan Buddhist architecture and has the instructive value on exploring the regional architectural culture and the related academic research at the same time. Meanwhile the result of this book will be the basic materials of the following study of such project, which is applicable to the relevant professional research staff, college teachers and students.

　　本书作者张鹏举同志曾是我的博士生，扎根内蒙古从事创作与研究已经三十多年了。其中，研究内蒙古的传统建筑是他长期坚持的一项重要工作，为编此书，张鹏举和他的团队花了大量的时间，投入了大量的精力，吃了不少苦。内蒙古这么大，从东到西走一遍都很不容易，更何况一座庙一座庙地去调研、测绘，有些地方，如沙漠、山区和草原深处更是道路不通，人迹罕至，因此，把全区现存的召庙做一次详细的调研整理，这是一件难能可贵的事情，他们的工作做得很扎实。这套书最有价值的应是召庙资料的档案集成。在我看来，这套书至少有以下三个方面的意义：

　　一、全书的内容不是简单的普查结果，而是基于文献和现状调研两个方面的资料归纳。全书把召庙建筑的相关资料信息按照一种逻辑进行了程式化的归档整理，为后人在这方面的继续研究提供了方便。

　　二、这个资料集成实际上是抢救了历史信息。在我国不少地区，尤其是少数民族地区，当地的人们一度缺乏对文物建筑的保护意识。近年，遇到经济大发展，建设性的破坏就自然十分严重，许多有价值的历史信息已经不可再生了，很让人痛心。从书中看到，内蒙古的情况也是如此，因而，建立这套召庙的建筑档案就相当于及时抢救了这些信息，这为日后的建筑文物保护工作奠定了很好的基础。

　　三、近年来，地域性的建筑创作少见优秀作品，其中的一个主要原因是创作者缺少文化根基和历史视野。这使得类似的大多数作品仍处于语言和符号的形式表层，他们对于前人的建造智慧和哲学思想等没有去认真挖掘和总结，尤其是一些年轻的地方建筑师更是表现得有些浮躁，只顾生产，不去积淀。从这一点上看，这套书的努力也是很有现实意义的。

　　内蒙古具有广阔的空间，2011年，我曾去内蒙古工业大学，初步领略到了张鹏举和他团队的精神面貌，祝愿他们在民族建筑研究和地域性建筑创作方面走出一条路来，取得好成绩。

彭一刚

中国科学院院士

The author of this book, Zhang Pengju, a former PhD student of mine, has been rooted in Inner Mongolia for more than thirty years in creation and research. He and his team have spent a lot of time, invested a lot of energy and suffered a lot to compile this book. Inner Mongolia is vast in territory, and some places such as deserts, mountains and prairies are impassable and uninhabited. Actually, it is uneasy to go from the east to the west. But they have dedicated their efforts to investigating and mapping temple by temple. Therefore, it is very commendable to do exhaustive survey and systematical list about the existing temples in the whole region. Obviously, their achievements are hard-won. The most valuable part of the book should be the archival integration of temple materials. In my opinion, this collection is significant in at least three ways:

First, the content of the book is not a simple survey result, but the material summary based on the two aspects of documents and the survey of current status. The books file the relevant information of the temples in logical stylization, which provides convenience for later research of future generations.

Second, these integrated materials actually save historical information. In some areas of China, especially the ethnic minority regions, the local people once were lack of the protection consciousness of the cultural architecture relics. In recent years, it is quite distressing that constructive destructions are suffered seriously by the economic development, and many valuable historical relics have not been reproduced. According to the books' Introduction, the similar situation is also happened in Inner Mongolia. Therefore, establishing a set of files of the temple buildings is equivalent timely to rescue these information, which has laid a good foundation for future protection work of the architectural relics.

Third, in recent years, the outstanding works in regional architectural creation are produced rarely. One of the main reasons is the creators are lack of cultural accumulation and historical perspective, which the most of similar works are still in the form surface of the architectural languages and symbols. They do not study and summarize carefully about the predecessors' constructive wisdom and philosophic methods. Especially some young local architects are somewhat impetuous, and they would rather produce than accumulate. From this point of view,t he efforts of creating the set of books are also practically significant.

Inner Mongolia has a vast space. In 2011, I visited the Inner Mongolia University of Technology and got a first glimpse of the spirit of Zhang Pengju and his team, wishing them well in their research on ethnic architecture and the creation of regional architecture.

Peng Yigang

Academician of the Chinese Academy of Sciences

内蒙古召庙建筑是内蒙古地域深厚文化结构的一个组成部分，其历史遗存具有重要的社会学、人类学和建筑学意义。《内蒙古召庙建筑》是一套难得的完整收录内蒙古地区该类建筑相关历史文献和现状资料的专业书籍。此书翔实介绍、总结了内蒙古地区召庙建筑的历史分期、影响因素及其共性特征，同时对现存100余座召庙进行了系统立档：包括召庙简介、历史沿革、保存状况、建筑做法、测绘图纸和现状照片等。这套书所涵括的基础资料对此类建筑的静态保护和动态发展都具有重要现实意义。

据了解，目前学界对内蒙古召庙建筑的关注度并不高，如今，这些召庙建筑不少面临着数量递减，历史信息缺失，建设性破坏的危机，其历史遗存部分亟待整体性保护，其复原新建部分则迫切需要专业性研究，而这些都需要完备的基础研究工作作为支撑。基于此，此书的出版可以成为当前各项针对内蒙古召庙保护工作的现实基础。事实上，早有此认识的张鹏举及其团队，申请完成了多项国家自然科学基金项目，调研测绘、勘查文献，历时十多年方汇成此书，可谓工作扎实，且难能可贵。

身处当地的张鹏举，既是杰出的地域建筑师，又是地区建筑教育的领头人，同时致力于推动学科建设和发展。他和他的团队经过多年的努力，已经建构了内蒙古地域建筑学理论和实践框架。研究内蒙古地域传统建筑正是这个框架中文化历史部分的内容，而编撰《内蒙古召庙建筑》是这项系统工作的部分成果。尽管本书涉及交叉学科，但从成果看出，张鹏举及其团队具备了担当此项任务的学术视野和研究能力！

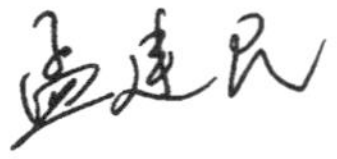

孟建民

中国工程院院士

Inner Mongolian temple architecture is an integral part of the deep cultural fabric of the Inner Mongolian region, and its historical remains are of great sociological, anthropological and architectural significance. Inner Mongolia Temple Architecture is a rare and complete collection of historical documents and current information on this type of architecture in Inner Mongolia. The book provides a detailed introduction and summary of the historical phasing, influencing factors and common features of temple architecture in Inner Mongolia, as well as a systematic documentation of over 100 existing temples, including an introduction to the temples, their history, state of preservation, architectural practices, mapping drawings and photographs of their current state. The basic information contained in this collection is of great relevance to the static conservation and dynamic development of such buildings.

It is understood that the academic community has not paid much attention to the architecture of Inner Mongolia's temples. Today, many of these temples are facing a crisis of decreasing numbers, lack of historical information and constructive damage, and their historical remains need to be protected as a whole, while their restored and newly built parts are in urgent need of professional research, which needs to be supported by complete basic research work. Based on this, the publication of this book can serve as a practical basis for the current efforts to preserve the temple in Inner Mongolia. In fact, Zhang Pengju and his team, who have been aware of this for a long time, have applied for and completed a number of National Natural Science Foundation of China projects, researched and mapped, and studied the literature for more than ten years before turning this book into a solid and invaluable work.

Locally based, Zhang Pengju is both a distinguished regional architect and a leader in regional architectural education, as well as dedicated to promoting the building and development of the discipline. He and his team have, over the years, constructed a framework for the theory and practice of Inner Mongolian regional architecture. The study of traditional Inner Mongolian regional architecture is part of the cultural-historical component of this framework, and the compilation of Inner Mongolian Temple Architecture is part of the outcome of this systematic work. Despite the interdisciplinary nature of the book, the results show that Zhang Pengju and his team have the academic vision and research capacity to undertake this task!

Meng Jianmin

Academician of the Chinese Academy of Engineering

前言

　　内蒙古召庙建筑自16世纪以来伴随着藏传佛教在内蒙古地域的传播与发展逐渐形成了鲜明的地域特色，积淀为一种独有的历史文化遗产，成为内蒙古地域深层文化结构的重要组成部分。它的广泛创立与发展曾促进了草原游牧建筑文化向定居方向的转化。

　　纵观这段历史，学者们对于内蒙古地域藏传佛教文化的研究十分丰富，且语种繁多，但对此类建筑文化方面的探究却寥寥可数，且多集中于近现代，并以个体研究或图片展示为主要特点，如（清）葛尔丹旺楚克多尔济著、巴·孟和校注的《梅日更召创建史》；张驭寰、林北钟著的《内蒙古古建筑》；金峰整理注释的《呼和浩特召庙》；乔吉编著的《内蒙古寺庙》；（日本）长尾雅人著、白音朝鲁译的《蒙古学问寺》等。这些著作及文献均对本书的成稿具有重要的参考意义。

　　本书是国家自然科学基金资助项目《内蒙古藏传佛教建筑形态演变研究》（项目编号：50768007）、《漠南蒙古地域藏传佛教召庙建筑的比较及其探源研究》（项目编号：51168032）和《漠北蒙古地区藏传佛教建筑形态演变研究 》(项目编号：51768050)、《基于整体保护的内蒙古藏传佛教建筑遗产价值体系构建》(项目编号：51668049)的研究成果之一。

　　上述前两个项目是在内蒙古召庙建筑面临数量递减、历史信息缺失和建设性破坏等全面危机的情况下展开的。课题首先对内蒙古自治区现行区划范围内的研究对象进行了全面的调研和测绘，并对内蒙古周边地区的同类召庙进行了初步调研，在此基础上，完成了资料的系统归档，同时进行了建筑形态方面的相关研究。这项工作历时6年，在内蒙古自治区境内，调研了全部具有一定规模及研究价值的遗存召庙110座，并测绘了其中极具历史价值的召庙24座；后两个项目进一步扩大调研范围并向保护研究层面延伸。

　　本书即是在上述成果的基础上编著而成。为了便于阅读，全书按地理区域分为上、下两册：上册由内蒙古中西部地区（阿拉善盟、巴彦淖尔市、鄂尔多斯市、包头市、呼和浩特市）的23座重点召庙和28座其他召庙构成；下册由内蒙古中东部地区（锡林郭勒盟、乌兰察布市、赤峰市、通辽市、呼伦贝尔市、兴安盟）的33座重点召庙和26座其他召庙构成。由于内蒙古地域辽阔，召庙的数量大、分布广、路线长，加之重要文献多为蒙古文、藏文版本，增加了调查研究的难度。在课题历时的6年多时间里，虽竭尽全力，但仍感力不从心，且越深入越认识到其具有广阔的研究空间，因而本书只是阶段性的成果，谬绘之处，一定不少，权当引玉之砖，更望同仁共同参与。

　　感谢如下人员：

　　全文审稿的乔吉、乌云，民族学角度审稿的何生海，英文翻译的刘卓媛、杨丹宇，参与课题的韩瑛、杜娟、白丽燕、高旭、白雪、韩秀华、李国保、额尔德木图。

Since 16 century, Inner Mongolia Temple architecture gradually formed a distinct regional characteristics with the spread and development of Tibetan Buddhism in Inner Mongolia area , and accumulated as a unique historical and cultural heritage, which became an important part of Inner Mongolia cultural structure . The creation and development had promoted the transformation of grassland construction from nomadic style to settlement.

Throughout this period of history, scholars dedicated greatly to the research on Tibetan Buddhist Culture in Inner Mongolia Region in a wide variety of languages. Their products focused on the main characteristics of the individual studies and the picture shows in modern times with little exploration to architectural cultures, such as *"The Foundation History of Meirigeng Temple"* wrote by Gehr Dan Wangchuck Doll (from Qing Dynasty) and collated and annotated by Ba Menghe; *"Inner Mongolia Ancient Architecture"* wrote by Zhang Yuhuan and Ling Beizhong; *"Huhhot Temples"* collated and annotated by Jing Feng; *"Inner Mongolia Temples"* edited by Qiao Ji; *"Mongolia Study on Temples"* wrote by Nagao Masahito (from Japan) and translated by Baiyinchaolu etc. These works and documents are of great reference significance for this book.

The book is one of the research result of NSFC project "The Research on the Evolution of the Form of Inner Mongolia Tibetan Buddhism Architecture" (project number: 50768007) , "The Research on the Comparison and Origin of Tibetan Buddhism Temple Architecture in Monan Mongolia Region" (project number: 51168032),"Research of the Evolution of Tibetan Buddhism Architectural Style in Mobei Mongolia"(project number:51768050) and "Based on the integrated protection conservation of Tibetan Buddhism Architectural Heritage Value System Construction in Inner Mongolia"(project number:51668049)

The above two projects were conducted under the situation of overall crisis such as decreasing numbers, historical information deficiency , constructive destruction in Tibetan Buddhism buildings in Inner Mongolia . The project firstly conducted a comprehensive survey and mapping on the research objects and the temples in surrounding areas in current Inner Mongolia Autonomous Region and completed the file system of the materials on this basis , meanwhile , undertook the relevant research in architecture form . This work lasted for 6 years, and surveyed the extant 110 temples with certain scale and research value in Inner Mongolia Autonomous Region and mapped 24 temples of them with historical value; The latter two projects further expand the research scope and extend to the protection research level.

The book is edited on the basis of above results and it is divided into two volumes according to the geographical areas: the first volume contains 23 key temples and 28 other temples in western Inner Mongolia area (Alxa Prefecture, Bayannaoer City, Erdos City, Baotou City, Hohhot City); The second volume contains 33 key temples and 26 other temples in Eastern Inner Mongolia area (Xilingol Prefecture, Ulanqab City, Chifeng City, Tongliao City, Hulunbeir City, Hinggan Prefecture) .Because Inner Mongolia has vast territory, large number of temples with wide distribution and long route, and the important documents are mostly written in Mongolian and Tibetan, it is very difficult to conduct the survey and the research. In 6 years, although we try our best, but still feel unsatisfied, and aware of the wide research space of this field. So the book is only a phased achievement, hoping colPrefectures to participate in the further study.

My sincere thanks to:

Qiaoji and Wuyun for full text review, He Shenghai from the perspective of Ethnology, Liu Zhuoyuan and Yang Danyu for English translation, Han Ying, Dujuan, Bai Liyan, Gao Xu, Bai Xue, Han Xiuhua, Li Guobao, Erdemt for participating the project.

下面是具体参加调研的成员：

◆ 阿拉善盟地区：

张鹏举 高旭 李国保 宝山 付瑞峰 王志强 韩瑛 额尔德木图 白丽燕

◆ 巴彦淖尔地区：

韩瑛 李国保 宝山 韩秀华 付瑞峰 王辉胜 汤湛 弓志光 乔恩懋 秦格乐

◆ 包头地区：

张鹏举 白雪 韩瑛 白丽燕 高旭 韩秀华 李国保 杜娟 宝山 张宇 孟一军 王辉胜 庄苗 郝慧敏 董雪峰 汤湛 贺伟 田琳 托亚 薛剑 房宏伟 卢文娟 王小伟 艾力夫 卢小亮 冯旭 刘丁 马辰 王新 李诺 陈伟业 吴洁 杨彬 呼木吉乐 赵扬 赵宣 贾凌云 傅森 董萧迪 吕昱达 马辰 付瑞峰 董鹏 布音敖其尔 乔恩懋 庄健 庞磊 王志强 李源河 王璞 姬煜 何鑫

◆ 鄂尔多斯地区：

张鹏举 杜娟 宝山 苍雁飞 高亚涛 李国保 白丽燕 韩瑛 白雪 薛剑 王辉胜 托亚 青格乐 汤湛 刘磊 贺伟 庄苗 郝慧敏 董铁鑫 董雪峰 潘瑞 武月华 王红丽 程日启 石宝宝 贾金华 梅永发 王强 王兴家 马涛 杨润宾 王新 李永正 李伟 李欣楠 李源河 杨耀强 高维小 崔永在

◆ 呼和浩特地区：

张鹏举 白丽燕 萨日朗 李国保 宝山 韩秀华 韩瑛 杜娟 房宏伟 汤湛 贺伟 王辉胜 刘磊 白雪 田琳 薛剑 托亚 庄苗 董雪峰 郝慧敏 刘旭 武月华 王志强 潘瑞 赵扬 赵宣 王新 艾力夫 卢小亮 董萧迪 冯旭 刘丁 李诺 陈伟业 吴洁 杨彬 马辰 呼木吉乐 贾凌云 傅森 王红丽 王强 石宝宝 贾金华 梅永发 程日启 王兴家 杨润宾 马涛

◆ 乌兰察布地区：

张鹏举 韩秀华 额尔德木图 张宇 李国保 高旭 布音敖其尔 吕昱达 马辰 付瑞峰 董鹏 乔恩懋 庄健 呼木吉乐 庞磊 王志强 李源河 王璞 姬煜

◆ 锡林郭勒盟地区：

张鹏举 额尔德木图 韩瑛 白雪 贺龙 李国保 栗建元

◆ 赤峰地区：

张鹏举 白丽燕 李国保 宝山 白雪 杜娟 托亚 高旭 付瑞峰 乔恩愁 贺伟 房宏伟 苍雁飞 薛剑 张宇 卢小亮 刘洋 卢文娟 栗建元 艾力夫 何鑫 姬煜 姜楠 王英旭 韩傲 布音 乔恩懋 王志强 杨力吉 马辰 呼木吉乐

The specific research members are as follows:

◆ Alxa Prefecture:

Zhang Pengju,Gao Xu, Li Guobao, Bao Shan, Fu Ruifeng, Wang Zhiqiang, Han Ying, Erdemt, Bai Liyan

◆ Bayannur area:

Han Ying, Li Guobao, Bao Shan, Han Xiuhua, Fu Ruifeng, Wang Huisheng, Tang Zhan, Gong Zhiguang, Qiao Enmao, Qin Gele

◆ Baotou area:

Zhang Pengju, Bai Xue, Han Ying, Bai Liyan, Gao Xu, Han Xiuhua, Li Guobao, Du Juan, Bao Shan, Zhang Yu, Meng Yijun, Wang Huisheng, Zhuang Miao, Hao Huimin, Dong Xuefeng, Tang Zhan, He Wei, Tian Lin, Toyah, Xue Jian, Fang Hongwei, Lu Wenjuan, Wang Xiaowei, Alev, Lu Xiaoliang, Feng Xu, Liu Ding, Ma Chen, Wang Xin, Li Nuo, Chen Weiye, Wu Jie, Yang Bin, Humu Jill, Zhao Yang, Zhao Xuan, Jia Lingyun, Fu Sen, Dong Xiaodi, Lü Yuda, Ma Chen, Fu Ruifeng, Dong Peng, Buinoch, Qiao Enmao, Zhuang Jian, Pang Lei, Wang Zhiqiang, Li Yuanhe, Wang Pu, Ji Yu, He Xin

◆ Erdos area:

Zhang Pengju,Du Juan, Bao Shan, Cang Yanfei, Gao Yatao, Li Guobao, Bai Liyan, Han Ying, Bai Xue, Xue Jian, Wang Huisheng, Toyah, Qing Gele, Tang Zhan, Liu Lei, He Wei, Zhuang Miao, Hao Huimin, Dong Tiexin, Dong Xuefeng, Pan Rui, Wu Yuehua, Wang Hongli, Cheng Riqi, Shi Baobao, Jia Jinhua, Mei Yongfa, Wang Qiang, Wang Xingjia, Ma Tao, Yang Runbin,Wang Xin, Li Yongzheng, Li Wei,Li Xinnan, Li Yuanhe, Yang Yaoqiang, Gao Weixiao, Cui Yongzai

◆ Hohhot area:

Zhang Pengju, Bai Liyan, Sagiran,Li Guobao, Bao Shan, Han Xiuhua, Han Ying, Du Juan, Fang Hongwei, Tang Zhan, He Wei, Wang Huisheng, Liu Lei, Bai Xue, Tian Lin, Xue Jian, Toyah, Zhuang Miao, Dong Xuefeng, Hao Huimin, Liu Xu, Wu Yuehua, Wang Zhiqiang, Pan Rui, Zhao Yang, Zhao Xuan, Wang Xin, Alev, Lu Xiaoliang, Dong Xiaodi, Feng Xu, Liu Ding, Li Nuo, Chen Weiye, Wu Jie, Yang Bin, Ma Chen, Humu Jill, Jia Lingyun, Fu Sen, Wang Hongli, Wang Qiang, Shi Baobao, Jia Jinhua, Mei Yongfa, Cheng Riqi, Wang Xingjia, Yang Runbin, Ma Tao

◆ Ulaqab area:

Zhang Pengju, Han Xiuhua, Erdemt, Zhang Yu, Li Guobao, Gao Xu, Buinoch, Lü Yuda, Ma Chen, Fu Ruifeng, Dong Peng, Qiao Enmao, Zhuang Jian, Humu Jill, Pang Lei, Wang Zhiqiang, Li Yuanhe, Wang Pu, Ji Yu

◆ Xilingol Prefecture:

Zhang Pengju, Erdemt, Han Ying, Baixue, He Long, Li Guobao, Li Jianyuan

◆ Chifeng area:

◆ 通辽地区：

张鹏举 李国保 宝山 高旭 付瑞峰 乔恩愁 白丽燕 白雪 杜娟 托亚

◆ 兴安盟地区：

张鹏举 房宏伟 栗建元 宝山 额尔德木图 李国保 白丽燕

◆ 呼伦贝尔地区：

张鹏举 宝山 额尔德木图 白丽燕 房宏伟 栗建元 李国保

张鹏举

2019年10月28日于内蒙古工业大学

Zhang Pengju,Bai Liyan, Li Guobao, Bao Shan, Bai Xue, Du Juan,Toyah, Gao Xu, Fu Ruifeng, Qiao Enmao ,He Wei, Fang Hongwei, Cang Yanfei, Xue Jian, Zhang Yu, Lu Xiaoliang, Liu Yang, Lu Wenjuan, Li Jianyuan,Alev, He Xin, Ji Yu, Jiang Nan, Wang Yingxu, Han Ao, Bu Yin, Qiao Enmao, Wang Zhiqiang, Yang Liji, Ma Chen,Humu Jill

◆ Tongliao area:

Zhang Pengju, Li Guobao, Bao Shan, Gao Xu, Fu Ruifeng, Qiao Enmao, Bai Liyan, Bai Xue, Du Juan, Toyah

◆ Higgan Prefecture:

Zhang Pengju, Fang Hongwei, Li Jianyuan, Bao Shan, Erdemt, Li Guobao, Bai Liyan

◆ Hunlunbeir area:

Zhang Pengju, Bao Shan, Erdemt, Bai Liyan, Fang Hongwei, Li Jianyuan, Li Guobao

Zhang Pengju

Inner Mongolia University of Technology

October 28th, 2019

目录

Foreword I

Foreword II

Preface

召庙（续）

Part Two Temples（continued）

乌兰察布市地区

Ulanqab City

乌兰察布市辖四子王旗、察哈尔右翼中旗、察哈尔右翼前旗、察哈尔右翼后旗4旗，卓资县、化德县、商都县、兴和县、凉城县5县，集宁区1区，代管丰镇市1县级市。该市前身为乌兰察布盟，2003年撤盟设立地级乌兰察布市。乌兰察布盟由清时四子部落旗、喀尔喀右翼旗、茂明安旗、乌拉特三公旗6个扎萨克旗组成。市境内曾有70余座藏传佛教寺庙，现存5座已恢复重建或尚有建筑遗存的寺庙，课题组实地调研3座寺庙。

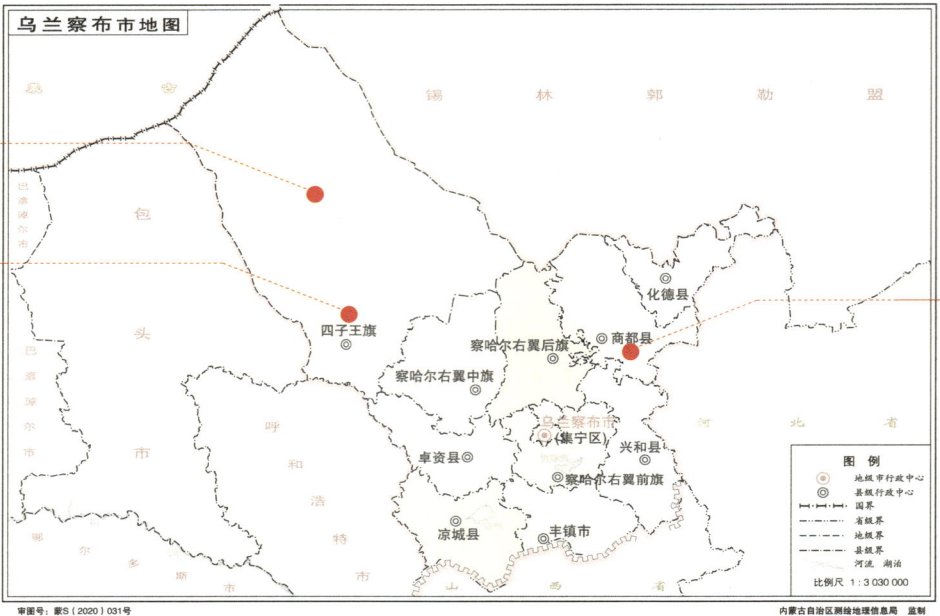

乌兰察布市地图

希拉木仁庙

王府庙

阿贵庙

锡 林 郭 勒 盟

包

头

市

巴 彦 淖 尔 市

呼 和 浩 特 市

鄂 尔 多 斯 市

化德县

四子王旗

察哈尔右翼后旗

商都县

察哈尔右翼中旗

卓资县

乌兰察布市 (集宁区)

兴和县

察哈尔右翼前旗

凉城县

丰镇市

山 西 省

河 北 省

审图号：蒙S（2020）031号

图 例
◎ 地级市行政中心
◎ 县级行政中心
—··—··— 国界
—·—·— 省级界
—··—··— 地级界
—·—·— 县级界
　　 河流 湖泊
比例尺 1：3 030 000

内蒙古自治区测绘地理信息局　监制

1

Xiaramuren Temple

希拉木仁庙

5

1 希拉木仁庙 Xiaramuren Temple

希拉木仁庙为原乌兰察布盟四子部落旗寺庙，系该旗规模最为宏大的寺庙以及内蒙古西部规模最大的寺庙之一。嘉庆元年（1796年），清廷赐名"普和寺"。该庙曾管辖察哈尔、绥远地区数十庙和青海部分地区的喇嘛庙事务，从而号称"塞北拉萨"。

四子部落旗僧人罗布桑丹巴若布杰在西藏学经归来，于乾隆二十三年（1758年），始建寺庙于希拉木仁河畔施主丹巴若西之冬营地，班禅赐名"若西潘迪林"，俗称希拉木仁庙。此后，四子部落旗第6任扎萨克若布坦道尔吉之夫人诺颜呼到拉萨朝圣，七世达赖喇嘛格桑嘉措赐予红檀木观音菩萨像一尊，后供奉于希拉木仁庙。

寺庙建筑风格为藏式建筑。寺庙占地面积约270余公顷，至"文化大革命"时期有大雄宝殿、显宗殿、密宗殿、护法殿、乃唐殿5大殿宇，活佛府、西拉布隆、东拉布隆、罕撒尔府4座拉布隆，朝克钦吉萨仓、显宗仓、密宗仓、甘珠尔仓4大庙仓，360余座僧舍。寺庙南山壑红格尔宝拉格之地建有一座供闭关修行的日替庙，现仅存残墙断壁。

寺庙在"文化大革命"中严重受损，仅存显宗殿、密宗殿、护法殿3座殿宇与部分僧舍。1985年起修缮两座殿宇及一座庙仓，寺庙正式恢复法会。2008年修缮显宗殿后现存3座殿宇已修葺完工。寺庙成为四子王旗境内唯一延续法事活动的寺庙以及全旗佛教活动中心。

参考文献：
[1]四子王旗地方志办公室.希拉木仁庙史（蒙古文），1993,10.
[2]普和寺活佛传略（蒙古文）.四子王旗文史资料（第六集），2007,10.
[3]乔吉.内蒙古寺庙.呼和浩特:内蒙古人民出版社,1994,8.

希拉木仁庙 · 基本概况 1

寺院蒙古语藏语名称	蒙古语	ᠱᠠᠷ᠎ᠠ ᠮᠥᠷᠡᠨ	寺院汉语名称	汉语正式名称	普和寺
	藏语	དགའ་འདུས་གླིང་།		俗称	大庙、希拉木仁庙
	汉语	黄河召		寺院汉语名称的由来	清廷赐名
所在地	内蒙古乌兰察布市四子王旗红格尔苏木			东经 111° 31′	北纬 40° 02′
初建年	康熙四十七年（1708年）		保护等级	县（市）级保护单位	
盛期时间	乾隆二十三年（1758年）		盛期喇嘛僧/现有喇嘛僧数	约1500人/40人	

历史沿革	1758年，始建寺庙，新建护法殿。 1760年，新建拉布隆一座，起名若西根毗勒。 1765年，新建密宗殿。 1770年，新建嘉木杨沙塔布拉布隆一座。 1801—1804年，建成大雄宝殿。 1833年，新建日替庙。 1839年，由施主捐资新建显宗殿，献给三世活佛。 1901年，密宗殿内失火，大量器物被烧毁。 1902年，修缮拉布隆与密宗殿。 1932年、1933年，九世班禅两次驾临该寺。 1936年，休整于该寺的伪军石玉山等人率部起义，寺庙损失部分资产。同年，绥远傅作义部在寺庙北山修建炮台。 1941年，该寺创建喇嘛学校。 1957年，将乌兰察布盟各寺庙百余名喇嘛集中于该寺，进行学习教育会。 1949—1957年，庙内保存四子部落旗扎萨克印。 "文化大革命"中寺庙严重受损，仅存3座殿宇与部分僧舍。 1984年，寺庙被定为全旗喇嘛教事务中心。 1985年，修缮护法殿。 1986年，修缮密宗殿。 2008年，修缮显宗殿
资料来源	［1］四子王旗地方志办公室.希拉木仁庙史（蒙古文），1993,10. ［2］普和寺活佛传略（蒙古文）.四子王旗文史资料（第六集），2007,10. ［3］乔吉.内蒙古寺庙.呼和浩特:内蒙古人民出版社,1994,8. ［4］调研访谈记录.

现状描述	现存显宗殿、卓特巴殿、赛呼勒森殿保存基本完好，局部有破坏。多处僧房院落保存完好，在旧庙仓院内新建一座冬季诵经用小殿，庙南山谷中的日替庙主殿残破严重，道路、庙界遗迹清晰	描述时间	2010/09/12
		描述人	张宇 额尔德木图
调查日期	2010/08/02	调查人员	张宇

希拉木仁庙·基本概况 2

现存建筑	显宗殿	密宗殿	已毁建筑	大雄宝殿	丁科尔殿	根坯殿
	护法殿	庙仓		活佛府（原）	葛根拉卜仁	哈撒尔拉卜仁
	活佛住所	领诵喇嘛住所		东拉卜仁	西拉卜仁	僧舍
	僧舍	白塔		乃唐殿	日替庙	庙仓
	风马殿	日替殿遗址	信息来源	1.四子王旗地方志办公室《希拉木仁庙史》（蒙古文）. 2.《普和寺活佛传略》（蒙古文）四子王旗文史资料（第六集）. 3.现场调研.		
	敖包	江不力哈达山石刻				

区位图

总平面图

A.显宗殿
B.密宗殿
C.护法殿
D.活佛府
E.庙仓
F.喇嘛居所
G.风马殿
H.白塔
I.民居

北

调查日期	2010/08/02、2011/09/12	调查人员	张宇、额尔德木图

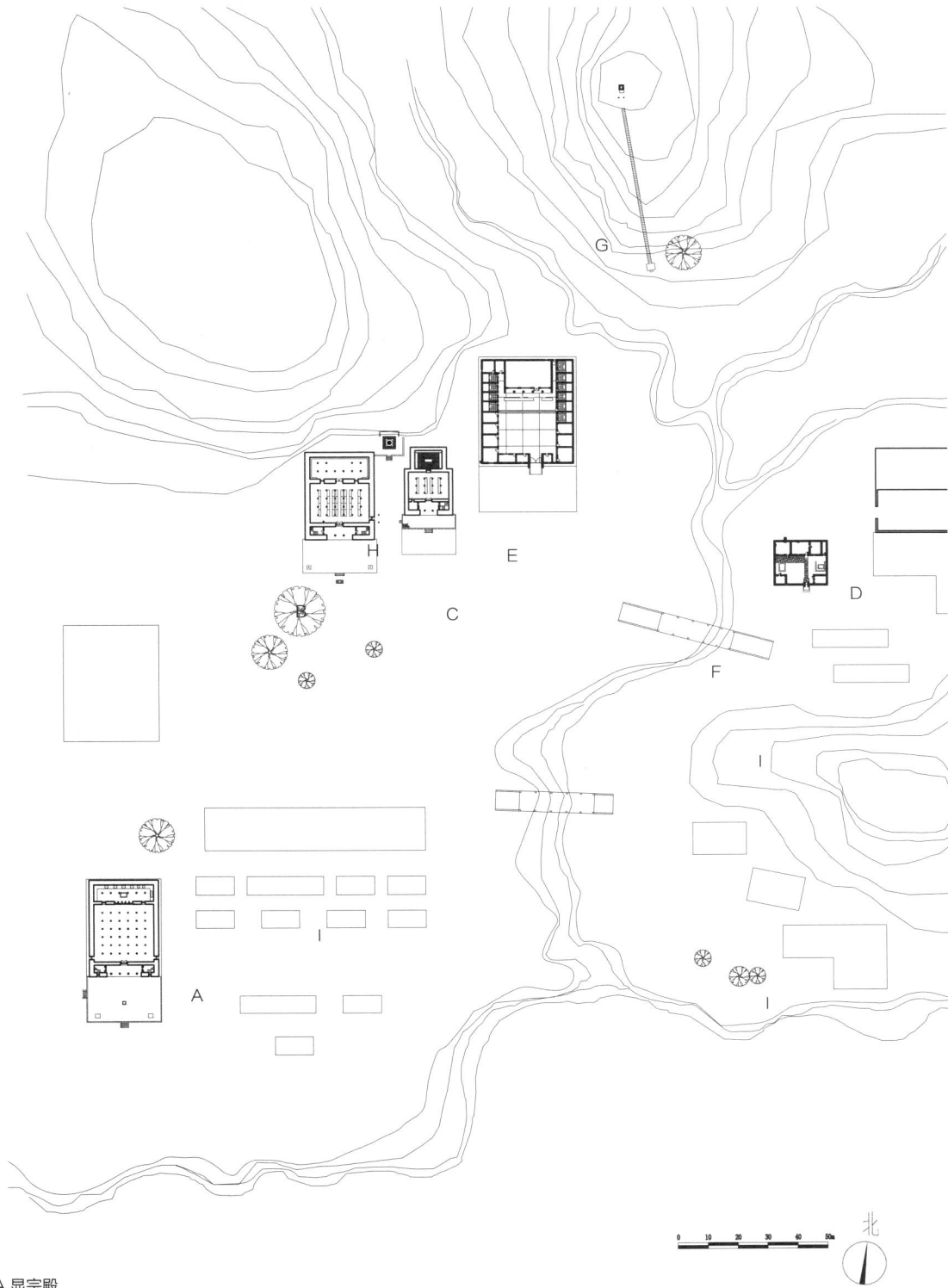

A.显宗殿
B.密宗殿
C.护法殿
D.活佛府
E.庙 仓
F.喇嘛居所
G.风马殿
H.白 塔
I.民 居

0　10　20　30　40　50m

北

希拉木仁庙总平面图

1.1 希拉木仁庙 · 显宗殿

单位：毫米

建筑名称	汉语正式名称	法相殿		俗称		却仁独贡		
概述	初建年	乾隆二十三年（1758年）		建筑朝向	南		建筑层数	二
	建筑简要描述	藏式风格，前经后殿						
	重建重修记载	未重建，基本保持始建时状态，只在2008年进室内局部装修						
		信息来源	《乌兰察布盟志》《普和寺活佛传略》《乌兰察布史略》及寺庙管事口述					
结构规模	结构形式	石木结构	相连的建筑	无		室内天井	都纲法式	
	建筑平面形式	"凹"字形	外廊形式	前廊				
	通面阔	23140	开间数	——	明间 ——	次间 ——	梢间 ——	次梢间 —— 尽间 ——
	通进深	33080	进深数	——	进深尺寸（前→后）		——	
	柱子数量	经堂36根 佛殿6根	柱子间距	横向尺寸	2860	（藏式建筑结构体系填写此栏，不含廊柱）		
				纵向尺寸	2850			
	其他	——						
建筑主体 （大木作）（石作）（瓦作）	屋顶	屋顶形式	密肋平顶			瓦作	布瓦	
	外墙	主体材料	石材	材料规格	规格不一	饰面颜色	白、红	
		墙体收分	有	边玛檐墙	有	边玛材料	边玛草	
	斗栱、梁架	斗栱	无	平身科斗口尺寸	无	梁架关系	不详	
	柱、柱式 （前廊柱）	形式	藏式	柱身断面形状	十二楞	断面尺寸	380×380	
		柱身材料	木材	柱身收分	无	栌斗、托木	有	雀替 无
		柱础	有	柱础形状	十二楞	柱础尺寸	475×475	
	台基	台基类型	普通台基	台基高度	600	台基地面铺设材料	石材	
	其他	——						
装修 （小木作）（彩画）	门(正面)	板门		门楣	有	堆经 有	门帘	无
	窗（正面）	藏式盲窗		窗楣	有	窗套 有	窗帘	有
	室内隔扇	隔扇	有	隔扇位置	经堂与佛殿之间			
	室内地面、楼面	地面材料及规格	混凝土		楼面材料及规格	——		
	室内楼梯	楼梯	有	楼梯位置	西侧用房	楼梯材料	混凝土/铁制梯	梯段宽度 990/630
	天花、藻井	天花	有	天花类型	井口	藻井 无	藻井类型 ——	
	彩画	柱头	有	柱身	有	梁架 有	走马板 无	
		门、窗	有	天花	有	藻井 ——	其他彩画 ——	
	其他	悬塑	无	佛龛	有	匾额	无	
装饰	室内	帷幔	有	幕帘彩绘	有	壁画 无	唐卡	有
		经幡	无	经幢	有	柱毯 无	其他	——
	室外	玛尼轮	无	苏勒德	有	宝顶 有	祥麟法轮	有
		四角经幢	有	经幡	有	铜饰 有	石刻、砖雕	无
		仙人走兽	无	壁画	有	其他	——	
陈设	室内	主佛像	三世佛		佛像基座	莲花座		
		法座 有	藏经橱 有	经床 有	诵经桌 有	法鼓 无	玛尼轮 无	坛城 无	其他 ——
	室外	旗杆 有	苏勒德 无	狮子 无	经幡 有	玛尼轮 无	香炉 有	五供 无	其他 ——
	其他	——						
备注	（手迹签名） 1.（该殿蒙古语名称-大喇嘛手迹）2.室内正在装修							
调查日期	2010/08/02	调查人员	张宇	整理日期	2010/08/03	整理人员	张宇	

希拉木仁庙 · 显宗殿 · 档案照片

照片名称	正立面	照片名称	斜前方	照片名称	侧立面

照片名称	斜后方	照片名称	背立面	照片名称	室外柱头1

照片名称	室外柱头2	照片名称	室外柱础	照片名称	正门

照片名称	室内正面	照片名称	室内侧面	照片名称	室内天花

照片名称	室内柱头	照片名称	二层室内局部	照片名称	佛像

备注	—				
摄影日期	2010/08/03、2012/08/26	摄影人员	高旭、张宇		

显宗殿斜前方

显宗殿入口（左图）
显宗殿前廊（右图）

显宗殿室内局部

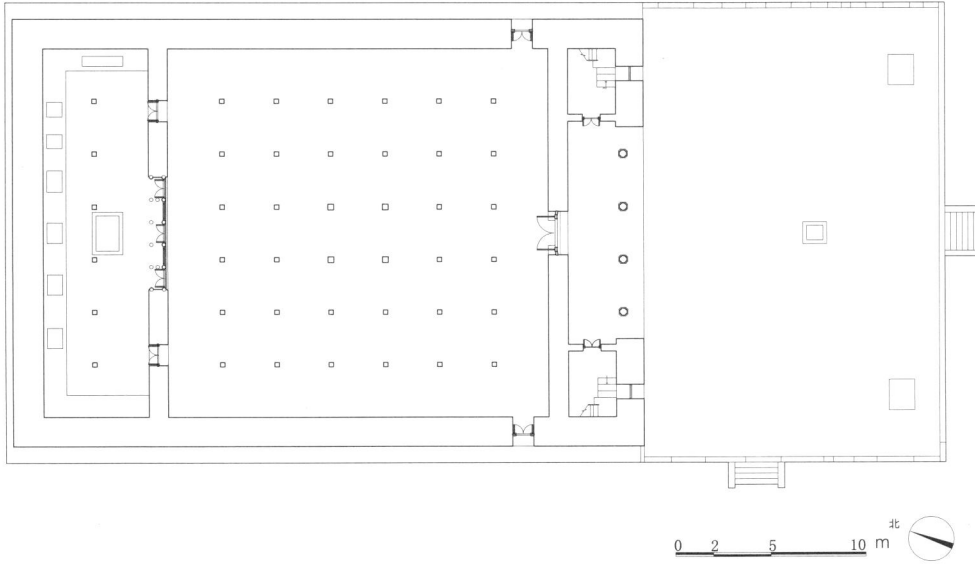

显宗殿一层平面图

北
0　2　5　10 m

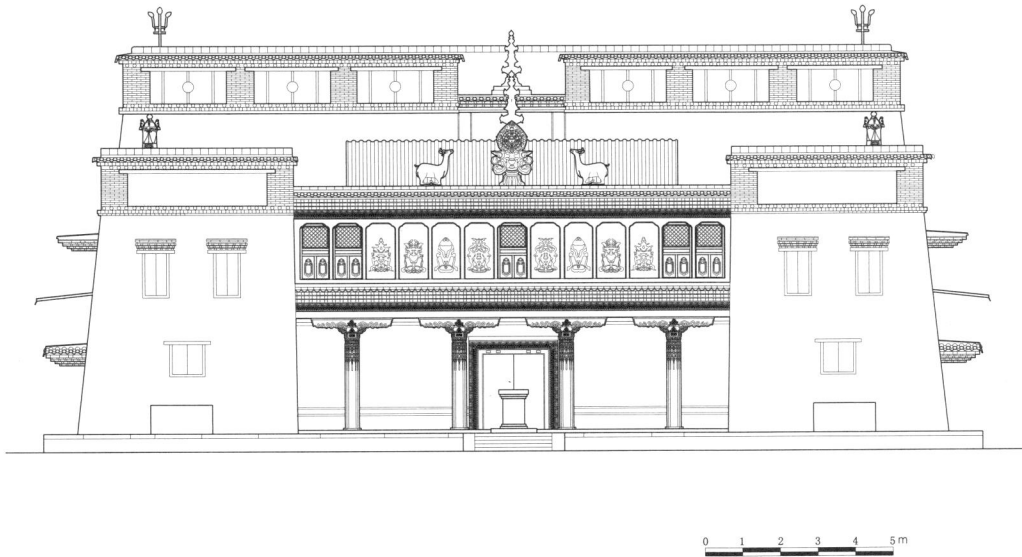

显宗殿正立面图

0　1　2　3　4　5m

显宗殿二层平面图

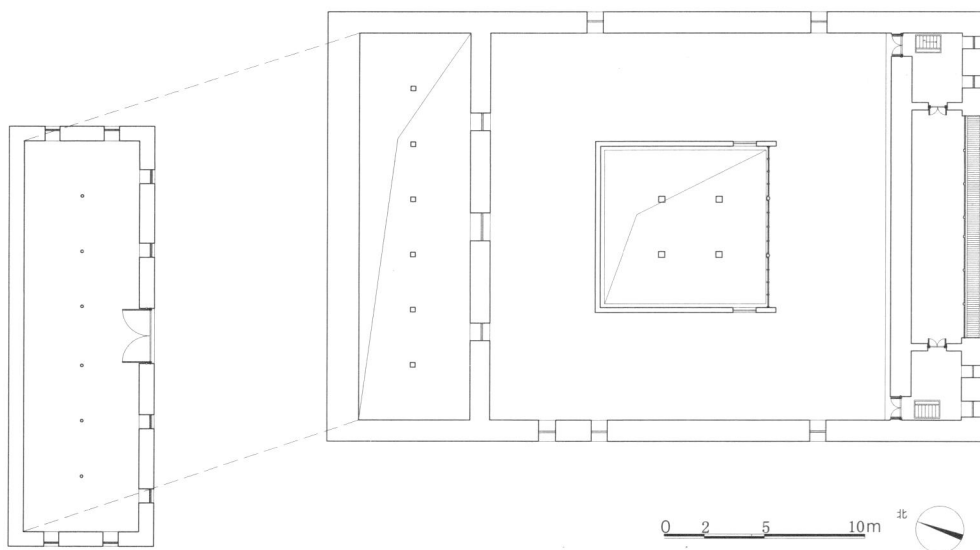

0　2　5　10m　北

显宗殿侧立面图

7.825

−0.145

0　1　2　3　4　5m

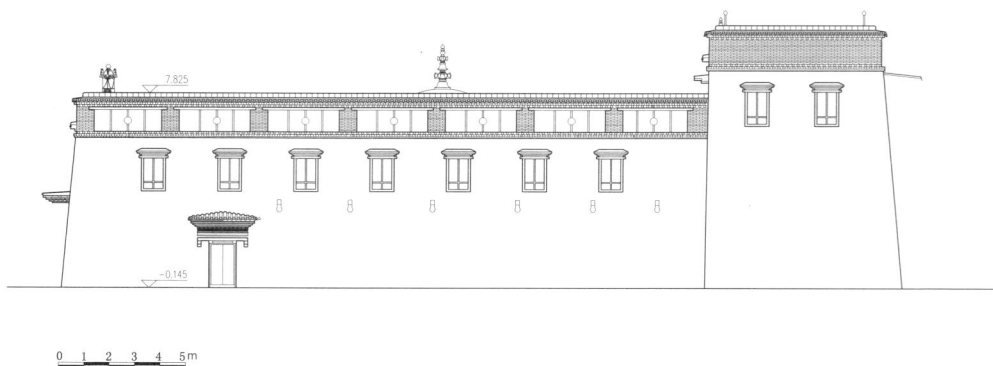

显宗殿剖面图

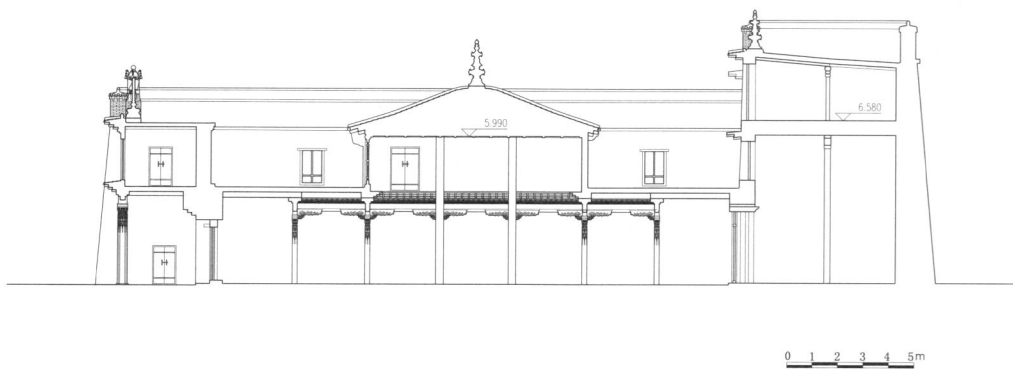

5.990

6.580

0　1　2　3　4　5m

1.2 希拉木仁庙·密宗殿

单位：毫米

<table>
<tr><td rowspan="2">建筑
名称</td><td>汉语语义</td><td colspan="5">密宗殿</td><td colspan="2">俗称</td><td colspan="4">居德巴独贡</td></tr>
<tr><td colspan="12"></td></tr>
<tr><td rowspan="4">概述</td><td>初建年</td><td colspan="4">乾隆二十三年（1758年）</td><td colspan="2">建筑朝向</td><td colspan="2">南</td><td colspan="2">建筑层数</td><td>三</td></tr>
<tr><td>建筑简要描述</td><td colspan="12">藏式风格，前经后殿</td></tr>
<tr><td rowspan="2">重建重修记载</td><td colspan="12">未重建，基本保持始建时状</td></tr>
<tr><td>信息来源</td><td colspan="11">《乌兰察布盟志》《普和寺活佛传略》《乌兰察布史略》及寺庙管事口述</td></tr>
<tr><td rowspan="6">结构
规模</td><td>结构形式</td><td colspan="2">石木结构</td><td>相连的建筑</td><td colspan="5">无</td><td rowspan="2">室内天井</td><td colspan="2" rowspan="2">都纲法式</td></tr>
<tr><td>建筑平面形式</td><td colspan="2">"凹"字形</td><td>外廊形式</td><td colspan="5">前廊</td></tr>
<tr><td>通面阔</td><td colspan="2">23000</td><td>开间数</td><td>——</td><td>明间</td><td>——</td><td>次间</td><td>——</td><td>梢间</td><td>次梢
间</td><td>尽间</td></tr>
<tr><td>通进深</td><td colspan="2">30060</td><td>进深数</td><td>——</td><td colspan="2">进深尺寸（前→后）</td><td colspan="5">——</td></tr>
<tr><td rowspan="2">柱子数量</td><td colspan="2" rowspan="2">经堂24根
佛殿10根</td><td rowspan="2">柱子间距</td><td colspan="2">横向尺寸</td><td colspan="3">2900</td><td colspan="3" rowspan="2">（藏式建筑结构体系填写此栏，不
含廊柱）</td></tr>
<tr><td colspan="2">纵向尺寸</td><td colspan="3">2850</td></tr>
<tr><td>其他</td><td colspan="12">——</td></tr>
<tr><td rowspan="8">建筑
主体

（大木作）
（石作）
（瓦作）</td><td>屋顶</td><td>屋顶形式</td><td colspan="5">密肋平顶</td><td colspan="2">瓦作</td><td colspan="3">布瓦</td></tr>
<tr><td rowspan="2">外墙</td><td>主体材料</td><td>石材</td><td>材料规格</td><td colspan="2">规格不一</td><td colspan="2">饰面颜色</td><td colspan="3">白、红</td></tr>
<tr><td>墙体收分</td><td>有</td><td>边玛檐墙</td><td colspan="2">有</td><td colspan="2">边玛材料</td><td colspan="3">边玛草</td></tr>
<tr><td>斗栱、梁架</td><td>斗栱</td><td>无</td><td colspan="2">平身科斗口尺寸</td><td colspan="2">无</td><td>梁架关系</td><td colspan="3">不详</td></tr>
<tr><td rowspan="3">柱、柱式
（前廊柱）</td><td>形式</td><td>藏式</td><td>柱身断面形状</td><td colspan="2">十二楞</td><td>断面尺寸</td><td colspan="2">340×340</td><td colspan="2" rowspan="3">（在没有前廊柱的
情况下，填写室内
柱及其特征。）</td></tr>
<tr><td>柱身材料</td><td>木材</td><td>柱身收分</td><td colspan="2">无</td><td>炉斗、托木</td><td>有</td><td>雀替</td><td>无</td></tr>
<tr><td>柱础</td><td>有</td><td>柱础形状</td><td colspan="2">圆形</td><td>柱础尺寸</td><td colspan="3">直径D=384</td></tr>
<tr><td>台基</td><td>台基类型</td><td>普通台基</td><td>台基高度</td><td colspan="2">1350</td><td colspan="2">台基地面铺设材料</td><td colspan="3">混凝土</td></tr>
<tr><td>其他</td><td colspan="12">——</td></tr>
<tr><td rowspan="9">装修

（小木作）
（彩画）</td><td>门(正面)</td><td colspan="2">板门</td><td>门楣</td><td colspan="2">有</td><td>堆经</td><td colspan="2">有</td><td>门帘</td><td colspan="2">无</td></tr>
<tr><td>窗（正面）</td><td colspan="2">藏式盲窗</td><td>窗楣</td><td colspan="2">有</td><td>窗套</td><td colspan="2">有</td><td>窗帘</td><td colspan="2">有</td></tr>
<tr><td>室内隔扇</td><td>隔扇</td><td>有</td><td>隔扇位置</td><td colspan="8">经堂与佛殿之间</td></tr>
<tr><td>室内地面、楼
面</td><td colspan="2">地面材料及规格</td><td colspan="3">木板约2300-1850</td><td colspan="2">楼面材料及规格</td><td colspan="4">混凝土</td></tr>
<tr><td>室内楼梯</td><td>楼梯</td><td>有</td><td>楼梯位置</td><td colspan="2">西侧用房</td><td>楼梯材料</td><td colspan="2">混凝土/铁制梯</td><td>梯段宽度</td><td>1170/1060</td></tr>
<tr><td>天花、藻井</td><td>天花</td><td>有</td><td>天花类型</td><td colspan="2">井口</td><td>藻井</td><td colspan="2">无</td><td>藻井类型</td><td colspan="2">——</td></tr>
<tr><td rowspan="2">彩画</td><td>柱头</td><td>有</td><td>柱身</td><td colspan="2">有</td><td>梁架</td><td colspan="2">有</td><td>走马板</td><td colspan="2">无</td></tr>
<tr><td>门、窗</td><td>有</td><td>天花</td><td colspan="2">有</td><td>藻井</td><td colspan="2">——</td><td>其他彩画</td><td colspan="2">——</td></tr>
<tr><td>其他</td><td>悬塑</td><td>无</td><td>佛龛</td><td colspan="2">有</td><td>匾额</td><td colspan="5">无</td></tr>
<tr><td rowspan="6">装饰</td><td rowspan="2">室内</td><td>帷幔</td><td>有</td><td>幕帘彩绘</td><td colspan="2">有</td><td>壁画</td><td colspan="2">有</td><td>唐卡</td><td colspan="2">有</td></tr>
<tr><td>经幡</td><td>有</td><td>经幢</td><td colspan="2">有</td><td>柱毯</td><td colspan="2">无</td><td>其他</td><td colspan="2"></td></tr>
<tr><td rowspan="3">室外</td><td>玛尼轮</td><td>无</td><td>苏勒德</td><td colspan="2">有</td><td>宝顶</td><td colspan="2">有</td><td>祥麟法轮</td><td colspan="2">有</td></tr>
<tr><td>四角经幢</td><td>有</td><td>经幡</td><td colspan="2">有</td><td>铜饰</td><td colspan="2">有</td><td>石刻、砖雕</td><td colspan="2">有</td></tr>
<tr><td>仙人走兽</td><td>无</td><td>壁画</td><td colspan="2">有</td><td>其他</td><td colspan="5">——</td></tr>
<tr><td colspan="2"></td><td colspan="11"></td></tr>
<tr><td rowspan="3">陈设</td><td rowspan="2">室内</td><td colspan="2">主佛像</td><td colspan="3">释迦牟尼佛</td><td colspan="2">佛像基座</td><td colspan="4">不详</td></tr>
<tr><td>法座</td><td>有</td><td>藏经橱</td><td>有</td><td>经床</td><td>有</td><td>诵经桌</td><td>有</td><td>法鼓</td><td>有</td><td>玛尼轮 有 ｜ 坛城 无 ｜ 其他 ——</td></tr>
<tr><td>室外</td><td>旗杆</td><td>有</td><td>苏勒德</td><td>无</td><td>狮子</td><td>无</td><td>经幡</td><td>有</td><td>玛尼轮</td><td>无</td><td>香炉 有 ｜ 五供 无 ｜ 其他 ——</td></tr>
<tr><td colspan="2">其他</td><td colspan="11"></td></tr>
<tr><td>备注</td><td colspan="13">（该殿蒙古语名称-大喇嘛手迹）</td></tr>
<tr><td>调查日期</td><td colspan="2">2010/08/02</td><td>调查人员</td><td colspan="2">张宇</td><td colspan="2">整理日期</td><td colspan="2">2010/08/03</td><td>整理人员</td><td>张宇</td></tr>
</table>

密宗殿基本概况表1

15

希拉木仁庙·密宗殿·档案照片

照片名称	正立面	照片名称	斜前方	照片名称	侧立面

照片名称	斜后方	照片名称	背立面	照片名称	室外柱子

照片名称	室外柱头	照片名称	二层局部1	照片名称	二层局部2

照片名称	室内局部	照片名称	室内地面	照片名称	室内天花

照片名称	室内柱头	照片名称	二层室内局部	照片名称	佛像

备注	—				
摄影日期	2010/08/03、 2012/08/26	摄影人员	高旭、张宇		

密宗殿斜前方

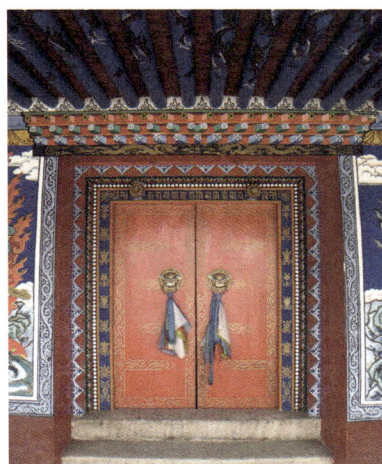

密宗殿正门（左图）
密宗殿二层局部（右图）

密宗殿室内局部

密宗殿一层平面图

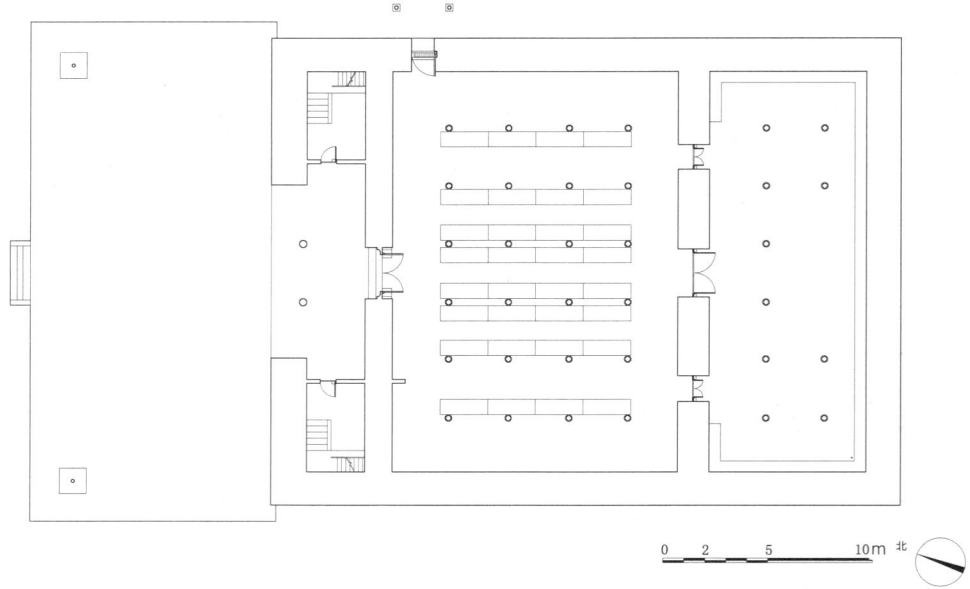

0 2 5 10m 北

密宗殿二层平面图

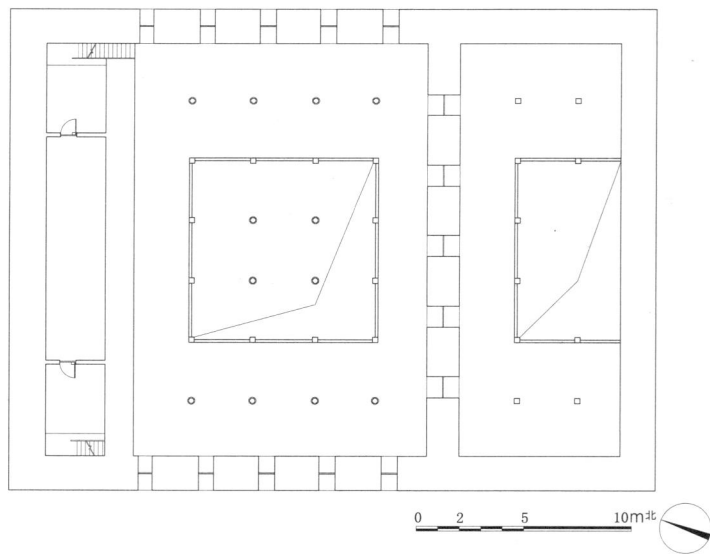

0 2 5 10m 北

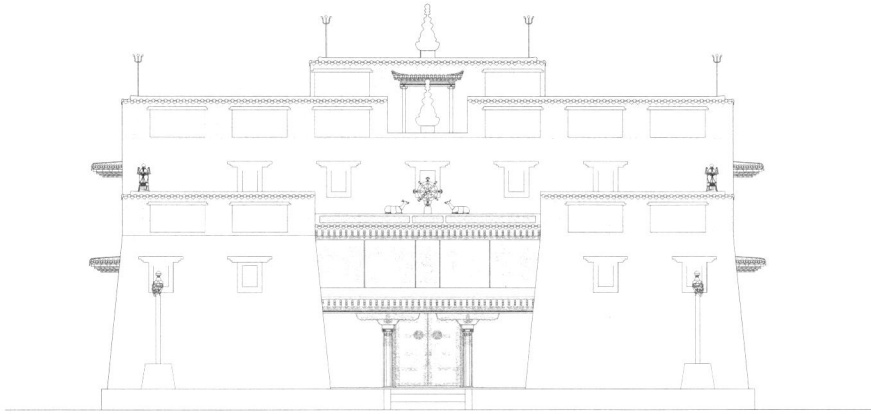

密宗殿正立面图

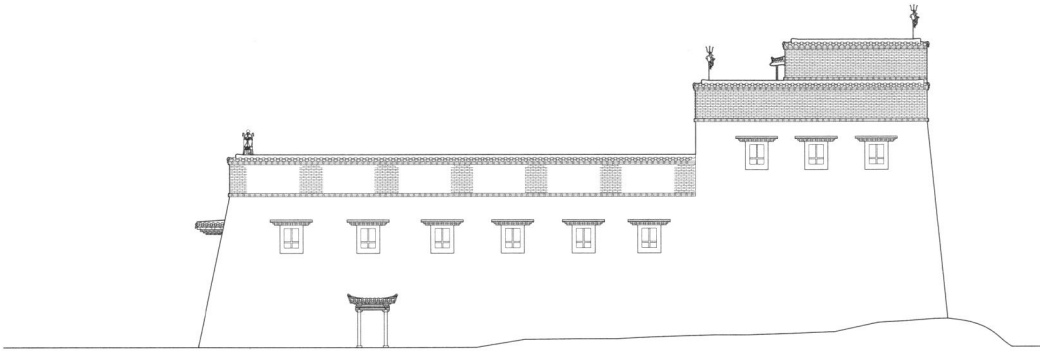

密宗殿侧立面图

0 2   5   10m

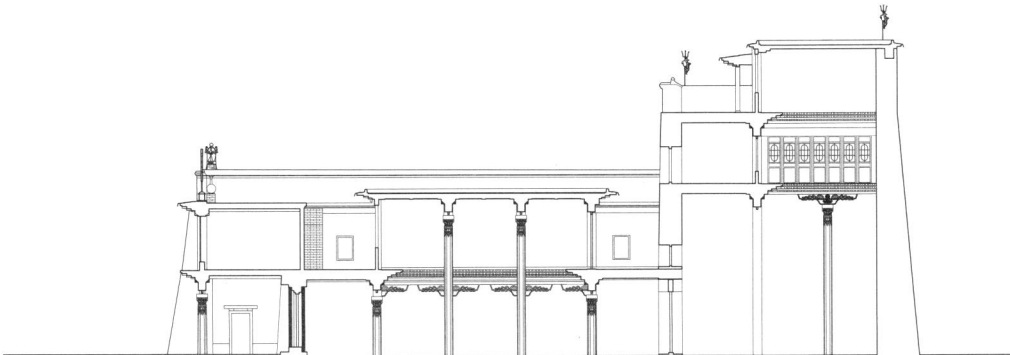

密宗殿剖面图

0 2   5   10m

1.3　希拉木仁庙·护法殿

单位：毫米

建筑名称	汉语正式名称	护法殿			俗称				赛呼勒森独贡			
概述	初建年	乾隆二十三年（1758年，戊寅年）			建筑朝向		南		建筑层数		二	
	建筑简要描述	藏式风格，前经后殿										
	重建重修记载	未重建，基本保持始建时状态，1984-1985年进行修缮工作。										
		信息来源	实地调研访问资料、《乌兰察布盟志》《普和寺活佛传略》《乌兰察布史略》等									
结构规模	结构形式	石木结构		相连的建筑	无				室内天井		都纲法式	
	建筑平面形式	"凹"字形		外廊形式	前廊							
	通面阔	100000	开间数	——	明间	——	次间	——	梢间	——	次梢间	——	尽间	——
	通进深	23380	进深数	——	进深尺寸（前→后）							
	柱子数量	经堂36根佛殿6根	柱子间距	横向尺寸	2850			（藏式建筑结构体系填写此栏，不含廊柱）				
				纵向尺寸	2850							
	其他											
建筑主体（大木作）（石作）（瓦作）	屋顶	屋顶形式	密肋平顶					瓦作		布瓦		
	外墙	主体材料	石材	材料规格	规格不一			饰面颜色		白、红		
		墙体收分	有	边玛檐墙	有			边玛材料		边玛草		
	斗栱、梁架	斗栱	无	平身科斗口尺寸	无			梁架关系		不详		
	柱、柱式（前廊柱）	形式	藏式	柱身断面形状	方形	断面尺寸		270×270		（在没有前廊柱的情况下，填写室内柱及其特征。）		
		柱身材料	木材	柱身收分	无	栌斗、托木		有	雀替	无		
		柱础	不详	柱础形状	——	柱础尺寸						
	台基	台基类型	普通台基	台基高度	600	台基地面铺设材料		石材				
	其他	——										
装修（小木作）（彩画）	门（正面）	板门		门楣	有	堆经	有	门帘	无			
	窗（正面）	藏式盲窗		窗楣	有	窗套	有	窗帘	有			
	室内隔扇	隔扇	有	隔扇位置	经堂与佛殿之间							
	室内地面、楼面	地面材料及规格	混凝土地面		楼面材料及规格	——						
	室内楼梯	楼梯	有	楼梯位置	西侧用房	楼梯材料	混凝土/铁制梯	梯段宽度	970/630			
	天花、藻井	天花	有	天花类型	井口	藻井	无	藻井类型	——			
	彩画	柱头	有	柱身	无	梁架	有	走马板	无			
		门、窗	有	天花	有	藻井	——	其他彩画	——			
	其他	悬塑	无	佛龛	有	匾额	无					
装饰	室内	帷幔	有	幕帘彩绘	无	壁画	有	唐卡	有			
		经幡	有	经幢	有	柱毯	无	其他				
	室外	玛尼轮	无	苏勒德	有	宝顶	有	祥麟法轮	有			
		四角经幢	有	经幡	有	铜饰	有	石刻、砖雕	有			
		仙人走兽	无	壁画	有	其他	——					
陈设	室内	主佛像	度母佛			佛像基座	莲花座					
		法座	有	藏经橱	有	经床	有	诵经桌	有	法鼓	有	玛尼轮	无	坛城	无	其他	——
	室外	旗杆	有	苏勒德	无	狮子	无	经幡	有	玛尼轮	无	香炉	有	五供	无	其他	——
	其他	——										
备注	（该殿蒙古语名称-大喇嘛手迹）											

调查日期	2010/08/02	调查人员	张宇	整理日期	2010/08/03	整理人员	张宇

希拉木仁庙 · 护法殿 · 档案照片

照片名称	正立面	照片名称	斜前方	照片名称	侧立面

照片名称	斜后方	照片名称	背立面	照片名称	室外柱子

照片名称	室外台阶	照片名称	入口局部1	照片名称	入口局部2

照片名称	室内局部1	照片名称	室内局部2	照片名称	室内天花

照片名称	室内柱头	照片名称	二层室内局部	照片名称	佛像

备注	——				
摄影日期	2010/08/02、 2012/08/26	摄影人员	高旭、张宇		

护法殿基本情况表2

护法殿正立面

护法殿侧立面（左图）
护法殿室外壁画（中图）
护法殿正门（右图）

护法殿经堂室内局部

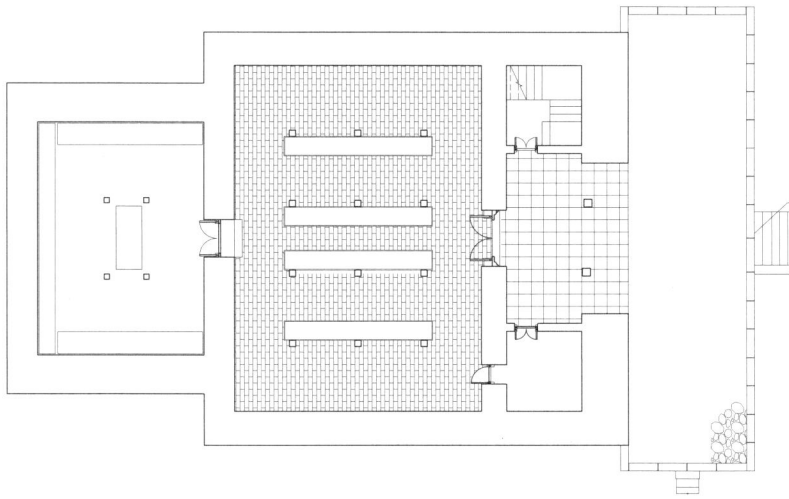

护法殿一层平面图

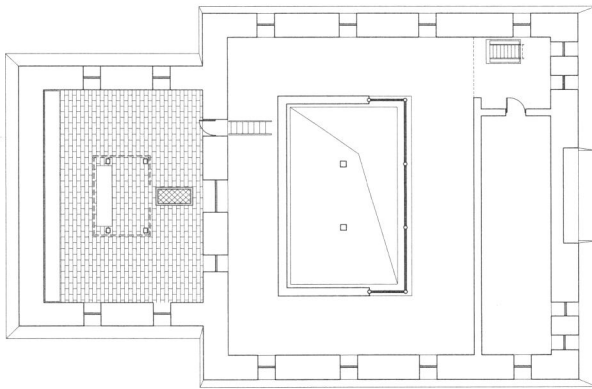

0 1 2 3 4 5m 北

护法殿二层平面图

0 1 2 3 4 5m 北

0 1 2 3 4 5m

0 1 2 3 4 5m

护法殿正立面图
（左图）

护法殿剖面图
（右图）

1.4 希拉木仁庙·其他建筑

庙仓斜前方

庙仓斜后方

领诵喇嘛住所

喇嘛僧舍

日替殿遗址

位于山顶的风马殿
（左图）
风马殿(中图)
白塔正前方（右图）

锡林郭勒盟地区

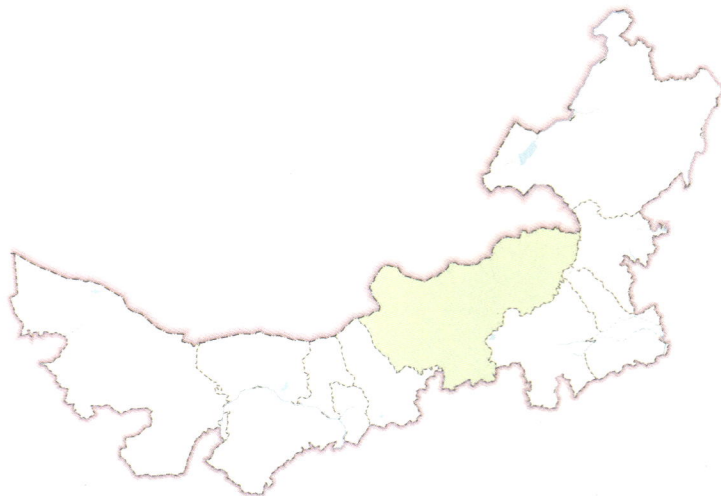

底图来源: 内蒙古自治区自然资源厅官网 内蒙古地图
审图号: 蒙S（2017)028号

锡林郭勒盟辖苏尼特右旗、苏尼特左旗、阿巴嘎旗、东乌珠穆沁旗、西乌珠穆沁旗、镶黄旗、正蓝旗、正镶白旗、太仆寺旗9旗，锡林浩特市、二连浩特市2县级市，乌拉盖管理区1管理区。锡林郭勒盟由清时乌珠穆沁、浩齐特、阿巴嘎、阿巴哈纳尔、苏尼特五部十旗组成。1958年撤销察哈尔盟建制，所辖正蓝旗、镶白旗、正白旗、镶黄旗4旗划归锡林郭勒盟。盟境内曾有270余座藏传佛教寺庙，现存30座已恢复重建或尚有建筑遗存的寺庙，课题组实地调研27座寺庙。

锡林郭勒盟地图

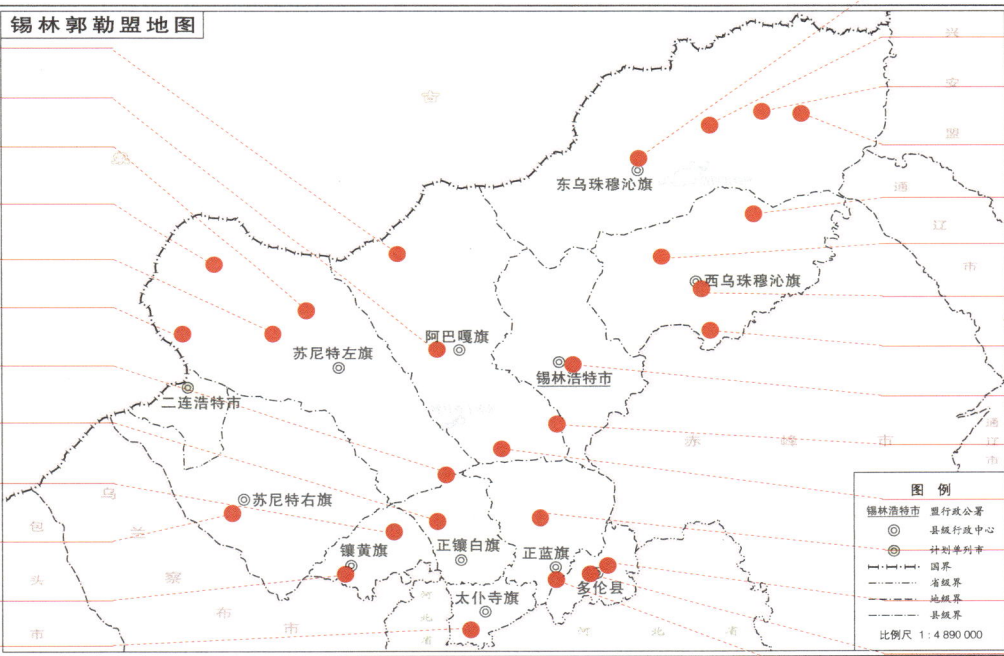

吉日嘎朗图庙

汉贝庙

巴音乌素诵经会

查干陶勒盖诵经会

敖兰胡都格诵经会

查干敖包庙

善达庙

宝日陶勒盖庙

布日都庙

毕鲁图庙

哈音海日瓦庙

玛拉盖庙

喇嘛库伦庙

宝拉格庙

新庙

嘎黑拉庙

乌兰哈拉嘎庙

浩齐特庙

王盖庙

浩勒图庙

贝子庙

杨都庙

扎嘎苏台庙

明都拉葛根庙

玛拉日图庙

汇宗寺

善因寺

东乌珠穆沁旗

西乌珠穆沁旗

阿巴嘎旗

苏尼特左旗

锡林浩特市

二连浩特市

苏尼特右旗

镶黄旗

正镶白旗

正蓝旗

太仆寺旗

多伦县

图 例

锡林浩特市 盟行政公署

◎ 县级行政中心

◉ 计划单列市

国界

省级界

地级界

县级界

比例尺 1:4 890 000

审图号：蒙S〔2020〕030号

内蒙古自治区测绘地理信息局 监制

1

毕鲁图庙
Bilut Temple

1 毕鲁图庙 Bilut Temple

毕鲁图庙

毕鲁图庙为原锡林郭勒盟苏尼特右翼旗寺庙,系该旗建立最早,并唯一留存至今的寺庙。该庙是原苏尼特右翼旗30余座寺庙、诵经会中属中等规模的一座寺庙。

相传,康熙年间有三位僧人从藏区云游至苏尼特草原弘法。三人分别建造一座寺庙,即苏尼特右旗毕鲁图庙与查干敖包庙、四子部落旗白乃庙,并将从藏区带来的金刚杵、铃铛及摇鼓分别供奉于三座寺庙中。当地人称建造毕鲁图庙的僧人为黑马苏莫其喇嘛。该僧于康熙四十七年(1708年),在苏尼特右翼旗札萨克郡王达里扎布执政时期,于宝日敖包之地始建一座狮面佛母殿。因寺庙地处毕鲁图岗东北处,故称毕鲁图庙。

寺庙建筑风格以汉式建筑为主,唯独大雄宝殿以及部分庙仓房舍为藏式建筑,大雄宝殿顶上也有一间歇山顶小阁楼。"丑牛之乱"后重建的寺庙有狮面佛母殿、释迦牟尼殿、护法殿、雅剌神殿、大雄宝殿、天王殿6大殿宇,殿宇外围有方形大院。大院正北及正南分别有一敖包,大院西侧有4座庙仓,东侧有7座庙仓,正南有并排的3处院落,为活佛府。寺庙在最盛时除上述建筑外还包括甘珠尔殿、丹珠尔殿、钟楼、鼓楼4座殿宇及双层活佛拉布隆。

"文化大革命"中寺庙严重受损,仅存一座大雄宝殿及其西侧原扎木齐得庙仓的一间房屋与大门。1989年起重建寺庙,来自全旗各寺庙的30余位僧人(其中有7位沙布隆)汇聚于该寺,正式恢复了法事活动。

参考文献:

[1] 嘎林达尔.毕鲁图庙史(蒙古文).呼和浩特:内蒙古新闻出版局,2009,8.

[2] 那·布和哈达.锡林郭勒寺院(蒙古文).海拉尔:内蒙古文化出版社,1999,4.

毕鲁图庙主殿

毕鲁图庙 · 基本概况 1

寺院蒙古语藏语名称	蒙古语	ᠣᠷᠤᠰᠢᠶᠠᠯ	寺院汉语名称	汉语正式名称	完满贝勒寺		
	藏语	ཕུན་ཚོགས་བདེ་ཕུན་ཆེན།		俗称	毕鲁图庙		
	汉语	磨刀石地方的庙	寺院汉语名称的由来		清廷赐名		
所在地	锡林郭勒盟苏尼特右旗朱日和镇毕鲁图嘎查				东经	112° 08′	北纬 43° 20′
初建年	康熙四十七年（1708年）		保护等级	县（市）级保护单位			
盛期时间	1808—1858年		盛期喇嘛僧/现有喇嘛僧数	200余人/15人			

历史沿革	1708年，一世活佛主持建造了第一座殿——狮面佛母殿。之后依次建造了护法殿、耶稣殿、释迦牟尼殿、密宗殿（诵经大殿，即后来的大雄宝殿）、甘珠尔殿、丹珠尔殿、天王殿。与此同时，也建造了活佛三大院、众多僧房及13座庙仓。 1913年，"丑牛之乱"中寺庙被烧毁，仅剩狮面佛母殿。战后30余年时间内，重建除4座殿宇外的所有建筑。重建时，将释迦牟尼殿、护法殿与狮面佛母殿连接一起，建成一座长方形硬山顶殿，三个殿各设一门。依照原温都孙殿式样，建造了大雄宝殿。 1931年，九世班禅到达该寺。 1945年，寺庙财产被洗劫，但建筑未被破损。 1961年，毕鲁图大队迁至该庙，并以扎木齐得庙仓作为办公室。 1966年，寺庙被拆除，仅剩大雄宝殿和一座小庙仓，被用于存放军队粮食。 1988年7月－1989年6月，由内蒙古自治区民委宗教局出资修建了大雄宝殿。 1989年，寺庙成为全旗佛教事务中心。 1995年，在大殿西侧建五间砖房。 2006年，在大殿东侧建六间砖房

资料来源	[1] 嘎林达尔.毕鲁图庙史（蒙古文）.呼和浩特:内蒙古新闻出版局,2009,8. [2] 那·布和哈达.锡林郭勒寺院（蒙古文）.海拉尔:内蒙古文化出版社,1999,4. [3] 调研访谈记录.

现状描述	该庙现存带有小歇山顶的藏式大雄宝殿一座、原作为庙仓的一座藏式小房一座，均保存完好。正在新建活佛拉布隆一座	描述时间	2010/08
		描述人	额尔德木图

调查日期	2010/08/02	调查人员	白雪、额尔德木图、贺龙、栗建元

毕鲁图庙·基本概况 2

现存建筑	经堂	僧房	已毁建筑	狮面佛母殿	释迦牟尼殿	护法殿	雅剌神殿
	——	——		天王殿	4座庙仓	活佛府	双层活佛拉布隆
	——	——		甘珠尔殿	丹珠尔殿	钟楼	鼓楼
	——	——		信息来源	《毕鲁图庙史》《锡林郭勒寺院》		

区位图

锡林郭勒盟地图

总平面图

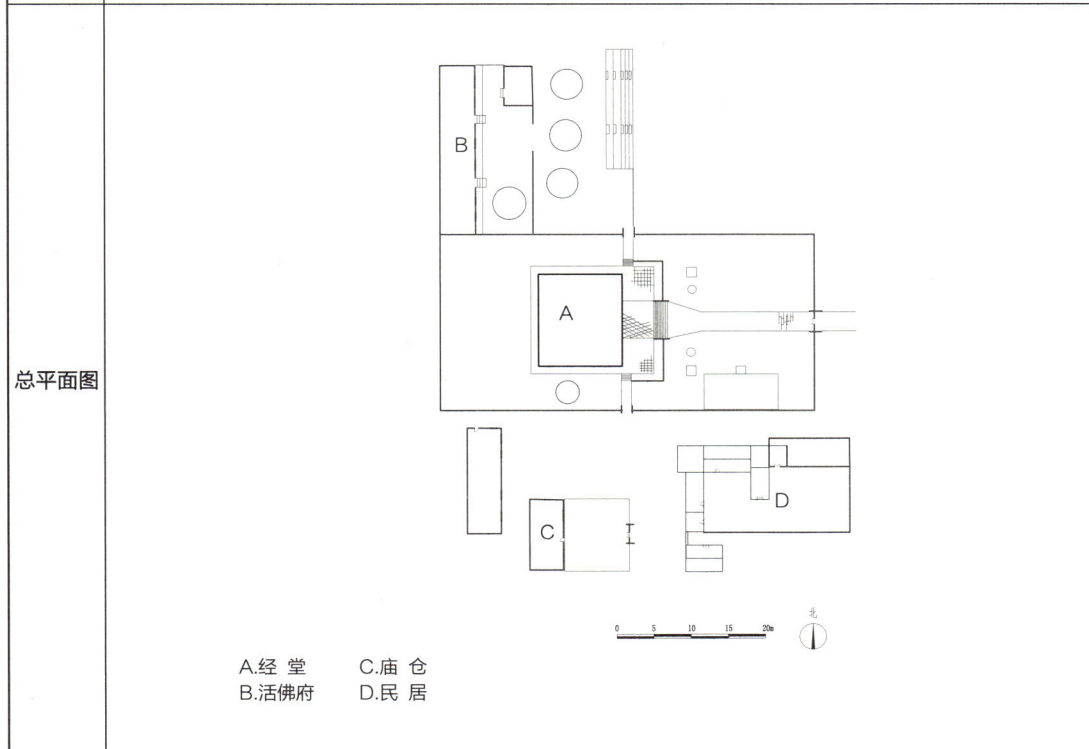

A.经堂　　C.庙仓
B.活佛府　D.民居

调查日期	2010/08/02	调查人员	白雪、额尔德木图、贺龙、栗建元

毕鲁图庙基本概况表2

31

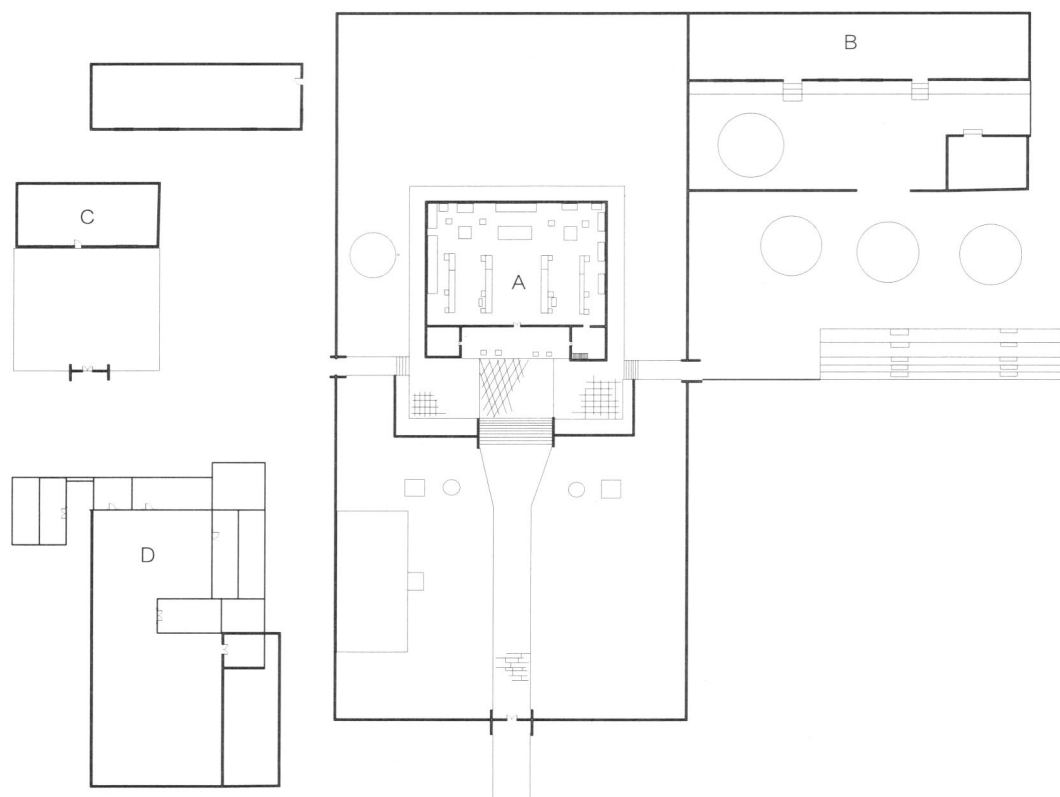

A.经　堂　　C.庙　仓
B.活佛府　　D.民　居

0　　5　　10　　15　　20m　北

毕鲁图庙总平面图

1.1 毕鲁图庙·主殿

单位：毫米

<table>
<tr><td rowspan="5">建筑名称</td><td>汉语正式名称</td><td colspan="3">完满贝勒寺</td><td>俗称</td><td colspan="4">毕鲁图庙</td></tr>
</table>

概述	初建年	康熙四十七年（1708年）	**建筑朝向**	坐西朝东	**建筑层数**	二
	建筑简要描述	汉藏结合式建筑，建筑层高不高，歇山顶很小，在平面中间有天井，大殿南北方向均有喇嘛住所，北侧更多				
	重建重修记载	1989年由政府修复了毕鲁图庙				
		信息来源	《毕鲁图庙简介》			

结构规模	结构形式	砖木混合结构	相连的建筑	无		**室内天井**	都纲法式		
	建筑平面形式	"凹"字形	外廊形式	前廊					
	通面阔	14800	开间数	5	明间 4260	次间 3590	梢间 1380	次梢间 ——	尽间 ——
	通进深	17660	进深数	5	进深尺寸（前→后）	1460→3200→3340→2950→1600			
	柱子数量	16	柱子间距	横向尺寸 ——	纵向尺寸 ——	（藏式建筑结构体系填写此栏，不含廊柱）			
	其他	平面大致为方形，天井在平面中间的位置（第三开间，第四进深处）							

建筑主体（大木作）（石作）（瓦作）	屋顶	屋顶形式	组合式屋顶（平顶上设歇山顶）			瓦作	金色琉璃瓦		
	外墙	主体材料	砖	材料规格	270×450×60	饰面颜色	白		
		墙体收分	有	边玛檐墙	有	边玛材料	砖砌花篮墙形式		
	斗栱、梁架	斗栱	无	平身科斗口尺寸	无	梁架关系	不明		
	柱、柱式（前廊柱）	形式	藏式	柱身断面形状	小八角	断面尺寸	234×240	（在没有前廊柱的情况下，填写室内柱及特征。）	
		柱身材料	木材	柱身收分	有	栌斗、托木	有	雀替 无	
		柱础	有	柱础形状	方形	柱础尺寸	484×521		
	台基	台基类型	普通台基	台基高度	535	台基地面铺设材料	水泥		
	其他	建筑正面有两个耳房，北面耳房内有楼梯，南侧耳房内储物							

装修（小木作）（彩画）	门(正面)	板门	门楣	无	堆经	有	门帘 无
	窗（正面）	藏式明窗	窗楣	有	窗套	有	窗帘 无
	室内隔扇	隔扇	无	隔扇位置	无		
	室内地面、楼面	地面材料及规格	无		楼面材料及规格	无	
	室内楼梯	楼梯	有	楼梯位置 北侧耳房	楼梯材料 木材	梯段宽度	600
	天花、藻井	天花	无	天花类型 无	藻井 有	藻井类型	四方
	彩画	柱头	有	柱身 有	梁架 有	走马板	无
		门、窗	有	天花 无	藻井 有	其他彩画	无
	其他	悬塑	无	佛龛 无	匾额	有（蒙古、汉、藏三种文字的"完满贝勒寺"）	

装饰	室内	帷幔 无	幕帘彩绘 无	壁画 无	唐卡 有						
		经幡 有	幢 有	柱毯 无	其他 无						
	室外	玛尼轮 无	苏勒德 有	宝顶 有	祥麟法轮 有						
		四角经幢 有	经幡 有	铜饰 有	石刻、砖雕 无						
		仙人走兽 无	壁画 无	其他 ——							

陈设	室内	主佛像	宗喀巴		佛像基座	莲花								
		法座 有	藏经橱 有	经床 有	诵经桌 有	法鼓 有	玛尼轮 无	坛城 有	其他 无					
	室外	旗杆 无	苏勒德 有	狮子 无	经幡 无	玛尼轮 无	香炉 有	五供 无	其他 无					
	其他	——												

备注	经堂内有两个法座，北侧为活佛座，南侧为大喇嘛座

调查日期	2010/08/02	调查人员	白雪	整理日期	2010/11/08	整理人员	白雪

主殿基本概况表1

毕鲁图庙·主殿·档案照片

照片名称	正立面	照片名称	斜前方	照片名称	斜后方

照片名称	背立面	照片名称	正门	照片名称	窗

照片名称	室外柱子	照片名称	二层正立面	照片名称	二层斜前方

照片名称	室外局部	照片名称	室内正面	照片名称	室内顶棚

照片名称	室内装饰及陈设	照片名称	佛像1	照片名称	佛像2

备注	———				
摄影日期	2010/08/02	摄影人员	贺龙、白雪		

主殿正门（左图）
主殿前廊（中图）
主殿外窗（右图）

主殿正立面

主殿室内局部（左图）
主殿嘛呢杆（右图）

2

Chagan Obo Temple

查干敖包庙

2 查干敖包庙 Chagan Obo Temple

查干敖包庙为原锡林郭勒盟苏尼特左翼旗寺庙。系该旗规模最为宏大的寺庙。乾隆四十年（1775年），清廷御赐蒙古、汉、满、藏四体"庆佑寺"匾额。寺庙管辖满都呼、巴音乌素、塔本胡都格、巴音哈拉塔尔、乔尔吉、呼和乌素、古如莫、乌兰胡都格、都日本胡都格、敖兰胡都格、哈就、阿拉坦格日勒12座诵经会。

康熙二十七年（1688年），土默特右翼旗僧人罗布桑诺日布云游至苏尼特左翼旗，修行于乌林敖包洞。康熙三十三年（1694年），该僧在满都呼之地始建一座诵经会，后在锡林查干敖包南恩克尔营之地始建寺庙，习称查干敖包庙。

寺庙建筑风格以藏式建筑为主，辅以汉式及蒙式建筑。寺庙原建筑群占地面积15万平方米，在其最盛时有80间三层大雄宝殿、80间双层显宗殿、40间双层密宗殿、49间双层时轮殿、49间双层医药殿、10间甘珠尔殿、23间双层斋戒殿、20间双层千佛殿、20间双层阿仁济勒殿、双层菩提道学殿等12座殿堂。80间三层东拉布隆、西拉布隆，2座活佛拉布隆，15座佛塔，14座庙仓。依据该庙建筑群复原图，可以断定其建筑多为藏式建筑，显宗殿及10间天王殿为汉藏结合式建筑，西拉布隆为汉式建筑，一些庙仓为蒙藏结合式建筑。其建筑布局的一个特点为，多数学部以佛殿为中心，两侧各建该学部庙仓院落与僧人住所，形成一个独立单元。历史上，曾以寺庙为核心，形成一座草原商业与手工业中心。为了保证规模宏大的寺院体系之正常运行与供给周边牧民的生活需求，在寺庙聚落内建有皮革加工点、砖瓦窑、纺织作坊、印经处等多种作坊。

查干敖包庙有显宗学部、密宗学部、时轮学部、医药学部、菩提道学部五大学部。

"文化大革命"中寺庙严重受损，仅存一座西拉布隆，原有里外双重院落，后外院也被其余建筑一同被拆除。1996年，修缮西拉布隆，恢复法事活动。2007年苏尼特左旗人民政府在满达拉图镇建造"查干活佛纪念馆"，建筑在对西拉布隆进行精密测量的基础上同等比例仿建。

参考文献：

［1］达·查干.查干敖包庙—查干葛根扎木彦力格希德扎木苏（蒙古文）.呼和浩特:内蒙古人民出版社,2008.

查干敖包庙 · 基本概况 1

寺院蒙古语藏语名称	蒙古语	ꡥꡢꡣ	寺院汉语名称	汉语正式名称	庆佑寺		
	藏语	——		俗称	查干敖包庙		
	汉语语义	白敖包地方的庙	寺院汉语名称的由来		清廷赐名		
所在地		锡林郭勒盟苏尼特左旗查干敖包苏木阿如宝拉格嘎查		东经	112° 05′	北纬	44° 18′
初建年		康熙四十八年（1709年）	保护等级		自治区级文物保护单位		
盛期时间		1900—1935	盛期喇嘛僧/现有喇嘛僧数		1000余人/8人		
历史沿革		1694年，罗布桑诺日布在满都呼建造一座诵经会，俗称满都呼诵经会，也称乌力吉陶格涛诵经会。 1708年，罗布桑诺日布到大库伦，提出建庙意愿，哲布尊丹巴呼图克图答应为其赠送木材。 1709年，罗布桑诺日布到归化、张家口、多伦商定运输车辆、工匠等事宜，开始建造寺庙。 1714年，新建拉布隆达西乐吉。 1717年，新建东拉布隆土殿。 1726年，始建大雄宝殿，1737年竣工。 1777年，新建显宗殿。 1780年，新建密宗殿。 1805年，新建时轮殿、千佛殿。 1854年，修缮时轮殿、东拉布隆、活佛府及密宗殿。 1865年，密宗殿因失火而被烧毁，次年重建。 1900年，新建医药殿。 1912年，新建菩提道学殿。 1930年，为了迎接九世班禅专门建造西拉布隆，同时装饰翻新整个寺院建筑群。 1932年，九世班禅到达该寺。 1953年，解放军边防连驻扎在西拉布隆，后将其归还于该庙，驻扎于寺院南侧。 1966年，寺庙建筑被拆毁，但至1972年大雄宝殿等3座大殿仍未被拆毁。 1996年，维修西拉布隆，恢复法事活动。 2009年，因献佛灯时失火，西拉布隆主殿内设施及墙壁被烧毁。 2010年，重新装饰室内					
	资料来源	[1]达·查干.查干敖包庙—查干葛根扎木彦力格希德扎木苏（蒙古文）.呼和浩特:内蒙古人民出版社,2008. [2]调研访谈记录.					
现状描述		仅存的一座院落—西拉布隆由五个单体建筑，三处小院构成。保护完好，空间布局小巧舒适，外置楼梯连接三间正殿		描述时间	2010/08/04		
				描述人	额尔德木图		
调查日期		2010/08/04	调查人员		白雪、贺龙、额尔德木图、栗建元		

查干敖包·基本概况 2

现存建筑	两拉布隆	——	已毁建筑	大雄宝殿	显宗殿	密宗殿	时轮殿
	——	——		医药殿	甘珠尔殿	斋戒殿	千佛殿
	——	——		阿仁济勒殿	菩提道学殿	15座佛塔	14座庙仓等
	——	——		信息来源	《查干敖包庙—查干葛根扎木彦力格希德扎木苏》		

区位图

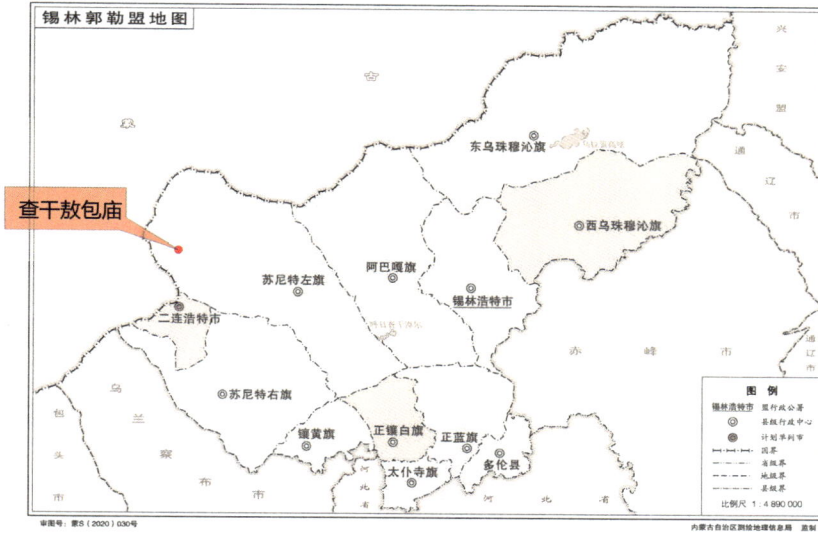

锡林郭勒盟地图

查干敖包庙

总平面图

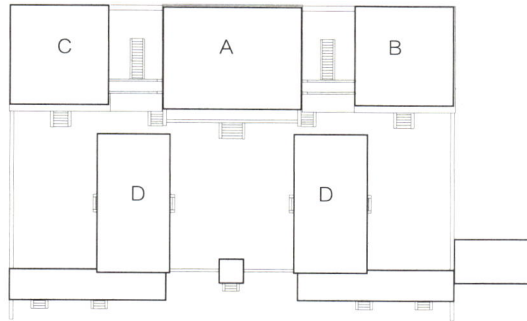

A.西拉布隆东侧殿
B.西拉布隆主殿
C.西拉布隆西侧殿
D.喇嘛僧舍

调查日期	2010/08/04	调查人员	白雪、贺龙、额尔德木图、栗建元

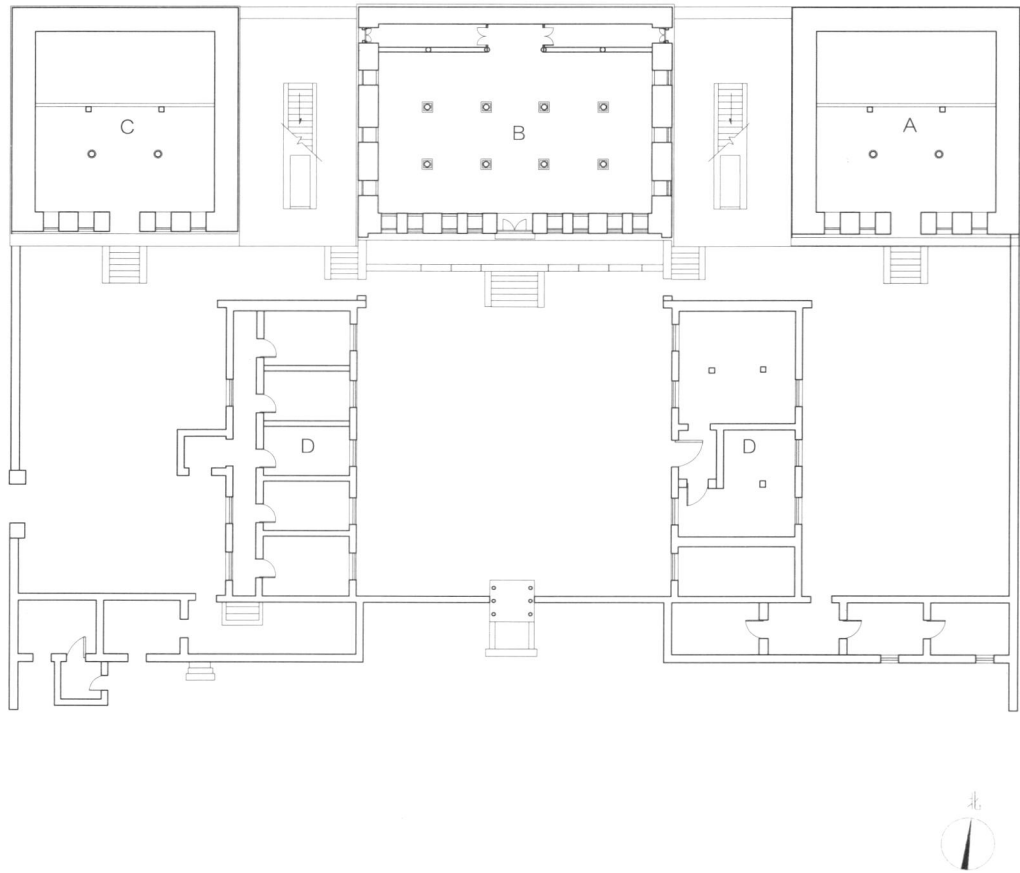

A.西拉布隆东侧殿
B.西拉布隆主殿
C.西拉布隆西侧殿
D.喇嘛僧舍

查干敖包庙总平面图

2.1 查干敖包庙·西拉布隆主殿

单位：毫米

建筑名称	汉语正式名称		西拉布隆主殿			俗称		——		
概述	初建年		1930年		建筑朝向		坐北朝南	建筑层数		二
	建筑简要描述		汉藏结合式建筑，该建筑与东西配殿在二层有外廊联系，廊为砖砌							
	重建重修记载		1996年维修西拉布隆，成为"内蒙古自治区古建筑文物保护单位"，并恢复法事活动							
	信息来源		1.调研访谈资料 。2.达·查干.查干敖包庙—查干葛根扎木彦力格希德扎木苏							
结构规模	结构形式		砖木结构	相连的建筑		两侧配殿		室内天井		无
	建筑平面形式		长方形	外廊形式		前廊				
	通面阔	15730	开间数	5	明间 2965	次间 2968	梢间 2640	次梢间 ——	尽间	——
	通进深	11125	进深数	4	进深尺寸（前→后）		2675 →3150 →2900 →1400			
	柱子数量	12	柱子间距	横向尺寸	——		（藏式建筑结构体系填写此栏，不含廊柱）			
				纵向尺寸	——					
	其他									
建筑主体（大木作）（石作）（瓦作）	屋顶	屋顶形式		前卷棚后歇山			瓦作		布瓦	
	外墙	主体材料	砖	材料规格		270×135×50	饰面颜色		白	
		墙体收分	有	边玛檐墙		无	边玛材料		无	
	斗栱、梁架	斗栱	无	平身科斗口尺寸		无	梁架关系		六檩前廊	
	柱、柱式（前廊柱）	形式	汉式	柱身断面形状		圆	断面尺寸	直径 D=300	（在没有前廊的情况下，填写室内柱及其特征。）	
		柱身材料	木材	柱身收分	有	栌斗、托木	无	雀替	无	
		柱础	有	柱础形状	方	柱础尺寸		420×420		
	台基	台基类型	普通台基	台基高度	1050	台基地面铺设材料		砖		
	其他				——					
装修（小木作）（彩画）	门(正面)		板门	门楣	无	堆经	有	门帘	无	
	窗（正面）		藏式明窗	窗楣	无	窗套	无	窗帘	无	
	室内隔扇	隔扇	有	隔扇位置		二层前廊内				
	室内地面、楼面	地面材料及规格		木板208×1805	楼面材料及规格		方砖350×350			
	室内楼梯	楼梯	室外楼梯	楼梯位置	东西两侧	楼梯材料	砖砌	梯段宽度	860	
	天花、藻井	天花	被遮挡	天花类型	不明	藻井	无	藻井类型	无	
	彩画	柱头	有	柱身	有	梁架	有	走马板	有	
		门、窗	无	天花	不详	藻井	无	其他彩画	无	
	其他	悬塑	无	佛龛	无	匾额		无		
装饰	室内	帷幔	无	幕帘彩绘	无	壁画	无	唐卡	有	
		经幡	无	幢	无	柱毯	无	其他	无	
	室外	玛尼轮	无	苏勒德	无	宝顶	有	祥麟法轮	有	
		四角经幢	无	经幡	无	铜饰	无	石刻、砖雕	有	
		仙人走兽	有	壁画	无	其他				
陈设	室内	主佛像		东侧为绿度母		佛像基座				
		法座	无	藏经橱	有	经床	有	诵经桌	有	法鼓 有	玛尼轮 有	坛城 无	其他 无
	室外	旗杆	无	苏勒德	无	狮子	有	经幡	无	玛尼轮 无	香炉 有	五供 无	其他 无
	其他				——					
备注				——						
调查日期	2010/08/04	调查人员	白雪	整理日期	2010/11	整理人员	白雪			

查干敖包庙·西拉布隆主殿·档案照片

照片名称	正立面1	照片名称	正立面2	照片名称	斜前方

照片名称	斜后方	照片名称	室外柱头	照片名称	正门

照片名称	侧门	照片名称	室外局部1	照片名称	室外局部2

照片名称	室外局部3	照片名称	室外局部4	照片名称	室内正面

照片名称	室内装饰及陈设	照片名称	室内柱头	照片名称	室内装饰

备注	——				
摄影日期	2010/08/04	摄影人员	贺龙		

西拉布隆主殿正前方

西拉布隆主殿侧立面室
外连廊（左图）
西拉布隆主殿侧立面斜
后方（右图）

西拉布隆主殿檐部
（左图）

西拉布隆主殿屋顶
（右图）

西拉布隆主殿室内
（左图）
西拉布隆主殿侧面
（右图）

西拉布隆主殿一层平面图

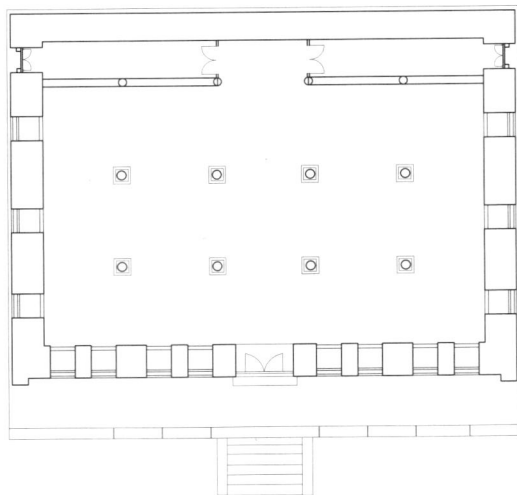

西拉布隆主殿二层平面图

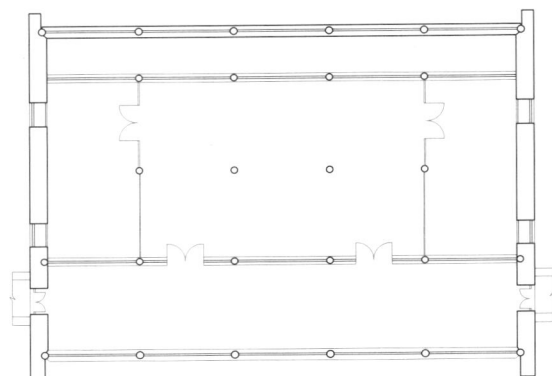

西拉布隆主殿立面图

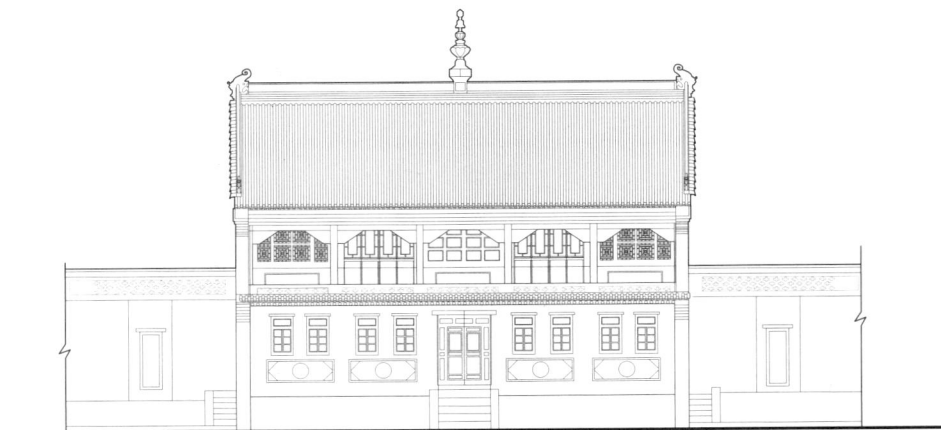

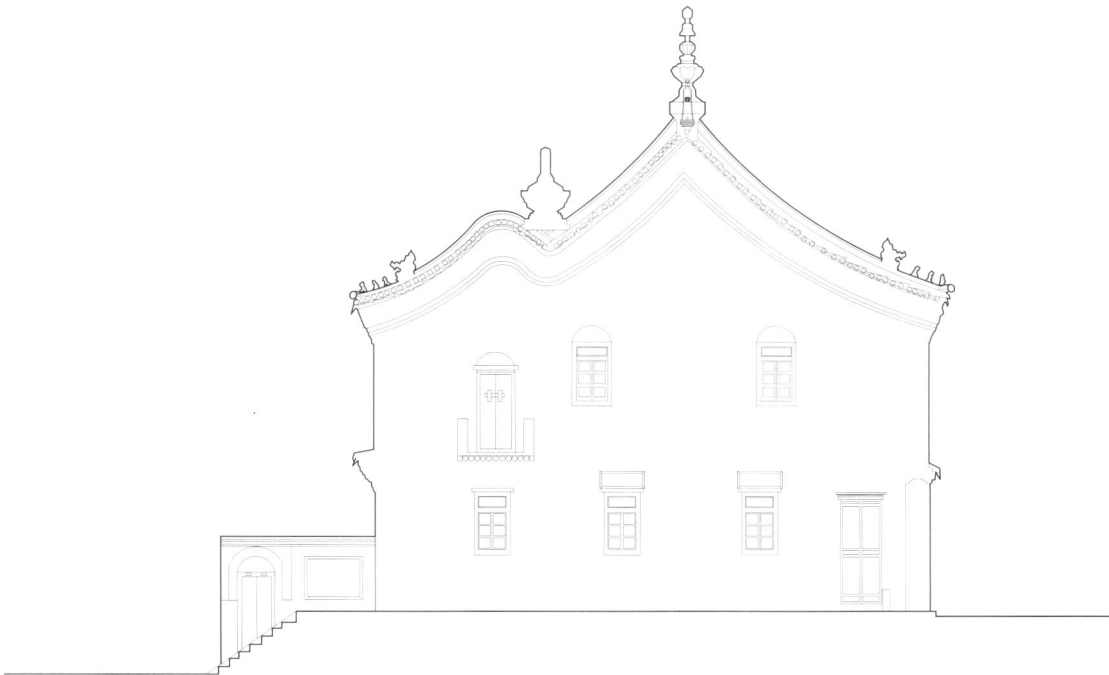

西拉布隆主殿侧立面图

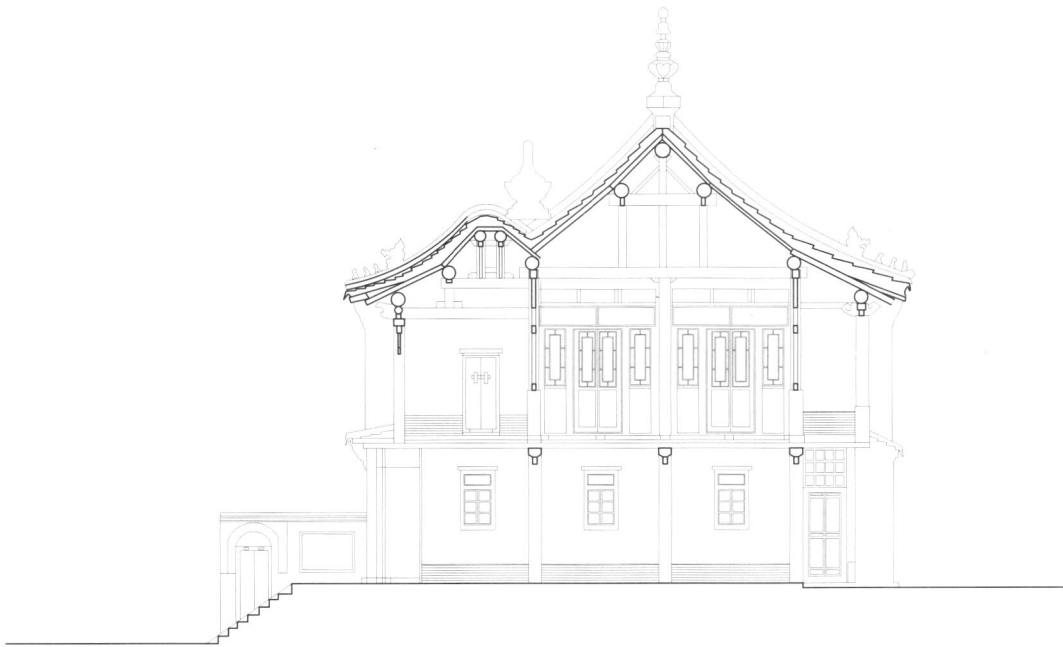

西拉布隆主殿剖面图

2.2 查干敖包庙·西拉布隆东配殿

单位：毫米

建筑名称	汉语正式名称	西拉布隆东配殿		俗称		——		
概述	初建年	1930年		建筑朝向	坐北朝南	建筑层数	一	
	建筑简要描述	汉式建筑						
	重建重修记载	1996年维修西拉布隆，成为"内蒙古自治区古建筑文物保护单位"，并恢复法事活动						
		信息来源	1.调研访谈资料。2.达·查干.查干敖包庙—查干葛根扎木彦力格希德扎木苏					
结构规模	结构形式	砖木结构	相连的建筑	西拉布隆主殿		室内天井	都纲法式	
	建筑平面形式	方形	外廊形式	前廊				
	通面阔	11900	开间数	3	明间 3630	次间 3160	梢间 ——	次梢间 ——	尽间 ——
	通进深	11700	进深数	3	进深尺寸（前→后）	3280→2630→3920		
	柱子数量	6	柱子间距	横向尺寸 ——		（藏式建筑结构体系填写此栏，不含廊柱）		
				纵向尺寸 ——				
	其他	——						
建筑主体 （大木作）（石作）（瓦作）	屋顶	屋顶形式	硬山			瓦作	布瓦	
	外墙	主体材料	砖	材料规格	290×130×50	饰面颜色	白	
		墙体收分	有	边玛檐墙	无	边玛材料	无	
	斗栱、梁架	斗栱	无	平身科斗口尺寸	无	梁架关系	五檩无廊	
	柱、柱式（前廊柱）	形式	汉式	柱身断面形状	圆	断面尺寸	直径 D=200	（在没有前廊柱的情况下，填写室内柱及其特征。）
		柱身材料	木材	柱身收分	有	栌斗、托木	无	雀替 无
		柱础	有	柱础形状	方	柱础尺寸	465×450	
	台基	台基类型	普通台基	台基高度	1060	台基地面铺设材料	不明，被沙子掩埋	
	其他	——						
装修 （小木作）（彩画）	门（正面）	板门		门楣	有	堆经	无	门帘 无
	窗（正面）	藏式明窗		窗楣	有	窗套	无	窗帘 无
	室内隔扇	隔扇	无	隔扇位置	——			
	室内地面、楼面	地面材料及规格	木板2090×240		楼面材料及规格	方砖350×350		
	室内楼梯	楼梯	无	楼梯位置	无	楼梯材料	无	梯段宽度 无
	天花、藻井	天花	无	天花类型	无	藻井	无	藻井类型 无
	彩画	柱头	有	柱身	有	梁架	有	走马板 有
		门、窗	无	天花	无	藻井	无	其他彩画 无
	其他	悬塑	无	佛龛	无	匾额	无	
装饰	室内	帷幔	无	幕帘彩绘	无	壁画	无	唐卡 有
		经幡	无	幢	无	柱毯	有	其他 无
	室外	玛尼轮	无	苏勒德	无	宝顶	有	祥麟法轮 无
		四角经幢	无	经幡	无	铜饰	无	石刻、砖雕 有
		仙人走兽	有	壁画	无	其他	无	
陈设	室内	主佛像	舍利塔		佛像基座	——		
		法座 无	藏经橱 无	经床 无	诵经桌 无	法鼓 无	玛尼轮 无	坛城 无	其他 无
	室外	旗杆 无	苏勒德 无	狮子 无	经幡 无	玛尼轮 无	香炉 无	五供 无	其他 无
	其他	——						
备注	——							

调查日期	2010/08/04	调查人员	白雪	整理日期	2010/11	整理人员	白雪

查干敖包庙·西拉布隆东配殿·档案照片

照片名称	侧立面1	照片名称	斜前方	照片名称	侧立面2

照片名称	正立面	照片名称	窗户	照片名称	室外台阶

照片名称	室外楼梯	照片名称	室外局部1	照片名称	檐部

照片名称	室外局部2	照片名称	室内正面	照片名称	室内柱子

照片名称	室内屋顶椽子	照片名称	室内装饰及陈设	照片名称	室内陈设

备注	——				
摄影日期	2010/08/04	摄影人员	贺龙		

查干敖包庙西拉布隆东配殿基本情况表2

西拉布隆东配殿斜前方

西拉布隆东配殿正前方
（左图）

西拉布隆东配殿室内
正面（右图）

西拉布隆东配殿二层窗
（左图）

西拉布隆东配殿窗
（右图）

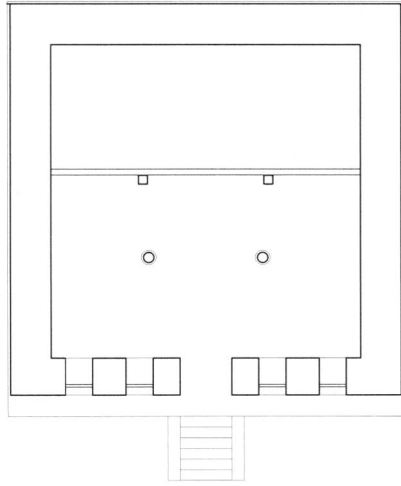

西拉布隆东配殿
一层平面图

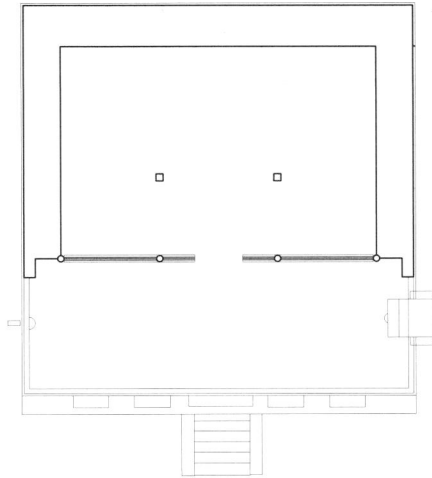

西拉布隆东配殿
二层平面图

西拉布隆东配殿
立面图

2.3　查干敖包庙·西拉布隆西配殿

西拉布隆西配殿室内顶棚
（左图）
西拉布隆西配殿室内柱子
（右图）

西拉布隆东配殿斜前方

2.4　查干敖包庙·西拉布隆其他建筑

西拉布隆山门斜前方

西拉布隆山门局部
（左图）
西拉布隆石狮
（右图）

3

Bayinwusu Chanting Temple

巴音乌素诵经会

3 巴音乌素诵经会 Bayinwusu Chanting Temple

巴音乌素诵经会遗址

巴音乌素诵经会，也称巴音乌素庙，为原锡林郭勒盟苏尼特左翼旗诵经会。系该旗查干敖包庙下属12座诵经会之一。诵经会曾珍藏藏文版、蒙古文版的金字甘珠尔经。

乾隆二十一年（1756年），苏尼特左翼旗罗本师二世呼比勒汗罗布桑伊希在巴音乌素之地始建寺庙，取藏名"根伯里令"。乾隆五十六年（1791年），罗本师三世呼比勒汗贡楚克吉格米德新建密宗学部，挂金字匾额"达日杰觉令"。

诵经会建筑风格为藏式建筑。该诵经会在最盛时有40间双层密宗殿、大雄宝殿、6间天王殿及最初建10间殿等殿宇，其中密宗殿为该诵经会最大的经堂，外有方形大院，正门为藏式天王殿。寺庙有佛塔3座、仓房3座、房屋4座、院落4座、蒙古包5顶及僧舍院落72处，分布于密宗殿两侧。

1823年，第三世忽必勒汗贡楚格吉格米德在该诵经

会建立蒙古学社，为喇嘛及周边牧民讲授蒙古语。附近的朝尔吉诵经会、巴音哈拉塔尔诵经会及查干敖包庙的僧人来此学习蒙古文字。

1961年始寺庙建筑被拆除，建材被运送他地。仅存残破严重、已无顶的密宗殿、天王殿及院墙，两侧也有其他建筑体的残墙断壁。希如昌图嘎查办公室曾设于诵经会南，被遗弃的诵经会残墙遗址成为牧户用于圈牲畜、避风雪的临时棚圈。1980年至今，有一牧户定居在该诵经会遗址旁。该诵经会喇嘛现在世2人，其中1名在查干敖包庙。

参考文献：
［1］达·查干.查干敖包庙一查干葛根扎木彦力格希德扎木苏（蒙古文）.呼和浩特:内蒙古人民出版社,2008.

巴音乌素诵经会遗址1（左图）
巴音乌素诵经会遗址2（右图）

巴音乌素诵经会 · 基本概况 1

寺院蒙古语藏语名称	蒙古语	ᠪᠠᠶᠠᠨ ᠤᠰᠤᠨ ᠦ ᠬᠤᠷᠠᠯ	寺院汉语名称	汉语正式名称	巴音乌素诵经会
	藏语	དཔལ་འབྱོར་ཆུ་		俗称	巴音乌素诵经会
	汉语语义	富饶之水地方的诵经会	寺院汉语名称的由来		依据诵经会所在地名称
所在地		锡林郭勒盟苏尼特左旗洪格尔苏木希如昌图嘎查		东经 112° 14′	北纬 44° 40′
初建年		乾隆二十一年（1756年）	保护等级		自治区级文物保护单位
盛期时间		——	盛期喇嘛僧/现有喇嘛僧数		50余人/2人

历史沿革	1756年，始建诵经会，建造1座10间经堂。 1791年，新建密宗殿、天王殿。 1803年，新建大雄宝殿。 1843年，修缮密宗殿，并在其北侧新建白塔1座。 1863年，巴音乌素诵经会正式成为查干敖包庙下属诵经会，蒙古学社也因此迁往查干敖包庙。 1912年，北洋政府派兵驻守半年。 1960年，虽无喇嘛看守庙宇，但建筑及器物设施均保存完好。 1961年，开始拆除诵经会建筑群，建筑材料被运往洪格尔苏木与二连浩特市。 1980年至今，有一牧户定居在该诵经会遗址旁
资料来源	［1］达·查干.查干敖包庙—查干葛根扎木彦力格希德扎木苏（蒙古文）.呼和浩特:内蒙古人民出版社,2008. ［2］调研访谈记录.

现状描述	朱得巴殿有两层边玛墙，无顶、门、窗，仅剩围墙。西墙中间破裂，以石块填补。外有院墙，天王殿已残破，亦无顶。大殿东北侧有一僧房，无顶，仅剩墙	描述时间	2010/08/03
		描述人	额尔德木图
调查日期	2010/08/03	调查人员	白雪、贺龙、额尔德木图、栗建元

巴音乌素诵经会基本概况
表1

巴音乌素诵经会 · 基本概况 2

现存建筑	密宗殿主体	——	已毁建筑	密宗殿	大雄宝殿	蒙古学社
	——	——		天王殿	佛塔	仓房
	——	——		蒙古包	僧舍院落	——
	——	——	信息来源		那·布和哈达主编《锡林郭勒寺院》	

区位图

锡林郭勒盟地图

总平面图

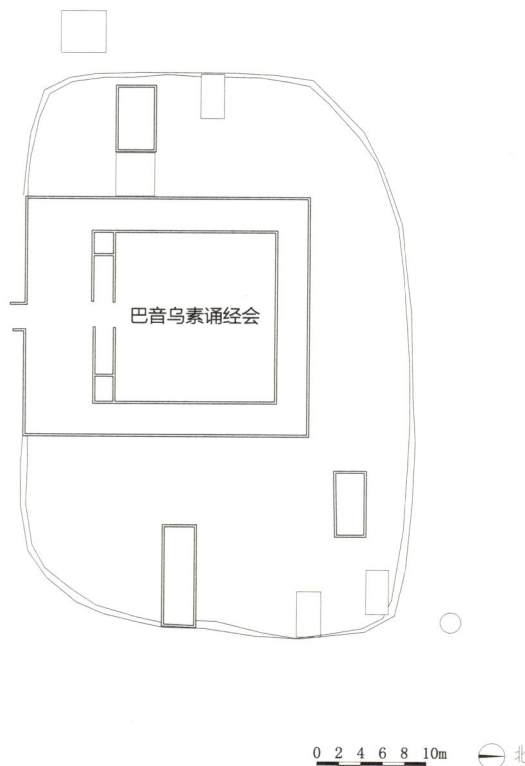

巴音乌素诵经会

0 2 4 6 8 10m　北

调查日期	2010/08/03	调查人员	白雪、贺龙、额尔德木图、栗建元

3.1 巴音乌素诵经会·经堂佛殿

单位：毫米

建筑名称	汉语正式名称			密宗殿					俗称		密宗殿		
概述	初建年		乾隆二十一年（1756年）			建筑朝向			坐南朝北		建筑层数	可能为二层		
	建筑简要描述		藏式建筑，建筑主体中的柱子、屋顶等都已丢失，仅存石结构											
	重建重修记载		1912年，北洋政府派兵驻守半年。1961年始拆毁诵经会建筑群，建筑材料被运往洪格尔苏木与二连浩特市											
	信息来源		那·布和哈达.锡林郭勒寺院（蒙古文）.海拉尔：内蒙古文化出版社,1999.											
结构规模	结构形式		石木结构	相连的建筑		无				室内天井		不明		
	建筑平面形式		"凹"字形	外廊形式		前廊								
	通面阔		22350	开间数		不明	明间	——	次间	——	梢间	——	次梢间 ——	尽间 ——
	通进深		2340	进深数		不明	进深尺寸（前→后）							
	柱子数量		——	柱子间距		横向尺寸		——		（藏式建筑结构体系填写此栏，不含廊柱）				
						纵向尺寸		——						
	其他		——											
建筑主体 （大木作） （石作） （瓦作）	屋顶	屋顶形式	——					瓦作	无					
	外墙	主体材料	石材 土坯	材料规格		不规则		饰面颜色	白					
		墙体收分	有	边玛檐墙		有		边玛材料	红砖，两层					
	斗栱、梁架	斗栱	无	平身科斗口尺寸		无		梁架关系	不明					
	柱、柱式（前廊柱）	形式	无	柱身断面形状		无	断面尺寸		无		（在没有前廊柱的情况下，填写室内柱及其特征。）			
		柱身材料	无	柱身收分		无	栌斗、托木		无	雀替	无			
		柱础	无	柱础形状		无	柱础尺寸		无					
	台基	台基类型	无	台基高度		730	台基地面铺设材料		不明					
	其他		——											
装修 （小木作） （彩画）	门(正面)		板门	门楣	无		堆经	有		门帘	无			
	窗（正面）		无	窗楣	无		窗套	无		窗帘	无			
	室内隔扇	隔扇	无	隔扇位置		无								
	室内地面、楼面	地面材料及规格		无		楼面材料及规格			无					
	室内楼梯	楼梯	无	楼梯位置	无		楼梯材料	无		梯段宽度	无			
	天花、藻井	天花	无	天花类型	无		藻井	无		藻井类型	无			
	彩画	柱头	无	柱身	无		梁架	无		走马板	无			
		门、窗	无	天花	无		藻井	无		其他彩画	无			
	其他	悬塑	无	佛龛	无		匾额		无					
装饰	室内	帷幔	无	幕帘彩绘	无		壁画	无		唐卡	无			
		经幡	无	幢	无		柱毯	无		其他	无			
	室外	玛尼轮	无	苏勒德	无		宝顶	无		祥麟法轮	无			
		四角经幢	无	经幡	无		铜饰	无		石刻、砖雕	无			
		仙人走兽	无	壁画	无		其他		无					
陈设	室内	主佛像		无			佛像基座		无					
		法座 无	藏经橱 无	经床 无	诵经桌 无		法鼓 无	玛尼轮 无	坛城 无		其他	无		
	室外	旗杆 无	苏勒德 无	狮子 无	经幡 无		玛尼轮 无	香炉 无	五供 无		其他	无		
	其他		——											
备注			——											
调查日期	2010/08/03		调查人员		白雪		整理日期		2010/11/05		整理人员		白雪

巴音乌素诵经会 · 档案照片

照片名称	遗址局部1	照片名称	遗址局部2	照片名称	遗址局部3

照片名称	正立面	照片名称	斜前方	照片名称	侧立面

照片名称	斜后方	照片名称	背立面	照片名称	局部1

照片名称	局部2	照片名称	局部3	照片名称	局部4

照片名称	局部5	照片名称	局部6	照片名称	局部7

备注	——				
摄影日期	2010/08/03	摄影人员	贺龙		

巴音乌素诵经会遗址3

巴音乌素诵经会遗址4
（左图）

巴音乌素诵经会遗址全
局图（右图）

巴音乌素诵经会主殿墙
遗址1（左图）

巴音乌素诵经会主殿墙
遗址2（右图）

4

Yangdu Temple

杨都庙

4 杨都庙 Yangdu Temple

杨都庙由原杨都庙和新建盟庙两座寺庙组成。原杨都庙为阿巴嘎左翼旗寺庙，清廷赐名"施善寺"。其西北侧的寺庙为锡林郭勒盟盟庙，清廷赐名"钦定寿昌寺"。由于两座寺庙共处一个地方，故合称杨都庙。

原杨都庙由一座诵经会演变而来。同治三年（1864年），新建显宗殿，正式建庙。后与巴音呼热庙合并后，新建盟沿用巴音呼热庙钦赐名"施善寺"。新建盟庙的前身为位于克什克腾旗境内的达尔罕乌拉庙，又称阿巴嘎王庙。阿巴嘎左翼旗某代扎萨克王在克什克腾旗境内新建一座寺庙，该王成为盟长后将寺庙献给锡林郭勒盟。另一说为，阿巴嘎王乌日金扎布曾兼任锡林郭勒盟、昭乌达盟两盟盟长时新建该庙。"丑牛之乱"（1913年）中盟庙被毁，其僧人迁至杨都庙。阿巴嘎王杨桑就任锡林郭勒盟盟长一职后，于民国10年（1921年）在原杨都庙西北侧始建盟庙。规定全盟每旗选派两名喇嘛及一户沙比纳尔常驻该庙。

寺院建筑风格为汉式建筑。原杨都庙由显宗殿、菩提道学殿2座大殿构成，殿宇分布于两处院落内，间隔一堵墙，其间有一小门。显宗殿院内有东、西配殿、博格达喇嘛殿，菩提道学殿院内有塔庙。新建盟庙总面积达3600平方米，由80间双层汉式大雄宝殿、释迦牟尼殿、东西配殿、钟鼓楼、天王殿等建筑构成，其南有托音喇嘛院。寺庙拥有12座大庙仓、14座小庙仓，成为阿巴嘎、阿巴哈纳尔四旗最富有的寺庙。

"文化大革命"时期寺庙严重受损，但其三大殿——大雄宝殿、显宗殿、菩提道学殿得以幸存，其余配殿、僧房虽破败严重，但较完整地保存下来，从而体现了寺院原建筑格局。1985年寺庙恢复法会，1991年后两次维修大雄宝殿，但其余两大殿堂迄今破败严重。

参考文献：

[1] 巴仁达.阿巴嘎寺院（蒙古文）（内部资料）.

杨都庙 · 基本概况 1

寺院蒙古语藏语名称	蒙古语	ᠶᠠᠩᠳᠤ ᠶᠢᠨ ᠬᠡᠶᠢᠳ	寺院汉语名称	汉语正式名称	施善寺、钦定寿昌寺
	藏语	——		俗称	杨都庙
	汉语语义	——	寺院汉语名称的由来		清廷赐名

所在地	锡林郭勒盟阿巴嘎旗洪格尔高勒镇镇政府所在地		东经	115° 39′	北纬	43° 19′
初建年	同治三年（1864年）	保护等级		自治区级文物保护单位		
盛期时间	1920—1940	盛期喇嘛僧/现有喇嘛僧		813人/13人		

历史沿革	1864年，新建显宗殿，正式建庙。之后阿巴嘎王将一座拥有100余名喇嘛的小寺庙——巴音呼热庙合并至杨都庙。 1884年，增建一座菩提道学殿，取名"福满菩提寺"，藏名"根登章楚布令"。 1913年，位于克什克腾旗的锡林郭勒盟盟庙在战乱中被毁，其300余名喇嘛迁到杨都庙。 1921—1923年，在原杨都庙西北侧修建重檐歇山顶大雄宝殿——"钦定寿昌寺"，作为盟庙。 1960年以来，杨都庙显宗殿与菩提道学殿被用作巴音高勒苏木供销社仓库，盟庙大雄宝殿被用作巴音高勒苏木粮站的粮库，使用至1988年。 1985年，寺庙正式恢复法会。 1988至1991年，维修盟庙大雄宝殿。 2009年，在大雄宝殿西侧修建活佛拉布隆
资料来源	［1］巴仁达.阿巴嘎寺院（蒙古文）（内部资料）. ［2］调研访谈记录.

现状描述	该庙现存11座古建筑及若干残缺的僧房、院落遗迹。其中有三座大殿，其一为盟庙大雄宝殿，已被修复使用。剩余两座，即显宗殿与菩提道学殿破败严重，屋檐、台基、墙面已部分受损。五座配殿、佛殿的门窗、墙体受损。以上建筑中已无人居住或使用	描述时间	2010/09/05
		描述人	额尔德木图

调查日期	2010/07/10、2010/08/10	调查人员	白雪、贺龙、额尔德木图、栗建元

杨都庙·基本概况 2

现存建筑	大雄宝殿	显宗殿	已毁建筑	僧房	有托音喇嘛院	院墙
	五座配殿	佛殿		钟鼓楼	大庙仓	小庙仓
	菩提道学殿	——		博格达喇嘛殿	——	——
	——	——	信息来源	巴仁达编《阿巴嘎寺院》（蒙古文）（内部资料）		

区位图

锡林郭勒盟地图

总平面图

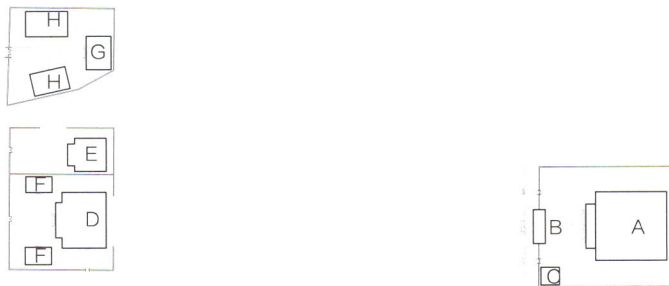

A.大雄宝殿　　D.显宗殿　　G.活佛府
B.山　门　　　E.菩提道学殿　H.厢　房
C.盟庙配殿　　F.东西配殿

调查日期	2010/7/10、2010/8/10	白雪、贺龙、额尔德木图、栗建元

A.大雄宝殿
B.山 门
C.盟庙配殿
D.显宗殿
E.菩提道学殿
F.东西配殿
G.活佛府
H.厢 房

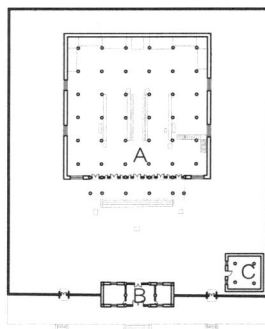

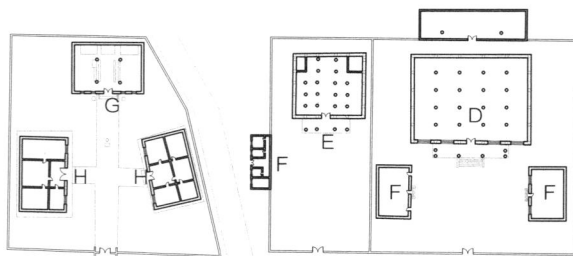

杨都庙总平面图

4.1 杨都庙·大雄宝殿

单位：毫米

建筑名称	汉语正式名称		钦定寿昌寺			俗称		大雄宝殿		
概述	初建年		清同治三年（1864年）		建筑朝向		坐北朝南		建筑层数	二
	建筑简要描述		汉藏结合式建筑							
	重建重修记载		1985年该庙开始恢复其法会。1988-1991年维修盟庙大雄宝殿，2009年在其西侧加建一处小院落							
	信息来源		巴仁达.阿巴嘎寺庙（内部资料）.							
结构规模	结构形式		砖木混合	相连的建筑	无			室内天井	无	
	建筑平面形式		"凸"字形	外廊形式	前廊					
	通面阔		19400	开间数	7	明间 3500	次间 3300	梢间 3300	次梢间 ——	尽间 1350
	通进深		19750	进深数	7	进深尺寸（前→后）		1700→3300→3300→3300→3350→3300→1500		
	柱子数量		36	柱子间距	横向尺寸	——		（藏式建筑结构体系填写此栏，不含廊柱）		
					纵向尺寸	——				
	其他		二层8根柱，进深分别为1550、3200、1500 前廊进深为1400							
建筑主体 （大木作） （石作） （瓦作）	屋顶	屋顶形式	前卷棚后重檐歇山顶			瓦作		布瓦		
	外墙	主体材料	砖	材料规格	270×130×60	饰面颜色		灰		
		墙体收分	有	边玛檐墙	无	边玛材料		无		
	斗栱、梁架	斗栱	无	平身科斗口尺寸	无	梁架关系		不明		
	柱、柱式 （前廊柱）	形式	汉式	柱身断面形状	圆	断面尺寸		直径 D=300	（在没有前廊柱的情况下，填写室内柱及其特征。）	
		柱身材料	木	柱身收分	有	栌斗、托木	无	雀替	有	
		柱础	有	柱础形状	圆	柱础尺寸		直径 D=350		
	台基	台基类型	普通	台基高度	880	台基地面铺设材料		条石		
	其他		——							
装修 （小木作） （彩画）	门(正面)		隔扇门	门楣	无	堆经	无	门帘	无	
	窗（正面）		槛窗	窗楣	无	窗套	无	窗帘	无	
	室内隔扇	隔扇	无	隔扇位置	无					
	室内地面、楼面	地面材料及规格	木板2150（长向）		楼面材料及规格	木板宽280长2149				
	室内楼梯	楼梯	有	楼梯位置	东南角	楼梯材料	木质	梯段宽度	见备注	
	天花、藻井	天花	有	天花类型	井口天花	藻井	有	藻井类型	无	
	彩画	柱头	有	柱身	有	梁架	有	走马板	有	
		门、窗	无	天花	有	藻井	有	其他彩画	无	
	其他	悬塑	无	佛龛	有	匾额	有"钦定寿昌寺"			
装饰	室内	帷幔	有	幕帘彩绘	无	壁画	无	唐卡	有	
		经幡	有	幢	有	柱毯	无	其他	无	
	室外	玛尼轮	无	苏勒德	无	宝顶	有	祥麟法轮	有	
		四角经幢	无	经幡	无	铜饰	无	石刻、砖雕	有	
		仙人走兽	有	壁画	无	其他				
陈设	室内	主佛像		大黑天		佛像基座		——		
		法座	有	藏经橱 有	经床 有	诵经桌 有	法鼓 有	玛尼轮 有	坛城 无	其他 ——
	室外	旗杆	无	苏勒德 无	狮子 有	经幡 无	玛尼轮 无	香炉 有	五供 无	其他 ——
	其他		——							
备注			法座有三个：中间一个，两侧各一个，领经喇嘛在西侧，中间为乔尔吉活佛，东面为大喇嘛							
调查日期	2010/08/09	调查人员	白雪	整理日期	2010/11	整理人员	白雪			

杨都庙 · 大雄宝殿 · 档案照片

照片名称	正立面	照片名称	斜前方	照片名称	侧立面

照片名称	背立面	照片名称	正门	照片名称	窗

照片名称	室外柱头	照片名称	室外局部1	照片名称	室外局部2

照片名称	室外局部3	照片名称	室外局部4	照片名称	室外局部5

照片名称	室内正面	照片名称	室内侧面	照片名称	室内顶棚

备注	—				
摄影日期	2010/08/09	摄影人员	贺龙		

大雄宝殿斜前方

大雄宝殿室内侧面
（左图）
大雄宝殿侧面局部
（右图）

大雄宝殿前廊顶棚

4.2　杨都庙·显宗殿

単位：毫米

建筑名称	汉语正式名称	钦定寿昌寺			俗称		显宗殿			
概述	初建年	同治三年（1864年）			建筑朝向	坐北朝南		建筑层数	一	
	建筑简要描述	汉藏结合式建筑								
	重建重修记载	1985年该庙开始恢复其法会。1988-1991年维修盟庙大雄宝殿，2009年在其西侧加建一处小院落								
	信息来源	巴仁达.阿巴嘎寺庙（内部资料）								
结构规模	结构形式	砖木混合		相连的建筑	佛殿			室内天井	无	
	建筑平面形式	"凸"字形		外廊形式	前廊					
	通面阔	17140	开间数	5	明间 3180	次间 3180	梢间 ——	次梢间 3300	尽间 ——	
	通进深	13720	进深数	6	进深尺寸（前→后）		3110→3180→3210→3180→2280→940			
	柱子数量	20	柱子间距	横向尺寸	——		（藏式建筑结构体系填写此栏，不含廊柱）			
				纵向尺寸	——					
	其他									
建筑主体（大木作）（石作）（瓦作）	屋顶	屋顶形式	前卷棚后歇山				瓦作	布瓦		
	外墙	主体材料	砖	材料规格	240×115×53		饰面颜色	下灰上红		
		墙体收分	有	边玛檐墙	无		边玛材料	无		
	斗栱、梁架	斗栱	有	平身科斗口尺寸	45		梁架关系	不详		
	柱、柱式（前廊柱）	形式	汉式	柱身断面形状	圆	断面尺寸	直径D=270		（在没有前廊柱的情况下，填写室内柱及其特征。）	
		柱身材料	木	柱身收分	有	栌斗、托木	无	雀替	有	
		柱础	无	柱础形状	——	柱础尺寸	——			
	台基	台基类型	普通	台基高度	3450	台基地面铺设材料	花岗石			
	其他	——								
装修（小木作）（彩画）	门（正面）	隔扇门		门楣	无	堆经	无	门帘	无	
	窗（正面）	槛窗		窗楣	无	窗套	无	窗帘	无	
	室内隔扇	隔扇	无	隔扇位置	无					
	室内地面、楼面	地面材料及规格	瓷砖600×600		楼面材料及规格	无				
	室内楼梯	楼梯	无	楼梯位置	无	楼梯材料	无	楼段宽度	无	
	天花、藻井	天花	有	天花类型	井口天花	藻井	无	藻井类型	无	
	彩画	柱头	有	柱身	有	梁架	有	走马板	有	
		门、窗	有	天花	有	藻井	无	其他彩画	有	
	其他	悬塑	无	佛龛	有	匾额	有			
装饰	室内	帷幔	无	幕帘彩绘	无	壁画	无	唐卡	有	
		经幡	有	幢	有	柱毯	无	其他	无	
	室外	玛尼轮	有	苏勒德	无	宝顶	有	祥麟法轮	有	
		四角经幢	无	经幡	有	铜饰	无	石刻、砖雕	无	
		仙人走兽	无	壁画	无	其他	——			
陈设	室内	主佛像	——			佛像基座	——			
		法座 有	藏经橱 无	经床 有	诵经桌 有	法鼓 有	玛尼轮 无	坛城 无	其他 无	
	室外	旗杆 无	苏勒德 无	狮子 无	经幡 无	玛尼轮 有	香炉 无	五供 无	其他 无	
	其他									
备注	——									
调查日期	2010/08/09	调查人员	白雪	整理日期	2010/11/06	整理人员	白雪			

杨都庙 · 显宗殿 · 档案照片

照片名称	正立面	照片名称	斜前方	照片名称	侧立面

照片名称	斜后面	照片名称	背立面	照片名称	檐部

照片名称	室外柱子	照片名称	室外柱头	照片名称	室外柱础

照片名称	窗1	照片名称	窗2	照片名称	室外局部

照片名称	室内顶棚	照片名称	室内局部	照片名称	室内天花

备注	—				
摄影日期	2010/08/09	摄影人员	贺龙		

显宗殿正立面

显宗殿室外柱子（左图）
显宗殿斜前方（右图）

显宗殿斜后方（左图）
显宗殿正门（右图）

4.3　杨都庙·菩提道学殿

4.4　杨都庙·显宗殿厢房

5 贝子庙
Beis Temple

5 贝子庙 Beis Temple

　　贝子庙为原锡林郭勒盟阿巴哈纳尔左翼旗寺庙，系该旗旗庙以及两座寺庙之一。乾隆三十三年（1768年），清廷御赐满、蒙古、汉、藏四体"崇善寺"匾额。贝子庙有4座清廷赐匾的殿宇及章嘉呼图克图赐匾的2座殿宇。其中崇善寺为主庙，该旗另一座寺庙岱喇嘛庙（真济寺）为崇善寺的属庙。

　　乾隆八年（1743年），来自藏区的僧人巴拉珠尔隆都布与该旗札萨克贝子巴拉珠尔道尔吉商定在额尔敦敖包山下始建一座35间大雄宝殿。据传，此处原有一座3间小木殿。此后五年内修建配殿与红墙，并为达赖喇嘛进献耗费两千两白银的千辐金轮，达赖喇嘛为寺庙赐名"嘎拉丹却吉德玲"，俗称贝子庙。

　　寺庙建筑风格为汉式建筑。该庙在最盛时由并排而建的三大红墙院及其两侧的拉布隆共10座院落组成。从东到西依次为甘珠尔庙、呼图克图喇嘛庙、时轮院、医药院、密宗院、显宗院、崇善寺、明干院、新拉布隆、罗本喇嘛庙。明干院内有菩提道学殿、拉布隆、佛仓上七间及配殿、厢房等建筑。崇善寺内有45间大雄宝殿、斋戒殿、药师殿、密集金刚殿、护法殿、钟楼、鼓楼、天王殿等殿宇，其北有释迦牟尼殿院落。显宗院内有显宗殿、后七间、后五间及厢房等建筑。并有新拉布隆、瑟木其得宫、显宗院后七间、罗本喇嘛庙、呼图克图喇嘛庙、王岱哈萨尔等6座拉布隆，6座佛塔及10余座庙仓。

　　"文化大革命"时期寺庙严重受损。1982年起恢复法事，经20余年的建设，寺庙四大院落基本建成。显宗院现由盟文物管理所管理，内设历史文物展厅。崇善寺由旅游局管理。明干院与以西新拉布隆由旅游部门开发，现处于建设期。寺庙北靠额尔敦敖包山，南有贝子庙广场，广场两侧为市场。

参考文献：

[1] 巴拉哈.班迪塔格根庙简史（蒙古文）（内部资料），1984.

[2] 恩和.锡林浩特贝子庙简史（蒙古文）（内部资料），2006，9.

贝子庙·基本概况 1

寺院蒙古语藏语名称	蒙古语	ᠪᠡᠶᠢᠯᠡ ᠶᠢᠨ ᠰᠦᠮᠡ	寺院汉语名称	汉语正式名称	崇善寺
	藏语	དགེ་འདུན་གླིང་		俗称	贝子庙、大庙
	汉语语义	格根庙、阿日亚章隆班迪塔格根庙	寺院汉语名称的由来		清廷赐名

所在地	锡林郭勒盟锡林浩特市		东经	116° 04′	北纬	43° 56′
初建年	乾隆八年（1743年）	保护等级		全国重点文物保护单位		
盛期时间	1870—1920年	盛期喇嘛/现有喇嘛数		1200余人/32人		

历史沿革	1743年，始建一座两层35间大雄宝殿，在5年内建完其周边的配殿与红墙。 1743—1783年，建完崇善寺。 1748—1800年，在大雄宝殿北高地上建造释迦牟尼殿及院落。 1768年，乾隆帝为大雄宝殿赐名"崇善寺"。 1801—1821年，建完明干院，1806年建成菩提道学殿，嘉庆帝赐名"延福寺"。 1815—1828年，建完显宗院，1815年起新建显宗殿，1828年，清廷赐名"福源寺"。 1907—1919年，建完密宗殿。 1916年，扩建医药院。 1929年，九世班禅到达该庙。 1934年，新建时轮院。 至此，贝子庙主体建筑群——以并排而建的三大红墙院寺庙为主两侧分布殿宇院落与拉布隆的庙宇群基本形成。 1945年，庙仓内的巨额资产被洗劫。 1946年，锡林郭勒盟公署建于该庙，之后直至1986年，该庙部分院落与殿堂一直成为各级政府的办公场所，贝子庙成为锡林郭勒盟政治中心，围绕该庙形成了锡林浩特市。 "文化大革命"时期，近2/3的建筑被拆毁。 1947—1983年，密宗院被用作弹药库与粮库。 1974年，作为弹药库的释迦牟尼殿爆炸并倒塌。 1982年，20余名喇嘛在显宗殿院内搭建蒙古包恢复法事。 1983年，锡林浩特市政府将密宗殿归还给该寺喇嘛，作为宗教场所。 1989年，修缮密宗院。 1996年，修缮显宗院。 2004年，崇善寺修缮工程竣工

资料来源	［1］巴拉哈.班迪塔格根庙简史（蒙古文）（内部资料），1984． ［2］恩和.锡林浩特贝子庙简史（蒙古文）（内部资料），2006，9.

现状描述	现存四大殿均为重檐歇山顶建筑。装饰较新，明干院为原址上新建的殿。密宗殿、大雄宝殿一层内的佛像、法器布置较全。显宗殿两层室内无装饰，也无任何器具布置。其西侧院内有六排陈旧的僧房。其余配殿、钟鼓楼、佛殿等均为后期修建或复建	描述时间	2010/08/25
		描述人	额尔德木图
调查日期	2010/08/05至2010/08/07	调查人员	白雪、贺龙、额尔德木图、栗建元

贝子庙·基本概况 2

现存建筑	密宗殿	显宗殿	已毁建筑	大经堂		活佛府	
	大雄宝殿	明干院		——		——	
	——	——					
	——	——	信息来源	现场调研			

区位图

锡林郭勒盟地图

总平面图

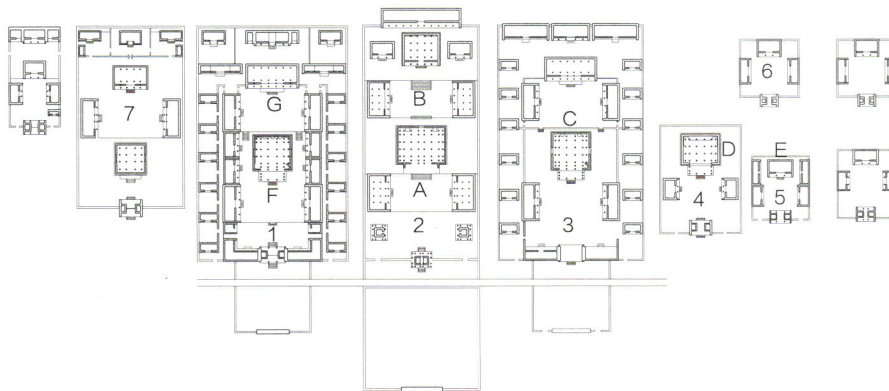

1.延福寺
2.崇善寺
3.福源寺
4.密宗院
5.医药学院　　A.大雄宝殿　　D.密宗殿　　G.活佛府
6.时轮学院　　B.庆善寺　　E.曼巴殿
7.葛根仓　　C.显宗殿　　F.明干院

调查日期	2010/08/05至2010/08/07	调查人员	白雪、贺龙、额尔德木图、栗建元

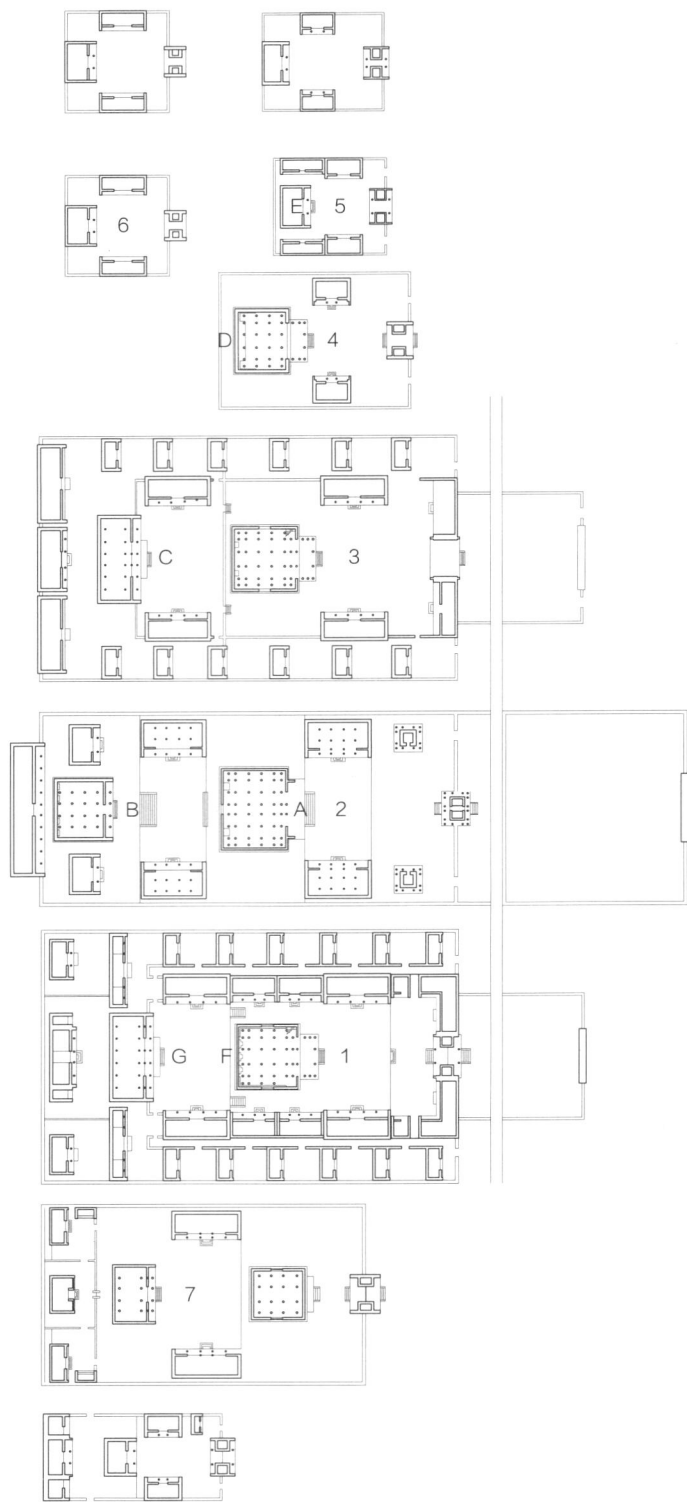

1.延福寺
2.崇善寺
3.福源寺
4.密宗院
5.医药学院
6.时轮学院
7.葛根仓

A.大雄宝殿
B.庆善寺
C.显宗殿
D.密宗殿
E.曼巴殿
F.明干院
G.活佛府

0　5　10　15　20m　北

贝子庙总平面图

5.1 贝子庙·崇善寺大雄宝殿

单位：毫米

建筑名称	汉语正式名称	大雄宝殿		俗称		朝克钦殿		
概述	初建年	乾隆八年（1743年）		建筑朝向	南北		建筑层数	二
	建筑简要描述	属于贝子庙的早期建筑，乾隆年间赐法名"崇善寺"						
	重建重修记载	1783年扩建						
	信息来源	——						
结构规模	结构形式	汉	相连的建筑	无		室内天井	无	
	建筑平面形式	长方形	外廊形式	前廊				
	通面阔	24930	开间数	9	明间 3530 次间 3490	次间 3480	梢间 1690	尽间 1530
	通进深	18240	进深数	7	进深尺寸（前→后）	北至南 1450→1760→3500→3470→1800→1520		
	柱子数量	——	柱子间距	横向尺寸 ——		（藏式建筑结构体系填写此栏，不含廊柱）		
				纵向尺寸 ——				
	其他	——						
建筑主体 （大木作） （石作） （瓦作）	屋顶	屋顶形式	重檐歇山顶			瓦作	布瓦	
	外墙	主体材料	砖	材料规格	300×145×65	饰面颜色	红	
		墙体收分	有	边玛檐墙	无	边玛材料	——	
	斗拱、梁架	斗拱	有	平身科斗口尺寸	50	梁架关系	不可见	
	柱、柱式（前廊柱）	形式	汉	柱身断面形状	圆	断面尺寸	直径 D=330	（在没有前廊柱的情况下，填写室内柱及其特征。）
		柱身材料	木	柱身收分	有	栌斗、托木	无	雀替 有
		柱础	有	柱础形状	方	柱础尺寸	580×590	
	台基	台基类型	普通台基	台基高度	南1060 北450	台基地面铺设材料	石材	
	其他	——						
装修 （小木作） （彩画）	门(正面)	隔扇门		门楣	有	堆经	无	门帘 有
	窗（正面）	槛窗		窗楣	无	窗套	有	窗帘 无
	室内隔扇	隔扇	无	隔扇位置	——			
	室内地面、楼面	地面材料及规格	瓷砖600×600		楼面材料及规格	木 3500		
	室内楼梯	楼梯	有	楼梯位置	东南角	楼梯材料	木	梯段宽度 730
	天花、藻井	天花	有	天花类型	井字天花	藻井	无	藻井类型 ——
	彩画	柱头	有	柱身	无	梁架	有	走马板 无
		门、窗	无	天花	有	藻井	无	其他彩画 ——
	其他	悬塑		佛龛	有	匾额	无	
装饰	室内	帷幔	无	幕帘彩绘	无	壁画	无	唐卡 有
		经幡	无	幢	有	柱毯	有	其他 有哈达 有十方镜
	室外	玛尼轮	无	苏勒德	无	宝顶	无	祥麟法轮 无
		四角经幢	无	经幡	有	铜饰	无	石刻、砖雕 无
		仙人走兽	1+4	壁画	无	其他		
陈设	室内	主佛像	释迦牟尼及阿玛佛等15尊佛	佛像基座		莲花宝座		
		法座 无	藏经橱 无	经床 有	诵经桌 无	法鼓 无	玛尼轮 无	坛城 无 其他 ——
	室外	旗杆 无	苏勒德 无	狮子 无	经幡 有	玛尼轮 无	香炉 有	五供 无 其他 ——
	其他	——						
备注	现室内改为展厅							
调查日期	2010/08/05	调查人员	栗建元	整理日期	2010/11/05	整理人员	栗建元	

贝子庙·崇善寺大雄宝殿·档案照片

照片名称	正立面	照片名称	斜前方	照片名称	侧立面

照片名称	斜后方	照片名称	背立面	照片名称	室外局部1

照片名称	室外局部2	照片名称	室外局部3	照片名称	室外局部4

照片名称	室内正面	照片名称	室内侧面	照片名称	佛像

照片名称	佛像	照片名称	室内天花	照片名称	经幢

备注		———			
摄影日期	2010/08/05	摄影人员	贺龙		

崇善寺主殿正立面

崇善寺主殿侧面局部
（左图）
崇善寺主殿室外柱
（中图）
崇善寺主殿室外局部
（右图）

崇善寺主殿室内正面
（左上图）
崇善寺主殿二层室内侧面
（左下图）
崇善寺主殿二层窗
（右图）

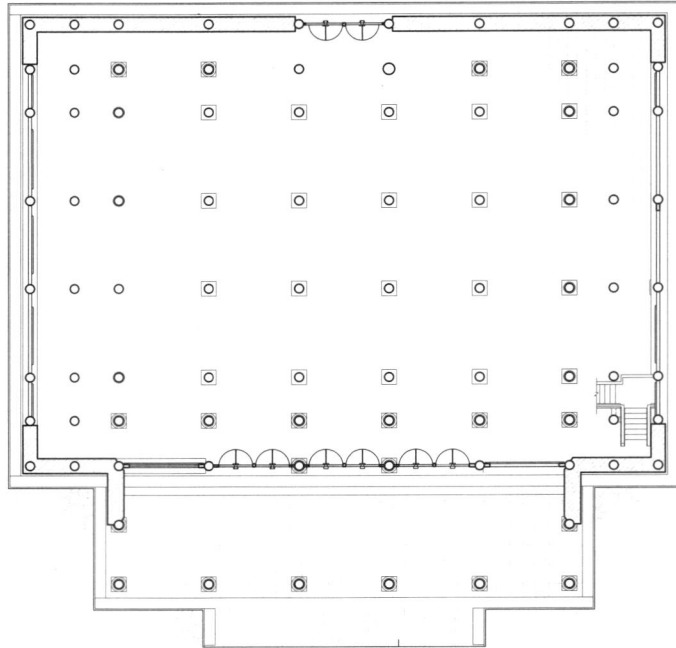

崇善寺主殿一层平面图

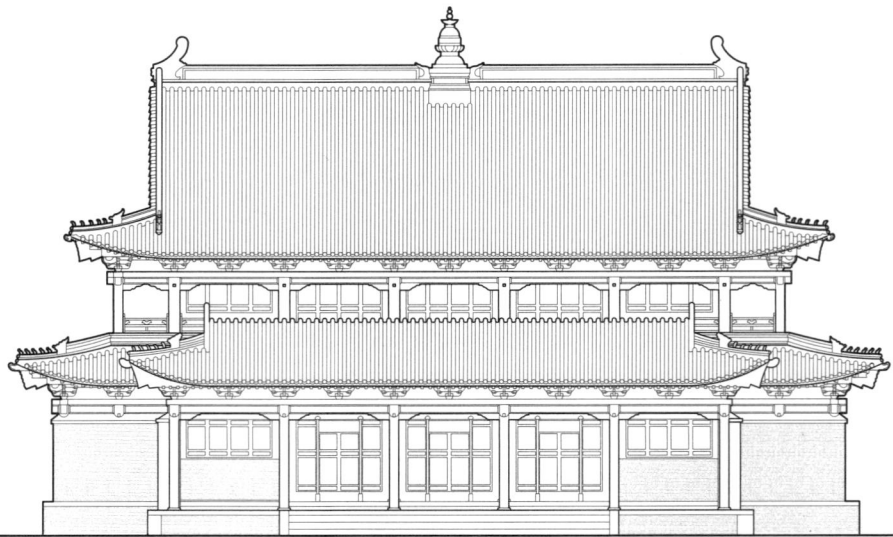

崇善寺主殿立面图

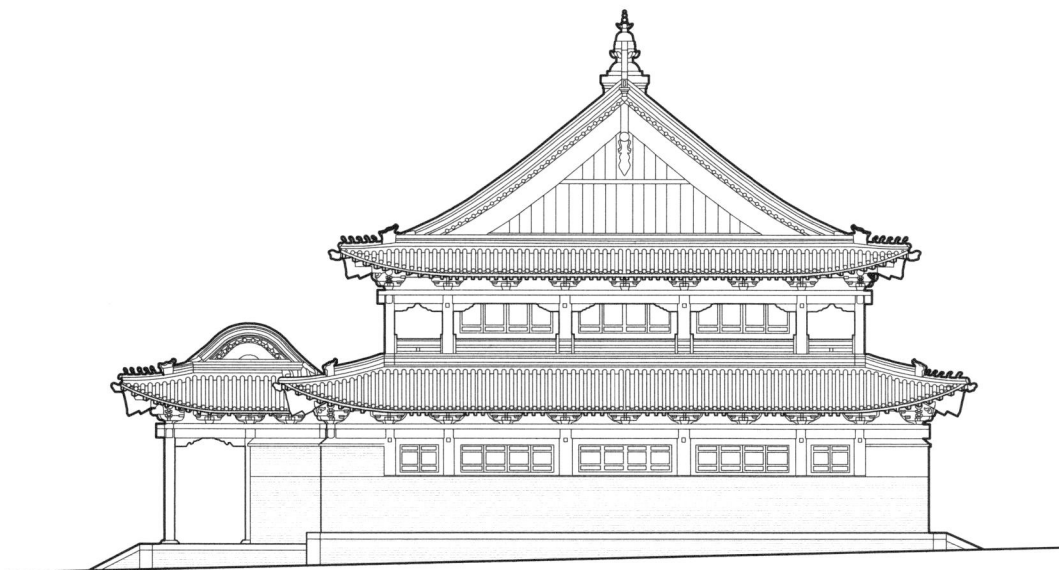

崇善寺主殿侧立面图

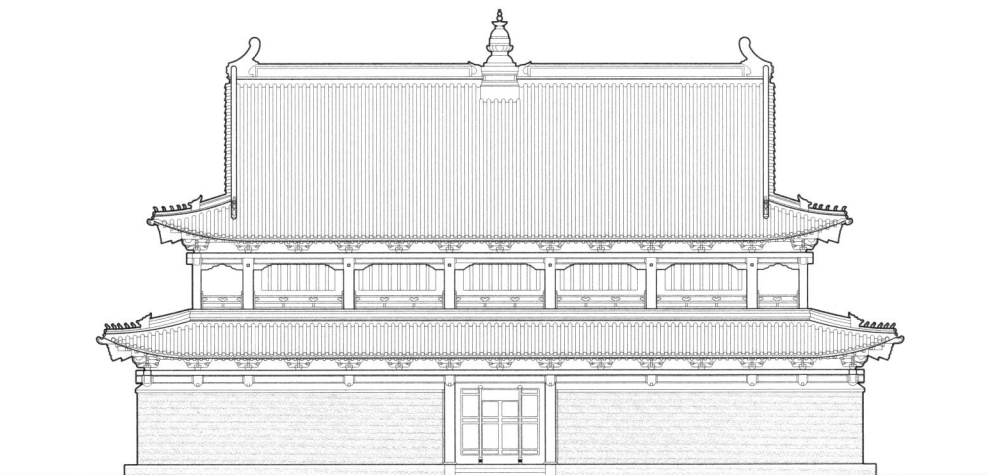

崇善寺主殿背立面图

崇善寺主殿纵剖面图

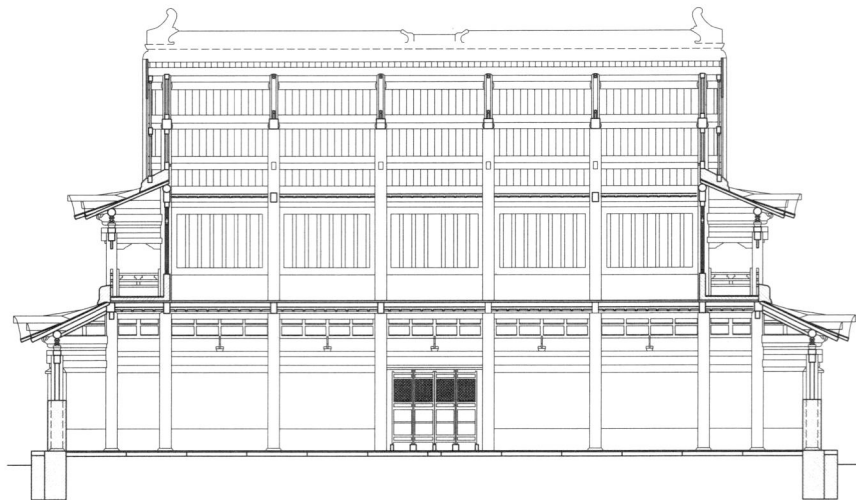

崇善寺主殿横剖面图

5.2 贝子庙·崇善寺四大天王殿

崇善寺四大天王殿正立面

崇善寺四大天王殿鸟瞰图（左图）

崇善寺四大天王殿斜前方（右图）

崇善寺四大天王殿背立面

崇善寺四大天王殿南
立面图

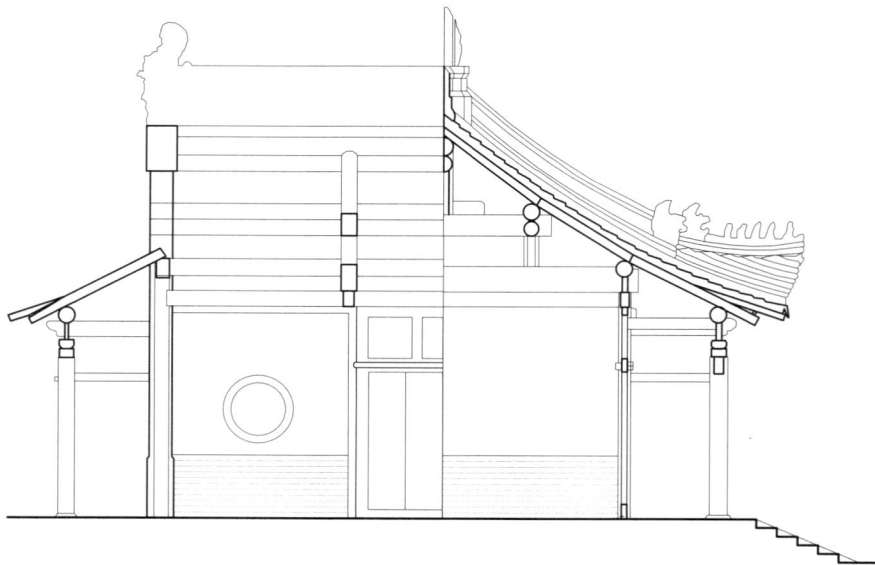

崇善寺四大天王殿剖面图

5.3　贝子庙·崇善寺钟鼓楼

崇善寺鼓楼

崇善寺钟鼓楼室内（左图）
崇善寺鼓楼局部（右图）

崇善寺钟楼斜前方

5.4　贝子庙·福源寺显宗殿

单位：毫米

建筑名称	汉语正式名称			显宗殿 · 主经堂			俗称			——		
概述	初建年			——			建筑朝向		南北	建筑层数		二
	建筑简要描述			——								
	重建重修记载			——								
		信息来源		——								
结构规模	结构形式		汉	相连的建筑		无			室内天井		无	
	建筑平面形式		"凸"字形	外廊形式		前廊						
	通面阔		18850	开间数	5	明间	3520	次间	3520	次间 3520	梢间 ——	尽间 ——
	通进深		18800	进深数	7	进深尺寸（前→后）		——				
	柱子数量		——	柱子间距	横向尺寸		（藏式建筑结构体系填写此栏，不含廊柱）					
					纵向尺寸							
	其他											
建筑主体（大木作）（石作）（瓦作）	屋顶	屋顶形式		重檐歇山顶				瓦作		布瓦		
	外墙	主体材料		砖	材料规格		450×200×88	饰面颜色		红		
		墙体收分		有	边玛檐墙		无	边玛材料				
	斗栱、梁架	斗栱		无	平身科斗口尺寸		——	梁架关系		抬梁、三檩前廊		
	柱、柱式（前廊柱）	形式	汉	柱身断面形状		八楞	断面尺寸		345×330		（在没有前廊柱的情况下，填写室内柱及其特征。）	
		柱身材料	木	柱身收分		有	栌斗、托木		无	雀替	有	
		柱础	有	柱础形状		方	柱础尺寸		640×620			
	台基	台基类型	普通台基	台基高度		650	台基地面铺设材料		石材			
	其他											
装修（小木作）（彩画）	门(正面)		隔扇门	门楣		有	堆经	无	门帘		无	
	窗（正面）		槛窗	窗楣		无	窗套	有	窗帘		无	
	室内隔扇	隔扇	无	隔扇位置								
	室内地面、楼面	地面材料及规格		瓷砖400×400		楼面材料及规格		木 3520×280				
	室内楼梯	楼梯	有	楼梯位置	建筑东南角	楼梯材料		木	梯段宽度		725	
	天花、藻井	天花	有	天花类型	井字天花	藻井		无	藻井类型		无	
	彩画	柱头	无	柱身	无	梁架		有	走马板		无	
		门、窗	无	天花	无	藻井		无	其他彩画		——	
	其他	悬塑	无	佛龛	无	匾额		无				
装饰	室内	帷幔	无	幕帘彩绘		无	壁画	无	唐卡		无	
		经幡	无	幢		无	柱毯	无	其他		——	
	室外	玛尼轮	无	苏勒德		无	宝顶	有	祥麟法轮		无	
		四角经幢	无	经幡		无	铜饰	无	石刻、砖雕		无	
		仙人走兽	1+4	壁画		无	其他		——			
陈设	室内	主佛像		无			佛像基座		无			
		法座 无	藏经橱 无	经床 无	诵经桌 无	法鼓 无	玛尼轮 无	坛城 无	其他 ——			
	室外	旗杆 无	苏勒德 无	狮子 无	经幡 无	玛尼轮 无	香炉 无	五供 无	其他 蒙古包			
	其他			西南角处有一蒙古包 正南处有古树4棵								
备注				内部已废弃								

调查日期	2010/08/05	调查人员	栗建元	整理日期	2010/08/09	整理人员	栗建元

贝子庙 · 福源寺显宗殿 · 档案照片

照片名称	正立面	照片名称	斜前方	照片名称	侧立面

照片名称	斜后方	照片名称	室外柱子	照片名称	室外局部1

照片名称	室外局部2	照片名称	室外门	照片名称	室外局部3

照片名称	室内局部	照片名称	二层室外廊	照片名称	二层门

照片名称	二层窗	照片名称	二层室外局部1	照片名称	二层室外局部2

备注	—				
摄影日期	2010/08/05	摄影人员	贺龙、白雪		

福源寺显宗殿正前方

福源寺显宗殿二层柱廊
（左图）
福源寺显宗殿柱身
（中图）
福源寺显宗殿正门
（右图）

福源寺显宗殿斜后方
（左图）
福源寺显宗殿室内柱头
（右图）

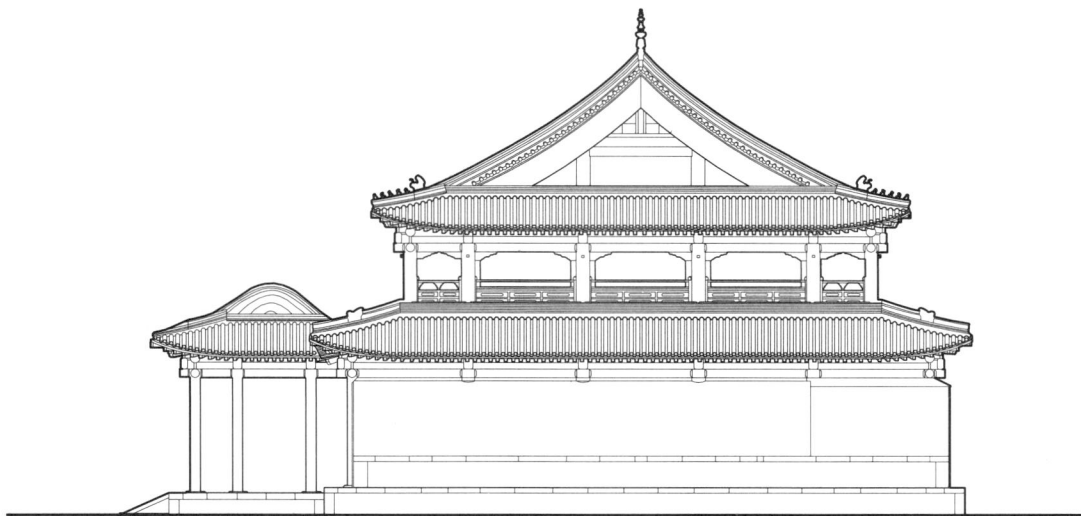

福源寺显宗殿侧立面图

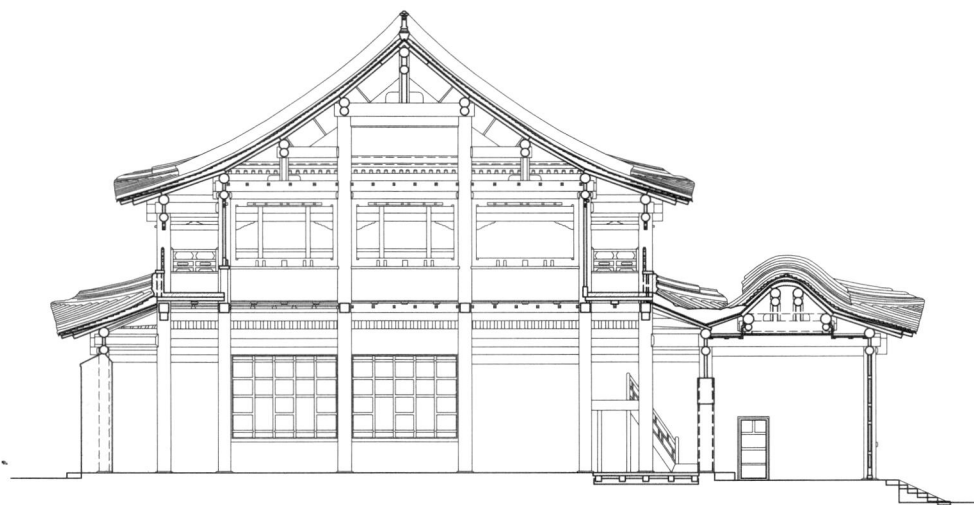

福源寺显宗殿剖面图

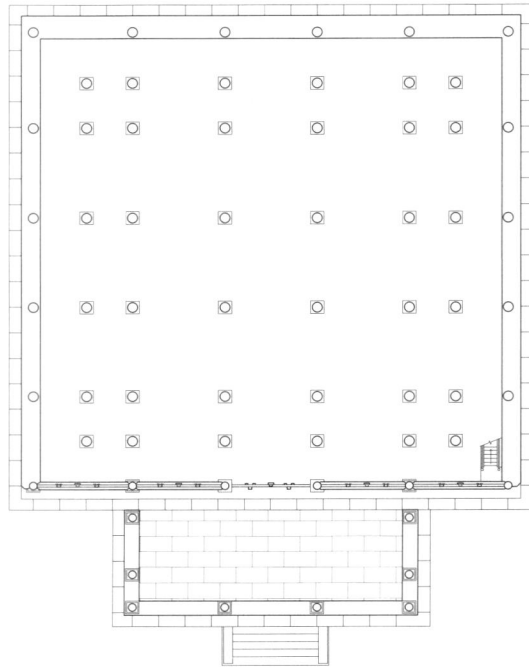

福源寺显宗殿一层平面图

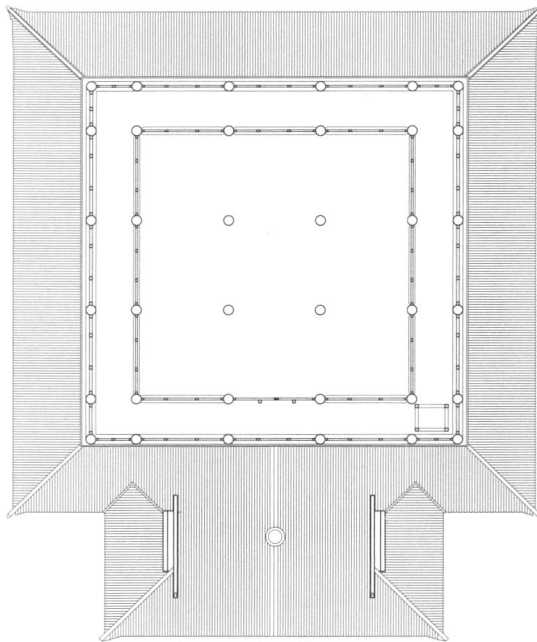

福源寺显宗殿二层平面图

5.5 贝子庙·福源寺七间殿

福源寺七间殿斜前方

福源寺七间殿正门
（左图）

福源寺七间殿前廊
（右图）

福源寺七间殿顶棚
（左图）

福源寺七间殿局部
（右图）

5.6 贝子庙·福源寺北院东厢房

福源寺北院东厢房斜前方

福源寺北院东厢房室外
柱廊（左图）
福源寺北院东厢房室外
柱头（右图）

5.7 贝子庙·福源寺北院西厢房

福源寺北院西厢房
（左图）
福源寺北院西厢房室外
柱头（右图）

5.8 贝子庙·密宗院主殿

单位：毫米

建筑名称	汉语正式名称	贝子庙·密宗学部				俗称		——			
概述	初建年	——			建筑朝向		南北	建筑层数		二	
	建筑简要描述	该寺殿是按照贝子庙王大学府要求建的，是喇嘛教密宗专学经堂									
	重建重修记载	扩建于1907-1917年									
		信息来源	石碑介绍								
结构规模	结构形式	汉		相连的建筑	无			室内天井		无	
	建筑平面形式	"凸"字形		外廊形式	前廊						
	通面阔	17300	开间数	5	明间 3500	次间 3500	梢间 3500	次梢间 ——		尽间 ——	
	通进深	14350	进深数	——	进深尺寸（前→后）						
	柱子数量	——	柱子间距	横向尺寸	——		（藏式建筑结构体系填写此栏，不含廊柱）				
				纵向尺寸	——						
	其他	——									
建筑主体（大木作）（石作）（瓦作）	屋顶	屋顶形式	重檐歇山顶			瓦作	布瓦				
	外墙	主体材料	砖木	材料规格	397×272×92	饰面颜色	红				
		墙体收分	有	边玛檐墙	无	边玛材料					
	斗栱、梁架	斗栱	无	平身科斗口尺寸	——	梁架关系	台梁、六檩前廊				
	柱、柱式（前廊柱）	形式	汉	柱身断面形状	圆	断面尺寸	直径 D=350	（在没有前廊柱的情况下，填写室内柱及其特征。）			
		柱身材料	木	柱身收分	有	栌斗、托木	无	雀替	无		
		柱础	有	柱础形状	方	柱础尺寸	620×610				
	台基	台基类型	普通台基	台基高度	780	台基地面铺设材料	石材				
	其他	——									
装修（小木作）（彩画）	门(正面)	隔扇门		门楣	有	堆经	无	门帘	有		
	窗（正面）	支摘窗		窗楣	有	窗套	无	窗帘	无		
	室内隔扇	隔扇	无	隔扇位置							
	室内地面、楼面	地面材料及规格	木1215×330（新覆盖）		楼面材料及规格		地毯覆盖木地板				
	室内楼梯	楼梯	有	楼梯位置	东南角	楼梯材料	木	梯段宽度	700		
	天花、藻井	天花	有	天花类型	井口天花	藻井	无	藻井类型	——		
	彩画	柱头	无	柱身	无	梁架	有	走马板	有		
		门、窗	无	天花	有	藻井	——	其他彩画	——		
	其他	悬塑	有	佛龛	有	匾额	有				
装饰	室内	帷幔	有	幕帘彩绘	有	壁画	无	唐卡	有		
		经幡	有	幢	有	柱毯	无	其他	——		
	室外	玛尼轮	无	苏勒德	无	宝顶	有	祥麟法轮	无		
		四角经幢	无	经幡	无	铜饰	无	石刻、砖雕	无		
		仙人走兽	1+4	壁画	无	其他	十方镜				
陈设	室内	主佛像	机密金刚、大威德金刚、上乐金刚		佛像基座	须弥座					
		法座	有	藏经橱	有	经床	有	诵经桌	有	法鼓 有 玛尼轮 有 坛城 有 其他 ——	
	室外	旗杆	无	苏勒德	无	狮子	无	经幡	有	玛尼轮 有 香炉 有 五供 无 其他 ——	
	其他	——									
备注	——										
调查日期	2010/08/05	调查人员	栗建元	整理日期	2010/08/11	整理人员	栗建元				

密宗院主殿基本概况
表1

贝子庙·密宗殿·档案照片					
照片名称	正立面	照片名称	斜前方	照片名称	侧立面

照片名称	斜后方	照片名称	门	照片名称	窗

照片名称	室外柱子	照片名称	室外柱头	照片名称	室外局部

照片名称	室内正面	照片名称	室内侧面	照片名称	佛像

照片名称	室内陈设	照片名称	宝盖	照片名称	经幢

备注	—				
摄影日期	2010/08/05	摄影人员	贺龙、白雪		

密宗院主殿正前方

密宗院主殿檐部（左图）

密宗院主殿室外柱
（中图）

密宗院主殿正门（右图）

密宗院主殿室内

5.9　贝子庙·密宗院四大天王殿

密宗院四大天王殿正前方

密宗院四大天王殿斜前方（左图）

密宗殿四大天王殿室外柱（右图）

5.10　贝子庙·密宗院东厢房

密宗院东厢房斜前方（左图）

密宗院东厢房室外柱头（中图）

密宗院东厢房室内局部（右图）

5.11 贝子庙·密宗院西厢房

密宗院西厢房斜前方

密宗院西厢房檐部
（左图）
密宗院西厢房室外柱头
（中图）
密宗院西厢房墀头
（右图）

密宗院西厢房室内局部

5.12 贝子庙·显宗院山门

显宗院山门

显宗院山门室外柱子
（左图）
显宗院山门台阶（右图）

显宗院山门檐部（左图）
显宗院山门前廊顶棚
（右图）

6

Xin Temple

新庙

6 新庙 Xin Temple

新庙主殿

新庙为原锡林郭勒盟乌珠穆沁右翼旗寺庙，系该旗旗属六大寺院之一。该寺在第三世活佛时期，清廷御赐"密宗广普寺"匾额。

约于乾隆三年（1738年），乌珠穆沁右翼旗嘎沁苏木信众搭建蒙古包，请固始若格巴贾拉森诵"大般若波罗蜜多经"，并于乾隆十年（1745年），在江古图之地新建寺庙。寺庙先后迁址四次，最初建于江古图，后迁至宝日乐吉、道特巴音呼硕。寺庙在道特巴音呼硕时香火旺盛，清廷赐匾于寺庙，封堪布称号于活佛，寺庙成为乌珠穆沁右翼旗旗属六大寺院，以东堪布庙之称闻名遐迩。丙辰之乱（1916年）中，该寺严重受损。遂于民国7年（1918年），寺庙北迁至博里延洪格尔，即现今的地方，第四次新建殿宇，新庙之称由此而来。

寺庙建筑风格为汉藏结合式。该庙在第四次重建后有80间大雄宝殿、显宗殿、密宗殿、时轮殿、医药殿等5座双层殿堂以及喜金刚殿、斋戒殿、天王殿及配殿等殿宇及1座献给九世班禅的汉式拉布隆。寺庙有10余座庙仓。

"文化大革命"时期寺庙严重受损，仅存一座时轮殿。1985年正式恢复法会，1987年十世班禅大师赐匾"拨暗法轮寺"于该庙。

参考文献：

［1］帕·都古尔，纳·布和哈达.白螺之音（蒙古文）.东乌珠穆沁旗政协文史第九辑，2002，6.

［2］帕·都古尔，纳·布和哈达.密宗广普寺（蒙古文）.东乌珠穆沁旗政协文史第十辑，2002，6.

［3］纳·德里格尔.拨暗法轮寺—新庙（东乌旗政协文史丛书第十四期），2004.

新庙主殿斜后方

新庙 · 基本概况 1

寺院蒙古语藏语名称	蒙古语	ᠰᠢᠨ᠎ᠠ ᠰᠦᠮ᠎ᠡ	寺院汉语名称	汉语正式名称	密宗昌盛寺（又译密宗广普寺）
	藏语	——		俗称	新庙
	汉语语义	新庙	寺院汉语名称的由来		清廷赐名

所在地	锡林郭勒盟东乌珠穆沁旗道特淖尔镇		东经	118° 02′	北纬	45° 43′
初建年	乾隆十年（1745年）	保护等级		——		
盛期时间	——	盛期喇嘛僧/现有喇嘛僧数		700余人/26人		

历史沿革	1745年，在江古图之地始建寺庙。 约于1791年，寺庙北迁至宝日乐吉之地。 1845年，寺庙迁至道特巴音呼硕之地。 1912年，五世活佛在博里延洪格尔之地新建一座藏式拉布隆。 1918年，寺庙迁至博里延洪格尔之地。 1928年，新建博格达拉布隆，献给班禅大师。 1946年，大雄宝殿因失火而烧毁。 1987年，十世班禅赠送甘珠尔经，赐匾"拨暗法轮寺"。 在"文化大革命"时期被拆毁，仅存一座时轮殿。 1985年，恢复法会，并修缮时轮殿，20世纪90年代时曾更换过该殿的主梁。 2005年，始建山门、庙仓。 2009年，修缮时轮殿楼阁与结构
资料来源	[1] 帕·都古尔，纳·布和哈达.白螺之音（蒙古文）.东乌珠穆沁旗政协文史第九辑，2002，6. [2] 帕·都古尔，纳·布和哈达.密宗广普寺（蒙古文）.东乌珠穆沁旗政协文史第十辑，2002，6. [3] 纳·德里格尔.拨暗法轮寺—新庙（东乌旗政协文史丛书第十四期），2004. [4] 调研访谈记录.

现状描述	新庙现由时轮殿、山门、庙仓构成，主体风格为汉藏式，以青砖砌成。歇山顶，双层，有门廊。修缮时为其加盖了黄色琉璃瓦。院中有两个看院石狗，较为罕见	描述时间	2010/09/02
		描述人	额尔德木图

调查日期	2010/08/10	调查人员	白雪、贺龙、额尔德木图、栗建元

新庙·基本概况 2

现存建筑	时轮殿	山门	已毁建筑	八十丈朝克沁大殿	密宗殿	密宗殿
	庙仓	——		时轮殿	医药殿	基德尔殿
	——	——		专为班禅大师献的汉式拉卜隆一座	斋戒殿	喜金刚殿等
	——	——		信息来源	那·布和哈达主编《锡林郭勒寺院》	

区位图

锡林郭勒盟地图

总平面图

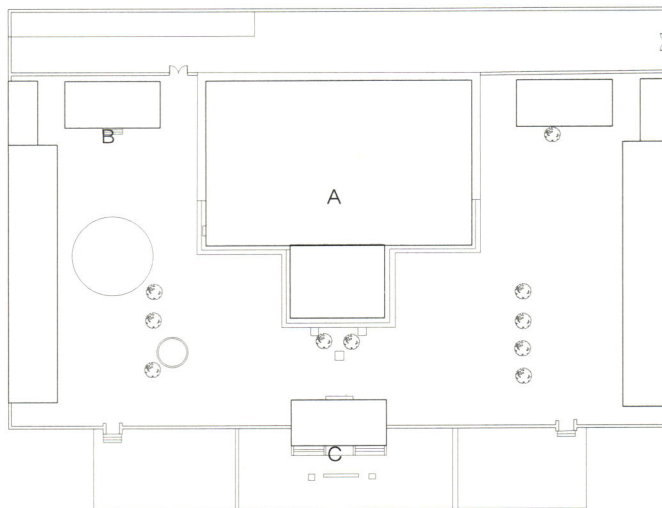

A.大雄宝殿
B.四大天王殿
C.山 门

调查日期	2010/08/10	调查人员	白雪、贺龙、额尔德木图、栗建元

北

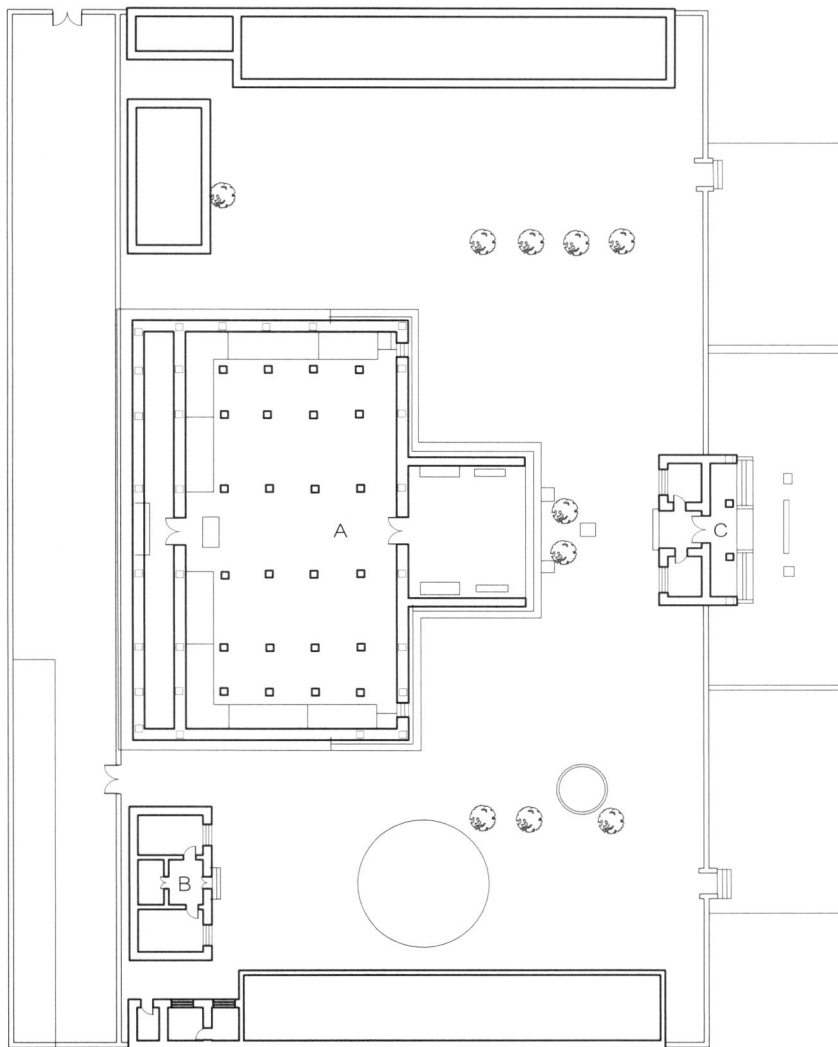

A.大雄宝殿
B.四大天王殿
C.山 门

新庙总平面图

6.1　新庙·大雄宝殿

单位：毫米

<table>
<tr><td rowspan="2">建筑
名称</td><td>汉语正式名称</td><td colspan="3">时轮殿</td><td>俗称</td><td colspan="4">大雄宝殿</td></tr>
<tr><td colspan="9"></td></tr>
<tr><td rowspan="5">概述</td><td>初建年</td><td colspan="2">1918年</td><td>建筑朝向</td><td colspan="2">坐北朝南</td><td>建筑层数</td><td colspan="2">二</td></tr>
<tr><td>建筑简要描述</td><td colspan="8">汉藏结合式建筑</td></tr>
<tr><td rowspan="2">重建重修记载</td><td colspan="8">1985年恢复法会，并修缮时轮殿，20世纪90年代曾更换过该殿的主梁。2005年始修建</td></tr>
<tr><td colspan="8">山门、庙仓，2009年修缮时轮殿楼阁与结构</td></tr>
<tr><td>信息来源</td><td colspan="8">[1] 那·布和哈达.锡林郭勒寺院（蒙古文）.海拉尔：内蒙古文化出版社,1999.</td></tr>
<tr><td rowspan="7">结构
规模</td><td>结构形式</td><td colspan="2">砖木混合</td><td>相连的建筑</td><td colspan="2">经堂佛殿</td><td rowspan="2">室内天井</td><td colspan="2" rowspan="2">都纲法式</td></tr>
<tr><td>建筑平面形式</td><td colspan="2">"凸"字形</td><td>外廊形式</td><td colspan="2">前廊</td></tr>
<tr><td>通面阔</td><td colspan="2">18260</td><td>开间数</td><td colspan="2">7</td><td colspan="1">明间 3250 次间 3150</td><td colspan="2">梢间 2400 次梢间 —— 尽间 1450</td></tr>
<tr><td>通进深</td><td colspan="2">2290</td><td>进深数</td><td colspan="2">5</td><td>进深尺寸（前→后）</td><td colspan="2">2850→2500→3110→3110→2110</td></tr>
<tr><td rowspan="2">柱子数量</td><td colspan="2" rowspan="2">20</td><td rowspan="2">柱子间距</td><td>横向尺寸</td><td colspan="1">——</td><td colspan="3" rowspan="2">（藏式建筑结构体系填写此栏，不
含廊柱）</td></tr>
<tr><td>纵向尺寸</td><td></td></tr>
<tr><td>其他</td><td colspan="8">佛殿一进深，进深为2930</td></tr>
<tr><td rowspan="13">建筑
主体

（大木作）
（石作）
（瓦作）</td><td>屋顶</td><td>屋顶形式</td><td colspan="4">前卷棚后平顶上歇山</td><td>瓦作</td><td colspan="2">金色琉璃瓦</td></tr>
<tr><td rowspan="3">外墙</td><td>主体材料</td><td>砖</td><td>材料规格</td><td colspan="2">270×130×50</td><td>饰面颜色</td><td colspan="2">白色</td></tr>
<tr><td>墙体收分</td><td>有</td><td>边玛檐墙</td><td colspan="2">有</td><td>边玛材料</td><td colspan="2">砖</td></tr>
<tr><td colspan="8"></td></tr>
<tr><td>斗栱、梁架</td><td>斗栱</td><td>无</td><td>平身科斗口尺寸</td><td colspan="2">无</td><td>梁架关系</td><td colspan="2">四檩前廊</td></tr>
<tr><td rowspan="3">柱、柱式
（前廊柱）</td><td>形式</td><td>藏式</td><td>柱身断面形状</td><td colspan="2">小八角</td><td>断面尺寸</td><td colspan="2">240×240</td></tr>
<tr><td>柱身材料</td><td>石材</td><td>柱身收分</td><td colspan="2">有</td><td>栌斗、托木</td><td>有</td><td>雀替 无</td></tr>
<tr><td>柱础</td><td>有</td><td>柱础形状</td><td colspan="2">多边形</td><td>柱础尺寸</td><td colspan="2">330×340</td></tr>
<tr><td rowspan="2">台基</td><td>台基类型</td><td>普通</td><td>台基高度</td><td colspan="2">510</td><td>台基地面铺设材料</td><td colspan="2">水泥</td></tr>
<tr><td colspan="8"></td></tr>
<tr><td>其他</td><td colspan="8">——</td></tr>
<tr><td colspan="9"></td></tr>
<tr><td colspan="9"></td></tr>
</table>

（在没有前廊柱的情况下，填写室内柱及其特征。）

<table>
<tr><td rowspan="11">装修

（小木作）
（彩画）</td><td>门(正面)</td><td colspan="2">板门</td><td>门楣</td><td>无</td><td>堆经</td><td>无</td><td>门帘</td><td>无</td></tr>
<tr><td>窗（正面）</td><td colspan="2">藏式明窗</td><td>窗楣</td><td>无</td><td>窗套</td><td>无</td><td>窗帘</td><td>无</td></tr>
<tr><td>室内隔扇</td><td>隔扇</td><td>无</td><td>隔扇位置</td><td colspan="5">无</td></tr>
<tr><td>室内地面、楼面</td><td colspan="2">地面材料及规格</td><td colspan="2">木板,规格不详</td><td>楼面材料及规格</td><td colspan="3">木板,规格不详</td></tr>
<tr><td>室内楼梯</td><td>楼梯</td><td>现无</td><td>楼梯位置</td><td colspan="2">以前在佛殿东北角</td><td>楼梯材料</td><td>木质</td><td>梯段宽度</td><td>不明</td></tr>
<tr><td>天花、藻井</td><td>天花</td><td>有</td><td>天花类型</td><td colspan="2">井口天花</td><td>藻井</td><td>无</td><td>藻井类型</td><td>无</td></tr>
<tr><td rowspan="2">彩画</td><td>柱头</td><td>无</td><td>柱身</td><td colspan="2">无</td><td>梁架</td><td>有</td><td>走马板</td><td>无</td></tr>
<tr><td>门、窗</td><td>无</td><td>天花</td><td colspan="2">有</td><td>藻井</td><td>无</td><td>其他彩画</td><td>栏杆</td></tr>
<tr><td>其他</td><td>悬塑</td><td>无</td><td>佛龛</td><td colspan="2">无</td><td>匾额</td><td colspan="3">有</td></tr>
</table>

<table>
<tr><td rowspan="6">装饰</td><td rowspan="2">室内</td><td>帷幔</td><td>无</td><td>幕帘彩绘</td><td>无</td><td>壁画</td><td>无</td><td>唐卡</td><td>有</td></tr>
<tr><td>经幡</td><td>无</td><td>幢</td><td>无</td><td>柱毯</td><td>有</td><td>其他</td><td>无</td></tr>
<tr><td rowspan="3">室外</td><td>玛尼轮</td><td>有</td><td>苏勒德</td><td>无</td><td>宝顶</td><td>有</td><td>祥麟法轮</td><td>有</td></tr>
<tr><td>四角经幢</td><td>有</td><td>经幡</td><td>无</td><td>铜饰</td><td>有</td><td>石刻、砖雕</td><td>无</td></tr>
<tr><td>仙人走兽</td><td>无</td><td>壁画</td><td>有</td><td>其他</td><td colspan="3">无</td></tr>
</table>

<table>
<tr><td rowspan="4">陈设</td><td rowspan="2">室内</td><td>主佛像</td><td colspan="4">三世佛但并不在正中</td><td>佛像基座</td><td colspan="3">莲花</td></tr>
<tr><td>法座 有</td><td>藏经橱 无</td><td>经床 有</td><td>诵经桌 有</td><td>法鼓 有</td><td colspan="2">玛尼轮 无</td><td>坛城 无</td><td>其他 无</td></tr>
<tr><td>室外</td><td>旗杆 有</td><td>苏勒德 无</td><td>狮子 有</td><td>经幡 无</td><td>玛尼轮 有</td><td colspan="2">香炉 无</td><td>五供 无</td><td>其他 无</td></tr>
<tr><td>其他</td><td colspan="9">大殿两侧有石狗守门，还有法会时的大锅</td></tr>
</table>

<table>
<tr><td>备注</td><td>因以前没有四大天王殿故在经堂的入口处设置了四大天王</td></tr>
</table>

<table>
<tr><td>调查日期</td><td>2010/08/08</td><td>调查人员</td><td>白雪</td><td>整理日期</td><td>2010/11/09</td><td>整理人员</td><td>白雪</td></tr>
</table>

新庙 · 大雄宝殿 · 档案照片

照片名称	正立面	照片名称	斜前方	照片名称	侧立面

照片名称	斜后方	照片名称	背立面	照片名称	室外顶棚

照片名称	室外柱头	照片名称	门	照片名称	窗

照片名称	室内正面	照片名称	室内侧面	照片名称	室内局部

照片名称	室内天花	照片名称	室内陈设	照片名称	经幢

备注	—				
摄影日期	2010/08/08	摄影人员	贺龙、白雪		

大雄宝殿基本概况表2

103

大雄宝殿斜前方

大雄宝殿背立面
（左图）
大雄宝殿前廊顶棚
（右上图）
大雄宝殿室内局部
（右下图）

大雄宝殿室内正面

6.2　新庙·山门

山门侧面（左图）
山门廊柱（中图）
山门斜前方（右图）

山门背立面

7 王盖庙

Wanggai Temple

7 王盖庙 Wanggai Temple

　　王盖庙为原锡林郭勒盟乌珠穆沁右翼旗寺庙，系该旗扎萨克王的家庙。民国19年（1930年），九世班禅曲吉尼玛赐寺名"吉祥法轮寺"。民国29年（1940年），王盖庙举行活佛坐床仪式，由此该庙获得与旗属六大寺庙等同的地位。

　　光绪三十年（1904年），乌珠穆沁亲王苏德纳木若布坦到大库伦朝拜十三世达赖喇嘛，获得达赖喇嘛为其赠送的一件法衣。回到王府后，初建毡包供奉达赖喇嘛之法衣，后建3间木制佛殿，举行法会。民国5年（1916年），苏德纳木若布坦在其王府所在地——白音乌拉之地建造了一间圆顶土坯房，建立了王盖诵经会，名为"拉西却令"。之后扩建寺庙，制定全旗21个苏木每苏木派2名中青年僧人常住该庙研习经文。苏德纳木若布坦亲王在担任乌珠穆沁右翼旗扎萨克王、锡林郭勒盟盟长期间大力支持寺庙的扩建，使该庙在短短的二十余年时间内成为锡林郭勒盟最重要的寺庙之一。因为该寺由乌珠穆沁亲王主持修建，故称王爷的庙，蒙古语尊称王为王盖，故习称王盖庙。

　　寺庙建筑风格为汉式建筑。寺庙在最盛时曾有80间双层大雄宝殿、三层时轮殿、护法殿、斋戒殿、度母殿、甘珠尔殿、药师殿、天王殿、火供殿、金呼尔殿、正法殿、医药殿等10余座殿堂，双层达赖喇嘛拉布隆1座，12座庙仓。其中6座庙仓分别由乌珠穆右翼旗属六大寺院派喇嘛经营管理。

　　"文化大革命"时期寺庙严重受损，仅存一座时轮殿。寺庙原位于白音乌拉镇（现改名为巴拉噶尔高勒镇），即西乌珠穆沁旗旗政府所在地北侧，随着镇规模的扩大，现已位于镇中心区域。2000年乌兰活佛赐寺名"大乘法胤法轮寺"。

参考文献：

[1] 纳·布和哈达，斯仁那德木德.锡林郭勒盟寺院志（蒙古文）（手稿），2012，1.

[2] 朋-斯钦巴尔特.西乌珠穆沁旗寺庙概况（蒙古文）.赤峰:内蒙古科学技术出版社,1998，5.

王盖庙 · 基本概况 1

寺院蒙古语藏语名称	蒙古语	ᠣᠯᠠᠭᠠᠨ ᠰᠦᠮᠡ	寺院汉语名称	汉语正式名称	大乘法胤法轮寺
	藏语	བ་ཀྲ་ཤིས་ཆོས་འཁོར་གླིང་		俗称	洞阔巴殿、时轮金刚庙
	汉语语义	王爷的庙	寺院汉语名称的由来		乌兰活佛赐名

所在地	锡林郭勒盟西乌珠穆沁旗巴拉噶尔高勒镇	东经	117° 13′	北纬	44° 35′
初建年	1916年	保护等级			
盛期时间	——	盛期喇嘛僧/现有喇嘛僧		近300人	

历史沿革	1916年，新建一座圆顶土坯房，建立了王盖诵经会。 1921—1922年，设医药学部，百余名喇嘛开始在此诵经。 1922年，修建药师佛殿。 1927年，新建大雄宝殿等6座殿宇。 1929年、1930年，九世班禅两次到达该寺，诵时轮金刚经，建议该庙增设时轮学部。 1931年，新建时轮殿等3座殿宇。时轮殿又名博格达拉布隆。 1942年，新建医学殿。 1966年，寺庙被拆毁，时轮殿由于被用作西乌珠穆沁旗物资局仓库，留存至今。 20世纪80年代始开始粉刷殿内构件。 1999年，修缮大殿内部，将一层的木地板，换成青砖，在其上加铺了方形地板砖
资料来源	［1］纳·布和哈达,斯仁那德木德.锡林郭勒盟寺院志（蒙古文）（手稿），2012,1. ［2］朋-斯钦巴尔特.西乌珠穆沁旗寺庙概况（蒙古文）.赤峰:内蒙古科学技术出版社, 1998,5. ［3］调研访谈记录.

现状描述	王盖庙仅存原有建筑时轮金刚殿为内蒙古地区藏传佛教寺庙中罕见的三层大殿。近年在该殿北侧建造了一座经堂与两个配殿，其南侧建造了一座佛塔与两个配殿，殿形成了今日的王盖庙。在寺庙西北200米处有几处硬山顶青砖房，原为该庙的一座庙仓，现与居民房舍混杂在一处，仅留下屋顶、墙壁可以辨认	描述时间	2010/08/09
		描述人	额尔德木图

调查日期	2010/08/09	调查人员	白雪、贺龙、额尔德木图、栗建元

王盖庙·基本概况2

现存建筑	三层时轮金刚殿	佛塔	已毁建筑	双层大雄宝殿	护法殿	双层大雄宝殿
	山门	诵经殿		斋戒殿	度母殿	甘珠尔殿
	——	——		药师殿	金呼尔殿	火供殿
	——	——		正法殿	医药殿	达赖喇嘛拉布隆
	——	——	信息来源	那·布和哈达主编《锡林郭勒寺院》		

区位图

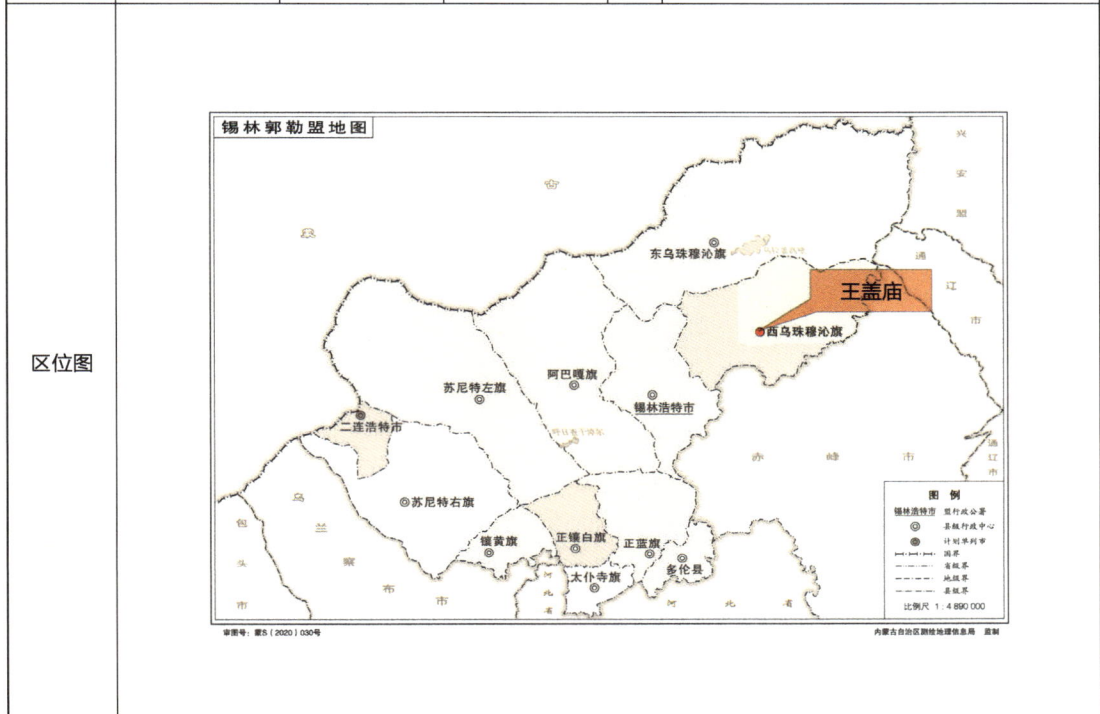

锡林郭勒盟地图

总平面图

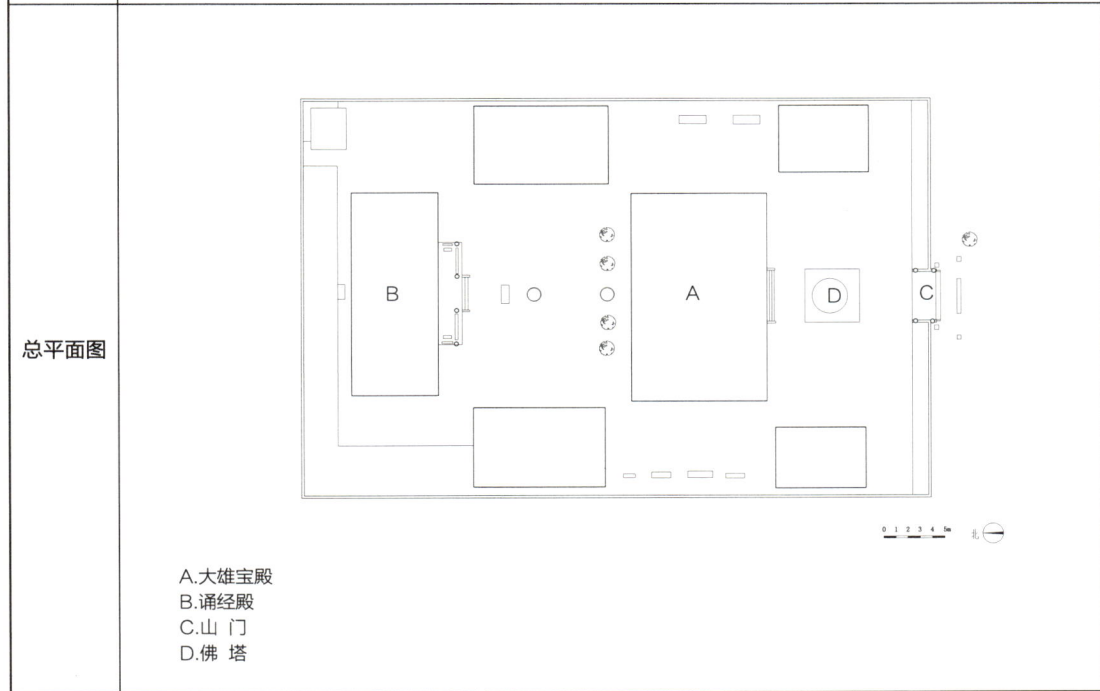

A.大雄宝殿
B.诵经殿
C.山　门
D.佛　塔

调查日期	2010/08/09	白雪、贺龙、额尔德木图、栗建元

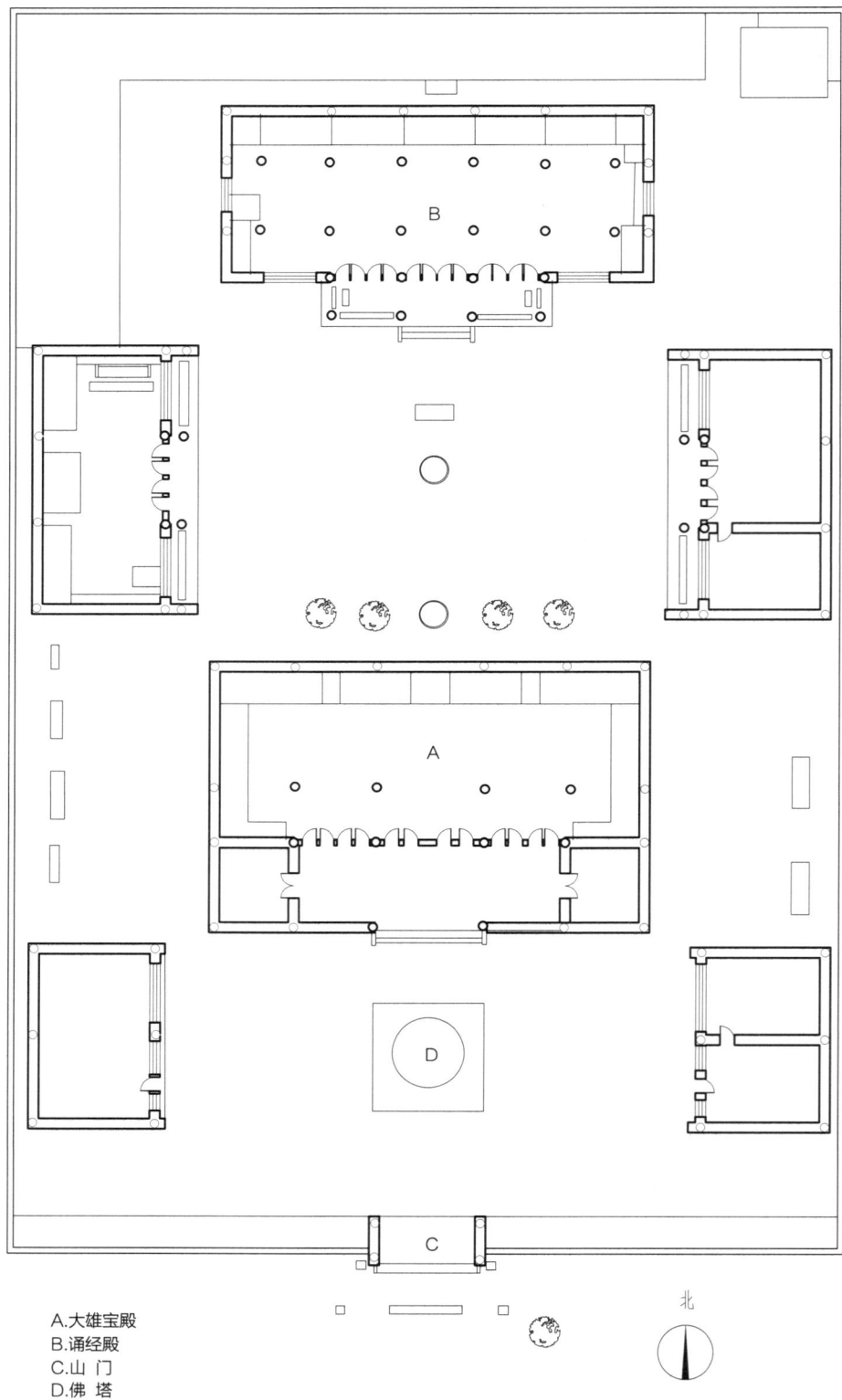

A.大雄宝殿
B.诵经殿
C.山　门
D.佛　塔

北

7.1 王盖庙·大雄宝殿

单位：毫米

建筑名称	汉语正式名称	大乘法胤法轮寺		俗称		大雄宝殿、时轮金刚殿			
概述	初建年	1927年		建筑朝向	坐北朝南		建筑层数		三
	建筑简要描述	汉藏结合式建筑							
	重建重修记载	20世纪80年代开始粉刷殿内构件，1999年装饰一新大殿内部，将一层的木地板，换成青砖，在其上又加铺了方形地板砖。该庙原位于白音乌拉镇（现改名为巴拉嘎尔高勒镇），即西乌珠穆沁旗旗政府所在地北侧，随着镇规模的扩大，现已位于镇中心区域							
	信息来源	那·布和哈达.锡林郭勒寺院.海拉尔：内蒙古文化出版社,1999.							
结构规模	结构形式	砖木混合	相连的建筑	无		室内天井		无	
	建筑平面形式	"凹"字形	外廊形式	回廊					
	通面阔	17170	开间数	5	明间 ——	次间 ——	梢间 ——	次梢间 ——	尽间 ——
	通进深	10850	进深数	2	进深尺寸（前→后）		——		
	柱子数量	4	柱子间距	横向尺寸	2860→3200→3150→3200→2900	（藏式建筑结构体系填写此栏，不含廊柱）			
				纵向尺寸	2900→3200				
	其他	二层8根柱，进深分别为1550→3200→1500 前廊进深为1400							
建筑主体（大木作）（石作）（瓦作）	屋顶	屋顶形式	下为平顶，上为歇山			瓦作	布瓦		
	外墙	主体材料	砖	材料规格	270×130×50	饰面颜色	灰		
		墙体收分	有	边玛檐墙	有	边玛材料	无		
	斗栱、梁架	斗栱	无	平身科斗口尺寸	无	梁架关系	六檩前廊		
	柱、柱式（前廊柱）	形式	汉式	柱身断面形状	圆	断面尺寸	直径D=358	（在没有前廊柱的情况下，填写室内柱及其特征。）	
		柱身材料	木	柱身收分	有	栌斗、托木	无	雀替 有	
		柱础	有	柱础形状	圆	柱础尺寸	直径D=410		
	台基	台基类型	普通	台基高度	315	台基地面铺设材料	方砖		
	其他	——							
装修（小木作）（彩画）	门(正面)	隔扇门		门楣	无	堆经	无	门帘	无
	窗（正面）	藏式明窗		窗楣	有	窗套	无	窗帘	无
	室内隔扇	隔扇	无	隔扇位置	无				
	室内地面、楼面	地面材料及规格	瓷砖600×600		楼面材料及规格	地毯			
	室内楼梯	楼梯	有	楼梯位置	东南耳房	楼梯材料	木质	梯段宽度	见备注
	天花、藻井	天花	有	天花类型	井口天花	藻井	无	藻井类型	——
	彩画	柱头	有	柱身	有	梁架	有	走马板	有
		门、窗	有	天花	有	藻井	无	其他彩画	无
	其他	悬塑	无	佛龛	有	匾额	有		
装饰	室内	帷幔	无	幕帘彩绘	无	壁画	无	唐卡	无
		经幡	无	幢	无	柱毯	无	其他	无
	室外	玛尼轮	无	苏勒德	无	宝顶	无	祥麟法轮	无
		四角经幢	无	经幡	有	铜饰	无	石刻、砖雕	无
		仙人走兽	有	壁画	无	其他	三层有壁画		
陈设	室内	主佛像	见备注		佛像基座	金刚座			
		法座 无	藏经橱 无	经床 无	诵经桌 无	法鼓 无	玛尼轮 无	坛城 无	其他 法鼓
	室外	旗杆 有	苏勒德 无	狮子 无	经幡 有	玛尼轮 有	香炉 有	五供 无	其他 山门前有塔
	其他	——							
备注	1. 一层到二层第一跑楼梯宽为1060,第二跑宽为1170，二层到三层为宽750的旋转楼梯； 2. 供佛情况，一层千手千眼观音，二层释迦牟尼，三层九世班禅								
调查日期	2010/08/09	调查人员	白雪	整理日期	2010/11	整理人员	白雪		

大雄宝殿基本概况表1

王盖庙·大雄宝殿·档案照片

照片名称 	斜前方	照片名称 	侧立面	照片名称 	背立面
照片名称 	室外柱头	照片名称 	室外柱础	照片名称 	门
照片名称 	窗	照片名称 	二层室外柱子	照片名称 	室内正面
照片名称 	室内侧面	照片名称 	室内柱头	照片名称 	室内天花
照片名称 	室内局部	照片名称 	二层室内侧面	照片名称 	三层室内正面
备注	——				
摄影日期	2010/08/09	摄影人员	贺龙		

大雄宝殿斜前方

大雄宝殿局部

大雄宝殿檐部（左图）
大雄宝殿室内天花
（右图）

大雄宝殿一层室内侧面

大雄宝殿二层室外柱廊
（左图）
大雄宝殿二层室内造像
（右图）

大雄宝殿二层室内侧面

7.2 王盖庙·诵经殿

诵经殿室外天花（左图）
诵经殿檐部（右图）

诵经殿斜前方

7.3　王盖庙·其他建筑

照壁

入口正门（左图）
香炉（中图）
石狮（右图）

白塔

8

Hoqit Temple

浩齐特庙

8 浩齐特庙　Hoqit Temple

　　浩齐特庙为原锡林郭勒盟浩齐特左翼旗寺庙，系该旗札萨克王的家庙，也是原浩齐特左右翼两个旗留存至今的唯一一座寺庙。清廷御赐满、蒙古、汉、藏四体的《广祥寺》匾额。寺庙管辖喇嘛海庙、塔塔尔庙、达奇庙及浩齐特左翼旗旗庙——乌格业穆尔庙等4座属庙。

　　康熙三十九年（1700年），浩齐特左翼旗郡王阿热种之子特日莫格台时期，从安多藏区请经始建寺庙。由于旗扎萨克王公主持修建了寺庙，故称浩齐特王庙。

　　寺庙建筑风格为汉式建筑。该庙在其最盛时有天王殿、钟楼、鼓楼、大雄宝殿、东配殿（供奉敖斯尔峻玛神）、西配殿（供奉大黑天）、释迦牟尼殿等大小7座殿宇，形成一处两进院落。寺庙院落长600米，宽400米，主院总面积为3026平方米。寺院东侧建有阿其图活佛拉布隆与沙布隆上师拉布隆等2座拉布隆，寺庙有14座庙仓，分布于寺庙主院两侧。

　　寺庙部分建筑在"文化大革命"时期被拆毁。20世纪50年代建立吉仁高勒苏木时，阿其图活佛拉布隆被当作供销社仓库，堪布活佛拉布隆被用于苏木卫生院，大雄宝殿成为苏木粮站的粮库。该寺大雄宝殿、西配殿及院墙留存完整，成为该庙的主体建筑。1982年寺庙开始恢复法会，之后加建东配殿、天王殿、佛塔及敖包等建筑，大致恢复了原寺庙规模。

参考文献：

［1］图·云丹.东浩齐特旗王庙历史概要1700-2000（蒙古文）（内部资料），2000.

浩齐特庙 · 基本概况 1

寺院蒙古语藏语名称	蒙古语	ᠬᠣᠵᠢᠳ ᠤᠨ ᠬᠡᠶᠢᠳ	寺院汉语名称	汉语正式名称		广祥寺
	藏语	——		俗称		浩齐特庙
	汉语语义	浩齐特部的庙	寺院汉语名称的由来			清廷赐名
所在地		锡林郭勒盟西乌珠穆沁旗吉仁郭勒苏木		东经 117°07′		北纬 44°27′
初建年		康熙三十九年（1700年）	保护等级			县（市）级保护单位
盛期时间		——	盛期喇嘛/现有喇嘛数			300余人/8人

历史沿革	1700年，始建寺庙。 1928年，九世班禅到达该庙。 1913年，喇嘛海庙在战乱中被北洋政府军烧毁，喇嘛迁至王庙。 20世纪50年代，建立吉仁高勒苏木时，占用部分召庙建筑，由此一些建筑留存至今，大雄宝殿等部分建筑及院墙留存完整。 1966年，释迦牟尼殿、东配殿、钟楼、鼓楼等主要建筑与一些庙仓、僧房被拆毁。 1982年，在原有建筑的基础上增建部分建筑，并在钟楼、鼓楼的旧址上分别立了两堵墙，其上涂写了标语

	资料来源	[1] 图·云丹.东浩齐特旗王庙历史概要1700-2000（蒙古文）（内部资料），2000.		

			描述时间	2010/09/02
现状描述	该庙由三层院落组成，南段为外围公园式景观院落、中院为庙院、北段为园林及敖包院落。地形从南至北渐高。影壁、天王殿、大雄宝殿、佛塔、敖包位于中轴线。大雄宝殿为单层，带有门廊，露台宽广，前段与左右两侧有台阶，后有一扇门，现被封堵		描述人	额尔德木图

调查日期	2010/08/10	调查人员	白雪、贺龙、额尔德木图、栗建元

浩齐特庙基本概况表1

浩齐特庙·基本概况 2

现存建筑	大雄宝殿	西厢房	院墙留存完整	已毁建筑	大小六座独贡	14个庙仓
	3间活佛拉布隆	东厢房	天王殿		释迦牟尼殿	东配殿
	佛塔	敖包	——		钟楼\鼓楼	一些庙仓、僧房
	——	——	——	信息来源	那·布和哈达主编《锡林郭勒寺院》	

区位图

锡林郭勒盟地图

总平面图

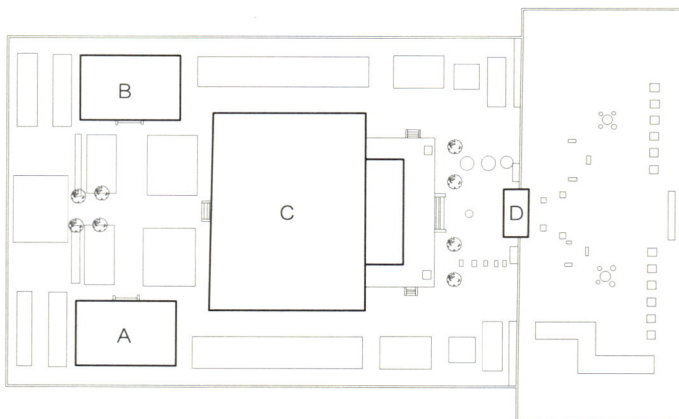

A.西厢房
B.东厢房
C.大雄宝殿
D.山 门

0 5 10 15 20m

北

调查日期	2010/08/10	调查人员	白雪、贺龙、额尔德木图、栗建元

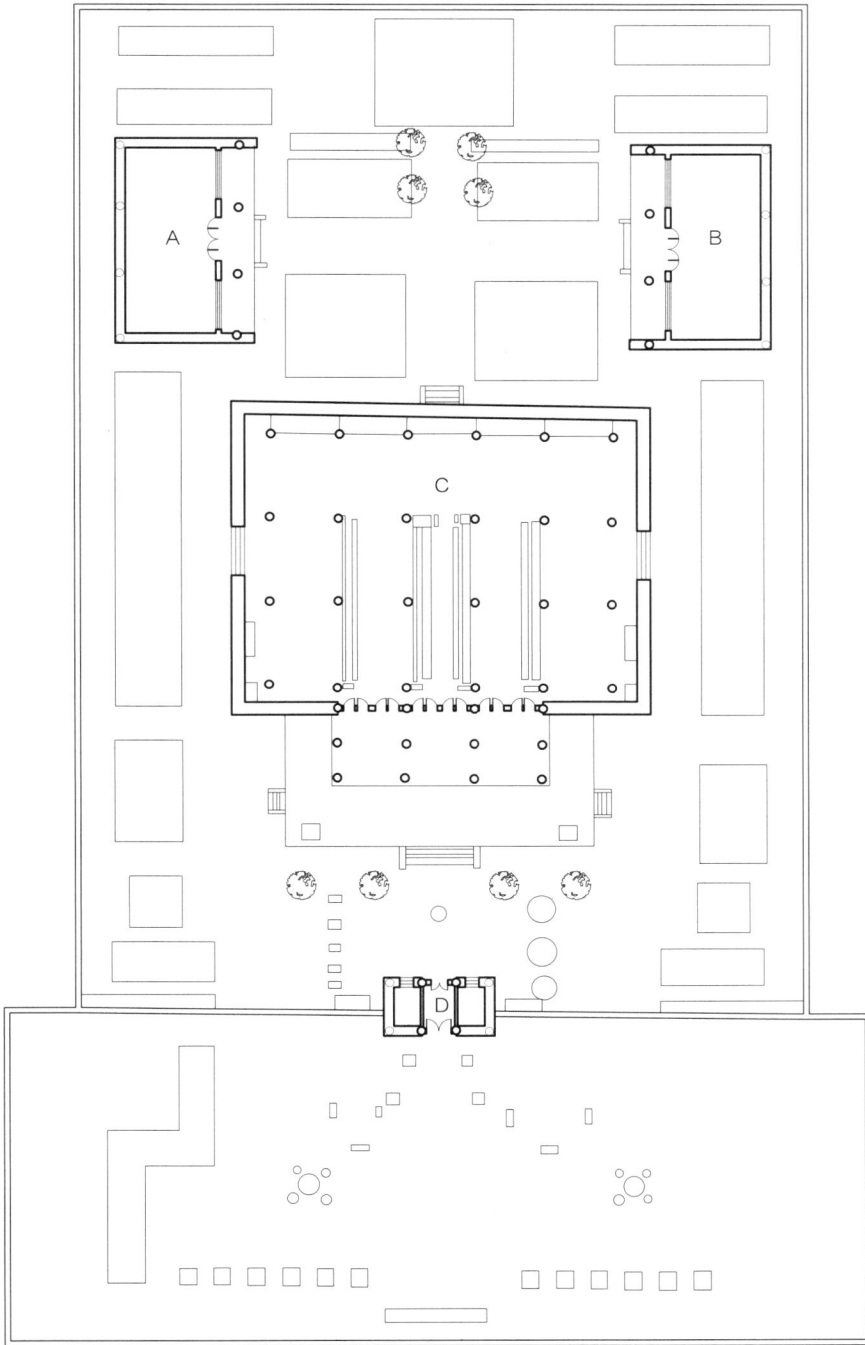

A.西厢房
B.东厢房
C.大雄宝殿
D.山 门

北

8.1 浩齐特庙·大雄宝殿

单位：毫米

建筑名称	汉语正式名称	大雄宝殿			俗称		朝克钦独贡		
概述	初建年	1913年			建筑朝向	坐北朝南		建筑层数	一
	建筑简要描述	汉藏结合							
	重建重修记载	一							
		信息来源	一						
结构规模	结构形式	砖木混合	相连的建筑		无		室内天井		无
	建筑平面形式	"凸"字形	外廊形式		前廊				
	通面阔	20600	开间数	7	明间 3850	次间 3200	梢间 3200	次梢间 —	尽间 1400
	通进深	13610	进深数	5	进深尺寸（前→后）	一			
	柱子数量	8	柱子间距	横向尺寸	1300、3200、3150、1450	（藏式建筑结构体系填写此栏，不含廊柱）			
				纵向尺寸					
	其他	一							
建筑主体（大木作）（石作）（瓦作）	屋顶	屋顶形式	组合式屋顶（前卷后歇）			瓦作	布瓦		
	外墙	主体材料	砖	材料规格	270×130×50	饰面颜色	红色		
		墙体收分	有	边玛檐墙	无	边玛材料	无		
	斗栱、梁架	斗栱	无	平身科斗口尺寸	无	梁架关系	不明		
	柱、柱式（前廊柱）	形式	汉式	柱身断面形状	圆	断面尺寸	直径 $D=240$	（在没有前廊柱的情况下，填写室内柱及其特征。）	
		柱身材料	木材	柱身收分	有	栌斗、托木	无	雀替	有
		柱础	有	柱础形状	方和圆	柱础尺寸	400×370		
	台基	台基类型	普通台基	台基高度	770	台基地面铺设材料	400×400方砖		
	其他	一							
装修（小木作）（彩画）	门(正面)	隔扇门		门楣	无	堆经	无	门帘	无
	窗（正面）	无		窗楣	无	窗套	无	窗帘	无
	室内隔扇	隔扇	无	隔扇位置	一				
	室内地面、楼面	地面材料及规格	400×400		楼面材料及规格	无			
	室内楼梯	楼梯	无	楼梯位置	无	楼梯材料	无	梯段宽度	无
	天花、藻井	天花	有	天花类型	井口	藻井	无	藻井类型	无
	彩画	柱头	有	柱身	无	梁架	有	走马板	无
		门、窗	有	天花	有	藻井	无	其他彩画	无
	其他	悬塑	无	佛龛	无	匾额	无		
装饰	室内	帷幔	有	幕帘彩绘	有	壁画	无	唐卡	无
		经幡	有	幢	有	柱毯	无	其他	无
	室外	玛尼轮	无	苏勒德	无	宝顶	有	祥麟法轮	有
		四角经幢	无	经幡	无	铜饰	无	石刻、砖雕	无
		仙人走兽	有	壁画	无	其他			
陈设	室内	主佛像	三世佛（东侧）中间为法座九世班禅			佛像基座	金刚座		
		法座 有	藏经橱 有	经床 有	诵经桌 有	法鼓 有	玛尼轮 有	坛城 无	其他 —
	室外	旗杆 无	苏勒德 无	狮子 无	经幡 无	玛尼轮 无	香炉 有	五供 无	其他
	其他	有佛灯雕像，法座两个							
备注	一								
调查日期	2010/08/10	调查人员	白雪	整理日期	2010/11/12	整理人员	白雪		

浩齐特庙 · 大雄宝殿 · 档案照片

照片名称	正立面	照片名称	斜前方	照片名称	侧立面

照片名称	斜后方	照片名称	屋顶	照片名称	檐部

照片名称	窗	照片名称	室外柱头	照片名称	室外柱础

照片名称	室内正面	照片名称	室内侧面1	照片名称	室内侧面2

照片名称	室内天花	照片名称	室内装饰	照片名称	佛像

备注	——				
摄影日期	2010/08/10	摄影人员	贺龙		

大雄宝殿斜前方

大雄宝殿窗
（左上图）
大雄宝殿室内天花
（左下图）
大雄宝殿室外柱子
（右图）

大雄宝殿室内造像
（右图）
大雄宝殿室内局部
（左图）

8.2 浩齐特庙 · 厢房

厢房门（左图）
厢房室内天花（右图）

厢房正立面

8.3 浩齐特庙 · 山门

山门正前方

山门檐部（左图）
山门窗户（中图）
山门正门（右图）

8.4 浩齐特庙·其他建筑

浩齐特庙前广场

照壁（左图）
嘛呢杆（中图）
白塔斜前方（右图）

白塔背立面

9

Hoh Temple

汇宗寺

⑨ 汇宗寺 Hoh Temple

汇宗寺大雄宝殿

　　汇宗寺为多伦诺尔两大寺院之一，系康熙帝敕建寺。康熙五十一年（1712年），清廷敕额"汇宗寺"，赐匾"声闻届远"。乾隆十一年（1746年），赐"性海真如"匾。

　　康熙三十年（1691年），多伦会盟之后始建于察哈尔正蓝旗第二苏木辖地。寺庙最初由康熙帝为内迁的喀尔喀三部所建。十年后清廷设立喇嘛印务处，命章嘉呼图克图为札萨克达喇嘛，掌管内蒙古喇嘛教事务，制定内外蒙古各旗选派僧人到该寺礼佛的制度。康熙五十一年（1712年），建寺工程竣工，康熙帝从施工建设、陈设布局到选派喇嘛均亲自操持。不久，哲布尊丹巴活佛因故移居多伦诺尔，该寺成为蒙古地区藏传佛教中心。据传，该寺由哲布尊丹巴活佛主持设计、建造。因寺庙殿宇上覆青色琉璃瓦，故称呼和苏莫，即汇宗寺。又称东大仓、东庙、旧庙。由于寺庙聚集了大量朝拜者及内地商贾，多伦诺尔理事厅衙门正式建成，多伦诺尔厅成为口北三厅之一。

　　寺庙建筑风格为汉式建筑。寺庙在其最盛时占地面积27.5万平方米，由敕建庙、10座活佛仓、5座官仓、5座会庙及几十处当子房构成。敕建庙位于全寺中心位置，共五进院落，由山门、天王殿、钟楼、鼓楼、大雄宝殿、释迦牟尼佛殿、关帝庙、密宗殿、公阿殿、东西配殿、藏经楼等殿宇构成。院内立有"康熙会盟碑"。西侧有章嘉活佛仓、噶尔丹席力图活佛仓、甘珠尔瓦活佛仓、达赖堪布活佛仓、诺颜巧尔吉活佛仓。东侧有墨尔根诺门汗活佛仓、毕勒格图诺门汗活佛仓、济隆活佛

仓、刺果活佛仓、阿嘉活佛仓。章嘉活佛仓共三进院落，康熙赐名"珠轮寺"。

　　随着清王朝的衰落及蒙古局势的变化该寺已开始衰败，又因多次的兵灾匪患，至中华人民共和国成立初期寺庙已破落不堪，"文化大革命"时期重遭损失。1999年维修汇宗寺仅存的完整院落——章嘉活佛仓。2005年举行汇宗寺重新开光大典。

参考文献：
[1] 任月海.多伦汇宗寺.北京:民族出版社,2005,6.
[2] 额·代青,章楚布.多伦诺尔三域十四位活佛沙比纳尔（蒙古文）.正蓝旗政协文史编委会,2008,11.
[3] 任月海.多伦文史资料（第一辑）.呼和浩特:内蒙古大学出版社,2007,4.

汇宗寺活佛府

汇宗寺 · 基本概况 1

寺院蒙古语藏语名称	蒙古语	ᠬᠦᠷᠢᠶᠡᠨ	寺院汉语名称	汉语正式名称	汇宗寺
	藏语	——		俗称	东大仓
	汉语语义	青庙	寺院汉语名称的由来		清廷赐名

所在地	锡林郭勒盟多伦诺尔县		东经 116° 28′	北纬 42° 12′
初建年	康熙三十年（1691年）	保护等级	全国重点文物保护单位	
盛期时间	——	盛期喇嘛僧/现有喇嘛僧	不详/15人	

历史沿革	1691年，始建寺庙。 1701年，康熙帝亲临该寺，要求依照京城西郊畅春园永宁寺的形式装饰汇宗寺。是年，清廷在多伦诺尔设立喇嘛印务处。 1712年，汇宗寺整个工程完工，清廷敕额"汇宗寺"。 1732年，"外蒙古"哲布尊丹巴呼图克图因故移居多伦诺尔，该寺成为整个蒙古地区藏传佛教中心。 1736年，多伦诺尔理事厅衙门正式建成。 1856年，大雄宝殿因失火被烧毁。 1861至1864年，重建大雄宝殿，庙顶换为普通青筒板瓦。 1913年，由于时局变动，寺庙喇嘛人数大减，建筑破败不堪，各旗当子房开始空缺。 1926年，奉军占领多伦诺尔，寺庙损失惨重。 1945年，汇宗寺大雄宝殿、钟鼓楼及康熙会盟碑被烧毁。 中华人民共和国成立后，汇宗寺留存的殿宇由县粮库占用存放粮食。 1966年，该寺所留存碑刻、装饰物被毁。 1999年，维修章嘉活佛仓。 2004年，将占用汇宗寺的两个机关单位进行彻底搬迁。 2005年6月16日，举行汇宗寺重新开光大典及阿格旺希日布道尔吉住持坐床仪式
资料来源	［1］图·云丹.东浩齐特旗王庙历史概要1700-2000（蒙古文）（内部资料），2000.

现状描述	该寺现存古建筑有敕建庙山门、天王殿、后殿以及较完整的章嘉活佛仓院落。所有建筑为汉式建筑，山门、天王殿均有斗栱，外形庄严宏丽，形制极高。敕建庙原位于全寺中心，现仅有章嘉活佛仓在其西侧。敕建庙大殿遗址被清理出，轮廓清晰。有一座新建活佛府位于其东侧	描述时间	2010/09/10
		描述人	额尔德木图

调查日期	2010/08/12	调查人员	白雪、贺龙、额尔德木图、栗建元

汇宗寺·基本概况 2

现存建筑	敕建庙山门	天王殿	后殿	已毁建筑	善因寺	12座活佛仓
	较完整的章嘉活佛仓院落	——	——		5座官仓	120多座当子房
	——	——	——		——	——
	——	——	——	信息来源	现场调研	

区位图

锡林郭勒盟地图

审图号：蒙S（2020）030号　　　　　　内蒙古自治区测绘地理信息局 监制

总平面图

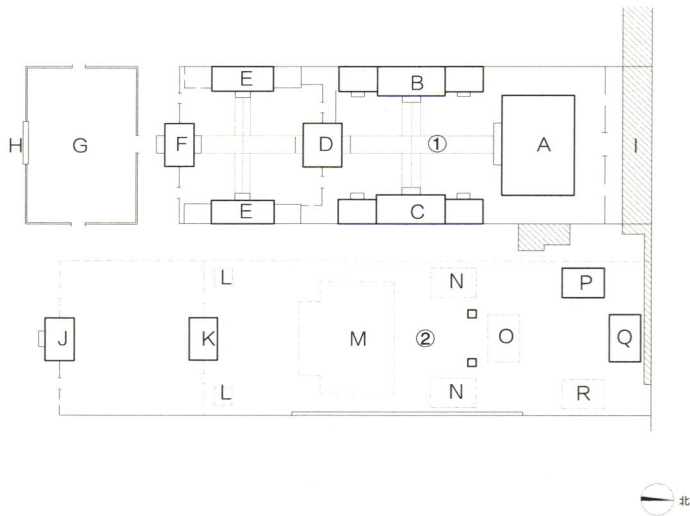

① 汇宗寺章嘉仓：

A.大雄宝殿　D.天王殿　G.广场
B.西配殿　E.厢房　H.影壁
C.东配殿　F.山门　I.僧房遗址

② 汇宗寺：

J.山门　M.大雄宝殿遗址　P.西厢房
K.天王殿　N.东西厢房遗址　Q.后殿
L.钟鼓楼遗址　O.佛殿遗址　R.东厢房遗址

调查日期	2010/08/12	调查人员	白雪、贺龙、额尔德木图、栗建元

I

R

P

Q

A

O

N

N

B

C

M

D

① 汇宗寺章嘉仓:

A.大雄宝殿
B.西配殿
C.东配殿
D.天王殿
E.厢 房
F.山 门
G.广 场
H.影 壁
I.僧房遗址

E

E

L

L

K

F

② 汇宗寺:

J.山 门
K.天王殿
L.钟鼓楼遗址
M.大雄宝殿遗址
N.东西厢房遗址
O.佛殿遗址
P.西厢房
Q.后 殿
R.东厢房遗址

G

J

H

北

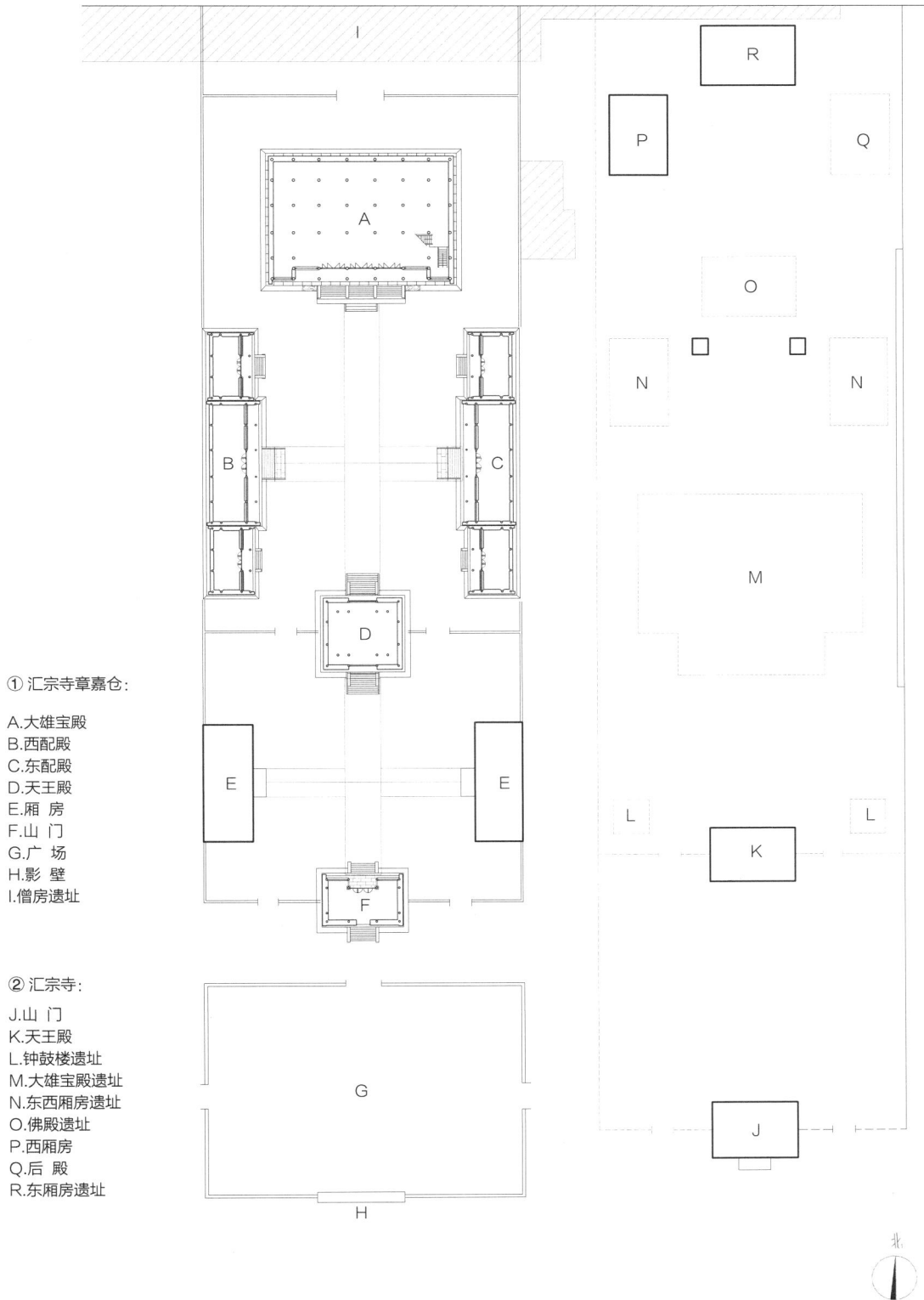

汇宗寺总平面图

9.1 汇宗寺·章嘉仓大雄宝殿

单位：毫米

建筑名称	汉语正式名称	汇宗寺章嘉仓主殿		俗称		——		
概述	初建年	康熙三十年（1691年）		建筑朝向	南		建筑层数	二
	建筑简要描述	汉式建筑						
	重建重修记载	1999年，维修章嘉活佛仓。2004年，将占用汇宗寺的两个机关单位进行彻底搬迁。2005年6月16日举行汇宗寺重新开光大典及阿旺希日布道尔吉住持坐床仪式						
	信息来源	［1］任月海.多伦汇宗寺.北京：民族出版社，2005，6.						
结构规模	结构形式	汉式	相连的建筑	无		室内天井	无	
	建筑平面形式	长方形	外廊形式	前廊				
	通面阔	12950	开间数	3	明间 4200	次间 3860	梢间 —— 次梢间 —— 尽间 ——	
	通进深	8280	进深数	3	进深尺寸（前→后）		2330→2430→1000	
	柱子数量	无	柱子间距	横向尺寸	无	（藏式建筑结构体系填写此栏，不含廊柱）		
				纵向尺寸	无			
	其他	——						
建筑主体（大木作）（石作）（瓦作）	屋顶	屋顶形式	硬山			瓦作	布瓦	
	外墙	主体材料	砖木	材料规格	430×220×110	饰面颜色	灰	
		墙体收分	有	边玛檐墙	无	边玛材料	无	
	斗栱、梁架	斗栱	有	平身科斗口尺寸	——	梁架关系	抬梁 七檩前廊	
	柱、柱式（前廊柱）	形式	汉	柱身断面形状	圆	断面尺寸	直径D=350	（在没有前廊柱的情况下，填写室内柱及其特征。）
		柱身材料	木	柱身收分	有	栌斗、托木 无	雀替 无	
		柱础	有	柱础形状	方	柱础尺寸	620×620	
	台基	台基类型	普通	台基高度	320	台基地面铺设材料	石材	
	其他	——						
装修（小木作）（彩画）	门(正面)	隔扇门		门楣	无	堆经	无	门帘 无
	窗（正面）	槛窗		窗楣	无	窗套	有	窗帘 无
	室内隔扇	隔扇	无	隔扇位置	无			
	室内地面、楼面	地面材料及规格	青砖360×360		楼面材料及规格	无		
	室内楼梯	楼梯	无	楼梯位置	无	楼梯材料	无	梯段宽度 无
	天花、藻井 无	天花	——	天花类型	——	藻井	——	藻井类型 ——
	彩画	柱头	有	柱身	无	梁架	有	走马板 无
		门、窗	无	天花	无	藻井	无	其他彩画 ——
	其他	悬塑	无	佛龛	无	匾额	无	
装饰	室内	帷幔	无	幕帘彩绘	无	壁画	无	唐卡 无
		经幡	无	幢	无	柱毯	无	其他 无
	室外	玛尼轮	无	苏勒德	无	宝顶	无	祥麟法轮 无
		四角经幢	无	经幡	无	铜饰	无	石刻、砖雕 无
		仙人走兽	有	壁画	无	其他	无	
陈设	室内	主佛像	无			佛像基座	无	
		法座 无 藏经橱 无	经床 无	诵经桌 无	法鼓 无	玛尼轮 无	坛城 无	其他 无
	室外	旗杆 无 苏勒德 无	狮子 无	经幡 无	玛尼轮 无	香炉 无	五供 无	其他 无
	其他	——						
备注	——							

调查日期	2010/08/12	调查人员	栗建元	整理日期	2010/08/15	整理人员	栗建元

汇宗寺·章嘉仓大雄宝殿·档案照片

照片名称	正立面	照片名称	斜前方1	照片名称	斜前方2

照片名称	室外柱子	照片名称	室外柱头	照片名称	室外柱础

照片名称	窗	照片名称	前廊	照片名称	室外局部1

照片名称	室外局部2	照片名称	室外局部3	照片名称	室内正面

照片名称	室内侧面	照片名称	经幢	照片名称	佛像

备注	—				
摄影日期	2010/08/12	摄影人员	贺龙、白雪		

章嘉仓大雄宝殿基本
概况表2

大雄宝殿正立面

大雄宝殿斜前方（左图）
大雄宝殿侧面（右图）

大雄宝殿室内侧面

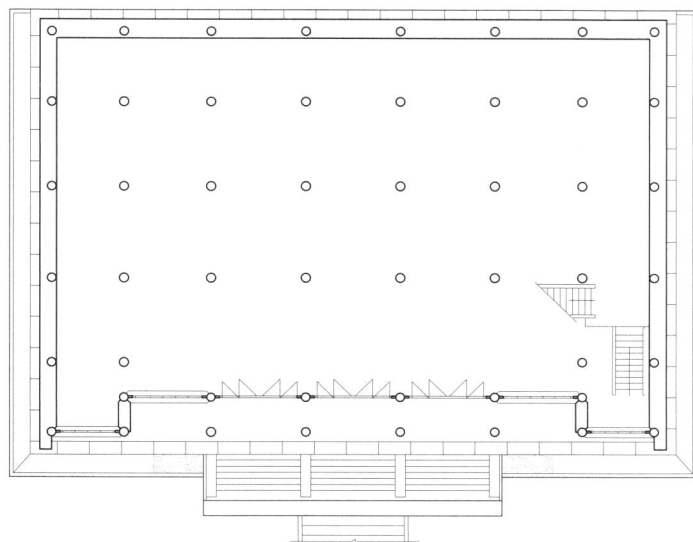

大雄宝殿一层平面图

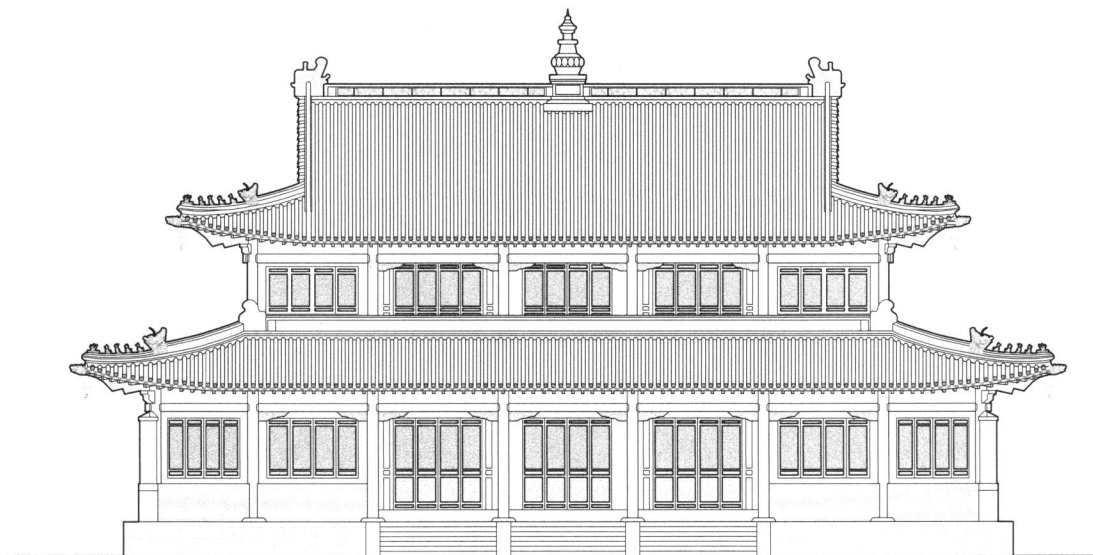

大雄宝殿南立面图

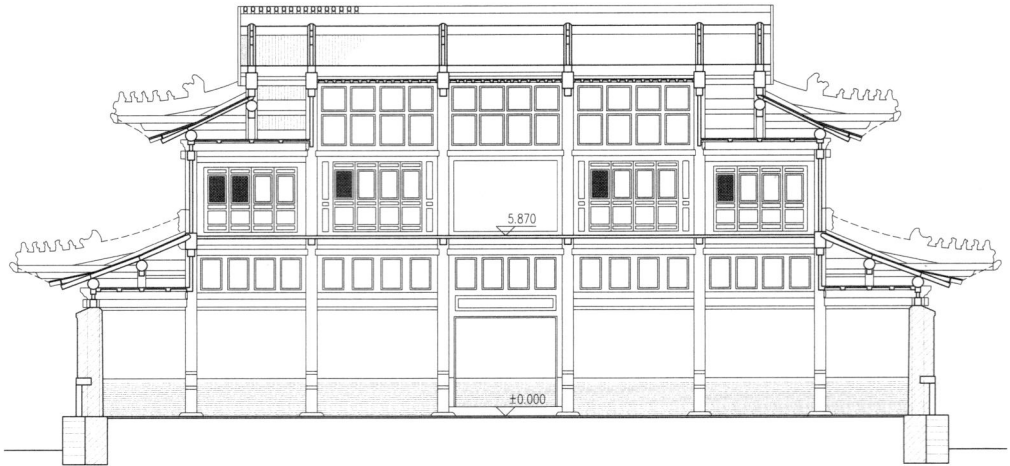

大雄宝殿纵剖面图

5.870

±0.000

0　1　2　3　4　5m

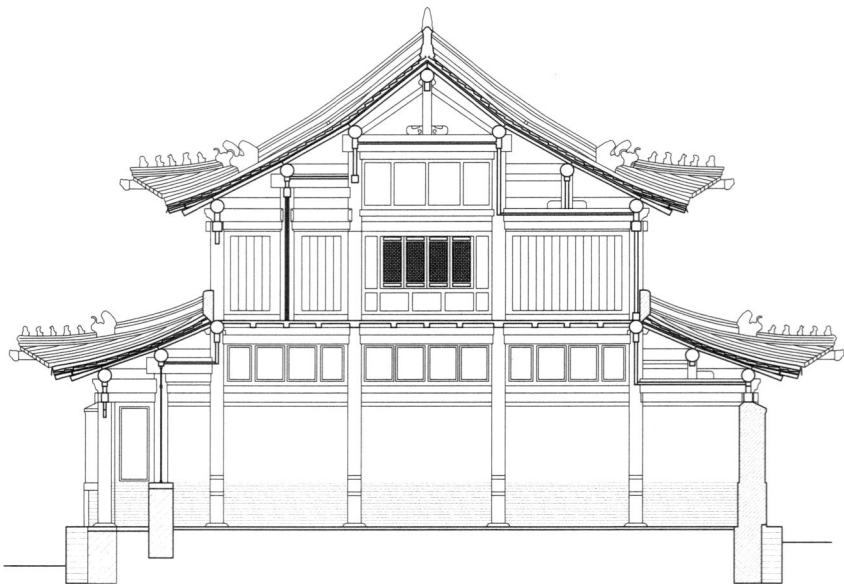

大雄宝殿横剖面图

0　1　2　3　4　5m

9.2 汇宗寺·章嘉仓天王殿

单位：毫米

建筑名称	汉语正式名称	天王殿		俗称		——		
概述	初建年	康熙三十年（1691年）		建筑朝向	南北	建筑层数	一	
	建筑简要描述	汉式建筑						
	重建重修记载	1999年，维修章嘉活佛仓。2004年，将占用汇宗寺的两个机关单位进行彻底搬迁。2005年6月16日举行汇宗寺重新开光大典及阿旺希日布道尔吉住持坐床仪式						
	信息来源	[1] 任月海.多伦汇宗寺.北京：民族出版社，2005，6.						

结构规模	结构形式	汉式	相连的建筑	无		室内天井	无	
	建筑平面形式	长方形	外廊形式	无				
	通面阔	11580	开间数	5	明间 4130	次间 1600	梢间 1400	次梢间 —— 尽间 ——
	通进深	9950	进深数	3	进深尺寸（前→后）	北→南 1550→5700→1550		
	柱子数量	——	柱子间距	横向尺寸	无	（藏式建筑结构体系填写此栏，不含廊柱）		
				纵向尺寸	无			
	其他	——						

建筑主体（大木作）（石作）（瓦作）	屋顶	屋顶形式	歇山		瓦作	布瓦	
	外墙	主体材料	砖	材料规格	420×210×100	饰面颜色	红
		墙体收分	有	边玛檐墙	无	边玛材料	无
	斗栱、梁架	斗栱	无	平身科斗口尺寸	无	梁架关系	抬梁、七檩无廊
	柱、柱式（前廊柱）	形式	汉	柱身断面形状	圆	断面尺寸	直径 $D=300$
		柱身材料	木	柱身收分	有	栌斗、托木 无 雀替 无	（在没有前廊柱的情况下，填写室内柱及其特征。）
		柱础	有	柱础形状	方	柱础尺寸	600×600
	台基	台基类型	普通	台基高度	1260	台基地面铺设材料	石材
	其他	——					

装修（小木作）（彩画）	门(正面)	隔扇门		门楣	有	堆经	无	门帘	无
	窗（正面）	无		窗楣	无	窗套	有	窗帘	无
	室内隔扇	隔扇	无	隔扇位置	无				
	室内地面、楼面	地面材料及规格	石材410×210		楼面材料及规格	无			
	室内楼梯	楼梯	无	楼梯位置	无	楼梯材料	无	梯段宽度	无
	天花、藻井	天花	无	天花类型	无	藻井	无	藻井类型	无
	彩画	柱头	有	柱身	无	梁架	有	走马板	无
		门、窗	无	天花	无	藻井	无	其他彩画	——
	其他	悬塑	无	佛龛	无	匾额	无		

装饰	室内	帷幔	无	幕帘彩绘	无	壁画	有	唐卡	无
		经幡	无	幢	无	柱毯	无	其他	——
	室外	玛尼轮	无	苏勒德	无	宝顶	无	祥麟法轮	无
		四角经幢	无	经幡	无	铜饰	无	石刻、砖雕	无
		仙人走兽	有	壁画	无	其他	无		

陈设	室内	主佛像	四大天王、弥勒佛		佛像基座	莲花座		
		法座 无 藏经橱 无 经床 无 诵经桌 无 法鼓 无 玛尼轮 无 坛城 无 其他 ——						
	室外	旗杆 无 苏勒德 无 狮子 无 经幡 无 玛尼轮 无 香炉 无 五供 无 其他 ——						
	其他	——						

备注			
调查日期	2010/08/12	调查人员	栗建元	整理日期	2010/08/15	整理人员	栗建元

章嘉仓天王殿基本概况表1

章嘉仓天王殿斜前方

章嘉仓天王殿正前方

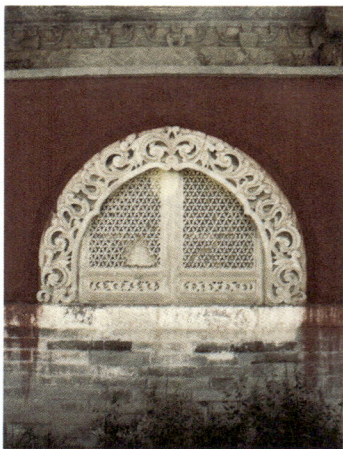

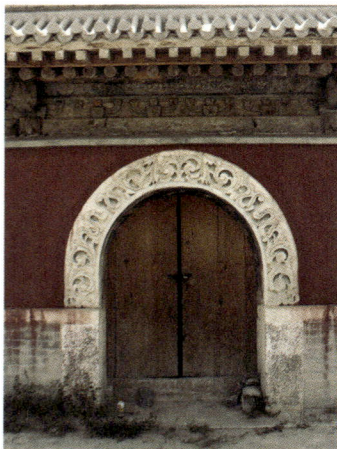

章嘉仓天王殿窗户
（左图）
章嘉仓天王殿门（中图）
章嘉仓天王殿墀头
（右图）

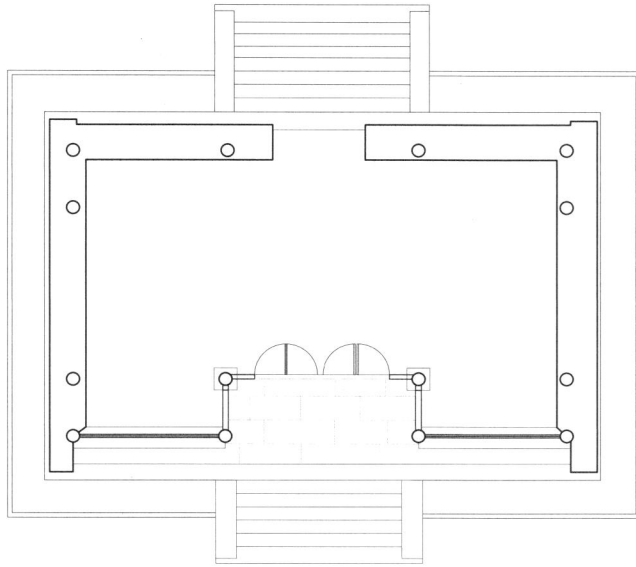

章嘉仓天王殿平面图

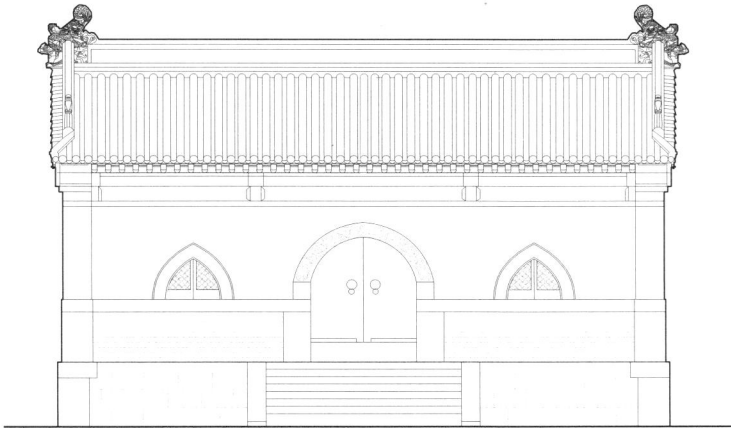

章嘉仓天王殿立面图

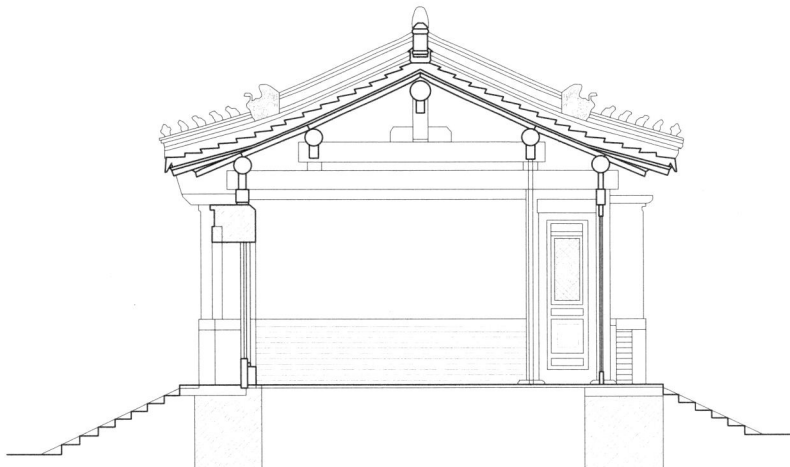

章嘉仓天王殿剖面图

9.3　汇宗寺·章嘉仓正大殿

单位：毫米

建筑名称	汉语正式名称	汇宗寺·正大殿			俗称		——			
概述	初建年	康熙三十年（1691年）			建筑朝向		南北		建筑层数	二
	建筑简要描述	汉式建筑								
	重建重修记载	1999年，维修章嘉活佛仓。2004年，将占用汇宗寺的两个机关单位进行彻底搬迁。2005年6月16日举行汇宗寺重新开光大典及阿旺希日布道尔吉住持坐床仪式								
	信息来源	[1] 任月海.多伦汇宗寺.北京：民族出版社，2005,6,3.								
结构规模	结构形式	汉式		相连的建筑	无			室内天井	无	
	建筑平面形式	长方形		外廊形式	前廊					
	通面阔	27430	开间数	7	明间 4150	次间 4150	梢间 3850	次梢间 ——	尽间	2950
	通进深	19200	进深数	6	进深尺寸（前→后）	南→北 1550→1550→3850→4150→3850→3000				
	柱子数量	——	柱子间距	横向尺寸	无		（藏式建筑结构体系填写此栏，不含廊柱）			
				纵向尺寸	无					
	其他	——								
建筑主体（大木作）（石作）（瓦作）	屋顶	屋顶形式	重檐 歇山				瓦作	布瓦		
	外墙	主体材料	砖木	材料规格	400×110×200		饰面颜色	红		
		墙体收分	有	边玛檐墙	无		边玛材料	无		
	斗栱、梁架	斗栱	无	平身科斗口尺寸	无		梁架关系	——		
	柱、柱式（前廊柱）	形式	汉	柱身断面形状	圆	断面尺寸	直径 $D=400$		（在没有前廊柱的情况下，填写室内柱及其特征。）	
		柱身材料	木	柱身收分	有	栌斗、托木	无	雀替	有	
		柱础	有	柱础形状	方	柱础尺寸	640×630			
	台基	台基类型	普通	台基高度	1150	台基地面铺设材料	石材			
	其他	——								
装修（小木作）（彩画）	门(正面)	隔扇门		门楣	有	堆经	无	门帘	无	
	窗(正面)	槛窗		窗楣	无	窗套	有	窗帘	无	
	室内隔扇	隔扇	无	隔扇位置	无					
	室内地面、楼面	地面材料及规格	方砖410×410		楼面材料及规格		木 4050×250			
	室内楼梯	楼梯	有	楼梯位置	东南角	楼梯材料	木	梯段宽度	1200	
	天花、藻井	天花	有	天花类型	井口天花	藻井	无	藻井类型	无	
	彩画	柱头	有	柱身	无	梁架	有	走马板	无	
		门、窗	无	天花	有	藻井	无	其他彩画	——	
	其他	悬塑	有	佛龛	无	匾额	无			
装饰	室内	帷幔		幕帘彩绘	无	壁画	无	唐卡	有	
		经幡	无	幢	有	柱毯	无	其他	——	
	室外	玛尼轮	无	苏勒德	无	宝顶	有	祥麟法轮	无	
		四角经幢	无	经幡	有	铜饰	无	石刻、砖雕	无	
		仙人走兽	1+4	壁画	有	其他				
陈设	室内	主佛像	宗喀巴			佛像基座	莲花座			
		法座 有	藏经橱 有	经床 有	诵经桌 有	法鼓 有	玛尼轮 有	坛城 无	其他 无	
	室外	旗杆 无	苏勒德 无	狮子 无	经幡 有	玛尼轮 无	香炉 有	五供 无	其他 无	
	其他	——								
备注	——									

调查日期	2010/08/12	调查人员	栗建元	整理日期	2010/08/15	整理人员	栗建元

章嘉仓正大殿正前方

章嘉仓正大殿门（左图）
章嘉仓正大殿侧面
（右图）

章嘉仓正大殿斜前方

章嘉仓正大殿一层平面
图与梁架平面图

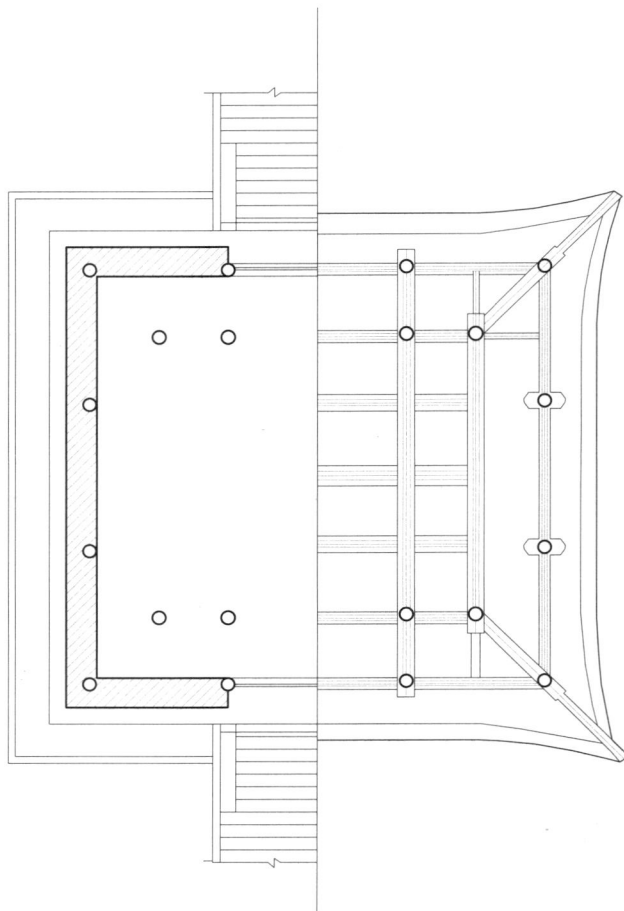

章嘉仓正大殿横纵剖面图

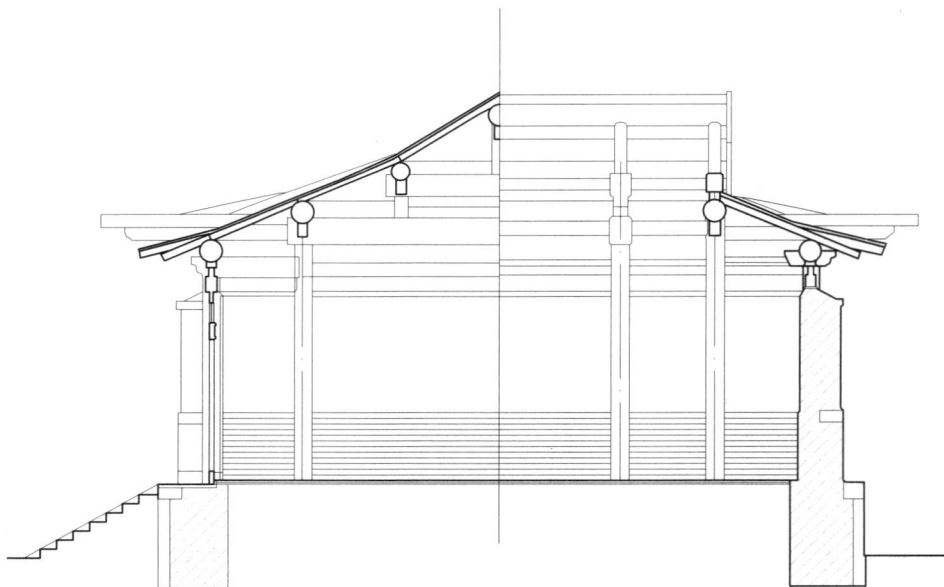

9.4 汇宗寺·章嘉仓西厢房

章嘉仓西厢房斜前方

章嘉仓西厢房檐部
（左图）
章嘉仓西厢房前廊顶棚
（右图）

9.5 汇宗寺·章嘉仓东厢房

章嘉仓东厢房正立面
（左上图）
章嘉仓东厢房室内
（左下图）
章嘉仓东厢房前廊
（右图）

9.6 汇宗寺·章嘉仓配殿

章嘉仓配殿正前方

章嘉仓配殿前廊（左图）
章嘉仓配殿室内佛像（右图）

章嘉仓配殿正前方

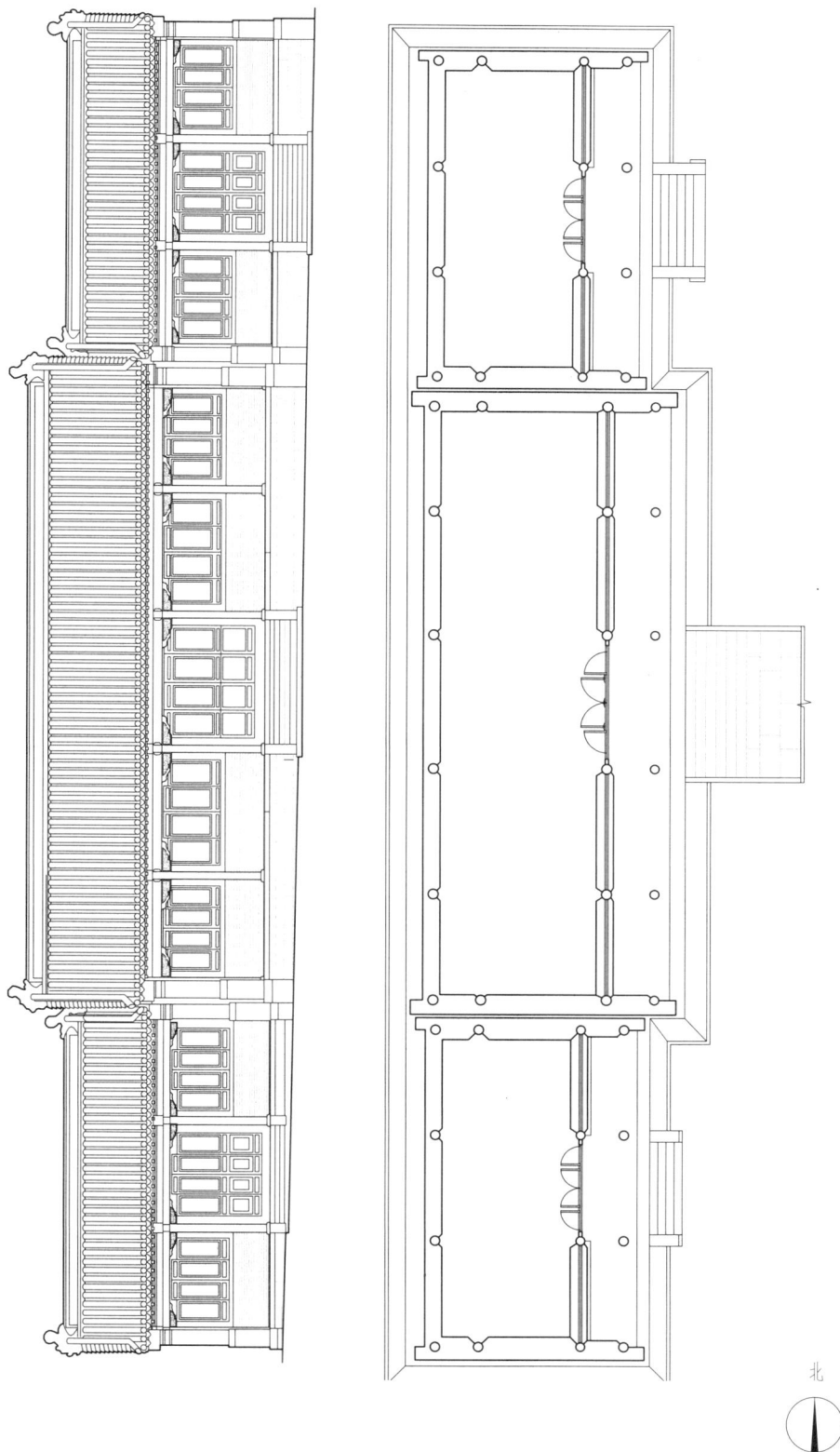

章嘉仓西配殿立面图
（左图）

章嘉仓东配殿平面图
（右图）

北

9.7　汇宗寺·山门

汇宗寺山门正前方

汇宗寺山门牖窗

汇宗寺山门正门
（左图）
汇宗寺山门侧门
（右图）

10

Xiara Temple

善因寺

10 善因寺 Xiara Temple

善因寺建筑群

　　善因寺为多伦诺尔两大寺院之一，系雍正帝敕建寺。雍正九年（1731年），清廷敕额"善因寺"，赐匾"慈云广被"。乾隆十一年（1746年），赐"智源觉路"匾。善因寺制定用蒙古语诵经的制度，以此与用藏语诵经的汇宗寺相区别。

　　雍正五年（1727年），雍正帝下达谕书，同时建造两座寺院：多伦诺尔的善因寺与喀尔喀的庆宁寺，两座寺院使用同一设计图纸，图纸由工部营造所"样式雷"设计。次年，拨国库银十万两，从京城调集大批工匠在汇宗寺西南0.5公里左右的山丘上建一座寺院。寺庙比喀尔喀的庆宁寺早竣工5年。寺庙建成后，雍正帝将此新庙与汇宗寺一并交给第二世章嘉呼图克图若必多吉管理。因寺庙殿宇上覆黄色琉璃瓦，故称希日苏莫，即善因寺，又称西大仓、西庙、新庙。善因寺建成后与汇宗寺遥相呼应，形成了巨大的寺庙建筑群。

　　寺庙建筑风格为汉式建筑。寺庙在其最盛时占地面积18.4万平方米，由敕建庙、1座行宫、5座官仓、3座活佛仓、数十座当子房构成。敕建庙位于全寺中心位置，共四进院落，由山门、天王殿、钟楼、鼓楼、碑亭、81间大雄宝殿、释迦牟尼佛殿、药师殿、愤怒佛殿等建筑与章嘉活佛宫院组成。院内立有雍正帝御书善因寺石碑。西侧有雍正行宫、那木喀活佛仓，因雍正帝从未巡幸多伦诺尔，故行宫一直空设着。东侧有洞阔尔活佛仓及额木齐忽必勒汗活佛仓。掌管内蒙古藏传佛教事务的多伦诺尔喇嘛印务处最初位于汇宗寺，后移到善因寺大雄宝殿的东北侧，民国时期移到善因寺大吉瓦仓。

　　随着清王朝的衰落及蒙古局势的变化该寺已开始衰败，又因多次的兵灾匪患，至中华人民共和国成立初期已破落不堪。寺庙在"文化大革命"时期严重受损，现仅存敕建庙第一进院落，有山门、天王殿、钟楼、鼓楼及其东侧几间庙仓建筑。该庙现无法事活动，由多伦诺尔县文物管理部门管理。

参考文献：
[1]任月海.多伦汇宗寺.北京:民族出版社,2005,6.
[2]额·代青,章楚布.多伦诺尔三域十四位活佛沙比纳尔（蒙古文）.正蓝旗政协文史编委会,2008,11.
[3]任月海.多伦文史资料（第一辑）.呼和浩特:内蒙古大学出版社,2007,4.

善因寺护法殿

善因寺・基本概况 1

寺院蒙古语藏语名称	蒙古语	ᠰᠠᠢᠨ ᠦᠢᠯᠡ	寺院汉语名称	汉语正式名称	善因寺
	藏语	——		俗称	西大仓
	汉语语义	黄庙	寺院汉语名称的由来		清廷赐名

所在地	锡林郭勒盟多伦诺尔县		东经	116° 28′	北纬	42° 12′
初建年	康熙十七年(1678年)	保护等级		县(市)级保护单位		
盛期时间	——	盛期喇嘛/现有喇嘛数		3000余人/0人		

历史沿革

1727年，雍正帝下达谕书，同时建造多伦诺尔的善因寺与喀尔喀的庆宁寺，由工部营造所设计。

1728年，在汇宗寺西南0.5公里左右始建善因寺，于1731年竣工。

1745年，乾隆帝巡幸多伦诺尔，驻锡于雍正行宫。

1926年，遭受奉军毁坏。

1945年，寺庙遭受破坏。

1966年，寺院房屋被没收，大量文物被捣毁。

1971年，拆除大雄宝殿，取其木材，其余建筑陆续被拆毁，用于建造民宅

资料来源

[1]任月海.多伦汇宗寺.北京:民族出版社,2005,6.

[2]额·代青,章楚布.多伦诺尔三域十四位活佛沙比纳尔（蒙古文）.正蓝旗政协文史编委会,2008,11.

[3]任月海.多伦文史资料（第一辑）.呼和浩特:内蒙古大学出版社,2007,4.

[4]调研访谈记录.

现状描述	该寺仅剩山门、护法殿、钟楼、鼓楼。后两座为近期所修建。其东侧有4座僧房。屋顶为琉璃瓦，均有斗栱	描述时间	2010/9/2
		描述人	额尔德木图

调查日期	2010/08/12	调查人员	白雪、贺龙、额尔德木图、栗建元

善因寺·基本概况 2

现存建筑	山门	护法殿	已毁建筑	大殿	释迦牟尼佛殿	药师殿
	鼓楼	钟楼		愤怒佛殿	雍正行宫	那木喀活佛仓
	东侧有4座僧房	——		洞阔尔活佛仓	额木齐忽必勒汗活佛仓	碑亭
	——	——	信息来源	那·布和哈达主编《锡林郭勒寺院》		

区位图

总平面图

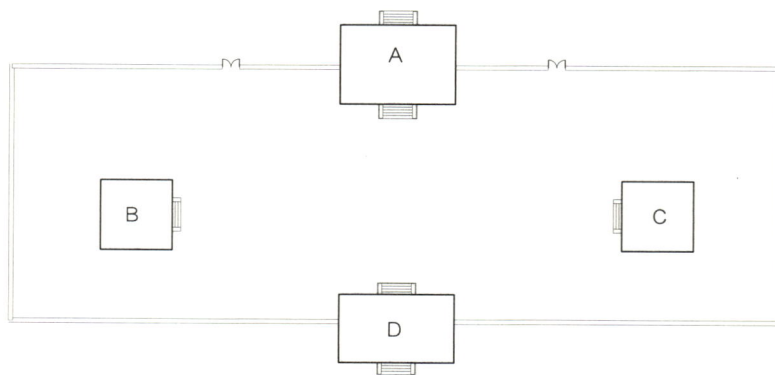

A.护法殿
B.鼓楼
C.钟楼
D.山门

北

调查日期	2010/08/12		白雪、贺龙、额尔德木图、栗建元

A.护法殿
B.鼓 楼
C.钟 楼
D.山 门

北

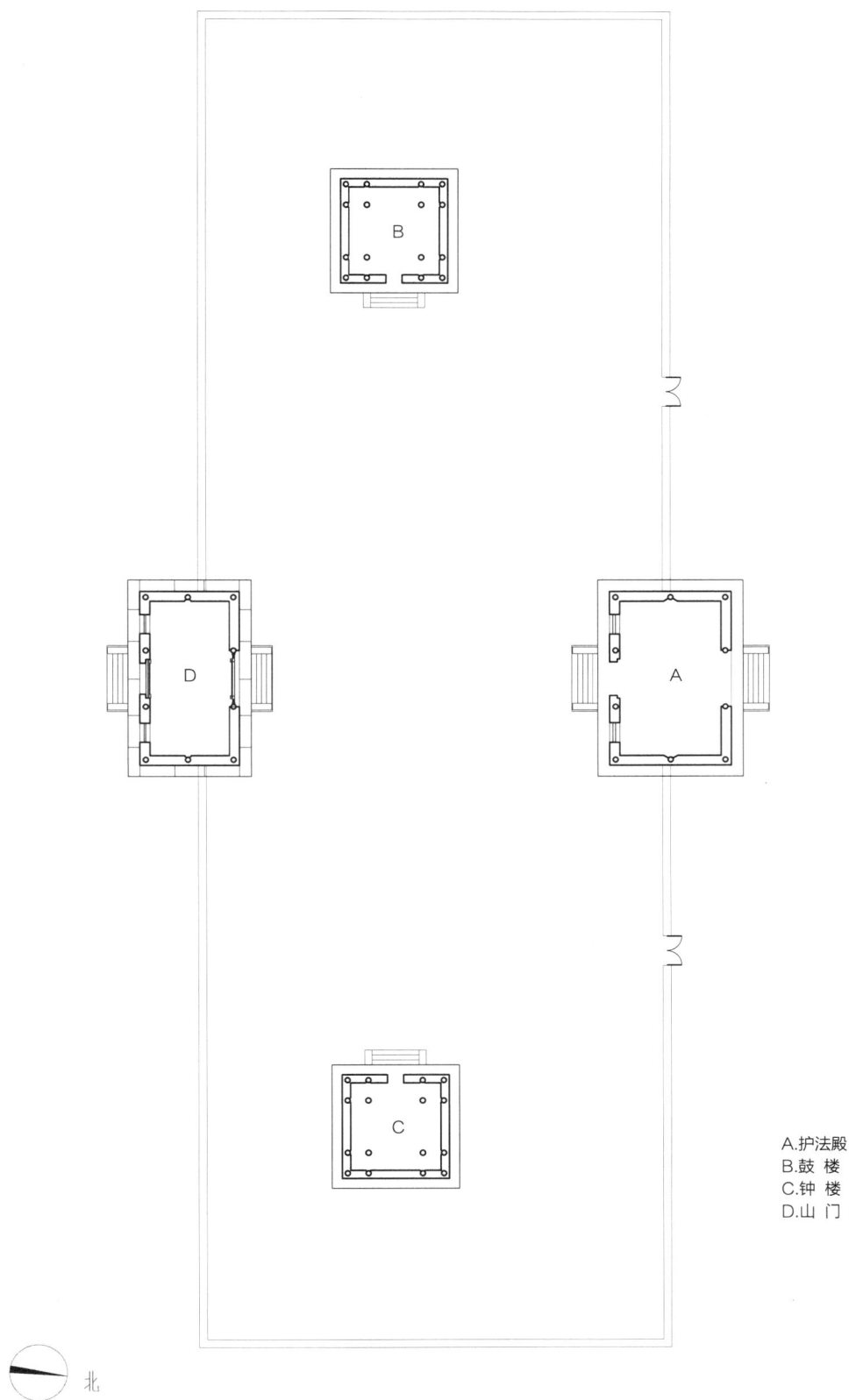

善因寺总平面图

10.1 善因寺·护法殿

单位：毫米

建筑名称	汉语正式名称	护法殿				俗称			——			
概述	初建年	雍正五年（1727年）				建筑朝向	南北		建筑层数	一		
	建筑简要描述	汉式建筑										
	重建重修记载	1989年后对该殿进行了加固等处理										
		信息来源	[1] 任月海著.多伦汇宗寺.北京：民族出版社,2005,6. [2] 那·布和哈达.锡林郭勒寺院.呼和浩特：内蒙古文化出版社,1999.									
结构规模	结构形式	汉式		相连的建筑	无				室内天井	无		
	建筑平面形式	长方形		外廊形式	无							
	通面阔	10770	开间数	3	明间	3550	次间	3300	梢间	——	次梢间 ——	尽间 ——
	通进深	7220	进深数	2	进深尺寸（前→后）				3210→3210			
	柱子数量	无	柱子间距	横向尺寸	——			（藏式建筑结构体系填写此栏，不含廊柱）				
				纵向尺寸	——							
	其他	——										
建筑主体 （大木作） （石作） （瓦作）	屋顶	屋顶形式	歇山				瓦作	琉璃瓦				
	外墙	主体材料	砖木	材料规格	430×230×100		饰面颜色	灰				
		墙体收分	有	边玛檐墙	无		边玛材料	无				
	斗栱、梁架	斗栱	有	平身科斗口尺寸	60		梁架关系	抬梁 七檩前廊				
	柱、柱式 （前廊柱）	形式	汉	柱身断面形状	圆	断面尺寸	直径D=280			（在没有前廊柱的情况下，填写室内柱及其特征。）		
		柱身材料	木	柱身收分	有	栌斗、托木	无		雀替	无		
		柱础	有	柱础形状	方	柱础尺寸	670×670					
	台基	台基类型	普通	台基高度	580	台基地面铺设材料		石材				
	其他	——										
装修 （小木作） （彩画）	门（正面）	隔扇		门楣	有	堆经	无		门帘	无		
	窗（正面）	槛窗		窗楣	无	窗套	有		窗帘	无		
	室内隔扇	隔扇	无	隔扇位置	无							
	室内地面、楼面	地面材料及规格	不详			楼面材料及规格		无				
	室内楼梯	楼梯	无	楼梯位置	无	楼梯材料	无		梯段宽度	无		
	天花、藻井	天花	无	天花类型	无	藻井	无		藻井类型	——		
	彩画	柱头	无	柱身	无	梁架	有		走马板	无		
		门、窗	无	天花	无	藻井	无		其他彩画	无		
	其他	悬塑	无	佛龛	无	匾额	无					
装饰	室内	帷幔	无	幕帘彩绘	无	壁画	无		唐卡	无		
		经幡	无	幢	无	柱毯	无		其他	无		
	室外	玛尼轮	无	苏勒德	无	宝顶	无		祥麟法轮	无		
		四角经幢	无	经幡	无	铜饰	无		石刻、砖雕	无		
		仙人走兽	有	壁画	无	其他		无				
陈设	室内	主佛像	无			佛像基座		无				
		法座	无	藏经橱	无	经床	无	诵经桌	无	法鼓	无	玛尼轮	无	坛城	无	其他	无
	室外	旗杆	无	苏勒德	无	狮子	无	经幡	无	玛尼轮	无	香炉	无	五供	无	其他	无
	其他	无										
备注	——											
调查日期	2010/08/12	调查人员	栗建元	整理日期	2010/08/15	整理人员	栗建元					

护法殿基本概况表1

善因寺 · 护法殿 · 档案照片

照片名称	正立面	照片名称	斜前方	照片名称	侧立面

照片名称	室外柱础	照片名称	斗栱	照片名称	室外台阶

照片名称	门	照片名称	窗户	照片名称	檐部

照片名称	室外局部	照片名称	室内顶棚	照片名称	室内梁架

照片名称	室内局部1	照片名称	室内局部2	照片名称	室内局部3

备注	—				
摄影日期	2010/08/12	摄影人员	贺龙		

护法殿基本概况表2

153

护法殿正前方

护法殿鸟瞰

护法殿斗栱（左图）
护法殿室内梁架（右图）

10.2 善因寺·山门

单位：毫米

建筑名称	汉语正式名称	山门			俗称		——		
概述	初建年	雍正五年（1727年）			建筑朝向	南北	建筑层数	—	
	建筑简要描述	汉式建筑							
	重建重修记载	1989年后对该殿进行了加固等处理							
		信息来源	[1] 任月海.多伦汇宗寺.北京：民族出版社,2005,6. [2] 那·布和哈达.锡林郭勒寺院.海拉尔：内蒙古文化出版社,1999.						
结构规模	结构形式	汉式	相连的建筑	无			室内天井	无	
	建筑平面形式	长方形	外廊形式	无					
	通面阔	10590	开间数	3	明间 3600	次间 3300	梢间 ——	次梢间 ——	尽间 ——
	通进深	5700	进深数	2	进深尺寸（前→后）		2450→2450		
	柱子数量	——	柱子间距	横向尺寸	——		（藏式建筑结构体系填写此栏，不含廊柱）		
				纵向尺寸	——				
	其他	——							
建筑主体 （大木作） （石作） （瓦作）	屋顶	屋顶形式	歇山			瓦作	琉璃		
	外墙	主体材料	砖木	材料规格	430×210×90	饰面颜色	灰		
		墙体收分	有	边玛檐墙	无	边玛材料	无		
	斗栱、梁架	斗栱	有	平身科斗口尺寸	60	梁架关系	抬梁 五檩无廊		
	柱、柱式 （前廊柱）	形式	汉	柱身断面形状	圆	断面尺寸	直径 D=240	（在没有前廊柱的情况下，填写室内柱及其特征。）	
		柱身材料	木	柱身收分	有	栌斗、托木	无	雀替 无	
		柱础	有	柱础形状	方	柱础尺寸	610×610		
	台基	台基类型	普通	台基高度	600	台基地面铺设材料	石材		
	其他								
装修 （小木作） （彩画）	门（正面）	极门		门楣	有	堆经	无	门帘	无
	窗（正面）	无		窗楣	无	窗套	无	窗帘	无
	室内隔扇	隔扇	无	隔扇位置	无				
	室内地面、楼面	地面材料及规格	青砖400×400		楼面材料及规格		无		
	室内楼梯	楼梯	无	楼梯位置	无	楼梯材料	无	梯段宽度	无
	天花、藻井	天花	无	天花类型	无	藻井	无	藻井类型	无
	彩画	柱头	有	柱身	无	梁架	有	走马板	有
		门、窗	无	天花	无	藻井	无	其他彩画	无
	其他	悬塑	无	佛龛	无	匾额	敕建善因寺		
装饰	室内	帷幔	无	幕帘彩绘	无	壁画	无	唐卡	无
		经幡	无	幢	无	柱毯	无	其他	无
	室外	玛尼轮	无	苏勒德	无	宝顶	无	祥麟法轮	无
		四角经幢	无	经幡	无	铜饰	无	石刻、砖雕	无
		仙人走兽	1+3	壁画	无	其他	——		
陈设	室内	主佛像	——			佛像基座	——		
		法座 无	藏经橱 无	经床 无	诵经桌 无	法鼓 无	玛尼轮 无	坛城 无	其他 无
	室外	旗杆 无	苏勒德 无	狮子 无	经幡 无	玛尼轮 无	香炉 无	五供 无	其他 无
	其他								
备注	——								
调查日期	2010/08/12	调查人员	栗建元	整理日期	2010/08/16	整理人员	栗建元		

山门基本情况表1

山门斜后方

山门室外局部（左图）
山门檐部（右图）

山门侧面（左图）
山门室内局部（右图）

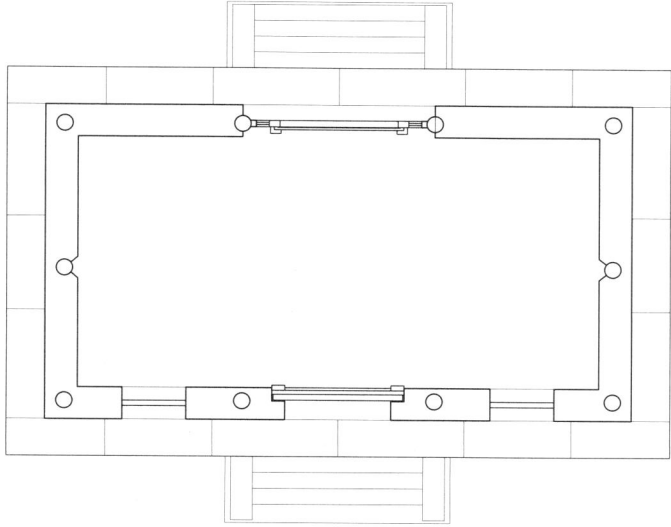

山门平面图

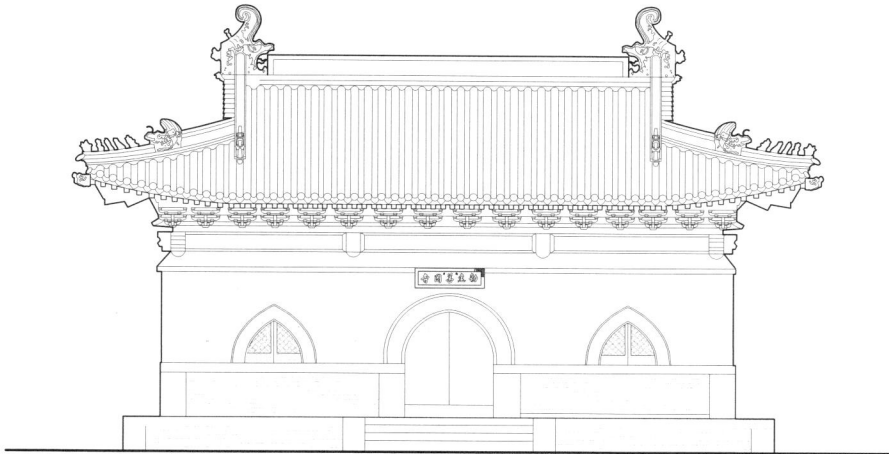

山门立面图

山门剖面图

10.3 善因寺·钟鼓楼

钟鼓楼局部

钟鼓楼侧面（右图）

钟鼓楼正面（左图）
钟鼓楼檐部（右图）

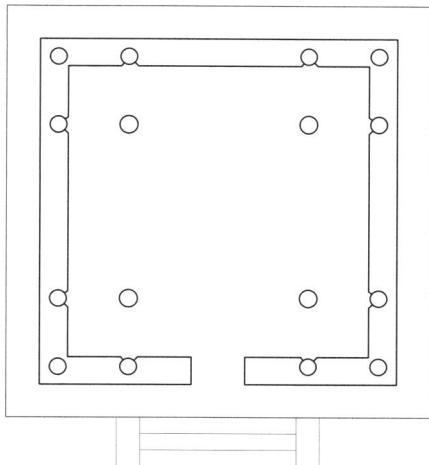

钟鼓楼平面图

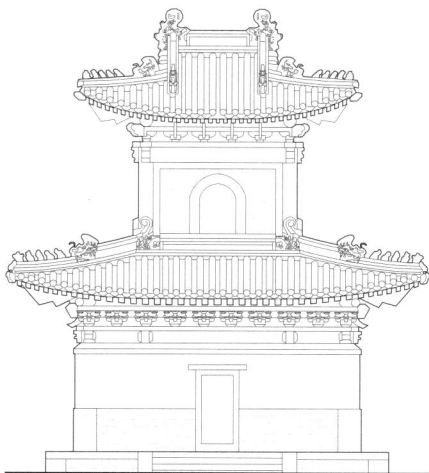

钟鼓楼立面图

钟鼓楼剖面图

11

Boritologai Temple

宝日陶勒盖庙

11 宝日陶勒盖庙 Boritologai Temple

宝日陶勒盖庙建筑群

宝日陶勒盖庙为原察哈尔镶白旗寺庙,系该旗旗庙。清廷御赐"修德寺"匾额。

约于康熙初年,寺庙初建于镶白旗第一、三、巴尔虎第九苏木之地赛罕达巴(今河北省隆化县),康熙五十九年(1720年)迁址于现今所在地,并依据所在地名称,称寺庙为宝日陶勒盖庙。据察哈尔格什罗布桑楚勒图木所著《额尔德尼都希庙青册》记载,宝日陶勒盖庙的一位重要重建者为安多僧人若西敖斯尔。察哈尔格什罗布桑勒图木本人也于乾隆末年应邀主持指导该寺修缮工程。寺庙建成后镶白旗第二、四、六、七、九苏木、左右洪都胡两个苏木及之后迁来的土尔扈特厄鲁特苏木(第十二苏木)的喇嘛汇集此庙,共诵法会。乾隆三十二年(1767年),僧侣间出现纠葛,第十二苏木的喇嘛离开本寺,另建善达庙。

寺庙建筑风格为汉式建筑。寺庙在其最盛时占地面积约1.44平方公里,由三大院落组成,有双层大雄宝殿、3间钢萨殿、3间双层释迦牟尼殿、3间天王殿、5间安居殿、3间密集金刚殿、3间胜乐金刚殿、3间普明佛殿、3间达干殿等大小9座殿宇,另有山门、钟楼、鼓楼及僧舍等多处建筑。大雄宝殿建于1米高的石板台基上,面积360平方米,为重檐歇山顶建筑。1929年到该庙游览的瑞典探险家斯文·赫定在其游记中提到,该庙由一座正殿及几间配殿组成,院子中铺有石板。正殿内整齐排列着48根红漆圆柱,柱子间摆有8排长凳,每排长凳有20个座位。

"文化大革命"期间寺庙严重受损,庙中珍藏的大量藏文经卷与记录寺庙历史的12卷本《青册》被毁。大雄宝殿被用于伊和淖尔苏木粮站仓库,留存至今。2010年始修建左右配殿及佛塔。

参考文献:

[1] 拉希其仁.察哈尔文化摇篮(蒙古文).赤峰:内蒙古科学技术出版社,2009,12.

[2] 正镶白旗政协文史学习委员会.正镶白旗文史(1—7辑合订本).2009,8.

[3](瑞典)斯文·赫定.亚洲腹地探险八年(第4版).徐十周等译.乌鲁木齐:新疆人民出版社,2001,6.

宝日陶勒盖庙大雄宝殿

宝日陶勒盖庙 · 基本概况 1

寺院蒙古语藏语名称	蒙古语	ᠥᠪᠥᠷᠮᠣᠩᠭᠣᠯ ᠬᠣᠲᠠ	寺院汉语名称	汉语正式名称	修德寺
	藏语	གྲུབ་ཐོབ་གླིང་།		俗称	——
	汉语语义	灰头庙	寺院汉语名称的由来		清廷赐名

所在地	锡林郭勒盟正镶白旗伊和淖尔苏木		东经	115° 08′	北纬	42° 37′
初建年	康熙六十年（1721年）		保护等级	县（市）级保护单位		
盛期时间	——		盛期喇嘛/现有喇嘛数	300余人/—		

历史沿革	约在康熙初年，寺庙初建于赛罕达巴（今河北隆化）。 1720年，迁址于现今所在处。 1788—1790年，修缮大雄宝殿。 "文化大革命"时期，寺庙建筑被拆毁，仅存一座大雄宝殿。 2010年起，修缮大雄宝殿及左右配殿，殿北新建一座白塔
资料来源	［1］拉希其仁.察哈尔文化摇篮（蒙古文）.赤峰:内蒙古科学技术出版社,2009,12. ［2］正镶白旗政协文史学习委员会.正镶白旗文史（1—7辑合订本）.2009,8. ［3］（瑞典）斯文·赫定,徐十周等译.亚洲腹地探险八年（第4版）.乌鲁木齐:新疆人民出版社,2001,6.

现状描述	该庙正处于维修期中，由原有的重檐歇山顶大雄宝殿、两座配殿与一座新建佛塔组成。大雄宝殿内彩画保存较好，图案精美，柱上有祥龙浮雕	描述时间	2010/9/5
		描述人	额尔德木图
调查日期	2010/08/13	调查人员	白雪、贺龙、额尔德木图、栗建元

宝日陶勒盖庙·基本概况 2

现存建筑	重檐歇山顶大雄宝殿	两座配殿	一座佛塔	已毁建筑	三大院	九座殿宇
	——	——	——		僧房若干座	配殿（旧）
	——	——	——		——	——
	——	——	——	信息来源	那·布和哈达主编《锡林郭勒寺院》	

区位图

总平面图

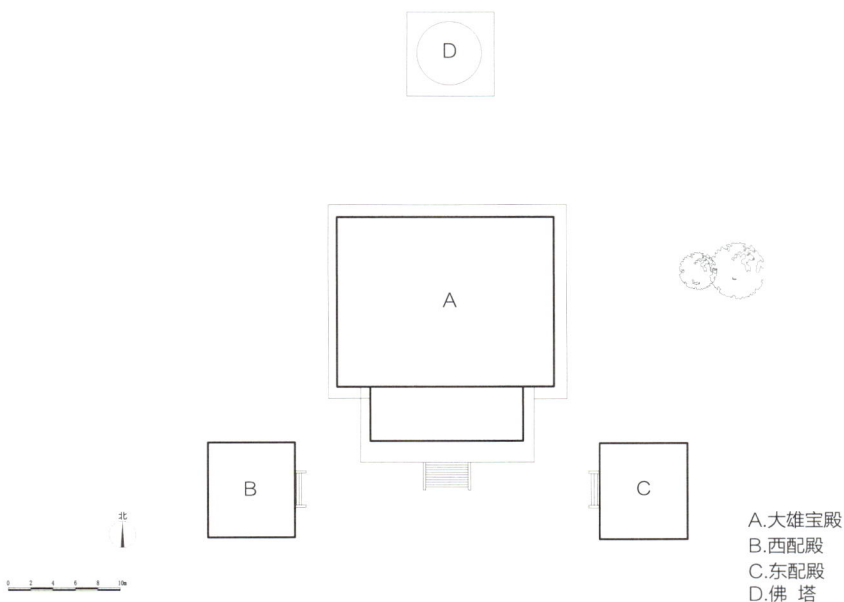

A.大雄宝殿
B.西配殿
C.东配殿
D.佛塔

北

调查日期	2010/08/13	调查人员	白雪、贺龙、额尔德木图、栗建元

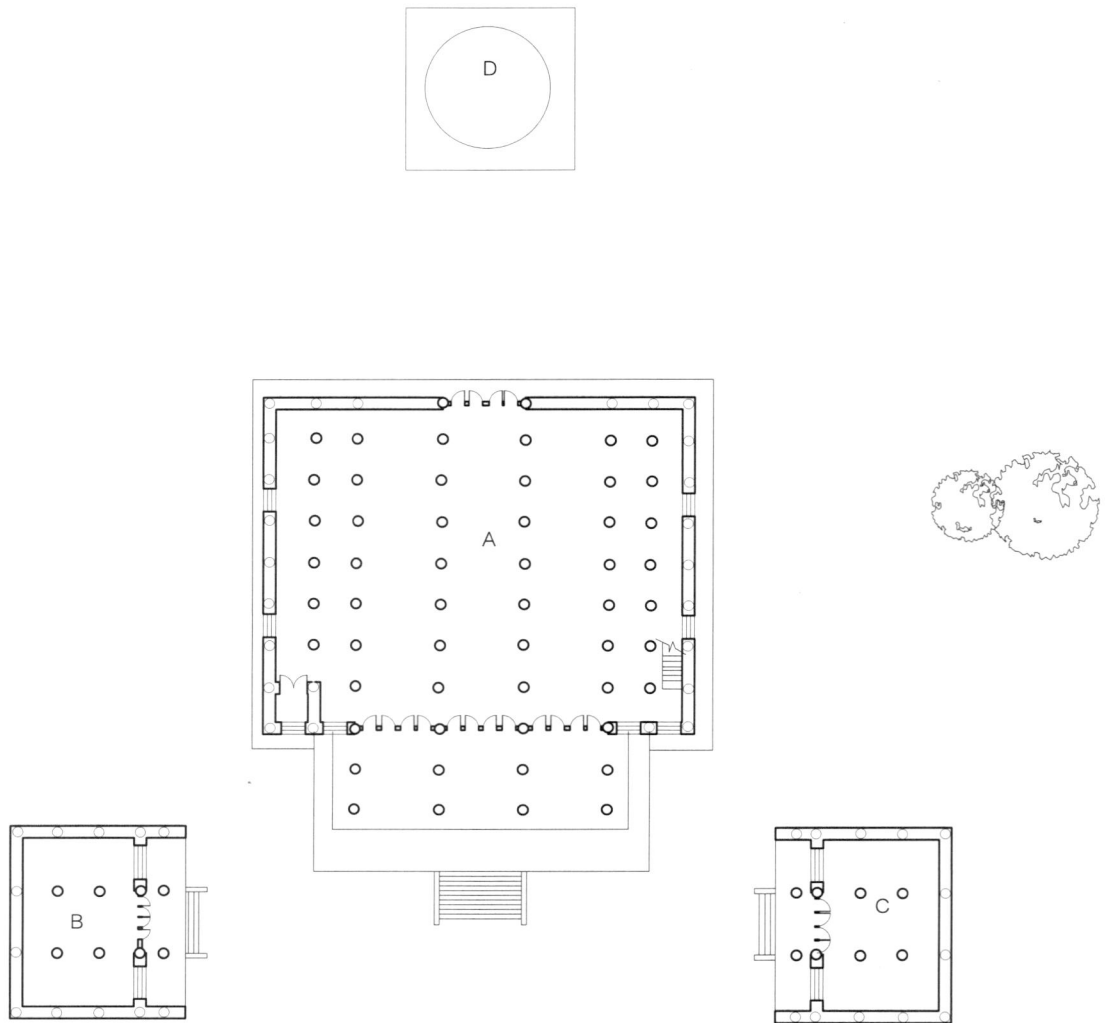

A.大雄宝殿
B.西配殿
C.东配殿
D.佛　塔

北

宝日陶勒盖庙总平面图

11.1 宝日陶勒盖庙·大雄宝殿

单位：毫米

建筑名称	汉语正式名称	大雄宝殿			俗称		朝克沁大殿			
概述	初建年	康熙六十年（1721年）			建筑朝向	南北		建筑层数		二
	建筑简要描述	汉式建筑								
	重建重修记载	2010年开始维修至今未完工								
		信息来源	调研采访							
结构规模	结构形式	砖木混合	相连的建筑		无			室内天井	都刚法式	
	建筑平面形式	"凸"字形	外廊形式		前廊					
	通面阔	19600	开间数	7	明间	——	次间	—— 梢间	—— 次梢间	—— 尽间 ——
	通进深	20400	进深数	8	进深尺寸（前→后）					
	柱子数量	——	柱子间距	横向尺寸	——			（藏式建筑结构体系填写此栏，不含廊柱）		
				纵向尺寸	——					
	其他	——								

建筑主体（大木作）（石作）（瓦作）	屋顶	屋顶形式	重檐歇山		瓦作	布瓦	
	外墙	主体材料	砖	材料规格	400×200×100	饰面颜色	灰
		墙体收分	无	边玛檐墙	无	边玛材料	无
	斗栱、梁架	斗栱	无	平身科斗口尺寸	无	梁架关系	抬梁 七檩前梁
	柱、柱式（前廊柱）	形式	汉式	柱身断面形状	圆	断面尺寸 直径D=380	（在没有前廊柱的情况下，填写室内柱及其特征。）
		柱身材料	木	柱身收分	有	栌斗、托木 无 雀替 有	
		柱础	有	柱础形状	——	柱础尺寸 580×580	
	台基	台基类型	普通	台基高度	1485	台基地面铺设材料 石材	
	其他	——					

装修（小木作）（彩画）	门(正面)	风门		门楣	有	堆经	无	门帘	无
	窗（正面）	槛窗		窗楣	有	窗套	有	窗帘	无
	室内隔扇	隔扇	无	隔扇位置	无				
	室内地面、楼面	地面材料及规格		木材、规格不均		楼面材料及规格		木材、规格不均	
	室内楼梯	楼梯	有	楼梯位置	东南角	楼梯材料	木	梯段宽度	960
	天花、藻井	天花	有	天花类型		藻井	无	藻井类型	
	彩画	柱头	无	柱身	有	梁架	有	走马板	有
		门、窗	有	天花	有	藻井	无	其他彩画	无
	其他	悬塑	无	佛龛	无	匾额	无		

装饰	室内	帷幔	无	幕帘彩绘	无	壁画	无	唐卡	无
		经幡	无	幢	无	柱毯	无	其他	无
	室外	玛尼轮	无	苏勒德	无	宝顶	无	祥麟法轮	无
		四角经幢	无	经幡	无	铜饰	无	石刻、砖雕	——
		仙人走兽	1+4	壁画	无	其他			

陈设	室内	主佛像	——			佛像基座	——		
		法座 ——	藏经橱 ——	经床 ——	诵经桌 ——	法鼓 ——	玛尼轮 ——	坛城 ——	其他 ——
	室外	旗杆 ——	苏勒德 ——	狮子 ——	经幡 ——	玛尼轮 ——	香炉 ——	五供 ——	其他 ——
	其他	——							

备注	——

调查日期	2010/08/13	调查人员	白雪	整理日期	2010/11/10	整理人员	白雪

大雄宝殿基本概况表1

宝日陶勒盖庙·大雄宝殿·档案照片

照片名称	正立面	照片名称	斜前方	照片名称	侧立面

照片名称	斜后方	照片名称	背立面	照片名称	室外局部

照片名称	窗	照片名称	檐部1	照片名称	室外柱子

照片名称	室外柱头	照片名称	前廊	照片名称	二层柱子

照片名称	檐部2	照片名称	室内局部	照片名称	室内柱头

备注	——				
摄影日期	2010/08/13	摄影人员	白雪		

大雄宝殿正前方

大雄宝殿斜后方（左图）
大雄宝殿室内局部
（右图）

大雄宝殿廊柱顶棚
（左图）
大雄宝殿室内顶棚
（右图）

11.2 宝日陶勒盖庙·东西配殿

单位：毫米

建筑名称	汉语正式名称	宝日陶勒盖庙——东西配殿		俗称		——			
概述	初建年	康熙六十年（1721年）		建筑朝向	南北	建筑层数	二		
	建筑简要描述	汉式建筑							
	重建重修记载	2010年开始维修至今未完工							
		信息来源	调研采访						
结构规模	结构形式	砖木混合	相连的建筑	无		室内天井	都刚法式		
	建筑平面形式	"凸"字形	外廊形式	前廊					
	通面阔	19600	开间数	7	明间 3860	次间 2310	梢间 ——	次梢间 2100	尽间 2080
	通进深	20400	进深数	8	进深尺寸（前→后）		2500→1650→3250→3850→3250→1650→2550		
	柱子数量	——	柱子间距	横向尺寸	——	（藏式建筑结构体系填写此栏，不含廊柱）			
				纵向尺寸	——				
	其他								
建筑主体 （大木作） （石作） （瓦作）	屋顶	屋顶形式	重檐歇山			瓦作	布瓦		
	外墙	主体材料	砖	材料规格	400×200×100	饰面颜色	灰		
		墙体收分	有	边玛檐墙	无	边玛材料	无		
	斗栱、梁架	斗栱	有	平身科斗口尺寸	65	梁架关系	抬梁 七檩前廊		
	柱、柱式 （前廊柱）	形式	汉式	柱身断面形状	圆	断面尺寸	直径 D=380	（在没有前廊柱的情况下，填写室内柱及其特征。）	
		柱身材料	木	柱身收分	有	栌斗、托木	无	雀替	有
		柱础	有	柱础形状	方	柱础尺寸	580×580		
	台基	台基类型	普通台基	台基高度	——	台基地面铺设材料	缺失		
	其他	——							
装修 （小木作） （彩画）	门(正面)	隔扇		门楣	有	堆经	无	门帘	无
	窗（正面）	槛窗		窗楣	有	窗套	有	窗帘	无
	室内隔扇	隔扇	无	隔扇位置	——				
	室内地面、楼面	地面材料及规格	木，规格不详		楼面材料及规格		木，规格不详		
	室内楼梯	楼梯	有	楼梯位置	东南角	楼梯材料	木	楼段宽度	960
	天花、藻井	天花	有	天花类型	井口	藻井	无	藻井类型	——
	彩画	柱头	有	柱身	有	梁架	有	走马板	有
		门、窗	无	天花	有	藻井	无	其他彩画	无
	其他	悬塑	无	佛龛	无	匾额	无		
装饰	室内	帷幔	无	幕帘彩绘	无	壁画	无	唐卡	无
		经幡	无	幢	无	柱毯	无	其他	无
	室外	玛尼轮	无	苏勒德	无	宝顶	无	祥麟法轮	无
		四角经幢	无	经幡	无	铜饰	无	石刻、砖雕	无
		仙人走兽	有	壁画	无	其他	无		
陈设	室内	主佛像	无			佛像基座	无		
		法座 无	藏经橱 无	经床 无	诵经桌 无	法鼓 无	玛尼轮 无	坛城 无	其他 无
	室外	旗杆 无	苏勒德 无	狮子 无	经幡 无	玛尼轮 无	香炉 无	五供 无	其他 无
	其他	——							
备注	——								
调查日期	2010/08/13	调查人员	白雪	整理日期	2010/11/10	整理人员	白雪		

宝日陶勒盖庙·东西配殿·档案照片

照片名称	正立面	照片名称	斜前方	照片名称	正立面

照片名称	斜后方	照片名称	背立面	照片名称	室外柱头

照片名称	窗	照片名称	前廊顶棚	照片名称	室内正面

照片名称	室内顶棚1	照片名称	屋顶局部	照片名称	室内顶棚2

照片名称	室外前廊	照片名称	门	照片名称	室内柱子

备注	——				
摄影日期	2010/08/13	摄影人员	贺龙		

配殿斜前方

配殿侧面（左图）
配殿室内梁架（右图）

配殿正前方

12

Burd Temple

布日都庙

12 布日都庙 Burd Temple

大雄宝殿斜前方

布日都庙为原察哈尔镶白旗寺庙，系该旗第三苏木的寺庙。乾隆年间，清廷御赐满、蒙古、汉、藏四体"演教寺"匾额。布日都庙现为正镶白旗唯——座延续法事活动的寺庙。

寺庙始建于乾隆四年（1739年）。另有一说为寺庙建成于乾隆三十七年（1772年）。依据寺庙所处地方名称，俗称为布日都庙。

寺庙建筑风格为汉式建筑。寺庙在其最盛时占地面积12637平方米（东西宽143.6米，南北长88米），建筑面积2600平方米。由3个独立院落组成，正院内有天王殿、钟楼、鼓楼、8间丹珠尔殿、8间护法殿、大雄宝殿等殿宇。红院墙长10间，东西两侧各设一门。西跨院内有11间活佛拉布隆及东西各有3间活佛府。东跨院内有9间庙仓、3间膳房、3间寺管房舍、3间仓房。拉布隆、庙仓、僧房共计180余间。有1座白塔。前置重檐抱

厦的重檐楼阁大木歇山大雄宝殿的建筑风格在内蒙古藏传佛教建筑中风格独特，仅此一例。

中华人民共和国成立后至"文化大革命"前，寺庙殿宇已陆续被拆除。大雄宝殿成为布日都苏木粮站的粮库，留存至今。善达庙五世沙布隆嘎拉桑格里格嘉木苏于2003-2004年主持恢复布日都庙宗教事务，2005年10余名喇嘛开始恢复法会，但由于无僧房，居住条件不足，故有1位喇嘛常驻寺庙看守，其余喇嘛除法会期间都分散居住于牧区。

参考文献：

［1］寺庙简介文本与访谈记录，2010，8.

［2］诺民敖日格勒.正镶白旗寺庙（蒙古文）.呼和浩特：内蒙古人民出版社，2011，11.

大雄宝殿斜后方（左图）
大雄宝殿背立面(右图)

布日都庙 · 基本概况 1

寺院蒙古语藏语名称	蒙古语	ᠪᠦᠷᠢᠳᠦ ᠶᠢᠨ ᠰᠦᠮ᠎ᠡ	寺院汉语名称	汉语正式名称	演教寺
	藏语	——		俗称	布日都庙
	汉语语义	绿洲水泉庙	寺院汉语名称的由来		清廷赐名
所在地	锡林郭勒盟正镶白旗布日都苏木			东经 114° 51′	北纬 42° 32′
初建年	乾隆四年（1739年）		保护等级	旗级文物保护单位	
盛期时间	——		盛期喇嘛/现有喇嘛数	300余人/12人	

历史沿革	1739年，始建寺庙。 1948年，正白旗旗政府在该寺成立，寺庙殿宇被供销社等单位占用，寺庙停止法事活动。 "文化大革命"期间，寺院建筑被拆毁，仅存大雄宝殿。 2005年，修缮大雄宝殿，正式恢复法会
	资料来源 ［1］寺庙简介文本与访谈记录，2010，8. ［2］诺民敖日格勒.正镶白旗寺庙（蒙古文）.呼和浩特:内蒙古人民出版社，2011，11.

现状描述	该寺仅剩一座重檐歇山顶大雄宝殿，却是内蒙古藏传佛教建筑中独具特色的一座建筑。外檐大殿各前置重抱厦，上下叠建。门廊有斗栱，二层为木板阁，上绘有佛像。结构复杂多变，极具艺术魅力	描述时间	2010/09/05
		描述人	额尔德木图
调查日期	2010/08/13	调查人员	白雪、贺龙、额尔德木图、栗建元

布日都庙·基本概况 2

现存建筑	大雄宝殿	已毁建筑	天王殿	钟楼	鼓楼	丹珠尔殿
	——		护法殿	活佛拉布隆	活佛府	庙仓
	——		白塔	僧房		——
	——		信息来源	那·布和哈达主编《锡林郭勒寺院》		

区位图	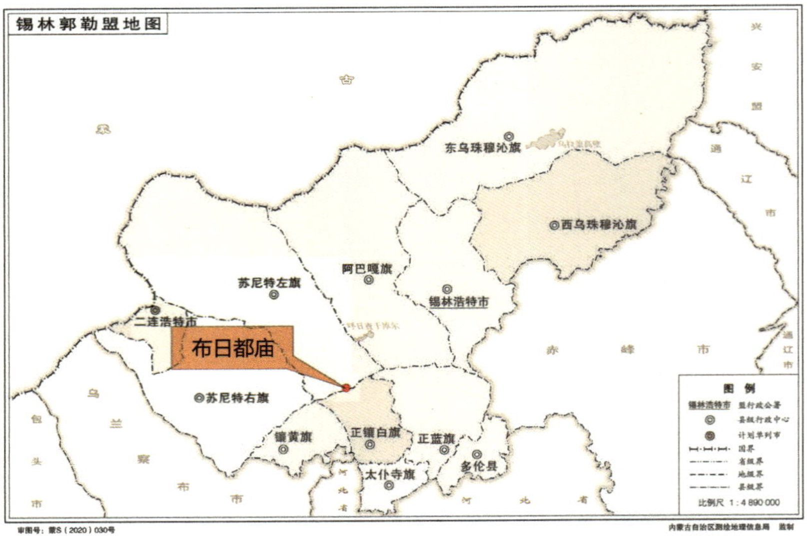

锡林郭勒盟地图

总平面图	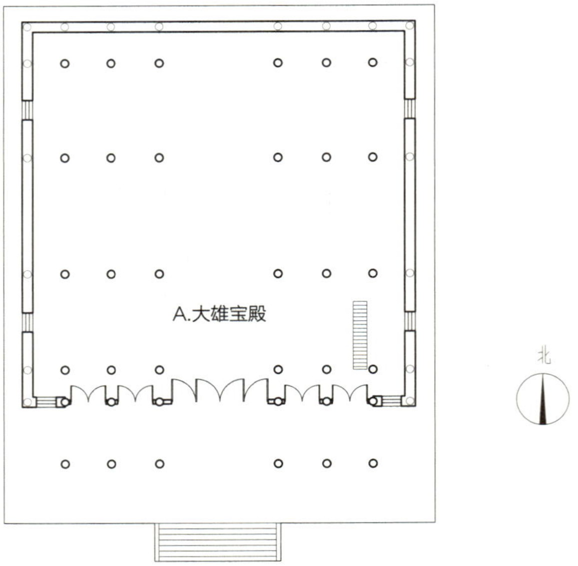

A.大雄宝殿

北

调查日期	2010/08/13	调查人员	白雪、贺龙、额尔德木图、栗建元

12.1　布日都庙·大雄宝殿

单位：毫米

建筑名称	汉语正式名称	布日都庙				俗称		演教寺			
概述	初建年	乾隆五年（1740年）				建筑朝向	坐北朝南		建筑层数		二	
	建筑简要描述	汉藏结合式建筑										
	重建重修记载	2005年10余名喇嘛开始恢复法会										
		信息来源	调研访谈记录									
结构规模	结构形式	砖木混合		相连的建筑		无			室内天井		无	
	建筑平面形式	"凸"字形		外廊形式		无						
	通面阔	16000		开间数	5	明间	——	次间	——	梢间	次梢间	尽间
	通进深	15700		进深数	5	进深尺寸（前→后）		1900→3700→3700→3700→1700				
	柱子数量	16		柱子间距	横向尺寸	1720→3750→3730→3700→1700		（藏式建筑结构体系填写此栏，不含廊柱）				
					纵向尺寸							
	其他	都钢法式被用塑料布包裹起来，在塑料布下面用华盖遮挡										
建筑主体（大木作）（石作）（瓦作）	屋顶	屋顶形式	前重檐卷棚后重檐 歇山				瓦作		布瓦			
	外墙	主体材料	砖		材料规格		280×140×70		饰面颜色		灰	
		墙体收分	有		边玛檐墙		无		边玛材料		无	
	斗栱、梁架	斗栱	有		平身科斗口尺寸		60		梁架关系		有天花	
	柱、柱式（前廊柱）	形式	汉式	柱身断面形状		圆		断面尺寸	直径 D=220		（在没有前廊柱的情况下，填写室内柱及其特征。）	
		柱身材料	木制	柱身收分		无		栌斗、托木	无		雀替	无
		柱础	有	柱础形状		下方上圆		柱础尺寸	不详			
	台基	台基类型	普通	台基高度		1250		台基地面铺设材料	条石 青石			
	其他	门廊处有垂柱 北墙处原有门被堵										
装修（小木作）（彩画）	门(正面)	隔扇		门楣	无		堆经	无		门帘	无	
	窗（正面）	槛窗		窗楣	无		窗套	无		窗帘	无	
	室内隔扇	隔扇	无	隔扇位置		无						
	室内地面、楼面	地面材料及规格		木板，长2320			楼面材料及规格		木板 2200×1880			
	室内楼梯	楼梯	有	楼梯位置	东南角		楼梯材料	木制	梯段宽度		900	
	天花、藻井	天花	有	天花类型	井口		藻井	无	藻井类型		——	
	彩画	柱头	有	柱身	有		梁架	有	走马板		有	
		门、窗	无	天花	有		藻井	有	其他彩画		无	
	其他	悬塑	无	佛龛	无		匾额		有			
装饰	室内	帷幔	有	幕帘彩绘	无		壁画	无	唐卡	无	中间有华盖	
		经幡	有	幢	有		柱毯	无	其他			
	室外	玛尼轮	有	苏勒德	无		宝顶	有	祥麟法轮		有	
		四角经幢	无	经幡	无		铜饰	无	石刻、砖雕		——	
		仙人走兽	有	壁画	无		其他		——			
陈设	室内	主佛像	宗喀巴			佛像基座		——				
		法座	有	藏经橱	无	经床	有	诵经桌	有	法鼓	无	玛尼轮 无	坛城 无	其他 主佛像前有千面镜
	室外	旗杆	无	苏勒德	无	狮子	无	经幡	无	玛尼轮	有	香炉 有	五供 无	其他 —
	其他											
备注	没有四大天王殿,放在殿中供奉四大天王　大喇嘛坐在西面											
调查日期	2010/08/13	调查人员	白雪	整理日期	2010/11/10	整理人员	白雪				

大雄宝殿基本情概况表1

布日都庙 · 大雄宝殿 · 档案照片

照片名称	正立面	照片名称	斜前方	照片名称	侧立面

照片名称	斜后方	照片名称	背立面	照片名称	室外柱子

照片名称	室外柱头	照片名称	室外柱础	照片名称	门

照片名称	台阶	照片名称	室外局部1	照片名称	室外局部2

照片名称	室内正面	照片名称	室内侧面	照片名称	室内柱子

备注	—				
摄影日期	2010/08/13	摄影人员	贺龙		

大雄宝殿正立面

大雄宝殿斜后方（左图）
大雄宝殿正门（右图）

大雄宝殿背立面

大雄宝殿室内正面

大雄宝殿室内局部
（左图）
大雄宝殿室内柱子
（右图）

大雄宝殿室内唐卡
（左图）
大雄宝殿室内天花
（右图）

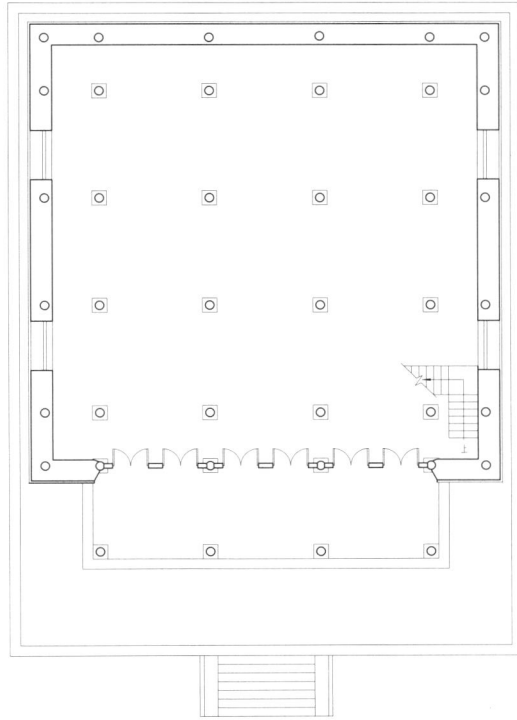

大雄宝殿一层平面图

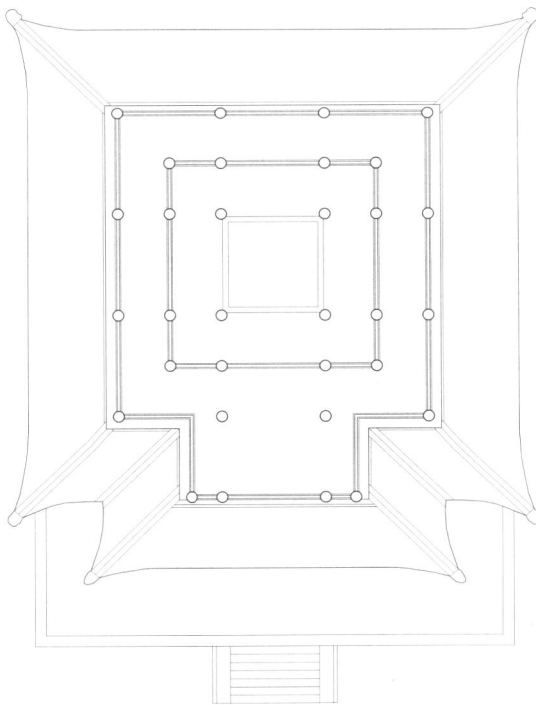

大雄宝殿二层平面图

布日都庙侧立面图

布日都庙剖面图

赤峰市地区

Chifeng City

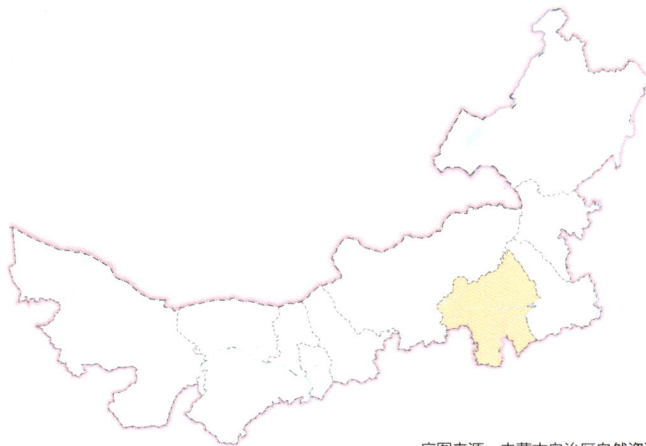

底图来源：内蒙古自治区自然资源厅官网 内蒙古地图
审图号：蒙S（2017)028号

赤峰市辖阿鲁科尔沁旗、巴林左旗、巴林右旗、克什克腾旗、翁牛特旗、喀喇沁旗、敖汉旗7旗，宁城县、林西县2县，红山区、松山区、元宝山区3区。该市前身为昭乌达盟，1983年撤盟设地级赤峰市。昭乌达盟由清时阿鲁科尔沁旗、巴林左右翼2旗、克什克腾旗、翁牛特左右翼2旗、敖汉左右翼2旗、奈曼旗、喀尔喀左翼旗、扎鲁特左右翼2旗组成。现辖区也包括原卓素图盟部分地区。市辖区内曾有270余座藏传佛教寺庙，现存10余座已恢复重建或尚有建筑遗存的寺庙，课题组实地调研11座寺庙。

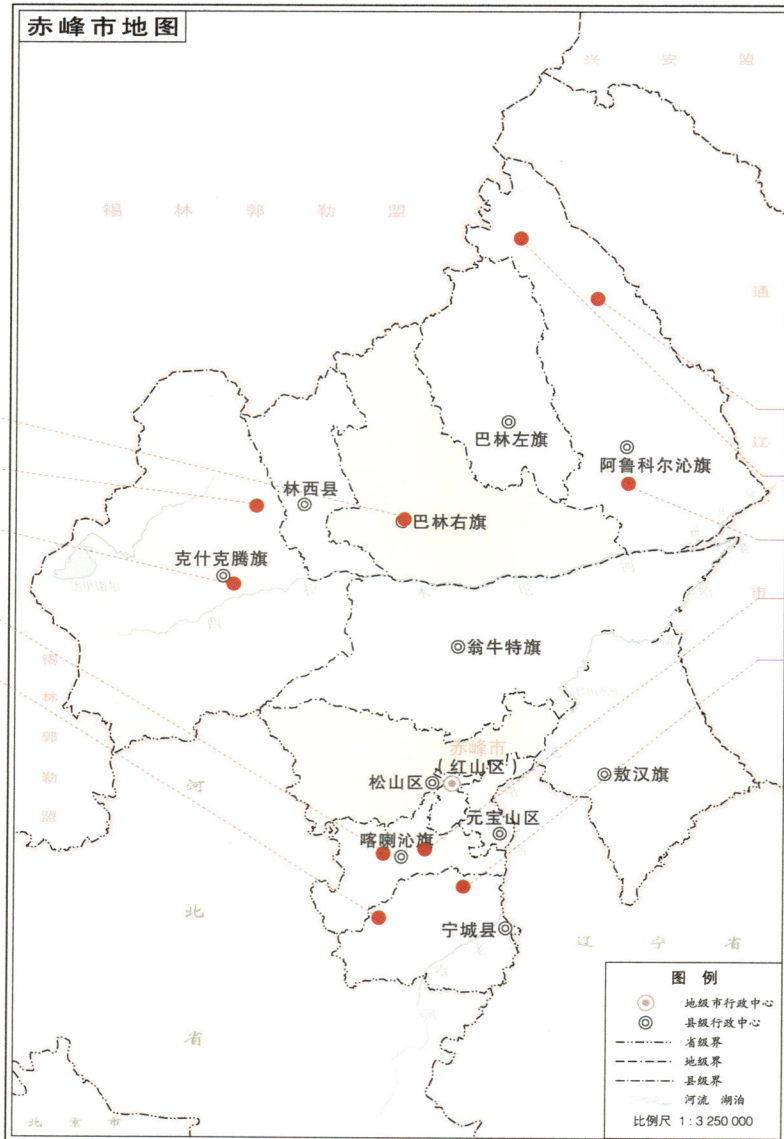

赤峰市地图

东瓦房庙（荟福寺）

查干布热庙

毕如庙

福会寺

龙泉寺

罕庙

根坯庙

巴拉奇如德庙

灵悦寺

马日图庙（法轮寺）

锡 林 郭 勒 盟

兴 安 盟

巴林左旗

阿鲁科尔沁旗

林西县

巴林右旗

克什克腾旗

翁牛特旗

赤峰市

红山区

松山区

敖汉旗

元宝山区

喀喇沁旗

宁城县

河 北 省

辽 宁 省

北 京 市

图 例

地级市行政中心
县级行政中心
省级界
地级界
县级界
河流 湖泊
比例尺 1 : 3 250 000

审图号：蒙S（2020）025号

内蒙古自治区测绘地理信息局 监制

1 东瓦房庙(荟福寺)
East Huhger Temple

1 东瓦房庙（荟福寺）East Huhger Temple

东瓦房庙大雄宝殿

东瓦房庙为原昭乌达盟巴林右翼旗寺庙，系该旗四大寺庙之一及现存唯一一座藏传佛教寺庙。康熙五十四年（1715年），清廷御赐满、蒙古、汉、藏四体"普觉寺"匾，乾隆二十八年（1763年），清廷为新建寺庙御赐满、蒙古、汉、藏四体"荟福寺"匾。

康熙三十年（1691年），康熙帝第三女固伦荣宪公主下嫁巴林右翼旗扎萨克郡王乌日衮郡王。荣宪公主笃信佛教，于康熙四十五年（1706年），依照固伦淑慧长公主生前修建的西大庙的规格形式，在巴林右翼旗王府东南百米处修建寺庙。因寺庙位于王府东南，故俗称东瓦房庙，或东大庙。王府西侧另有一座由固伦淑慧长公主修建的寺庙，俗称西瓦房庙或西大庙，清廷赐匾"园会寺"。乾隆二十七年（1762年），在主殿南被称为朝格图淖尔的一小泉眼上扣押一口大锅，其上新建大雄宝殿，次年，清廷赐匾。由于寺庙由固伦荣宪公主主持扩建，故又称第二公主庙。

寺庙建筑风格以汉式风格为主，兼有藏式风格。寺庙在其最盛时有80间双层大雄宝殿、主佛殿、5间天王殿及东侧配殿、西侧配殿各4座，另有钟楼、鼓楼各1座。寺庙有南活佛仓、北活佛仓、巴拉奇如德活佛仓3座拉布隆。

寺庙虽在"文化大革命"中遭受部分破坏，但因军队使用殿堂作为仓库，大部分建筑留存至今。1982年起，开始恢复法会，重建天王殿，修缮其余殿宇，使其成了巴林右旗佛教事务中心。

参考文献：

［1］道尔基桑布.巴林右旗寺庙（蒙古文）.海拉尔：内蒙古文化出版社，2008,5.

［2］刘冰，顾亚丽.草原姻盟——下嫁赤峰的清公主.呼和浩特：远方出版社，2007,4.

［3］嘎拉增，呼格吉乐图等.昭乌达寺院（蒙古文）.海拉尔：内蒙古文化出版社，1994,10.

东瓦房庙山门

东瓦房庙 · 基本概况 1

寺院蒙古语藏语名称	蒙古语	ᠵᠡᠭᠦᠨ ᠪᠣᠷᠣ ᠺᠧᠷᠡᠮ ᠬᠡᠢᠢᠳ	寺院汉语名称	汉语正式名称		荟福寺
	藏语	——		俗称		东瓦房庙、东庙
	汉语语义	东面的青瓦房庙	寺院汉语名称的由来			清廷赐名
所在地	内蒙古自治区赤峰市巴林右旗大板镇			东经	118°39′	北纬 43°31′
初建年	康熙四十五年（1706年）		保护等级			自治区级文物保护单位
盛期时间	——		盛期喇嘛僧/现有喇嘛僧			500余人/12人

历史沿革	1706年，始建3间土房。 1726年，将原3间土房扩建成20间砖瓦大殿，两侧各建3间厢房。 1762年，新建80间大雄宝殿及钟鼓楼。是年，在庙东半里处新建一间土地神庙。 1791年，从卓素图盟喀喇沁旗请来蒙古文丹珠尔经一部。 1804年，在庙南半里处新建拉布隆，作为南活佛仓。 1816年，新建密宗学部。 1835年，在庙北新建活佛仓。 1850年，将大雄宝殿两侧配殿扩建至3间。 1899年，修缮寺庙。 1906年，新建一座佛塔。 1912年1月18日，普觉寺大殿失火，甘珠尔经、丹珠尔经及殿宇被烧毁。 1916年，在普觉寺大殿原址上重建49间大殿。其右侧新建3间殿内供苏鲁锭。 1918年，寺院北侧新建9间藏式孟和玛尼殿。 1920年，在普觉寺大殿东侧新建3间度母殿。 1930年，九世班禅到达该庙，将其圣像与靴子赠予寺庙。 1934年，用石砌墙，加长寺庙院墙。 1935年及1937年，在普觉寺大殿前各建一座佛塔。 1947年，庙产被没收。 1966年，寺庙部分建筑被拆毁，军队利用殿宇作为仓库。 1982年，开始恢复寺庙法会
资料来源	［1］道尔基桑布.巴林右旗寺庙（蒙古文）.海拉尔：内蒙古文化出版社，2008,5. ［2］刘冰，顾亚丽.草原姻盟——下嫁赤峰的清公主.呼和浩特：远方出版社，2007,4. ［3］嘎拉增，呼格吉乐图等.昭乌达寺院（蒙古文）.海拉尔:内蒙古文化出版社,1994,10. ［4］调研访谈记录.

现状描述	现存寺庙布局具有强烈的序列感，山门、天王殿、大雄宝殿、普觉寺延中轴线依次展开。寺庙建筑风格为汉式结构体系、汉藏结合装饰风格	描述时间	2010/10/14
		描述人	付瑞峰

调查日期	2010/10/13	调查人员	李国保、宝山、乔恩懋、付瑞峰

东瓦房庙 · 基本概况 2

现存建筑	影壁	长寿佛殿	药师佛殿	已毁建筑	玛尼殿	三座活佛府
	山门	密宗殿	护法殿		白度母殿	普觉寺（原）
	天王殿	大雄宝殿	战神殿		—	—
	钟楼、鼓楼	普觉寺	司命神殿	信息来源	现场调研	

区位图

总平面图

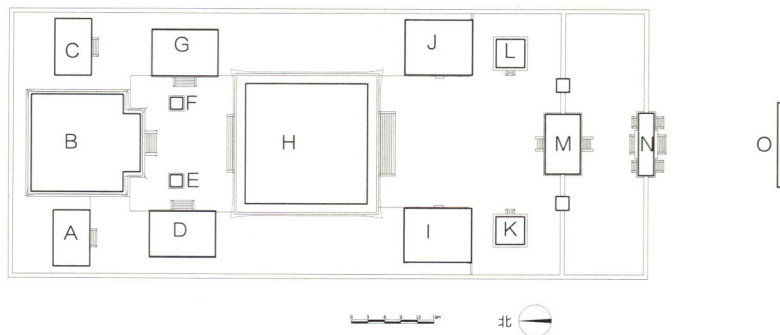

A.战神殿	E.白塔1	I.长寿佛殿	M.天王殿
B.普觉殿	F.白塔2	J.密宗殿	N.山 门
C.司命神殿	G.护法殿	K.鼓 楼	O.影 壁
D.药师佛殿	H.大雄宝殿	L.钟 楼	

调查日期	2010/10/13	调查人员	李国保、宝山、乔恩懋、付瑞峰

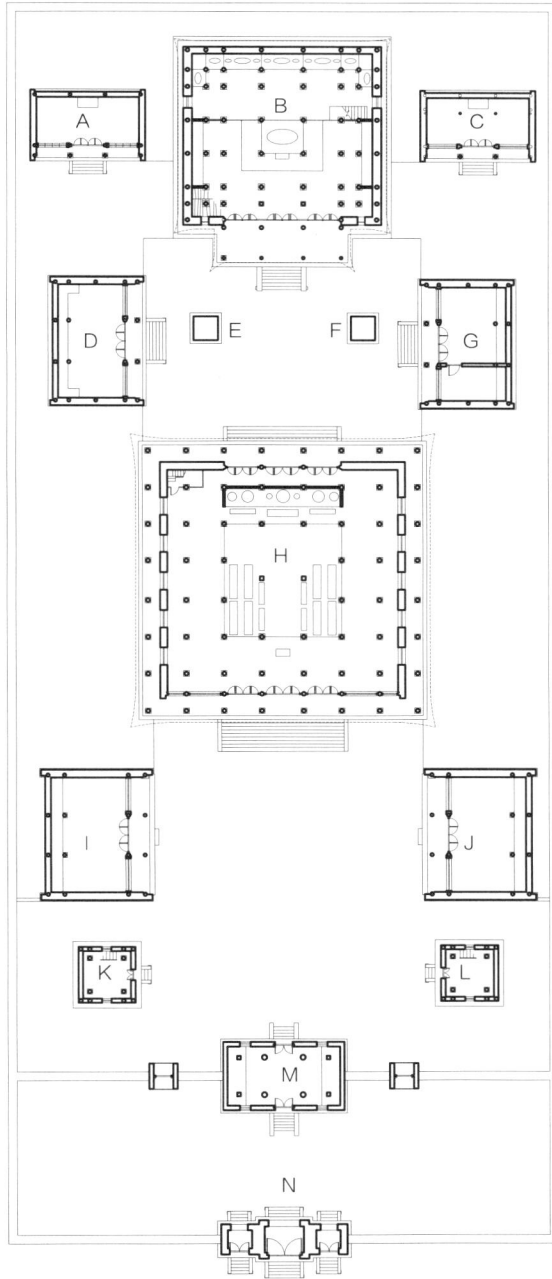

A.战神殿
B.普觉殿
C.司命神殿
D.药师佛殿
E.白塔 1
F.白塔 2
G.护法殿
H.大雄宝殿
I.长寿佛殿
J.密宗殿
K.鼓 楼
L.钟 楼
M.天王殿
N.山 门
O.影 壁

0 3 6 9 12 15m

北

东瓦房庙总平面图

1.1　东瓦房庙·四大天王殿

单位：毫米

建筑名称	汉语正式名称	四大天王殿				俗称		天王殿			
概述	初建年	乾隆二十年（1762年）				建筑朝向	南偏东约5°		建筑层数		二
	建筑简要描述	汉藏结合式砖木混合结构体系，汉藏结合装饰风格									
	重建重修记载	2002年修缮									
		信息来源	寺庙介绍								
结构规模	结构形式	砖木混合		相连的建筑	无			室内天井		无	
	建筑平面形式	长方形		外廊形式	无						
	通面阔	10940	开间数	5	明间 3480	次间 2300	梢间 1430	次梢间 ——		尽间 ——	
	通进深	6330	进深数	3	进深尺寸（前→后）	1430→3470→1430					
	柱子数量	——	柱子间距	横向尺寸	——		（藏式建筑结构体系填写此栏，不含廊柱）				
				纵向尺寸	——						
	其他	——									
建筑主体 （大木作） （石作） （瓦作）	屋顶	屋顶形式	重檐歇山式屋顶					瓦作	布瓦		
	外墙	主体材料	青砖	材料规格	290×140×60			饰面颜色	灰色		
		墙体收分	有	边玛檐墙	无			边玛材料	——		
	斗栱、梁架	斗栱	无	平身科斗口尺寸	——			梁架关系	不详（吊顶）		
	柱、柱式（前廊柱）	形式	汉式	柱身断面形状	圆形	断面尺寸	直径 D=470		（在没有前廊柱的情况下，填写室内柱及其特征）		
		柱身材料	木材	柱身收分	有	栌斗、托木	无	雀替	无		
		柱础	无	柱础形状	——	柱础尺寸	——				
	台基	台基类型	普通台基	台基高度	920	台基地面铺设材料	条形大理石，规格不均				
	其他	——									
装修 （小木作） （彩画）	门(正面)	板门		门楣	无		堆经	无		门帘	无
	窗（正面）	牖窗		窗楣	有		窗套	无		窗帘	无
	室内隔扇	隔扇	无	隔扇位置							
	室内地面、楼面	地面材料及规格	木纹大理石（长600×宽100）			楼面材料及规格	——				
	室内楼梯	楼梯	无	楼梯位置	——		楼梯材料	——		梯段宽度	——
	天花、藻井	天花	无	天花类型	——		藻井	无		藻井类型	——
	彩画	柱头	有	柱身	无		梁架	有		走马板	有
		门、窗	无	天花	——		藻井	——		其他彩画	无
	其他	悬塑	无	佛龛	无		匾额	无			
装饰	室内	帷幔	无	幕帘彩绘	有		壁画	无		唐卡	无
		经幡	无	经幢	无		柱毯	无		其他	无
	室外	玛尼轮	无	苏勒德	无		宝顶	有		祥麟法轮	无
		四角经幢	无	经幡	有		铜饰	无		石刻、砖雕	无
		仙人走兽	3	壁画	无		其他				
陈设	室内	主佛像	四大天王			佛像基座	须弥座				
		法座 无	藏经橱 无	经床 无	诵经桌 无	法鼓 无	玛尼轮 无	坛城 无	其他 ——		
	室外	旗杆 无	苏勒德 无	狮子 有	经幡 有	玛尼轮 无	香炉 有	五供 无	其他 ——		
	其他	——									
备注	——										

调查日期	2010/10/13	调查人员	李国保、付瑞峰	整理日期	2010/10/13	整理人员	乔恩懋

东瓦房庙·四大天王殿·档案照片

照片名称	正立面	照片名称	斜前方	照片名称	侧立面

照片名称	斜后方	照片名称	背立面	照片名称	门

照片名称	窗	照片名称	台阶	照片名称	台基

照片名称	室内正面	照片名称	室内侧面1	照片名称	室内侧面2

照片名称	室内柱身	照片名称	室内柱头	照片名称	室内柱础

备注	—				
摄影日期	2010/10/13	摄影人员	乔恩懋		

四大天王殿斜前方

四大天王殿背立面

四大天王殿室内正面
（左图）
四大天王殿室外窗
（右图）

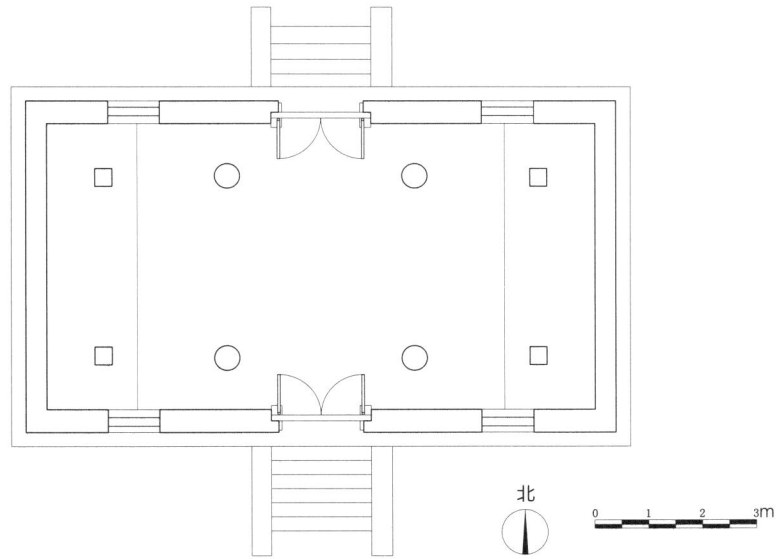

北

0 1 2 3m

四大天王殿一层平面图

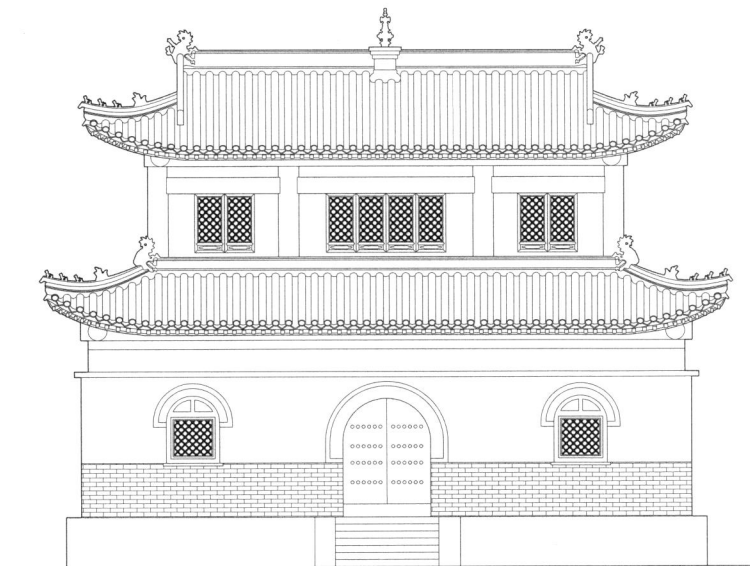

四大天王殿正立面图

1.2　东瓦房庙·大雄宝殿

单位：毫米

建筑名称	汉语正式名称	大雄宝殿			俗称	朝格钦都贡				
概述	初建年	乾隆二十年（1755年）			建筑朝向	南偏东约5°		建筑层数	二	
	建筑简要描述	汉式砖木混合结构体系，汉藏结合装饰风格								
	重建重修记载	2002年修缮								
		信息来源	寺庙资料							
结构规模	结构形式	砖木混合	相连的建筑	无			室内天井		回字形天井	
	建筑平面形式	长方形	外廊形式	回廊						
	通面阔	24280	开间数	7	明间 3780	次间 3420	梢间 3420	次梢间 ——	尽间 3410	
	通进深	24360	进深数	9	进深尺寸（前→后）	1600→1880→3440→3450→3720→3430→3410→1830→1600				
	柱子数量	——	柱子间距	横向尺寸	——		（藏式建筑结构体系填写此栏，不含廊柱）			
				纵向尺寸	——					
	其他	——								
建筑主体（大木作）（石作）（瓦作）	屋顶	屋顶形式	重檐歇山式屋顶			瓦作	布瓦			
	外墙	主体材料	青砖	材料规格	290×150×60	饰面颜色	灰色			
		墙体收分	有	边玛檐墙	无	边玛材料	——			
	斗栱、梁架	斗栱	有	平身科斗口尺寸	80	梁架关系	不详（吊顶）			
	柱、柱式（前廊柱）	形式	汉式	柱身断面形状	圆形	断面尺寸	直径 $D=140$		（在没有前廊柱的情况下，填写室内柱及其特征）	
		柱身材料	木材	柱身收分	有	栌斗、托木	无	雀替	有	
		柱础	有	柱础形状	方形	柱础尺寸	570×570			
	台基	台基类型	普通台基	台基高度	1660	台基地面铺设材料	青砖（240×120）			
	其他	——								
装修（小木作）（彩画）	门(正面)	隔扇门		门楣	无	堆经	无	门帘	无	
	窗（正面）	槛窗		窗楣	无	窗套	无	窗帘	无	
	室内隔扇	隔扇	无	隔扇位置	——					
	室内地面、楼面	地面材料及规格	木板（长1950×宽不均）		楼面材料及规格		木板(规格不均)			
	室内楼梯	楼梯	有	楼梯位置	殿内西北角处	楼梯材料	木材、混凝土	梯段宽度	1120	
	天花、藻井	天花	有	天花类型	井口天花	藻井	无	藻井类型	——	
	彩画	柱头	有	柱身	有	梁架	有	走马板	有	
		门、窗	无	天花	有	藻井	——	其他彩画	无	
	其他	悬塑	无	佛龛	有	匾额	无			
装饰	室内	帷幔	无	幕帘彩绘	有	壁画	有	唐卡	有	
		经幡	有	经幢	有	柱毯	有	其他	无	
	室外	玛尼轮	有	苏勒德	无	宝顶	有	祥麟法轮	无	
		四角经幢	无	经幡	有	铜饰	无	石刻、砖雕	有	
		仙人走兽	5	壁画	无	其他	无			
陈设	室内	主佛像	三世佛			佛像基座	莲花座			
		法座 有	藏经橱 无	经床 有	诵经桌 有	法鼓 有	玛尼轮 无	坛城 无	其他 ——	
	室外	旗杆 无	苏勒德 有	狮子 有	经幡 有	玛尼轮 有	香炉 有	五供 无	其他 ——	
	其他	——								
备注	——									
调查日期	2010/10/13	调查人员	李国保、付瑞峰	整理日期	2010/10/13	整理人员	乔恩懋			

大雄宝殿基本概况表1

东瓦房庙·大雄宝殿·档案照片					
照片名称	正立面	照片名称	斜前面	照片名称	背立面

照片名称	斜后方	照片名称	前廊	照片名称	翼角

照片名称	柱身	照片名称	柱头	照片名称	柱础
				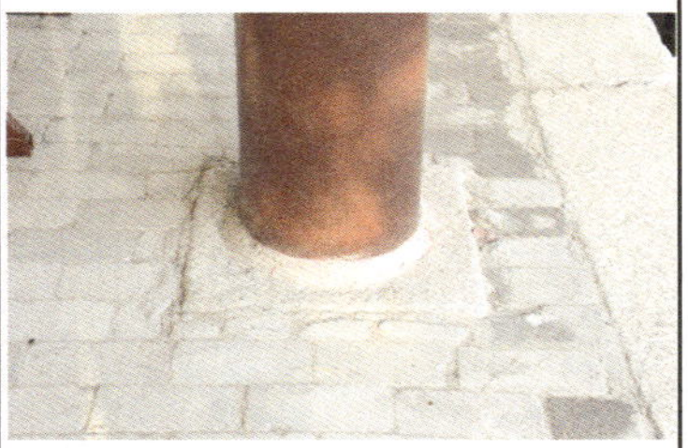	
照片名称	室内正面	照片名称	室内侧面1	照片名称	室内侧面2

照片名称	室内天花	照片名称	室内天井	照片名称	室内彩绘

备注	—				
摄影日期	2010/10/13	摄影人员	乔恩懋		

大雄宝殿正前方

大雄宝殿背立面

大雄宝殿室内正面

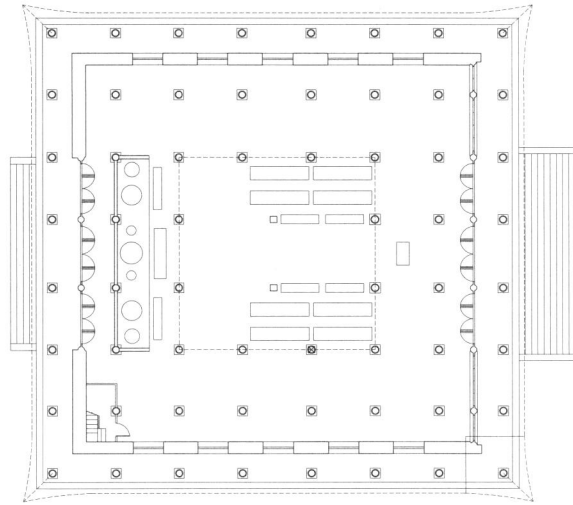

大雄宝殿一层平面图

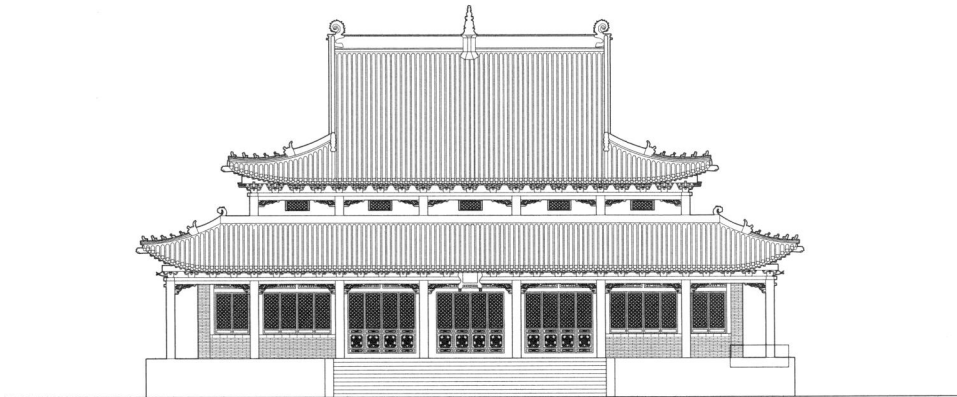

北

大雄宝殿正立面图

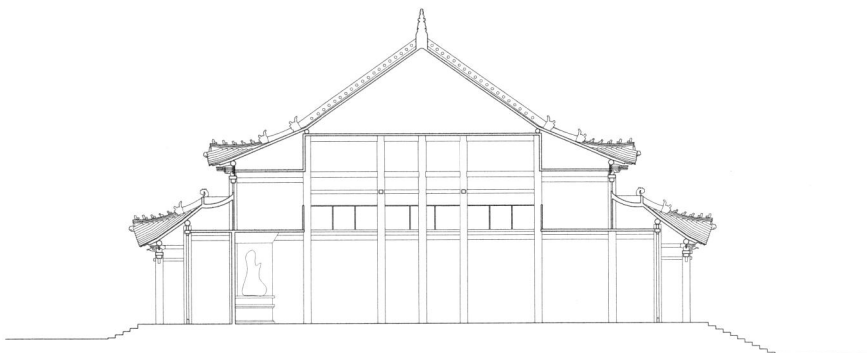

大雄宝殿剖面图

1.3　东瓦房庙·普觉寺

单位：毫米

建筑名称	汉语正式名称	普觉寺			俗称			──		
概述	初建年	康熙五十四年（1715年）			建筑朝向	南偏东约5°		建筑层数		二
	建筑简要描述	汉式砖木混合结构体系，汉藏结合装饰风格								
	重建重修记载	1912年烧毁，1916年重建，2002年修缮								
		信息来源	寺庙资料							
结构规模	结构形式	砖木混合	相连的建筑	无			室内天井		有	
	建筑平面形式	"凸"字形	外廊形式	前廊						
	通面阔	17150	开间数	7	明间 3770	次间 3430	梢间 1600	次梢间 ──	尽间	1660
	通进深	19440	进深数	9	进深尺寸（前→后）		2840→730→1490→1570→3130→3130→3130→1570→1850			
	柱子数量	──	柱子间距	横向尺寸	──		（藏式建筑结构体系填写此栏，不含廊柱）			
				纵向尺寸						
	其他									
建筑主体（大木作）（石作）（瓦作）	屋顶	屋顶形式	重檐歇山结合卷棚屋顶			瓦作	布瓦			
	外墙	主体材料	青砖	材料规格	260×130×60	饰面颜色	灰色			
		墙体收分	有	边玛檐墙	无	边玛材料	红色涂料粉刷			
	斗栱、梁架	斗栱	有	平身科斗口尺寸	80	梁架关系	不详（吊顶）			
	柱、柱式（前廊柱）	形式	汉式	柱身断面形状	圆形	断面尺寸	直径D=260	（在没有前廊柱的情况下，填写室内柱及其特征）		
		柱身材料	木材	柱身收分	有	栌斗、托木	无	雀替	有	
		柱础	有	柱础形状	方形	柱础尺寸	500×500			
	台基	台基类型	普通台基	台基高度	1120	台基地面铺设材料	方砖480×480			
	其他									
装修（小木作）（彩画）	门(正面)	隔扇门	门楣	无	堆经	无	门帘	无		
	窗（正面）	槛窗	窗楣	无	窗套	有	窗帘	无		
	室内隔扇	隔扇	有	隔扇位置	经堂与佛殿空间分割					
	室内地面、楼面	地面材料及规格	木板（规格不均）		楼面材料及规格	木板（规格不均）				
	室内楼梯	楼梯	有	楼梯位置	室内东侧墙窗洞口处	楼梯材料	木材	梯段宽度	840	
	天花、藻井	天花	有	天花类型	井口天花	藻井	无	藻井类型	──	
	彩画	柱头	有	柱身	无	梁架	有	走马板	无	
		门、窗	无	天花	有	藻井	──	其他彩画	无	
	其他	悬塑	无	佛龛	有	匾额	无			
装饰	室内	帷幔	无	幕帘彩绘	有	壁画	无	唐卡	无	
		经幡	无	经幢	无	柱毯	有	其他	无	
	室外	玛尼轮	无	苏勒德	无	宝顶	有	祥麟法轮	无	
		四角经幢	无	经幡	有	铜饰	无	石刻、砖雕	无	
		仙人走兽	5	壁画	无	其他	无			
陈设	室内	主佛像	释迦牟尼		佛像基座	普通基座				
		法座 有	藏经橱 有	经床 无	诵经桌 无	法鼓 无	玛尼轮 无	坛城 无	其他 ──	
	室外	旗杆 无	苏勒德 无	狮子 有	经幡 有	玛尼轮 无	香炉 有	五供 无	其他 ──	
	其他	──								
备注	──									
	调查日期	2010/10/14	调查人员	李国保、付瑞峰	整理日期	2010/10/14	整理人员	乔恩懋		

东瓦房庙·普觉寺·档案照片

照片名称	正立面	照片名称	斜前方	照片名称	侧立面
照片名称	翼角	照片名称	柱身	照片名称	柱头
照片名称	室外柱础	照片名称	门	照片名称	窗
照片名称	室内正面	照片名称	室内侧面	照片名称	室内柱身
照片名称	室内柱头	照片名称	室内柱础	照片名称	室内天花
备注		—			
摄影日期	2010/10/14	摄影人员	乔恩懋		

普觉寺斜前方

普觉寺室内侧面（左图）
普觉寺室外柱头（右图）

普觉寺室内正前方（左图）
普觉寺室内柱头（右图）

普觉寺室内天花

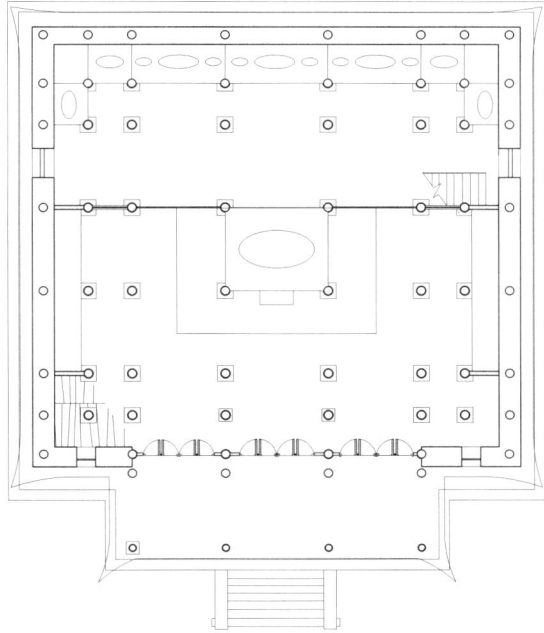

普觉寺一层平面图

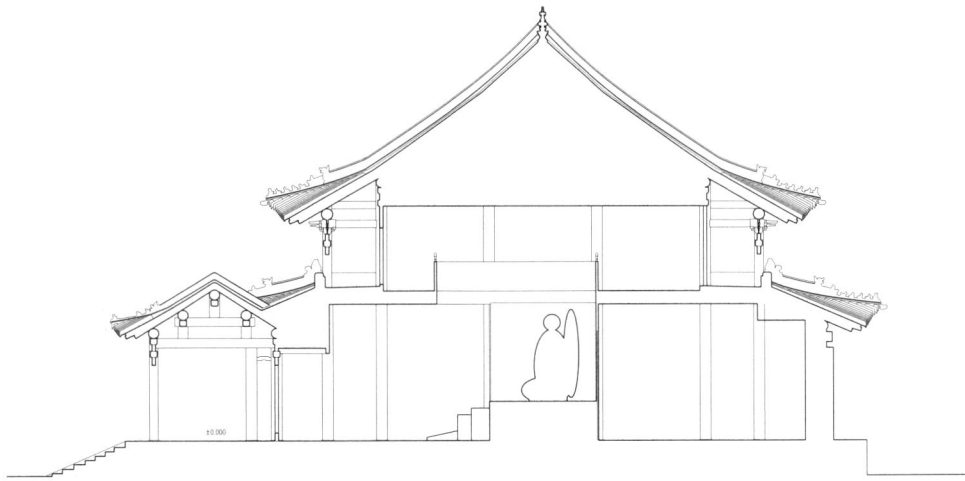

北

普觉寺剖面图

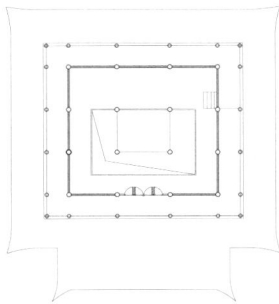

普觉寺二层平面图（左图）

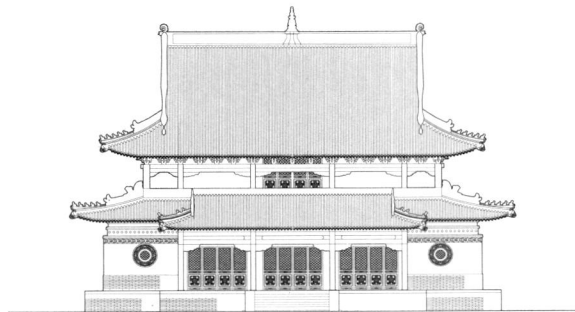

普觉寺立面图（右图）

1.4 东瓦房庙·战神殿

战神殿正前方

战神殿室内侧面（左图）

战神殿窗内正面
（右图）
战神殿檐部（左图）

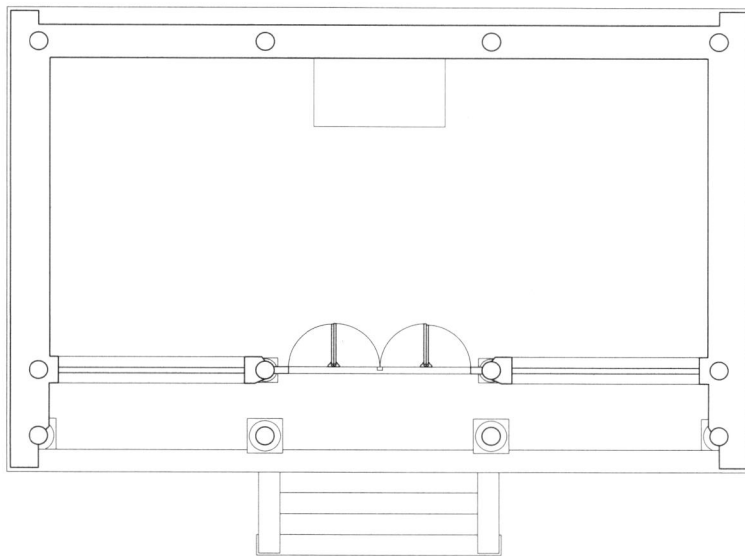

战神殿平面图

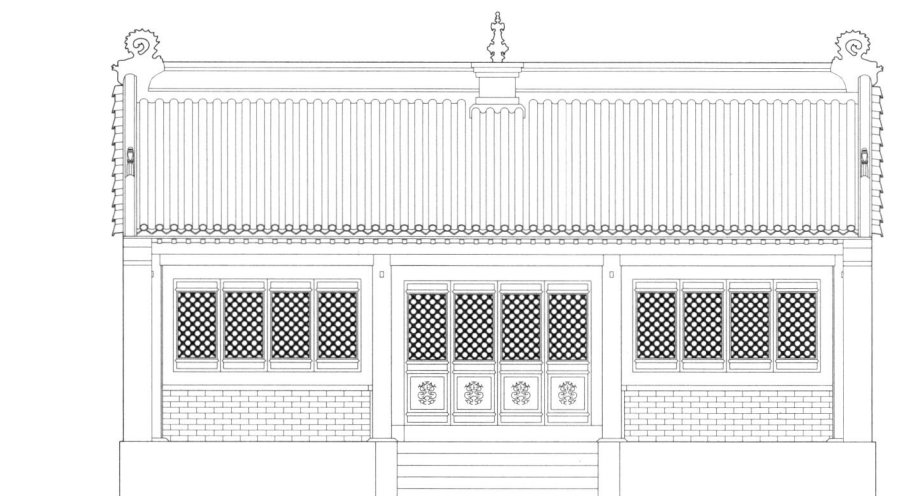

战神殿正立面图

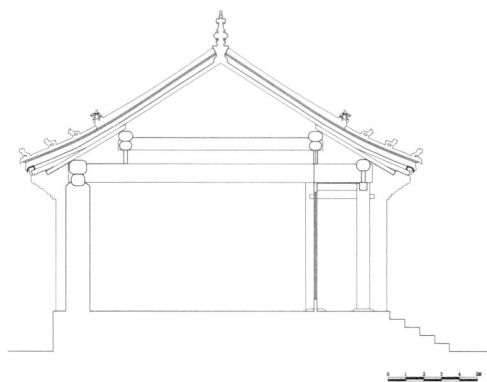

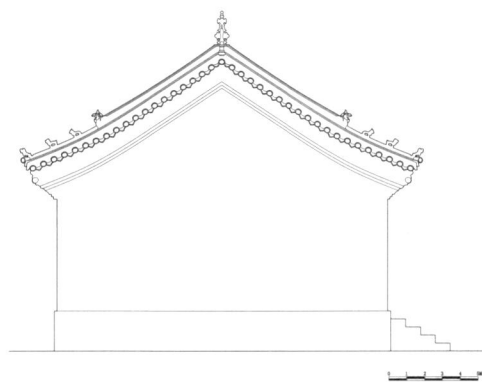

战神殿剖面图（左图）
战神殿侧立面图（右图）

1.5　东瓦房庙 · 药师佛殿

药师佛殿正前方

药师佛殿檐部（右上图）

药师佛殿室内（右下图）

药师佛殿前廊（左图）

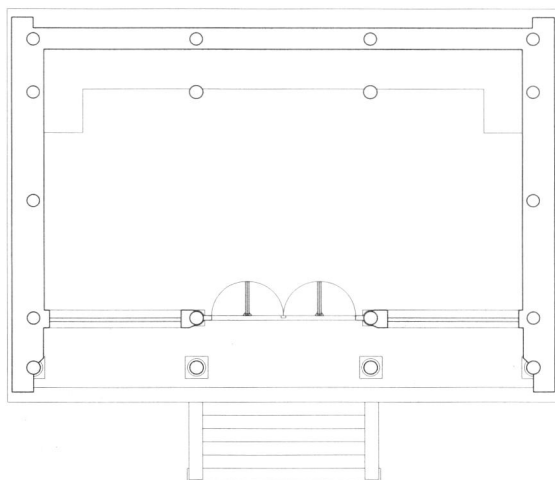

药师佛殿平面图

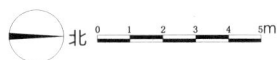

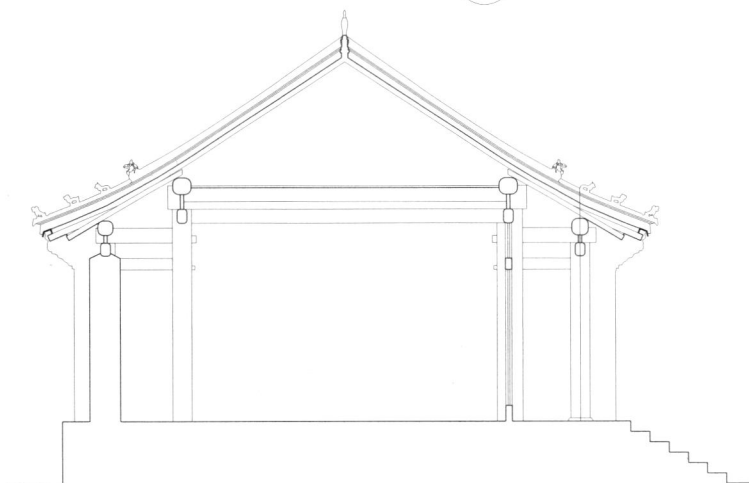

北 0 1 2 3 4 5m

药师佛殿剖面图

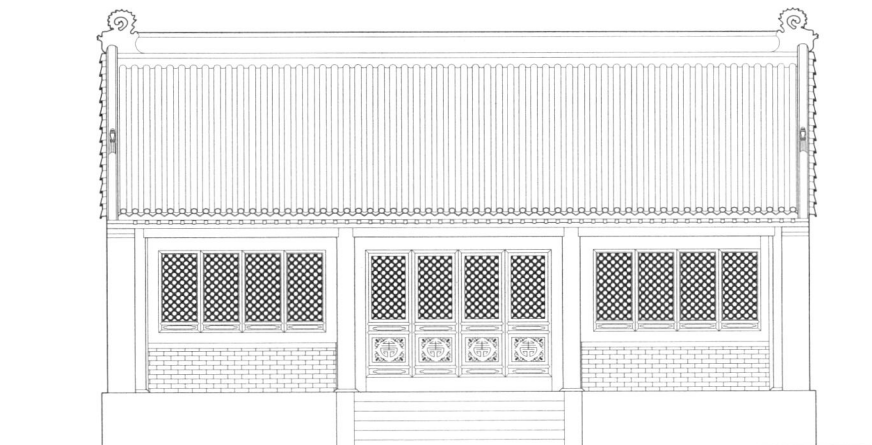

药师佛殿正立面图

1.6　东瓦房庙·司命神殿

司命神殿斜前方

司命神殿檐部（左图）
司命神殿正门（右图）

司命神殿室内侧面（左图）
司命神殿室内柱头（右图）

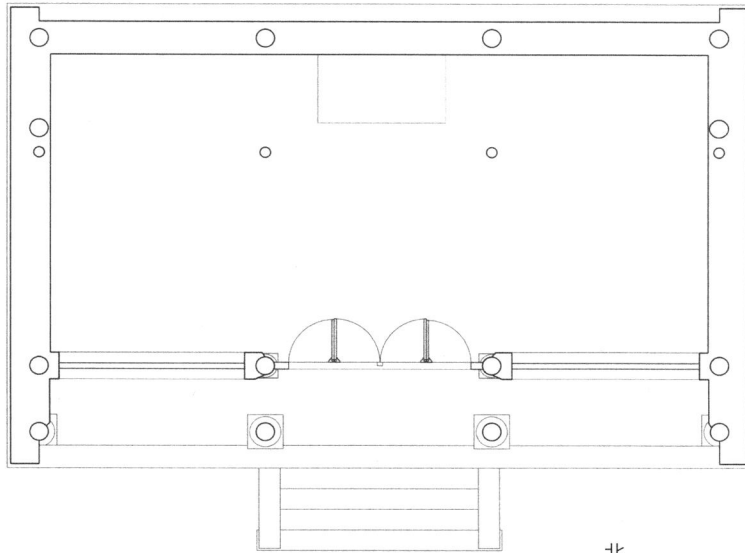

司命神殿平面图

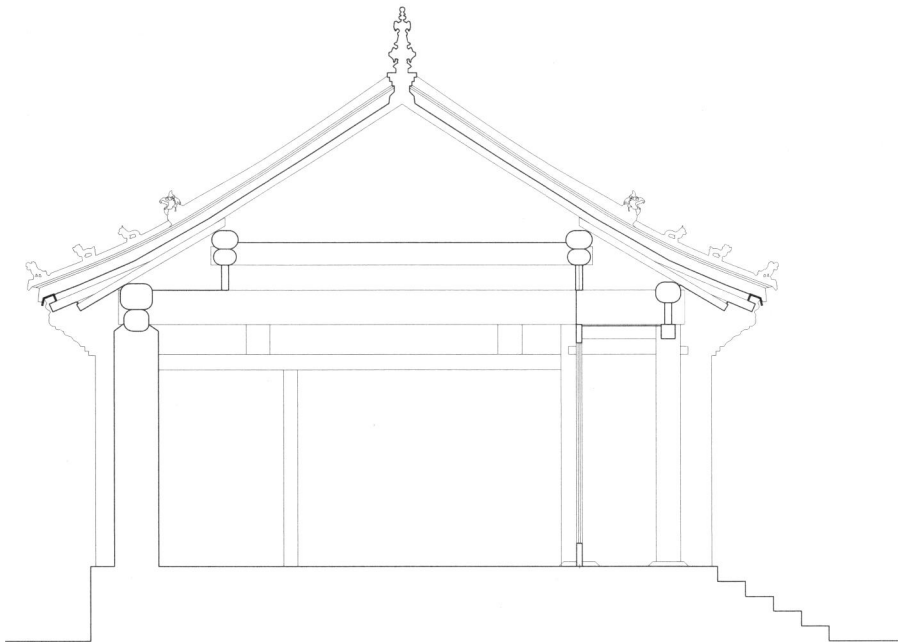

北

司命神殿剖面图

1.7　东瓦房庙·护法殿

护法殿斜前方

护法殿室内侧面

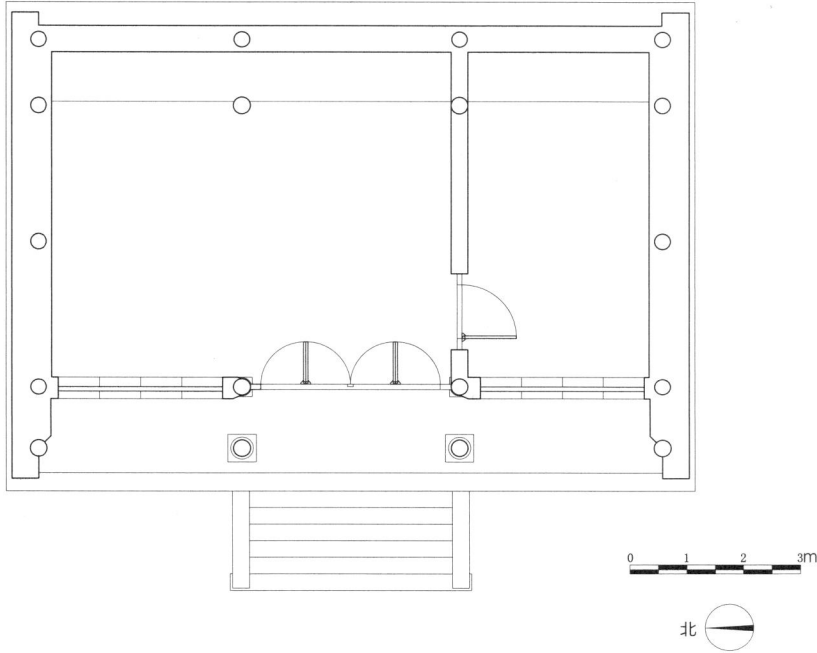

护法殿平面图

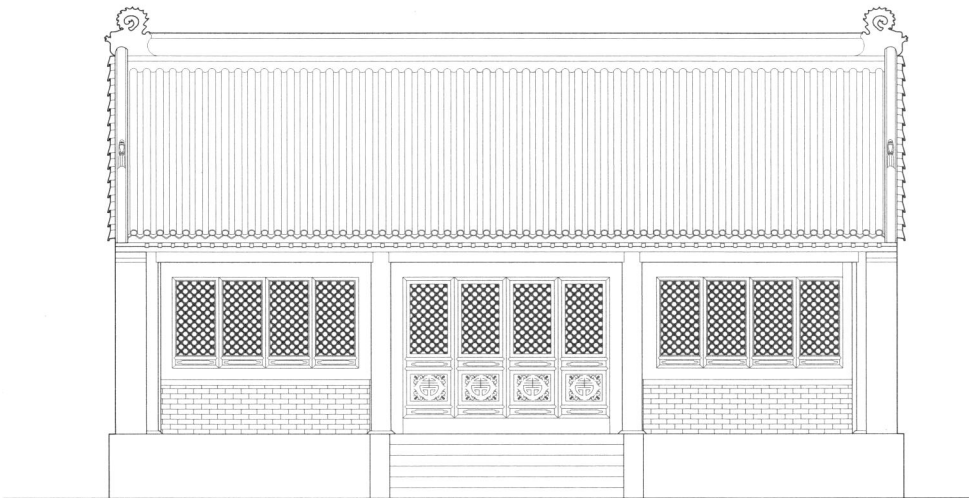

0 1 2 3m

北

护法殿正立面图

1.8　东瓦房庙·长寿佛殿

长寿佛殿室内柱

长寿佛殿前廊（左图）
长寿佛殿室外柱头（右下图）

长寿佛殿室内侧面

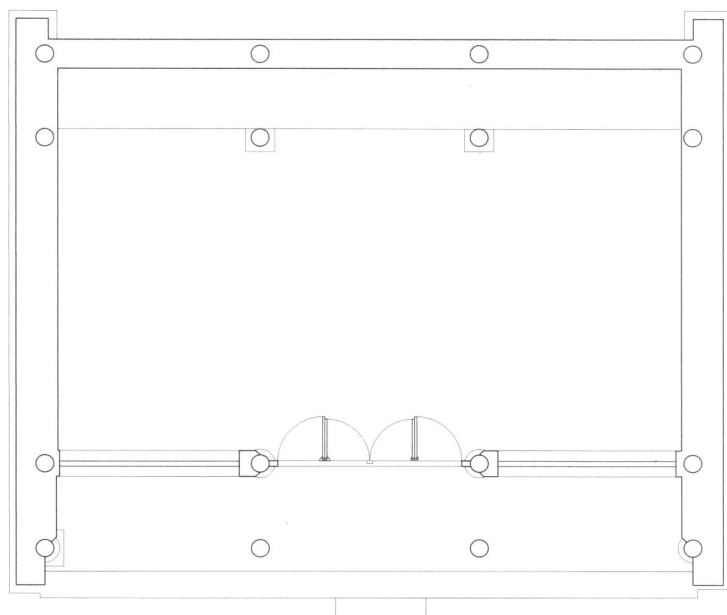

长寿佛殿平面图

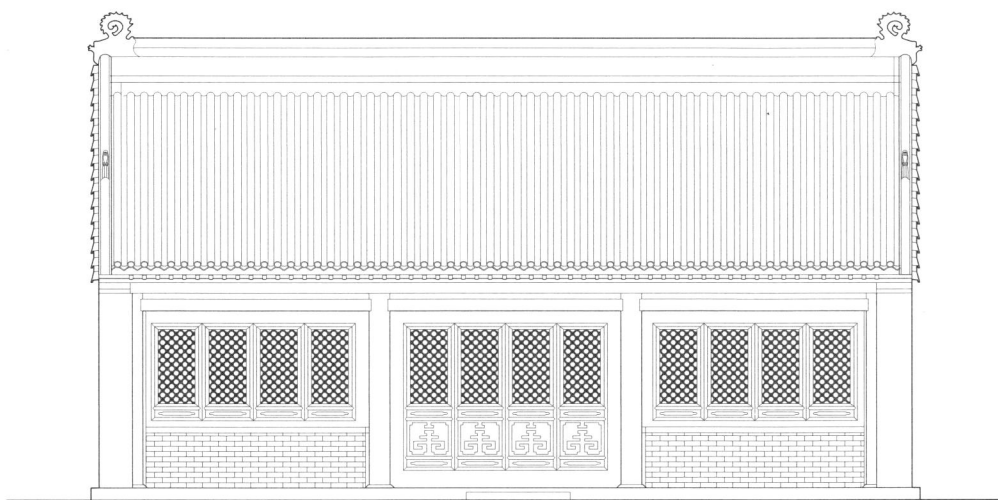

北   0 1 2 3 4 5m

长寿佛殿正立面图

0 1 2 3 4 5m

1.9　东瓦房庙·密宗殿

密宗殿斜前方

密宗殿侧面（右上图）

密宗殿前廊（左图）
密宗殿唐卡（右下图）

1.10 东瓦房庙·钟楼

钟楼一层平面图
（左图）
钟楼二层平面图
（右图）

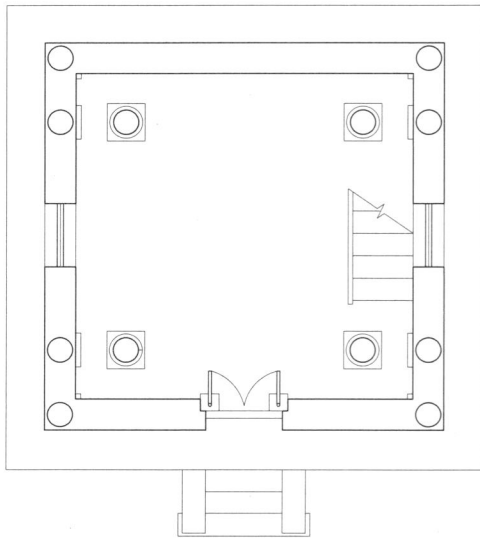

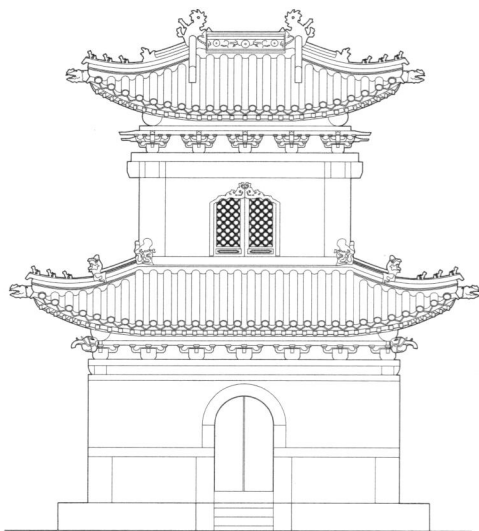

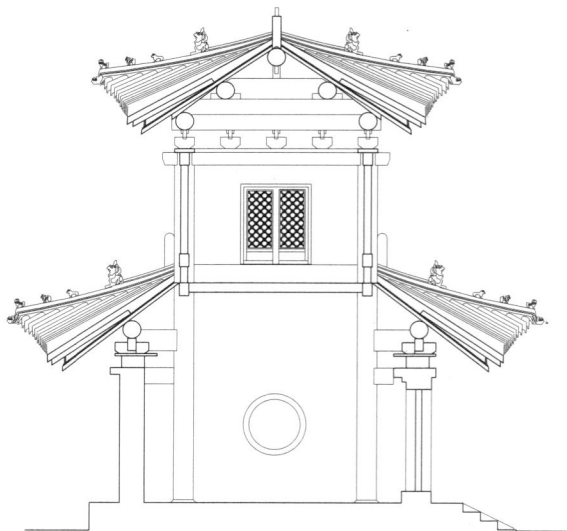

北　　　0　　1　　2　　3m

钟楼立面图（左图）

钟楼剖面图（右图）

0　　1　　2　　3m

1.11 东瓦房庙·山门

山门斜前方

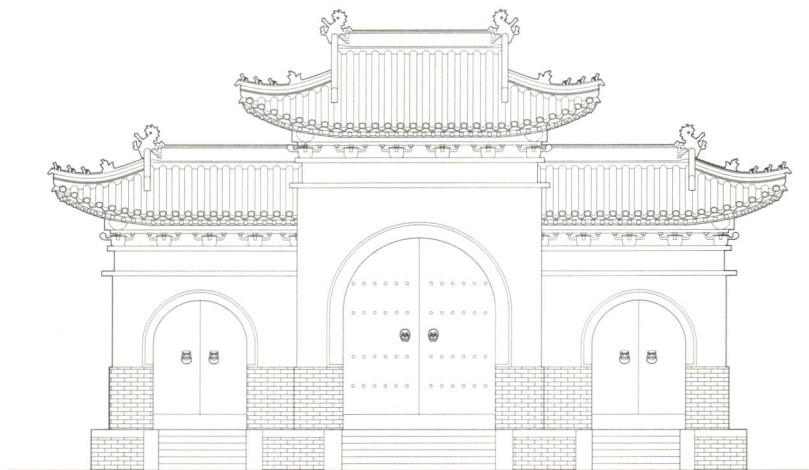

山门正立面图

0 1 2 3 4 5m

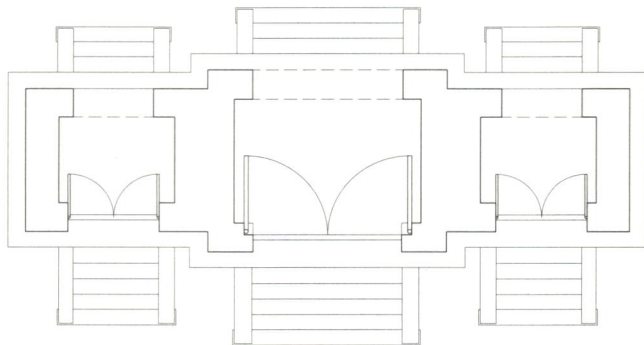

山门平面图

北

0 1 2 3m

2

格里布尔召(真寂寺)
Geliver Temple

② 格里布尔召（真寂寺）Geliver Temple

格里布尔召大雄宝殿

格里布尔召为辽代佛寺，清代时期为原昭乌达盟巴林左翼旗寺庙，系内蒙古地区至今发现的唯一的佛教石窟。清朝时期，由巴林左右两翼旗共同管辖此庙，乾隆年间，清廷御赐每旗一块匾额，左翼旗为"善福寺"，右翼旗为"慧因寺"。寺庙为辽代石窟与清代佛寺的结合体，殿宇布局与佛像设置均体现了藏传佛教与汉传佛教的交融与结合。

寺庙初建于辽代初期，于9世纪后半叶在上京地区灵岩山开凿石窟，从南向北排开，记有四窟两龛，其中一窟内雕刻释迦牟尼涅槃像，故契丹人题名"真寂之寺"。乾隆十三年（1748年），拉卜楞寺嘉木杨夏特巴活佛向巴林左右翼两旗扎萨克建议两旗共同管理格里布尔召，在石窟前建一大殿，供奉释迦牟尼佛像。二旗遵从此议，在辽代佛殿基础上，后倚石窟前壁，重建殿宇，并各派僧人研习佛法。因寺庙处于左翼旗境内，右翼旗僧人逐年减少，后由左翼旗直接管辖此庙。

寺庙建筑风格为汉藏结合式建筑。至"文化大革命"前，寺庙内有天王殿、藏式东殿、藏式西殿、主佛殿、大雄宝殿、千佛殿、玛尼殿、德木齐殿等殿宇及活佛府、庙仓、僧舍。

"文化大革命"中寺庙建筑被拆毁，石窟佛像破损不堪。1975年起开始修缮、重建寺庙，至1988年已建全寺庙殿宇，并正式恢复法会。

参考文献：

[1] 业喜巴拉珠儿.召庙古今奇观（蒙古文）.赤峰:内蒙古科学技术出版社,2010,5.

[2] 唐吉思.蒙古族佛教文化调查研究.沈阳:辽宁民族出版社,2010,12.

格里布尔召 · 基本概况 1

寺院蒙古语藏语名称	蒙古语	ᠪ᠍ᠤ᠌ᠷᠬᠠᠨ ᠤᠢᠯ	寺院汉语名称	汉语正式名称	真寂寺、善福寺
	藏语	——		俗称	格里布尔召、召庙
	汉语语义	——	寺院汉语名称的由来		清廷赐名

所在地	赤峰市巴林左旗查干哈达乡	东经	119° 20′	北纬	43° 44′
初建年	9世纪	保护等级		自治区级文物保护单位	
盛期时间	——	盛期喇嘛僧/现有喇嘛僧数		——	

历史沿革	9世纪后半叶，开凿石窟，修建真寂之寺。 1771年，在庙中供奉释迦牟尼佛像。 1894年，修缮并扩建寺庙。 1904年，修缮寺庙，更换顶瓦。 1966年，寺庙严重受损，次年，殿宇被拆毁。 1975年，新建僧房，派专人看管石窟。 1985—1987年，新建主殿、天王殿及两侧藏式殿宇。 1988年，寺庙修缮工程竣工，举行开光仪式。 2009年，新建千佛殿
资料来源	［1］业喜巴拉珠儿.召庙古今奇观（蒙古文）.赤峰:内蒙古科学技术出版社,2010,5. ［2］唐吉思.蒙古族佛教文化调查研究.沈阳:辽宁民族出版社,2010,12.

现状描述	——	描述时间	2012/07/23
		描述人	杜娟
调查日期	2012/07/23	调查人员	李国保、杜娟

格里布尔召·基本概况 2

现存建筑	天王殿	善福寺 （大雄宝殿）	真寂寺 （石窟）	已毁建筑	大雄宝殿	关公殿	
	千佛殿	塔	僧舍				
					信息来源		喇嘛口述

区位图

总平面图

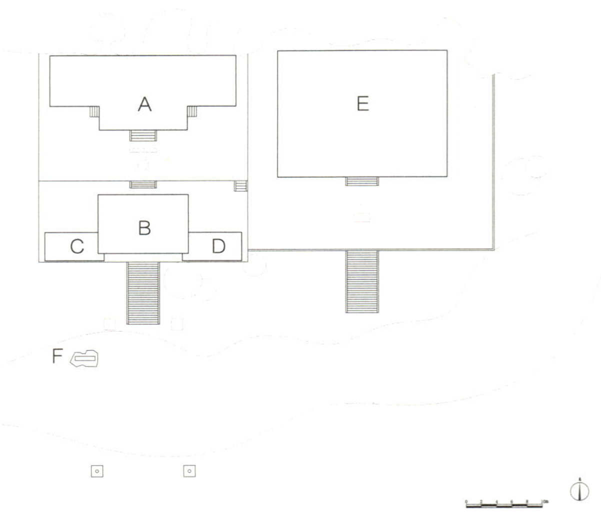

A.大雄宝殿　　D.佛心阁
B.山 门　　　E.千佛殿
C.佛教用品　　F.石 碑

调查日期	2010/07/23	调查人员	李国保、杜娟

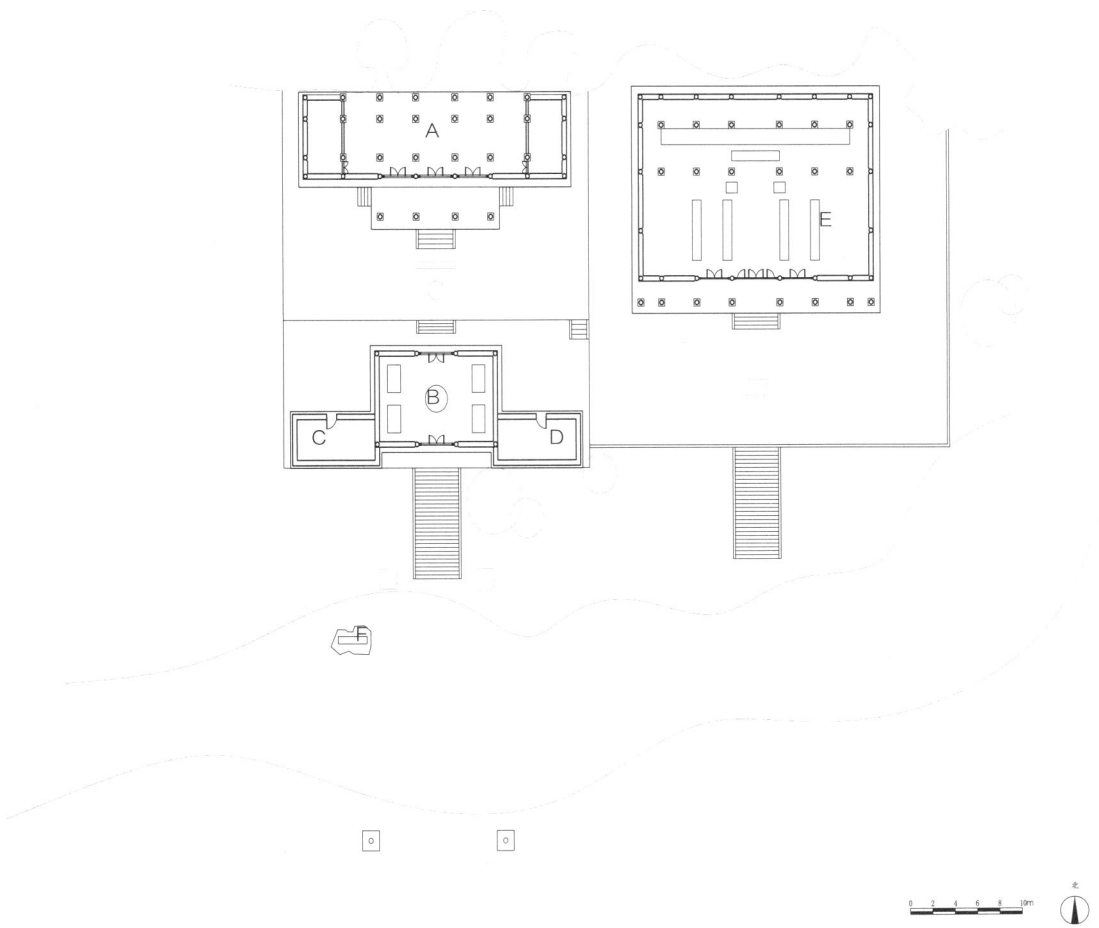

A.大雄宝殿　　D.佛心阁
B.山　门　　　E.千佛殿
C.佛教用品　　F.石　碑

格里布尔召总平面图

2.1 格里布尔召·大雄宝殿

单位：毫米

建筑名称	汉语正式名称	善福寺			俗称		——		
概述	初建年	约清顺治十年（1653年）		建筑朝向	南		建筑层数		一
	建筑简要描述	汉式建筑，与其后山体内的石窟真寂寺结合为一体							
	重建重修记载	不详							
	信息来源	——							
结构规模	结构形式	砖木结构	相连的建筑	真寂寺			室内天井		无
	建筑平面形式	长方形	外廊形式	前廊					
	通面阔	23100	开间数	7	明间 3500	次间 3300	梢间 3300	次梢间 ——	尽间 3200
	通进深	8900	进深数	4	进深尺寸（前→后）		3000→1400→2900→1600		
	柱子数量	——	柱子间距	横向尺寸	——		（藏式建筑结构体系填写此栏，不含廊柱）		
				纵向尺寸	——				
	其他	——							
建筑主体（大木作）（石作）（瓦作）	屋顶	屋顶形式	歇山+卷棚			瓦作	青色布瓦		
	外墙	主体材料	砖	材料规格	240×120×60	饰面颜色	刷青灰色涂料		
		墙体收分	无	边玛檐墙	无	边玛材料	无		
	斗栱、梁架	斗栱	无	平身科斗口尺寸	——	梁架关系	不详		
	柱、柱式（前廊柱）	形式	汉式	柱身断面形状	方	断面尺寸	340×340		（在没有前廊柱的情况下，填写室内柱及其特征）
		柱身材料	石材	柱身收分	略有	栌斗、托木	无	雀替	有
		柱础	有（石材）	柱础形状	方上圆	柱础尺寸	方500×500，圆直径400		
	台基	台基类型	普通台基	台基高度	950	台基地面铺设材料	方砖（条石围边）		
	其他	无							
装修（小木作）（彩画）	门(正面)	隔扇门		门楣	无	堆经	无	门帘	无
	窗（正面）	槛窗		窗楣	无	窗套	无	窗帘	无
	室内隔扇	隔扇	无	隔扇位置					
	室内地面、楼面	地面材料及规格	砖		楼面材料及规格				
	室内楼梯	楼梯	有	楼梯位置	进门右侧	楼梯材料	石材	梯段宽度	不规则，无法测量
	天花、藻井	天花	有	天花类型	平棋	藻井	无	藻井类型	——
	彩画	柱头	有	柱身	无	梁架	——	走马板	有
		门、窗	有	天花	有	藻井	——	其他彩画	——
	其他	悬塑	有	佛龛	有	匾额	有（善福寺）		
装饰	室内	帷幔	有	幕帘彩绘	无	壁画	有	唐卡	有
		经幡	有	经幢	有	柱毯	有	其他	——
	室外	玛尼轮	有	苏勒德	无	宝顶	有	祥麟法轮	有
		四角经幢	无	经幡	有	铜饰	无	石刻、砖雕	有
		仙人走兽	3走兽	壁画	无	其他			
陈设	室内	主佛像	释迦牟尼佛		佛像基座	无			
		法座 无	藏经橱 无	经床 有	诵经桌 有	法鼓 无	玛尼轮 无	坛城 无	其他 ——
	室外	旗杆 有	苏勒德 无	狮子 有	经幡 无	玛尼轮 有	香炉 有	五供 无	其他 ——
	其他	——							
备注	——								
	调查日期	2012/07/23	调查人员	李国保 杜娟	整理日期	2012/07/30	整理人员	杜娟	

格里布尔召·大雄宝殿·档案照片

照片名称	正立面	照片名称	斜前方1	照片名称	斜前方2

照片名称	室外柱子	照片名称	室外柱头	照片名称	室外柱础

照片名称	室外局部	照片名称	前廊	照片名称	匾额

照片名称	室内正面1	照片名称	室内正面2	照片名称	室内侧面

照片名称	室内柱身1	照片名称	室内柱身2	照片名称	室内佛像

备注	——				
摄影日期	2012/07/23	摄影人员	李国保		

大雄宝殿基本概况表2

大雄宝殿斜前方

大雄宝殿室内侧面
（左上图）

大雄宝殿室内佛像
（左下图）

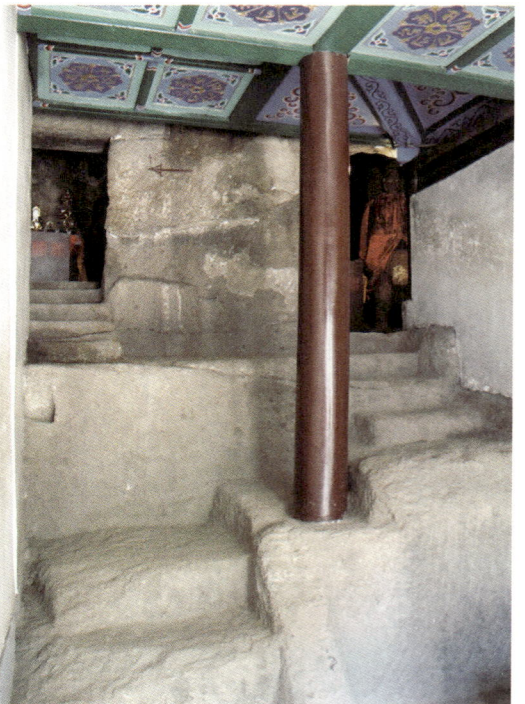

大雄宝殿室内柱子
（右图）

2.2 格里布尔召·千佛殿

千佛殿室内正面（左图）
千佛殿室内侧面（右图）

2.3 格里布尔召·山门

山门斜后方（左图）
山门斜前方（右图）

2.4 格里布尔召·其他建筑

僧舍与佛像（左图）
僧舍与蒙古包（右图）

3

查干布热庙（梵宗寺）
Chaganbure Temple

3 查干布热庙(梵宗寺) Chaganbure Temple

查干布热庙大雄宝殿

查干布热庙为原昭乌达盟翁牛特左翼旗寺庙，系该旗旗庙及唯一留存至今的寺庙。乾隆年间，清廷御赐满、蒙、汉、藏四体"梵宗寺"匾额。

乾隆八年（1743年），翁牛特左翼旗达尔罕岱青贝勒朋苏克听从旺钦托音之建议，将被洪水冲毁的查干布热庙迁至查干布热山北重建，改为旗庙。寺庙接替莲花图庙，总揽全旗喇嘛庙事务，受京城雍和宫直接统辖。寺庙俗称北大庙、贝勒庙、查干布热庙。

寺庙建筑风格为汉式风格。寺庙在其最盛时有81间双层大雄宝殿、5间弥勒殿、度母殿、3间三长寿佛殿、时轮殿、3间甘珠尔殿、天王殿、3间罗汉殿、3间护法殿、1间法轮殿、1间关帝殿、钟楼、鼓楼、3间塔殿、3间火供殿等15座殿宇，5座庙仓。

查干布热庙有显宗学部、密宗学部、时轮学部、医药学部四大学部。

"文化大革命"时期寺庙严重受损，仅存天王殿、大雄宝殿、弥勒殿。1998年起修缮寺庙建筑，并正式恢复法会。寺庙现有房屋115间，占地5000多平方米。

参考文献：

［1］调研访谈记录，2010.

［2］嘎拉增，呼格吉乐图等.昭乌达寺院（蒙古文）.海拉尔:内蒙古文化出版社,1994.

［3］唐吉思.蒙古族佛教文化调查研究.沈阳:辽宁民族出版社,2010.

查干布热庙四大天王殿（左图）

查干布热庙弥勒佛殿（右图）

查干布热庙·基本概况 1

寺院蒙古语藏语名称	蒙古语	ᠵᠠᠭᠠᠨ ᠪᠦᠷᠢ᠂ᠳ᠋ᠤᠨ	寺院汉语名称	汉语正式名称	梵宗寺
	藏语	——		俗称	北大庙
	汉语语义	——	寺院汉语名称的由来		清廷赐名
所在地	内蒙古自治区赤峰市翁牛特旗乌丹镇北4公里处			东经 118° 59′	北纬 42° 57′
初建年	1743年		保护等级	自治区级重点文物保护单位	
盛期时间	——		盛期喇嘛僧/现有喇嘛僧	约500人/16人	

历史沿革	1735年，寺庙被洪水冲毁。 1743年，将寺庙迁至查干布热山北，重建殿宇。 1943年，寺庙创办喇嘛学校，讲授蒙古文、日文。 "文化大革命"时期，寺庙严重受损，殿宇改作盐库。 1998年，开始修缮天王殿和弥勒殿，重建配殿。 2008—2009年，新建寺庙附属建筑藏药殿、法物流通处
资料来源	[1] 调研访谈记录，2010. [2] 嘎拉增,呼格吉乐图等.昭乌达寺院（蒙古文）.海拉尔:内蒙古文化出版社,1994. [3] 唐吉思.蒙古族佛教文化调查研究.沈阳:辽宁民族出版社,2010.

现状描述	现存寺庙布局具有强烈的序列感，天王殿、大雄宝殿、弥勒佛殿沿中轴线依次展开，两厢配殿分别位于轴线两侧。寺庙建筑风格为汉式结构体系、汉藏结合装饰风格	描述时间	2010/10/14
		描述人	付瑞峰
调查日期	2010/10/14	调查人员	李国保、宝山、乔恩懋、付瑞峰

查干布热庙 · 基本概况 2

现存建筑	天王殿	护法殿	长寿佛殿	已毁建筑	牌楼	时轮金刚殿
	钟楼、鼓楼	罗汉堂	藏经阁		活佛府	藏经阁
	关公庙	大雄宝殿	时轮金刚殿		喇嘛僧舍	钟楼、鼓楼
	转经阁	弥勒殿	度母殿	信息来源	寺庙喇嘛口述	

区位图

赤峰市地图

查干布热庙（梵宗寺）

总平面图

北

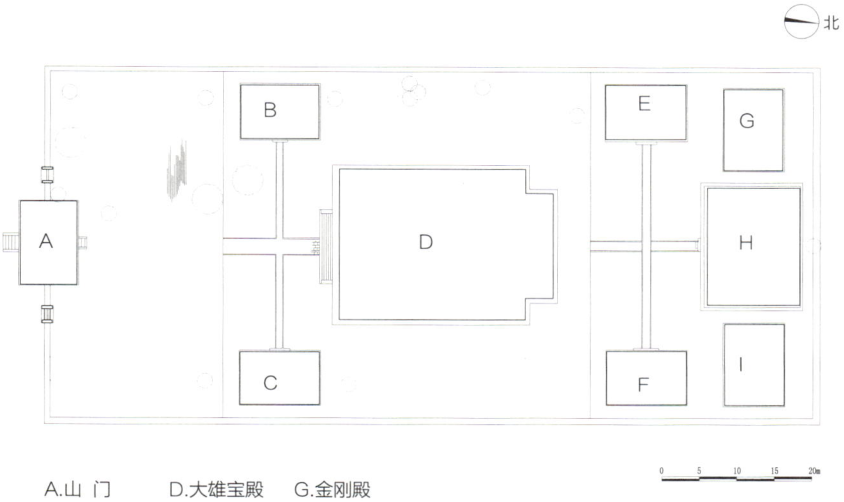

A.山 门　　D.大雄宝殿　　G.金刚殿
B.度母殿　　E.罗汉殿　　　H.弥勒殿
C.护法殿　　F.观音殿　　　I.关公殿

调查日期	2010/10/14	调查人员	李国保、宝山、乔恩懋、付瑞峰

查干布热庙基本概况表2

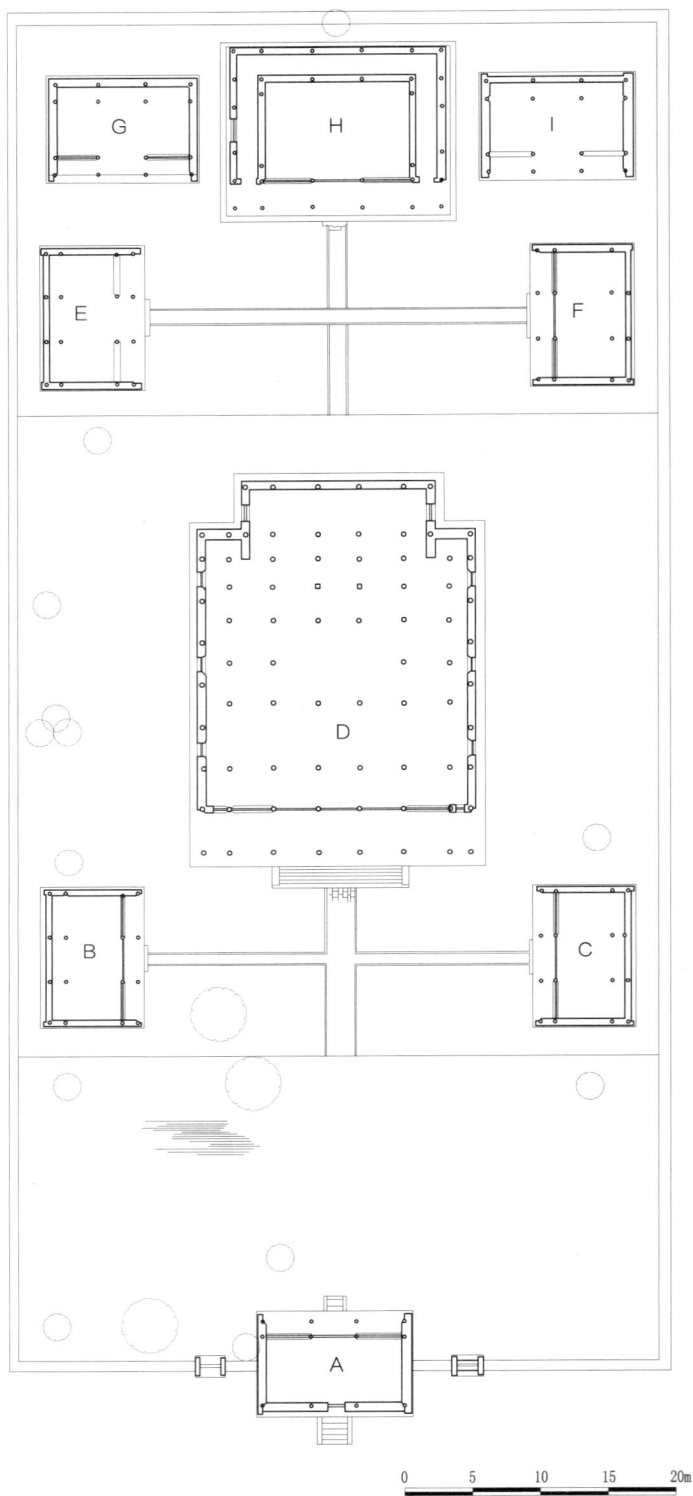

A.山 门
B.度母殿
C.护法殿
D.大雄宝殿
E.罗汉殿
F.观音殿
G.金刚殿
H.弥勒殿
I.关公殿

北

0　　5　　10　　15　　20m

查干布热庙总平面图

3.1 查干布热庙·四大天王殿

单位：毫米

建筑名称	汉语正式名称	四大天王殿		俗称		天王殿		
概述	初建年	乾隆八年（1743年）		建筑朝向	南偏东约7°		建筑层数	一
	建筑简要描述	汉式砖木混合结构体系，汉藏结合装饰风格						
	重建重修记载	1998年修缮						
		信息来源	寺庙喇嘛口述					
结构规模	结构形式	砖木混合	相连的建筑	无		室内天井	无	
	建筑平面形式	长方形	外廊形式	后柱廊				
	通面阔	10350	开间数	3	明间 3350	次间 3500	梢间 ——	次梢间 ——	尽间 ——
	通进深	6270	进深数	2	进深尺寸（前→后）		5130→1140	
	柱子数量	——	柱子间距	横向尺寸	——	（藏式建筑结构体系填写此栏，不含廊柱）		
				纵向尺寸	——			
	其他	——						
建筑主体（大木作）（石作）（瓦作）	屋顶	屋顶形式	硬山式屋顶			瓦作	布瓦	
	外墙	主体材料	青砖	材料规格	275×130×55	饰面颜色	灰色	
		墙体收分	无	边玛檐墙	无	边玛材料	无	
	斗栱、梁架	斗栱	无	平身科斗口尺寸	——	梁架关系	五檩	
	柱、柱式（前廊柱）	形式	汉式	柱身断面形状	圆形	断面尺寸	直径 $D=240$	（在没有前廊柱的情况下，填写室内柱及特征）
		柱身材料	木材	柱身收分	有	栌斗、托木	无	雀替 有
		柱础	有	柱础形状	方形	柱础尺寸	600×600	
	台基	台基类型	普通台基	台基高度	1100	台基地面铺设材料	方砖200×200	
	其他	——						
装修（小木作）（彩画）	门(正面)	板门		门楣	无	堆经	无	门帘 无
	窗（正面）	牖窗		窗楣	无	窗套	有	窗帘 无
	室内隔扇	隔扇	无	隔扇位置	——			
	室内地面、楼面	地面材料及规格	木板1335×100	楼面材料及规格	——			
	室内楼梯	楼梯	无	楼梯位置	——	楼梯材料	——	梯段宽度 ——
	天花、藻井	天花	无	天花类型	——	藻井	无	藻井类型 ——
	彩画	柱头	有	柱身	无	梁架	有	走马板 无
		门、窗	无	天花	——	藻井	——	其他彩画 无
	其他	悬塑	无	佛龛	无	匾额	无	
装饰	室内	帷幔	无	幕帘彩绘	有	壁画	无	唐卡 无
		经幡	无	经幢	无	柱毯	无	其他 ——
	室外	玛尼轮	无	苏勒德	无	宝顶	有	祥麟法轮 无
		四角经幢	无	经幡	无	铜饰	无	石刻、砖雕 有
		仙人走兽	1+4	壁画	无	其他	——	
陈设	室内	主佛像	四大天王		佛像基座		须弥座	
		法座 无	藏经橱 无	经床 无	诵经桌 无	法鼓 无	玛尼轮 无	坛城 无	其他 ——
	室外	旗杆 有	苏勒德 无	狮子 无	经幡 无	玛尼轮 无	香炉 无	五供 无	其他 ——
	其他	——						
备注	——							
调查日期	2010/10/14	调查人员	李国保、付瑞峰	整理日期	2010/10/14	整理人员	付瑞峰	

四大天王殿基本概况表1

查干布热庙·四大天王殿·档案照片

照片名称	正立面	照片名称	斜前方	照片名称	斜后方

照片名称	背立面	照片名称	前廊	照片名称	门1

照片名称	窗	照片名称	门2	照片名称	柱身

照片名称	柱头	照片名称	柱础	照片名称	台阶

照片名称	室内正面	照片名称	室内侧面	照片名称	梁架结构

备注	—
摄影日期	2010/10/14	摄影人员	乔恩懋

四大天王殿正前方

四大天王殿背立面
（左图）
四大天王殿室外柱子
（右图）

四大天王殿室内

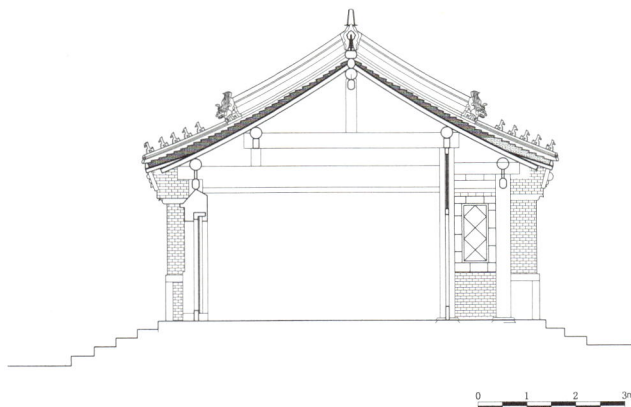

0 1 2 3m

四大天王殿剖面图

3.2　查干布热庙·大雄宝殿

单位：毫米

建筑名称	汉语正式名称		大雄宝殿			俗称			——	
概述	初建年		乾隆八年（1743年）			建筑朝向	南偏东约7°		建筑层数	二
	建筑简要描述		藏式砖木混合结构体系，汉藏结合装饰风格							
	重建重修记载		1998年修缮							
		信息来源	寺庙喇嘛口述							
结构规模	结构形式		砖木混合	相连的建筑		无		室内天井		无
	建筑平面形式		"凸"字形	外廊形式		前廊				
	通面阔		20000	开间数	7	明间 3220	次间 3220	梢间 3220	次梢间 ——	尽间 1950
	通进深		28110	进深数	9	进深尺寸（前→后）		3220→3000→3220→3220→3220→3220→3220→1950→3840		
	柱子数量		——	柱子间距		横向尺寸 ——		（藏式建筑结构体系填写此栏，不含廊柱）		
						纵向尺寸 ——				
	其他									
建筑主体（大木作）（石作）（瓦作）	屋顶		屋顶形式	前后两个卷棚屋顶结合歇山屋顶			瓦作		布瓦	
	外墙		主体材料	青砖	材料规格	270×130×55	饰面颜色		灰色	
			墙体收分	有	边玛檐墙	无	边玛材料			
	斗栱、梁架		斗栱	有	平身科斗口尺寸	80	梁架关系	不详（吊顶）		
	柱、柱式（前廊柱）		形式	汉式	柱身断面形状	圆形	断面尺寸	直径D=300	（在没有前廊柱的情况下，填写室内柱及其特征）	
			柱身材料	木材	柱身收分	有	栌斗、托木	无	雀替	有
			柱础	有	柱础形状	方形	柱础尺寸	600×600		
	台基		台基类型	普通台基	台基高度	950	台基地面铺设材料	方砖（500×500）		
	其他									
装修（小木作）（彩画）	门(正面)		隔扇门	门楣	无	堆经	无	门帘	无	
	窗（正面）		牖窗	窗楣	无	窗套	有	窗帘	无	
	室内隔扇		隔扇	无	隔扇位置	——				
	室内地面、楼面		地面材料及规格	木板（1000×70）		楼面材料及规格		木板(规格不均)		
	室内楼梯		楼梯	有	楼梯位置	进正门右侧	楼梯材料	木材	梯段宽度	820
	天花、藻井		天花	有	天花类型	井口天花	藻井	无	藻井类型	——
	彩画		柱头	有	柱身	无	梁架	有	走马板	有
			门、窗	无	天花	有	藻井	——	其他彩画	无
	其他		悬塑	无	佛龛	无	匾额	无		
装饰	室内		帷幔	有	幕帘彩绘	无	壁画	无	唐卡	有
			经幡	有	经幢	有	柱毯	无	其他	无
	室外		玛尼轮	无	苏勒德	无	宝顶	有	祥麟法轮	有
			四角经幢	无	经幡	有	铜饰	有	石刻、砖雕	有
			仙人走兽	5	壁画	无	其他	无		
陈设	室内		主佛像	三世佛			佛像基座	须弥座		
			法座 有	藏经橱 无	经床 有	诵经桌 有	法鼓 有	玛尼轮 无	坛城 有	其他 ——
	室外		旗杆 无	苏勒德 无	狮子 有	经幡 有	玛尼轮 无	香炉 有	五供 无	其他 ——
	其他		——							
备注			——							
	调查日期	2010/10/14	调查人员	李国保、付瑞峰		整理日期	2010/10/18	整理人员	付瑞峰	

查干布热庙·大雄宝殿·档案照片

照片名称	正立面	照片名称	斜前方	照片名称	侧立面
照片名称	斜后方	照片名称	背立面	照片名称	祥麟法轮
照片名称	前廊	照片名称	柱身	照片名称	窗
照片名称	室内正面	照片名称	室内侧面	照片名称	室内柱
照片名称	室内柱	照片名称	室内天花	照片名称	室内彩绘
备注	——				
摄影日期	2010/10/14	摄影人员	乔恩懋		

大雄宝殿正前方

大雄宝殿室内柱（左图）

大雄宝殿背立面（右上图）
大雄宝殿斜前方（右下图）

大雄宝殿室内侧面（左图）

祥麟法轮（右图）

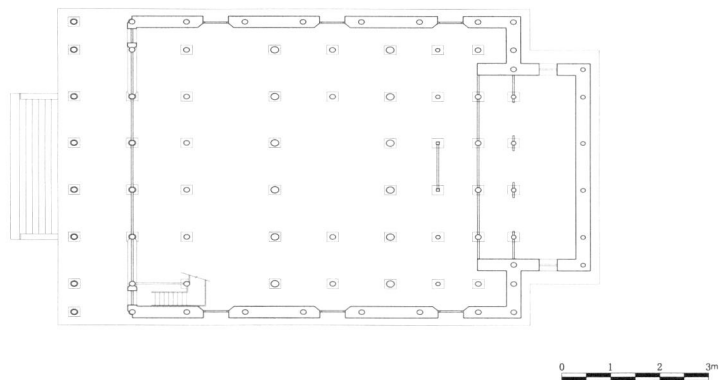

大雄宝殿一层平面图

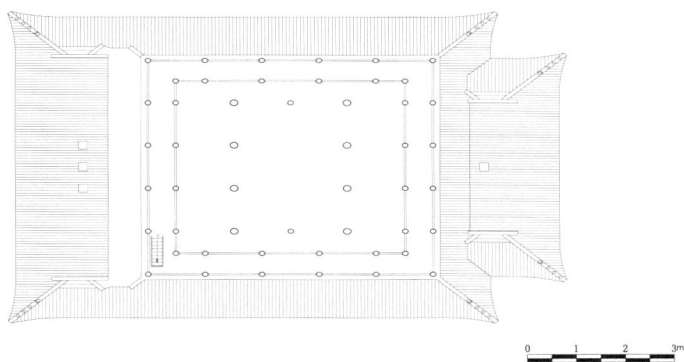

大雄宝殿二层平面图

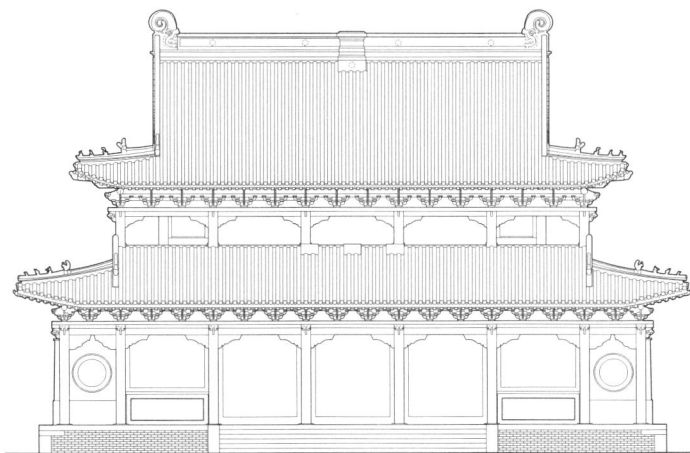

大雄宝殿正立面图

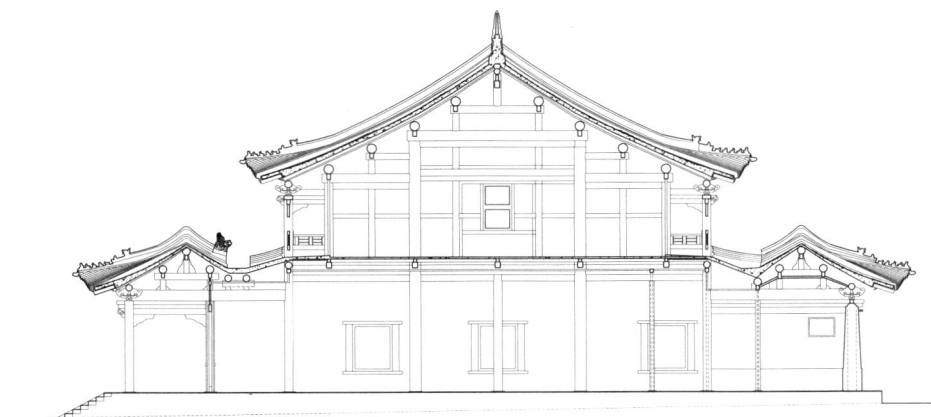

大雄宝殿剖面图

3.3 查干布热庙·弥勒佛殿

单位：毫米

建筑名称	汉语正式名称		弥勒佛殿		俗称		——		
概述	初建年		乾隆八年（1743年）		建筑朝向	南偏东约7°	建筑层数	一	
	建筑简要描述		汉式砖木混合结构体系，汉藏结合装饰风格						
	重建重修记载		1998年修缮						
		信息来源	寺庙喇嘛口述						
结构规模	结构形式		砖木混合	相连的建筑	无		室内天井	无	
	建筑平面形式		长字形	外廊形式	前廊				
	通面阔		14960	开间数	5	明间 3600	次间 3600	梢间 2080	次梢间 ——	尽间 ——
	通进深		11720	进深数	5	进深尺寸（前→后）	2080→2080→3400→2080→2080		
	柱子数量		——	柱子间距	横向尺寸	——	（藏式建筑结构体系填写此栏，不含廊柱）		
					纵向尺寸	——			
	其他		——						
建筑主体（大木作）（石作）（瓦作）	屋顶	屋顶形式	歇山式屋顶			瓦作	布瓦		
	外墙	主体材料	青砖	材料规格	270×130×60	饰面颜色	灰色		
		墙体收分	无	边玛檐墙	无	边玛材料	无		
	斗栱、梁架	斗栱	有	平身科斗口尺寸	80	梁架关系	不详（吊顶）		
	柱、柱式（前廊柱）	形式	汉式	柱身断面形状	圆形	断面尺寸	直径 D=400	（在没有前廊柱的情况下，填写室内柱及其特征）	
		柱身材料	木材	柱身收分	有	栌斗、托木	无	雀替	有
		柱础	有	柱础形状	方形	柱础尺寸	700×700		
	台基	台基类型	普通台基	台基高度	380	台基地面铺设材料	方砖350×350		
	其他		——						
装修（小木作）（彩画）	门(正面)		隔扇门	门楣	无	堆经	无	门帘	无
	窗（正面）		无	窗楣	——	窗套	——	窗帘	——
	室内隔扇	隔扇	无	隔扇位置	——				
	室内地面、楼面	地面材料及规格	大理石方（500×500）	楼面材料及规格	——				
	室内楼梯	楼梯	无	楼梯位置	——	楼梯材料	——	梯段宽度	——
	天花、藻井	天花	有	天花类型	井口天花	藻井	无	藻井类型	——
	彩画	柱头	有	柱身	无	梁架	有	走马板	有
		门、窗	无	天花	有	藻井	——	其他彩画	无
	其他	悬塑	无	佛龛	有	匾额	无		
装饰	室内	帷幔	无	幕帘彩绘	无	壁画	无	唐卡	有
		经幡	无	经幢	有	柱毯	有	其他	——
	室外	玛尼轮	无	苏勒德	无	宝顶	有	祥麟法轮	无
		四角经幢	无	经幡	无	铜饰	无	石刻、砖雕	有
		仙人走兽	1+4	壁画	无	其他	无		
陈设	室内	主佛像	弥勒佛			佛像基座	须弥座		
		法座 无	藏经橱 无	经床 无	诵经桌 无	法鼓 无	玛尼轮 无	坛城 有	其他 ——
	室外	旗杆 无	苏勒德 无	狮子 有	经幡 无	玛尼轮 无	香炉 有	五供 无	其他 ——
	其他		——						
备注			——						
调查日期	2010/10/14	调查人员	李国保、付瑞峰	整理日期	2010/10/14	整理人员	付瑞峰		

弥勒佛殿基本概况表1

查干布热庙·弥勒佛殿·档案照片

照片名称	正立面	照片名称	斜前方	照片名称	斜后方

照片名称	宝顶	照片名称	翼角	照片名称	柱身

照片名称	柱头	照片名称	柱础	照片名称	窗

照片名称	室内正面	照片名称	室内侧面1	照片名称	室内侧面2

照片名称	室内天花	照片名称	室内彩绘	照片名称	室内陈设

备注	——				
摄影日期	2010/10/14	摄影人员	乔恩懋		

弥勒佛殿基本概况表2

237

弥勒佛殿正前方

弥勒佛殿室外柱头
（左图）
弥勒佛殿柱廊顶棚
（右图）

弥勒佛殿室内局部
（左图）
弥勒佛殿室内侧面
（右图）

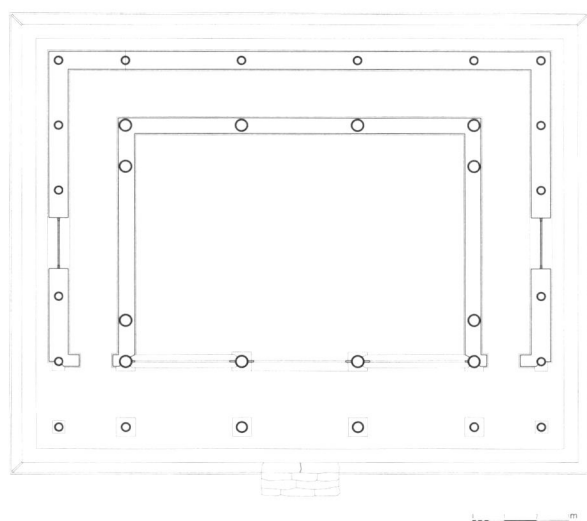

弥勒佛殿一层平面图

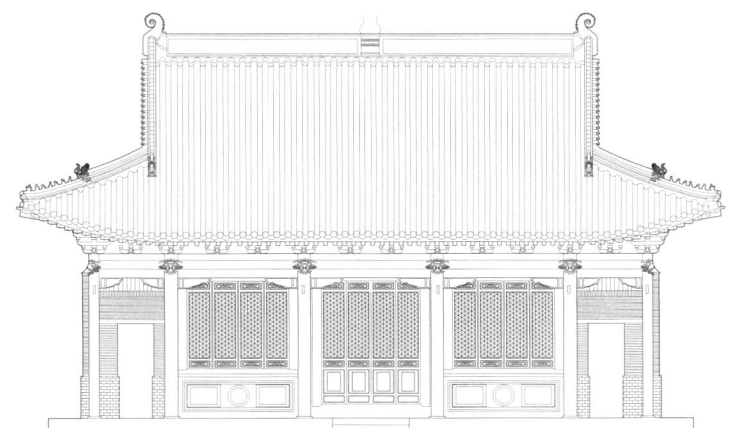

弥勒佛殿正立面图

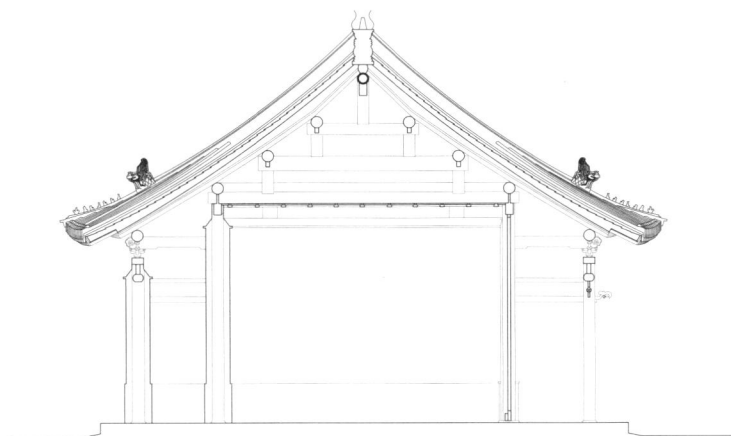

弥勒佛殿剖面图

3.4　查干布热庙·度母殿

度母殿正前方

度母殿室内柱子（左图）
度母殿室内侧面（右图）

度母殿室外柱子（左图）
度母殿室内壁画（右图）

3.5 查干布热庙·护法殿

护法殿斜前方

护法殿室内正面
（左图）
护法殿室内侧面
（右图）

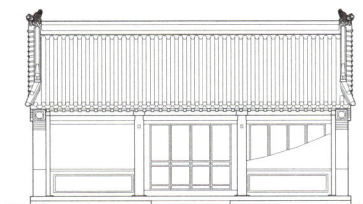

护法殿立面图（左上图）

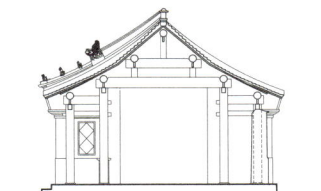
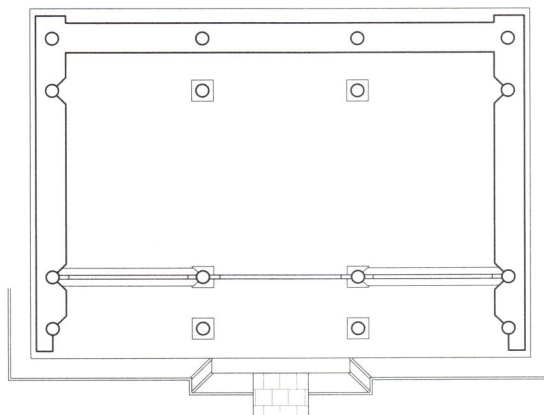

护法殿剖面图（左下图）
护法殿一层平面图（右图）

3.6　查干布热庙·罗汉殿

罗汉殿正前方

罗汉殿室内局部（左图）

罗汉殿檐部（右图）

3.7　查干布热庙·观音殿

观音殿正前方

观音殿室外柱头（左图）
观音殿室内侧面（右图）

3.8 查干布热庙·关公殿

关公殿斜前方（左图）
关公殿室内侧面（右图）

3.9 查干布热庙·时轮金刚殿

时轮金刚殿斜前方

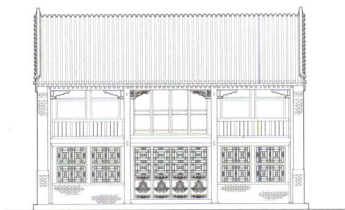

时轮金刚殿室内二层
（左图）
时轮金刚殿立面图（中图）
时轮金刚殿造像（右图）

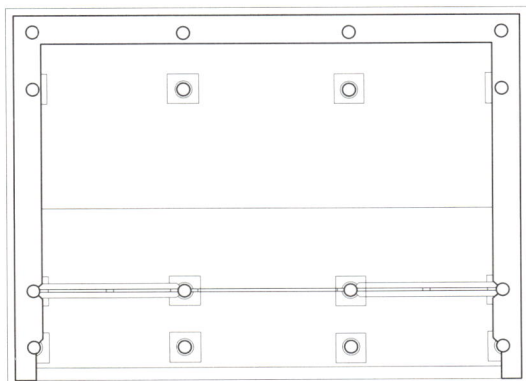
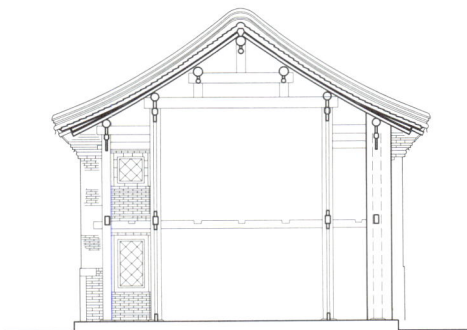

时轮金刚殿一层平面图
（左图）
时轮金刚殿剖面图（右图）

3.10 查干布热庙·鼓楼、钟楼

钟楼正前方（左图）
鼓楼檐部（右图）

钟楼局部（左图）
钟楼门（右图）

3.11 查干布热庙·山门东西侧殿

山门东侧殿室外柱子
（左图）

山门东西侧殿斜前方
（右上图）

山门东侧殿正门（右下图）

4

罕庙

4 罕庙 Han Temple

罕庙大雄宝殿

　　罕庙为原昭乌达盟阿鲁科尔沁旗寺庙，系该旗建造时间最早、规模最为宏大的寺庙。康熙十三年（1674年），清廷御赐寺名"钦定戴恩寺"。驻锡于罕庙的三位活佛曾创建或管辖本旗拉什寺庙、根丕庙、甘珠尔庙及京城后寺这4座寺庙。

　　康熙十年（1671年），寺庙扩建于阿木古浪图查干点布斯格之地。有学者称该寺初建于北元时期，为林丹汗的寺庙，后金皇太极远征察哈尔林丹汗时，位于阿鲁科尔沁的瓦其日图查干浩特被毁，一世喇嘛仁波切丹赞却日格留守于罕庙残破的殿宇。后经康熙帝敕准，一世喇嘛仁波切活佛时期兴建五座殿宇，故称罕塔本庙，即罕五庙，简称罕庙。

　　寺庙建筑以藏式建筑为主，兼有汉式建筑。该寺最早建成的罕五庙由大雄宝殿、释迦牟尼殿、3间护法殿、3间罗汉殿（内供罗汉与度母）、天王殿5座殿宇组成，俗称东大殿。起初为汉式建筑，后将大雄宝殿改为藏式建筑。其东侧有80间三层汉藏结合式大雄宝殿，俗称西大殿。寺庙共有显宗殿、时轮殿、密宗殿、三层弥勒殿、玛尼殿、钟楼、鼓楼等20余座殿宇及3座活佛仓。

　　罕庙有显宗学部、密宗学部、时轮学部、吉多日学部（设于拉什寺庙，该部以蒙古语诵经而著称）、医药学部（设于拉什寺庙）五大学部。

　　寺庙经"土地改革"及"文化大革命"后严重受损，仅存东大殿与天王殿。1982年，罕庙上师呼比勒汗哈马日沙布隆陶德毕道诺日布主张恢复、重建寺庙，并于1987年，正式恢复了法事活动。1988年起陆续新建殿宇、活佛府，基本恢复了原罕五庙时期的寺庙规模。

参考文献：
［1］满都拉.阿鲁科尔沁文史（第七辑）（蒙古文）.呼和浩特:内蒙古党校印刷厂,2004.
［2］阿旺格力格扎木彦扎木苏.第五世杨松活佛——阿旺格力格扎木彦扎木苏文集（蒙古文）.呼和浩特:内蒙古人民出版社,2008.

罕庙大经堂

罕庙·基本概况 1

寺院蒙古语藏语名称	蒙古语	ᠮᠣᠩᠭᠣᠯ ᠬᠡᠯᠡ	寺院汉语名称	汉语正式名称	戴恩寺
	藏语	དགའ་ཡིས་གཡང་ཆེན་གླིང་།		俗称	罕庙（罕五庙）
	汉语语义	戴恩寺（诚恩寺）	寺院汉语名称的由来		清廷赐名

所在地	内蒙古自治区赤峰市阿鲁科尔沁旗罕苏木		东经	119° 46'	北纬	43° 05'
初建年	1674年	保护等级		赤峰市文物保护单位		
盛期时间	——	盛期喇嘛僧/现有喇嘛僧		约500人/13人		

历史沿革	1671年，始建罕庙，有人认为为扩建。 1674年，康熙赐名为"钦定戴恩寺"，民间称罕五庙。 1697年，在五座殿堂的西侧扩建一座80间三层藏汉结合式大殿，俗称西大雄宝殿，第二世西活佛请来东活佛和北活佛，并主持兴建了三个活佛府。 1735年，扩建。 1930年，九世班禅到达该庙。 1947年，在"文化大革命"中遭到毁灭性的破坏。 1987年，开始修缮殿宇，并恢复了法事活动。 1988年，新建召殿。 2000年，新建东西配殿。 2002年，修缮朝克钦殿。 2004年，修缮大经堂、东西配殿和四大活佛府。 2006年，恢复重建哈木尔活佛府
资料来源	［1］业喜巴拉珠儿.召庙古今奇观（蒙古文）.赤峰:内蒙古科学技术出版社,2010. ［2］唐吉思.蒙古族佛教文化调查研究.沈阳:辽宁民族出版社,2010. ［3］调研访谈记录.

		描述时间	2010/10/12
现状描述	现存寺庙坐落于黑哈尔河北岸，北靠重山，南向视觉开阔。寺庙中殿宇依轴线布置，两个活佛府分别位于殿宇院落的北侧和西北侧	描述人	付瑞峰

调查日期	2010/10/12	调查人员	李国保、宝山、乔恩懋、付瑞峰

罕庙基本概况表1

罕庙·基本概况 2

现存建筑	山门	护法殿	查干活佛府	已毁建筑	释迦牟尼殿	显宗殿
	天王殿	罗汉殿	哈木尔活佛府		时轮殿	密宗殿
	大经堂	喇嘛僧舍	——		三层弥勒殿	玛尼殿
	大雄宝殿	寺庙管理用房	——	信息来源	《阿鲁科尔沁文史》	

区位图	
	 赤峰市地图

总平面图	
	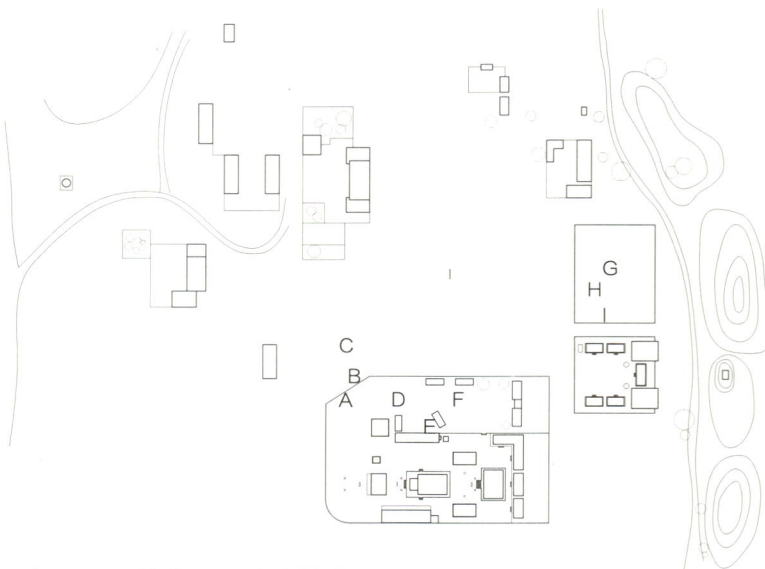 A.四大天王殿　D.小经堂　G.新建药师佛殿 B.钟　楼　E.罗汉殿　H.活佛府 C.白　塔　F.大雄宝殿　I.在建藏经阁

调查日期	2010/10/12	调查人员	李国保、宝山、乔恩懋、付瑞峰

北

A.四大天王殿　D.小经堂　　G.新建药师佛殿
B.钟　楼　　　E.罗汉殿　　H.活佛府
C.白　塔　　　F.大雄宝殿　I.在建藏经阁

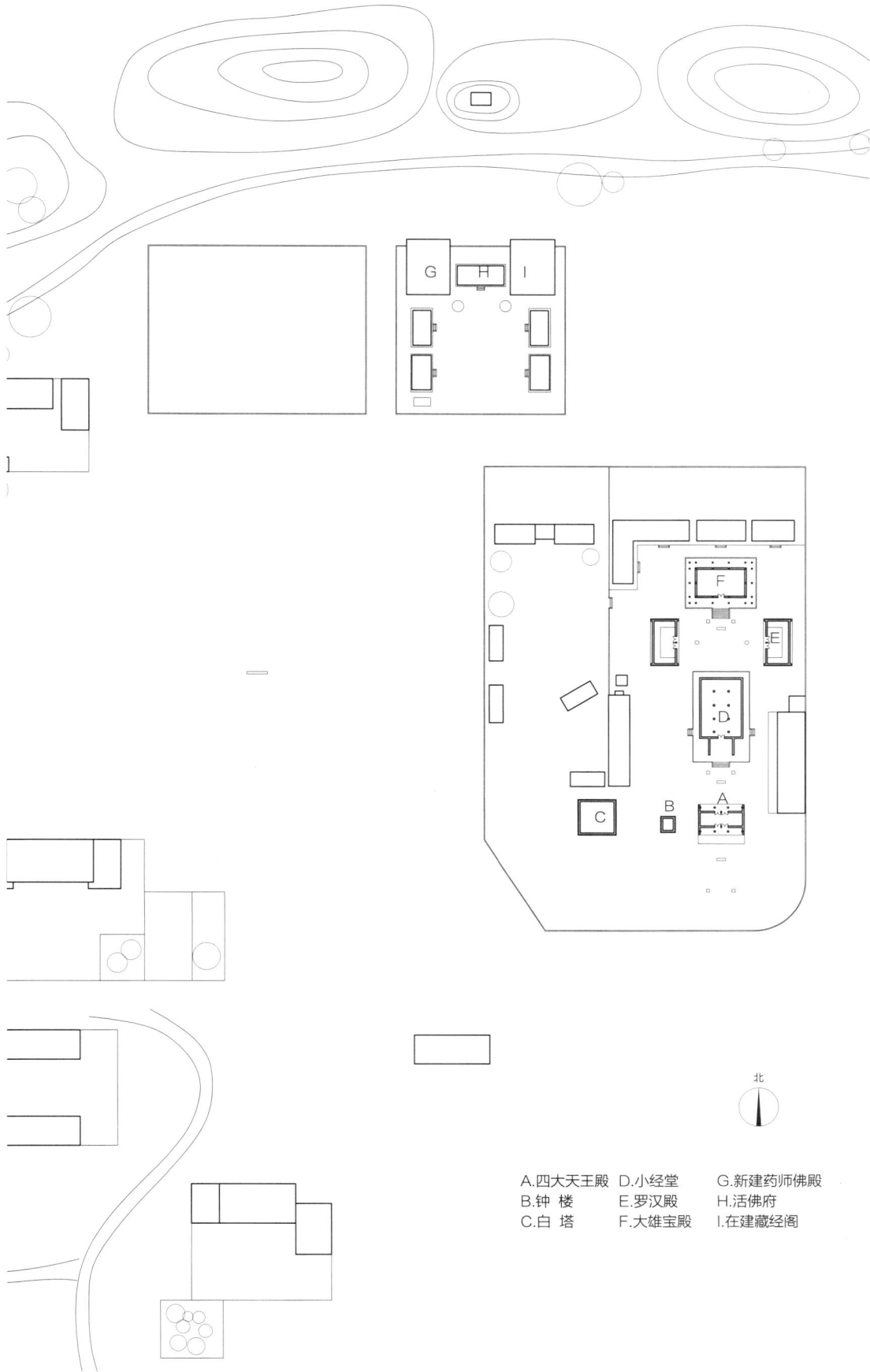

罕庙总平面图

4.1 罕庙·四大天王殿

单位：毫米

建筑名称	汉语正式名称		四大天王殿			俗称		天王殿				
概述	初建年		康熙十三年（1674年）		建筑朝向		南偏东约5°		建筑层数		一	
	建筑简要描述		汉式砖木混合结构体系，汉藏结合装饰风格									
	重建重修记载											
		信息来源	——									
结构规模	结构形式		砖木混合	相连的建筑	无			室内天井		无		
	建筑平面形式		长方形	外廊形式	前后廊							
	通面阔		9600	开间数	3	明间	3200	次间	3200	梢间	——	次梢间 —— 尽间 ——
	通进深		7700	进深数	3	进深尺寸（前→后）		1750→4200→1750				
	柱子数量		经堂12根，佛殿4根	柱子间距	横向尺寸	——		（藏式建筑结构体系填写此栏，不含廊柱）				
					纵向尺寸	——						
	其他		——									
建筑主体（大木作）（石作）（瓦作）	屋顶	屋顶形式	硬山式屋顶				瓦作		黄琉璃瓦			
	外墙	主体材料	青砖	材料规格	235×145×60		饰面颜色		白色			
		墙体收分	无	边玛檐墙	无		边玛材料		——			
	斗栱、梁架	斗栱	无	平身科斗口尺寸	——		梁架关系		七檩			
	柱、柱式（前廊柱）	形式	汉式	柱身断面形状	圆形	断面尺寸		直径D=240		（在没有前廊柱的情况下，填写室内柱及其特征）		
		柱身材料	木材	柱身收分	有	栌斗、托木		无	雀替	有		
		柱础	有	柱础形状	方形	柱础尺寸		440×440				
	台基	台基类型	普通台基	台基高度	530	台基地面铺设材料		红砖240×120				
	其他		——									
装修（小木作）（彩画）	门(正面)		隔扇门	门楣	无	堆经	无		门帘	无		
	窗（正面）		槅窗	窗楣	无	窗套	无		窗帘	无		
	室内隔扇		隔扇	无	隔扇位置	——						
	室内地面、楼面		地面材料及规格	方砖400×400		楼面材料及规格	——					
	室内楼梯		楼梯	无	楼梯位置	——	楼梯材料	——		梯段宽度	——	
	天花、藻井		天花	无	天花类型	无	藻井	无		藻井类型	无	
	彩画		柱头	有	柱身	无	梁架	无		走马板	无	
			门、窗	无	天花	无	藻井	无		其他彩画	无	
	其他		悬塑	无	佛龛	无	匾额	无				
装饰	室内		帷幔	无	幕帘彩绘	无	壁画	无		唐卡	无	
			经幡	无	经幢	有	柱毯	无		其他	无	
	室外		玛尼轮	无	苏勒德	有	宝顶	无		祥麟法轮	无	
			四角经幢	无	经幡	有	铜饰	无		石刻、砖雕	有	
			仙人走兽	1+5	壁画	无	其他					
陈设	室内		主佛像	四大天王		佛像基座	普通基座					
		法座	无	藏经橱	无	经床	有	诵经桌	有	法鼓	无	玛尼轮 无 坛城 无 其他 ——
	室外	旗杆	无	苏勒德	有	狮子	无	经幡	无	玛尼轮	无	香炉 有 五供 无 其他 ——
	其他		——									
备注			——									
调查日期	2010/10/12		调查人员	李国保、付瑞峰		整理日期	2010/10/12		整理人员	付瑞峰		

四大天王殿基本概况表1

罕庙·四大天王殿·档案照片

照片名称	正立面	照片名称	侧立面	照片名称	前廊

照片名称	宝顶	照片名称	柱身	照片名称	柱头

照片名称	柱础	照片名称	门	照片名称	窗
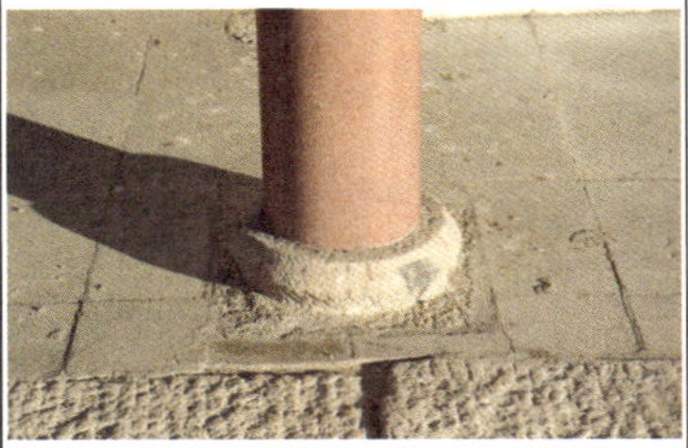					
照片名称	台阶	照片名称	台基面	照片名称	仙人走兽

照片名称	室内正面	照片名称	室内侧面	照片名称	梁架结构

备注	—				
摄影日期	2010/10/12	摄影人员	乔恩懋		

四大天王殿斜前方

四大天王殿室外柱
（左图）
四大天王殿斜后方
（右图）

四大天王殿室内柱头
（左图）
四大天王殿牖窗
（右图）

4.2 罕庙·大雄宝殿

单位：毫米

建筑名称	汉语正式名称		大雄宝殿			俗称		——			
概述	初建年		——			建筑朝向	南偏东约5°	建筑层数		——	
	建筑简要描述		汉式砖木混合结构体系，汉藏结合装饰风格								
	重建重修记载		——								
		信息来源	——								
结构规模	结构形式		砖木混合	相连的建筑		无		室内天井		无	
	建筑平面形式		长字形	外廊形式		回廊					
	通面阔	16880	开间数	7间	明间 3920	次间 3890	梢间 1510	次梢间 ——	尽间 1080		
	通进深	9880	进深数	4间	进深尺寸（前→后）		1490→3450→3450→1490				
	柱子数量	——	柱子间距	横向尺寸	——		（藏式建筑结构体系填写此栏，不含廊柱）				
				纵向尺寸	——						
	其他		——								
建筑主体 (大木作) (石作) (瓦作)	屋顶	屋顶形式	重檐歇山屋顶				瓦作	黄琉璃瓦			
	外墙	主体材料	红砖	材料规格	240×120×53		饰面颜色	红色			
		墙体收分	无	边玛檐墙	无		边玛材料	——			
	斗栱、梁架	斗栱	无	平身科斗口尺寸	——		梁架关系	五架梁七檩			
	柱、柱式（前廊柱）	形式	汉式	柱身断面形状	圆形	断面尺寸	周长 C=830	（在没有前廊柱的情况下，填写室内柱及其特征）			
		柱身材料	木材	柱身收分	有	栌斗、托木	无	雀替	有		
		柱础	有	柱础形状	方形	柱础尺寸	450×450				
	台基	台基类型	普通台基	台基高度	1200	台基地面铺设材料		水泥砂浆抹平			
	其他		——								
装修 (小木作) (彩画)	门(正面)		隔扇门	门楣	无	堆经	无	门帘	无		
	窗（正面）		槛窗	窗楣	无	窗套	无	窗帘	无		
	室内隔扇	隔扇	无	隔扇位置	——						
	室内地面、楼面	地面材料及规格	大理石方砖（400×400）		楼面材料及规格		——				
	室内楼梯	楼梯	无	楼梯位置	——	楼梯材料	——	梯段宽度	——		
	天花、藻井	天花	无	天花类型	——	藻井	无	藻井类型	——		
	彩画	柱头	有	柱身	无	梁架	有	走马板	无		
		门、窗	有	天花	——	藻井	——	其他彩画	无		
	其他	悬塑	无	佛龛	无	匾额	无				
装饰	室内	帷幔	有	幕帘彩绘	有	壁画	无	唐卡	有		
		经幡	有	经幢	有	柱毯	无	其他	无		
	室外	玛尼轮	有	苏勒德	有	宝顶	有	祥麟法轮	无		
		四角经幢	无	经幡	无	铜饰	无	石刻、砖雕	无		
		仙人走兽	1+5	壁画	无	其他	无				
陈设	室内	主佛像	观音菩萨		佛像基座		须弥座				
		法座 无	藏经橱 有	经床 有	诵经桌 有	法鼓 无	玛尼轮 无	坛城 无	其他 ——		
	室外	旗杆 无	苏勒德 无	狮子 有	经幡 有	玛尼轮 有	香炉 有	五供 无	其他 ——		
	其他		——								
备注			——								
调查日期	2010/10/12	调查人员	李国保、付瑞峰	整理日期	2010/10/12	整理人员	付瑞峰				

罕庙·大雄宝殿·档案照片

照片名称	正立面	照片名称	斜前方	照片名称	侧立面

照片名称	斜后方	照片名称	柱身	照片名称	柱头

照片名称	柱础	照片名称	前廊	照片名称	门
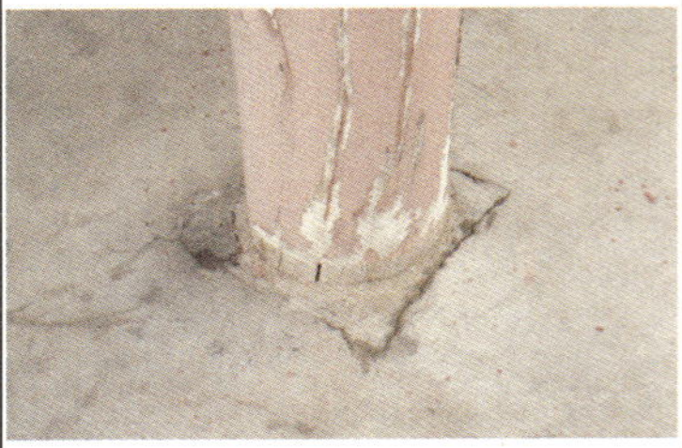					
照片名称	窗	照片名称	室内正面	照片名称	室内侧面

照片名称	梁架结构	照片名称	室内局部1	照片名称	室内局部2

备注	—				
摄影日期	2010/10/12	摄影人员	乔恩懋		

大雄宝殿正前方

大雄宝殿斜后方

大雄宝殿室外柱头
（左图）
大雄宝殿门（右图）

4.3　罕庙·大经堂

单位：毫米

建筑名称	汉语正式名称		大经堂			俗称			————		
概述	初建年		————			建筑朝向	南偏东约5°		建筑层数		一
	建筑简要描述		藏式砖木混合结构体系，汉藏结合装饰风格								
	重建重修记载		————								
		信息来源	————								
结构规模	结构形式		砖木混合	相连的建筑		无			室内天井		无
	建筑平面形式		"凸"字形	外廊形式		前廊					
	通面阔		11700	开间数	5间	明间 2860	次间 2830	梢间 1600	次梢间 ———		尽间
	通进深		17060	进深数	6间	进深尺寸（前→后）		3250→2610→2800→3160→2850→2390			
	柱子数量		8	柱子间距	横向尺寸	———		（藏式建筑结构体系填写此栏，不含廊柱）			
					纵向尺寸	———					
	其他		————								
建筑主体（大木作）（石作）（瓦作）	屋顶	屋顶形式	藏式密肋平屋顶				瓦作		———		
	外墙	主体材料	青砖	材料规格		290×150×60	饰面颜色		白色		
		墙体收分	有	边玛檐墙		有	边玛材料		红色涂料粉刷		
	斗栱、梁架	斗栱	无	平身科斗口尺寸		———	梁架关系		8柱10梁		
	柱、柱式（前廊柱）	形式	藏式	柱身断面形状	方形	断面尺寸		140×140	（在没有前廊柱的情况下，填写室内柱及其特征）		
		柱身材料	石材	柱身收分	有	栌斗、托木	有	雀替	无		
		柱础	有	柱础形状	方形	柱础尺寸		450×450			
	台基	台基类型	普通台基	台基高度	880	台基地面铺设材料		红砖（240×240）			
	其他		————								
装修（小木作）（彩画）	门(正面)		板门	门楣		有	堆经	有	门帘		有
	窗（正面）		无	窗楣		———	窗套	———	窗帘		———
	室内隔扇	隔扇	无	隔扇位置		———					
	室内地面、楼面	地面材料及规格	方砖（400×400）			楼面材料及规格		木板(规格不均)			
	室内楼梯	楼梯	有	楼梯位置	进正门左侧	楼梯材料	木材	梯段宽度	750		
	天花、藻井	天花	有	天花类型	井口天花	藻井	无	藻井类型	———		
	彩画	柱头	有	柱身	有	梁架	有	走马板	无		
		门、窗	无	天花	有	藻井	———	其他彩画	无		
	其他	悬塑	无	佛龛	无	匾额		无			
装饰	室内	帷幔	有	幕帘彩绘		有	壁画	无	唐卡		无
		经幡	有	经幢		有	柱毯	无	其他		无
	室外	玛尼轮	有	苏勒德		无	宝顶	无	祥麟法轮		有
		四角经幢	有	经幡		无	铜饰	有	石刻、砖雕		有
		仙人走兽	无	壁画		无	其他		无		
陈设	室内	主佛像		宗喀巴			佛像基座		莲花座		
		法座	有	藏经橱	有	经床	有	诵经桌	有	法鼓	有	玛尼轮	无	坛城	无	其他	———
	室外	旗杆	无	苏勒德	无	狮子	有	经幡	无	玛尼轮	有	香炉	有	五供	无	其他	———
	其他		————								
备注			————								

调查日期	2010/10/12	调查人员	李国保、付瑞峰	整理日期	2010/10/12	整理人员	付瑞峰

罕庙·大经堂·档案照片

照片名称	正立面	照片名称	斜前方	照片名称	侧立面

照片名称	斜后方	照片名称	背立面	照片名称	柱身

照片名称	柱头	照片名称	柱础	照片名称	窗

照片名称	祥麟法轮	照片名称	室外局部	照片名称	室内正面

照片名称	室内侧面	照片名称	室内柱身	照片名称	室内天花

备注	—				
摄影日期	2010/10/12	摄影人员	乔恩懋		

大经堂斜前方

大经堂内室正面
（左图）
大经堂室外柱（右图）

大经堂正前方

4.4　罕庙 · 护法殿

4.5　罕庙 · 罗汉殿

4.6　罕庙 · 查干殿

護法殿正立面（左图）

护法殿造像（右图）

罗汉殿正前面

罗汉殿斜前方

查干殿斜前方（左上图）

查干殿院侧门（中图）

查干殿与其他建筑位置
关系（左下图）

查干殿室外柱子（右图）

4.7　罕庙·哈木尔殿

哈木尔殿正前方（左上图）

哈木尔殿院落正门
（左下图）
哈木尔殿室外柱子
（右图）

4.8　罕庙·白塔、钟楼、活佛原住所

白塔（左图）
钟楼（右图）

活佛原住所正前方

5

Balaqirude Temple

巴拉奇如德庙

5 巴拉奇如德庙 Balaqirude Temple

巴拉奇如德庙大雄宝殿

巴拉奇如德庙为原昭乌达盟阿鲁科尔沁旗寺庙，清廷御赐"宝善寺"匾额。

康熙四年（1665年），名为罗布桑道尔吉的喇嘛始建该寺于希拉木仁河北敖包席力图之地。乾隆三十五年（1770年），该庙三世呼必勒罕贡楚格东如布巴拉珠儿将寺庙迁至乌力吉木仁河北西拉点布斯格之地，12年后，清廷御赐"相助菩提寺"匾于新建寺庙。寺庙大施主为巴拉奇如德部巴宝酿家族，故俗称巴拉奇如德庙。康熙初年，清室格格下嫁阿鲁科尔沁时随行的满洲人将准备建寺的木材献于该寺最早的建筑——敖瑞音庙（弥勒殿），其子嗣出家修行于该寺，满洲人成为主要施主。

寺庙建筑以藏式建筑为主。寺庙在其最盛时有弥勒殿、大雄宝殿、密宗殿、护法殿、德木齐殿、玛尼殿、尼萨尔殿、活佛拉布隆八大殿宇。该寺活佛仓在阿鲁科尔沁旗所辖24座寺庙中最为富有，在昭乌达盟各旗及乌珠穆沁旗均设有牧群。

巴拉奇如德庙有显宗学部、密宗学部两大学部。"文化大革命"期间寺庙严重受损，仅存两座殿宇及一座活佛府。1985年起修缮护法殿，正式恢复了法会。

参考文献：

［1］嘎拉增.呼格吉乐图等.昭乌达寺院（蒙古文）.海拉尔:内蒙古文化出版社,1994,10.

［2］调研访谈记录.2010,10.

巴拉奇如德庙萨布腾拉
哈木殿（左图）
巴拉奇如德庙活佛府四
合院（右图）

巴拉奇如德庙·基本概况 1

寺院蒙古语藏语名称	蒙古语	ᠪᠠᠷᠠᠭᠤᠨ ᠵᠢᠷᠦᠬᠡᠨ	寺院汉语名称	汉语正式名称	宝善寺
	藏语	——		俗称	巴拉奇如德庙
	汉语语义	巴拉奇如德部的召庙	寺院汉语名称的由来		清廷赐名
所在地		内蒙古自治区赤峰市阿鲁科尔沁旗巴拉奇如德苏木境内		东经 120° 03′	北纬 43° 36′
初建年		康熙二十八年（1689年）	保护等级		全国重点文物保护单位
盛期时间		——	盛期喇嘛僧/现有喇嘛僧		800余人/0人

历史沿革	1665年，始建寺庙。
	1770年，寺庙迁至现址。
	1787—1846年间，修缮寺庙。
	1942—1943年间，修缮大雄宝殿。
	1978年，长期占用护法殿的粮站被迁移。
	1984年，长期占用葛根拉卜楞（活佛府）的单位被迁移。
	1985年，修缮护法殿，正式恢复法事。
	1990年，寺庙被公布为旗级重点文物保护单位。
	1992年，寺庙被公布为市级重点文物保护单位。
	1996年，寺庙被公布为自治区级重点文物保护单位

资料来源	[1]嘎拉增,呼格吉乐图等.昭乌达寺院（蒙古文）.海拉尔:内蒙古文化出版社,1994. [2]调研访谈记录.2010.

现状描述	现存寺庙建筑分为前、中、后三部分。撒布腾拉哈木殿（护法殿）和葛根正殿坐落在中轴线上，逐级上升，层次分明；其余建筑分列两厢，相互对称	描述时间	2010/10/11
		描述人	付瑞峰
调查日期	2010/10/11	调查人员	李国保、宝山、乔恩懋、付瑞峰

巴拉奇如德庙·基本概况 2

现存建筑	萨布腾拉哈木殿	——	——	已毁建筑	弥勒佛殿	密咒殿
	大雄宝殿	——	——		天王殿	哲理殿
	葛根活佛府	——	——		骑羊护法殿	玛尼殿
	喇嘛僧舍	——	——	信息来源	地方宗教局资料	

区位图

赤峰市地图

总平面图

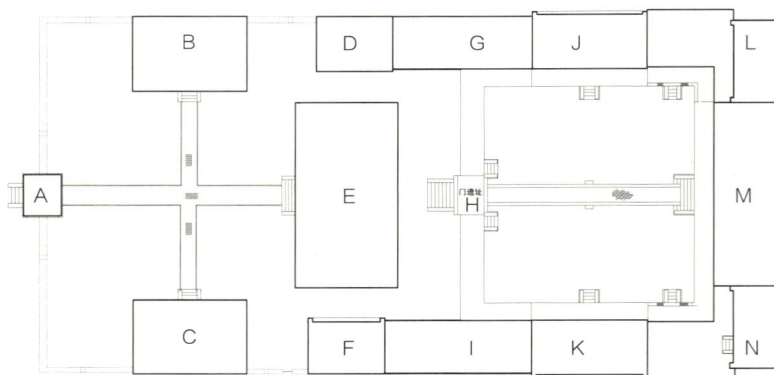

A.山 门　　　　E.大雄宝殿　　I.东配房　　　　M.萨布腾拉哈木殿
B.西厢房　　　F.东耳房　　　J.西厢房　　　　N.萨布腾拉哈木殿东耳房
C.东厢房　　　G.西配房　　　K.东厢房
D.西耳房　　　H.门遗址　　　L.萨布腾拉哈木殿西耳房

调查日期	2010/10/11	调查人员	李国保、宝山、乔恩懋、付瑞峰

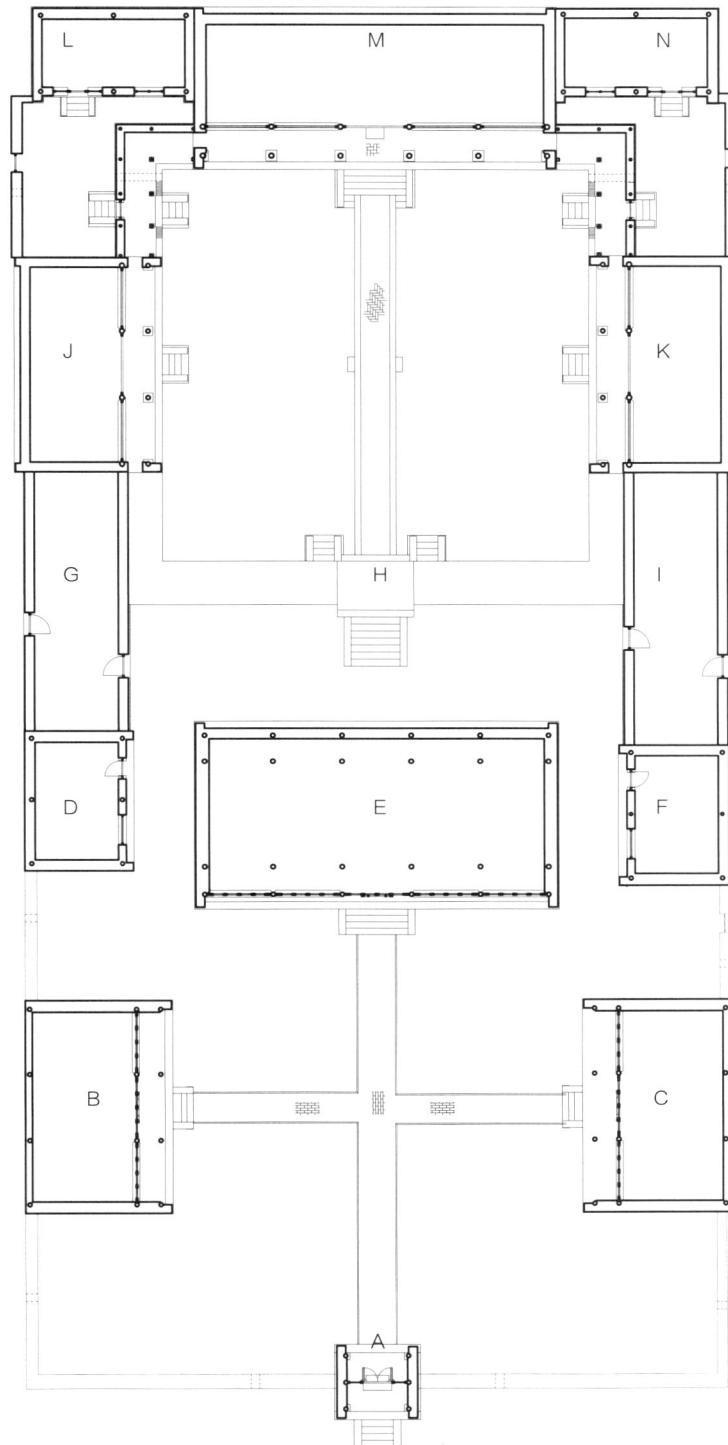

A.山 门
B.西厢房
C.东厢房
D.西耳房
E.大雄宝殿
F.东耳房
G.西配房
H.门遗址
I.东配房
J.西厢房
K.东厢房
L.萨布腾拉哈木殿西耳房
M.萨布腾拉哈木殿
N.萨布腾拉哈木殿东耳房

北

巴拉奇如德庙总平面图

5.1 巴拉奇如德庙·大雄宝殿

单位：毫米

建筑名称	汉语正式名称		大雄宝殿			俗称		——		
概述	初建年		——		建筑朝向		南偏东约20°	建筑层数		三
	建筑简要描述		藏式的结构体系							
	重建重修记载		——							
		信息来源	——							
结构规模	结构形式	砖木混合		相连的建筑	无			室内天井		无
	建筑平面形式	——		外廊形式	前廊					
	通面阔	——	开间数	——	明间	——	次间	——	梢间	—— 次梢间 —— 尽间 ——
	通进深	——	进深数	——	进深尺寸（前→后）		——			
	柱子数量	——	柱子间距	横向尺寸	——		（藏式建筑结构体系填写此栏，不含廊柱）			
				纵向尺寸	——					
	其他		——							
建筑主体（大木作）（石作）（瓦作）	屋顶	屋顶形式	藏式密肋平屋顶				瓦作	——		
	外墙	主体材料	青砖	材料规格	280×130×60		饰面颜色	灰色		
		墙体收分	有	边玛檐墙	有		边玛材料	砖		
	斗栱、梁架	斗栱	无	平身科斗口尺寸	——		梁架关系	不详		
	柱、柱式（前廊柱）	形式	藏式	柱身断面形状	方形	断面尺寸		（在没有前廊柱的情况下，填写室内柱及其特征）		
		柱身材料	木材	柱身收分	有	栌斗、托木	有	雀替	无	
		柱础	有	柱础形状		柱础尺寸				
	台基	台基类型		台基高度		台基地面铺设材料				
	其他		——							
装修（小木作）（彩画）	门(正面)	板门		门楣	有	堆经	有	门帘	无	
	窗（正面）	藏式窗		窗楣	有	窗套	无	窗帘	无	
	室内隔扇	隔扇	无	隔扇位置						
	室内地面、楼面	地面材料及规格		木板，规格不详		楼面材料及规格		木板，规格不详		
	室内楼梯	楼梯	有	楼梯位置		楼梯材料	木材	梯段宽度		
	天花、藻井	天花	无	天花类型	无	藻井	无	藻井类型	无	
	彩画	柱头	无	柱身	无	梁架	有	走马板	有	
		门、窗	无	天花	无	藻井	无	其他彩画	无	
	其他	悬塑	无	佛龛	无	匾额	无			
装饰	室内	帷幔	无	幕帘彩绘	无	壁画	无	唐卡	无	
		经幡	无	经幢	无	柱毯	无	其他	无	
	室外	玛尼轮	无	苏勒德	无	宝顶	无	祥麟法轮	无	
		四角经幢	无	经幡	无	铜饰	无	石刻、砖雕	无	
		仙人走兽	无	壁画	无	其他	无			
陈设	室内	主佛像	无		佛像基座	无				
		法座 无 藏经橱 无 经床 无 诵经桌 无 法鼓 无 玛尼轮 无 坛城 无 其他 ——								
	室外	旗杆 无 苏勒德 无 狮子 无 经幡 无 玛尼轮 无 香炉 无 五供 无 其他 ——								
	其他		——							
备注		——								
调查日期	2010/10/11	调查人员	李国保、付瑞峰	整理日期	2010/10/11	整理人员	付瑞峰			

大雄宝殿基本概况表1

巴拉奇如德庙 · 大雄宝殿 · 档案照片

照片名称	正立面	照片名称	斜前方	照片名称	斜后方

照片名称	柱身	照片名称	柱头	照片名称	柱础

照片名称	柱廊	照片名称	门	照片名称	窗

照片名称	二层室外	照片名称	二层室外局部	照片名称	一层室内

照片名称	一层室内柱	照片名称	二层室内	照片名称	二层室内柱

备注	—				
摄影日期	2010/10/15	摄影人员	乔恩懋		

大雄宝殿正前方

大雄宝殿斜后方（左图）

大雄宝殿二层局部
（右图）

大雄宝殿室内局部

大雄宝殿前廊（左图）
大雄宝殿柱头（右图）

5.2 巴拉奇如德庙·萨布腾拉哈木殿

单位：毫米

建筑名称	汉语正式名称	萨布腾拉哈木殿			俗称		——		
概述	初建年	康熙二十八年（1689年）			建筑朝向	南偏东约20°	建筑层数	三	
	建筑简要描述	藏式的结构体系							
	重建重修记载	调研期间正在修缮							
	信息来源	寺庙喇嘛口述							
结构规模	结构形式	砖木混合	相连的建筑	无		室内天井	经堂回字形天井		
	建筑平面形式	长方形	外廊形式	前廊					
	通面阔	——	开间数	5	明间	——	次间 ——	梢间 ——	次梢间 ——	尽间 ——
	通进深	——	进深数	7	进深尺寸（前→后）				
	柱子数量	经堂12 佛殿4	柱子间距	横向尺寸	——	（藏式建筑结构体系填写此栏，不含廊柱）			
				纵向尺寸	——				
	其他	——							
建筑主体（大木作）（石作）（瓦作）	屋顶	屋顶形式	藏式密肋平屋顶		瓦作	——			
	外墙	主体材料	青砖	材料规格	280×140×60	饰面颜色	白色		
		墙体收分	有	边玛檐墙	有	边玛材料	红色涂料粉刷		
	斗栱、梁架	斗栱	无	平身科斗口尺寸	——	梁架关系	不详		
	柱、柱式（前廊柱）	形式	藏式	柱身断面形状	方形	断面尺寸	240×240	（在没有前廊柱的情况下，填写室内柱及其特征）	
		柱身材料	石材	柱身收分	有	栌斗、托木	有	雀替	无
		柱础	有	柱础形状	方形	柱础尺寸	350×350		
	台基	台基类型	普通台基	台基高度	750	台基地面铺设材料	青砖280×135		
	其他	——							
装修（小木作）（彩画）	门(正面)	板门	门楣	无	堆经	无	门帘	无	
	窗（正面）	无	窗楣	无	窗套	无	窗帘	无	
	室内隔扇	隔扇	无	隔扇位置					
	室内地面、楼面	地面材料及规格	无		楼面材料及规格	无			
	室内楼梯	楼梯	有	楼梯位置		楼梯材料	木材	梯段宽度	
	天花、藻井	天花	无	天花类型	无	藻井	无	藻井类型	无
	彩画	柱头	无	柱身	无	梁架	无	走马板	无
		门、窗	无	天花	无	藻井	无	其他彩画	无
	其他	悬塑	无	佛龛	无	匾额	无		
装饰	室内	帷幔	无	幕帘彩绘	无	壁画	无	唐卡	有
		经幡	无	经幢	无	柱毯	无	其他	无
	室外	玛尼轮	无	苏勒德	无	宝顶	无	祥麟法轮	无
		四角经幢	无	经幡	无	铜饰	无	石刻、砖雕	无
		仙人走兽	无	壁画	无	其他	——		
陈设	室内	主佛像	无			佛像基座	无		
		法座 无	藏经橱 无	经床 无	诵经桌 无	法鼓 无	玛尼轮 无	坛城 无	其他 ——
	室外	旗杆 无	苏勒德 无	狮子 无	经幡 无	玛尼轮 无	香炉 无	五供 无	其他 ——
	其他	——							
备注	因调研期间寺庙整体正在修缮，殿宇内部空无一物								
调查日期	2010/10/11	调查人员	李国保、付瑞峰	整理日期	2010/10/11	整理人员	付瑞峰		

萨布腾拉哈木殿基本概况
表1

巴拉奇如德庙·萨布腾拉哈木殿·档案照片

照片名称	正立面	照片名称	斜前方	照片名称	侧立面

照片名称	背立面	照片名称	柱身	照片名称	柱头

照片名称	柱础	照片名称	门	照片名称	台阶

照片名称	室内正面	照片名称	室内侧面	照片名称	室内柱

照片名称	佛殿室内侧面	照片名称	一层顶棚	照片名称	二层室内

备注	—				
摄影日期	2010/10/15	摄影人员	乔恩懋		

萨布腾拉哈木殿正前方

萨布腾拉哈木殿室外
柱子（左图）
萨布腾拉哈木殿室内
局部（右图）

萨布腾拉哈木殿室内
柱头（左图）
萨布腾拉哈木殿门
（右图）

5.3　巴拉奇如德庙·活佛府四合院

活佛府四合院

活佛府四合院院门
（左图）

活佛府四合院背面
（右图）

5.4　巴拉奇如德庙·活佛府厢房

活佛府东厢房

活佛府拱门（左图）

活佛府前廊（右图）

6

Gempi Temple

根坏庙

6 根坯庙 Gempi Temple

根坯庙建筑群

　　根坯庙为原昭乌达盟阿鲁科尔沁旗寺庙，系罕庙第三世杨松活佛修建的寺庙。约于嘉庆年间，清廷御赐蒙古、藏、汉三体"广佑寺"匾额。

　　嘉庆九年（1804年），由罕庙三世杨松活佛罗布桑尼雅日格始建寺庙，两年后将供奉于罕庙北活佛仓中的释迦牟尼佛像请至新建寺庙的孟和玛尼殿。

　　寺庙建筑风格为藏式风格。寺庙内有大雄宝殿、显宗殿、时轮殿三大殿宇及伊克玛尼殿、法轮殿、1间孟和玛尼殿、度母殿、1间土地神殿、五大神殿、观慧佛殿、地母殿、敖斯尔均玛殿等近10座小殿宇，有8座佛塔。

　　根坯庙有显宗学部、时轮学部两大学部。"文化大革命"期间寺庙严重受损，仅存部分建筑。1981年起修缮寺庙，并正式恢复法会。寺内现有三座大殿，正殿为佛祖殿，两侧各有一座配殿，分别为显宗殿、时轮殿。

参考文献：
［1］宝音达来.根丕庙佛教文化资料（一）（蒙古文）（内部资料），2002.
［2］阿旺格力格吉木彦扎木苏.第五世云僧活佛吉木彦作品选（蒙古文）.海拉尔:内蒙古文化出版社,1992, 4.
［3］调研访谈记录，2010,10.

根坯庙大雄宝殿正前方
（左图）
根坯庙大雄宝殿斜前方
（右图）

根坯庙 · 基本概况 1

寺院蒙古语藏语名称	蒙古语	ᠵᠢᠷᠦ᠎	寺院汉语名称	汉语正式名称	广佑寺
	藏语	དགེ་འཕེལ་གླིང་།		俗称	根坯庙
	汉语语义	广佑寺	寺院汉语名称的由来		清廷赐名

所在地	内蒙古自治区赤峰市阿鲁科尔沁旗罕苏木境内	东经	119° 35′	北纬	44° 46′
初建年	嘉庆九年（1804年）	保护等级		自治区级文物保护单位	
盛期时间	20世纪30年代	盛期喇嘛僧/现有喇嘛僧数		约320人/20人	

历史沿革	1804年，由三世杨松活佛创建寺庙。
	1806年，将杨松活佛供奉的释迦牟尼佛像请至孟和玛尼殿。
	1816年，新建大雄宝殿与5间青瓦房，将释迦牟尼佛像请至大雄宝殿。
	1822年，新建显宗殿与时轮殿。
	1930年，九世班禅到达该寺。
	1942年，修缮时轮殿。
	1962年，修缮大雄宝殿。
	1966年，寺庙被拆毁。
	1981年，在原址上重建孟和玛尼殿。
	1987年，恢复重建时轮殿。
	2009年，正殿因失火而全部被烧毁。
	2010年，重建大雄宝殿
资料来源	［1］宝音达来.根丕庙佛教文化资料（一）（蒙古文）（内部资料），2002. ［2］阿旺格力格吉木彦扎木苏.第五世云僧活佛吉木彦作品选（蒙古文）.海拉尔:内蒙古文化出版社,1992. ［3］调研访谈记录，2010.

现状描述	寺庙选址渗透风水学元素，整体布局随山脉走势层层升起，并且主要殿宇——四大天王殿、两个配殿和大雄宝殿形成了很好的序列感	描述时间	2010/10/09
		描述人	付瑞峰

调查日期	2010/10/09	调查人员	李国保、宝山、乔恩懋、付瑞峰

根坯庙基本概况表1

根坯庙·基本概况 2						
现存建筑	四大天王殿	大雄宝殿	已毁建筑	法轮殿	度母殿	地母殿
	玛尼殿	护法殿		土地神殿	五大神殿	敖斯尔均玛殿
	关公殿	喇嘛僧舍		观慧佛殿	佛塔	——
	钟鼓楼	——	信息来源	《根丕庙佛教文化资料》		

<table>
<tr><td rowspan="2">区位图</td><td>

赤峰市地图

根坯庙

</td></tr>
</table>

总平面图	

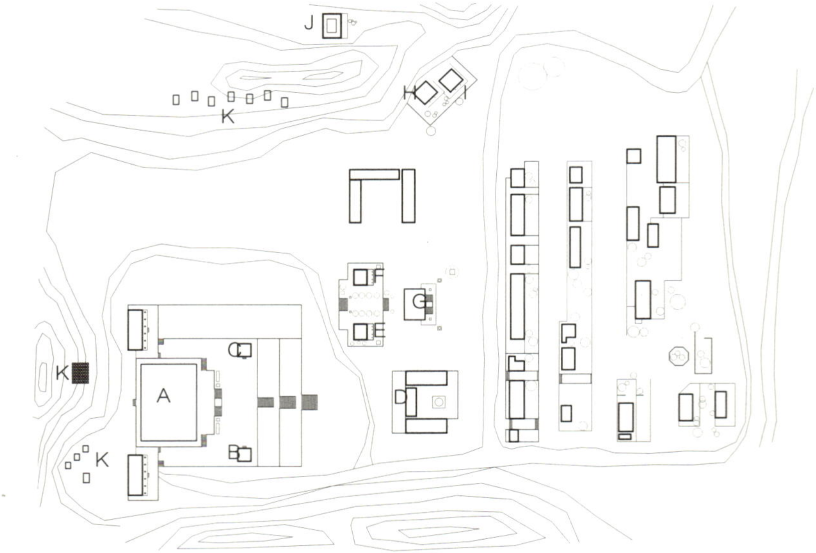

A.大雄宝殿　　E.玛尼殿　　I.罗汉堂
B.鼓 楼　　　　F.关公庙　　J.护法殿
C.钟 楼　　　　G.天王殿　　K.白 塔
D.活佛住所　　H.度母殿

北

调查日期	2010/10/09	调查人员	李国保、宝山、乔恩懋、付瑞峰

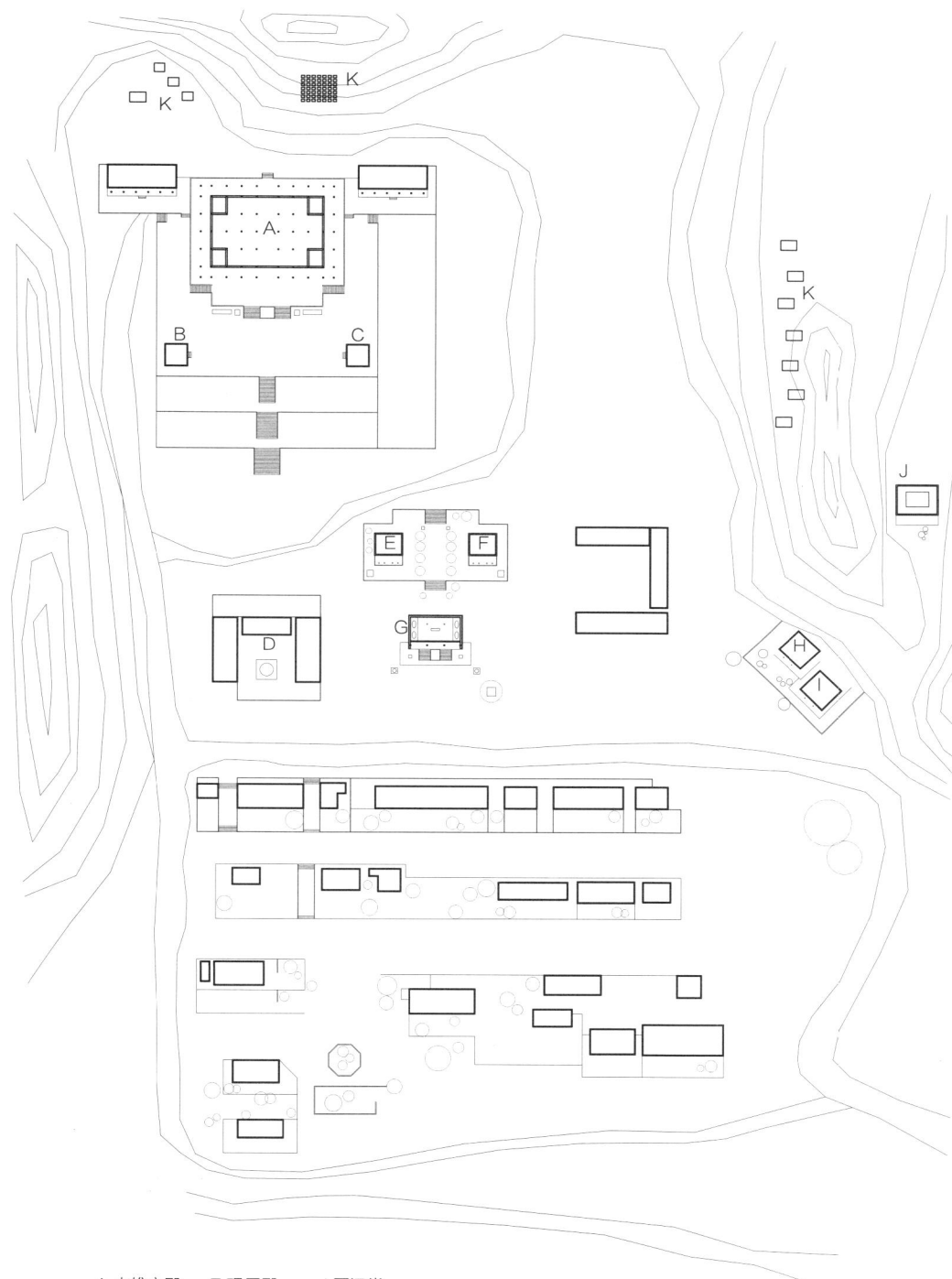

A.大雄宝殿　　E.玛尼殿　　I.罗汉堂
B.鼓　楼　　　F.关公庙　　J.护法殿
C.钟　楼　　　G.天王殿　　K.白　塔
D.活佛住所　　H.度母殿

北

0　10　20　30m

根坯庙总平面图

6.1　根坯庙·大雄宝殿

单位：毫米

<table>
<tr><td rowspan="2">建筑名称</td><td>汉语正式语义</td><td colspan="2">——</td><td>俗称</td><td colspan="4">——</td></tr>
<tr><td colspan="8"></td></tr>
<tr><td rowspan="4">概述</td><td>初建年</td><td colspan="3">2009—2010年</td><td>建筑朝向</td><td>南偏东约42°</td><td>建筑层数</td><td>二</td></tr>
<tr><td>建筑简要描述</td><td colspan="7">汉式的结构体系，汉藏结合官式装饰风格</td></tr>
<tr><td>重建重修
记载</td><td colspan="7">至调研期间未修缮</td></tr>
<tr><td>信息来源</td><td colspan="7">寺庙喇嘛口述</td></tr>
<tr><td rowspan="7">结构
规模</td><td>结构形式</td><td colspan="2">汉式砖木混合</td><td>相连的建筑</td><td colspan="2">无</td><td rowspan="2">室内天井</td><td rowspan="2">都刚法式</td></tr>
<tr><td>建筑平面形式</td><td colspan="2">长方形</td><td>外廊形式</td><td colspan="2">回廊</td></tr>
<tr><td>通面阔</td><td colspan="2">32590</td><td>开间数</td><td>9</td><td>明间 5290　次间 3690</td><td>梢间 3670　次梢间 3690　尽间 2600</td></tr>
<tr><td>通进深</td><td colspan="2">——</td><td>进深数</td><td>6</td><td colspan="2">进深尺寸（前→后）</td><td>2640→4400→4410→4410→4400→2640</td></tr>
<tr><td rowspan="2">柱子数量</td><td colspan="2" rowspan="2">——</td><td rowspan="2">柱子间距</td><td>横向尺寸</td><td colspan="3">——</td></tr>
<tr><td>纵向尺寸</td><td colspan="3">（藏式建筑结构体系填写此栏，不含廊柱）</td></tr>
<tr><td>其他</td><td colspan="7">——</td></tr>
<tr><td rowspan="8">建筑
主体
（大木作）
（石作）
（瓦作）</td><td>屋顶</td><td>屋顶形式</td><td colspan="3">重檐歇山屋顶</td><td>瓦作</td><td colspan="2">黄琉璃瓦</td></tr>
<tr><td rowspan="2">外墙</td><td>主体材料</td><td>红砖</td><td>材料规格</td><td colspan="2">240×120×53</td><td>饰面颜色</td><td>灰色</td></tr>
<tr><td>墙体收分</td><td>无</td><td>边玛檐墙</td><td colspan="2">无</td><td>边玛材料</td><td>——</td></tr>
<tr><td>斗栱、梁架</td><td>斗栱</td><td>有</td><td>平身科斗口尺寸</td><td colspan="2">100</td><td>梁架关系</td><td>不详（吊顶）</td></tr>
<tr><td rowspan="3">柱、柱式
（前廊柱）</td><td>形式</td><td>汉式</td><td>柱身断面形状</td><td colspan="2">圆形</td><td>断面尺寸</td><td>周长 C=1230</td><td rowspan="3">（在没有前廊柱的情况下，填写室内柱及其特征）</td></tr>
<tr><td>柱身材料</td><td>木材</td><td>柱身收分</td><td colspan="2">有</td><td>炉斗、托木</td><td>无</td><td>雀替</td><td>有</td></tr>
<tr><td>柱础</td><td>有</td><td>柱础形状</td><td colspan="2">莲花瓣</td><td>柱础尺寸</td><td>周长 C=2200</td></tr>
<tr><td>台基</td><td>台基类型</td><td>须弥座</td><td>台基高度</td><td colspan="2">152</td><td>台基地面铺设材料</td><td>方砖600×600</td></tr>
<tr><td>其他</td><td colspan="8">——</td></tr>
<tr><td rowspan="10">装修
（小木作）
（彩画）</td><td>门(正面)</td><td colspan="2">隔扇门</td><td>门楣</td><td>无</td><td>堆经</td><td>无</td><td>门帘</td><td>无</td></tr>
<tr><td>窗（正面）</td><td colspan="2">槛窗</td><td>窗楣</td><td>无</td><td>窗套</td><td>无</td><td>窗帘</td><td>无</td></tr>
<tr><td>室内隔扇</td><td>隔扇</td><td>无</td><td>隔扇位置</td><td colspan="5">——</td></tr>
<tr><td>室内地面、楼面</td><td colspan="2">地面材料及规格</td><td colspan="2">木板，规格不均</td><td colspan="2">楼面材料及规格</td><td colspan="2">木板，规格不均</td></tr>
<tr><td>室内楼梯</td><td>楼梯</td><td>有</td><td>楼梯位置</td><td>进正门左右两侧</td><td>楼梯材料</td><td>木材</td><td>梯段宽度</td><td>1010</td></tr>
<tr><td>天花、藻井</td><td>天花</td><td>有</td><td>天花类型</td><td>井口天花</td><td>藻井</td><td>无</td><td>藻井类型</td><td>——</td></tr>
<tr><td rowspan="2">彩画</td><td>柱头</td><td>有</td><td>柱身</td><td>无</td><td>梁架</td><td>有</td><td>走马板</td><td>无</td></tr>
<tr><td>门、窗</td><td>无</td><td>天花</td><td>有</td><td>藻井</td><td>——</td><td>其他彩画</td><td>——</td></tr>
<tr><td>其他</td><td>悬塑</td><td>无</td><td>佛龛</td><td>无</td><td>匾额</td><td colspan="3">大雄宝殿</td></tr>
<tr><td colspan="9"></td></tr>
<tr><td rowspan="5">装饰</td><td rowspan="2">室内</td><td>帷幔</td><td>无</td><td>幕帘彩绘</td><td>无</td><td>壁画</td><td>无</td><td>唐卡</td><td>有</td></tr>
<tr><td>经幡</td><td>有</td><td>经幢</td><td>有</td><td>柱毯</td><td>无</td><td>其他</td><td>——</td></tr>
<tr><td rowspan="3">室外</td><td>玛尼轮</td><td>有</td><td>苏勒德</td><td>无</td><td>宝顶</td><td>有</td><td>祥麟法轮</td><td>无</td></tr>
<tr><td>四角经幢</td><td>无</td><td>经幡</td><td>有</td><td>铜饰</td><td>无</td><td>石刻、砖雕</td><td>无</td></tr>
<tr><td>仙人走兽</td><td>1+7</td><td>壁画</td><td>有</td><td>其他</td><td colspan="3">——</td></tr>
<tr><td rowspan="4">陈设</td><td rowspan="3">室内</td><td>主佛像</td><td colspan="3">释迦牟尼</td><td>佛像基座</td><td colspan="3">须弥座</td></tr>
<tr><td>法座</td><td>有</td><td>藏经橱</td><td>无</td><td>经床</td><td>有</td><td>诵经桌</td><td>有</td><td>法鼓</td><td>无</td><td>玛尼轮</td><td>无</td><td>坛城</td><td>无</td><td>其他</td><td>——</td></tr>
<tr><td>室外</td><td>旗杆</td><td>无</td><td>苏勒德</td><td>无</td><td>狮子</td><td>有</td><td>经幡</td><td>无</td><td>玛尼轮</td><td>有</td><td>香炉</td><td>有</td><td>五供</td><td>无</td><td>其他</td><td>——</td></tr>
<tr><td>其他</td><td colspan="15">——</td></tr>
<tr><td>备注</td><td colspan="16">——</td></tr>
</table>

调查日期	2010/10/9	调查人员	李国保、付瑞峰	整理日期	2010/10/9	整理人员	付瑞峰

根坯庙 · 大雄宝殿 · 档案照片

照片名称	正立面	照片名称	斜前方	照片名称	东立面

照片名称	西立面	照片名称	柱身	照片名称	柱头

照片名称	柱础	照片名称	门	照片名称	宝顶

照片名称	室内正面	照片名称	室内侧面	照片名称	室内柱

照片名称	室内天花	照片名称	室内局部	照片名称	二层接待室
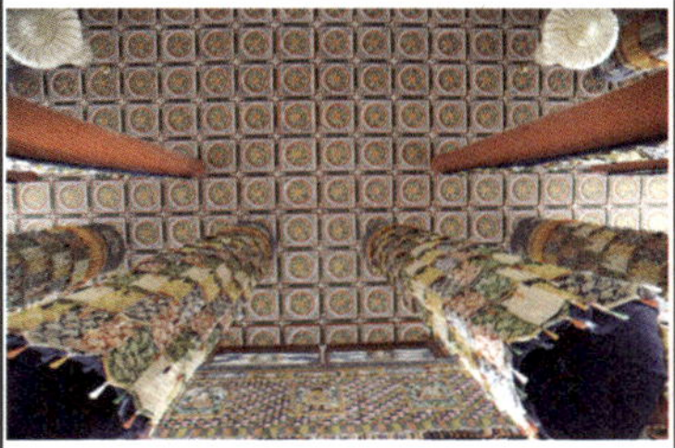					
备注	——				
摄影日期	2010/10/09	摄影人员	乔恩懋		

大雄宝殿正前方

大雄宝殿室外柱子
（左图）
大雄宝殿室外柱头
（右图）

大雄宝殿二层室内
（左图）
大雄宝殿室内天花
（右图）

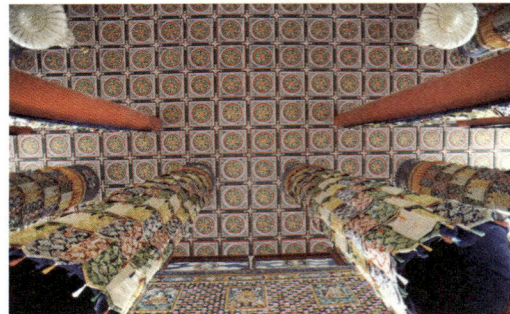

大雄宝殿室内正面

6.2 根坯庙·天王殿

单位：毫米

建筑名称	汉语语义				天王殿			俗称			——		
概述	初建年			——			建筑朝向	南偏东约42°		建筑层数		一	
	建筑简要描述				汉式的结构体系，汉藏结合装饰风格								
	重建重修记载			——									
		信息来源			——								
结构规模	结构形式		汉式砖木混合		相连的建筑		无			室内天井		无	
	建筑平面形式		长方形		外廊形式		前廊						
	通面阔		12130	开间数	3间	明间	4170	次间	3980	梢间	——	次梢间	尽间 ——
	通进深		9000	进深数	3间	进深尺寸（前→后）		2700→3600→2700					
	柱子数量		——	柱子间距	横向尺寸		——		（藏式建筑结构体系填写此栏，不含廊柱）				
					纵向尺寸		——						
	其他				——								
建筑主体（大木作）（石作）（瓦作）	屋顶	屋顶形式			硬山屋顶			瓦作		黄琉璃瓦			
	外墙	主体材料	青砖		材料规格		280×130×60		饰面颜色		灰色		
		墙体收分	无		边玛檐墙		无		边玛材料		无		
	斗栱、梁架	斗栱	无		平身科斗口尺寸		——		梁架关系		五架梁七檩		
	柱、柱式（前廊柱）	形式	汉式	柱身断面形状	圆形	断面尺寸		周长C=860		（在没有前廊柱的情况下，填写室内柱及其特征）			
		柱身材料	木材	柱身收分	有	栌斗、托木		无		雀替	有		
		柱础	有	柱础形状	方形	柱础尺寸		540×540					
	台基	台基类型	普通基座	台基高度	880	台基地面铺设材料		方砖150×150					
	其他				——								
装修（小木作）（彩画）	门(正面)		隔扇门		门楣		无		堆经	无		门帘	无
	窗（正面）		槛窗		窗楣		无		窗套	无		窗帘	无
	室内隔扇	隔扇	无		隔扇位置		——						
	室内地面、楼面	地面材料及规格		方砖，400×400		楼面材料及规格			——				
	室内楼梯	楼梯	无		楼梯位置		楼梯材料			梯段宽度			
	天花、藻井	天花	无		天花类型		——	藻井	无	藻井类型		——	
	彩画	柱头	有		柱身		无	梁架	有	走马板		有	
		门、窗	无		天花		——	藻井	——	其他彩画		无	
	其他	悬塑	无		佛龛		无	匾额		无			
装饰	室内	帷幔	无		幕帘彩绘		无	壁画	无	唐卡		无	
		经幡	无		经幢		无	柱毯	无	其他		——	
	室外	玛尼轮	无		苏勒德		无	宝顶	有	祥麟法轮		无	
		四角经幢	无		经幡		有	铜饰	无	石刻、砖雕		无	
		仙人走兽	1+3		壁画		无	其他		——			
陈设	室内	主佛像		四大天王、弥勒佛			佛像基座		普通基座、须弥座				
		法座	无	藏经橱	无	经床	无	诵经桌	无	法鼓	无	玛尼轮 无 坛城 无 其他 ——
		室外	旗杆	有	苏勒德	无	狮子	有	经幡	有	玛尼轮 无 香炉 无 五供 无 其他 ——
	其他				——								
备注		四大天王殿佛像的摆放位置是左右两侧，弥勒佛位于殿宇中央											
调查日期	2010/10/09	调查人员	李国保、付瑞峰	整理日期	2010/10/12	整理人员	付瑞峰					

天王殿基本概况表1

根坯殿 · 天王殿 · 档案照片

照片名称	正立面	照片名称	斜前方	照片名称	侧立面

照片名称	斜后方	照片名称	背立面	照片名称	台阶

照片名称	仙人走兽	照片名称	柱身	照片名称	门

照片名称	室内正面	照片名称	室内侧面	照片名称	梁架结构

照片名称	室内柱身	照片名称	室内柱头	照片名称	室内顶棚

备注	—				
摄影日期	2010/10/09	摄影人员	乔恩懋		

天王殿正前方

天王殿檐部(左图)
天王殿室内柱头
（右图）

天王殿斜前方

6.3　根坯庙·玛尼殿

单位：毫米

<table>
<tr><td rowspan="2">建筑
名称</td><td>汉语语义</td><td colspan="3">玛尼殿</td><td>俗称</td><td colspan="7">——</td></tr>
<tr><td colspan="12"></td></tr>
<tr><td rowspan="5">概述</td><td>初建年</td><td colspan="3">——</td><td>建筑朝向</td><td colspan="3">南偏东约42°</td><td>建筑层数</td><td colspan="3">一</td></tr>
<tr><td>建筑简要描述</td><td colspan="11">藏式结构体系，汉藏结合装饰风格</td></tr>
<tr><td>重建重修记载</td><td colspan="11">——</td></tr>
<tr><td></td><td>信息来源</td><td colspan="10">——</td></tr>
<tr><td colspan="12"></td></tr>
<tr><td rowspan="7">结构
规模</td><td>结构形式</td><td colspan="2">藏式砖木混合</td><td>相连的建筑</td><td colspan="4">无</td><td>室内天井</td><td colspan="3">无</td></tr>
<tr><td>建筑平面形式</td><td colspan="2">长方形</td><td>外廊形式</td><td colspan="7">前廊</td></tr>
<tr><td>通面阔</td><td colspan="2">——</td><td>开间数</td><td>3</td><td>明间</td><td>次间</td><td>梢间</td><td>次梢间</td><td>——</td><td>尽间</td></tr>
<tr><td>通进深</td><td colspan="2">——</td><td>进深数</td><td>5</td><td colspan="7">进深尺寸（前→后）</td></tr>
<tr><td rowspan="2">柱子数量</td><td rowspan="2" colspan="2">6</td><td rowspan="2">柱子间距</td><td>横向尺寸</td><td colspan="3">——</td><td rowspan="2" colspan="4">（藏式建筑结构体系填写此栏，
不含廊柱）</td></tr>
<tr><td>纵向尺寸</td><td colspan="3">——</td></tr>
<tr><td>其他</td><td colspan="11">——</td></tr>
<tr><td rowspan="8">建筑
主体
（大木作）
（石作）
（瓦作）</td><td>屋顶</td><td>屋顶形式</td><td colspan="5">藏式密肋平屋顶</td><td>瓦作</td><td colspan="4">——</td></tr>
<tr><td rowspan="2">外墙</td><td>主体材料</td><td>青砖</td><td>材料规格</td><td colspan="3">不详（外表面涂料粉刷）</td><td>饰面颜色</td><td colspan="4">白色</td></tr>
<tr><td>墙体收分</td><td>有</td><td>边玛檐墙</td><td colspan="3">有</td><td>边玛材料</td><td colspan="4">红色涂料粉刷</td></tr>
<tr><td>斗栱、梁架</td><td>斗栱</td><td>无</td><td colspan="3">平身科斗口尺寸</td><td>——</td><td>梁架关系</td><td colspan="4">6柱3梁</td></tr>
<tr><td rowspan="3">柱、柱式　（前
廊柱）</td><td>形式</td><td>藏式</td><td>柱身断面形状</td><td>方形</td><td>断面尺寸</td><td colspan="2">190×190</td><td rowspan="3" colspan="4">（在没有前廊柱的
情况下，填写室内
柱及其特征）</td></tr>
<tr><td>柱身材料</td><td>石材</td><td>柱身收分</td><td>有</td><td>栌斗、托木</td><td>有</td><td>雀替</td><td>无</td></tr>
<tr><td>柱础</td><td>有</td><td>柱础形状</td><td>正方形</td><td>柱础尺寸</td><td colspan="3">480×480</td></tr>
<tr><td>台基</td><td>台基类型</td><td>普通台基</td><td>台基高度</td><td>110</td><td colspan="2">台基地面铺设材料</td><td colspan="4">方砖，规格不均</td></tr>
<tr><td>其他</td><td colspan="11">——</td></tr>
<tr><td rowspan="9">装修
（小木作）
（彩画）</td><td>门(正面)</td><td colspan="2">板门</td><td>门楣</td><td>无</td><td>堆经</td><td colspan="2">无</td><td>门帘</td><td colspan="2">有</td></tr>
<tr><td>窗（正面）</td><td colspan="2">牖窗</td><td>窗楣</td><td>无</td><td>窗套</td><td colspan="2">有</td><td>窗帘</td><td colspan="2">无</td></tr>
<tr><td>室内隔扇</td><td colspan="2">隔扇</td><td>无</td><td>隔扇位置</td><td colspan="7">——</td></tr>
<tr><td>室内地面、楼面</td><td colspan="2">地面材料及规格</td><td colspan="3">红砖，240×120</td><td colspan="2">楼面材料及规格</td><td colspan="3">——</td></tr>
<tr><td>室内楼梯</td><td colspan="2">楼梯</td><td>无</td><td>楼梯位置</td><td>——</td><td>楼梯材料</td><td>——</td><td>梯段宽度</td><td colspan="2">——</td></tr>
<tr><td>天花、藻井</td><td colspan="2">天花</td><td>无</td><td>天花类型</td><td>——</td><td>藻井</td><td>无</td><td>藻井类型</td><td colspan="2">——</td></tr>
<tr><td rowspan="2">彩画</td><td colspan="2">柱头</td><td>有</td><td>柱身</td><td>无</td><td>梁架</td><td>无</td><td>走马板</td><td colspan="2">无</td></tr>
<tr><td colspan="2">门、窗</td><td>无</td><td>天花</td><td>——</td><td>藻井</td><td>无</td><td>其他彩画</td><td colspan="2">无</td></tr>
<tr><td>其他</td><td colspan="2">悬塑</td><td>无</td><td>佛龛</td><td>有</td><td>匾额</td><td colspan="5">无</td></tr>
<tr><td rowspan="6">装饰</td><td rowspan="2">室内</td><td colspan="2">帷幔</td><td>有</td><td>幕帘彩绘</td><td>无</td><td>壁画</td><td colspan="2">无</td><td>唐卡</td><td>有</td></tr>
<tr><td colspan="2">经幡</td><td>有</td><td>经幢</td><td>有</td><td>柱毯</td><td colspan="2">无</td><td>其他</td><td>——</td></tr>
<tr><td rowspan="3">室外</td><td colspan="2">玛尼轮</td><td>无</td><td>苏勒德</td><td>无</td><td>宝顶</td><td colspan="2">无</td><td>祥麟法轮</td><td>无</td></tr>
<tr><td colspan="2">四角经幢</td><td>无</td><td>经幡</td><td>无</td><td>铜饰</td><td colspan="2">有</td><td>石刻、砖雕</td><td>有</td></tr>
<tr><td colspan="2">仙人走兽</td><td>无</td><td>壁画</td><td>无</td><td>其他</td><td colspan="5">——</td></tr>
<tr><td>陈设</td><td colspan="2"></td><td colspan="9"></td></tr>
<tr><td></td><td rowspan="2">室内</td><td colspan="2">主佛像</td><td colspan="3">观音菩萨</td><td>佛像基座</td><td colspan="4">普通基座</td></tr>
<tr><td rowspan="3">陈设</td><td>法座</td><td>有</td><td>藏经橱</td><td>无</td><td>经床</td><td>有</td><td>通经桌</td><td>有</td><td>法鼓</td><td>无</td></tr>
<tr><td colspan="12">玛尼轮　无　　坛城　无　　其他　——</td></tr>
<tr><td rowspan="2">室外</td><td>旗杆</td><td>无</td><td>苏勒德</td><td>无</td><td>狮子</td><td>无</td><td>经幡</td><td>无</td><td>玛尼轮</td><td>有</td></tr>
<tr><td colspan="11">香炉　无　　五供　无　　其他　——</td></tr>
<tr><td>其他</td><td colspan="11">——</td></tr>
<tr><td>备注</td><td colspan="11">——</td></tr>
<tr><td>玛尼殿基本概况表1</td><td>调查日期</td><td colspan="2">2010/10/09</td><td>调查人员</td><td colspan="2">李国保、付瑞峰</td><td>整理日期</td><td colspan="2">2010/10/09</td><td>整理人员</td><td>付瑞峰</td></tr>
</table>

根坯庙·玛尼殿·档案照片

照片名称	斜前方	照片名称	背立面	照片名称	斜后方

照片名称	前廊	照片名称	室外局部	照片名称	廊柱

照片名称	柱头	照片名称	柱础	照片名称	门

照片名称	窗	照片名称	铜饰	照片名称	转经筒

照片名称	室内正面	照片名称	室内侧面	照片名称	室内顶棚
				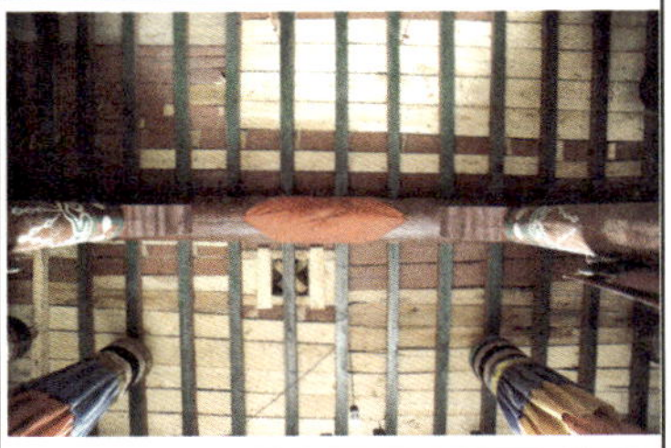	
备注	—				
摄影日期	2010/10/09	摄影人员	乔恩橪		

玛尼殿斜前方

玛尼殿室内正面
（左图）
玛尼殿室外柱头
（右图）

玛尼殿前廊柱
（左图）
玛尼殿侧面
（右图）

6.4 根坯庙·关公殿

单位：毫米

建筑名称	汉语语义	关公殿		俗称		——	
概述	初建年	——		建筑朝向	南偏东约33°	建筑层数	一
	建筑简要描述	藏式结构体系，汉藏结合装饰风格					
	重建重修记载	——					
	信息来源	——					
结构规模	结构形式	藏式砖木混合	相连的建筑	无		室内天井	无
	建筑平面形式	长方形	外廊形式	前廊			
	通面阔	6900	开间数	5	明间 —— 次间 ——	梢间 —— 次梢间 ——	尽间 ——
	通进深		进深数	5	进深尺寸（前→后）		
	柱子数量	6	柱子间距	横向尺寸	1350、1950	（藏式建筑结构体系填写此栏，不	
				纵向尺寸	1920、1500	含廊柱）	
	其他	——					
建筑主体（大木作）（石作）（瓦作）	屋顶	屋顶形式	藏式密肋平屋顶		瓦作	——	
	外墙	主体材料	青砖	材料规格	280×130×67	饰面颜色	白色
		墙体收分	有	边玛檐墙	有	边玛材料	红色涂料粉刷
	斗栱、梁架	斗栱	无	平身科斗口尺寸	——	梁架关系	6柱3梁
	柱、柱式（前廊柱）	形式	藏式	柱身断面形状	方形	断面尺寸	240×240	（在没有前廊柱的
		柱身材料	石材	柱身收分	有	栌斗、托木 有 雀替 无	情况下，填写室内
		柱础	有	柱础形状	正方形	柱础尺寸	430×430	柱及其特征）
	台基	台基类型	普通台基	台基高度	90	台基地面铺设材料	方砖、红砖，规格不均
	其他	——					
装修（小木作）（彩画）	门(正面)	板门		门楣	无	堆经 无	门帘 有
	窗（正面）	无		窗楣	——	窗套 ——	窗帘 ——
	室内隔扇	隔扇	无	隔扇位置	——		
	室内地面、楼面	地面材料及规格	水泥砂浆抹平	楼面材料及规格	——		
	室内楼梯	楼梯	无	楼梯位置	——	楼梯材料 ——	梯段宽度 ——
	天花、藻井	天花	无	天花类型	——	藻井 无	藻井类型 ——
	彩画	柱头	有	柱身	无	梁架 无	走马板 无
		门、窗	无	天花	——	藻井 ——	其他彩画 无
	其他	悬塑 无	佛龛 有	匾额	无		
装饰	室内	帷幔 无	幕帘彩绘 无	壁画 无	唐卡 有		
		经幡 有	经幢 有	柱毯 无	其他 ——		
	室外	玛尼轮 无	苏勒德 无	宝顶 无	祥麟法轮 无		
		四角经幢 无	经幡 无	铜饰 有	石刻、砖雕 有		
		仙人走兽 无	壁画 无	其他 ——			
陈设	室内	主佛像	地藏王	佛像基座	普通基座		
		法座 无 藏经橱 有 经床 无 诵经桌 无		法鼓 无 玛尼轮 无 坛城 无 其他 ——			
	室外	旗杆 无 苏勒德 无 狮子 无 经幡 无		玛尼轮 有 香炉 无 五供 无 其他 ——			
	其他	——					
备注	——						
调查日期 2010/10/09	调查人员 李国保、付瑞峰	整理日期 2010/10/09	整理人员 付瑞峰				

关公殿基本概况表1

根坯殿 · 关公殿 · 档案照片

照片名称	正立面	照片名称	斜前方	照片名称	侧立面

照片名称	斜后方	照片名称	前廊	照片名称	柱身

照片名称	柱头	照片名称	柱础	照片名称	门

照片名称	室内正面	照片名称	室内侧面	照片名称	室内柱身

照片名称	室内柱头	照片名称	室内柱础	照片名称	室内顶棚

备注	—				
摄影日期	2010/10/9	摄影人员	乔恩椘		

关公殿斜前方

关公殿室外柱子（左上图）

关公殿室外柱头
（左下图）

关公殿室内局部
（右图）

6.5 根坯庙·钟楼、鼓楼

钟楼正前方（右上图）

钟楼斗栱（右下图）
鼓楼斜后方（左图）

6.6 根坯庙·喇嘛僧舍

喇嘛僧舍正前方

喇嘛僧舍前廊（左图）
喇嘛僧舍侧面（右图）

7 龙泉寺

Longquan Temple

291

7 龙泉寺 Longquan Temple

龙泉寺山门

龙泉寺为辽代佛寺，清朝时期为原卓素图盟喀喇沁右翼旗（俗称喀喇沁王旗）寺庙，系内蒙古自治区境内罕见的辽、元时期的寺院。寺院珍藏元世祖至元二十四年（1287年）及元顺帝至正元年（1341年）所立两方元代古碑及在一块自然岩石上原地刻成的大型石狮等珍贵文物。寺庙原为汉传佛教寺庙，民国年间重修时改为藏传佛教寺庙。

寺庙始建于辽代，兴盛于元、明、清三代，清代康熙、道光年间重修寺庙。康熙三十七年（1698年），康熙帝平定准噶尔叛乱回盛京告祭，驻跸喀喇沁驸马府时，专程到龙泉寺焚香拜佛，赐给本寺一具金鞍玉辔和弓箭等物。民国6年（1917年），喀喇沁右翼旗亲王贡桑诺尔布重修寺庙。该寺西侧约15米处，有古井一眼，龙泉寺由此得名。

寺庙建筑风格为汉式风格。寺庙占地面积约5000平方米，殿宇依山势而建，高低层叠大体呈三进三阶型，有山门、天王殿、东西配殿、3间大殿等殿宇。寺后山崖有一小石窟。

元仁宗延祐四年（1317年），陕西咸宁（今陕西西安）张智然和尚游至龙泉，并留居此地维修寺庙，自任主持。清时有无活佛已无从考证。

至20世纪80年代，寺庙只存残垣断壁，破败严重。至2002年，已对寺庙进行了全面的维修，对元代石碑、古柏等文物古迹进行了保护，并新建配套设施，对寺庙殿宇实施了彩绘。

参考文献：

[1] 政协喀喇沁旗文史资料委员会.喀喇沁旗文史资料（第一辑），1984.

[2] 唐吉思.蒙古族佛教文化调查研究.沈阳:辽宁民族出版社,2010.

[3] 德勒格.内蒙古喇嘛教史.呼和浩特:内蒙古人民出版社,1998.

龙泉寺大雄宝殿

龙泉寺 · 基本概况 1

寺院蒙 古语藏 语名称	蒙古语	ᠯᠣᠩ ᠤᠨ ᠪᠤᠯᠠᠭ ᠤᠨ ᠰᠦᠮ᠎ᠡ	寺院汉 语名称	汉语正式名称	龙泉寺		
	藏语	——		俗称	——		
	汉语语义	——	寺院汉语名称的由来		——		
所在地		位于内蒙古喀喇沁旗锦山镇西北3公里，海拔1200米的狮子崖下		东经	118° 39′	北纬	41° 56′
初建年		始建于辽金，重修于元代（1287年）	保护等级		全国重点文物保护单位		
盛期时间		不详	盛期喇嘛僧/现有喇嘛僧		汉传佛教和尚6人		
历史沿革		1287年，修缮寺庙。 1698年，康熙帝到龙泉寺焚香拜佛，赐给寺庙一具金鞍玉辔和弓箭等物。 1917年，重修寺庙					
	寺庙资料	寺庙自印简介					
现状描述		汉传佛教寺庙，现存建筑均为汉式，新建筑		描述时间	2012/07/26		
				描述人	杜娟		
调查日期		2010/10/17	调查人员		杜娟、李国保		

龙泉寺·基本概况 2

现存建筑	山门	天王殿	东配殿	已毁建筑	——	——
	西配殿	大雄宝殿	龙泉亭（攒尖）		——	——
	休息亭（卷棚）	僧舍	——		——	——
				信息来源	现场调研访谈	

区位图

总平面图

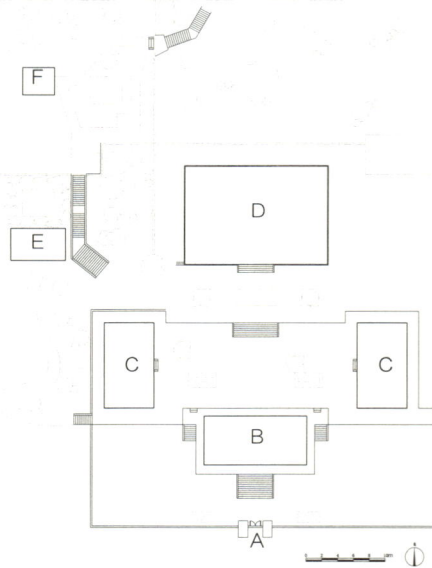

A.山 门
B.天王殿
C.东西配殿
D.大雄宝殿
E.亭 子
F.龙泉井

调查日期	2012/07/26	调查人员	李国保、杜娟

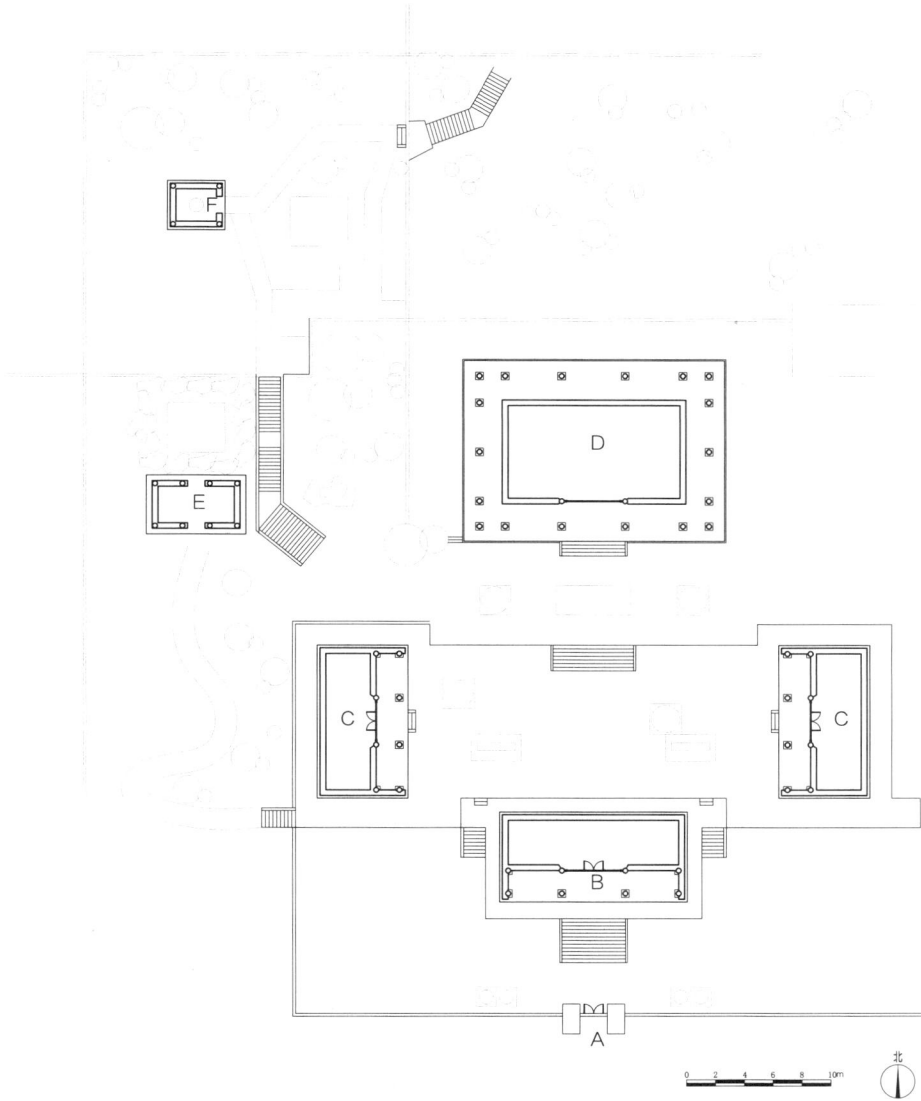

A.山 门
B.天王殿
C.东西配殿
D.大雄宝殿
E.亭 子
F.龙泉井

龙泉寺总平面图

7.1 龙泉寺·大雄宝殿

单位：毫米

建筑名称	汉语正式名称	大雄宝殿		俗称		——			
概述	初建年	不详		建筑朝向		南	建筑层数		一
	建筑简要描述	汉式建筑，新建							
	重建重修记载	不详							
	信息来源	——							
结构规模	结构形式	砖木结构	相连的建筑	无			室内天井		无
	建筑平面形式	长方形	外廊形式	副阶周匝					
	通面阔	15800	开间数	5	明间 4400	次间 3900	梢间 1800	次梢间 ——	尽间 ——
	通进深	10600	进深数	4	进深尺寸（前→后）		1800→3500→3500→1800		
	柱子数量	室内无柱	柱子间距	横向尺寸	——		（藏式建筑结构体系填写此栏，不含廊柱）		
				纵向尺寸	——				
	其他								
建筑主体（大木作）（石作）（瓦作）	屋顶	屋顶形式	歇山			瓦作	灰色布瓦		
	外墙	主体材料	砖	材料规格	295×50(宽度无法测量)	饰面颜色	朱红（主体）+灰色（墙围）		
		墙体收分	无	边玛檐墙	无	边玛材料			
	斗栱、梁架	斗栱	无	平身科斗口尺寸	——	梁架关系			
	柱、柱式（前廊柱）	形式	汉式	柱身断面形状	圆	断面尺寸	直径 D=350	（在没有前廊柱的情况下，填写室内柱及其特征）	
		柱身材料	混凝土	柱身收分	略有	栌斗、托木	无	雀替	有
		柱础	有（石材）	柱础形状	方上圆+K64	柱础尺寸	方形600×600，圆直径450		
	台基	台基类型	普通式台基（有围栏）	台基高度	760	台基地面铺设材料	条石+碎石水泥		
	其他	——							
装修（小木作）（彩画）	门(正面)	隔扇门	门楣	无	堆经	无	门帘	无	
	窗（正面）	槛窗	窗楣	无	窗套	无	窗帘	无	
	室内隔扇	隔扇	无	隔扇位置					
	室内地面、楼面	地面材料及规格	砖，上铺地毯		楼面材料及规格				
	室内楼梯	楼梯	无	楼梯位置		楼梯材料		梯段宽度	
	天花、藻井	天花	无	天花类型		藻井	无	藻井类型	
	彩画	柱头	有	柱身	无	梁架	有	走马板	有
		门、窗	无	天花	无	藻井	无	其他彩画	无
	其他	悬塑	无	佛龛	有	匾额	有（大雄宝殿）		
装饰	室内	帷幔	有	幕帘彩绘	无	壁画	有	唐卡	无
		经幡	无	经幢	有	柱毯	无	其他	无
	室外	玛尼轮	无	苏勒德	无	宝顶	有	祥麟法轮	无
		四角经幢	无	经幡	有	铜饰	无	石刻、砖雕	无
		仙人走兽	1+6	壁画	无	其他	无		
陈设	室内	主佛像	三世佛			佛像基座	莲花座		
		法座	无	藏经橱	无	经床	有	诵经桌	无	法鼓	有	玛尼轮	无	坛城	无	其他	无
	室外	旗杆	无	苏勒德	无	狮子	有	经幡	有	玛尼轮	无	香炉	有	五供	无	其他	无
	其他	无							
备注	无								
调查日期	2012/07/26	调查人员	杜娟	整理日期	2012/07/30	整理人员	杜娟		

大雄宝殿基本概况表1

龙泉寺 · 大雄宝殿 · 档案照片

照片名称	正立面	照片名称	斜前方1	照片名称	斜前方2

照片名称	台基	照片名称	前廊	照片名称	柱身

照片名称	台阶	照片名称	香炉	照片名称	石碑

照片名称	室外石佛像	照片名称	石狮	照片名称	室内局部

照片名称	室内侧面	照片名称	室内正面	照片名称	室内顶棚

备注	——				
摄影日期	2012/07/30	摄影人员	李国保		

大雄宝殿正前方

大雄宝殿斜前方（左图）
大雄宝殿前石碑（右图）

大雄宝殿室内东侧

7.2 龙泉寺·天王殿

7.3 龙泉寺·东配殿

7.4 龙泉寺·西配殿

7.5 龙泉寺·山门

7.6 龙泉寺·厢房

8

福会寺

Fuhui Temple

⑧ 福会寺 Fuhui Temple

福会寺为原卓素图盟喀喇沁右翼旗（俗称喀喇沁王旗）寺庙，系该旗扎萨克王的家庙及该旗境内规模最为宏大的藏传佛教寺庙。

寺庙始建于康熙年间。寺庙藏名为盖草灵，汉名为福会寺（另有文献记为福慧寺、福荟寺）。

寺庙建筑风格为汉式建筑。该寺由福会寺、生乐寺、显应寺（又称葛根宫）这三座寺庙组成。主寺福会寺分为两座院落，外院为红砖砌成的花墙院，占地约6亩，有南门、东西门，有东、西厢房各5间，东厢房为膳房，西厢房为庙仓。主庙分为五层殿，即3间天王殿、5间新庙、东西配房各3间（西三间为香灯师住房，东三间为寺管喇嘛办公场所）、钟楼、鼓楼、49间双层大雄宝殿、东西配殿各3间（西三间为藏经殿、东三间为护法殿）、3间楼式释迦牟尼殿、3间双层弥勒殿、东西耳房各3间、东西厢房各8间（西八间为喇嘛学塾、东八间为供佛堂与香灯师住房）。寺庙内有2座藏式佛塔。

1997年起开始修缮年久失修、破败不堪的福会寺，并恢复一年一度的福会寺传统庙会。至2004年已新建广场、石拱桥、山门及石建房屋。

参考文献：

[1] 政协喀喇沁旗文史资料委员会.喀喇沁旗文史资料（第二辑），1985.

[2] 唐吉思.蒙古族佛教文化调查研究.沈阳:辽宁民族出版社,2010.

[3] 德勒格.内蒙古喇嘛教史.呼和浩特:内蒙古人民出版社,1998.

福会寺 · 基本概况 1

寺院蒙古语名称	蒙古语	ᠪᠤᠶᠠᠨ ᠠᠷᠪᠢᠵᠢᠬᠤ ᠰᠦᠮ᠎ᠡ	寺院汉语名称	汉语正式名称	福会寺
	藏语	——		俗称	大庙（王府喇嘛庙）
	汉语语义	盖草灵（藏名）	寺院汉语名称的由来		——
所在地	内蒙古自治区赤峰市喀喇沁旗锦山镇境内			东经 118° 29'	北纬 41° 50'
初建年	康熙十八年（1679年）		保护等级	全国重点文物保护单位	
盛期时间	清乾隆年间		盛期喇嘛僧/现有喇嘛僧	450余/0	

历史沿革	康熙年间，始建寺庙。 "文化大革命"期间寺庙殿宇遭受不同程度的破坏。 1997年，修缮寺庙。 2001年，成为国家级重点文物保护单位
	寺庙资料 ［1］寺庙资料. ［2］调研访谈记录.

现状描述	现存福会寺具有古朴、典雅的清代早期建筑风格。寺庙呈长方形，坐北朝南、中轴对称式布局。轴线布局为五进院落，依地形高低错落布局	描述时间	2010/10/17
		描述人	付瑞峰

调查日期	2010/10/17	调查人员	李国保、宝山、乔恩懋、付瑞峰

福会寺·基本概况 2

现存建筑	山门	大雄宝殿	观音殿	已毁建筑	—	—
	天王殿	释迦牟尼殿	莲花生大师殿		—	—
	钟楼、鼓楼	弥勒佛殿	护法殿		—	—
	无量寿佛殿	东西配殿	—	信息来源	现场调研访谈	

区位图

赤峰市地图

总平面图

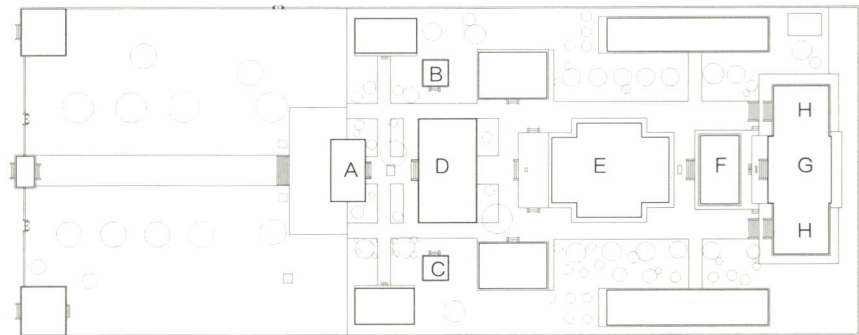

A.天王殿　　　E.大雄宝殿
B.鼓　楼　　　F.释迦牟尼殿
C.钟　楼　　　G.弥勒佛殿
D.无量寿佛殿　H.配　殿

调查日期	2010/10/17	调查人员	李国保、宝山、乔恩懋、付瑞峰

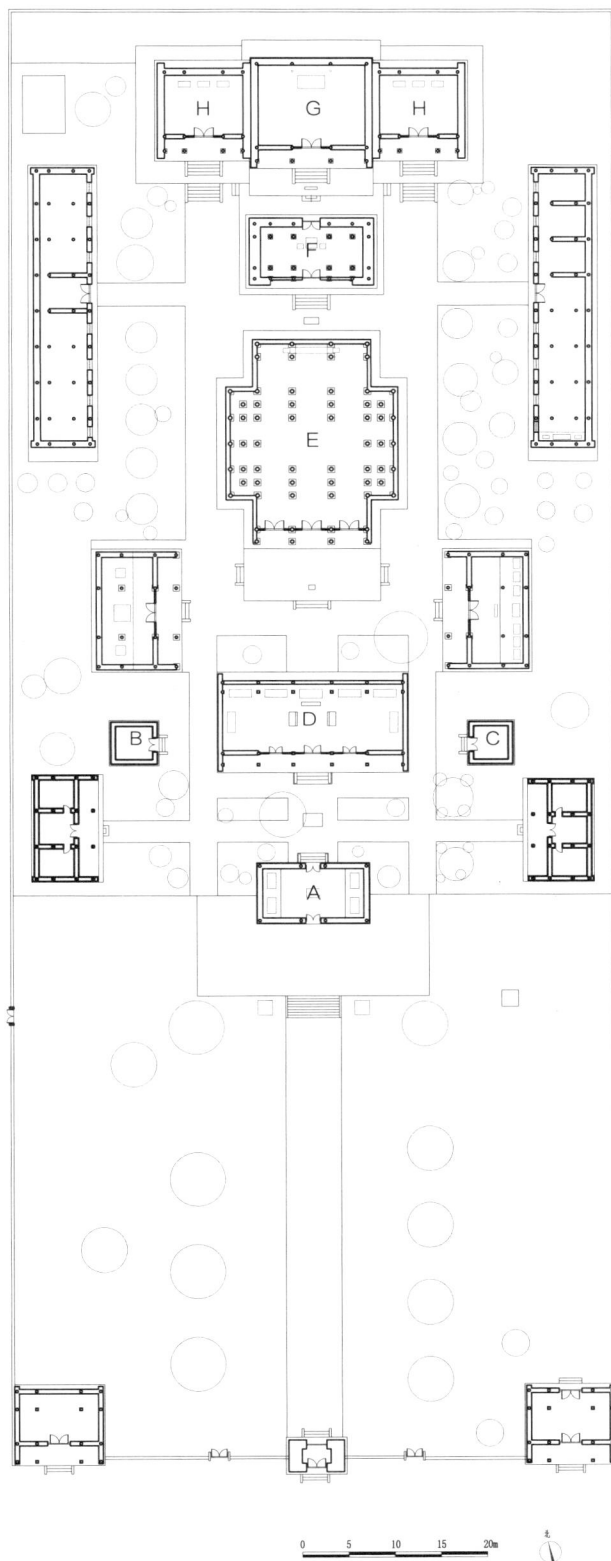

A.天王殿
B.鼓 楼
C.钟 楼
D.无量寿佛殿
E.大雄宝殿
F.释迦牟尼殿
G.弥勒佛殿
H.配 殿

0   5   10   15   20m

福会寺总平面图

8.1 福会寺·天王殿

单位：毫米

建筑名称	汉语正式名称		四大天王殿			俗称			天王殿		
概述	初建年		康熙十八年（1679年）			建筑朝向	南偏东约42°			建筑层数	一
	建筑简要描述		汉式砖木混合结构体系，汉藏结合装饰风格，栱式门窗，五檩歇山式屋顶								
	重建重修记载		1997年修缮								
		信息来源	寺庙资料								
结构规模	结构形式		砖木混合	相连的建筑		无			室内天井		无
	建筑平面形式		长方形	外廊形式		无					
	通面阔		12150	开间数	3	明间	4350	次间	3900	梢间	——	次梢间	——	尽间	——
	通进深		5430	进深数	1	进深尺寸（前→后）			5430		
	柱子数量		——	柱子间距	横向尺寸	——			（藏式建筑结构体系填写此栏，不含廊柱）		
					纵向尺寸	——					
	其他		——								
建筑主体（大木作）（石作）（瓦作）	屋顶	屋顶形式	庑殿式屋顶			瓦作			布瓦		
	外墙	主体材料	青砖	材料规格		300×150×60		饰面颜色		红色	
		墙体收分	无	边玛檐墙		无		边玛材料		无	
	斗栱、梁架	斗栱	无	平身科斗口尺寸		——		梁架关系		五架梁	
	柱、柱式（前廊柱）	形式	汉式	柱身断面形状	圆形	断面尺寸	埋于墙里，不详		（在没有前廊柱的情况下，填写室内柱及特征）		
		柱身材料	木材	柱身收分	有	栌斗、托木	无	雀替	无		
		柱础	有	柱础形状	方形	柱础尺寸	埋于墙里，不详				
	台基	台基类型	普通台基	台基高度	1040	台基地面铺设材料		条形石材600×300			
	其他		——								
装修（小木作）（彩画）	门（正面）	板门		门楣	无	堆经	无		门帘	无	
	窗（正面）	牖窗		窗楣	无	窗套	有		窗帘	无	
	室内隔扇	隔扇	无	隔扇位置		——					
	室内地面、楼面	地面材料及规格	方砖(290×290)		楼面材料及规格		——				
	室内楼梯	楼梯	无	楼梯位置	——	楼梯材料	——		梯段宽度	——	
	天花、藻井	天花	无	天花类型	——	藻井	无		藻井类型	——	
	彩画	柱头	有	柱身	无	梁架	无		走马板	无	
		门、窗	有	天花	——	藻井	——		其他彩画	无	
	其他	悬塑	无	佛龛	无	匾额		福会寺			
装饰	室内	帷幔	无	幕帘彩绘	无	壁画	无		唐卡	无	
		经幡	无	经幢	有	柱毯	无		其他	——	
	室外	玛尼轮	无	苏勒德	无	宝顶	有		祥麟法轮	无	
		四角经幢	无	经幡	有	铜饰	无		石刻、砖雕	有	
		仙人走兽	1+2	壁画	无	其他		——			
陈设	室内	主佛像	四大天王、弥勒佛		佛像基座		须弥座				
		法座	无	藏经橱	无	经床	无	诵经桌	无	法鼓	无	玛尼轮	无	坛城	无	其他	——
	室外	旗杆	有	苏勒德	无	狮子	有	经幡	有	玛尼轮	无	香炉	有	五供	无	其他	——
	其他		——								
备注			——								
调查日期	2010/10/17		调查人员	李国保、付瑞峰		整理日期	2010/10/17		整理人员	付瑞峰	

福会寺 · 天王殿 · 档案照片

照片名称	正立面	照片名称	斜前方	照片名称	东立面

照片名称	西立面	照片名称	斜后方	照片名称	背立面

照片名称	宝顶	照片名称	台阶	照片名称	门

照片名称	窗1	照片名称	窗2	照片名称	室内正面

照片名称	室内侧面	照片名称	室内经幢	照片名称	梁架结构

备注		——			
摄影日期	2010/10/17	摄影人员	乔恩懋		

天王殿正前方

天王殿室内顶棚（左图）

天王殿正门（右图）

天王殿造像（左图）

天王殿斜前方（右图）

8.2 福会寺·大雄宝殿

单位：毫米

建筑名称	汉语正式名称	大雄宝殿				俗称		——		
概述	初建年	康熙十八年（1679年）			建筑朝向	南偏东约42°		建筑层数	—	
	建筑简要描述	汉式砖木混合结构体系，汉藏结合装饰风格								
	重建重修记载	1997年修缮								
		信息来源	寺庙资料							
结构规模	结构形式	砖木混合	相连的建筑	无			室内天井	无		
	建筑平面形式	"十"字形	外廊形式	前廊						
	通面阔	17800	开间数	7	明间 4220	次间 3920	梢间 1540	次梢间 ——	尽间 1330	
	通进深	22000	进深数	10	进深尺寸（前→后）		1350→3780→1430→1490→2870→2870 →1470→1460→3830→1450			
	柱子数量	——	柱子间距	横向尺寸	——		（藏式建筑结构体系填写此栏，不含廊柱）			
				纵向尺寸	——					
	其他	——								
建筑主体（大木作）（石作）（瓦作）	屋顶	屋顶形式	前后两个卷棚结合重檐歇山式屋顶			瓦作	布瓦			
	外墙	主体材料	红砖	材料规格	240×120×53	饰面颜色	砖红色			
		墙体收分	有	边玛檐墙	无	边玛材料	——			
	斗栱、梁架	斗栱	无	平身科斗口尺寸	——	梁架关系	卷棚六架梁，歇山吊顶不祥			
	柱、柱式（前廊柱）	形式	汉式	柱身断面形状	圆形	断面尺寸	周长 $C=1190$	（在没有前廊柱的情况下，填写室内柱及其特征）		
		柱身材料	木材	柱身收分	有	栌斗、托木	无	雀替 有		
		柱础	有	柱础形状	方形	柱础尺寸	760×760			
	台基	台基类型	普通台基	台基高度	670	台基地面铺设材料	方砖（290×290）			
	其他	——								
装修（小木作）（彩画）	门(正面)	隔扇门		门楣	无	堆经	无	门帘	无	
	窗（正面）	无		窗楣	——	窗套	——	窗帘	无	
	室内隔扇	隔扇	无	隔扇位置	——					
	室内地面、楼面	地面材料及规格	方砖（385×385）		楼面材料及规格	木板，规格不均				
	室内楼梯	楼梯	有	楼梯位置	进正门右侧	楼梯材料	木材	梯段宽度	1120	
	天花、藻井	天花	有	天花类型	井口天花	藻井	无	藻井类型	——	
	彩画	柱头	有	柱身	无	梁架	有	走马板	有	
		门、窗	无	天花	有	藻井	——	其他彩画	无	
	其他	悬塑	无	佛龛	无	匾额	无			
装饰	室内	帷幔	无	幕帘彩绘	无	壁画	有	唐卡	有	
		经幡	无	经幢	无	柱毯	无	其他	——	
	室外	玛尼轮	无	苏勒德	无	宝顶	有	祥麟法轮	无	
		四角经幢	无	经幡	有	铜饰	无	石刻、砖雕	无	
		仙人走兽	1+4	壁画	无	其他	无			
陈设	室内	主佛像	宗喀巴			佛像基座	须弥座			
		法座 无	藏经橱 无	经床 无	诵经桌 无	法鼓 无	玛尼轮 无	坛城 有	其他 ——		
	室外	旗杆 无	苏勒德 无	狮子 无	经幡 有	玛尼轮 无	香炉 有	五供 无	其他 ——		
	其他	——								
备注	——									
调查日期	2010/10/17	调查人员	李国保、付瑞峰	整理日期	2010/10/17	整理人员	付瑞峰			

大雄宝殿基本概况表1

福会寺·大雄宝殿·档案照片

照片名称	正立面	照片名称	斜前方	照片名称	东立面

照片名称	西立面	照片名称	斜后方	照片名称	翼角

照片名称	柱身	照片名称	柱头	照片名称	室外局部

照片名称	室内正面	照片名称	室内侧面	照片名称	室内局部

照片名称	室内二层正面	照片名称	室内二层侧面	照片名称	室内壁画

备注	—				
摄影日期	2010/10/17	摄影人员	乔恩懋		

大雄宝殿正前方

大雄宝殿二层柱廊
（左图）

大雄宝殿室内正面
（右图）

大雄宝殿侧面（左上图）

大雄宝殿檐部（左下图）

大雄宝殿室外柱子
（右图）

8.3 福会寺 · 无量寿佛殿

单位：毫米

建筑名称	汉语正式名称		无量寿佛殿			俗称		——		
概述	初建年		康熙十八年（1679年）			建筑朝向	南偏东约42°		建筑层数	一
	建筑简要描述		汉式砖木混合结构体系，汉藏结合装饰风格							
	重建重修记载		1997年修缮							
		信息来源	寺庙资料							
结构规模	结构形式		砖木混合	相连的建筑		无		室内天井		无
	建筑平面形式		长字形	外廊形式		前廊				
	通面阔		19490	开间数	5间	明间 4170	次间 3800	梢间 3860	次梢间 ——	尽间 ——
	通进深		9420	进深数	3间	进深尺寸（前→后）		1280→7080→1060		
	柱子数量	——		柱子间距	横向尺寸	——		（藏式建筑结构体系填写此栏，不含廊柱）		
					纵向尺寸	——				
	其他		——							
建筑主体（大木作）（石作）（瓦作）	屋顶	屋顶形式	硬山式屋顶			瓦作		布瓦		
	外墙	主体材料	青砖	材料规格		305×150×70		饰面颜色	红色	
		墙体收分	无	边玛檐墙		无		边玛材料		
	斗栱、梁架	斗栱	有	平身科斗口尺寸		80		梁架关系	七架梁	
	柱、柱式（前廊柱）	形式	汉式	柱身断面形状	圆形	断面尺寸		周长 C=1070	（在没有前廊柱的情况下，填写室内柱及特征）	
		柱身材料	木材	柱身收分	有	栌斗、托木		无	雀替	有
		柱础	有	柱础形状	圆形	柱础尺寸		直径 D=470		
	台基	台基类型	普通台基	台基高度	510	台基地面铺设材料		方砖（240×120）		
	其他		——							
装修（小木作）（彩画）	门（正面）		隔扇门	门楣	无	堆经	无	门帘	无	
	窗（正面）		牖窗	窗楣	无	窗套	无	窗帘	无	
	室内隔扇		隔扇	无	隔扇位置					
	室内地面、楼面		地面材料及规格	水泥砂浆抹平		楼面材料及规格		——		
	室内楼梯	楼梯	无	楼梯位置	——	楼梯材料	——	梯段宽度	——	
	天花、藻井	天花	无	天花类型	——	藻井	无	藻井类型	——	
	彩画	柱头	有	柱身	无	梁架	有	走马板	——	
		门、窗	有	天花	——	藻井	——	其他彩画	无	
	其他	悬塑	无	佛龛	无	匾额		无		
装饰	室内	帷幔	无	幕帘彩绘	无	壁画	有	唐卡	有	
		经幡	无	经幢	有	柱毯	无	其他	——	
	室外	玛尼轮	无	苏勒德	无	宝顶	有	祥麟法轮	无	
		四角经幢	无	经幡	有	铜饰	有	石刻、砖雕	有	
		仙人走兽	1+1	壁画	无	其他	无			
陈设	室内	主佛像	无量寿佛			佛像基座		须弥座		
		法座	无	藏经橱	无	经床 有	诵经桌 有	法鼓 有	玛尼轮 无	坛城 有	其他 ——
	室外	旗杆	无	苏勒德	无	狮子 无	经幡 有	玛尼轮 无	香炉 有	五供 无	其他 ——
	其他		——							
备注			——							
调查日期	2010/10/17		调查人员	李国保、付瑞峰		整理日期	2010/10/17		整理人员	付瑞峰

无量寿佛殿基本概况表1

福会寺 · 无量寿佛殿 · 档案照片

照片名称	斜前方	照片名称	侧立面	照片名称	斜后方

照片名称	背立面	照片名称	前廊	照片名称	宝顶

照片名称	台阶	照片名称	柱身	照片名称	室外壁画

照片名称	室内正面	照片名称	室内侧面	照片名称	室内经幢

照片名称	室内壁画1	照片名称	室内壁画2	照片名称	梁架结构

备注	——				
摄影日期	2010/10/17	摄影人员	乔恩慜		

无量寿佛殿基本概况表2

313

无量寿佛殿斜前方

无量寿佛殿室外柱子
（左图）
无量寿佛殿室外细部
（右图）

无量寿佛殿室内局部

8.4 福会寺·释迦牟尼殿

单位：毫米

<table>
<tr><td rowspan="2">建筑名称</td><td>汉语正式名称</td><td colspan="4">释迦牟尼殿</td><td>俗称</td><td colspan="3">——</td></tr>
<tr><td colspan="9"></td></tr>
<tr><td rowspan="5">概述</td><td>初建年</td><td colspan="3">康熙十八年（1679年）</td><td>建筑朝向</td><td>南偏东约42°</td><td>建筑层数</td><td colspan="2">一</td></tr>
<tr><td>建筑简要描述</td><td colspan="8">汉式砖木混合结构体系，汉藏结合式装饰风格</td></tr>
<tr><td rowspan="2">重建重修记载</td><td colspan="8">1997年修缮</td></tr>
<tr><td>信息来源</td><td colspan="7">寺庙资料</td></tr>
<tr><td></td><td colspan="9"></td></tr>
<tr><td rowspan="8">结构规模</td><td>结构形式</td><td colspan="2">砖木混合</td><td>相连的建筑</td><td colspan="2">无</td><td rowspan="2">室内天井</td><td colspan="2" rowspan="2">无</td></tr>
<tr><td>建筑平面形式</td><td colspan="2">"凹"字形</td><td>外廊形式</td><td colspan="2">无</td></tr>
<tr><td>通面阔</td><td colspan="2">12350</td><td>开间数</td><td>5</td><td>明间 3830</td><td>次间 2520</td><td>梢间 1740</td><td>次梢间 —— 尽间 ——</td></tr>
<tr><td>通进深</td><td colspan="2">6150</td><td>进深数</td><td>3</td><td>进深尺寸（前→后）</td><td colspan="3">1220→3500→1430</td></tr>
<tr><td rowspan="2">柱子数量</td><td colspan="2" rowspan="2">——</td><td rowspan="2">柱子间距</td><td>横向尺寸</td><td colspan="4" rowspan="2">——</td></tr>
<tr><td>纵向尺寸</td></tr>
<tr><td colspan="4"></td><td colspan="5">（藏式建筑结构体系填写此栏，不含廊柱）</td></tr>
<tr><td>其他</td><td colspan="8">——</td></tr>
<tr><td rowspan="10">建筑主体
（大木作）
（石作）
（瓦作）</td><td>屋顶</td><td>屋顶形式</td><td colspan="4">重檐歇山式屋顶</td><td>瓦作</td><td colspan="2">布瓦</td></tr>
<tr><td rowspan="2">外墙</td><td>主体材料</td><td colspan="2">青砖</td><td>材料规格</td><td>290×145×70</td><td>饰面颜色</td><td colspan="2">红色</td></tr>
<tr><td>墙体收分</td><td colspan="2">有</td><td>边玛檐墙</td><td colspan="2">无</td><td>边玛材料</td><td colspan="2"></td></tr>
<tr><td>斗栱、梁架</td><td>斗栱</td><td colspan="2">无</td><td>平身科斗口尺寸</td><td colspan="2">——</td><td>梁架关系</td><td colspan="2">五架梁</td></tr>
<tr><td rowspan="3">柱、柱式（前廊柱）</td><td>形式</td><td colspan="2">汉式</td><td>柱身断面形状</td><td>圆形</td><td>断面尺寸</td><td colspan="2">周长 C=950</td><td rowspan="3">（在没有前廊柱的情况下，填写室内柱及其特征）</td></tr>
<tr><td>柱身材料</td><td colspan="2">木材</td><td>柱身收分</td><td>有</td><td>栌斗、托木</td><td>无</td><td>雀替</td><td>有</td></tr>
<tr><td>柱础</td><td colspan="2">有</td><td>柱础形状</td><td>方形</td><td>柱础尺寸</td><td colspan="2">570×570</td></tr>
<tr><td>台基</td><td>台基类型</td><td colspan="2">普通台基</td><td>台基高度</td><td>590</td><td>台基地面铺设材料</td><td colspan="2">青砖240×120</td></tr>
<tr><td>其他</td><td colspan="8">——</td></tr>
<tr><td colspan="9"></td></tr>
<tr><td rowspan="9">装修
（小木作）
（彩画）</td><td>门(正面)</td><td colspan="2">隔扇门</td><td>门楣</td><td>无</td><td>堆经</td><td>无</td><td>门帘</td><td>无</td></tr>
<tr><td>窗（正面）</td><td colspan="2">槛窗</td><td>窗楣</td><td>无</td><td>窗套</td><td>无</td><td>窗帘</td><td>无</td></tr>
<tr><td>室内隔扇</td><td>隔扇</td><td>无</td><td>隔扇位置</td><td colspan="5">——</td></tr>
<tr><td>室内地面、楼面</td><td colspan="2">地面材料及规格</td><td colspan="2">石材方砖
（370×370）</td><td colspan="2">楼面材料及规格</td><td colspan="2"></td></tr>
<tr><td>室内楼梯</td><td>楼梯</td><td>无</td><td>楼梯位置</td><td>——</td><td>楼梯材料</td><td>——</td><td>梯段宽度</td><td>——</td></tr>
<tr><td>天花、藻井</td><td>天花</td><td>无</td><td>天花类型</td><td>——</td><td>藻井</td><td>无</td><td>藻井类型</td><td>——</td></tr>
<tr><td rowspan="2">彩画</td><td>柱头</td><td>有</td><td>柱身</td><td>无</td><td>梁架</td><td>有</td><td>走马板</td><td>有</td></tr>
<tr><td>门、窗</td><td>无</td><td>天花</td><td>——</td><td>藻井</td><td>——</td><td>其他彩画</td><td>无</td></tr>
<tr><td>其他</td><td>悬塑</td><td>无</td><td>佛龛</td><td>无</td><td>匾额</td><td colspan="3">无</td></tr>
<tr><td rowspan="6">装饰</td><td rowspan="2">室内</td><td>帷幔</td><td>无</td><td>幕帘彩绘</td><td>无</td><td>壁画</td><td>无</td><td>唐卡</td><td>无</td></tr>
<tr><td>经幡</td><td>无</td><td>经幢</td><td>无</td><td>柱毯</td><td>无</td><td>其他</td><td></td></tr>
<tr><td rowspan="3">室外</td><td>玛尼轮</td><td>无</td><td>苏勒德</td><td>无</td><td>宝顶</td><td>有</td><td>祥麟法轮</td><td>无</td></tr>
<tr><td>四角经幢</td><td>无</td><td>经幡</td><td>无</td><td>铜饰</td><td>无</td><td>石刻、砖雕</td><td>有</td></tr>
<tr><td>仙人走兽</td><td>无</td><td>壁画</td><td>无</td><td>其他</td><td colspan="3">无</td></tr>
<tr><td></td><td colspan="8"></td></tr>
<tr><td rowspan="5">陈设</td><td rowspan="2">室内</td><td>主佛像</td><td colspan="3">释迦牟尼</td><td>佛像基座</td><td colspan="3">须弥座</td></tr>
<tr><td>法座 无</td><td>藏经橱 无</td><td>经床 无</td><td>诵经桌 无</td><td>法鼓 无</td><td>玛尼轮 无</td><td colspan="2">坛城 无 其他 ——</td></tr>
<tr><td rowspan="2">室外</td><td>旗杆 无</td><td>苏勒德 无</td><td>狮子 无</td><td>经幡 无</td><td>玛尼轮 无</td><td>香炉 有</td><td colspan="2">五供 无 其他 ——</td></tr>
<tr><td colspan="8"></td></tr>
<tr><td>其他</td><td colspan="8">——</td></tr>
<tr><td>备注</td><td colspan="9">——</td></tr>
<tr><td>调查日期</td><td colspan="2">2010/10/17</td><td>调查人员</td><td colspan="2">付瑞峰</td><td>整理日期</td><td>2010/10/17</td><td>整理人员</td><td>付瑞峰</td></tr>
</table>

释迦牟尼殿基本情况表1

福会寺·释迦牟尼殿·档案照片

照片名称	斜前方	照片名称	东立面	照片名称	西立面

照片名称	斜后方	照片名称	台阶	照片名称	台基

照片名称	柱身	照片名称	柱头	照片名称	门

照片名称	室外局部	照片名称	室内正面	照片名称	室内侧面

照片名称	室内柱身	照片名称	室内彩绘	照片名称	梁架结构

备注	——				
摄影日期	2010/10/17	摄影人员	乔恩梽		

释迦牟尼殿斜前方
（左上图）

释迦牟尼殿檐部
（左下图）

释迦牟尼殿室内顶棚
（右图）

释迦牟尼殿侧面

释迦牟尼殿檐部
（左图）

释迦牟尼殿后门
（右图）

8.5 福会寺·弥勒佛殿

单位：毫米

建筑名称	汉语正式名称		弥勒佛殿					俗称			——		
概述	初建年		康熙十八年（1679年）					建筑朝向	南偏东约42°		建筑层数		一
	建筑简要描述		汉式砖木混合结构体系，汉藏结合式装饰风格										
	重建重修记载		1997年修缮										
		信息来源	寺庙资料										
结构规模	结构形式		砖木混合		相连的建筑		无			室内天井		无	
	建筑平面形式		长方形		外廊形式		前廊						
	通面阔		11900	开间数	3	明间	4160	次间	3870	梢间	——	次梢间 ——	尽间 ——
	通进深		10850	进深数	3	进深尺寸（前→后）			1500→7850→1500				
	柱子数量	——	柱子间距	横向尺寸		——		（藏式建筑结构体系填写此栏，不含廊柱）					
				纵向尺寸		——							
	其他		——										
建筑主体（大木作）（石作）（瓦作）	屋顶	屋顶形式	硬山式屋顶					瓦作		布瓦			
	外墙	主体材料	青砖		材料规格	270×145×60		饰面颜色		灰色			
		墙体收分	无		边玛檐墙	无		边玛材料		——			
	斗栱、梁架	斗栱	无		平身科斗口尺寸	——		梁架关系		七架梁			
	柱、柱式（前廊柱）	形式	汉式	柱身断面形状	圆形	断面尺寸	周长C=940		（在没有前廊柱的情况下，填写室内柱及其特征）				
		柱身材料	木材	柱身收分	有	栌斗、托木	无		雀替	有			
		柱础	有	柱础形状	方形	柱础尺寸	525×525						
	台基	台基类型	普通台基	台基高度	900	台基地面铺设材料		青砖400×400					
	其他		——										
装修（小木作）（彩画）	门(正面)		隔扇门		门楣	无		堆经	无		门帘		无
	窗（正面）		槛窗		窗楣	无		窗套	无		窗帘		无
	室内隔扇		隔扇	无	隔扇位置	——							
	室内地面、楼面		地面材料及规格	方砖（400×400）			楼面材料及规格		——				
	室内楼梯		楼梯	无	楼梯位置	——		楼梯材料	——		梯段宽度		——
	天花、藻井		天花	无	天花类型	——		藻井	无		藻井类型		——
	彩画		柱头	有	柱身	无		梁架	有		走马板		有
			门、窗	有	天花	——		藻井	——		其他彩画		无
	其他		悬塑	无	佛龛	无		匾额		无			
装饰	室内		帷幔	无	幕帘彩绘	无		壁画	无		唐卡		无
			经幡	无	经幢	无		柱毯	无		其他		——
	室外		玛尼轮	无	苏勒德	无		宝顶	有		祥麟法轮		无
			四角经幢	无	经幡	无		铜饰	无		石刻、砖雕		有
			仙人走兽	1+3	壁画	无		其他		无			
陈设	室内		主佛像	未来佛				佛像基座		须弥座			
			法座 无	藏经橱 无	经床 无	诵经桌 无	法鼓 无	玛尼轮 无	坛城 无		其他 ——		
	室外		旗杆 无	苏勒德 无	狮子 有	经幡 无	玛尼轮 无	香炉 有	五供 无		其他 ——		
	其他		——										
备注			——										
调查日期	2010/10/17		调查人员	李国保、付瑞峰		整理日期	2010/10/17		整理人员		付瑞峰		

福会寺·弥勒佛殿·档案照片

照片名称	斜前方	照片名称	前廊	照片名称	宝顶

照片名称	仙人走兽	照片名称	台阶	照片名称	台基

照片名称	柱身	照片名称	柱头	照片名称	门

照片名称	窗	照片名称	室外局部	照片名称	室内正面

照片名称	室内侧面	照片名称	室内彩绘	照片名称	梁架结构

备注			—		
摄影日期	2010/10/17	摄影人员		乔恩懋	

弥勒佛殿斜前方

弥勒佛殿佛像（左图）
弥勒佛殿正门（右图）

弥勒佛殿室外柱子
（左图）
弥勒佛殿室内顶棚
（右图）

8.6 福会寺·护法殿

护法殿室外柱子（左图）
护法殿斜前方（右图）

护法殿室内正前方（左图）
护法殿室内梁架结构（右图）

8.7 福会寺·莲花生殿

莲花生殿正前方

莲花生殿室外柱子（左图）
莲花生殿檐部（右图）

8.8 福会寺·毗诺撒哪殿

毗诺撒哪殿正前方

8.9 福会寺·山门

山门全景

山门辅助用房

8.10 福会寺·释迦牟尼殿东西侧厢房

释迦牟尼殿东厢房

释迦牟尼殿东厢房门
（左图）

释迦牟尼殿东厢房室内
局部（右图）

释迦牟尼殿东厢房斜前方

8.11　福会寺·四臂观音殿

四臂观音殿正前方

8.12　福会寺·钟楼、鼓楼、亭

亭正前方（右图）
鼓楼斜前方（左图）

鼓楼屋顶

8.13　福会寺·钟楼、鼓楼南侧配殿

8.14　福会寺·西园

钟楼、鼓楼南侧配殿
正前方

钟楼、鼓楼南侧配殿
局部（左图）
钟楼、鼓楼南侧配殿
檐部（右图）

西园室外柱（左图）
西园檐部（右图）

西园门（左图）
西园斜前方（右图）

8.15 福会寺·东院（遗址）

东院（遗址）1

东院（遗址）2
东院（遗址）3

东院（遗址）4
东院（遗址）5

⑨ 马日图庙(法轮寺) Maritu Temple

马日图庙大雄宝殿

马日图庙为原卓素图盟喀喇沁中旗（俗称喀喇沁贝子旗）寺庙，系该旗扎萨克家庙及旗境内规模最为宏大的藏传佛教寺庙。

乾隆十年（1745年），喀喇沁中旗第三任扎萨克齐各克始建寺庙，于嘉庆八年（1803年）竣工。有学者称该寺建在辽、金、元时期的灵隆寺废墟之上。寺庙汉名为法轮寺，蒙古名为马日图庙、好若庙。以该庙为中心，后有大佛寺，东有普昭寺，西有白塔寺等寺院，形成一座寺庙群。

寺庙建筑风格为汉式风格。寺庙建筑占地3600平方米以上，有3间天王殿、钟楼、鼓楼、旃檀寺（释迦牟尼殿）、双层大雄宝殿、单檐双层东西配殿、八角形三层藏经楼、双层罗汉殿、东西配殿（西配殿为丹珠尔殿、东配殿为吉祥天母佛殿）等殿宇。寺庙共有14座主体建筑，8座辅助建筑。

喀喇沁中旗第四任扎萨克玛哈巴拉执政时期向理藩院请求由西藏派出达喇嘛来寺主持，班禅依允，并从日喀则选派藏族喇嘛1名到该庙任达喇嘛。先后曾有9名藏族喇嘛，共24代达喇嘛任职。

"土地改革"运动起寺庙建筑群逐年被毁。"文化大革命"期间，寺庙部分殿宇被用作战备粮库，留存至今。1992年起在该寺第25代住持希日布尼玛的主持下开始重建寺庙，经十余年的修缮和重建，已建起山门、天王殿、旃檀殿、钟鼓楼、观音殿、地藏菩萨殿、大雄宝殿、药师殿、护法殿、灵隆寺等殿宇。

参考文献：
［1］宁城县志编委会.宁城县志.呼和浩特:内蒙古人民出版社,1992.

［2］唐吉思.蒙古族佛教文化调查研究.沈阳:辽宁民族出版社,2010.

［3］德勒格.内蒙古喇嘛教史.呼和浩特:内蒙古人民出版社,1998.

马日图庙旃檀殿

马日图庙·基本概况 1

寺院蒙古语藏语名称	蒙古语	ᠮᠣᠷᠢᠲᠦ ᠰᠦᠮᠡ	寺院汉语名称	汉语正式名称	法轮寺
	藏语	བཀྲ་ཤིས་ཆོས་འཁོར་གླིང་།		俗称	马日图庙
	汉语语义	——	寺院汉语名称的由来		——
所在地	内蒙古自治区赤峰市宁城县大城子镇			东经 118° 54′	北纬 41° 42′
初建年	乾隆十年（1745年）		保护等级	自治区级文物保护单位	
盛期时间	1857—1946年		盛期喇嘛僧/现有喇嘛僧数	500余人/17人	

历史沿革	1745年，始建寺庙。 1803年，寺庙建筑工程竣工。 20世纪30年代，藏经楼被拆毁。 20世纪50年代，佛殿被大火烧毁。 约在1856年，在寺庙东北角新建8座小型舍利塔，1958年"大跃进"时被拆除。 1947年，军队进驻寺庙，同年农历正月初三寺庙起火，烧毁了大佛寺。 1952—1992年，马日图庙被当作粮库占用。 1992年，建立马日图庙管理委员会。 1998年，举行天王殿开光法会。 2006年，寺庙被公布为内蒙古自治区重点文物保护单位
资料来源	[1] 宁城县志编委会.宁城县志.呼和浩特:内蒙古人民出版社,1992. [2] 唐吉思.蒙古族佛教文化调查研究.沈阳:辽宁民族出版社,2010. [3] 德勒格.内蒙古喇嘛教史.呼和浩特:内蒙古人民出版社,1998. [4] 调研访谈记录，2010.

现状描述	寺庙整体呈长方形，坐北朝南、中轴对称式布局，活佛府院落位于寺庙院落东侧	描述时间	2010/10/18
		描述人	付瑞峰
调查日期	2010/10/18	调查人员	李国保、宝山、乔恩懋、付瑞峰

马日图庙·基本概况 2

现存建筑	大雄宝殿	地藏殿	关公殿	已毁建筑	大佛寺	瞻坛寺
	护法殿	药师殿	旗檀殿		老爷庙	——
	菩萨殿	长寿殿	天王殿		八角形三层藏经楼	——
	韦陀殿	钟楼鼓楼	灵隆寺	信息来源	《佛境法轮寺》	

区位图	

赤峰市地图

马日图庙（法轮寺）

总平面图	

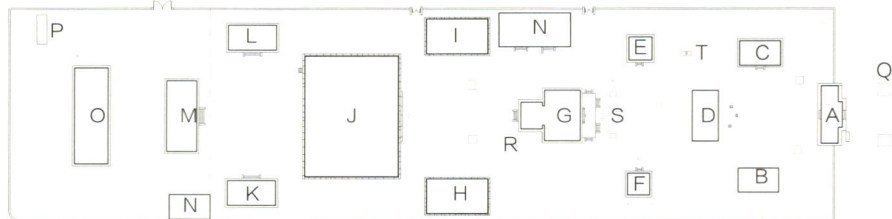

北

A.山 门	E.钟 楼	I.药师殿	M.灵隆寺	Q.石 狮
B.关公殿	F.鼓 楼	J.大雄宝殿	N.喇嘛居所	R.古 松
C.韦陀殿	G.旗檀殿	K.长寿殿	O.正在施工	S.香 炉
D.天王殿	H.地藏殿	L.护法殿	P.厕所	T.钟

调查日期	2010/10/18	调查人员	李国保、宝山、乔恩懋、付瑞峰

A.山 门
B.关公殿
C.韦陀殿
D.天王殿
E.钟 楼
F.鼓 楼
G.旃檀殿
H.地藏殿
I.药师殿
J.大雄宝殿
K.长寿殿
L.护法殿
M.灵隆寺
N.喇嘛居所
O.正在施工
P.厕所
Q.石 狮
R.古 松
S.香 炉
T.钟

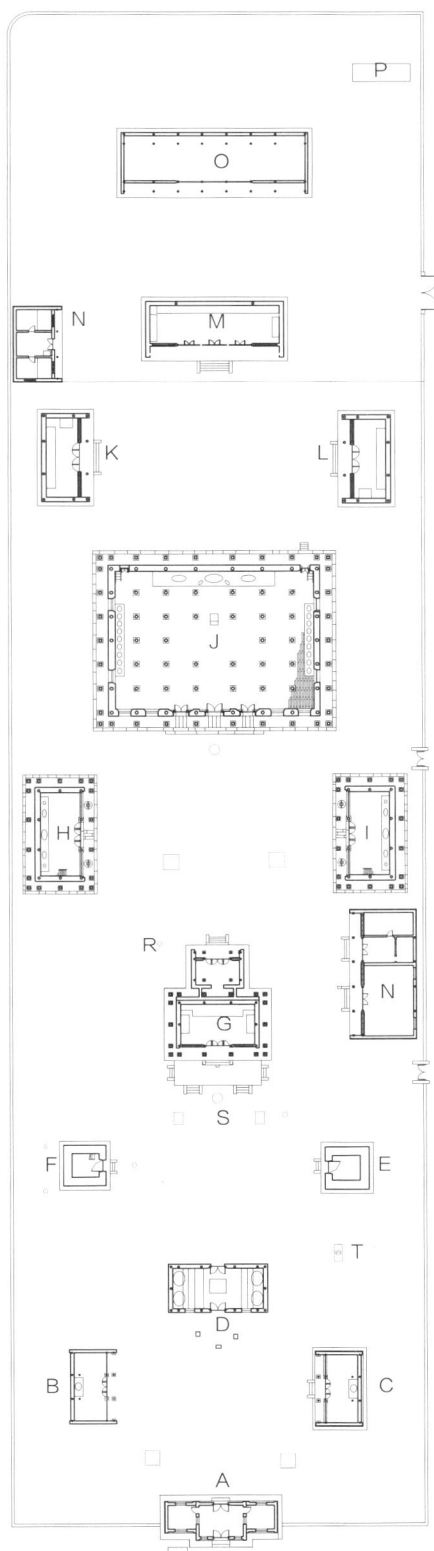

北

马日图庙总平面图

9.1 马日图庙·四大天王殿

单位：毫米

建筑名称	汉语正式名称	四大天王殿			俗称		天王殿		
概述	初建年	——			建筑朝向	南偏西约15°	建筑层数	一	
	建筑简要描述	汉式砖木混合结构体系，汉藏结合装饰风格，歇山式屋顶							
	重建重修记载	——							
		信息来源	——						
结构规模	结构形式	砖木混合	相连的建筑	无			室内天井	无	
	建筑平面形式	长方形	外廊形式	无					
	通面阔	12000	开间数	5	明间 4260	次间 2920	梢间 950	次梢间	尽间
	通进深	5650	进深数	2	进深尺寸（前→后）		2840→2810		
	柱子数量	——	柱子间距	横向尺寸	——		（藏式建筑结构体系填写此栏，不含廊柱）		
				纵向尺寸	——				
	其他	——							
建筑主体 (大木作)(石作)(瓦作)	屋顶	屋顶形式	歇山式屋顶			瓦作	琉璃瓦		
	外墙	主体材料	红砖	材料规格	240×120×53	饰面颜色	红色		
		墙体收分	无	边玛檐墙	无	边玛材料	——		
	斗栱、梁架	斗栱	无	平身科斗口尺寸	——	梁架关系	七架梁		
	柱、柱式（前廊柱）	形式	汉式	柱身断面形状	圆形	断面尺寸	埋于墙里，不详	（在没有前廊的情况下，填写室内柱及其特征）	
		柱身材料	木材	柱身收分	有	栌斗、托木	无	雀替	有
		柱础	有	柱础形状	不详(无露明)	柱础尺寸	埋于墙里，不详		
	台基	台基类型	普通台基	台基高度	780	台基地面铺设材料	条形石材。规格不均		
	其他	——							
装修 (小木作)(彩画)	门(正面)	板门	门楣	无	堆经	无	门帘	无	
	窗（正面）	槅窗	窗楣	无	窗套	有	窗帘	无	
	室内隔扇	隔扇	无	隔扇位置					
	室内地面、楼面	地面材料及规格	青砖(320×150)	楼面材料及规格	——				
	室内楼梯	楼梯	无	楼梯位置	——	楼梯材料	——	梯段宽度	——
	天花、藻井	天花	无	天花类型	——	藻井	无	藻井类型	——
	彩画	柱头	有	柱身	无	梁架	有	走马板	有
		门、窗	无	天花	——	藻井	——	其他彩画	无
	其他	悬塑	无	佛龛	无	匾额	无		
装饰	室内	帷幔	无	幕帘彩绘	无	壁画	无	唐卡	无
		经幡	无	经幢	无	柱毯	无	其他	——
	室外	玛尼轮	无	苏勒德	无	宝顶	有	祥麟法轮	无
		四角经幢	无	经幡	无	铜饰	无	石刻、砖雕	无
		仙人走兽	5	壁画	无	其他			
陈设	室内	主佛像	四大天王、弥勒佛		佛像基座	普通台基，须弥座			
		法座 无	藏经橱 无	经床 无	诵经桌 无	法鼓 无	玛尼轮 无	坛城 无	其他 ——
	室外	旗杆 有	苏勒德 无	狮子 有	经幡 无	玛尼轮 无	香炉 有	五供 无	其他 ——
	其他	——							
备注	天王殿无廊柱，殿内无柱								
调查日期	2010/10/18	调查人员	李国保、付瑞峰	整理日期	2010/10/18	整理人员	付瑞峰		

四大天王殿基本概况表1

马日图庙 · 四大天王殿 · 档案照片

照片名称	正立面	照片名称	斜前方	照片名称	西立面

照片名称	斜后方	照片名称	背立面	照片名称	宝顶

照片名称	仙人走兽	照片名称	台阶	照片名称	台基

照片名称	门	照片名称	窗	照片名称	室内正面

照片名称	室内侧面	照片名称	梁架结构	照片名称	外墙

备注	—				
摄影日期	2010/10/18	摄影人员	乔恩懋		

四大天王殿基本概况表2

四大天王殿正前方

四大天王殿檐部（左图）
四大天王殿窗（右图）

四大天王殿正门（左图）
四大天王殿斜后方
（右图）

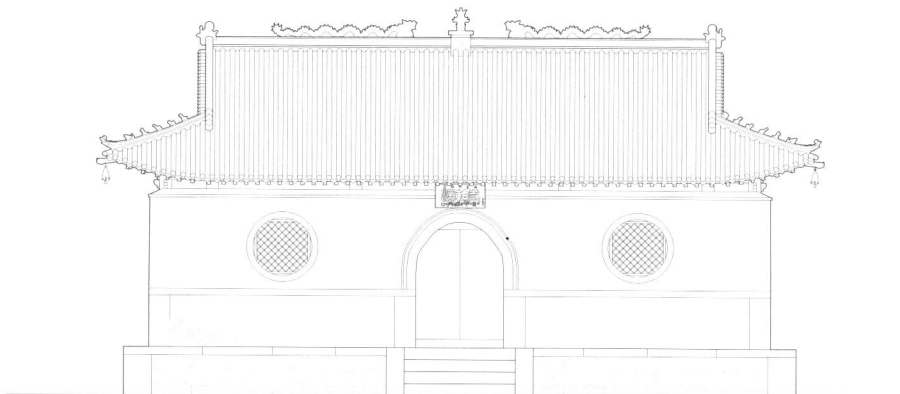

四大天王殿正立面

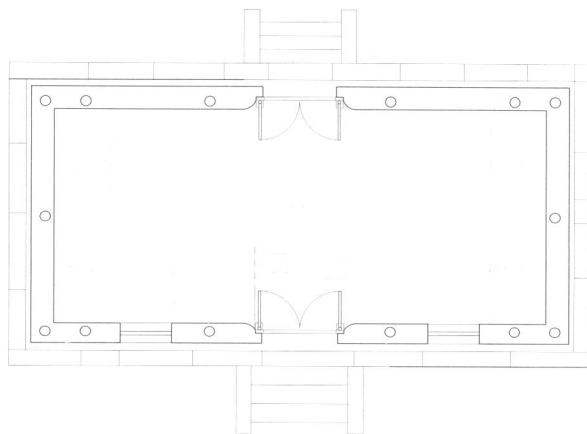

四大天王殿平面图

四大天王殿剖面图

9.2 马日图庙·旃檀殿

单位：毫米

建筑名称	汉语正式名称	旃檀殿					俗称		——	
概述	初建年	乾隆十年（1745年）				建筑朝向	南偏西约15°	建筑层数	一	
	建筑简要描述	汉式砖木混合结构体系，汉藏结合装饰风格								
	重建重修记载	建于1745年，毁于1949年								
		信息来源	佛境法轮寺.吕高峰.香港：中国文化出版社，2010,6.							
结构规模	结构形式	砖木混合		相连的建筑	观音殿			室内天井	无	
	建筑平面形式	长方形		外廊形式	半回廊					
	通面阔	11990	开间数	5间	明间	3390	次间	3220	梢间 1080 次梢间 —— 尽间 ——	
	通进深	13630	进深数	7间	进深尺寸（前→后）	1160→2880→2880→1130→1870→2790→920				
	柱子数量	——	柱子间距	横向尺寸	——		（藏式建筑结构体系填写此栏，不含廊柱）			
				纵向尺寸	——					
	其他									
建筑主体（大木作）（石作）（瓦作）	屋顶	屋顶形式	重檐歇山式屋顶					瓦作	布瓦	
	外墙	主体材料	青砖	材料规格	310×140×60			饰面颜色	砖红色	
		墙体收分	无	边玛檐墙	无			边玛材料	无	
	斗栱、梁架	斗栱	无	平身科斗口尺寸	——			梁架关系	不详（吊顶）	
	柱、柱式（前廊柱）	形式	汉式	柱身断面形状	方形	断面尺寸	240×240		（在没有前廊柱的情况下，填写室内柱及其特征）	
		柱身材料	木材	柱身收分	有	栌斗、托木	无	雀替	有	
		柱础	有	柱础形状	方形	柱础尺寸	580×580			
	台基	台基类型	普通台基	台基高度	960	台基地面铺设材料	水泥砂浆抹平			
	其他									
装修（小木作）（彩）	门(正面)	隔扇门		门楣	无	堆经	无	门帘	无	
	窗（正面）	槛窗		窗楣	无	窗套	无	窗帘	无	
	室内隔扇	隔扇	无	隔扇位置	——					
	室内地面、楼面	地面材料及规格	水泥砂浆抹平		楼面材料及规格	——				
	室内楼梯	楼梯	无	楼梯位置	——	楼梯材料	——	梯段宽度	——	
	天花、藻井	天花	有	天花类型	井口天花	藻井	无	藻井类型	——	
	彩画	柱头	有	柱身	无	梁架	有	走马板	有	
		门、窗	无	天花	有	藻井	无	其他彩画	无	
	其他	悬塑	无	佛龛	无	匾额	无			
装饰	室内	帷幔	无	幕帘彩绘	无	壁画	有	唐卡	有	
		经幡	无	经幢	无	柱毯	无	其他	——	
	室外	玛尼轮	无	苏勒德	无	宝顶	有	祥麟法轮	无	
		四角经幢	无	经幡	无	铜饰	无	石刻、砖雕	无	
		仙人走兽	1+4	壁画	无	其他	无			
陈设	室内	主佛像	宗喀巴			佛像基座	须弥座			
		法座	无	藏经橱	有	经床	有	诵经桌	有	法鼓 无 玛尼轮 无 坛城 有 其他 ——
	室外	旗杆	无	苏勒德	无	狮子	有	经幡	有	玛尼轮 无 香炉 有 五供 无 其他 ——
	其他	——								
备注	——									
调查日期	2010/10/18	调查人员	李国保、付瑞峰	整理日期	2010/10/18	整理人员	付瑞峰			

马日图庙 · 旃檀殿 · 档案照片

照片名称	正立面	照片名称	斜前方	照片名称	东立面
照片名称	西立面	照片名称	斜后方	照片名称	背立面
照片名称	前廊	照片名称	宝顶	照片名称	柱身
照片名称	柱头	照片名称	门	照片名称	室内正面
照片名称	室内侧面1	照片名称	室内侧面2	照片名称	梁身彩绘
备注	—				
摄影日期	2010/10/18	摄影人员	乔恩懋		

旃檀殿基本概况表2

旃檀殿正前方

旃檀殿侧面

旃檀殿廊（左图）
旃檀殿檐部（右图）

旃檀殿室内侧面

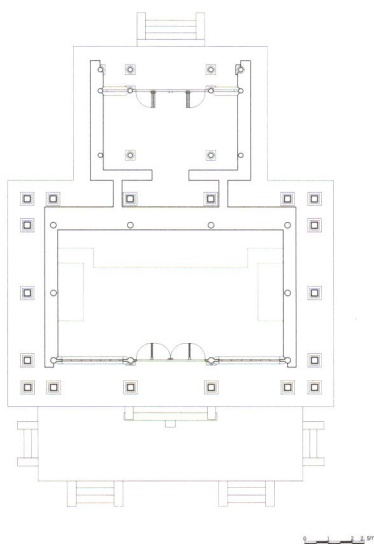

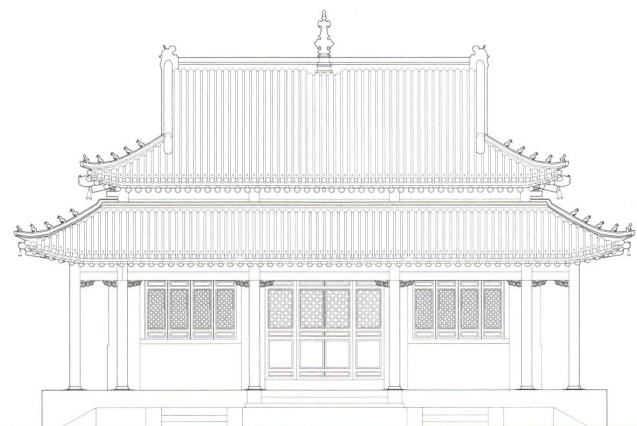

旃檀殿平面图（左图）
旃檀殿正立面（右图）

9.3 马日图庙·大雄宝殿

单位：毫米

建筑名称	汉语正式名称			大雄宝殿			俗称			——	
概述	初建年		——			建筑朝向	南偏西约15°		建筑层数		二
	建筑简要描述		汉式砖木混合结构体系，汉藏结合装饰风格								
	重建重修记载		——								
		信息来源	——								
结构规模	结构形式	砖木混合		相连的建筑	无			室内天井		回字形天井	
	建筑平面形式	长方形		外廊形式	回廊						
	通面阔	29060		开间数	9	明间 4720	次间 3790	梢间 3790	次梢间 3170	尽间 1420	
	通进深	21860		进深数	8	进深尺寸（前→后）		1450→3140→3200→3160→3110→3160→3150→1490			
	柱子数量	——		柱子间距	横向尺寸	——		（藏式建筑结构体系填写此栏，不含廊柱）			
					纵向尺寸	——					
	其他	——									
建筑主体（大木作）（石作）（瓦作）	屋顶	屋顶形式		三重檐歇山式屋顶				瓦作		布瓦	
	外墙	主体材料	青砖	材料规格	300×150×60			饰面颜色		红色	
		墙体收分	无	边玛檐墙	无			边玛材料		——	
	斗拱、梁架	斗拱	无	平身科斗口尺寸	——			梁架关系		不详（吊顶）	
	柱、柱式（前廊柱）	形式	汉式	柱身断面形状	方形	断面尺寸		360×360		（在没有前廊柱的情况下，填写室内柱及特征）	
		柱身材料	石材	柱身收分	有	栌斗、托木		无	雀替	有	
		柱础	有	柱础形状	方形	柱础尺寸		700×700			
	台基	台基类型	普通台基	台基高度	360	台基地面铺设材料		水泥砂浆抹平			
	其他	——									
装修（小木作）（彩画）	门(正面)	拱形板门		门楣	无	堆经	无	门帘	无		
	窗（正面）	拱形牖窗		窗楣	无	窗套	无	窗帘	无		
	室内隔扇	隔扇	有	隔扇位置	二楼室内外空间分割						
	室内地面、楼面	地面材料及规格		木地板1210×194		楼面材料及规格		木地板（规格不均）			
	室内楼梯	楼梯	有	楼梯位置	殿内东北、西北拐角	楼梯材料	木材	梯段宽度	800		
	天花、藻井	天花	有	天花类型	井口天花	藻井	无	藻井类型	——		
	彩画	柱头	有	柱身	无	梁架	有	走马板	无		
		门、窗	有	天花	有	藻井	——	其他彩画	无		
	其他	悬塑	无	佛龛	有	匾额	无				
装饰	室内	帷幔	无	幕帘彩绘	无	壁画	无	唐卡	有		
		经幡	有	经幢	有	柱毯	无	其他	——		
	室外	玛尼轮	无	苏勒德	无	宝顶	有	祥麟法轮	无		
		四角经幢	无	经幡	无	铜饰	无	石刻、砖雕	有		
		仙人走兽	1+4	壁画	无	其他	无				
陈设	室内	主佛像		释迦牟尼		佛像基座		须弥座			
		法座	有	藏经橱	无	经床	有	诵经桌	有	法鼓	有	玛尼轮	无	坛城	有	其他	——
	室外	旗杆	无	苏勒德	无	狮子	有	经幡	无	玛尼轮	无	香炉	有	五供	无	其他	——
	其他	——									
备注	——										

调查日期	2010/10/18	调查人员	李国保、付瑞峰	整理日期	2010/10/18	整理人员	付瑞峰

马日图庙·大雄宝殿·档案照片

照片名称	正立面	照片名称	斜前方	照片名称	侧立面

照片名称	斜后方	照片名称	背立面	照片名称	祥麟法轮

照片名称	翼角	照片名称	柱身	照片名称	柱头

照片名称	柱础	照片名称	门	照片名称	室外局部

照片名称	室内柱身	照片名称	室内彩绘	照片名称	室内天井

备注	──				
摄影日期	2010/10/18	摄影人员	乔恩懋		

大雄宝殿正前方

大雄宝殿斜前方

大雄宝殿匾额（左图）
大雄宝殿柱头（右图）

大雄宝殿室内正面
（左图）
大雄宝殿室内局部
（右图）

北

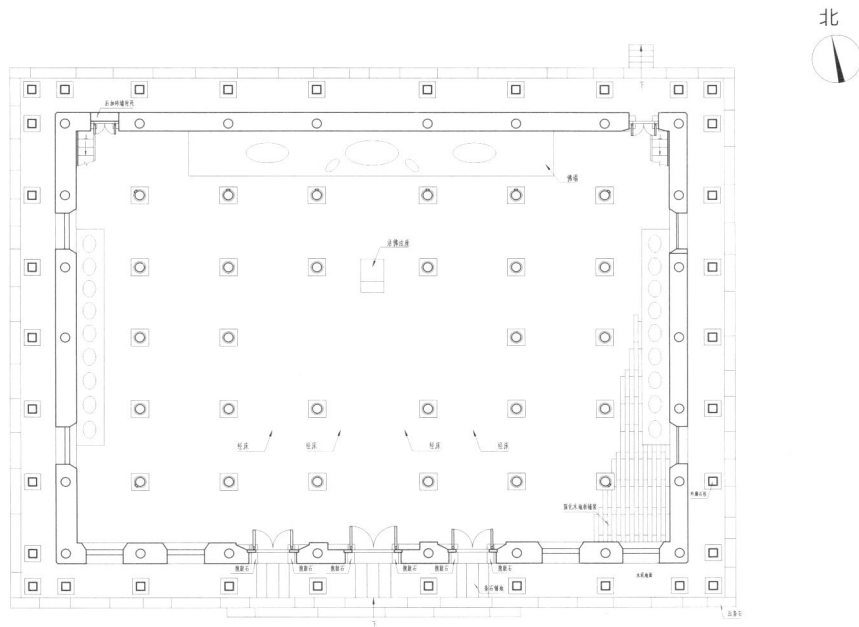

大雄宝殿平面图

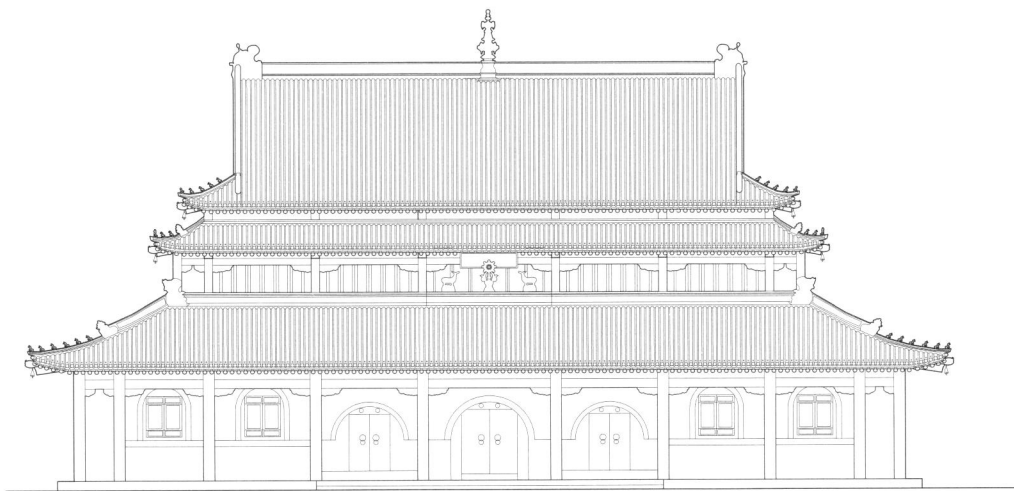

大雄宝殿立面图

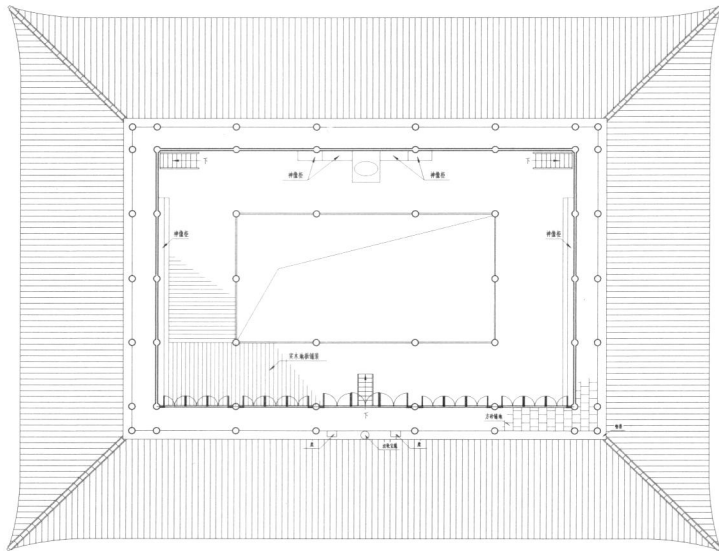

大雄宝殿二层平面图

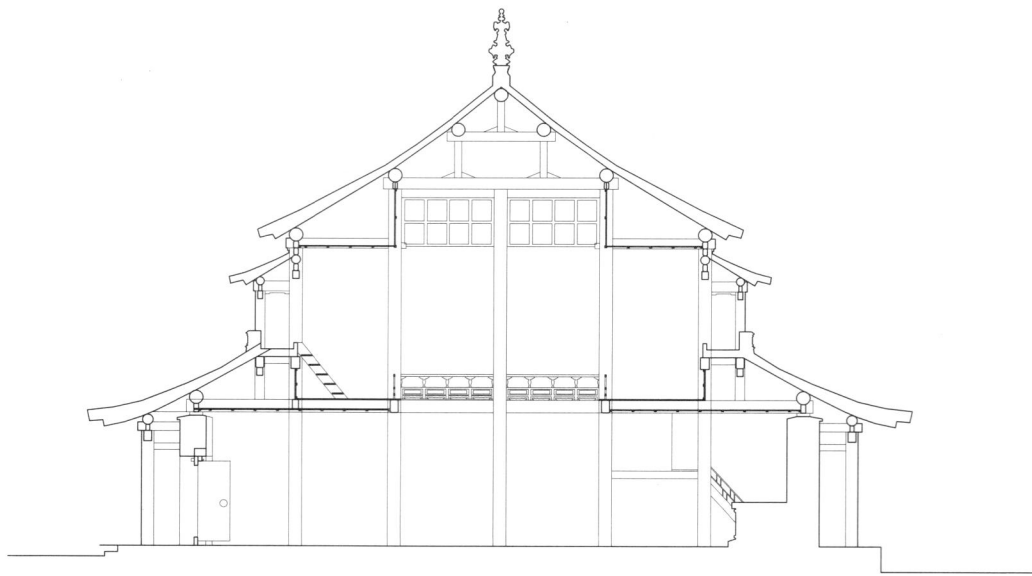

大雄宝殿剖面图

9.4 马日图庙·灵隆寺

单位：毫米

建筑名称	汉语正式名称		灵隆寺				俗称		——			
概述	初建年		清康熙十八年（1679年）			建筑朝向		南偏西约15°		建筑层数		一
	建筑简要描述		汉式砖木混合结构体系，汉藏结合式装饰风格									
	重建重修记载		——									
		信息来源	——									
结构规模	结构形式		砖木混合		相连的建筑		无		室内天井		无	
	建筑平面形式		长方形		外廊形式		前廊					
	通面阔		16500	开间数	5	明间	3400	次间	3200 梢间	3350	次梢间 —— 尽间 ——
	通进深		6630	进深数	3	进深尺寸（前→后）		1230→4170→1230			
	柱子数量		——	柱子间距	横向尺寸	——		（藏式建筑结构体系填写此栏，不含廊柱）			
					纵向尺寸	——					
	其他		——								
建筑主体（大木作）（石作）（瓦作）	屋顶	屋顶形式	歇山式屋顶					瓦作	琉璃瓦		
	外墙	主体材料	红砖	材料规格	3000×150×75			饰面颜色	红色		
		墙体收分	无	边玛檐墙	——			边玛材料	——		
	斗栱、梁架	斗栱	无	平身科斗口尺寸	——			梁架关系	五架梁		
	柱、柱式（前廊柱）	形式	汉式	柱身断面形状	圆形	断面尺寸	周长C=930		（在没有前廊柱的情况下，填写室内柱及其特征）		
		柱身材料	木材	柱身收分	有	栌斗、托木	无	雀替	有		
		柱础	有	柱础形状	圆形	柱础尺寸	周长C=1300				
	台基	台基类型	普通台基	台基高度	770	台基地面铺设材料		红砖（240×120）			
	其他		——								
装修（小木作）（彩画）	门(正面)		隔扇门		门楣	无	堆经	无	门帘	无	
	窗（正面）		槛窗		窗楣	无	窗套	无	窗帘	无	
	室内隔扇		隔扇	无	隔扇位置	——					
	室内地面、楼面	地面材料及规格	木板（规格不均）		楼面材料及规格	——					
	室内楼梯	楼梯	无	楼梯位置	——	楼梯材料	——	梯段宽度	——		
	天花、藻井	天花	有	天花类型	井口天花	藻井	无	藻井类型	——		
	彩画	柱头	有	柱身	无	梁架	有	走马板	无		
		门、窗	无	天花	有	藻井	——	其他彩画	无		
	其他	悬塑	无	佛龛	有	匾额	无				
装饰	室内	帷幔	无	幕帘彩绘	无	壁画	无	唐卡	无		
		经幡	无	经幢	有	柱毯	无	其他	——		
	室外	玛尼轮	无	苏勒德	无	宝顶	有	祥麟法轮	无		
		四角经幢	无	经幡	无	铜饰	无	石刻、砖雕	无		
		仙人走兽	1+6	壁画	有	其他	无				
陈设	室内	主佛像	释迦牟尼			佛像基座	须弥座				
		法座	无	藏经橱	有	经床	无	诵经桌	无	法鼓	无	玛尼轮 无 坛城 有 其他 ——
	室外	旗杆	无	苏勒德	无	狮子	无	经幡	无	玛尼轮	无	香炉 有 五供 无 其他 ——
	其他		——								
备注		——									
调查日期	2010/10/18	调查人员	李国保、付瑞峰	整理日期	2010/10/18	整理人员	付瑞峰				

灵隆寺基本概况表1

马日图庙·灵隆寺·档案照片

照片名称	正立面	照片名称	斜前方	照片名称	东立面

照片名称	西立面	照片名称	斜后方	照片名称	背立面

照片名称	前廊	照片名称	柱身	照片名称	柱头

照片名称	室外局部	照片名称	室外梁身彩绘	照片名称	门

照片名称	室内侧面	照片名称	室内天花	照片名称	室外壁画

备注	——				
摄影日期	2010/10/18	摄影人员	乔恩懋		

灵隆寺斜前方

灵隆寺檐部（左图）
灵隆寺柱头（右图）

灵隆寺正前方

灵隆寺一层平面图

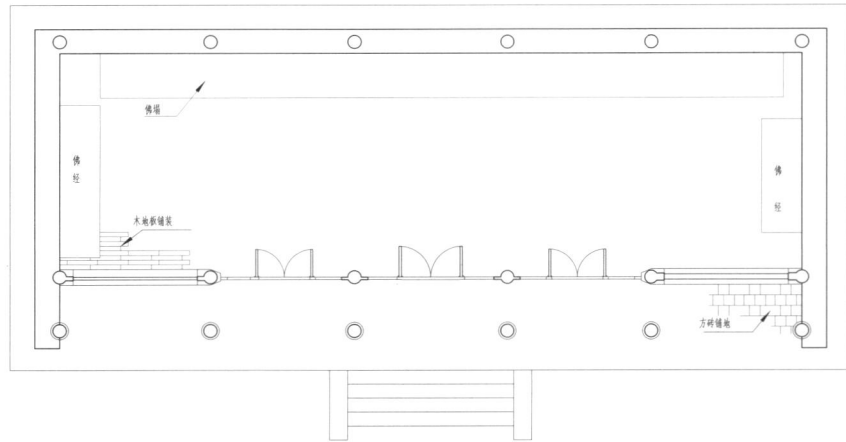

佛堂

佛经

佛经

木地板铺装

方砖铺地

0 1 2 2.5m

灵隆寺立面图

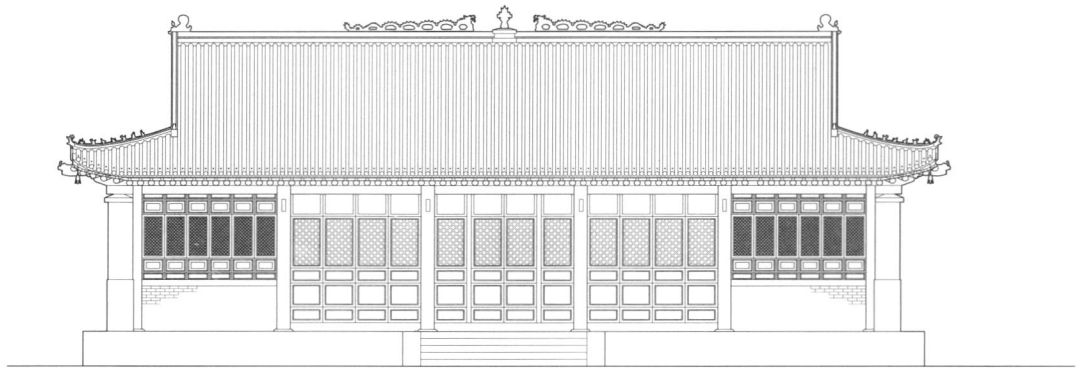

灵隆寺剖面图

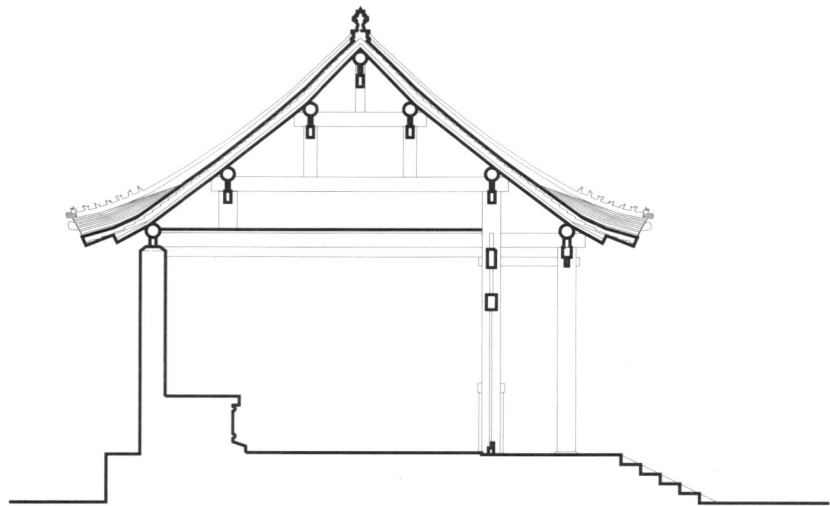

9.5 马日图庙·山门

山门正前方

山门背立面

山门斜前方

山门平面图

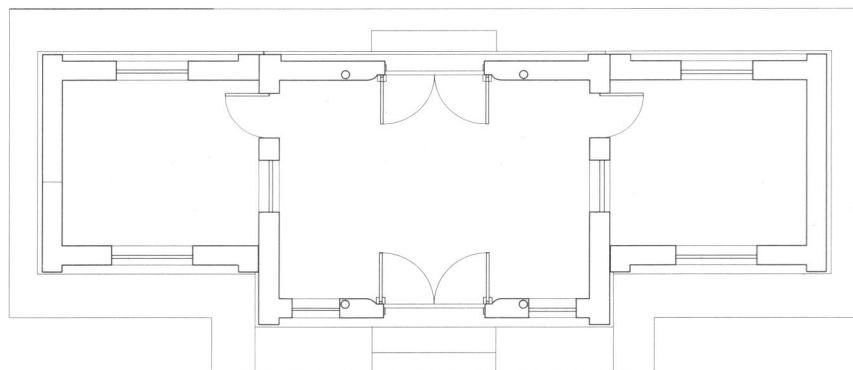

山门立面图

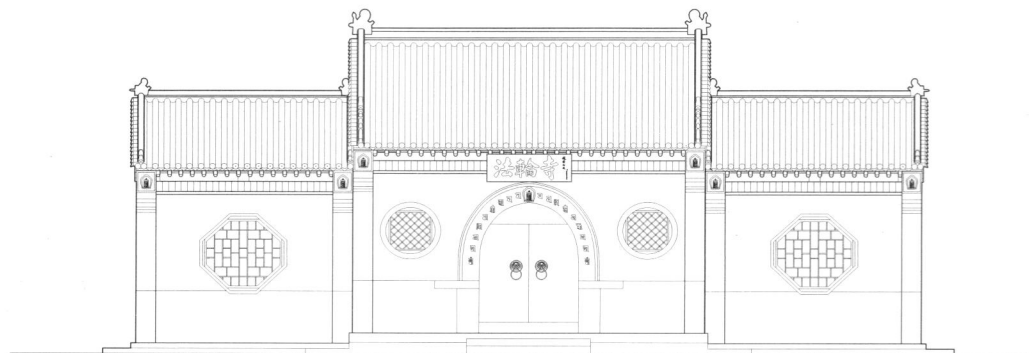

山门剖面图

9.6 马日图庙·关公殿

9.7 马日图庙·韦陀殿

关公殿正前方（右图）

关公殿窗户（左图）

韦陀殿正前方

韦陀殿侧面（左图）
韦陀殿室外柱头（右图）

韦陀殿一层平面图

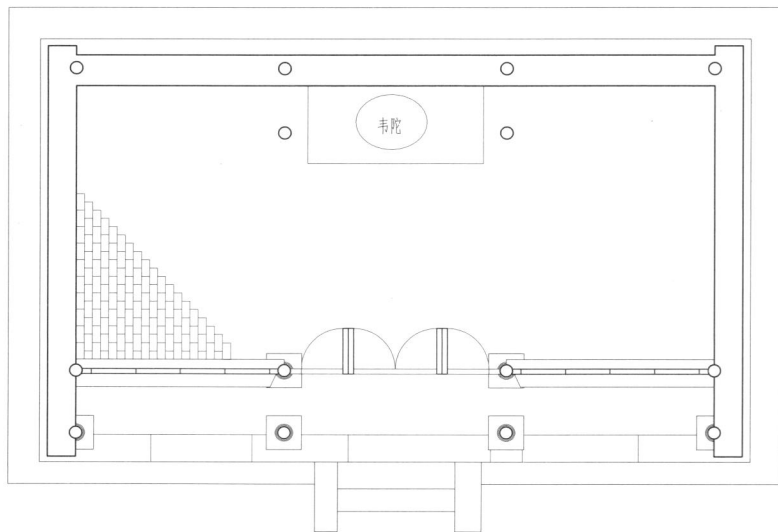

0　　1　　2　2.5m

韦陀殿立面图

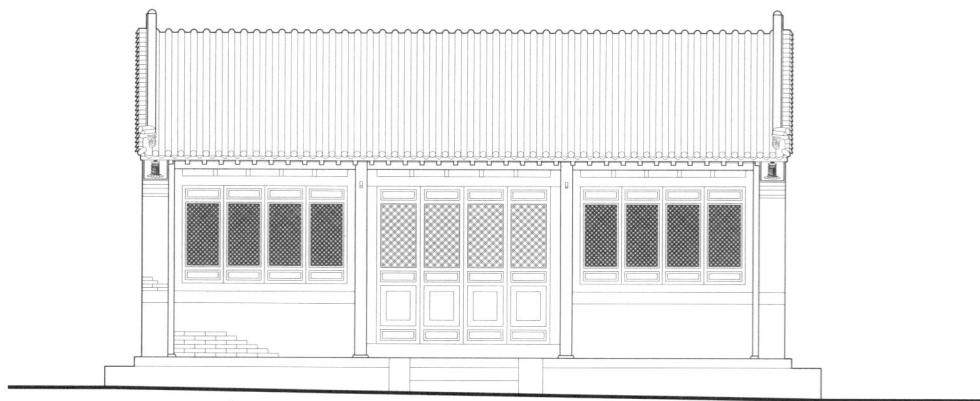

0　　1　　2　2.5m

9.8 马日图庙·钟鼓楼

钟楼檐部

钟楼门（右上图）

钟楼斜前方（左图）
钟楼侧面（右下图）

韦陀殿钟楼一层平面图
（左图）
韦陀殿钟楼二层平面图
（右图）

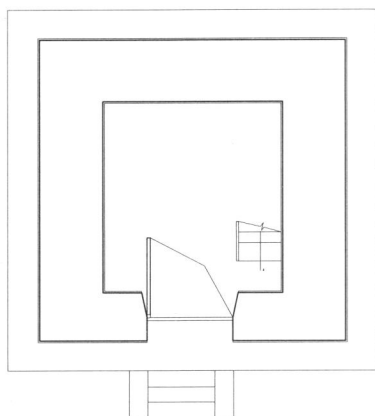

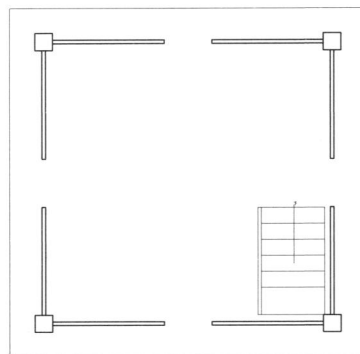

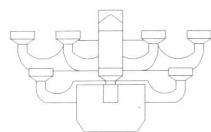

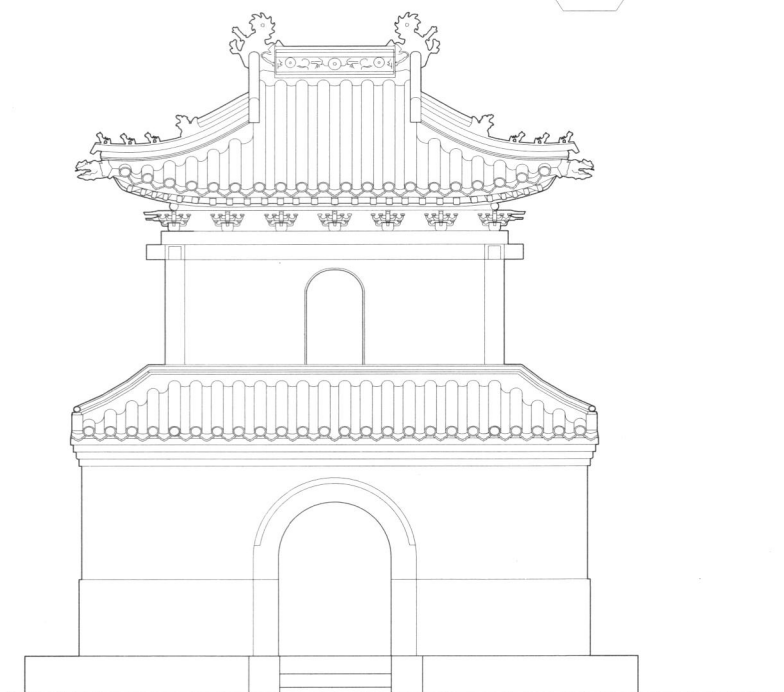

0　1　2 2.5m

韦陀殿钟楼立面图

9.9　马日图庙·地藏王菩萨殿

地藏王菩萨殿侧面
（左图）
地藏王菩萨殿门（右图）

地藏王菩萨殿檐部
（左图）
地藏王菩萨殿室外柱头
（右图）

地藏王菩萨殿正前方

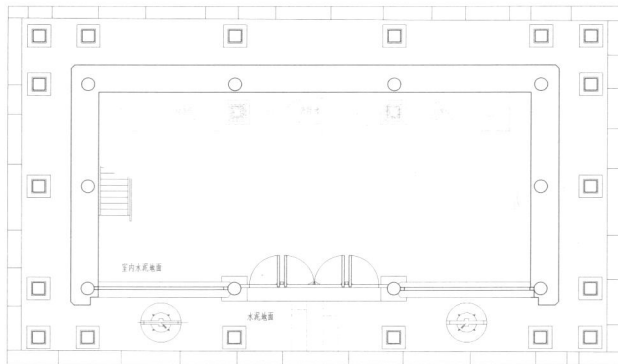

地藏王菩萨殿一层平面图

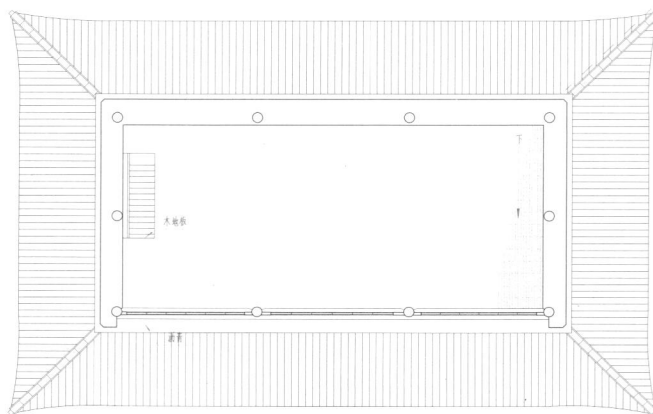

地藏王菩萨殿二层平面图

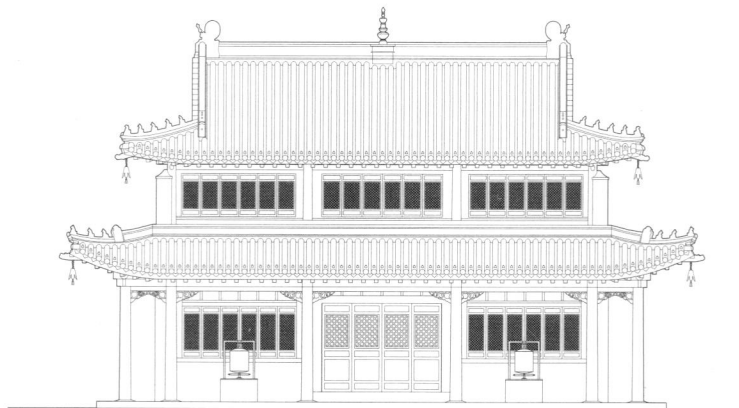

地藏王菩萨殿正立面图

9.10 马日图庙·药师殿

药师殿侧立面

药师殿正前方

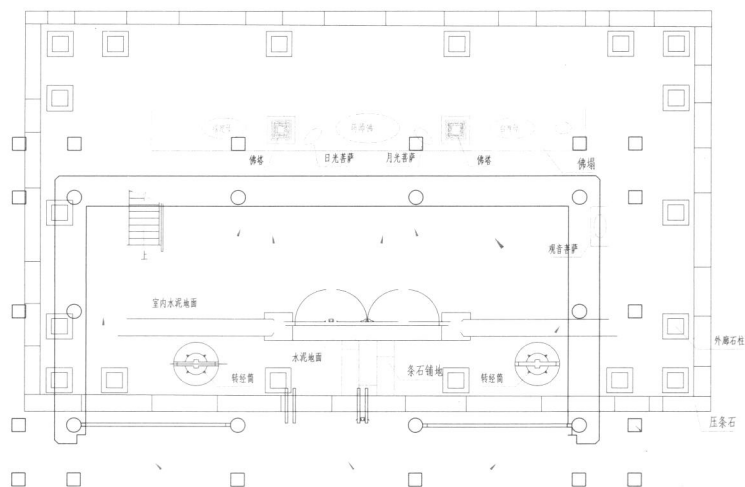

药师殿一层平面图

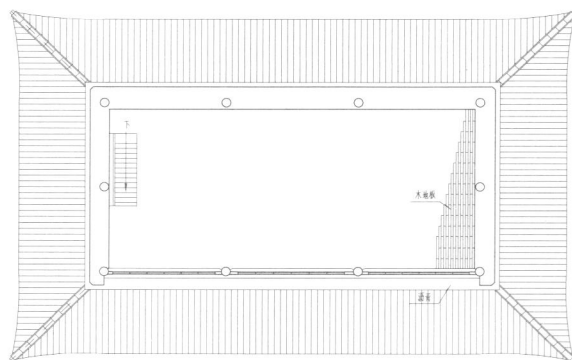

药师殿二层平面图

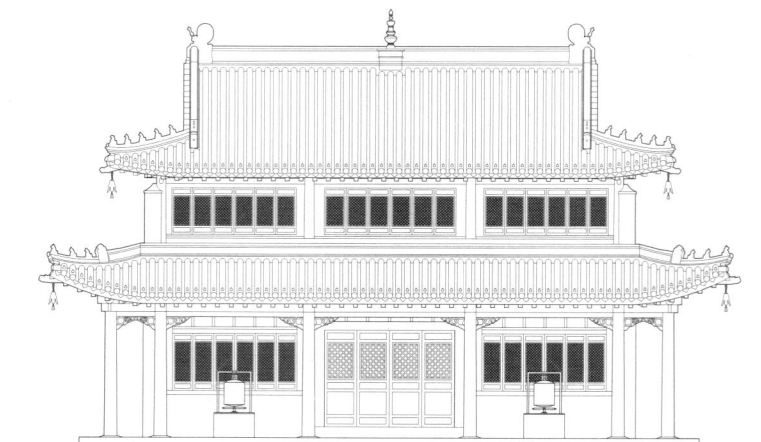

药师殿正立面图

9.11 马日图庙·长寿殿

长寿殿侧面（左图）
长寿殿檐部（右图）

长寿殿斜前方（左图）
长寿殿廊柱（右图）

长寿殿一层平面图

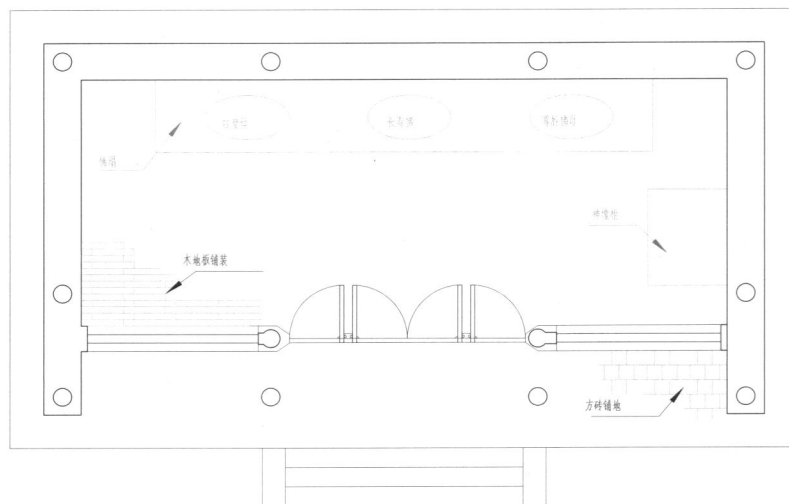

长寿殿正立面图

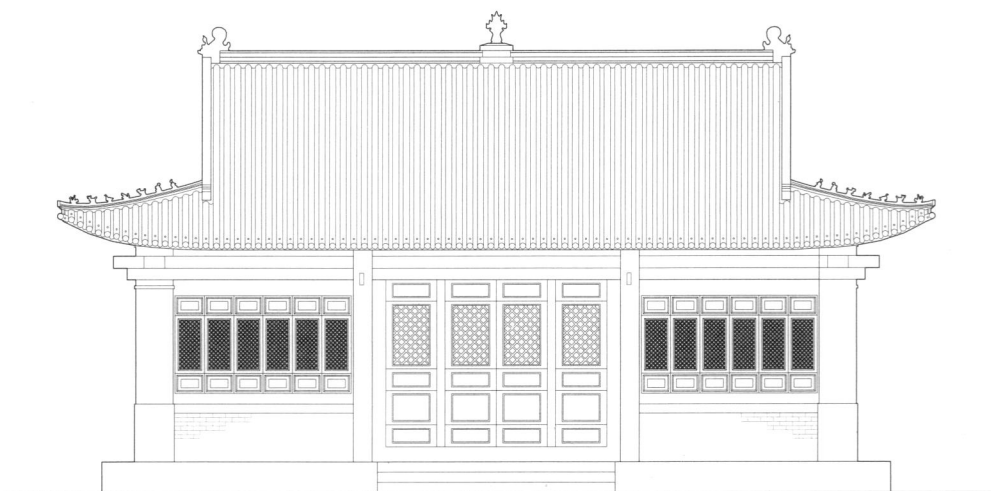

9.12 马日图庙·护法殿

9.13 马日图庙·东侧喇嘛居所

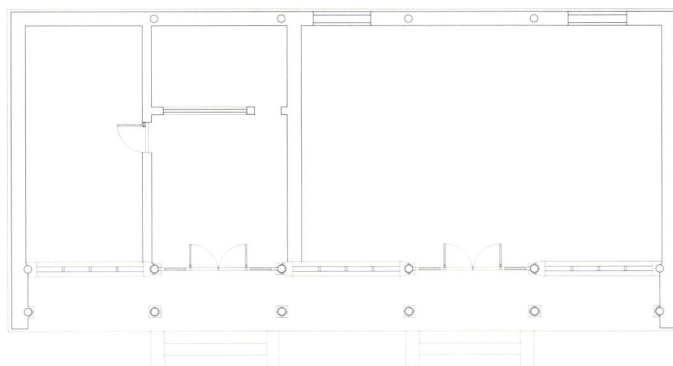

9.14　马日图庙·其他建筑

长寿殿北侧喇嘛居所
正前方

长寿殿北侧喇嘛居所
侧面（左图）
长寿殿北侧喇嘛居所
室外柱头（右图）

长寿殿北侧喇嘛居所
斜前方（左图）
长寿殿北侧喇嘛居所
室外柱子（右图）

10 灵 悦 寺

Lingyue Temple

10 灵悦寺 Lingyue Temple

灵悦寺大经堂

　　灵悦寺为原卓素图盟喀喇沁右翼旗（俗称喀喇沁王旗）寺庙。

　　康熙年间，由喀喇沁右翼旗第五代扎萨克多罗杜棱郡王嘎拉桑修建此庙。嘎拉桑于康熙三十一年（1692年）迎娶康熙五女和硕端静公主，于康熙四十九年（1710年），在盛怒之下赐死公主，后因罪被削去王爵，降为二等塔布囊，软禁于京城，并死于京城军营内。由此可推断，寺庙建于1692—1722年间。

　　寺庙建筑风格为汉式风格。寺庙在其最盛时占地40余亩，经堂佛殿100余间，建有3间山门、钟鼓楼、3间双层天王殿、3间前配殿各一座、玛尼亭、3间中殿、3间后配殿各一座、81间大雄宝殿、3间经殿等7层殿宇。大殿后有东跨屋、西跨屋，东跨屋为喇嘛经塾，西跨屋为关羽庙。经库两侧还修有跨屋共4间。寺院内东侧，生长着一株在内蒙古自治区罕见的百岁大树——合欢树。

　　中华人民共和国成立后寺院内曾设过村农会、建西县政府等机关单位，"文化大革命"期间寺庙遭受破坏，但其建筑保存完整，现存山门、钟鼓楼、前殿、大雄宝殿及厢房、配殿等15座古建筑。经十余年的修缮，至2004年，已整修了全部现存建筑。

参考文献：
［1］乔吉.内蒙古寺庙.呼和浩特:内蒙古人民出版社,1994.
［2］刘冰,顾亚丽.草原姻盟——下嫁赤峰的清公主.呼和浩特:远方出版社,2007.
［3］唐吉思.蒙古族佛教文化调查研究.沈阳:辽宁民族出版社,2010.

灵悦寺大雄宝殿（左图）
灵悦寺四大天王殿（右图）

灵悦寺·基本概况 1

寺院蒙古语藏语名称	蒙古语	᠊᠊᠊᠊᠊᠊᠊᠊᠊	寺院汉语名称	汉语正式名称	灵悦寺
	藏语	᠊᠊᠊᠊᠊᠊᠊᠊᠊		俗称	——
	汉语语义	——	寺院汉语名称的由来	——	

所在地	赤峰市喀喇沁旗锦山镇		东经	118° 41′	北纬	41° 55′
初建年	康熙年间		保护等级	全国重点文物保护单位		
盛期时间	——		盛期喇嘛僧/现有喇嘛僧	500余人/0人		

历史沿革	康熙年间，始建寺庙。 1966年，佛像、经文遭到破坏，殿宇留存。 1998年，寺庙被公布为第三批自治区重点文物保护单位。 2002年，格格塔日喜德活佛兼任灵悦寺住持。 2004年，北京雍和宫助理文赞嘉木杨勤赛被聘请为寺庙住持。是年，修缮山门、钟鼓楼，更换了屋面瓦，整修了墙体，重新实施了彩绘
资料来源	［1］乔吉.内蒙古寺庙.呼和浩特:内蒙古人民出版社,1994. ［2］刘冰,顾亚丽.草原姻盟——下嫁赤峰的清公主.呼和浩特:远方出版社,2007. ［3］唐吉思.蒙古族佛教文化调查研究.沈阳:辽宁民族出版社,2010. ［4］调研访谈记录.

现状描述	现存灵悦寺延中轴线对称布局，山门、天王殿、前殿、大雄宝殿和大经堂布局紧凑有序，依次递升，形成强烈的序列感	描述时间	2010/10/15
		描述人	付瑞峰

调查日期	2010/10/15	调查人员	李国保、宝山、乔恩懋、付瑞峰

灵悦寺·基本概况 2

现存建筑	天王殿	东西配殿	转经阁	已毁建筑	——	——
	钟、鼓楼	大雄宝殿	——		——	——
	前殿	大经堂	——		——	——
	东西厢房	藏经阁	——	信息来源	现场调研	

区位图

赤峰市地图

灵悦寺

总平面图

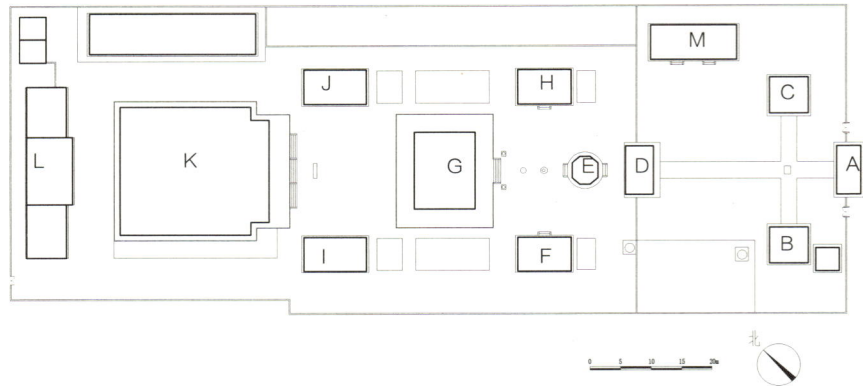

A.山门　　　D.请香处　　　G.大雄宝殿　　J.大经堂　　　　M.喇嘛僧舍
B.鼓楼　　　E.玛尼殿　　　H.大雄宝殿东配殿　K.大经堂西配殿
C.钟楼　　　F.大雄宝殿西配殿　I.大经堂西配殿　L.藏经阁

调查日期	2010/10/15	调查人员	李国保、宝山、乔恩懋、付瑞峰

A.山 门
B.鼓 楼
C.钟 楼
D.请香处
E.玛尼殿
F.大雄宝殿西配殿
G.大雄宝殿
H.大雄宝殿东配殿
I.大经堂西配殿
J.大经堂
K.大经堂西配殿
L.藏经阁
M.喇嘛僧舍

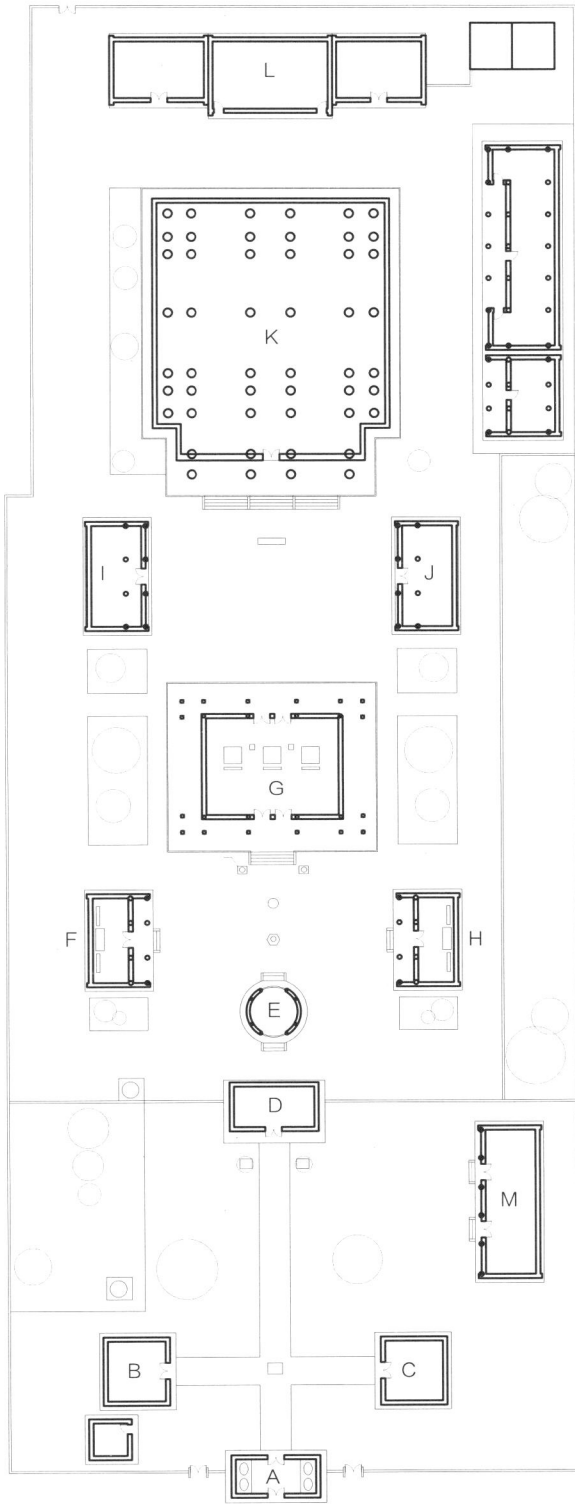

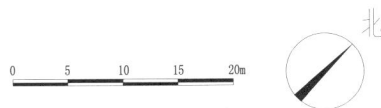

0   5   10   15   20m

北

灵悦寺总平面图

10.1 灵悦寺·四大天王殿

单位：毫米

建筑名称	汉语正式名称	四大天王殿			俗称		天王殿			
概述	初建年	乾隆八年（1743年）			建筑朝向	南偏东约45°	建筑层数	一		
	建筑简要描述	汉式砖木混合结构体系，汉藏结合装饰风格								
	重建重修记载	——								
		信息来源	——							
结构规模	结构形式	砖木混合		相连的建筑	无		室内天井	无		
	建筑平面形式	长方形		外廊形式	无					
	通面阔	10840	开间数	3	明间 4200	次间 3320	梢间 ——	次梢间 ——	尽间 ——	
	通进深	5600	进深数	2	进深尺寸（前→后）		2740→2860			
	柱子数量	——	柱子间距	横向尺寸	——		（藏式建筑结构体系填写此栏，不含廊柱）			
				纵向尺寸	——					
	其他	——								
建筑主体（大木作）（石作）（瓦作）	屋顶	屋顶形式	庑殿式屋顶			瓦作	布瓦			
	外墙	主体材料	青砖	材料规格	285×140×60	饰面颜色	灰色			
		墙体收分	无	边玛檐墙	无	边玛材料	——			
	斗栱、梁架	斗栱	有	平身科斗口尺寸	80	梁架关系	五架梁			
	柱、柱式（前廊柱）	形式	汉式	柱身断面形状	圆形	断面尺寸		（在没有前廊柱的情况下，填写室内柱及其特征）		
		柱身材料	木材	柱身收分	有	栌斗、托木	无	雀替	有	
		柱础	有	柱础形状	方形	柱础尺寸	不详（地面铺设地毯）			
	台基	台基类型	普通台基	台基高度	200	台基地面铺设材料	条形石材，规格不均			
	其他	——								
装修（小木作）（彩画）	门(正面)	板门		门楣	无	堆经	无	门帘	无	
	窗（正面）	牖窗		窗楣	无	窗套	有	窗帘	无	
	室内隔扇	隔扇	无	隔扇位置						
	室内地面、楼面	地面材料及规格	方砖（400×400）		楼面材料及规格	——				
	室内楼梯	楼梯	无	楼梯位置	——	楼梯材料	——	梯段宽度	——	
	天花、藻井	天花	无	天花类型	——	藻井	无	藻井类型	——	
	彩画	柱头	有	柱身	无	梁架	有	走马板	有	
		门、窗	有	天花	——	藻井	——	其他彩画	无	
	其他	悬塑	无	佛龛	无	匾额	无			
装饰	室内	帷幔	无	幕帘彩绘	无	壁画	无	唐卡	无	
		经幡	无	经幢	无	柱毯	无	其他	——	
	室外	玛尼轮	无	苏勒德	无	宝顶	无	祥麟法轮	无	
		四角经幢	无	经幡	无	铜饰	无	石刻、砖雕	有	
		仙人走兽	1+4	壁画	无	其他	——			
陈设	室内	主佛像	四大天王			佛像基座	须弥座			
		法座 无	藏经橱 无	经床 无	诵经桌 无	法鼓 无	玛尼轮 无	坛城 无	其他 ——	
	室外	旗杆 无	苏勒德 无	狮子 无	经幡 无	玛尼轮 无	香炉 无	五供 无	其他 ——	
	其他	——								
备注	——									
调查日期	2010/10/15	调查人员	李国保、付瑞峰	整理日期	2010/10/15	整理人员	付瑞峰			

灵悦寺 · 四大天王殿 · 档案照片

照片名称	正立面	照片名称	西立面	照片名称	东立面

照片名称	背立面	照片名称	仙人走兽	照片名称	门

照片名称	斗栱	照片名称	台基	照片名称	室内正面

照片名称	室内侧面1	照片名称	室内侧面2	照片名称	室内柱身

照片名称	梁架结构	照片名称	室内局部	照片名称	室内彩绘

备注	——				
摄影日期	2010/10/15	摄影人员	乔恩懋		

四大天王殿基本概况表2

四大天王殿正前方

四大天王殿背立面
（左图）
四大天王殿正门（右图）

四大天王殿室内造像
（左图）
四大天王殿室内局部
（右图）

10.2 灵悦寺·大雄宝殿

单位：毫米

建筑名称	汉语正式名称				大雄宝殿			俗称				——			
概述	初建年			——			建筑朝向		南偏东约45°		建筑层数		一		
	建筑简要描述			汉式砖木混合结构体系，汉藏结合装饰风格											
	重建重修记载			——											
		信息来源		——											
结构规模	结构形式		砖木混合		相连的建筑		无			室内天井		无			
	建筑平面形式		长方形		外廊形式		回廊								
	通面阔		13780		开间数	5	明间	3820	次间	3530	梢间	1450	次梢间	——	尽间	——
	通进深		9650		进深数	3	进深尺寸（前→后）		1490→6710→1450						
	柱子数量		——		柱子间距	横向尺寸		——		（藏式建筑结构体系填写此栏，不含廊柱）					
						纵向尺寸		——							
	其他			——											
建筑主体（大木作）（石作）（瓦作）	屋顶	屋顶形式		歇山式屋顶				瓦作		布瓦					
	外墙	主体材料	青砖		材料规格	285×135×60		饰面颜色		灰色					
		墙体收分	无		边玛檐墙	无		边玛材料		——					
	斗栱、梁架	斗栱	有		平身科斗口尺寸	80		梁架关系		不详（吊顶）					
	柱、柱式（前廊柱）	形式	汉式		柱身断面形状	圆形		断面尺寸		直径D=375		（在没有前廊柱的情况下，填写室内柱及其特征）			
		柱身材料	木材		柱身收分	有		栌斗、托木		无		雀替	有		
		柱础	有		柱础形状	方形		柱础尺寸		700×700					
	台基	台基类型	普通台基		台基高度	465		台基地面铺设材料		方砖（400×400）					
	其他			——											
装修（小木作）（彩画）	门(正面)		隔扇门		门楣	无	堆经	无	门帘	无					
	窗（正面）		牖窗		窗楣	无	窗套	无	窗帘	无					
	室内隔扇		隔扇	无	隔扇位置	——									
	室内地面、楼面		地面材料及规格		方砖（900×900）		楼面材料及规格		——						
	室内楼梯		楼梯	无	楼梯位置	——	楼梯材料	——	梯段宽度	——					
	天花、藻井		天花	有	天花类型	井口天花	藻井	无	藻井类型	——					
	彩画		柱头	有	柱身	无	梁架	有	走马板	有					
			门、窗	无	天花	有	藻井	——	其他彩画	无					
	其他		悬塑	无	佛龛	无	匾额		无						
装饰	室内		帷幔	有	幕帘彩绘	无	壁画	无	唐卡	有					
			经幡	无	经幢	无	柱毯	无	其他	——					
	室外		玛尼轮	无	苏勒德	无	宝顶	有	祥麟法轮	无					
			四角经幢	无	经幡	有	铜饰	无	石刻、砖雕	无					
			仙人走兽	4	壁画	无	其他		无						
陈设	室内		主佛像		三世佛		佛像基座		须弥座						
			法座	无	藏经橱	无	经床	无	诵经桌	无	法鼓	无	玛尼轮	无	坛城	无	其他	——
	室外		旗杆	无	苏勒德	无	狮子	无	经幡	有	玛尼轮	无	香炉	有	五供	无	其他	——
	其他			——											
备注				——											
调查日期		2010/10/15		调查人员	李国保、付瑞峰		整理日期		2010/10/15		整理人员		付瑞峰		

大雄宝殿基本概况表1

灵悦寺 · 大雄宝殿 · 档案照片

照片名称	正立面	照片名称	侧立面	照片名称	斜后方

照片名称	背立面	照片名称	前廊	照片名称	翼角

照片名称	宝顶	照片名称	柱身	照片名称	斗栱

照片名称	门	照片名称	窗	照片名称	室内正面

照片名称	室内侧面	照片名称	室内柱身	照片名称	室内天花

备注	—				
摄影日期	2010/10/15	摄影人员	乔恩懋		

大雄宝殿正前方

大雄宝殿室外柱子
（左图）

大雄宝殿背立面
（右图）

大雄宝殿檐部（左图）

大雄宝殿斗栱（右图）

大雄宝殿造佛（左图）

大雄宝殿正门（右图）

10.3　灵悦寺·大经堂

单位：毫米

建筑名称	汉语正式名称		大经堂		俗称		——		
概述	初建年		——		建筑朝向	南偏东约45°	建筑层数		二
	建筑简要描述		汉式砖木混合结构体系						
	重建重修记载		——						
		信息来源	——						
结构规模	结构形式		砖木混合	相连的建筑	无		室内天井		无
	建筑平面形式		"凸"字形	外廊形式	前廊				
	通面阔		18420	开间数	7	明间 3680	次间 3520	梢间 1600	次梢间 ——	尽间 2250
	通进深		23990	进深数	9	进深尺寸（前→后）	1550→3800→2090→1620→5630 →5480→1620→2200→1210		
	柱子数量		——	柱子间距	横向尺寸	——	（藏式建筑结构体系填写此栏，不含廊柱）		
					纵向尺寸	——			
	其他		——						
建筑主体（大木作）（石作）（瓦作）	屋顶	屋顶形式	歇山式屋顶			瓦作	布瓦		
	外墙	主体材料	青砖	材料规格	270×130×60	饰面颜色	灰色		
		墙体收分	无	边玛檐墙	无	边玛材料	无		
	斗栱、梁架	斗栱	有	平身科斗口尺寸	80	梁架关系	不详（有吊顶）		
	柱、柱式（前廊柱）	形式	汉式	柱身断面形状	圆形	断面尺寸	周长 C=960	（在没有前廊柱的情况下，填写室内柱及其特征）	
		柱身材料	木材	柱身收分	有	栌斗、托木	无	雀替	有
		柱础	有	柱础形状	方形	柱础尺寸	620×620		
	台基	台基类型	普通台基	台基高度	600	台基地面铺设材料	条形大理石，规格不均		
	其他		——						
装修（小木作）（彩画）	门(正面)		隔扇门	门楣	无	堆经	有	门帘	无
	窗（正面）		无	窗楣	无	窗套	无	窗帘	无
	室内隔扇	隔扇	无	隔扇位置	——				
	室内地面、楼面	地面材料及规格	石材方砖（600×600）		楼面材料及规格	木板，规格不均			
	室内楼梯	楼梯	有	楼梯位置	进正门右侧	楼梯材料	木材	梯段宽度	850
	天花、藻井	天花	有	天花类型	井口天花	藻井	无	藻井类型	——
	彩画	柱头	有	柱身	无	梁架	有	走马板	有
		门、窗	无	天花	有	藻井	——	其他彩画	无
	其他	悬塑	无	佛龛	有	匾额	无		
装饰	室内	帷幔	无	幕帘彩绘	无	壁画	无	唐卡	有
		经幡	无	经幢	无	柱毯	无	其他	——
	室外	玛尼轮	无	苏勒德	无	宝顶	有	祥麟法轮	无
		四角经幢	无	经幡	无	铜饰	无	石刻、砖雕	有
		仙人走兽	无	壁画	无	其他	无		
陈设	室内	主佛像	无			佛像基座	——		
		法座 无	藏经橱 无	经床 无	诵经桌 无	法鼓 无	玛尼轮 无	坛城 无	其他 ——
	室外	旗杆 有	苏勒德 无	狮子 无	经幡 无	玛尼轮 无	香炉 有	五供 无	其他 ——
	其他		——						
备注		——							
	调查日期	2010/10/15	调查人员	李国保、付瑞峰	整理日期	2010/10/15	整理人员	付瑞峰	

灵悦寺·大经堂·档案照片

照片名称	正立面	照片名称	斜前方	照片名称	东侧面

照片名称	西侧面	照片名称	斜后方	照片名称	宝顶

照片名称	柱身	照片名称	门	照片名称	台基

照片名称	室内正面	照片名称	室内侧面	照片名称	梁架结构

照片名称	室内二层侧面	照片名称	二层梁架结构	照片名称	室内壁画

备注	——				
摄影日期	2010/10/15	摄影人员		乔恩懋	

大经堂基本概况表2

大经堂正前方

大经堂室内（左图）

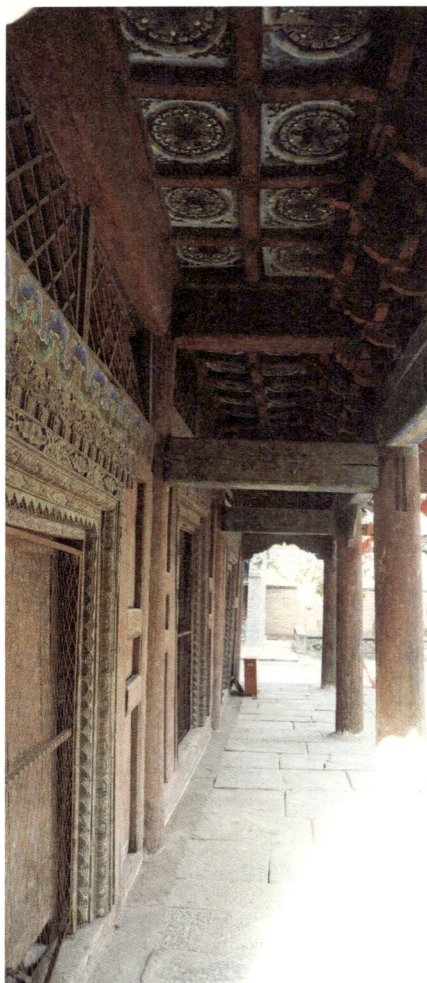

大经堂斜后方（左图）

大经堂前廊（右图）

10.4 灵悦寺·藏经阁

藏经阁斜前方

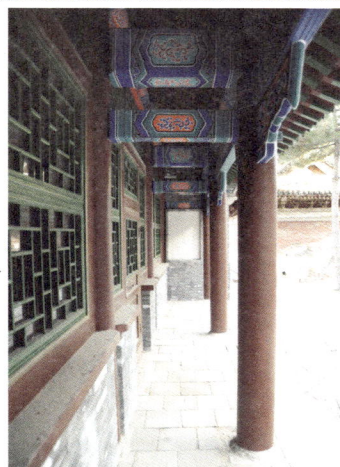

藏经阁正门（左图）
藏经阁室外柱子（中图）
藏经阁外廊（右图）

10.5 灵悦寺·玛尼殿

玛尼殿西侧面（左上图）

玛尼殿室内顶棚（左下图）
玛尼殿转经桶（右图）

377

10.6 灵悦寺·大经堂西配殿

大经堂西配殿斜前方

大经堂西配殿室外细部
（左图）

大经堂西配殿檐部
（右图）

10.7 灵悦寺·大经堂东配殿

大经堂东配殿正立面

大经堂东配殿檐部
（左图）

大经堂东配殿侧面
（右图）

10.8　灵悦寺·大雄宝殿西配殿

10.9　灵悦寺·大雄宝殿东配殿

大雄宝殿西配殿正前方
（左上图）

大雄宝殿西配殿檐部
（左下图）
大雄宝殿西配殿转经桶
（右图）

大雄宝殿东配殿正前方

大雄宝殿东配殿室内侧面
（左图）
大雄宝殿东配殿侧面
（右图）

10.10 灵悦寺·钟楼、鼓楼

钟楼正前方

鼓楼斜后方（左图）
鼓楼檐部（右图）

通辽市地区

Tongliao City

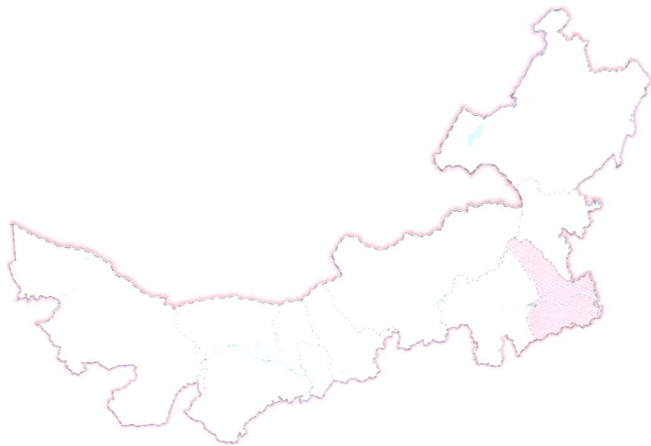

底图来源：内蒙古自治区自然资源厅官网 内蒙古地图
审图号：蒙S（2017)028号

　　通辽市辖科尔沁左翼中旗、科尔沁左翼后旗、库伦旗、奈曼旗、扎鲁特旗5旗，开鲁县1县，霍林郭勒市1地级市，科尔沁区1区。该市前身为哲里木盟，1999年撤盟设地级通辽市。现辖区由清时哲里木盟、卓素图盟、昭乌达盟部分地区组成。清时的哲里木盟辖科尔沁左右翼6旗、郭尔罗斯左右翼2旗、杜尔伯特旗、扎赉特旗。市辖区内曾有240余座藏传佛教寺庙，现存近10座已恢复重建或尚有建筑遗存的寺庙，课题组实地调研7座寺庙。

通辽市地图

板子庙

希拉木仁庙

迈达日葛根庙

吉祥天女庙

兴源寺

象教寺

福缘寺

黑龙江省

锡林郭勒盟

兴安盟

吉林省

霍林郭勒市

扎鲁特旗

科尔沁左翼中旗

赤峰市

通辽市（科尔沁区）

开鲁县

科尔沁左翼后旗

奈曼旗

库伦旗

辽宁省

赤峰市

图例

◎	地级市行政中心
◎	县级行政中心
	省级界
	地级界
	县级界
	河流 湖泊

比例尺 1 : 3 030 000

审图号：蒙S（2020）026号　　　　　　　　　　　　内蒙古自治区测绘地理信息局　监制

1 兴源寺 Xingyuan Temple

兴源寺山门

兴源寺为原卓素图盟席力图库伦扎萨克喇嘛旗寺庙，系库伦三大寺之一，也是该旗建立最早、规模最为宏大的藏传佛教寺庙。顺治年间，清廷御赐蒙古、汉、藏三体"兴源寺"匾额。兴源寺是内蒙古地区唯一一座具备政教合一体制的寺庙。

寺庙由席力图库伦扎萨克喇嘛旗第三任扎萨克达喇嘛希布金公如格始建于顺治六年（1649年），并于次年竣工。五世达赖喇嘛赐名"嘎丹却仁"，后顺治帝赐匾，并从卓素图、哲里木、昭乌达三盟拨民500户，迁至库伦作为寺庙属民。康熙年间，大规模扩建寺庙，在原正殿前边沿中轴线新建殿宇，使寺庙向前延伸。光绪年间，再次扩建寺庙，将寺庙与相邻的象教寺连成一片，形成了规模宏大的建筑群。

寺庙建筑以汉式建筑为主，正殿为汉藏结合式建筑。寺庙占地面积约14000平方米，地势北高南低，主要建筑均在一条中轴线上，一连四进院落，层层递进，层层升高。第一进院内有3间山门、3间天王殿、钟楼、鼓楼，第二进院内有3间十八罗汉殿、3间护法殿，第三进院为81间大雄宝殿，第四进院内有3间玛尼殿、2间藏式僧房，其后面为顺治年间初建的5间殿宇，俗称额和庙（母寺），两侧各有3间配殿。

该寺住持喇嘛为席力图库伦扎萨克喇嘛旗掌印扎萨克达喇嘛，其下设数名执事喇嘛主持全旗政教事务。历任扎萨克达喇嘛多来自青海省乐都县碾伯地区的萨木鲁家族。共有23任扎萨克达喇嘛继任。政教分离后，掌印扎萨克达喇嘛的职位一分为二，由扎萨克达喇嘛统管旗政，由席力图喇嘛专管教务。

中华人民共和国成立后，寺庙曾为库伦旗党政机关办公场所，后经"土地改革"及"文化大革命"，寺庙严重受损，仅存大雄宝殿与后殿。1986年起开始修缮寺庙，正式恢复了法会。

参考文献：

[1] 呼日勒沙.哲里木寺院（蒙古文）.海拉尔:内蒙古文化出版社,1993.
[2] 唐吉思.蒙古族佛教文化调查研究.沈阳:辽宁民族出版社,2010.

兴源寺大雄宝殿

兴源寺·基本概况 1

寺院蒙古语藏语名称	蒙古语	（蒙古文）	寺院汉语名称	汉语正式名称	兴源寺
	藏语	（藏文）		俗称	锡勒图库伦寺
	汉语语义	——	寺院汉语名称的由来		清廷赐名

所在地	内蒙古自治区通辽市库伦旗库伦镇内	东经	121° 46′	北纬	42° 43′

初建年	顺治六年（1649年）	保护等级	自治区级文物保护单位

盛期时间	——	盛期喇嘛僧/现有喇嘛僧数	800余人/45人

历史沿革

1649—1650年，新建寺庙。

1710年，在兴源寺正殿左右两侧增建配殿各一座。

1719年，大规模扩建寺庙，工程持续6年之久。

1899年，大规模改建和扩建寺庙，主要翻修大正殿，将原来的汉式建筑改为汉藏结合式二层殿宇，并在兴源寺和象教寺四周筑起高大围墙，形成了一座规模宏大的建筑群。此次工程历时三年。

"文化大革命"中寺庙严重受损，仅存两座殿宇，占地面积为1500余平方米。

2008—2009年，修缮寺庙

资料来源

[1] 呼日勒沙.哲里木寺院（蒙古文）.海拉尔:内蒙古文化出版社,1993.
[2] 唐吉思.蒙古族佛教文化调查研究.沈阳:辽宁民族出版社,2010.
[3] 调研访谈记录.

现状描述	现存兴源寺整体布局随山势上升，中轴线上的建筑依次为山门、四大天王殿、大雄宝殿、玛尼殿、额和苏莫殿。寺庙殿宇保存基本完好，并结合象教寺和福缘寺形成一个规模宏大的建筑群	描述时间	2010年10月4日
		描述人	付瑞峰

调查日期	2010/10/04	调查人员	李国保、宝山、乔恩懋、付瑞峰

兴源寺基本概况表1

兴源寺·基本概况 2

现存建筑	山门	护法殿	额和苏莫殿	已毁建筑	——	——
	鼓楼	罗汉殿	——		——	——
	钟楼	大雄宝殿	——		——	——
	四大天王殿	玛尼殿	——	信息来源	寺庙喇嘛口述	

区位图

总平面图

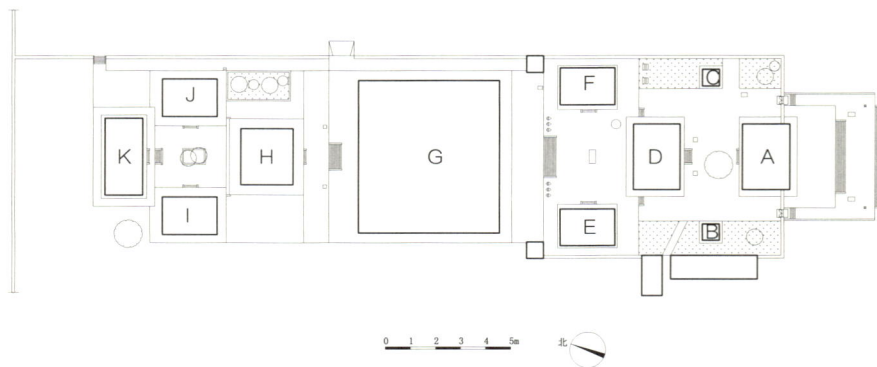

A.山 门　　D.天王殿　　G.大雄宝殿　　J.东厢房
B.鼓 楼　　E.护法殿　　H.玛尼殿　　K.额和苏莫殿
C.钟 楼　　F.罗汉殿　　I.西厢房

调查日期	2010/10/04	调查人员	李国保、宝山、乔恩懋、付瑞峰

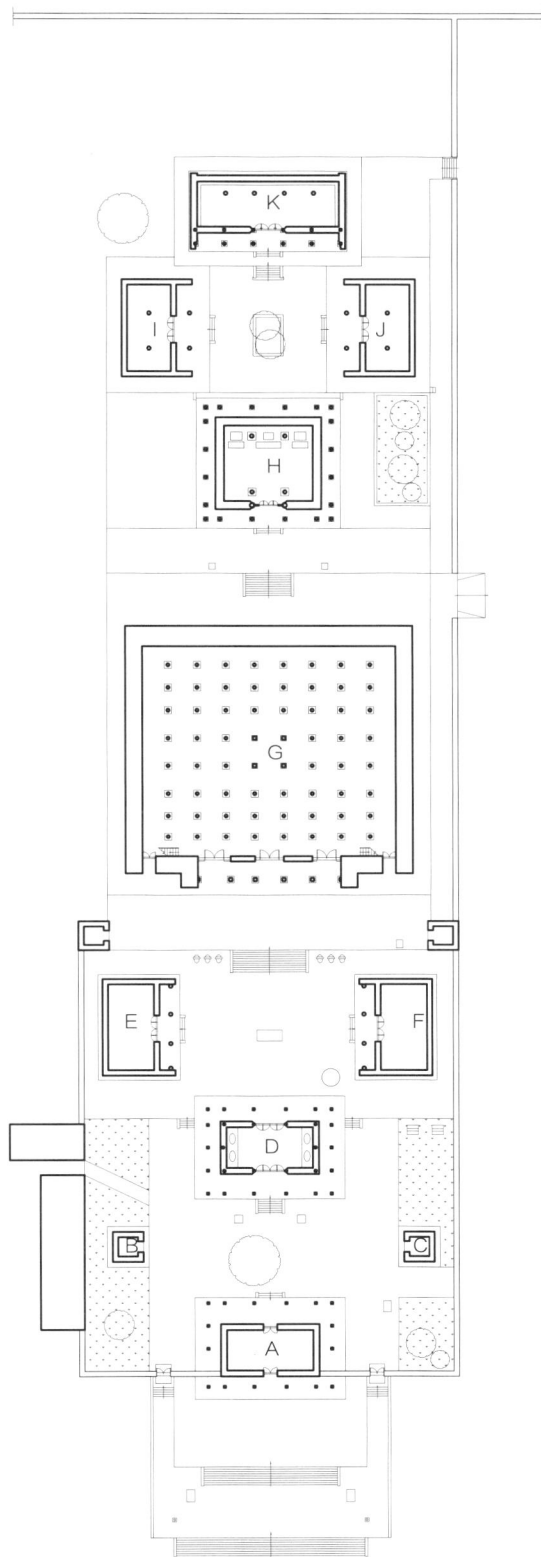

A.山 门
B.鼓 楼
C.钟 楼
D.天王殿
E.护法殿
F.罗汉殿
G.大雄宝殿
H.玛尼殿
I.西厢房
J.东厢房
K.额和苏莫殿

北

0 1 2 3 4 5m

兴源寺总平面图

1.1　兴源寺·额和苏莫殿

单位：毫米

建筑名称	汉语正式名称			额和苏莫殿			俗称		——	
概述	初建年			顺治六年（1649年）		建筑朝向	南偏西约20°	建筑层数	一	
	建筑简要描述			汉式砖木混合结构形式						
	重建重修记载			康熙五十八年（1719年）修缮；2008－2009年修缮						
		信息来源		《内蒙古喇嘛教史》、寺庙资料						
结构规模	结构形式		砖木混合	相连的建筑		无		室内天井	无	
	建筑平面形式		长方形	外廊形式		前廊				
	通面阔		15870	开间数	5	明间	3270	次间 3170	梢间 3150	次梢间 ——	尽间 ——
	通进深		7200	进深数	3	进深尺寸（前→后）		1550→4100→1550		
	柱子数量		——	柱子间距	横向尺寸			（藏式建筑结构体系填写此栏，不含廊柱）		
					纵向尺寸					
	其他			——						
建筑主体（大木作）（石作）（瓦作）	屋顶	屋顶形式		硬山屋顶			瓦作		布瓦	
	外墙	主体材料	青砖	材料规格		300×150×60	饰面颜色		灰色	
		墙体收分	无	边玛檐墙		无	边玛材料		——	
	斗栱、梁架	斗栱	有	平身科斗口尺寸		120	梁架关系		三架梁六檩	
	柱、柱式（前廊柱）	形式	汉式	柱身断面形状	八棱柱	断面尺寸	280×200		（在没有前廊柱的情况下，填写室内柱及其特征）	
		柱身材料	木材	柱身收分	有	栌斗、托木	无	雀替	有	
		柱础	有	柱础形状	覆盆	柱础尺寸	600×600			
	台基	台基类型	普通台基	台基高度	1190	台基地面铺设材料		青砖285×280		
	其他			——						
装修（小木作）（彩画）	门（正面）		隔扇门	门楣		无	堆经	无	门帘	无
	窗（正面）		槛窗	窗楣		无	窗套	无	窗帘	无
	室内隔扇	隔扇	无	隔扇位置		——				
	室内地面、楼面	地面材料及规格		280×280		楼面材料及规格		——		
	室内楼梯	楼梯	无	楼梯位置	——	楼梯材料	——	楼段宽度	——	
	天花、藻井	天花	无	天花类型	——	藻井	无	藻井类型	——	
	彩画	柱头	无	柱身	无	梁架	有	走马板	无	
		门、窗	无	天花	无	藻井	无	其他彩画	——	
	其他	悬塑	无	佛龛	有	匾额		无		
装饰	室内	帷幔	无	幕帘彩绘	无	壁画	无	唐卡	无
		经幡	有	经幢	有	柱毯	无	其他	——
	室外	玛尼轮	无	苏勒德	无	宝顶	有	祥麟法轮	无
		四角经幢	无	经幡	无	铜饰	无	石刻、砖雕	有
		仙人走兽	5	壁画	有	其他		——	
陈设	室内	主佛像		三世佛			佛像基座		须弥座	
		法座	无	藏经橱	无	经床	无	诵经桌	无	法鼓 无	玛尼轮 无	坛城 无	其他 ——
	室外	旗杆	无	苏勒德	无	狮子	无	经幡	无	玛尼轮 无	香炉 无	五供 无	其他 ——
	其他			——						
备注				——						
调查日期	2010/10/04	调查人员	李国保、付瑞峰	整理日期	2010/10/04	整理人员	李国保、付瑞峰			

兴源寺 · 额和苏莫殿 · 档案照片

照片名称	正立面	照片名称	斜前方	照片名称	侧前方

照片名称	侧立面	照片名称	柱身	照片名称	柱头

照片名称	柱础	照片名称	门	照片名称	台阶

照片名称	前廊	照片名称	窗	照片名称	壁画

照片名称	室内正面	照片名称	室内侧面	照片名称	经幢

备注	——				
摄影日期	2010/10/04	摄影人员	乔恩懋		

额和苏莫殿前方

额和苏莫殿侧面（左图）
额和苏莫殿门（右图）

额和苏莫殿前廊（左图）
额和苏莫殿室内（右图）

1.2 兴源寺·玛尼殿

单位：毫米

建筑名称	汉语正式名称	玛尼殿			俗称		——			
概述	初建年	康熙五十八年（1719年）			建筑朝向	南偏西约20°		建筑层数	一	
	建筑简要描述	汉式建构体系，环廊结合歇山顶								
	重建重修记载	2008—2009年修缮								
	信息来源	寺庙资料，喇嘛口述								
结构规模	结构形式	砖木混合	相连的建筑	无			室内天井	无		
	建筑平面形式	长方形	外廊形式	回廊						
	通面阔	13730	开间数	5	明间 3610	次间 3520	梢间 1540	次梢间 ——	尽间 ——	
	通进深	12620	进深数	5	进深尺寸（前→后）	1590→3150→3140→3150→1590				
	柱子数量	——	柱子间距	横向尺寸	——	（藏式建筑结构体系填写此栏，不含廊柱）				
				纵向尺寸	——					
	其他	——								
建筑主体（大木作）（石作）（瓦作）	屋顶	屋顶形式	歇山屋顶			瓦作	布瓦			
	外墙	主体材料	青砖	材料规格	290×130×55	饰面颜色	灰色			
		墙体收分	无	边玛檐墙	无	边玛材料	无			
	斗栱、梁架	斗栱	有	平身科斗口尺寸	200	梁架关系	七檩前后廊			
	柱、柱式（前廊柱）	形式	汉式	柱身断面形状	十二棱柱	断面尺寸	直径D=260	（在没有前廊柱的情况下，填写室内柱及其特征）		
		柱身材料	石材	柱身收分	有	栌斗、托木	无	雀替 有		
		柱础	有	柱础形状	正方形	柱础尺寸	直径D=390			
	台基	台基类型	普通台基	台基高度	530	台基地面铺设材料	石材，规格不均			
	其他	——								
装修（小木作）（彩画）	门(正面)	板门	门楣	无	堆经	无	门帘	无		
	窗（正面）	牖窗	窗楣	无	窗套	有	窗帘	无		
	室内隔扇	隔扇	无	隔扇位置	——					
	室内地面、楼面	地面材料及规格	大理石方砖380×380		楼面材料及规格	——				
	室内楼梯	楼梯	无	楼梯位置	——	楼梯材料	——	楼段宽度	——	
	天花、藻井	天花	无	天花类型	——	藻井	无	藻井类型	——	
	彩画	柱头	有	柱身	有	梁架	有	走马板	无	
		门、窗	无	天花	——	藻井	无	其他彩画	——	
	其他	悬塑	无	佛龛	无	匾额	无			
装饰	室内	帷幔	无	幕帘彩绘	无	壁画	有	唐卡	有	
		经幡	无	经幢	有	柱毯	无	其他	——	
	室外	玛尼轮	有	苏勒德	无	宝顶	有	祥麟法轮	无	
		四角经幢	无	经幡	无	铜饰	无	石刻、砖雕	有	
		仙人走兽	有	壁画	无	其他	——			
陈设	室内	主佛像	四臂观音		佛像基座	须弥座				
		法座 无	藏经橱 无	经床 无	诵经桌 无	法鼓 无	玛尼轮 无	坛城 无	其他 ——	
	室外	旗杆 无	苏勒德 无	狮子 有	经幡 无	玛尼轮 有	香炉 无	五供 无	其他 ——	
	其他	——								
备注	——									
调查日期	2010/10/04	调查人员	李国保、付瑞峰	整理日期	2010/10/04	整理人员	李国保、付瑞峰			

玛尼殿基本概况表1

兴源寺·玛尼殿·档案照片

照片名称	正立面	照片名称	斜前方1	照片名称	斜前方2

照片名称	侧立面	照片名称	背立面	照片名称	室外柱子

照片名称	室外柱头	照片名称	室外柱础	照片名称	正门

照片名称	室内正面	照片名称	室内侧面	照片名称	梁架结构

照片名称	室内柱子	照片名称	室内柱础	照片名称	唐卡

备注	——				
摄影日期	2010/10/04	摄影人员	乔恩懋		

玛尼殿正前方

玛尼殿正门（左上图）

玛尼殿侧面（左中图）

玛尼殿室内（左下图）
玛尼殿室外廊柱（右图）

1.3 兴源寺·大雄宝殿

单位：毫米

<table>
<tr><td rowspan="4">建筑
名称</td><td>汉语正式名称</td><td colspan="5">大雄宝殿</td><td colspan="2">俗称</td><td colspan="5">三世佛殿</td></tr>
<tr><td rowspan="3">概述</td><td>初建年</td><td colspan="3">康熙五十八年（1719年）</td><td colspan="2">建筑朝向</td><td colspan="3">南偏西约10°</td><td colspan="2">建筑层数</td><td>二</td></tr>
<tr><td>建筑简要
描述</td><td colspan="12">汉藏结构体系，汉藏结合的装饰风格</td></tr>
<tr><td>重建重修
记载</td><td colspan="5">光绪二十五年（1899年）正殿扩建二层楼阁，2008-2009年正殿整体修缮</td><td>信息来源</td><td colspan="6">《内蒙古喇嘛教史》、寺庙喇嘛口述</td></tr>
<tr><td rowspan="7">结构
规模</td><td>结构形式</td><td colspan="2">砖、木、石混合</td><td>相连的建筑</td><td colspan="4">无</td><td rowspan="2">室内天井</td><td colspan="3" rowspan="2">有</td></tr>
<tr><td>建筑平面
形式</td><td colspan="2">"凸"字形</td><td>外廊形式</td><td colspan="4">前廊</td></tr>
<tr><td>通面阔</td><td colspan="2">27710</td><td>开间数</td><td colspan="2">9</td><td>明间</td><td>3160</td><td>次间</td><td>3140</td><td>梢间 3150 次梢间 3160 尽间 2850</td></tr>
<tr><td>通进深</td><td colspan="2">26470</td><td>进深数</td><td colspan="2">9</td><td colspan="2">进深尺寸（前→后）</td><td colspan="4">2330→2560→2430→2530→3150→
3150→3140→2550→2530→2100</td></tr>
<tr><td rowspan="2">柱子数量</td><td colspan="2" rowspan="2">64</td><td rowspan="2">柱子间距</td><td colspan="2">横向尺寸</td><td colspan="2">——</td><td colspan="4" rowspan="2">（藏式建筑结构体系填写此栏，不
含廊柱）</td></tr>
<tr><td colspan="2">纵向尺寸</td><td colspan="2">——</td></tr>
<tr><td>其他</td><td colspan="12">——</td></tr>
<tr><td rowspan="9">建筑
主体

（大木作）
（石作）
（瓦作）</td><td>屋顶</td><td>屋顶形式</td><td colspan="4">歇山结合卷棚屋顶</td><td colspan="2">瓦作</td><td colspan="4">布瓦</td></tr>
<tr><td rowspan="2">外墙</td><td>主体材料</td><td colspan="2">青砖</td><td>材料规格</td><td colspan="3">300×170×60</td><td colspan="2">饰面颜色</td><td colspan="2">灰白</td></tr>
<tr><td>墙体收分</td><td colspan="2">有</td><td>边玛檐墙</td><td colspan="3">无</td><td colspan="2">边玛材料</td><td colspan="2">——</td></tr>
<tr><td>斗栱、梁架</td><td>斗栱</td><td colspan="2">无</td><td colspan="3">平身科斗口尺寸</td><td colspan="2">梁架关系</td><td colspan="3">汉藏混合</td></tr>
<tr><td rowspan="3">柱、柱式
（前廊柱）</td><td>形式</td><td colspan="2">藏式</td><td>柱身断面形状</td><td colspan="2">十二棱柱</td><td>断面尺寸</td><td colspan="2">直径 D=380</td><td rowspan="3">（在没有前廊柱的情况下，填写室内柱及其特征）</td></tr>
<tr><td>柱身材料</td><td colspan="2">石材</td><td>柱身收分</td><td colspan="2">有</td><td>栌斗、托木</td><td>有</td><td>雀替</td><td>无</td></tr>
<tr><td>柱础</td><td colspan="2">有</td><td>柱础形状</td><td colspan="2">四边形</td><td>柱础尺寸</td><td colspan="2">直径 D=480</td></tr>
<tr><td>台基</td><td>台基类型</td><td colspan="2">普通式台基</td><td>台基高度</td><td colspan="2">180</td><td colspan="2">台基地面铺设材料</td><td colspan="2">方砖385×385</td></tr>
<tr><td>其他</td><td colspan="12"></td></tr>
<tr><td rowspan="11">装修

（小木作）
（彩画）</td><td>门(正面)</td><td colspan="2">板门</td><td>门楣</td><td colspan="2">无</td><td>堆经</td><td>有</td><td colspan="2">门帘</td><td>有</td></tr>
<tr><td>窗（正面）</td><td colspan="2">藏式盲窗、牖窗</td><td>窗楣</td><td colspan="2">无</td><td>窗套</td><td>无</td><td colspan="2">窗帘</td><td>有</td></tr>
<tr><td>室内隔扇</td><td>隔扇</td><td colspan="2">有</td><td>隔扇位置</td><td colspan="7">二楼室内空间分割</td></tr>
<tr><td>室内地面、楼面</td><td colspan="2">地面材料及规格</td><td colspan="3">石材方砖375×375</td><td colspan="2">楼面材料及规格</td><td colspan="3">木材，规格不均</td></tr>
<tr><td>室内楼梯</td><td>楼梯</td><td colspan="2">有</td><td>楼梯位置</td><td colspan="2">进正门左右两侧</td><td>楼梯材料</td><td>木材</td><td>楼段宽度</td><td colspan="2">810</td></tr>
<tr><td rowspan="2">天花、藻井</td><td>天花</td><td colspan="2">无</td><td>天花类型</td><td colspan="2">——</td><td>藻井</td><td>无</td><td>藻井类型</td><td colspan="2">——</td></tr>
<tr><td colspan="11"></td></tr>
<tr><td rowspan="2">彩画</td><td>柱头</td><td colspan="2">有</td><td>柱身</td><td colspan="2">有</td><td>梁架</td><td>有</td><td>走马板</td><td colspan="2">无</td></tr>
<tr><td>门、窗</td><td colspan="2">有</td><td>天花</td><td colspan="2">——</td><td>藻井</td><td>——</td><td>其他彩画</td><td colspan="2">——</td></tr>
<tr><td>其他</td><td>悬塑</td><td colspan="2">无</td><td>佛龛</td><td colspan="2">有</td><td>匾额</td><td colspan="4">无</td></tr>
<tr><td colspan="13"></td></tr>
<tr><td rowspan="5">装饰</td><td rowspan="2">室内</td><td>帷幔</td><td colspan="2">无</td><td>幕帘彩绘</td><td colspan="2">无</td><td>壁画</td><td>无</td><td>唐卡</td><td colspan="2">有</td></tr>
<tr><td>经幡</td><td colspan="2">有</td><td>经幢</td><td colspan="2">有</td><td>柱毯</td><td>无</td><td>其他</td><td colspan="2">——</td></tr>
<tr><td rowspan="3">室外</td><td>玛尼轮</td><td colspan="2">有</td><td>苏勒德</td><td colspan="2">无</td><td>宝顶</td><td>有</td><td>祥麟法轮</td><td colspan="2">无</td></tr>
<tr><td>四角经幢</td><td colspan="2">无</td><td>经幡</td><td colspan="2">无</td><td>铜饰</td><td>无</td><td>石刻、砖雕</td><td colspan="2">有</td></tr>
<tr><td>仙人走兽</td><td colspan="2">有</td><td>壁画</td><td colspan="2">有</td><td>其他</td><td colspan="4">——</td></tr>
<tr><td rowspan="5">陈设</td><td rowspan="2">室内</td><td>主佛像</td><td colspan="4">释迦牟尼</td><td colspan="2">佛像基座</td><td colspan="4">须弥座</td></tr>
<tr><td>法座</td><td>有</td><td>藏经橱</td><td>有</td><td>经床</td><td>有</td><td>诵经桌</td><td>有</td><td>法鼓</td><td>有</td><td>玛尼轮 无 坛城 无 其他 ——</td></tr>
<tr><td>室外</td><td>旗杆</td><td>无</td><td>苏勒德</td><td>无</td><td>狮子</td><td>有</td><td>经幢</td><td>无</td><td>玛尼轮</td><td>有</td><td>香炉 有 五供 无 其他 ——</td></tr>
<tr><td>其他</td><td colspan="11">——</td></tr>
<tr><td colspan="13"></td></tr>
<tr><td>备注</td><td colspan="12">正殿中央有地面石刻四龙戏珠，有地下宫殿</td></tr>
<tr><td>调查日期</td><td colspan="2">2010/10/04</td><td>调查人员</td><td colspan="2">李国保、付瑞峰</td><td>整理日期</td><td colspan="2">2010/10/04</td><td>整理人员</td><td colspan="2">李国保、付瑞峰</td></tr>
</table>

大雄宝殿基本概况表1

兴源寺 · 大雄宝殿 · 档案照片

照片名称	正立面	照片名称	斜前方	照片名称	侧立面

照片名称	斜后方	照片名称	室外柱子	照片名称	室外柱头

照片名称	室外柱础	照片名称	台基	照片名称	正门

照片名称	室内正面1	照片名称	室内正面2	照片名称	室内正面3

照片名称	室内侧面	照片名称	室内柱子	照片名称	室内柱础

备注	———				
摄影日期	2010/10/04	摄影人员	乔恩懋		

大雄宝殿基本概况表2

395

大雄宝殿正前方

大雄宝殿背立面

大雄宝殿前廊（左图）
大雄宝殿前石碑（右图）

大雄宝殿室内侧面

大雄宝殿佛像（右上图）

大雄宝殿佛像（右中图）

大雄宝殿室内柱子
（左图）

大雄宝殿室内梯
（右下图）

1.4　兴源寺·四大天王殿

单位：毫米

建筑名称	汉语正式名称	四大天王殿			俗称		——	
概述	初建年	康熙五十八年（1719年）		建筑朝向	南偏西约20°		建筑层数	一
	建筑简要描述	砖木混合结构，单檐歇山屋顶						
	重建重修记载	2008—2009年修缮						
	信息来源	寺庙资料、喇嘛口述						
结构规模	结构形式	砖木混合	相连的建筑	无			室内天井	无
	建筑平面形式	长方形	外廊形式	回廊				
	通面阔	13540	开间数	5	明间 3500　次间 3240　梢间 1780　次梢间 ——　尽间 ——			
	通进深	10280	进深数	4	进深尺寸（前→后）	2550→2590→2590→2550		
	柱子数量	——	柱子间距	横向尺寸 ——	（藏式建筑结构体系填写此栏，不含廊柱）			
				纵向尺寸 ——				
	其他	——						

建筑主体 （大木作） （石作） （瓦作）	屋顶	屋顶形式	歇山屋顶			瓦作	布瓦	
	外墙	主体材料	青砖	材料规格	260×130×60	饰面颜色	灰色	
		墙体收分	无	边玛檐墙	无	边玛材料	无	
	斗栱、梁架	斗栱	无	平身科斗口尺寸	——	梁架关系	七檩前后廊	
	柱、柱式（前廊柱）	形式	汉式	柱身断面形状	圆形	断面尺寸	直径 D=260	（在没有前廊柱的情况下，填写室内柱及特征）
		柱身材料	木材	柱身收分	有	栌斗、托木	无　雀替 有	
		柱础	有	柱础形状	圆形	柱础尺寸	直径 D=300	
	台基	台基类型	普通台基	台基高度	1110	台基地面铺设材料	方砖（280×280）	
	其他	——						

装修 （小木作） （彩画）	门(正面)	隔扇门		门楣	无	堆经	无	门帘	有
	窗（正面）	槛窗		窗楣	无	窗套	无	窗帘	无
	室内隔扇	隔扇	无	隔扇位置					
	室内地面、楼面	地面材料及规格		方砖280×280		楼面材料及规格		不详	
	室内楼梯	楼梯	无	楼梯位置	——	楼梯材料	——	梯段宽度	——
	天花、藻井	天花	无	天花类型		藻井	无	藻井类型	——
	彩画	柱头	有	柱身	无	梁架	有	走马板	无
		门、窗	无	天花	——	藻井	——	其他彩画	——
	其他	悬塑	无	佛龛	无	匾额	无		

装饰	室内	帷幔	无	幕帘彩绘	无	壁画	无	唐卡	无
		经幡	无	经幢	无	柱毯	无	其他	——
	室外	玛尼轮	无	苏勒德	无	宝顶	无	祥麟法轮	无
		四角经幢	无	经幡	无	铜饰	无	石刻、砖雕	有
		仙人走兽	1+2	壁画	无	其他	——		

陈设	室内	主佛像		四大天王		佛像基座		普通基座	
		法座 无　藏经橱 无　经床 无　诵经桌 无　法鼓 无　玛尼轮 无　坛城 无　其他 ——							
	室外	旗杆 无　苏勒德 无　狮子 有　经幡 无　玛尼轮 无　香炉 无　五供 无　其他 ——							
	其他	——							

备注	——

调查日期	2010/10/04	调查人员	李国保、付瑞峰	整理日期	2010/10/04	整理人员	李国保、付瑞峰

兴源寺 · 四大天王殿 · 档案照片

照片名称 	正立面	照片名称 	斜前方	照片名称 	侧立面1
照片名称 	侧立面2	照片名称 	背立面	照片名称 	室外柱子
照片名称 	室外柱头	照片名称 	室外柱础	照片名称 	正门
照片名称 	室内正面1	照片名称 	室内侧面1	照片名称 	室内侧面2
照片名称 	室内梁架	照片名称 	室内地面	照片名称 	经幢

备注	——
摄影日期	2010/10/04	摄影人员	乔恩楙

四大天王殿正前方

四大天王殿门（右上图）

四大天王殿侧面（右中图）

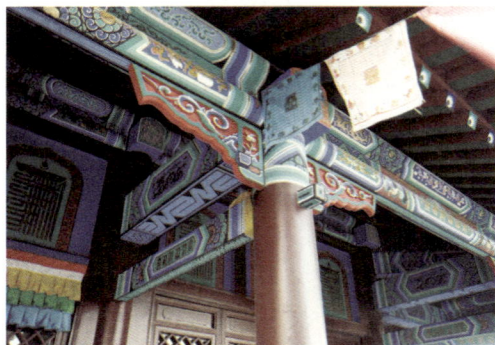

四大天王殿前廊（左图）
四大天王殿室外柱头
（右下图）

1.5 兴源寺·山门

山门柱头（左上图）

山门正门（左中图）

山门檐部（左下图）
山门外廊（右图）

1.6 兴源寺·东厢房

东厢房斜前方（右上图）

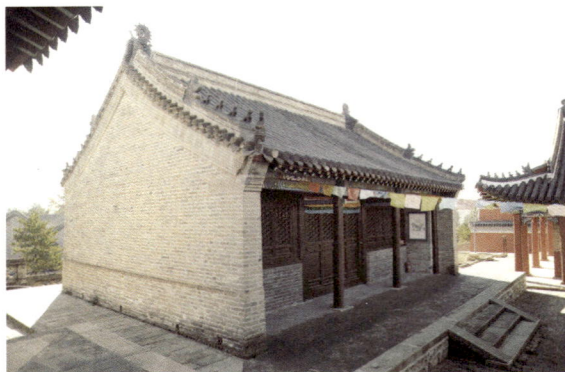

东厢房前廊（左图）
东厢房室外柱头（右下图）

1.7 兴源寺·罗汉殿

罗汉殿斜前方（左图）
罗汉殿室外柱头（右图）

罗汉殿室内

1.8　兴源寺·护法殿

护法殿正前方

护法殿室内（左图）
护法殿前廊（右图）

1.9　兴源寺·钟楼、鼓楼

钟楼侧面（左图）

鼓楼正前方（右图）

2

Xiangjiao Temple

象教寺

2 象教寺 Xiangjiao Temple

象教寺为原卓索图盟席力图库伦扎萨克喇嘛旗寺庙，系库伦三大寺之一。清廷御赐蒙古、汉、藏三体"象教寺"匾额。

寺庙兴建于康熙九年（1670年），位居兴源寺东侧，福缘寺之北。寺庙为席力图库伦扎萨克达喇嘛的执政中心及全旗政教合一的掌印机构。因该寺具备了寺庙与衙门的双重职能，故称王爷府庙。由于该寺为扎萨克达喇嘛办公、居住的地方，又是喇嘛印务处所在地，俗称为上仓。

寺庙建筑为汉式建筑。寺庙由三进院落组成，第一进院为查玛场，南侧有一影壁，其下有炕式小台。与影壁遥相呼应的是3间山门，两侧各有2间正面敞开的圆山顶耳房，呈扇面状。第二进院内有正殿——3间弥勒殿，两侧有20余间僧舍与膳房，殿后有一堵花墙，第三进院为5间无量寿佛殿，两侧各有6间厢房，与第二进院落内厢房相连，为喇嘛印务处办公的场所。正殿后面有5间度母殿，其西侧有3间客厅。无量寿佛殿的东侧有一处独立院落，内有5间玉柱堂、3间楼阁等殿堂，为扎萨克达喇嘛举行庆典及办公的场所和寝室、膳房。寺院内有100余间房舍，东侧与北侧有三座门楼，寺院建筑的四分之一为经堂佛殿，四分之三是扎萨克达喇嘛印务处堂屋。

经"土地改革"及"文化大革命"，寺庙建筑所剩无几。1986年起修缮寺庙，正式恢复了法会。

参考文献：

[1] 呼日勒沙.哲里木寺院（蒙古文）.海拉尔:内蒙古文化出版社,1993.

[2] 德勒格.内蒙古喇嘛教史.呼和浩特:内蒙古人民出版社,1998.

[3] 唐吉思.蒙古族佛教文化调查研究.沈阳:辽宁民族出版社,2010.

象教寺·基本概况 1

寺院蒙古语藏语名称	蒙古语	ᠵᠢᠷᠤᠭ ᠲᠦ ᠶᠢᠨ	寺院汉语名称	汉语正式名称	象教寺
	藏语	——		俗称	锡勒图库伦庙
	汉语语义	——	寺院汉语名称的由来		清廷赐名

所在地	内蒙古自治区通辽市库伦旗库伦镇内	东经	121° 46′	北纬	42° 43′

初建年	康熙九年（1670年）	保护等级	自治区级文物保护单位

盛期时间	明末清初时期	盛期喇嘛僧/现有喇嘛僧数	约100人/45人

历史沿革	1670年，始建寺庙。 "文化大革命"中寺庙严重受损。 1986年，库伦旗人民政府对其进行修缮，修后的象教寺面目一新。 2008—2009年，再次修缮寺庙
资料来源	［1］呼日勒沙.哲里木寺院（蒙古文）.海拉尔:内蒙古文化出版社,1993,4. ［2］德勒格.内蒙古喇嘛教史.呼和浩特:内蒙古人民出版社,1998,8. ［3］唐吉思.蒙古族佛教文化调查研究.沈阳:辽宁民族出版社,2010,12. ［4］调研访谈记录,2010,10.

现状描述	现存象教寺整体布局随山势上升，寺庙殿宇保存基本完好，并结合兴源寺和福缘寺形成一个规模宏大的建筑群	描述时间	2010/10/05
		描述人	付瑞峰

调查日期	2010/10/05	调查人员	李国保、宝山、乔恩懋、付瑞峰

象教寺·基本概况 2

现存建筑			已毁建筑	
影壁	蒙藏医诊室	长寿佛殿	——	——
观舞台	弥勒佛殿	玉柱堂	——	——
山门	莲花生殿	救度佛母殿	——	——
书画展览馆	药师佛殿	管理用房	信息来源	寺庙喇嘛口述

区位图

总平面图

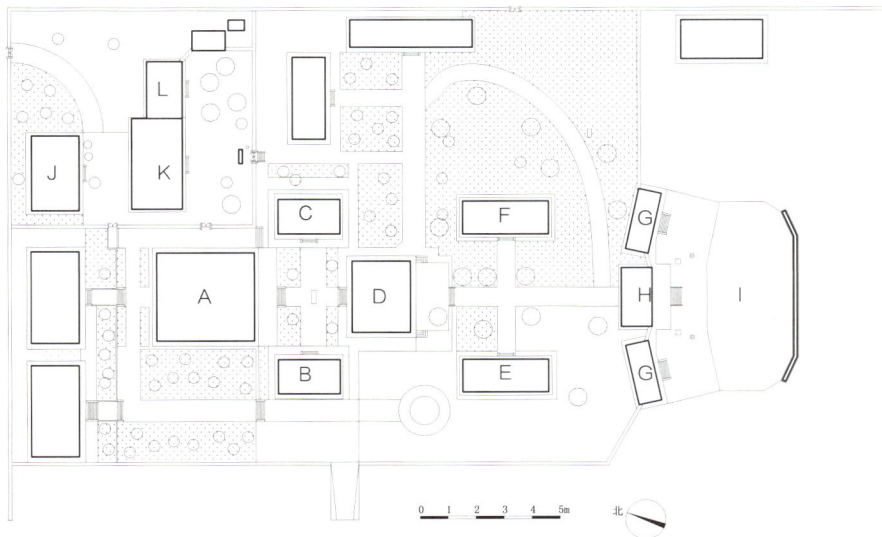

A.长寿佛殿　　D.弥勒佛殿　　G.观舞厅　　J.救度佛母殿
B.莲花生殿　　E.书画展览馆　H.山 门　　K.玉柱堂
C.药师佛殿　　F.蒙藏医诊室　I.查玛舞场　L.大喇嘛住所

调查日期	2010/10/05	调查人员	李国保、宝山、乔恩懋、付瑞峰

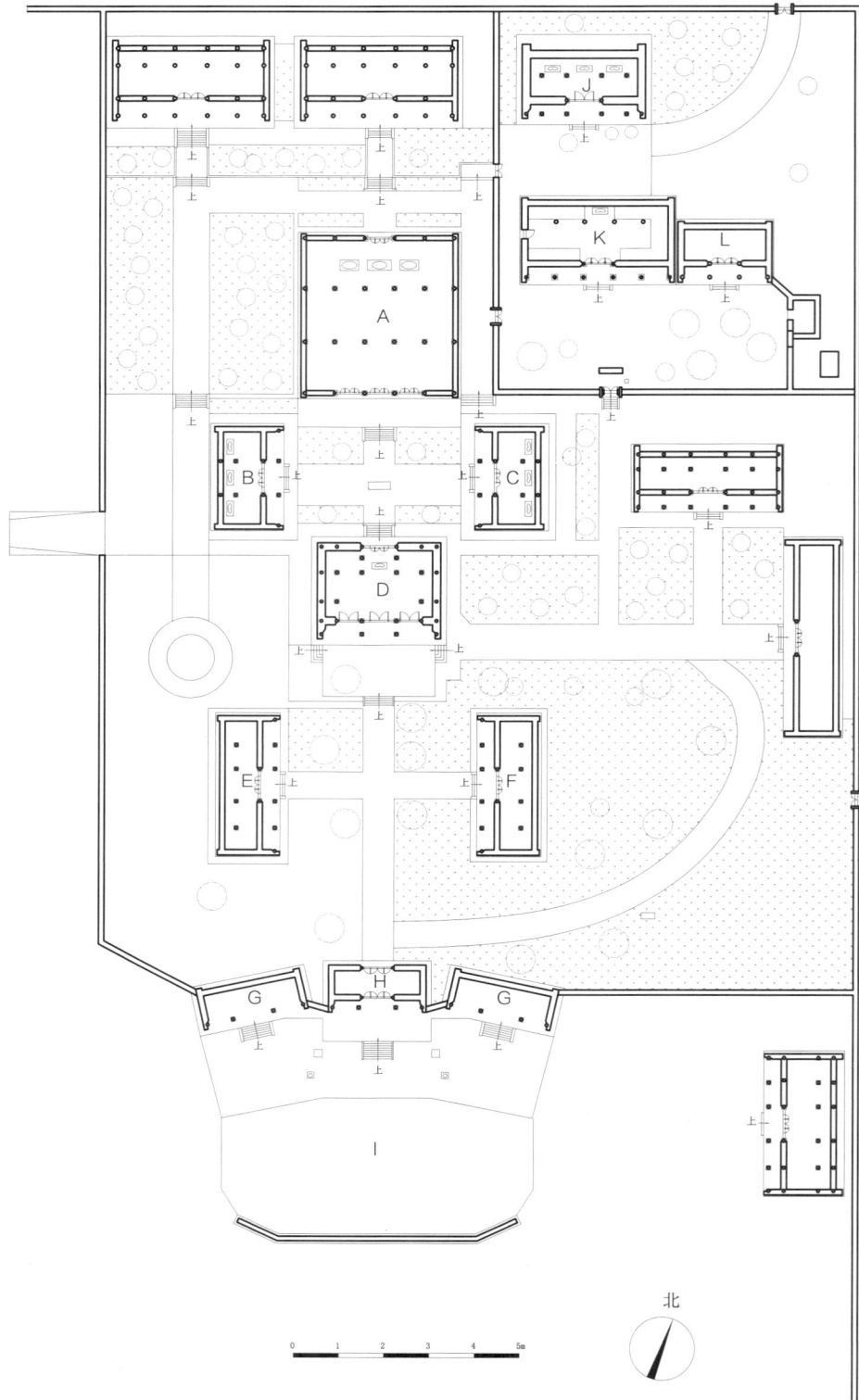

北

0　1　2　3　4　5m

A.长寿佛殿　　　D.弥勒佛殿　　　G.观舞厅　　　J.救度佛母殿
B.莲花生殿　　　E.书画展览馆　　H.山门　　　　K.玉柱堂
C.药师佛殿　　　F.蒙藏医诊室　　I.查玛舞场　　L.大喇嘛住所

象教寺总平面图

2.1 象教寺·长寿佛殿

单位：毫米

建筑名称	汉语正式名称		象教寺长寿佛殿		俗称		长寿佛殿			
概述	初建年		康熙九年（1670年）		建筑朝向	南偏西约20°		建筑层数		一
	建筑简要描述		勾连搭卷棚式建筑，汉式结构体系，汉藏结合的装饰风格							
	重建重修记载		1986年、2009年两次修缮							
		信息来源	《内蒙古喇嘛教史》，寺庙喇嘛口述							
结构规模	结构形式		砖木混合	相连的建筑	无			室内天井		无
	建筑平面形式		长方形	外廊形式	无					
	通面阔		16520	开间数	5	明间	3320	次间	3300	次间 3300 梢间 — 尽间 —
	通进深		17150	进深数	3	进深尺寸（前→后）		5550→6100→5500		
	柱子数量		——	柱子间距	横向尺寸	——		（藏式建筑结构体系填写此栏，不含廊柱）		
					纵向尺寸	——				
	其他		——							
建筑主体（大木作）（石作）（瓦作）	屋顶	屋顶形式	三个卷棚式屋顶连接				瓦作	布瓦		
	外墙	主体材料	青砖	材料规格	260×130×50		饰面颜色	灰色		
		墙体收分	无	边玛檐墙	无		边玛材料	——		
	斗栱、梁架	斗栱	无	平身科斗口尺寸	——		梁架关系	不详（天花吊顶）		
	柱、柱式（前廊柱）	形式	汉式	柱身断面形状	圆形	断面尺寸	直径D=240		在没有前廊柱的情况下，填室内柱及其特征	
		柱身材料	木材	柱身收分	有	栌斗、托木	无		雀替 无	
		柱础	有	柱础形状	圆形	柱础尺寸	直径D=380			
	台基	台基类型	普通式台基	台基高度	1050	台基地面铺设材料		方砖280×280		
	其他		——							
装修（小木作）（彩画）	门(正面)		隔扇门	门楣	无	堆经	无	门帘	有	
	窗（正面）		槛窗	窗楣	无	窗套	无	窗帘	无	
	室内隔扇		隔扇	无	隔扇位置	——				
	室内地面、楼面		地面材料及规格	方砖285×280		楼面材料及规格				
	室内楼梯	楼梯	无	楼梯位置	——	楼梯材料	——	楼段宽度	——	
	天花、藻井	天花	有	天花类型	井口天花	藻井	无	藻井类型	——	
	彩画	柱头	有	柱身	无	梁架	有	走马板	——	
		门、窗	无	天花	有	藻井		其他彩画	——	
	其他	悬塑	无	佛龛	有	匾额	长寿佛殿			
装饰	室内	帷幔	有	幕帘彩绘	无	壁画	无	唐卡	有	
		经幡	有	经幢	有	柱毯	无	其他		
	室外	玛尼轮	无	苏勒德	无	宝顶	无	祥麟法轮	无	
		四角经幢	无	经幡	有	铜饰	无	石刻、砖雕	有	
		仙人走兽	无	壁画	无	其他	——			
陈设	室内	主佛像	白度母、长寿佛、尊圣佛母		佛像基座	须弥座				
		法座 无	藏经橱 无	经床 有	诵经桌 有	法鼓 有	玛尼轮 无	坛城 无	其他	
	室外	旗杆 无	苏勒德 无	狮子 无	经幡 有	玛尼轮 无	香炉 有	五供 无	其他	
	其他		——							
备注			——							
调查日期	2010/10/05	调查人员	李国保、付瑞峰	整理日期	2010/10/05	整理人员	李国保、付瑞峰			

长寿佛殿基本概况表1

象教寺·长寿佛殿·档案照片

照片名称	正立面	照片名称	斜前方	照片名称	侧立面

照片名称	斜后方	照片名称	背立面	照片名称	室外柱子

照片名称	室外柱头	照片名称	室外柱础	照片名称	正门

照片名称	室内正面	照片名称	室内侧面	照片名称	室内天花

照片名称	室内柱子	照片名称	室内柱础	照片名称	唐卡

备注	——				
摄影日期	2010/10/04	摄影人员	乔恩懋		

长寿佛殿斜前方

长寿佛殿侧面

长寿佛殿室内正面

长寿佛殿室内侧面

2.2　象教寺·弥勒佛殿

单位：毫米

建筑名称	汉语正式名称	——			俗称		弥勒佛殿			
概述	初建年	康熙九年（1670年）			建筑朝向	南偏西约15°	建筑层数	一		
	建筑简要描述	单檐歇山式屋顶，汉式结构体系，汉藏结合装饰风格								
	重建重修记载	1986年、2008—2009年期间两次修缮								
	信息来源	《内蒙古喇嘛教史》、寺庙资料								
结构规模	结构形式	砖木混合	相连的建筑	无			室内天井	无		
	建筑平面形式	长方形	外廊形式	前廊						
	通面阔	12510	开间数	5	明间 3850	次间 2700	次间 1630	梢间 ——	尽间 ——	
	通进深	9380	进深数	5	进深尺寸（前→后）	1530→1600→3340→1660→1250				
	柱子数量	——	柱子间距	横向尺寸	——	（藏式建筑结构体系填写此栏，不含廊柱）				
				纵向尺寸	——					
	其他									
建筑主体（大木作）（石作）（瓦作）	屋顶	屋顶形式	单檐歇山屋顶			瓦作	布瓦			
	外墙	主体材料	青砖	材料规格	280×115×45	饰面颜色	灰色			
		墙体收分	无	边玛檐墙	无	边玛材料	无			
	斗栱、梁架	斗栱	有	平身科斗口尺寸	80	梁架关系	不详（天花吊顶）			
	柱、柱式（前廊柱）	形式	汉式	柱身断面形状	圆形	断面尺寸	直径D=350	（在没有前廊柱的情况下，填写室内柱及特征）		
		柱身材料	木材	柱身收分	有	栌、托木	无	雀替	有	
		柱础	有	柱础形状	正方形	柱础尺寸	直径D=580			
	台基	台基类型	普通台基	台基高度	660	台基地面铺设材料	方砖（280×280）			
	其他									
装修（小木作）（彩画）	门(正面)	隔扇门	门楣	无	堆经	无	门帘	有		
	窗（正面）	槛窗	窗楣	无	窗套	无	窗帘	无		
	室内隔扇	隔扇	无	隔扇位置						
	室内地面、楼面	地面材料及规格	方砖280×280	楼面材料及规格	——					
	室内楼梯	楼梯	无	楼梯位置	——	楼梯材料	——	楼段宽度	——	
	天花、藻井	天花	有	天花类型	井口天花	藻井	无	藻井类型		
	彩画	柱头	有	柱身	无	梁架	有	走马板	无	
		门、窗	无	天花	有	藻井	——	其他彩画	——	
	其他	悬塑	无	佛龛	无	匾额	弥勒佛殿			
装饰	室内	帷幔	无	幕帘彩绘	无	壁画	无	唐卡	有	
		经幡	无	经幢	有	柱毯	无	其他	——	
	室外	玛尼轮	无	苏勒德	无	宝顶	有	祥麟法轮	无	
		四角经幢	无	经幡	有	铜饰	无	石刻、砖雕	有	
		仙人走兽	5	壁画	无	其他				
陈设	室内	主佛像	弥勒佛		佛像基座	须弥座				
		法座 无	藏经橱 无	经床 无	诵经桌 无	法鼓 无	玛尼轮 无	坛城 无	其他 ——	
	室外	旗杆 无	苏勒德 无	狮子 无	经幡 无	玛尼轮 无	香炉 无	五供 无	其他 ——	
	其他	——								
备注	——									
调查日期	2010/10/05	调查人员	李国保、付瑞峰	整理日期	2010/10/05	整理人员	付瑞峰			

象教寺 · 弥勒佛殿 · 档案照片

照片名称	正立面	照片名称	斜前方	照片名称	侧立面

照片名称	背立面	照片名称	室外柱子	照片名称	室外柱头

照片名称	室外柱础	照片名称	正门	照片名称	前廊

照片名称	室内正面	照片名称	室内侧面	照片名称	室内柱子

照片名称	室内柱础	照片名称	室内天花	照片名称	佛像

备注	———				
摄影日期	2010/10/04	摄影人员	乔恩懋		

弥勒佛殿基本概况表2

弥勒佛殿前立面

弥勒佛殿侧面（左图）

弥勒佛殿室内侧面
（右图）

弥勒佛殿室内天花

弥勒佛殿室内局部
（左图）
弥勒佛殿室内柱子
（中图）
弥勒佛殿室外前廊
（右图）

2.3 象教寺·山门、观舞厅

山门、观舞厅正前方
（左图）

山门室外柱子（右图）

山门室内（右图）

观舞厅正前方（右图）

观舞厅前玛尼杆
（左图）

观舞厅室外柱子
（右下图）

2.4　象教寺·药师佛殿

药师佛殿室外柱头
（左上图）

药师佛殿正前方（左下图）
药师佛殿前廊（右图）

药师佛殿室内

药师佛殿背立面

2.5 象教寺·莲花生殿

2.6 象教寺·蒙藏医疗诊室

莲花生殿正前方（左上图）

莲花生殿侧面（左下图）
莲花生殿前廊（右图）

蒙藏医疗诊室正前方
（右上图）

蒙藏医疗诊室室外柱础
（右中图）

蒙藏医疗诊室前廊
（左图）
蒙藏医疗诊室室外柱头
（右下图）

2.7 象教寺·书画展览室

书画展览室正前方

书画展览室侧面（左图）

书画展览室背立面
（右图）

2.8 象教寺·救世度母殿

救世度母殿室内侧面
（右上图）

救世度母殿前廊
（左图）
救世度母殿斜前方
（右下图）

2.9　象教寺·玉柱堂

玉柱堂斜前方

玉柱堂室内侧面

玉柱堂柱头（左图）
玉柱堂室内天花（右图）

玉柱堂柱头（左图）
玉柱堂室内顶（右图）

2.10 象教寺·喇嘛住所

喇嘛住所斜前方

喇嘛住所正前方（左上图）

喇嘛住所局部（左中图）

喇嘛住所斜后方（左下图）
喇嘛住所室外柱（右图）

3

Fuyuan Temple

福缘寺

③ 福缘寺 Fuyuan Temple

福缘寺大雄宝殿

　　福缘寺为原卓素图盟席力图库伦扎萨克喇嘛旗寺庙，系库伦三大寺之一。乾隆年间，清廷御赐蒙古、汉、藏三体"福缘寺"匾额。

　　乾隆初年，席力图库伦喇嘛间出现争执，第十二任扎萨克达喇嘛阿格旺嘉木杨呼图克图于乾隆七年（1742年），在兴源寺东南建寺镇地，新建一座名为根敦的佛塔及三世佛殿，创建了福缘寺。寺庙为席力图库伦扎萨克达喇嘛法定继承人的寓所，也是席力图库伦旗财务机构的驻地，俗称为下仓。

　　寺庙建筑以汉式建筑为主，兼有藏式建筑。寺庙占地面积4000余平方米，由南向北沿中轴线，3间山门、25间双层藏式朝克钦殿、5间佛殿、5间双层老爷殿等一连四重殿宇依次排列。在东西廊房的南端各有3间偏殿，分别为龙王殿及护法殿，偏殿与山门间有钟楼、鼓楼。寺院东侧有一座扎萨克达喇嘛卸任后养老的大跨院，内有50余间房屋。老爷殿东侧1间为活佛府，专为寿因寺迈达日呼图克图驻锡所设。

　　福缘寺有显宗学部这一座学部。席力图库伦扎萨克喇嘛旗原无喇嘛学部，在寿因寺迈达日呼图克图的协助下，经五年准备，于民国15年（1926年）始设显宗学部。最初福缘寺与显宗学部无隶属关系，两年后将两者合并。寺庙由住持达喇嘛掌管寺庙事务。

　　经"土地改革"及"文化大革命"后，寺庙严重受损，但仍存2000余平方米建筑。1986年起开始修缮寺庙，正式恢复法会。

参考文献：

［1］呼日勒沙.哲里木寺院（蒙古文）.海拉尔:内蒙古文化出版社,1993.

［2］唐吉思.蒙古族佛教文化调查研究.沈阳:辽宁民族出版社,2010.

福缘寺老爷殿

福缘寺 · 基本概况 1

寺院蒙古语藏语名称	蒙古语	ᠪᠤᠶᠠᠨ ᠣᠷᠰᠢᠶᠠᠭᠤᠯᠤᠭᠴᠢ ᠰᠥᠮᠡ	寺院汉语名称	汉语正式名称		福缘寺
	藏语	——		俗称		锡勒图库伦
	汉语语义	——	寺院汉语名称的由来			清廷赐匾

所在地	内蒙古自治区通辽市库伦旗库伦镇内		东经	121° 46′	北纬	42° 43′
初建年	乾隆七年（1742年）	保护等级		自治区级文物保护单位		
盛期时间	不详	盛期喇嘛僧/现有喇嘛僧数		110人/—		

历史沿革	1742年，始建寺庙。 "文化大革命"中寺庙严重受损。 1928年，将福缘寺与显宗学部合并在一起
	资料来源：[1] 呼日勒沙.哲里木寺院（蒙古文）.海拉尔:内蒙古文化出版社,1993,4. [2] 德勒格.内蒙古喇嘛教史.呼和浩特:内蒙古人民出版社,1998,8. [3] 唐吉思.蒙古族佛教文化调查研究.沈阳:辽宁民族出版社,2010,12. [4] 调研访谈记录.

现状描述	寺庙建于塔（已毁）前，依中轴线由南而北一连四重殿宇，即山门、诵经殿（已毁）、佛殿和老爷庙等。在东西廊房的南端为偏殿，各三间，偏殿和山门之间为钟、鼓楼（已毁），左为钟楼，右为鼓楼。东西侧廊房、偏殿对称配合，围合成了三合院	描述时间	2009/07/14
		描述人	乔恩懋

调查日期	2009/07/14	调查人员	李国保、宝山、乔恩懋、付瑞峰

福缘寺基本概况表1

福缘寺 · 基本概况 2

现存建筑	山门（天王殿）	钟鼓楼	大雄宝殿	已毁建筑	龙王殿	——
	西配殿（十八罗汉殿）	东配殿（护法神殿）	三世佛殿		——	——
	老爷庙	僧舍	——		——	——
	——	——	——	信息来源	寺庙喇嘛口述	

区位图

总平面图

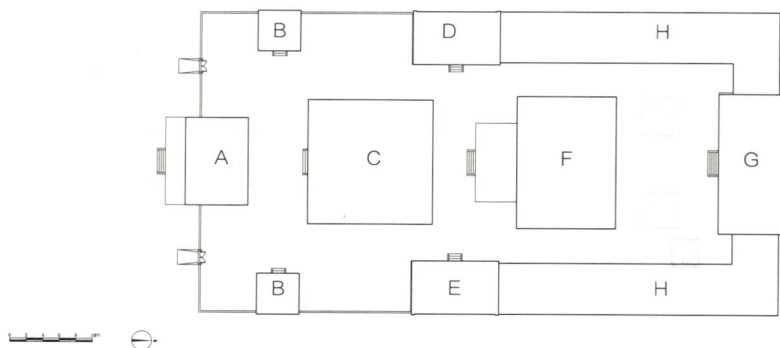

A.山 门　　D.护法神殿　　G.老爷庙
B.钟、鼓楼　E.十八罗汉殿　H.僧 舍
C.大雄宝殿　F.三世佛殿

调查日期	2010/10/05	调查人员	李国保、宝山、乔恩懋、付瑞峰

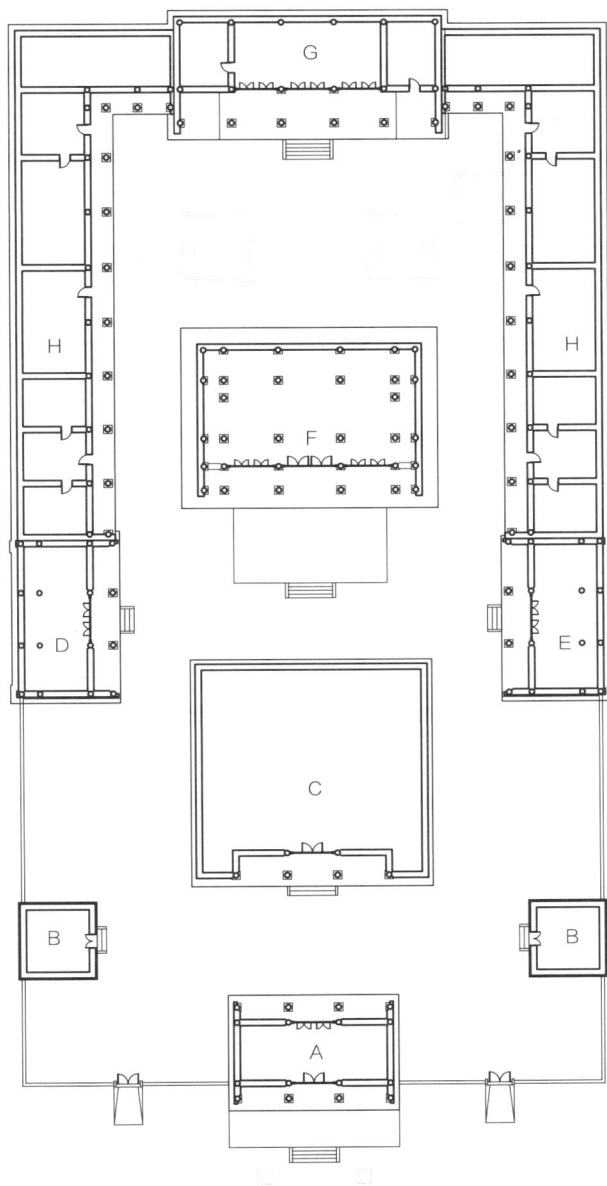

A.山 门
B.钟、鼓楼
C.大雄宝殿
D.护法神殿
E.十八罗汉殿
F.三世佛殿
G.老爷庙
H.僧 舍

0 2 4 6 8 10m

北

福缘寺总平面图

3.1　福缘寺·三世佛殿

单位：毫米

建筑名称	汉语正式名称	三世佛殿				俗称		——		
概述	初建年	乾隆七年（1742年）				建筑朝向	南		建筑层数	一
	建筑简要描述	汉式重檐庑殿顶建筑，面积207.06平方米，福缘寺主殿								
	重建重修记载	——								
		信息来源								
结构规模	结构形式	砖木结构		相连建筑	无			室内天井	无	
	建筑平面形式	长方形		外廊形式	前廊					
	通面阔	14000	开间数	5	明间	4000	次间	3500	梢间	1500 次梢间 —— 尽间 ——
	通进深	9650	进深数	5	进深尺寸（前→后）		1600→1850→2700→1150→2350			
	柱子数量	——	柱子间距	横向尺寸	——		（藏式建筑结构体系填写此栏，不含廊柱）			
				纵向尺寸	——					
	其他	——								
建筑主体（大木作）（石作）（瓦作）	屋顶	屋顶形式	重檐庑殿顶			瓦作	灰色布瓦			
	外墙	主体材料	砖	材料规格	310×160×65	饰面颜色	朱红色、灰色			
		墙体收分	无	边玛檐墙	无	边玛材料	——			
	斗栱、梁架	斗栱	有	平身科斗口尺寸	——	梁架关系	——			
	柱、柱式（前廊柱）	形式	汉式	柱身断面形状	圆	断面尺寸	直径D=350	（在没有前廊柱的情况下，填写室内柱及其特征）		
		柱身材料	木材	柱身收分	无	栌斗、托木	无	雀替	有	
		柱础	有（石材）	柱础形状	方上圆	柱础尺寸	450×450，直径D=500			
	台基	台基类型	普通台基	台基高度	1050	台基地面铺设材料	方砖、条石			
	其他	——								
装修（小木作）（彩画）	门（正面）	隔扇门		门楣	无	堆经	无	门帘	无	
	窗（正面）	槛窗		窗楣	无	窗套	无	窗帘	无	
	室内隔扇	隔扇	无	隔扇位置	——					
	室内地面、楼面	地面材料及规格	方砖280×280	楼面材料及规格	——					
	室内楼梯	楼梯	无	楼梯位置	——	楼梯材料	——	梯段宽度	——	
	天花、藻井	天花	有	天花类型	平棊	藻井	无	藻井类型	——	
	彩画	柱头	有	柱身	无	梁架	有	走马板	有	
		门、窗	无	天花	有	藻井	无	其他彩画	——	
	其他	悬塑	无	佛龛	有	匾额	有（福缘寺匾额置放于室内一角）			
装饰	室内	帷幔	有	幕帘彩绘	无	壁画	无	唐卡	有	
		经幡	有	经幢	有	柱毯	有	其他	——	
	室外	玛尼轮	无	苏勒德	无	宝顶	有	祥麟法轮	无	
		四角经幢	无	经幡	无	铜饰	无	石刻、砖雕	无	
		仙人走兽	1+6	壁画	无	其他	——			
陈设	室内	主佛像	三世佛			佛像基座	普通基座			
		法座 无 藏经橱 有 经床 有 诵经桌 有 法鼓 有 玛尼轮 无 坛城 无 其他 ——								
	室外	旗杆 无 苏勒德 无 狮子 无 经幡 无 玛尼轮 无 香炉 有 五供 无 其他 ——								
	其他	——								
备注	无									

调查日期	2012/07/24	调查人员	李国保、杜娟	整理日期	2012/07/24	整理人员	杜娟

三世佛殿斜前方

三世佛殿室内斗栱（右上图）

三世佛殿室内藻井（右下图）
三世佛殿背立面（左图）

三世佛殿室内侧面
（左图）
三世佛殿前廊顶棚
（右图）

3.2　福缘寺·大雄宝殿

大雄宝殿侧面

大雄宝殿背立面

3.3 福缘寺·东、西配殿

3.4　福缘寺·老爷庙

老爷庙正立面

老爷庙斜前方

3.5 福缘寺·天王殿

天王殿斜前方

天王殿斜后方

4

吉祥天女庙

Auhen Ohin-engri Temple

4 吉祥天女庙 Auhen Ohin-engri Temple

　　吉祥天女庙为原卓素图盟席力图库伦扎萨克喇嘛旗寺庙,系该旗兴源寺后兴建的第二座藏传佛教寺庙。

　　该寺由席力图库伦扎萨克喇嘛旗第三任扎萨克达喇嘛希布金公如格于顺治十二年（1655年）建造。寺庙建筑风格为汉式风格,兼有藏式风格。寺庙有3间硬山式正殿、3间东西配殿各一座、5间藏式经殿、山门等殿宇,寺院西南角有1座白塔,俗称诺门汗塔。该庙达喇嘛通常头戴桃儿状法冠,故称桃儿达喇嘛,其地位高于别寺达喇嘛。

　　寺庙在"文化大革命"中严重受损,仅存大雄宝殿及两座配殿,作为库伦一中的教室使用至20世纪90年代末。2001年,寺庙正式恢复法会。至今,已恢复寺庙原有规模。

参考文献:

[1] 呼日勒沙.哲里木寺院（蒙古文）.海拉尔:内蒙古文化出版社,1993.

[2] 嘉木杨·凯朝.中国蒙古族地区佛教文化.北京:民族出版社,2009.

吉祥天女庙·基本概况 1

寺院蒙古语藏语名称	蒙古语	ᠪᠤᠶᠠᠨᠲᠤ (蒙古文)	寺院汉语名称	汉语正式名称	吉祥天女庙
	藏语	——		俗称	——
	汉语语义	吉祥天女庙		寺院汉语名称的由来	依据主尊名称命名

所在地	内蒙古自治区通辽市库伦旗库伦镇内	东经	121° 46′	北纬	42° 43′
初建年	顺治十二年（1655年）	保护等级		通辽市旗县级文物保护单位	
盛期时间	清朝末年	盛期喇嘛僧/现有喇嘛僧数		约100人/16人	

历史沿革	1655年，始建寺庙。 "文化大革命"中严重受损，仅存大雄宝殿及两座配殿。 2001年8月，正式恢复法会。 2004年，重新修缮殿宇。 2009年，修建诵经堂
资料来源	［1］呼日勒沙.哲里木寺院（蒙古文）.海拉尔:内蒙古文化出版社,1993. ［2］嘉木杨·凯朝.中国蒙古族地区佛教文化.北京:民族出版社,2009. ［3］调研访谈记录,2010.

现状描述	现存天女神庙的殿宇为汉藏结合式，整体布局为伽蓝七堂轴线式布局，部分殿宇装饰残损	描述时间	2010/10/07
		描述人	付瑞峰
调查日期	2010/10/07	调查人员	李国保、宝山、乔恩懋、付瑞峰

吉祥天女庙·基本概况 2

现存建筑	女神殿	——	——	已毁建筑	山门	——
	罗汉堂	——	——		诵经堂	——
	护法殿	——	——		——	——
	一座白塔	——	——	信息来源	《内蒙古喇嘛教史》	

区位图

总平面图

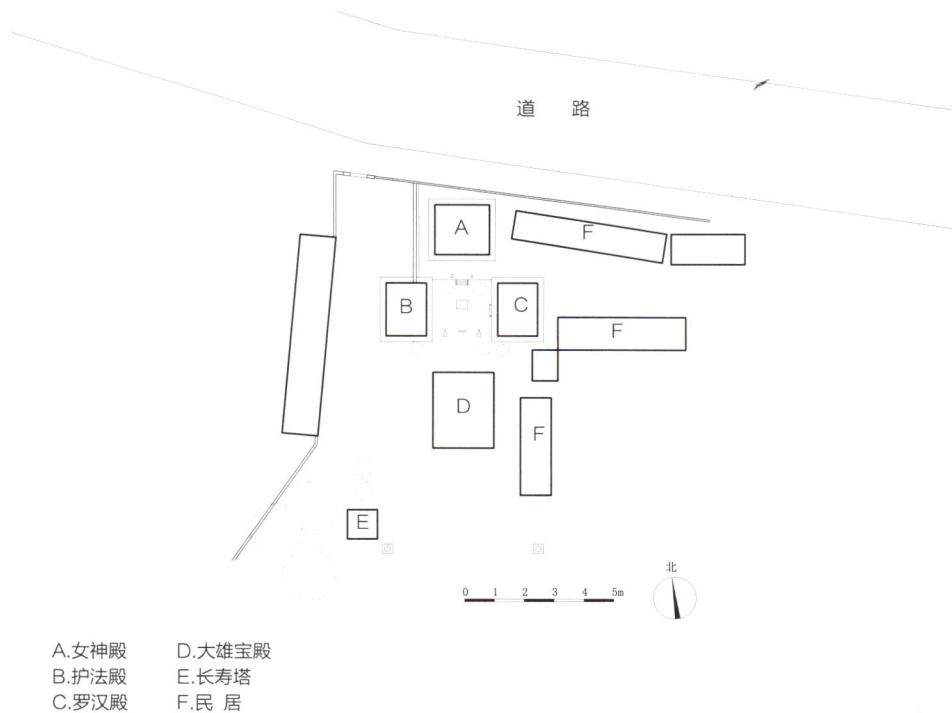

A.女神殿　　D.大雄宝殿
B.护法殿　　E.长寿塔
C.罗汉殿　　F.民 居

调查日期	2010/10/07	调查人员	李国保、宝山、乔恩樾、付瑞峰

吉祥天女庙基本概况表2

道　　路

A

F

B

C

F

D

F

E

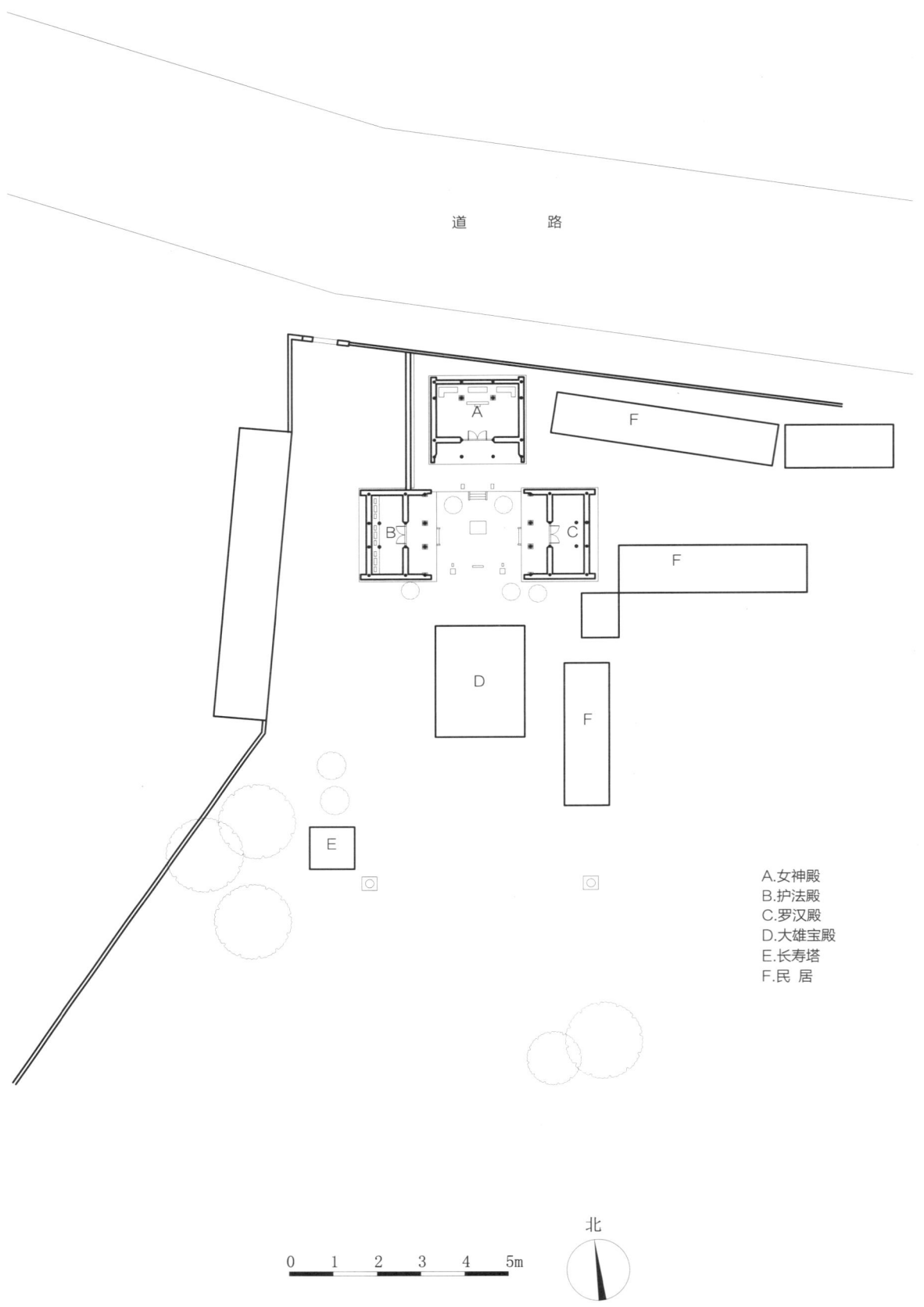

A.女神殿
B.护法殿
C.罗汉殿
D.大雄宝殿
E.长寿塔
F.民　居

北

0　1　2　3　4　5m

吉祥天女庙总平面图

4.1 吉祥天女庙·女神殿

单位：毫米

建筑名称	汉语正式名称	——						俗称		女神殿	
概述	初建年	顺治十二年（1655年）				建筑朝向	南偏西约20°		建筑层数		一
	建筑简要描述	汉式的结构体系，汉藏结合装饰风格									
	重建重修记载	2004年修缮									
		信息来源	寺庙喇嘛口述								
结构规模	结构形式	砖木混合	相连的建筑	无				室内天井		无	
	建筑平面形式	长方形	外廊形式	前廊							
	通面阔	9770	开间数	3	明间	3590	次间	3090	次间	——	梢间	——	尽间	——
	通进深	8790	进深数	3	进深尺寸（前→后）		1970→4950→1870				
	柱子数量	30	柱子间距	横向尺寸	——		（藏式建筑结构体系填写此栏，不含廊柱）				
				纵向尺寸	——						
	其他	——									
建筑主体（大木作）（石作）（瓦作）	屋顶	屋顶形式	硬山屋顶			瓦作	布瓦				
	外墙	主体材料	青砖	材料规格	335×170×65	饰面颜色	灰色				
		墙体收分	无	边玛檐墙	无	边玛材料	——				
	斗栱、梁架	斗栱	有	平身科斗口尺寸	80	梁架关系	五架梁七檩				
	柱、柱式（前廊柱）	形式	汉式	柱身断面形状	圆形	断面尺寸	周长C=840		（在没有前廊柱的情况下，填写室内柱及其特征）		
		柱身材料	木材	柱身收分	有	栌斗、托木	无	雀替	有		
		柱础	有	柱础形状	圆形	柱础尺寸	周长C=980				
	台基	台基类型	普通台基	台基高度	600	台基地面铺设材料	水泥砂浆抹平				
	其他	——									
装修（小木作）（彩画）	门(正面)	隔扇门	门楣	无	堆经	无	门帘	无			
	窗（正面）	槛窗	窗楣	无	窗套	无	窗帘	无			
	室内隔扇	隔扇	无	隔扇位置	——						
	室内地面、楼面	地面材料及规格	方砖380×380	楼面材料及规格	——						
	室内楼梯	楼梯	无	楼梯位置	——	楼梯材料	——	楼段宽度	——		
	天花、藻井	天花	有	天花类型	井口天花	藻井	无	藻井类型	——		
	彩画	柱头	有	柱身	有	梁架	有	走马板	无		
		门、窗	有	天花	有	藻井		其他彩画	——		
	其他	悬塑	无	佛龛	无	匾额	无				
装饰	室内	帷幔	无	幕帘彩绘	有	壁画	有	唐卡	有		
		经幡	有	经幢	有	柱毯	无	其他	——		
	室外	玛尼轮	有	苏勒德	有	宝顶	有	祥麟法轮	无		
		四角经幢	无	经幡	有	铜饰	无	石刻、砖雕	无		
		仙人走兽	5	壁画	有	其他	——				
陈设	室内	主佛像	吉祥天女			佛像基座	须弥座				
		法座	有	藏经橱	有	经床	有	诵经桌	有	法鼓	有	玛尼轮	无	坛城	无	其他	——
	室外	旗杆	无	苏勒德	无	狮子	有	经幡	有	玛尼轮	有	香炉	有	五供	无	其他	——
	其他	——									
备注	——										

调查日期	2010/10/07	调查人员	李国保、付瑞峰	整理日期	2010/10/07	整理人员	付瑞峰

女神殿基本概况表1

吉祥天女庙·女神殿·档案照片

照片名称	正立面	照片名称	斜前方	照片名称	斜后方
照片名称	室外柱子	照片名称	室外柱头	照片名称	室外柱础
照片名称	正门	照片名称	斗栱	照片名称	雀替
照片名称	室内正面	照片名称	室内侧面	照片名称	室内壁画1
照片名称	室内壁画2	照片名称	室内天花	照片名称	室内装饰
备注	——				
摄影日期	2010/10/07	摄影人员	乔恩懋		

女神殿斜前方

女神殿室外柱头（左上图）

女神殿室外柱子（左下图）
女神殿前廊（右图）

4.2　吉祥天女庙·护法殿

护法殿斜前方

护法殿斜后方（左上图）

护法殿门（左中图）

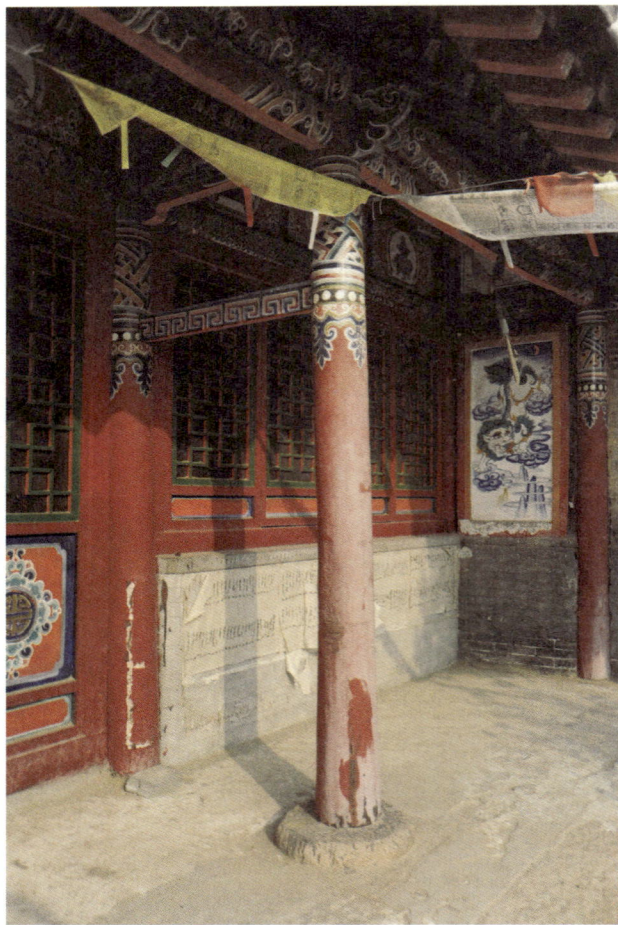

护法殿室内（左下图）
护法殿室外柱子（右图）

4.3 吉祥天女庙·罗汉殿

罗汉殿斜前方

罗汉殿正门（左上图）

罗汉殿斜后方（左中图）

罗汉殿室内正面（左下图）
罗汉殿室外柱子（右图）

5

迈达日葛根庙（格尔林庙）

Maidari-gegen Temple

5 迈达日葛根庙(格尔林庙) Maidari-gegen Temple

迈达日葛根庙

迈达日葛根庙为土默特左翼部在东蒙地区始建的寺庙，系呼和浩特美岱召的分庙。康熙元年（1662年），在席力图库伦扎萨克喇嘛旗西南部新建土默特左翼部附属旗唐虎特喀尔喀旗，迈达日葛根庙成为该旗唯一一座藏传佛教寺庙。

寺庙约于顺治年间初建。后因年久失修，殿宇破损，寺庙又处于河畔低洼处，每逢雨季便受到威胁，故于民国10年（1921年），将寺庙迁至旧址西北0.5公里的高处，于民国17年（1928年）竣工（另有一说为1918年始迁寺庙，1922年竣工）。因该寺寺主活佛为迈达日呼图克图，故称寺庙为迈达日葛根庙，也有文献记为东美岱召。

寺庙建筑风格为藏式建筑。寺庙有大雄宝殿、时轮殿、天王殿、钟楼、鼓楼、东西配殿、供佛楼及各大学部殿等殿宇。该寺在昭乌达盟阿鲁科尔沁旗诺颜庙、体布里庙及哲里木盟科尔沁左翼中旗唐格日格庙、科尔沁左翼后旗哈嘎拉嘎台庙均设有庙仓。

迈达日葛根庙有显宗学部、医药学部、时轮学部、密宗学部四大学部。

"土地改革"及"文化大革命"时期寺庙严重受损，仅存大雄宝殿一座殿宇。现已恢复宗教活动。

资料来源：
［1］唐吉思.蒙古族佛教文化调查研究.沈阳:辽宁民族出版社,2010.
［2］呼日勒沙.哲里木寺院（蒙古文）.海拉尔:内蒙古文化出版社,1993.
［3］政协内蒙古自治区委员会文史资料委员会.内蒙古喇嘛教纪例（第四十五辑）,1997.

迈达日葛根庙大雄宝殿（左图）
迈达日葛根庙山门（右图）

443

迈达日葛根庙·基本概况 1

寺院蒙古语藏语名称	蒙古语	ᠮᠠᠶᠢᠳᠠᠷᠢ ᠶᠢᠨ ᠭᠡᠭᠡᠨ	寺院汉语名称	汉语正式名称	寿因寺
	藏语	——		俗称	格尔林寺
	汉语语义	——		寺院汉语名称的由来	依据寺主活佛称号命名

所在地	通辽市库伦旗格乐林苏木所在地		东经	121° 26′	北纬	42° 29′
初建年	顺治年间	保护等级		内蒙古旗县级文物保护单位		
盛期时间	乾隆年间	盛期喇嘛僧/现有喇嘛僧数		500余人/6人		

历史沿革	1729年，创建显宗学部。 至1742年，先后设立医药学部、时轮学部、密宗学部等四大学部。 1918年，北迁寺庙。 1920年，重建大殿 1922年，寺庙迁建工程竣工。 "文化大革命"中，寺庙严重受损，仅存大雄宝殿
资料来源	［1］唐吉思.蒙古族佛教文化调查研究.沈阳:辽宁民族出版社,2010,12. ［2］呼日勒沙.哲里木寺院（蒙古文）.海拉尔:内蒙古文化出版社,1993,4. ［3］政协内蒙古自治区委员会文史资料委员会.内蒙古喇嘛教纪例（第四十五辑）,1997,1.

现状描述	现存迈达日葛根庙仅存一座山门和一座殿堂——大雄宝殿，附属建筑为喇嘛僧舍，大雄宝殿结构完好，但装饰年久失修，寺院整体环境残破	描述时间	2010/10/06
		描述人	付瑞峰
调查日期	2010/10/06	调查人员	李国保、宝山、乔恩懋、付瑞峰

迈达日葛根庙·基本概况 2

现存建筑	大雄宝殿	山门	天王殿	已毁建筑	扎仓独贡	胡硕独贡
	舍利殿	金刚殿	梵通寺		查干独贡	居德巴独贡
	菩提济度寺	观音殿	护法殿		——	——
	观音殿（在建）	——	——	信息来源	调研访谈记录	

区位图

总平面图

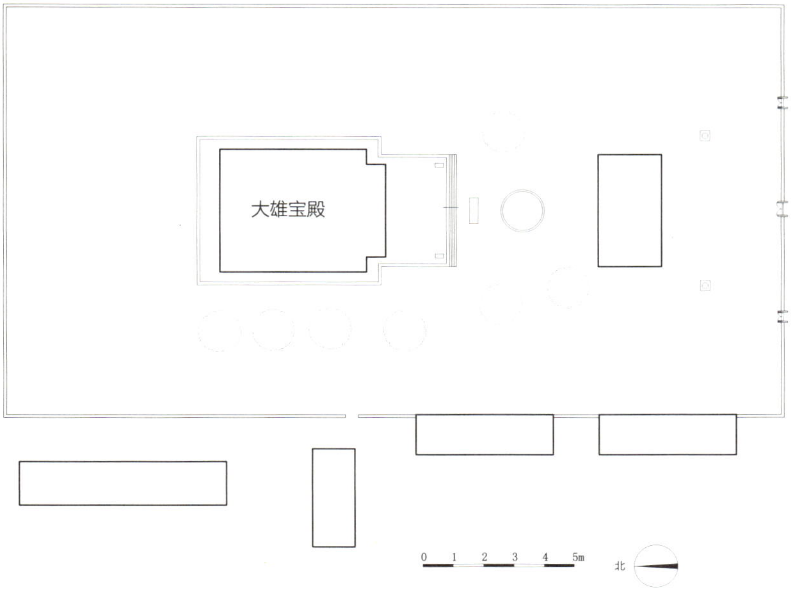

调查日期	2010/09/03	调查人员	李国保、付瑞峰

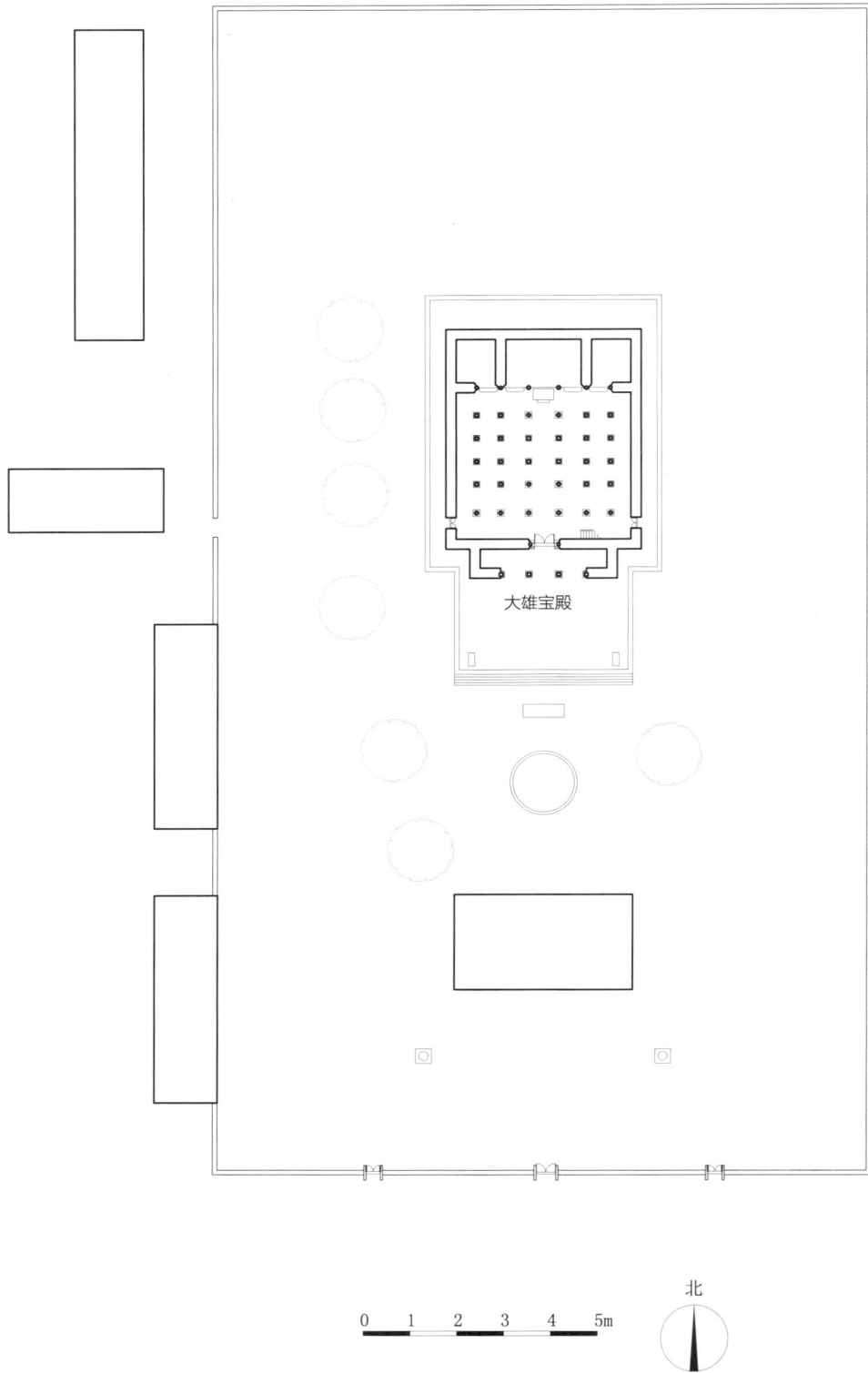

大雄宝殿

0 1 2 3 4 5m

北

5.1　迈达日葛根庙·大雄宝殿

单位：毫米

建筑名称	汉语正式名称	——				俗称		大雄宝殿		
概述	初建年	1920年				建筑朝向	南偏东约20°	建筑层数		二
	建筑简要描述	单檐歇山式屋顶，汉式结构体系，汉藏结合装饰风格								
	重建重修记载	——								
		信息来源	——							
结构规模	结构形式	砖木混合		相连的建筑		无		室内天井		无
	建筑平面形式	"凸"字形		外廊形式		前廊				
	通面阔	19710	开间数	7	明间	3220	次间	2980	次间 2570 梢间 2710 尽间 ——	
	通进深	26455	进深数	8	进深尺寸（前→后）		3277→3448→3180→2500→2600→2540→3060→5850			
	柱子数量	36	柱子间距	横向尺寸	——		（藏式建筑结构体系填写此栏，不含廊柱）			
				纵向尺寸						
	其他	——								
建筑主体 （大木作） （石作） （瓦作）	屋顶	屋顶形式	一个卷棚，两个歇山屋顶，结合密肋平屋顶			瓦作		布瓦		
	外墙	主体材料	青砖	材料规格	300×145×60		饰面颜色	白色		
		墙体收分	有	边玛檐墙	有		边玛材料	红色涂料粉刷		
	斗栱、梁架	斗栱	有	平身科斗口尺寸		100	梁架关系	汉藏结合		
	柱、柱式（前廊柱）	形式	藏式	柱身断面形状	十二棱柱	断面尺寸	380×380		（在没有前廊柱的情况下，填写室内柱及其特征）	
		柱身材料	石材	柱身收分	有	栌斗、托木	有	雀替	无	
		柱础	有	柱础形状	正方形	柱础尺寸	580×580			
	台基	台基类型	普通台基	台基高度	680	台基地面铺设材料	方砖（305×305）			
	其他	——								
装修 （小木作） （彩画）	门(正面)	板门		门楣	无	堆经	有	门帘	有	
	窗（正面）	槛窗		窗楣	无	窗套	无	窗帘	无	
	室内隔扇	隔扇	无	隔扇位置	——					
	室内地面、楼面	地面材料及规格	混凝土抹平		楼面材料及规格		木板，规格不均			
	室内楼梯	楼梯	有	楼梯位置	进正门右侧	楼梯材料	木材	楼段宽度	910	
	天花、藻井	天花	有	天花类型	井口天花	藻井	无	藻井类型	——	
	彩画	柱头	有	柱身	无	梁架	有	走马板	无	
		门、窗	无	天花	无	藻井	——	其他彩画	无	
	其他	悬塑	无	佛龛	有	匾额	无			
装饰	室内	帷幔	无	幕帘彩绘	无	壁画	无	唐卡	有	
		经幡	有	经幢	有	柱毯	无	其他		
	室外	玛尼轮	无	苏勒德	无	宝顶	有	祥麟法轮	有	
		四角经幢	无	经幡	有	铜饰	有	石刻、砖雕	无	
		仙人走兽	无	壁画	有	其他				
陈设	室内	主佛像	弥勒佛			佛像基座	须弥座			
		法座 有	藏经橱 无	经床 有	诵经桌 有	法鼓 有	玛尼轮 有	坛城 有	其他 ——	
	室外	旗杆 有	苏勒德 无	狮子 有	经幡 有	玛尼轮 无	香炉 有	五供 无	其他 ——	
	其他	——								
备注	——									
调查日期	2010/10/06	调查人员	李国保、付瑞峰	整理日期	2010/10/06	整理人员	李国保、付瑞峰			

迈达日葛根庙 · 大雄宝殿 · 档案照片

照片名称	正立方	照片名称	斜前方1	照片名称	斜前方2

照片名称	背立面	照片名称	室外柱子	照片名称	室外柱头1

照片名称	室外柱础	照片名称	正门	照片名称	室外柱头2

照片名称	室内正面	照片名称	室内侧面	照片名称	室内顶棚

照片名称	室内柱子	照片名称	室内柱头	照片名称	室内柱础

备注	——				
摄影日期	2010/10/26	摄影人员	乔恩懋		

大雄宝殿斜前方

大雄宝殿背立面

大雄宝殿柱头（左上图）

大雄宝殿柱础（左下图）
大雄宝殿室外柱子
（右图）

大雄宝殿室内正面

大雄宝殿室内侧面

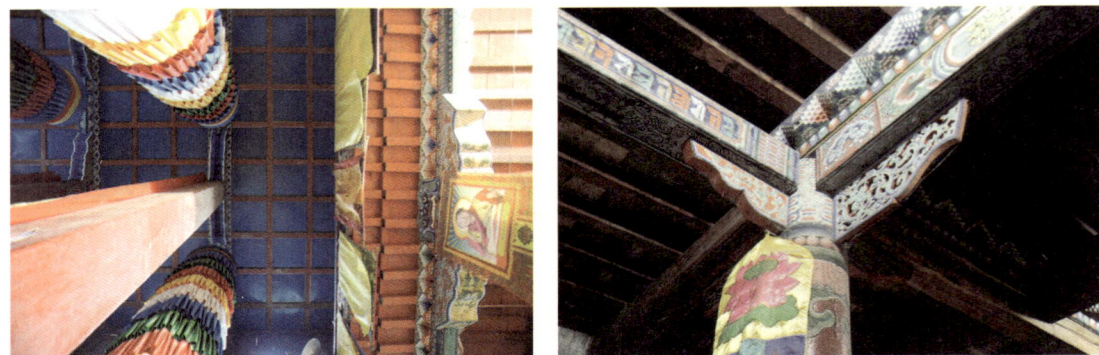

大雄宝殿室内顶棚
（左图）
大雄宝殿室内柱头
（右图）

5.2 迈达日葛根庙·山门

山门正前方

山门正门（左图）
山门背立面（右图）

山门斜前方

6

希拉木仁庙（吉祥密乘大乐林寺）
Xarauren Temple

⑥ 希拉木仁庙（吉祥密乘大乐林寺）Xarauren Temple

希拉木仁庙为现通辽市寺庙。1997年,内蒙古佛教协会会长乌兰活佛赐寺名"吉祥密乘大乐林寺"。

寺庙前身为康熙末年由阿希嘎达喇嘛与其弟苏和兴建的科尔沁右翼后旗恰克图庙（盛经寺）。该庙经"文化大革命"后全部被毁。阿希嘎达喇嘛后裔包天虎于1993年开始筹备建寺工程,于1997年在通辽市科尔沁区希拉木仁公园北侧建成该寺,寺庙简称大乐林寺。

寺庙建筑风格为汉藏结合式风格。寺庙总占地面积为27000平方米,寺庙有5间山门、西院（仿照恰克图庙新建）、六角法轮亭、天王殿、三层大雄宝殿、金刚殿、观世音菩萨殿、护法庙、龙王庙、土地庙、神庙等殿宇。

参考文献:
[1]叁布拉诺日布,阿日贵.吉祥密乘大乐林寺史（蒙古文）.北京:民族出版社,2008.
[2]通辽市科尔沁区政协提案文史学习委员会.科尔沁文史——吉祥密乘大乐林寺,2005.

希拉木仁庙 · 基本概况 1

寺院蒙古语藏语名称	蒙古语	ᠬᠢᠷᠠᠮᠷᠠᠨᠰᠦᠮᠡ	寺院汉语名称	汉语正式名称	吉祥密乘大乐林寺
	藏语	དགའ་ཆེན་གླིང།		俗称	希拉木仁庙
	汉语语义	黄河庙		寺院汉语名称的由来	乌兰活佛赐名

所在地	内蒙古通辽市市区西拉木伦公园北侧		东经	122° 15′	北纬	43° 38′
初建年	1993年	保护等级	──			
盛期时间	21世纪初期	盛期喇嘛僧/现有喇嘛僧	不详/32人			

历史沿革	1993年7月24日，经通辽市人民政府批准，获得土地使用权和建庙许可证。 1994年初，位于朝克钦殿西南角的佛降塔开工，并于年底完工。 1994年末，开始筹建朝克钦殿和天王殿，于1997年8月收工。 1997年7月，通辽市政府同意吉祥密乘大乐寺庙为宗教活动场所。 1997年9月7日，经内蒙古自治区人民政府118号文件批准，为喇嘛教依法进行宗教活动的场所。 1997年9月，寺庙基本落成，总投资约800多万元，占地面积约13500平方米。 1998年4月，位于朝克钦殿东北角的长寿塔开工，并于年底收工。 1998年春，仿照青海省塔尔寺的金殿，始建大山门殿，同年9月完工。 2002年4月10日，位于寺庙西北的法门塔举行奠基仪式，同年6月21日由雍和宫住持嘉木杨图布丹为全寺开光。 2003年4月9日，由雍和宫住持嘉木杨图布丹为护法殿举行奠基仪式，于2004年5月完工。 2003年6月24日，位于寺庙东南角的时轮金刚宝座塔举行奠基仪式，并于2004年4月开工，年底完工。 2007年4月28日，舍利塔开工建造，于半年后完成。 2008年3月，寺庙住持包天虎为其母亲建造一座佛殿——度母殿。 2009年7月8日，寺庙晋升自治区AAA级景区
资料来源	[1] 叁布拉诺日布,阿日贵.吉祥密乘大乐林寺史（蒙古文）.北京:民族出版社,2008. [2] 通辽市科尔沁区政协提案文史学习委员会.科尔沁文史——吉祥密乘大乐林寺,2005. [3] 调研访谈记录.

现状描述	现存大乐林寺的整体布局为轴线式布局，建筑形式为汉藏结合式，三重檐歇山屋顶的大雄宝殿气势宏伟	描述时间	2010/10/8
		描述人	付瑞峰

调查日期	2010/10/08	调查人员	李国保、宝山、乔恩懋、付瑞峰

希拉木仁庙 · 基本概况 2

现存建筑	天王殿	4座白塔	管理用房	已毁建筑	——	——
	大雄宝殿	护法殿	——		——	——
	千手千眼观世音菩萨	财神殿	——		——	——
	——	弥勒殿		信息来源	——	

区位图

总平面图

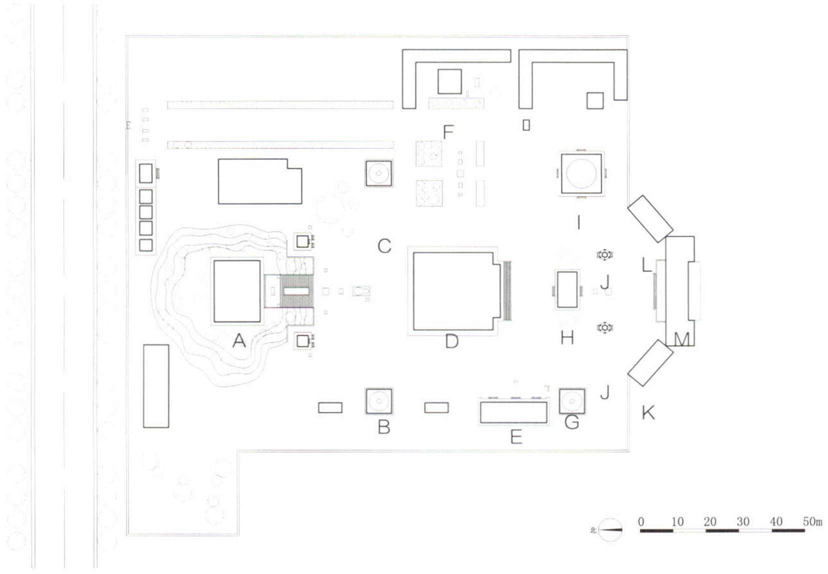

A.大雄宝殿　　D.大雄宝殿　　G.佛降塔　　J.转经亭　　M.山门
B.法门塔　　　E.金刚护法　　H.天王殿　　K.弘法阁
C.长寿塔　　　F.地藏菩萨殿　I.时轮金刚殿　L.随缘阁

调查日期	2010/10/08	调查人员	李国保、宝山、乔恩懋、付瑞峰

0　10　20　30　40　50m

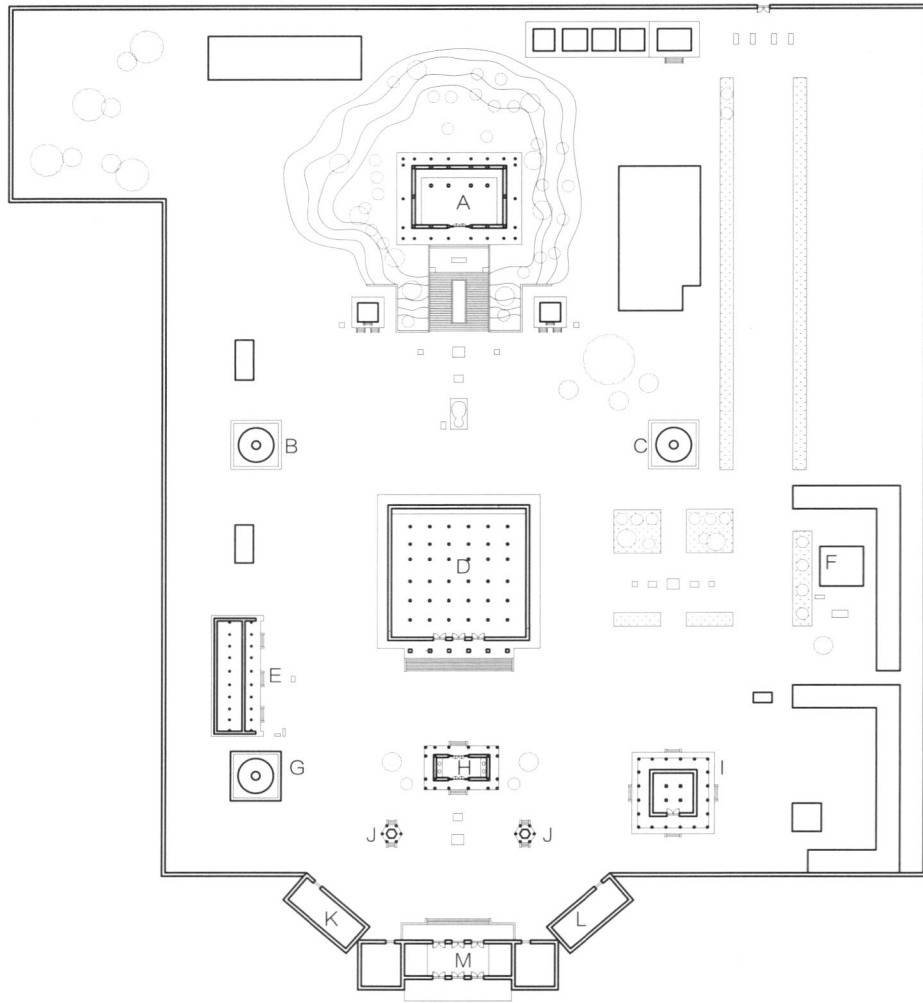

希拉木仁庙
总平面图

A.大雄宝殿　　D.大雄宝殿　　G.佛降塔　　　J.转经亭　　　M.山门
B.法门塔　　　E.金刚护法　　H.天王殿　　　K.弘法阁
C.长寿塔　　　F.地藏菩萨殿　I.时轮金刚殿　L.随缘阁

6.1 希拉木仁庙·大雄宝殿

单位：毫米

建筑名称	汉语正式名称			——			俗称			大雄宝殿		
概述	初建年		1933年			建筑朝向		南		建筑层数		三
	建筑简要描述		汉式结构体系，汉藏结合装饰风格									
	重建重修记载											
		信息来源				寺庙喇嘛口述						
结构规模	结构形式		砖木混合	相连的建筑		无			室内天井		有	
	建筑平面形式		"凸"字形	外廊形式		前廊						
	通面阔		23400	开间数	7	明间	3320	次间	3290	次间	3310	梢间	3450	尽间
	通进深		25660	进深数	8	进深尺寸（前→后）			2190→3450→3300→3300→3850→2780→3290→3500			
	柱子数量		36	柱子间距		横向尺寸		3310→3320→3290		（藏式建筑结构体系填写此栏，不含廊柱）		
						纵向尺寸		3300→3850→2780→3290				
	其他		——									
建筑主体（大木作）（石作）（瓦作）	屋顶	屋顶形式	三重檐歇山屋顶				瓦作		黄琉璃瓦			
	外墙	主体材料	红砖	材料规格		240×120×53		饰面颜色		绿色		
		墙体收分	有	边玛檐墙		有		边玛材料		红色涂料粉刷		
	斗栱、梁架	斗栱	无	平身科斗口尺寸		——		梁架关系		汉藏结合		
	柱、柱式（前廊柱）	形式	藏式	柱身断面形状	十二棱柱	断面尺寸		590×590		（在没有前廊柱的情况下，填写室内柱及其特征）		
		柱身材料	木材	柱身收分	有	栌斗、托木		有	雀替	无		
		柱础	有	柱础形状	方形	柱础尺寸						
	台基	台基类型	须弥座	台基高度	1500	台基地面铺设材料		大理石方砖				
	其他	——										
装修（小木作）（彩画）	门(正面)		板门	门楣		有	堆经		有	门帘		无
	窗（正面）		无	窗楣		——	窗套		——	窗帘		——
	室内隔扇	隔扇	有	隔扇位置		二楼空间分割						
	室内地面、楼面	地面材料及规格		方砖390×390		楼面材料及规格			木板			
	室内楼梯	楼梯	有	楼梯位置	进正门左右两侧	楼梯材料		木材	楼段宽度		1150	
	天花、藻井	天花	无	天花类型		——	藻井		无	藻井类型		——
	彩画	柱头	有	柱身	无	梁架		有	走马板		有	
		门、窗	有	天花	——	藻井		——	其他彩画		——	
	其他	悬塑	无	佛龛	有	匾额		无				
装饰	室内	帷幔	无	幕帘彩绘	无	壁画		无	唐卡		有	
		经幡	有	经幢	有	柱毯		无	其他		——	
	室外	玛尼轮	无	苏勒德	无	宝顶		有	祥麟法轮		无	
		四角经幢	无	经幡	有	铜饰		有	石刻、砖雕		无	
		仙人走兽	1+3	壁画	有	其他		——				
陈设	室内	主佛像		宗喀巴大师		佛像基座			须弥座			
		法座	有	藏经橱	无	经床	有	诵经桌	有	法鼓	有	玛尼轮	无	坛城	无	其他	——
	室外	旗杆	无	苏勒德	无	狮子	无	经幡	有	玛尼轮	无	香炉	有	五供	无	其他	——
	其他	——										
备注			——									
调查日期	2010/10/08	调查人员	李国保、付瑞峰	整理日期	2010/10/08	整理人员	李国保、付瑞峰				

希拉木仁庙 · 大雄宝殿 · 档案照片

照片名称	正立面	照片名称	斜前方1	照片名称	斜前方2

照片名称	侧立面	照片名称	背立面	照片名称	室外柱子

照片名称	室外柱头1	照片名称	室外柱头2	照片名称	正门

照片名称	室内正面	照片名称	室内侧面	照片名称	室内顶棚

照片名称	室内柱子	照片名称	室内柱头	照片名称	室内柱础
				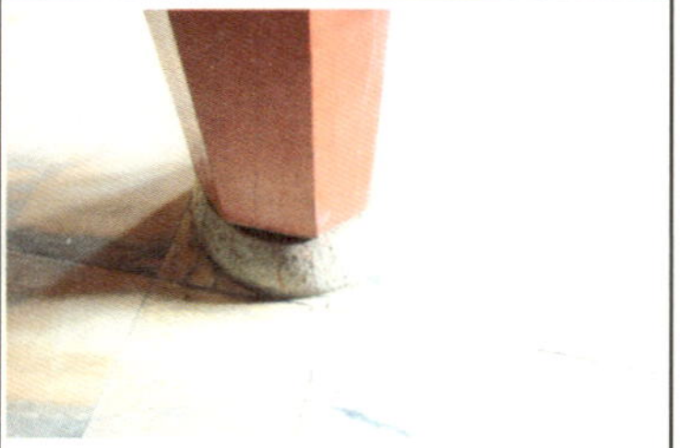	
备注	——				
摄影日期	2009/07/12	摄影人员	杜娟		

大雄宝殿正前方

大雄宝殿室内顶棚
（左图）
大雄宝殿室外柱头
（右图）

大雄宝殿室内柱子
（右图）
大雄宝殿背面（中图）

大雄宝殿前廊（左图）
大雄宝殿室内（右图）

6.2 希拉木仁庙·千手千眼观世音菩萨殿

单位：毫米

	汉语正式名称		俗称	千手千眼观世音菩萨殿													
概述	初建年	1933年	建筑朝向	南	建筑层数	—											
概述	建筑简要描述	汉式结构体系，汉藏结合装饰风格															
概述	重建重修记载	——															
概述	重建重修记载	信息来源	——														
结构规模	结构形式	砖木混合	相连的建筑	无	室内天井	无											
结构规模	建筑平面形式	长方形	外廊形式	回廊													
结构规模	通面阔	19220	开间数	7	明间尺寸	3800	次间尺寸	3010	次间尺寸	2800	梢间尺寸	1900	尽间尺寸				
结构规模	通进深	13900	进深数	4	进深尺寸（前→后）	1900→5050→5050→1900											
结构规模	柱子数量	——	柱子间距	横向尺寸 / 纵向尺寸	——	（藏式建筑结构体系填写此栏，不含廊柱）											
结构规模	其他	——															
建筑主体（大木作）（石作）（瓦作）	屋顶	屋顶形式	重檐歇山屋顶	瓦作	黄琉璃瓦												
建筑主体	外墙	主体材料	红砖	材料规格	不详（涂料粉刷）	饰面颜色	红色										
建筑主体	外墙	墙体收分	无	边玛檐墙	无	边玛材料	——										
建筑主体	斗栱、梁架	斗栱	有	平身科斗口尺寸	80	梁架关系	砖混结构										
建筑主体	柱、柱式（前廊柱）	形式	汉式	柱身断面形状	圆形	断面尺寸		（在没有前廊柱的情况下，填写室内柱及其特征）									
建筑主体	柱、柱式（前廊柱）	柱身材料	混凝土	柱身收分	无	栌斗、托木	有	雀替	有								
建筑主体	柱、柱式（前廊柱）	柱础	有	柱础形状	圆形	柱础尺寸											
建筑主体	台基	台基类型	普通台基	台基高度	420	台基地面铺设材料	方砖400×400										
建筑主体	其他	——															
装修（小木作）（彩画）	门(正面)	隔扇门	门楣	无	堆经	无	门帘	无									
装修	窗（正面）	槛窗	窗楣	无	窗套	无	窗帘	无									
装修	室内隔扇	隔扇	无	隔扇位置	——												
装修	室内地面、楼面	地面材料及规格	方砖600×600	楼面材料及规格	——												
装修	室内楼梯	楼梯	无	楼梯位置	——	楼梯材料	——	楼段宽度	——								
装修	天花、藻井	天花	无	天花类型	——	藻井	无	藻井类型	——								
装修	彩画	柱头	有	柱身	无	梁架	有	走马板	有								
装修	彩画	门、窗	无	天花	——	藻井	——	其他彩画	——								
装修	其他	悬塑	无	佛龛	有	匾额	无										
装饰	室内	帷幔	无	幕帘彩绘	无	壁画	无	唐卡	有								
装饰	室内	经幡	无	经幢	无	柱毯	无	其他	——								
装饰	室外	玛尼轮	无	苏勒德	无	宝顶	有	祥麟法轮	无								
装饰	室外	四角经幢	无	经幡	无	铜饰	无	石刻、砖雕	有								
装饰	室外	仙人走兽	1+4	壁画	无	其他	——										
陈设	室内	主佛像	千手千眼观音菩萨	佛像基座	莲花座												
陈设	室内	法座	无	藏经橱	无	经床	无	诵经桌	无	法鼓	无	玛尼轮	无	坛城	无	其他	——
陈设	室外	旗杆	无	苏勒德	无	狮子	有	经幡	有	玛尼轮	无	香炉	有	五供	无	其他	——
陈设	其他	——															
备注	——																
调查日期	2010/10/08	调查人员	李国保、付瑞峰	整理日期	2010/10/08	整理人员	李国保、付瑞峰										

千手千眼观世音菩萨殿
基本概况表1

希拉木仁庙 · 千手千眼观世音菩萨殿 · 档案照片

照片名称	斜前方1	照片名称	斜前方2	照片名称	正立面

照片名称	侧立面	照片名称	斜后方	照片名称	室外柱子

照片名称	室外柱头	照片名称	室外柱础	照片名称	室外局部
		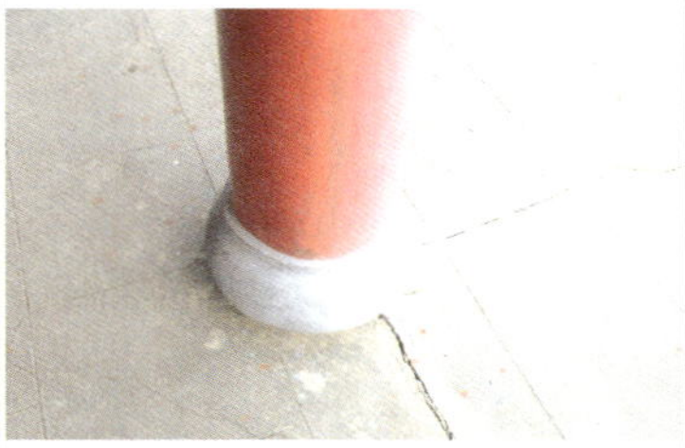			
照片名称	室内正面	照片名称	室内侧面	照片名称	室内顶棚

照片名称	室内柱子	照片名称	室内柱头	照片名称	室内柱础

备注	——				
摄影日期	2009/07/12	摄影人员	杜娟		

千手千眼观世音菩萨殿
斜前方

千手千眼观世音菩萨殿
室外柱头

千手千眼观世音菩萨殿
檐部（左图）
千手千眼观世音菩萨殿
侧面（右图）

千手千眼观世音菩萨殿
室内侧面（左图）
千手千眼观世音菩萨殿
室内局部（右图）

6.3 希拉木仁庙·四大天王殿

四大天王殿室外柱头
（左图）
四大天王殿正门
（右图）

四大天王殿正面门
（左图）
四大天王殿前廊顶棚
（右图）

6.4 希拉木仁庙·金刚护法殿

金刚护法殿正前方

金刚护法殿室外柱头
（左图）
金刚护法殿侧面（右图）

金刚护法殿室内东侧面

6.5　希拉木仁庙·时轮金刚宝塔

时轮金刚宝塔斜前方

时轮金刚宝塔室内柱
（左图）

时轮金刚宝塔室内顶棚
（右图）

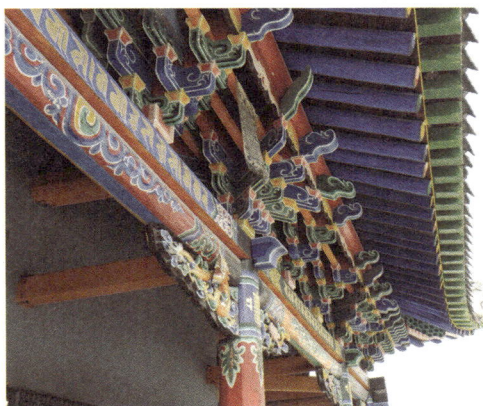

时轮金刚宝塔正门
（左图）

时轮金刚宝塔室外柱头
（右图）

465

6.6　希拉木仁庙·山门

山门正前方

山门斜前方

山门屋顶（左图）
山门斜前方（右图）

6.7　希拉木仁庙·地藏王菩萨殿

6.8　希拉木仁庙·长寿塔、佛降塔、法门塔

长寿塔正前方（左图）
佛降塔正前方（右图）

法门塔斜前方（左图）
法门塔斜后方（右图）

兴安盟地区

Hinggan Prefecture

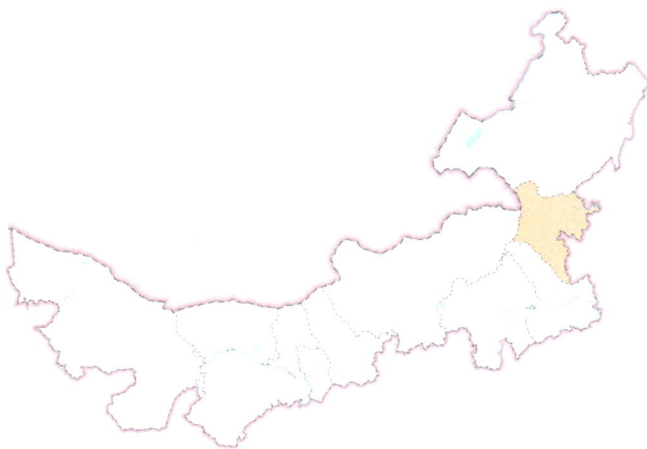

底图来源：内蒙古自治区自然资源厅官网 内蒙古地图
审图号：蒙S（2017)028号

兴安盟辖科尔沁右翼前旗、科尔沁右翼中旗、扎赉特旗3旗，突泉县1县，乌兰浩特市、阿尔山市2县级市。兴安盟建立于1946年，由哲里木盟分出。现辖区由清时哲里木盟科尔沁右翼三旗及扎赉特旗部分地区组成。市辖区内曾有30余座藏传佛教寺庙，现存近5座已恢复重建或尚有建筑遗存的寺庙，课题组实地调研4座寺庙。

兴安盟地图

呼　伦　贝　尔　市

黑
龙
江
省

◎阿尔山市

扎赉特旗◎

科尔沁右翼前旗◎　◎乌兰浩特市

◎突泉县

吉
林
省

科尔沁右翼中旗◎

昂格日庙

王爷庙

陶赖图葛根庙

巴音和硕庙

通

赤
峰
市

江

市

审图号：蒙S（2020）029号　　　　　　　　　　内蒙古自治区测绘地理信息局　监制

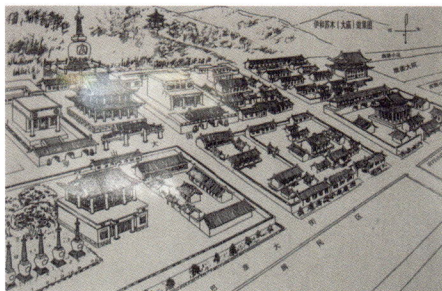

1

1 巴音和硕庙（遐福寺） Bayin-Huxo Temple

巴音和硕庙山门

巴音和硕庙为原哲里木盟科尔沁右翼中旗（俗称土谢图王旗）寺庙，系科尔沁部十旗王公集资兴建的寺庙。清廷御赐满、蒙古、汉、藏四体"遐福寺"匾额。寺庙以蒙古语诵经而闻名于东蒙地区。

寺庙由第一世内齐托音呼图克图于天聪至顺治初年（关于始建年有1634年前后、1644年、1654年这三种观点），在科尔沁部十旗王公的资助下兴建，故寺庙又称科尔沁右翼中旗旗庙或科尔沁十旗大庙。

寺庙建筑风格为汉藏结合式风格。寺庙在其最盛时由六个部分组成，内有大雄宝殿、扎哈庙等殿宇及博格达府、西热喇嘛府、堪布喇嘛府等高僧宅院。寺庙有12座庙仓，有菩提塔、释迦八塔。

"文化大革命"中寺庙严重受损。后经修缮与重建，形成现有规模。寺庙目前只使用了西热喇嘛仓，而堪布喇嘛仓已不用。原庙址被巴音和硕镇电力局及居民区占用。现寺庙为三进院落，以轴线对称布局，山门和天王殿合为一殿，由此殿开始进入第一院，左右是仓库，通过天王殿进入第二院，左右分别是法物流通处、接待处，正中是大雄宝殿，由此殿两侧进入第三院，院内有一个仓库。大雄宝殿为现存殿宇中最早的建筑，原本为第一世活佛的住所。

参考文献：
［1］调研访谈记录，2009.
［2］唐吉思.蒙古族佛教文化调查研究.沈阳:辽宁民族出版社,2010.
［3］金峰整理.漠南大活佛传（蒙古文）.海拉尔:内蒙古文化出版社,2009.

巴音和硕庙 · 基本概况 1

寺院蒙古语藏语名称	蒙古语	ᠪᠠᠶᠠᠨᠬᠣᠱᠢᠭᠤ ᠬᠡᠶᠢᠳ	寺院汉语名称	汉语正式名称		遐福寺
	藏语	——		俗称		黑大庙、博克达庙
	汉语语义	——	寺院汉语名称的由来			清廷赐名
所在地		兴安盟科右中旗巴彦胡硕镇	东经	121° 27′	北纬	45° 03′
初建年		顺治元年（1644年）	保护等级			自治区级文物保护单位
盛期时间		——	盛期喇嘛僧/现有喇嘛僧			1000余人/7人
历史沿革		1644年，新建寺庙。 1651年，新建一座佛塔。 1654年，新建寺庙				
	资料来源	[1] 寺庙简介文本与访谈记录，2010. [2] 唐吉思.蒙古族佛教文化调查研究.沈阳:辽宁民族出版社,2010. [3] 金峰整理.漠南大活佛传（蒙古文）.海拉尔:内蒙古文化出版社,2009.				
现状描述		巴音和硕庙共11座建筑，遗存大雄宝殿1座，新建10座；巴音和硕庙目前只使用了旧址的一部分，其他由民用或厂区占用。由三进院落组成，第一进是僧舍和办公，第二进是大殿和配殿，第三进是空地	描述时间			2009/10/02
			描述人			房宏伟
调查日期		2009/10/02	调查人员			宝山、房宏伟

巴音和硕庙 · 基本概况 2

现存建筑	西热喇嘛仓	博格达仓	堪布喇嘛仓	已毁建筑	大雄宝殿	扎哈庙
	——	——	——		博格达府	庙仓
	——	——	——		释迦八塔	——
	——	——	——	信息来源	调研访谈记录	

区位图

总平面图

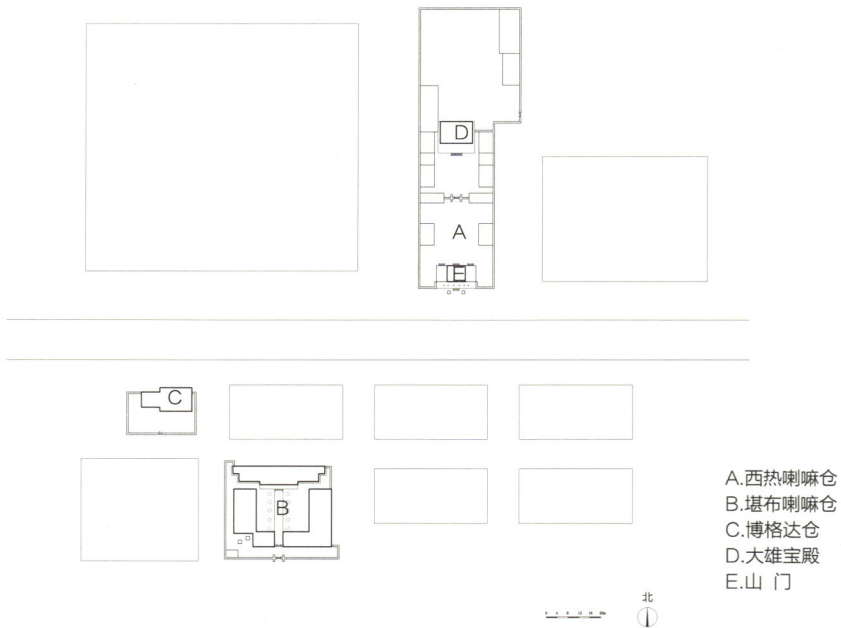

A.西热喇嘛仓
B.堪布喇嘛仓
C.博格达仓
D.大雄宝殿
E.山门

北

调查日期	2009/10/02	调查人员	房宏伟、宝山

空地

F

D

G

H

I

J

K

L

M A N

E

电力局

空地

罕 山 大 街

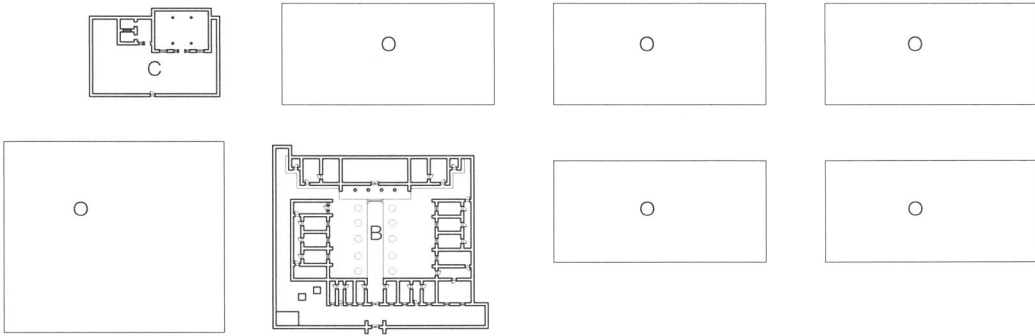

C

B

O

O

O

O

O

O

0 4 8 12 16 20m

北

A.西热喇嘛仓　　D.大雄宝殿　　G.西配殿　　　J.接　待　　M.仓　库
B.堪布喇嘛仓　　E.山　门　　　H.冬季诵经殿　K.食　堂　　N.仓　库
C.博格达仓　　　F.库　房　　　I.物流中心　　L.办公室　　O.民　居

巴音和硕庙总平面图

1.1 巴音和硕庙·大雄宝殿

单位：毫米

建筑名称	汉语正式名称		——		俗称		大雄宝殿		
概述	初建年		顺治元年（1644年）		建筑朝向	南向	建筑层数		——
	建筑简要描述		汉式结构体系						
	重建重修记载								
		信息来源		——					
结构规模	结构形式	砖木混合	相连的建筑		无		室内天井		无
	建筑平面形式	长方形	外廊形式		前廊				
	通面阔	11800	开间数	3	明间	3600	次间	3300	梢间 —— 次梢间 —— 尽间 ——
	通进深	9200	进深数	1	进深尺寸（前→后）			6500	
	柱子数量	——	柱子间距	横向尺寸	——		（藏式建筑结构体系填写此栏，不含廊柱）		
				纵向尺寸	——				
	其他		——						
建筑主体（大木作）（石作）（瓦作）	屋顶	屋顶形式		硬山			瓦作		布瓦
	外墙	主体材料	青砖	材料规格	青砖，260×130×75		饰面颜色		白
		墙体收分	无	边玛檐墙		无	边玛材料		——
	斗栱、梁架	斗栱	无	平身科斗口尺寸	——		梁架关系		不可见
	柱、柱式（前廊柱）	形式	汉式	柱身断面形状	圆形	断面尺寸	直径 $D=270$		（在没有前廊柱的情况下，填写室内柱及其特征）
		柱身材料	木材	柱身收分	无	栌斗、托木	无	雀替	有
		柱础	有	柱础形状	方形	柱础尺寸	490×490		
	台基	台基类型	普通台基	台基高度	580	台基地面铺设材料		石	
	其他		——						
装修（小木作）（彩画）	门(正面)	隔扇门		门楣	无	堆经	无	门帘	无
	窗（正面）	支摘窗		窗楣	无	窗套	无	窗帘	无
	室内隔扇	隔扇	无	隔扇位置		——			
	室内地面、楼面	地面材料及规格		方砖300×300		楼面材料及规格		无	
	室内楼梯	楼梯	无	楼梯位置	——	楼梯材料	——	梯段宽度	——
	天花、藻井	天花	无	天花类型	——	藻井	无	藻井类型	——
	彩画	柱头	无	柱身	无	梁架	有	走马板	无
		门、窗	无	天花	无	藻井	无	其他彩画	无
	其他	悬塑	无	佛龛	无	匾额		无	
装饰	室内	帷幔	无	幕帘彩绘	无	壁画	有	唐卡	有
		经幡	有	经幢	有	柱毯	有	其他	——
	室外	玛尼轮	无	苏勒德	无	宝顶	无	祥麟法轮	无
		四角经幢	无	经幡	有	铜饰	无	石刻、砖雕	无
		仙人走兽	无	壁画	无	其他		——	
陈设	室内	主佛像		三时佛		佛像基座		莲花座	
		法座 无	藏经橱 有	经床 有	诵经桌 有	法鼓 有	玛尼轮 无	坛城 无	其他 ——
	室外	旗杆 无	苏勒德 无	狮子 无	经幡 有	玛尼轮 无	香炉 有	五供 无	其他 ——
	其他		——						
备注		——							
	调查日期	2009/10/02	调查人员	房宏伟	整理日期	2010/12/06	整理人员	房宏伟	

巴音和硕庙 · 大雄宝殿 · 档案照片

照片名称	正立面	照片名称	斜前方	照片名称	侧立面

照片名称	背立面	照片名称	室外柱子	照片名称	室外柱头

照片名称	室外柱础	照片名称	正门	照片名称	窗

照片名称	室内正面	照片名称	室内侧面	照片名称	室内柱础

照片名称	室内地面	照片名称	室内局部	照片名称	室内顶棚

备注	——				
摄影日期	2009/10/02	摄影人员		房宏伟	

大雄宝殿基本概况表2

大雄宝殿斜前方

大雄宝殿正前方
（左图）
大雄宝殿正门（右图）

大雄宝殿室外柱子
（左图）
大雄宝殿室外柱头
（右图）

1.2 巴音和硕庙·山门

山门正前方

山门斜前方（左图）
山门背面（右图）

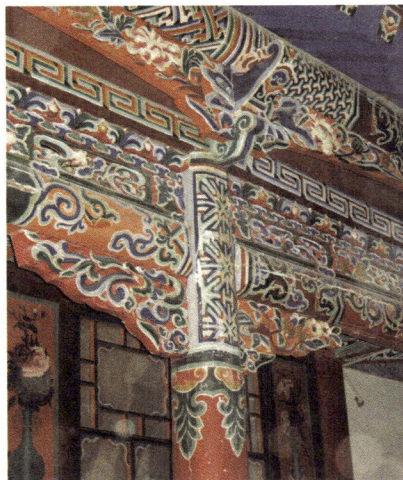

山门正门（左图）
山门室外柱头（右图）

1.3　巴音和硕庙·其他建筑

堪布喇嘛仓正立面

堪布喇嘛仓室外柱头
（左上图）

博格达仓斜后方（左下图）
堪布喇嘛仓室外柱子
（右图）

2

陶赖图葛根庙（梵通寺）

Taulait-gegen Temple

2 陶赖图葛根庙（梵通寺） Taulait-gegen Temple

陶赖图葛根庙建筑群

陶赖图葛根庙为原哲里木盟科尔沁十旗共同兴建的寺庙。乾隆十三年（1748年），清廷御赐满、蒙古、汉、藏四体"梵通寺"匾额于该庙前身莲花图庙。

乾隆初年由科尔沁右翼前旗四等台吉希图根在王府东所建的莲花图庙（亦称白莲寺，位于今吉林省洮南市双塔村）为陶赖图葛根庙前身。因寺庙殿宇规模小，经卷不全，加之洮儿河水连年泛滥，故莲花图庙第二世活佛（希图根之子）于乾隆二十四年（1759年）决定迁建寺庙，并率徒众溯洮儿河北上选择庙址，行至扎萨克图旗中部一处林木繁茂的大山下时看见一只白兔跑出，故命名此山为陶赖图山（即兔子山），决定在此建庙。嘉庆元年（1796年），罗布桑却达日等仿照西藏色拉寺风格，从京城请来工匠，历时3年建成了该寺。寺庙俗称陶赖图葛根庙或诺颜呼图克图葛根庙，简称葛根庙。

寺庙建筑风格为藏式风格。寺庙在其最盛时占地面积约6万平方米，有81间双层大雄宝殿（梵通寺）、63间和硕殿（广觉寺）、63间扎仓殿（广寿寺）、密宗殿（惠通寺）、查干殿（宏济寺）五大殿宇，法轮殿、玛尼殿、舍利殿、活佛府这4座小殿及15座庙仓。寺庙分为东、西两庙，梵通、惠通、广寿三寺为东庙，广觉、宏济二寺为西庙。寺庙四周立有标示寺界的30座石雕佛像，其外围另立35座小殿，其内各置一尊佛像。

陶赖图葛根庙有显宗学部、时轮学部、密宗学部、医药学部四大学部。

"文化大革命"中寺庙严重受损，仅存一些僧舍。1987年原扎赛特旗哈日和硕庙三世活佛罗布桑希日布贾拉森任该寺住持。1988年起重建寺庙，经20余年的复建，至2009年，寺庙已初具规模，并正式恢复法会。

参考文献：

［1］罗布僧希日布扎拉森，格日勒图.陶赖图葛根庙（蒙古文）.兴安盟佛教协会,2001.

［2］图雅.诺彦呼图克图葛根庙堪布老布僧希日布扎拉森活佛（蒙古文、汉文）.海拉尔:内蒙古文化出版社,2009.

陶赖图葛根庙主殿

陶赖图葛根庙 · 基本概况 1

寺院蒙古语藏语名称	蒙古语	ᠳᠣᠯᠣᠭᠠᠨ ᠬᠥᠨ ᠰᠦᠮᠡ	寺院汉语名称	汉语正式名称	梵通寺		
	藏语	——		俗称	陶赖图葛根庙、葛根庙		
	汉语语义	兔子山之地的活佛寺庙	寺院汉语名称的由来		清廷赐名		
所在地		乌兰浩特市葛根庙镇		东经	122° 17′	北纬	45° 54′
初建年		乾隆十三年（1748年）	保护等级		——		
盛期时间		同治元年（1862年）	盛期喇嘛僧/现有喇嘛僧数		1200余人/45人		

历史沿革	1748年，清廷御赐"梵通寺"匾于莲花图庙。 1796年，迁建寺庙。 1798年7月，建成大雄宝殿、和硕殿、扎仓殿三大殿宇。 1870年，科尔沁右翼中旗出资新建密宗殿。 1928年，九世班禅到达该寺。 1945年8月11日，伪满兴安军官学校师生在该庙发起了抗日武装起义。 1946年1月16日，在该庙和硕殿召开了"东蒙古自治政府成立各界代表会议"。 1947年，内蒙古人民自卫军骑兵第一师驻扎于该庙。 1966—1968年，寺庙被全部拆除。 1988年，复建梵通寺。 1993年，新建功德任运寺。 2001年，新建菩提济度寺。 2002—2003年，新建显密究竟寺。 2004—2008年，新建吉祥大乘寺。 2008年，建成护法殿。同年，始建千手观音殿
资料来源	［1］罗布僧希日布扎拉森,格日勒图.陶赖图葛根庙（蒙古文）.兴安盟佛教协会,2001. ［2］图雅.诺彦呼图克图葛根庙堪布老布僧希日布扎拉森活佛（蒙古文、汉文）.海拉尔:内蒙古文化出版社,2009. ［3］调研访谈资料,2009.

现状描述	寺庙占地153万平方米，南向。现有建筑体量较小，但在建观音殿规模庞大，有6000平方米，四层重檐歇山顶。其旧有寺庙，寺院规整，纯藏式建筑，且建设得密集、整齐，而新庙占地广阔，布置分散，殿与殿的距离大，如山门距主体建筑群较远	描述时间	2009.09.30
		描述人	房宏伟
调查日期	2009/09/30	调查人员	宝山、房宏伟

陶赖图葛根庙·基本概况 2

现存建筑	大雄宝殿	山门	天王殿	已毁建筑	扎仓独贡	胡硕独贡
	舍利殿	金刚殿	梵通寺		查干独贡	居德巴独贡
	菩提济度寺	观音殿	护法殿		——	——
	观音殿(在建)	——	——	信息来源	调研访谈记录	

区位图

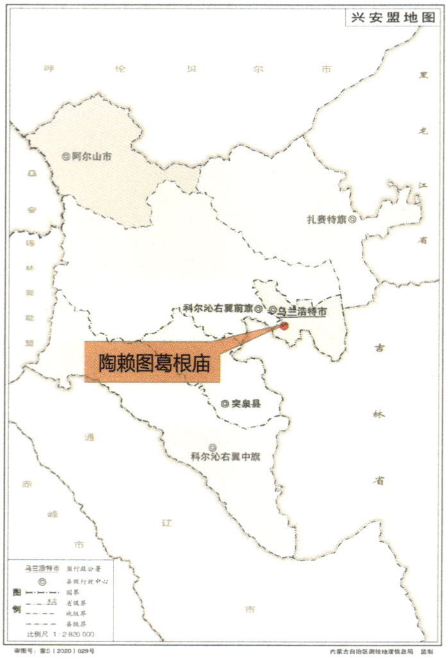

兴安盟地图

总平面图

A.南山门
B.天王殿
C.菩提济渡寺
D.梵通寺
E.显密究竟寺
F.大雄宝殿
G.观音殿（在建）
H.佛　像
I.淘来敖包山
J.活佛府
K.主持办公
L.僧侣住所
M.食堂招待
N.莲花池
O.蒙古包

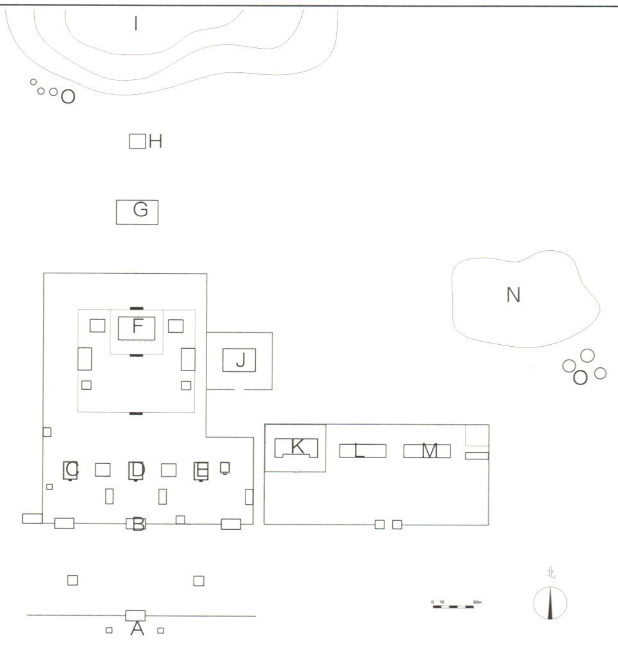

调查日期	2009/09/30	调查人员	房宏伟、宝山

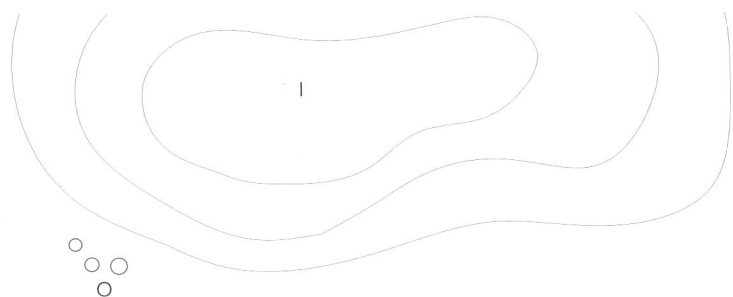

A.南山门
B.天王殿
C.菩提济度寺
D.梵通寺
E.显密究竟寺
F.大雄宝殿
G.观音殿（在建）
H.佛　像
I.淘来敖包山
J.活佛府
K.主持办公
L.僧侣住所
M.食堂招待
N.莲花池
O.蒙古包

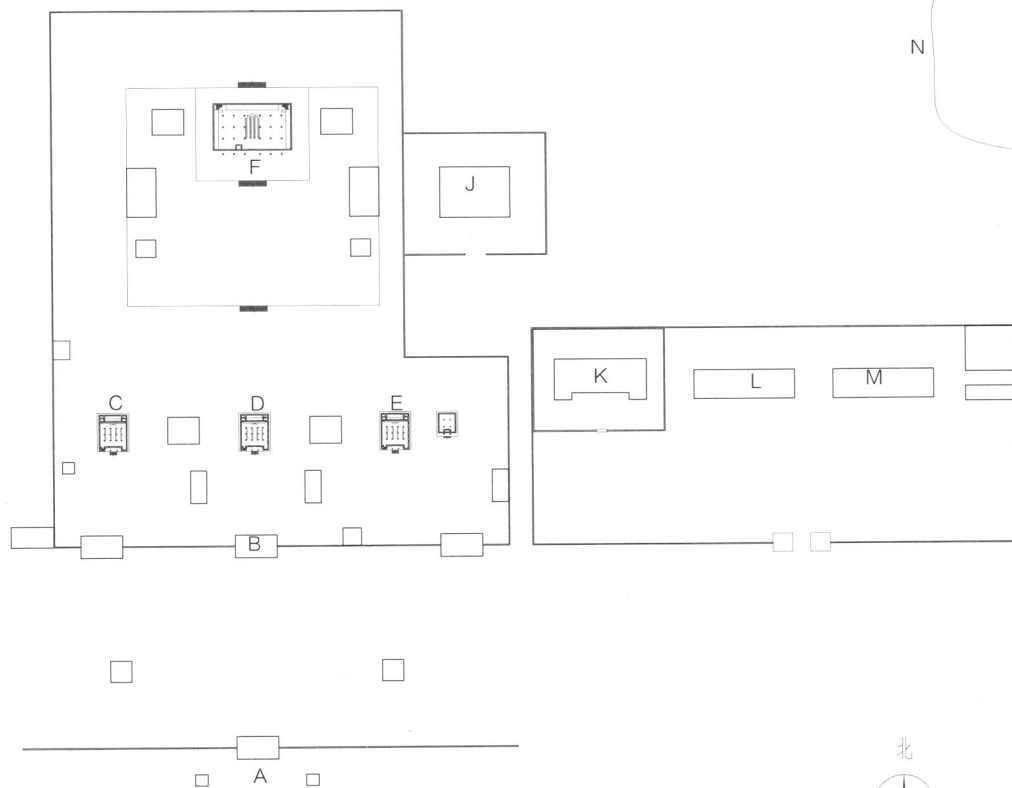

北

0　10　　　　50m

2.1　陶赖图葛根庙·大雄宝殿

单位：毫米

<table>
<tr><td rowspan="4">建筑
名称

概述</td><td>汉语正式名称</td><td colspan="3">吉祥大乘寺</td><td>俗称</td><td colspan="4">大雄宝殿</td></tr>
<tr><td>初建年</td><td colspan="2">乾隆十三年（1748年）</td><td>建筑朝向</td><td>南</td><td colspan="2">建筑层数</td><td colspan="2">三</td></tr>
<tr><td>建筑简要描述</td><td colspan="8">汉藏混合</td></tr>
<tr><td rowspan="2">重建重修记载</td><td colspan="8">2004年重建</td></tr>
<tr><td rowspan="5">结构
规模</td><td>信息来源</td><td colspan="8">调研访谈记录</td></tr>
<tr><td>结构形式</td><td colspan="2">钢混结构</td><td>相连的建筑</td><td colspan="2">无</td><td>室内天井</td><td colspan="2">有</td></tr>
<tr><td>建筑平面形式</td><td colspan="2">长方形</td><td>外廊形式</td><td colspan="5">前廊</td></tr>
<tr><td>通面阔</td><td>44430</td><td>开间数</td><td>7</td><td>明间 ——</td><td>次间 ——</td><td>梢间 ——</td><td>次梢间 ——</td><td>尽间 ——</td></tr>
<tr><td>通进深</td><td>20860</td><td>进深数</td><td>4</td><td>进深尺寸（前→后）</td><td colspan="4">5260→5420→4780</td></tr>
<tr><td rowspan="3">结构
规模</td><td rowspan="2">柱子数量</td><td rowspan="2">16</td><td rowspan="2">柱子间距</td><td>横向尺寸</td><td colspan="2">4700→5420→5260→8200</td><td colspan="3" rowspan="2">（藏式建筑结构体系填写此栏，不含廊柱）</td></tr>
<tr><td>纵向尺寸</td><td colspan="2">6350→6380→6360→6370</td></tr>
<tr><td>其他</td><td colspan="8">——</td></tr>
</table>

<table>
<tr><td rowspan="13">建筑
主体

（大木作）
（石作）
（瓦作）</td><td>屋顶</td><td>屋顶形式</td><td colspan="3">组合屋顶形式，歇山和平顶</td><td>瓦作</td><td colspan="3">铜皮</td></tr>
<tr><td rowspan="2">外墙</td><td>主体材料</td><td>青砖</td><td>材料规格</td><td>青砖，规格不详</td><td>饰面颜色</td><td colspan="3">白</td></tr>
<tr><td>墙体收分</td><td>无</td><td>边玛檐墙</td><td>有</td><td>边玛材料</td><td colspan="3">砖</td></tr>
<tr><td>斗栱、梁架</td><td>斗栱</td><td>有</td><td>平身科斗口尺寸</td><td>120</td><td>梁架关系</td><td colspan="3">汉藏混合</td></tr>
<tr><td rowspan="3">柱、柱式（前廊柱）</td><td>形式</td><td>藏汉混合</td><td>柱身断面形状</td><td>圆形</td><td>断面尺寸</td><td colspan="2">直径D=850</td><td rowspan="3">（在没有前廊柱的情况下，填写室内柱及其特征）</td></tr>
<tr><td>柱身材料</td><td>石材</td><td>柱身收分</td><td>无</td><td>栌斗、托木</td><td>无</td><td>雀替</td><td>有</td></tr>
<tr><td>柱础</td><td>无</td><td>柱础形状</td><td>——</td><td>柱础尺寸</td><td colspan="3"></td></tr>
<tr><td>台基</td><td>台基类型</td><td>带勾栏式台基</td><td>台基高度</td><td>2400</td><td>台基地面铺设材料</td><td colspan="3">石</td></tr>
<tr><td>其他</td><td colspan="9">——</td></tr>
</table>

<table>
<tr><td rowspan="11">装修

（小木作）
（彩画）</td><td>门(正面)</td><td colspan="2">板门</td><td>门楣</td><td>有</td><td>堆经</td><td>有</td><td>门帘</td><td>无</td></tr>
<tr><td>窗（正面）</td><td colspan="2">支摘窗</td><td>窗楣</td><td>无</td><td>窗套</td><td>无</td><td>窗帘</td><td>无</td></tr>
<tr><td>室内隔扇</td><td>隔扇</td><td>无</td><td>隔扇位置</td><td colspan="5">无</td></tr>
<tr><td>室内地面、楼面</td><td colspan="2">地面材料及规格</td><td colspan="2">方砖600×600</td><td>楼面材料及规格</td><td colspan="3">木板,宽150，长不均</td></tr>
<tr><td>室内楼梯</td><td>楼梯</td><td>有</td><td>楼梯位置</td><td>大殿东北角</td><td>楼梯材料</td><td>砖</td><td>梯段宽度</td><td>1500</td></tr>
<tr><td>天花、藻井</td><td>天花</td><td>有</td><td>天花类型</td><td>井口天花</td><td>藻井</td><td>无</td><td>藻井类型</td><td>——</td></tr>
<tr><td rowspan="2">彩画</td><td>柱头</td><td>有</td><td>柱身</td><td>有</td><td>梁架</td><td>有</td><td>走马板</td><td>无</td></tr>
<tr><td>门、窗</td><td>无</td><td>天花</td><td>有</td><td>藻井</td><td>无</td><td>其他彩画</td><td>无</td></tr>
<tr><td>其他</td><td>悬塑</td><td>无</td><td>佛龛</td><td>有</td><td>匾额</td><td colspan="3">有</td></tr>
</table>

<table>
<tr><td rowspan="7">装饰</td><td rowspan="2">室内</td><td>帷幔</td><td>无</td><td>幕帘彩绘</td><td>有</td><td>壁画</td><td>有</td><td>唐卡</td><td>有</td></tr>
<tr><td>经幡</td><td>无</td><td>经幢</td><td>有</td><td>柱毯</td><td>有</td><td>其他</td><td>——</td></tr>
<tr><td rowspan="3">室外</td><td>玛尼轮</td><td>无</td><td>苏勒德</td><td>有</td><td>宝顶</td><td>有</td><td>祥麟法轮</td><td>有</td></tr>
<tr><td>四角经幢</td><td>有</td><td>经幡</td><td>无</td><td>铜饰</td><td>有</td><td>石刻、砖雕</td><td>有</td></tr>
<tr><td>仙人走兽</td><td>无</td><td>壁画</td><td>有</td><td>其他</td><td colspan="3">——</td></tr>
</table>

<table>
<tr><td rowspan="4">陈设</td><td rowspan="2">室内</td><td colspan="2">主佛像</td><td colspan="3">三时佛</td><td colspan="2">佛像基座</td><td colspan="3">莲花座</td></tr>
<tr><td>法座</td><td>有</td><td>藏经橱</td><td>有</td><td>经床</td><td>有</td><td>诵经桌</td><td>有</td><td>法鼓</td><td>有</td><td>玛尼轮</td><td>无</td><td>坛城</td><td>无</td><td>其他</td><td>——</td></tr>
<tr><td>室外</td><td>旗杆</td><td>无</td><td>苏勒德</td><td>有</td><td>狮子</td><td>有</td><td>经幡</td><td>无</td><td>玛尼轮</td><td>无</td><td>香炉</td><td>有</td><td>五供</td><td>无</td><td>其他</td><td>——</td></tr>
<tr><td>其他</td><td colspan="16">——</td></tr>
</table>

<table>
<tr><td>备注</td><td>——</td></tr>
</table>

<table>
<tr><td>调查日期</td><td>2009/09/30</td><td>调查人员</td><td>房宏伟、宝山</td><td>整理日期</td><td>2010/12/05</td><td>整理人员</td><td>房宏伟</td></tr>
</table>

大雄宝殿基本概况表1

陶赖图葛根庙 · 大雄宝殿 · 档案照片

照片名称	斜前方	照片名称	正立面	照片名称	斜后方

照片名称	背立面	照片名称	室外柱子	照片名称	室外柱头

照片名称	室外柱础	照片名称	正门	照片名称	窗
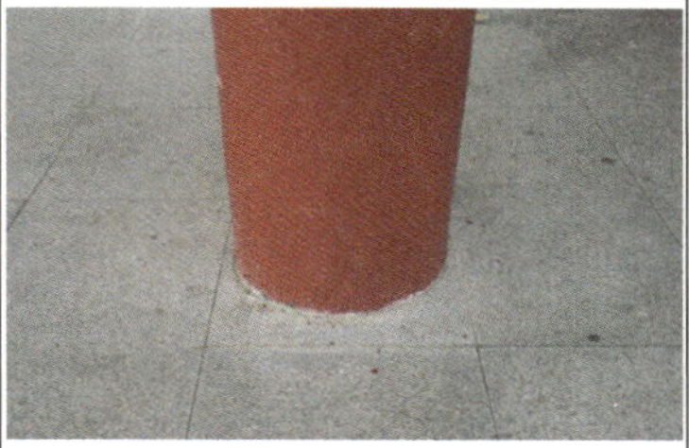					
照片名称	室内正面	照片名称	室内侧面	照片名称	室内地面

照片名称	室内天花	照片名称	室内柱子	照片名称	室内柱头

备注	——				
摄影日期	2009/09/30	摄影人员	房宏伟		

大雄宝殿基本概况表2

大雄宝殿斜前方

大雄宝殿室外柱子
（左图）
大雄宝殿室外柱头
（右图）

大雄宝殿背面

大雄宝殿室内正前方

2.2 陶赖图葛根庙 · 梵通寺

单位：毫米

建筑名称	汉语正式名称		梵通寺				俗称			————	
概述	初建年		嘉庆三年（1798年）			建筑朝向		南	建筑层数		二
	建筑简要描述		藏式装饰风格								
	重建重修记载		1987年重建								
		信息来源	————								
结构规模	结构形式		砖木混合	相连的建筑		无		室内天井		有	
	建筑平面形式		"凹"字形	外廊形式		前廊					
	通面阔		16350	开间数	5	明间	———	次间		梢间	——— 次梢间 ——— 尽间 ———
	通进深		20100	进深数	5	进深尺寸（前→后）		————			
	柱子数量		14	柱子间距	横向尺寸	2720→2700→3300		（藏式建筑结构体系填写此栏，不含廊柱）			
					纵向尺寸	1500→3300→3500→3200					
	其他		————								
建筑主体 （大木作）（石作）（瓦作）	屋顶	屋顶形式	密肋平顶				瓦作	砖			
	外墙	主体材料	青砖	材料规格	青砖，规格不详		饰面颜色	红白相间			
		墙体收分	有	边玛檐墙	有		边玛材料	砖			
	斗栱、梁架	斗栱	无	平身科斗口尺寸	———		梁架关系	梁纵排架			
	柱、柱式 （前廊柱）	形式	藏式	柱身断面形状	方形	断面尺寸		440×440		（在没有前廊柱的情况下，填写室内柱及其特征）	
		柱身材料	石材	柱身收分	有	栌斗、托木		无	雀替	无	
		柱础	无	柱础形状	———	柱础尺寸					
	台基	台基类型	普通式台基	台基高度	1100	台基地面铺设材料		石			
	其他		————								
装修 （小木作）（彩画）	门(正面)		板门	门楣	无	堆经	无	门帘	无		
	窗（正面）		支摘窗	窗楣	有	窗套	有	窗帘	无		
	室内隔扇	隔扇	无	隔扇位置	————						
	室内地面、楼面	地面材料及规格	方砖300×300		楼面材料及规格		木板，宽150，长不均				
	室内楼梯	楼梯	有	楼梯位置	进正门左侧	楼梯材料	木	梯段宽度	700		
	天花、藻井	天花	无	天花类型	———	藻井	无	藻井类型	———		
	彩画	柱头	有	柱身	无	梁架	有	走马板	无		
		门、窗	无	天花	无	藻井	无	其他彩画	———		
	其他	悬塑	无	佛龛	无	匾额	有				
装饰	室内	帷幔	有	幕帘彩绘	无	壁画	有	唐卡	有		
		经幡	无	经幢	有	柱毯	有	其他	———		
	室外	玛尼轮	有	苏勒德	有	宝顶	有	祥麟法轮	有		
		四角经幢	有	经幡	有	铜饰	有	石刻、砖雕	有		
		仙人走兽	无	壁画	无	其他	————				
陈设	室内	主佛像	宗喀巴		佛像基座	莲花座					
		法座	有	藏经橱	有	经床	有	诵经桌	有	法鼓	有 玛尼轮 无 坛城 无 其他 ———
	室外	旗杆	无	苏勒德	有	狮子	无	经幡	有	玛尼轮	有 香炉 有 五供 无 其他 ———
	其他		————								
备注			————								
调查日期	2009/09/30	调查人员	房宏伟	整理日期	2010/12/05	整理人员	房宏伟				

梵通寺基本概况表1

陶赖图葛根庙 · 梵通寺 · 档案照片

照片名称	斜前方	照片名称	正立面	照片名称	侧立面

照片名称	背立面	照片名称	室外柱子	照片名称	室外柱头

照片名称	台阶	照片名称	正门	照片名称	窗

照片名称	室内正面	照片名称	室内侧面	照片名称	室内地面

照片名称	室内柱子	照片名称	室内柱础	照片名称	室内楼梯

备注	—				
摄影日期	2009/09/30	摄影人员	房宏伟		

梵通寺斜前方

梵通寺室内梯（左图）
梵通寺室外柱头（右图）

梵通寺正前方

2.3 陶赖图葛根庙·金刚殿

单位：毫米

建筑名称	汉语正式名称	显密究竟寺		俗称		金刚殿			
概述	初建年	1988年		建筑朝向	南		建筑层数	二	
	建筑简要描述	汉藏混合							
	重建重修记载								
	信息来源	——							
结构规模	结构形式	钢混结构	相连的建筑	无			室内天井	有	
	建筑平面形式	长方形	外廊形式	前廊					
	通面阔	17200	开间数	5	明间 3200 次间 3200 梢间 2500		次梢间 ——	尽间	——
	通进深	19000	进深数	5	进深尺寸（前→后）		3000→2600→3835→3800→3450		
	柱子数量	10	柱子间距	横向尺寸	——		（藏式建筑结构体系填写此栏，不含廊柱）		
				纵向尺寸	——				
	其他	——							
建筑主体 (大木作)(石作)(瓦作)	屋顶	屋顶形式	组合屋顶形式，歇山和平顶			瓦作	琉璃瓦		
	外墙	主体材料	青砖	材料规格	青砖，规格不详	饰面颜色	红白相间		
		墙体收分	无	边玛檐墙	有	边玛材料	砖		
	斗栱、梁架	斗栱	无	平身科斗口尺寸	——	梁架关系	汉藏混合		
	柱、柱式 （前廊柱）	形式	藏式	柱身断面形状	方形	断面尺寸	440×440	（在没有前廊柱的情况下，填写室内柱及其特征）	
		柱身材料	石材	柱身收分	无	栌斗、托木	无	雀替	无
		柱础	无	柱础形状	——	柱础尺寸	——		
	台基	台基类型	普通台基	台基高度	840	台基地面铺设材料	石		
	其他	——							
装修 (小木作)(彩画)	门(正面)	板门		门楣	无	堆经	无	门帘	无
	窗（正面）	槛窗		窗楣	有	窗套	有	窗帘	无
	室内隔扇	隔扇	无	隔扇位置					
	室内地面、楼面	地面材料及规格	方砖600×600		楼面材料及规格		无		
	室内楼梯	楼梯	无	楼梯位置	——	楼梯材料	——	梯段宽度	——
	天花、藻井	天花	无	天花类型	——	藻井	无	藻井类型	——
	彩画	柱头	有	柱身	无	梁架	无	走马板	无
		门、窗	无	天花	无	藻井	无	其他彩画	——
	其他	悬塑	无	佛龛	无	匾额	有		
装饰	室内	帷幔	无	幕帘彩绘	无	壁画	无	唐卡	无
		经幡	无	经幢	有	柱毯	有	其他	——
	室外	玛尼轮	无	苏勒德	有	宝顶	有	祥麟法轮	有
		四角经幢	有	经幡	有	铜饰	有	石刻、砖雕	无
		仙人走兽	无	壁画	无	其他			
陈设	室内	主佛像	三时佛			佛像基座	莲花座		
		法座 无 藏经橱 无 经床 有 诵经桌 无				法鼓 无 玛尼轮 无 坛城 无 其他 ——			
	室外	旗杆 无 苏勒德 有 狮子 有 经幡 有				玛尼轮 无 香炉 有 五供 无 其他 ——			
	其他	——							
备注									
	调查日期	2009/09/30	调查人员	房宏伟	整理日期	2010/12/05	整理人员	房宏伟	

陶赖图葛根庙 · 金刚殿 · 档案照片

照片名称	斜前方	照片名称	正立面	照片名称	侧立面

照片名称	背立面	照片名称	室外柱子	照片名称	室外柱头

照片名称	室外柱础	照片名称	正门	照片名称	窗

照片名称	室内正面	照片名称	室内侧面	照片名称	室内地面

照片名称	室内柱子	照片名称	室内柱头	照片名称	室内柱础

备注	——				
摄影日期	2009/09/30	摄影人员	房宏伟		

金刚殿基本概况表2

493

金刚殿斜前方

金刚殿侧面

金刚殿背面（左图）
金刚殿正前方（右图）

2.4 陶赖图葛根庙·舍利殿

单位：毫米

建筑名称	汉语正式名称		功德任运寺				俗称			舍利殿				
概述	初建年		1993年			建筑朝向		南向		建筑层数		一		
	建筑简要描述		藏式分格装饰											
	重建重修记载		——											
		信息来源	——											
结构规模	结构形式		砖木混合	相连的建筑		无			室内天井		有			
	建筑平面形式		长方形	外廊形式		前廊								
	通面阔	10200	开间数	3	明间	——	次间	——	梢间	——	次梢间	——	尽间	——
	通进深	12080	进深数	3	进深尺寸（前→后）		——							
	柱子数量	4	柱子间距	横向尺寸		3000		（藏式建筑结构体系填写此栏，不含廊柱）						
				纵向尺寸		4000								
	其他		——											
建筑主体（大木作）（石作）（瓦作）	屋顶	屋顶形式	密肋平顶				瓦作		砖					
	外墙	主体材料	青砖	材料规格		青砖，规格不详	饰面颜色		红白相间					
		墙体收分	有	边玛檐墙		有	边玛材料		砖					
	斗栱、梁架	斗栱	无	平身科斗口尺寸		——	梁架关系		梁纵排架					
	柱、柱式（前廊柱）	形式	藏式	柱身断面形状	方形	断面尺寸		400×400		（在没有前廊柱的情况下，填写室内柱及其特征）				
		柱身材料	石材	柱身收分	有	栌斗、托木		无	雀替	无				
		柱础	无	柱础形状	——	柱础尺寸		——						
	台基	台基类型	普通式台基	台基高度	750	台基地面铺设材料		石						
	其他		——											
装修（小木作）（彩画）	门(正面)	板门		门楣	有	堆经	有	门帘	无					
	窗（正面）	支摘窗		窗楣	有	窗套	有	窗帘	无					
	室内隔扇	隔扇	无	隔扇位置		——								
	室内地面、楼面	地面材料及规格		方砖300×300		楼面材料及规格		无						
	室内楼梯	楼梯	无	楼梯位置	——	楼梯材料	——	梯段宽度	——					
	天花、藻井	天花	无	天花类型	——	藻井	无	藻井类型	——					
	彩画	柱头	无	柱身	无	梁架	无	走马板	无					
		门、窗	有	天花	无	藻井	无	其他彩画	无					
	其他	悬塑	无	佛龛	无	匾额	无							
装饰	室内	帷幔	有	幕帘彩绘	无	壁画	有	唐卡	有					
		经幡	无	经幢	有	柱毯	有	其他						
	室外	玛尼轮	无	苏勒德	有	宝顶	有	祥麟法轮	有					
		四角经幢	有	经幡	无	铜饰	有	石刻、砖雕	无					
		仙人走兽	无	壁画	无	其他								
陈设	室内	主佛像		宗喀巴		佛像基座		莲花座						
		法座	有	藏经橱	无	经床	有	诵经桌	有	法鼓	无	玛尼轮	无	坛城 无	其他 ——
	室外	旗杆	无	苏勒德	有	狮子	无	经幡	无	玛尼轮	无	香炉	有	五供 无	其他 ——
	其他		——											
备注			——											
调查日期	2009/09/30	调查人员	房宏伟	整理日期	2010/12/05	整理人员	房宏伟							

舍利殿基本概况表1

陶赖图葛根庙·舍利殿·档案照片

照片名称	斜前方	照片名称	正前方	照片名称	侧立面

照片名称	背立面	照片名称	室外柱子	照片名称	室外柱头

照片名称	室外柱础	照片名称	正门	照片名称	窗

照片名称	室内斜前方	照片名称	室内侧面	照片名称	室内局部

照片名称	室内柱子	照片名称	室内柱头	照片名称	室内柱础

备注	—				
摄影日期	2009/09/30	摄影人员	房宏伟		

舍利殿斜前方

舍利殿正前方（左图）
舍利殿背面（右图）

舍利殿室外柱子（左图）
舍利殿侧面（右图）

2.5 陶赖图葛根庙·山门、天王殿

山门正前方

四大天王殿正前方

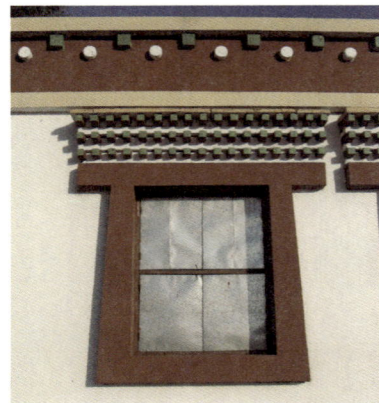

四大天王殿斜前方
（左图）
四大天王殿窗（右图）

2.6　陶赖图葛根庙 · 其他建筑

钟楼和鼓楼

僧侣住所

老房子正面（左图）

白塔（右图）

呼伦贝尔市地区

Hulunbeir City

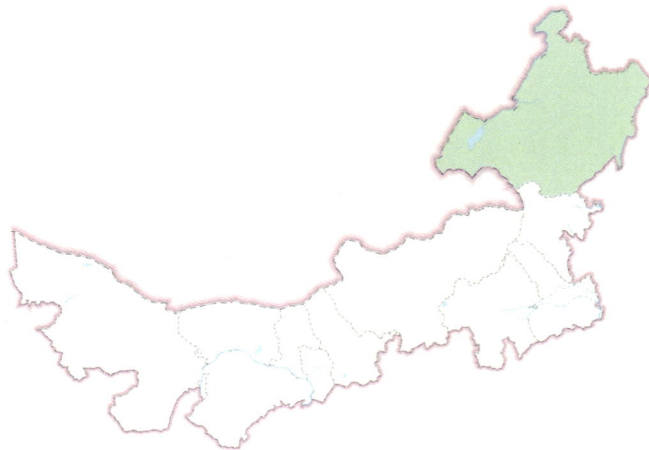

底图来源：内蒙古自治区自然资源厅官网 内蒙古地图
审图号：蒙S（2017)028号

呼伦贝尔市辖新巴尔虎右旗、新巴尔虎左旗、陈巴尔虎旗、阿荣旗4旗，鄂温克族自治旗、鄂伦春自治旗、莫力达瓦达斡尔族自治旗3自治旗、海拉尔区1区，满洲里市、扎兰屯市、额尔古纳市、牙克石市、根河市5市。该市前身为呼伦贝尔盟，2001年撤盟设地级呼伦贝尔市。现辖地由清时新巴尔虎、陈巴尔虎、厄鲁特、索伦、达斡尔、鄂伦春等部编成的呼伦贝尔总管八旗及布特哈总管八旗辖地构成。1948年设呼伦贝尔盟，1945年设纳文慕仁盟，1949年合并两盟，简称呼纳盟，1953年撤销此建制。市辖区内曾有100余座藏传佛教寺庙，现存近10座已恢复重建或尚有建筑遗存的寺庙，课题组实地调研7座寺庙。

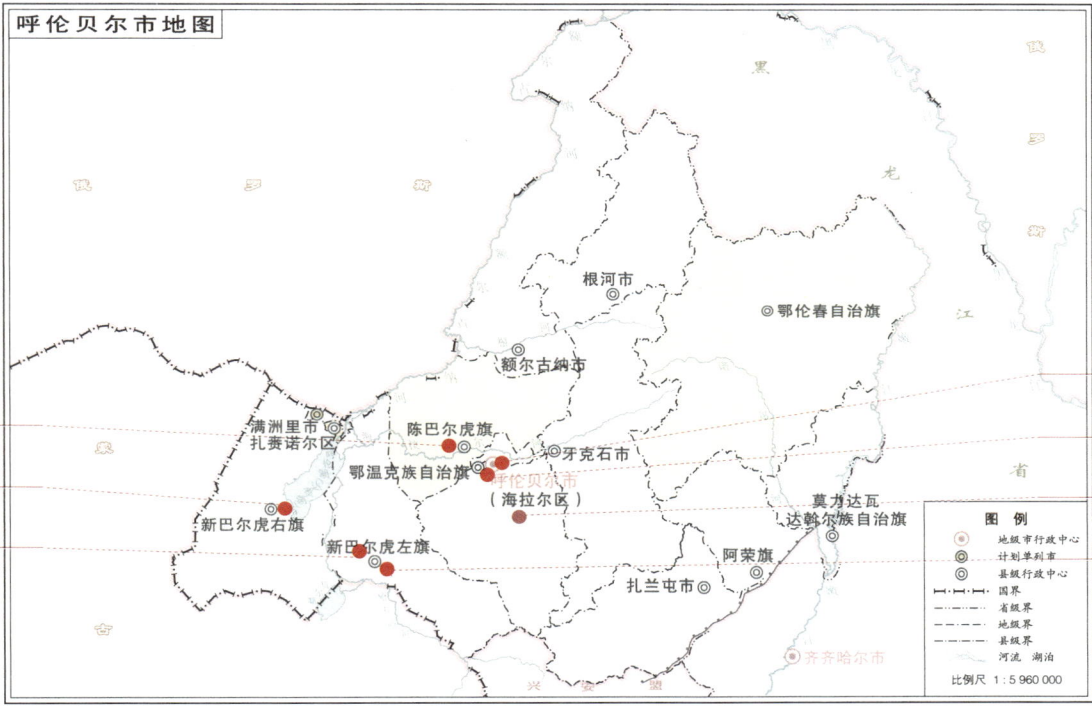

呼伦贝尔市地图

黑

龙

江

省

根河市

鄂伦春自治旗

额尔古纳市

满洲里市
扎赉诺尔区

陈巴尔虎旗

牙克石市

鄂温克族自治旗

呼伦贝尔市
（海拉尔区）

莫力达瓦
达斡尔族自治旗

新巴尔虎右旗

新巴尔虎左旗

阿荣旗

扎兰屯市

齐齐哈尔市

八音库仁庙

新巴尔虎西庙

甘珠尔庙

达尔吉祥庙

呼和庙

锡尼河庙

阿尔山庙

兴安盟

图 例

◎	地级市行政中心
◎	计划单列市
◎	县级行政中心
	国界
	省级界
	地级界
	县级界
	河流　湖泊

比例尺 1：5 960 000

审图号：蒙S〔2020〕027号　　　　　　　　　　　　　　内蒙古自治区测绘地理信息局　监制

1
Ganjur Temple
甘珠尔庙

1 甘珠尔庙 Ganjur Temple

甘珠尔庙建筑群

甘珠尔庙为原新巴尔虎左右两翼共同的寺庙，系呼伦贝尔地区修建年代最早、规模最为宏大的藏传佛教寺庙。乾隆五十年（1785年），清廷御赐满、蒙古、汉、藏四体"寿宁寺"匾额。

雍正年间，清廷从喀尔喀车臣汗部拨来士兵，分隶八旗两翼，称新巴尔虎。乾隆六年（1741年），新巴尔虎两翼首领彻凌、都嘎尔上奏清廷请来一部甘珠尔经，并于呼伦湖南钦达牟尼陶勒盖之地搭建毡帐，始创法会。乾隆四十六年（1781年），八旗共同商定在新巴尔虎左翼宝音图布日都之地始建寺庙，三年后竣工。因寺庙专供甘珠尔经，珍藏被誉为巴尔虎乌兰甘珠尔的朱印蒙古文、藏文甘珠尔经，故称寺庙为乌兰甘珠尔庙或甘珠尔庙。寺庙经嘉庆、道光、咸丰年间的续建，成为规模宏大的寺庙。据传，巴尔虎地区所有的庙宇均为甘珠尔庙属庙，所有的僧侣名义上均归属于甘珠尔庙。

寺庙建筑以汉式建筑为主，兼有汉藏结合式建筑。寺庙在其最盛时总建筑面积达2500平方米。有大雄宝殿、10间西配殿、10间东配殿、3间天王殿（以上殿宇为汉式建筑，均在朝克钦院内）、汉藏结合式时轮殿、菩提道学殿、护法殿、弥勒殿、显宗殿、斋戒殿、格斯尔殿等11座殿宇及4座庙仓。除斋戒殿外，其余殿宇面积均在80平方米以上，多数殿宇有独立院落。寺庙有100余间僧舍及多顶毡包。

寺庙在"文化大革命"中严重受损，仅存一座山门。2001年起开始筹备在原庙址上复建寺庙的事宜，于2003年完成寺庙主体工程，正式恢复了法会。

参考文献：
［1］贺希格.甘珠尔庙（蒙古文）.海拉尔:内蒙古文化出版社,2003.
［2］李·蒙赫达赖.甘珠尔庙喇嘛教史.海拉尔:内蒙古文化出版社,2003.
［3］李萍.甘珠尔庙外记.海拉尔:内蒙古文化出版社,1998.

甘珠尔庙建筑群斜前方（左图）
甘珠尔庙建筑群侧面（右图）

甘珠尔庙·基本概况 1

寺院蒙古语藏语名称	蒙古语	ᠭᠠᠨᠵᠤᠤᠷ ᠵᠤᠤ	寺院汉语名称	汉语正式名称	寿宁寺
	藏语	——		俗称	甘珠尔庙
	汉语语义	供奉"甘珠尔"经的寺庙	寺院汉语名称的由来		乾隆赐名

所在地	呼伦贝尔市新巴尔虎左旗阿木古朗宝丽格苏木	东经 118°08′	北纬 48°21′

初建年	乾隆三十六年（1771年）	保护等级	县（市）级保护单位
盛期时间	民国时期	盛期喇嘛僧/现有喇嘛僧	2000余人/16人

历史沿革	1741年，请来甘珠尔经一部，搭建毡帐，始创法会，成为甘珠尔庙前身。
	1771—1784年，新建寺庙。
	1782年，扩建寺庙，立满文石碑。
	1890年，创建显宗学部。
	1930年，新建时轮殿。
	1932年，扩建大雄宝殿。
	1950年前后，将位于纳木古尔庙旁的时轮坛城庙迁至甘珠尔庙时轮殿。
	"文化大革命"期间寺庙建筑被拆毁，仅存山门。
	2003年，新建双层汉藏式大雄宝殿。
	2008年，扩建大雄宝殿。
	2009年，寺庙复建工程竣工

资料来源	［1］贺希格.甘珠尔庙（蒙古文）.海拉尔:内蒙古文化出版社,2003. ［2］李·蒙赫达赖.甘珠尔庙喇嘛教史.海拉尔:内蒙古文化出版社,2003. ［3］李萍.甘珠尔庙外记.海拉尔:内蒙古文化出版社,1998.

现状描述	甘珠尔庙共11座建筑，均为新建。寺院的西面是喇嘛住所，由一条柏油马路隔开，正对马路的南面是释迦八塔，离寺院约150米，寺院西北向有一个体量很大的甘珠尔敖包。除了东面有几所民居和周边几个零星的房子，其余都是空地，视野很开阔。寺院整体布局为矩形，中心对称，由两个大院落组成，很规整，从南到北由一条轴线贯穿	描述时间	2009/10/04
		描述人	房宏伟

调查日期	2009/10/04	调查人员	宝山、房宏伟

甘珠尔庙 · 基本概况 2

现存建筑	大雄宝殿	护法殿	药师殿	已毁建筑	大雄宝殿（原）	桑吉德莫洛姆殿（原）
	天王殿	桑吉德莫洛姆殿	龙王殿		显宗殿（原）	——
	罗汉殿	显宗殿	天王殿		——	——
	——	——	——	信息来源	调研访谈记录	

区位图	

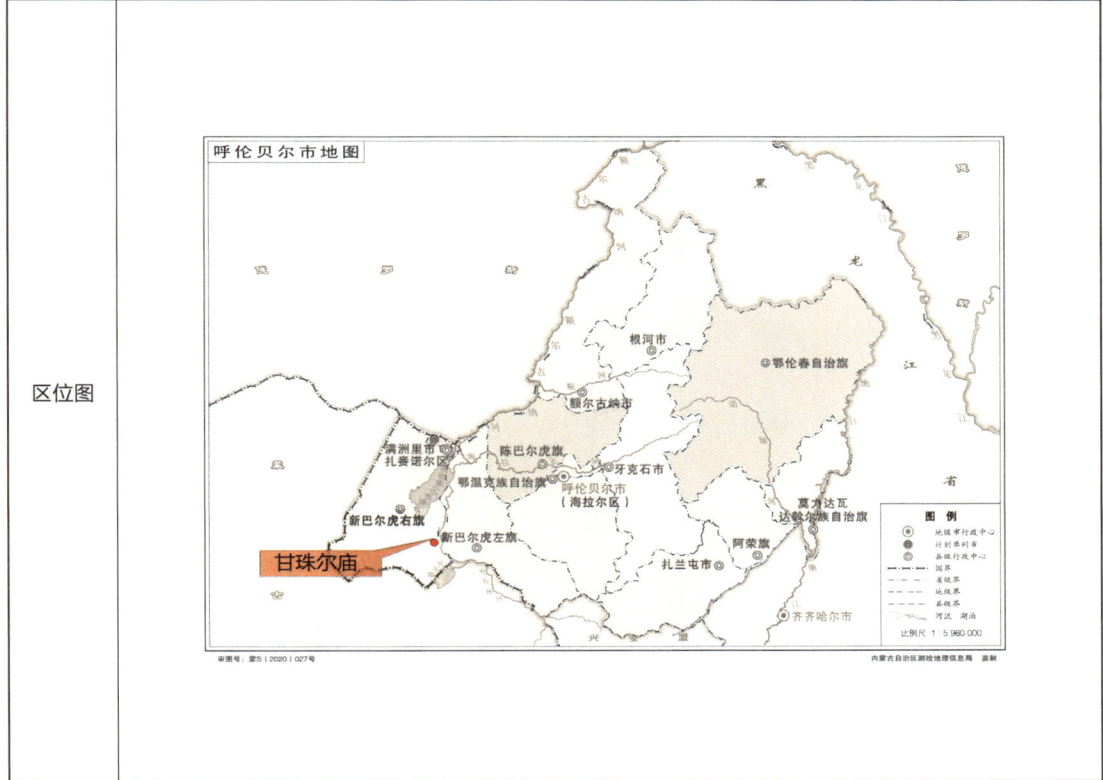

呼伦贝尔市地图

总平面图	

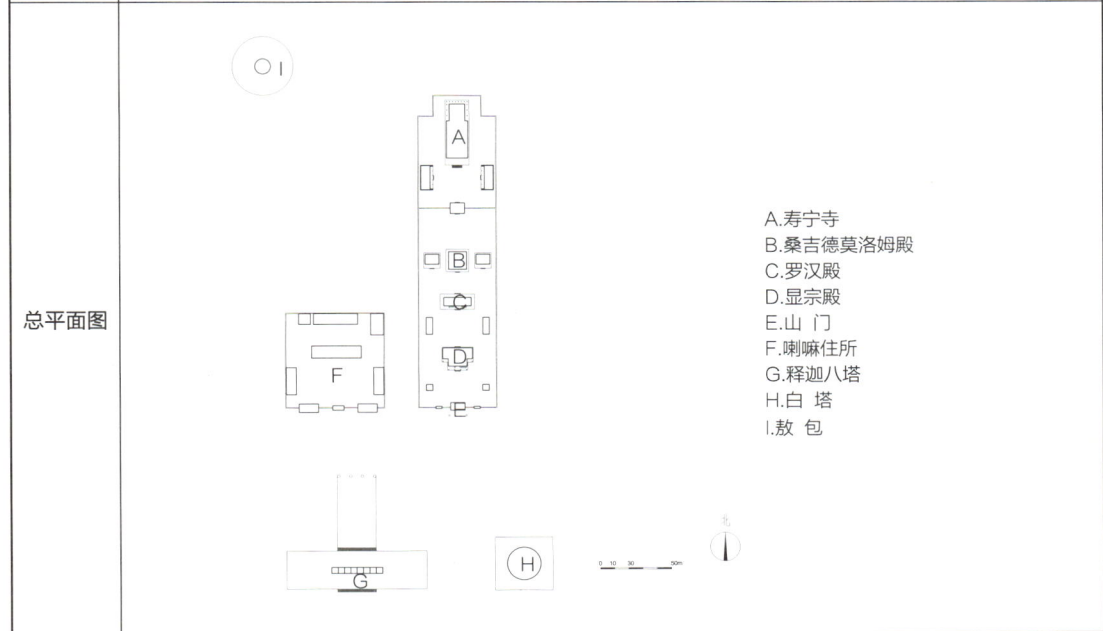

A.寿宁寺
B.桑吉德莫洛姆殿
C.罗汉殿
D.显宗殿
E.山 门
F.喇嘛住所
G.释迦八塔
H.白 塔
I.敖 包

调查日期	2009/10/04	调查人员	房宏伟、宝山

北

A

B

C

D

E

F

G

H

I

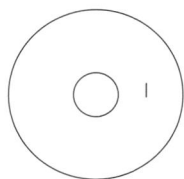

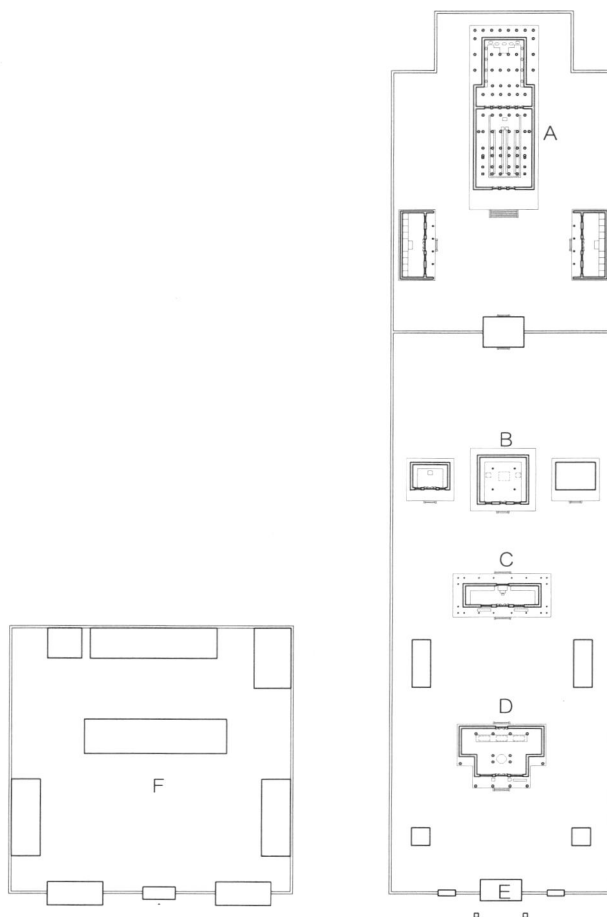

A.泰宁寺
B.桑吉德莫洛姆殿
C.罗汉殿
D.显宗殿
E.山 门
F.喇嘛住所
G.释迦八塔
H.白 塔
I.敖 包

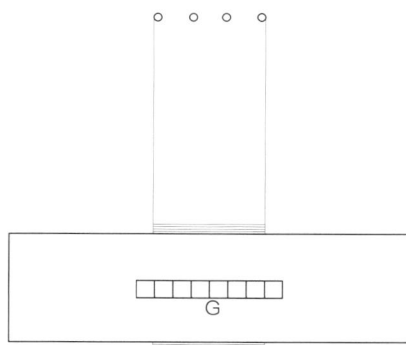

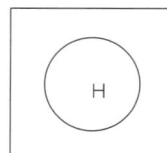

甘珠尔庙总平面图

1.1 甘珠尔庙·大雄宝殿

单位：毫米

建筑名称	汉语正式名称		大雄宝殿			俗称			朝格钦独贡			
概述	初建年		乾隆三十六年（1771年）			建筑朝向		南向		建筑层数		二
	建筑简要描述		汉藏混合									
	重建重修记载		2003年重建，2008年扩建									
		信息来源	调研访谈记录									
结构规模	结构形式		砖木混合		相连的建筑	南面与经堂以墙体连接			室内天井		无	
	建筑平面形式		"凸"字形		外廊形式	后廊						
	通面阔	14881	开间数	7	明间	3200	次间	3100	梢间	3100	次梢间 —— 尽间	2800
	通进深	37865	进深数	12	进深尺寸（前→后）			3700→1200→2300→1300→3500→3500→3550→ 1300→2700→1600→3500→3500→3500				
	柱子数量	——	柱子间距	横向尺寸	——			（藏式建筑结构体系填写此栏，不含廊柱）				
				纵向尺寸	——							
	其他		——									
建筑主体 (大木作)(石作)(瓦作)	屋顶	屋顶形式	——				瓦作		琉璃瓦			
	外墙	主体材料	青砖	材料规格	青砖，规格不详		饰面颜色		红			
		墙体收分	有	边玛檐墙	有		边玛材料		砖			
	斗栱、梁架	斗栱	有	平身科斗口尺寸	120		梁架关系		汉藏混合			
	柱、柱式（前廊柱）	形式	藏汉混合	柱身断面形状	方形	断面尺寸	560×300		（在没有前廊柱的情况下，填写室内柱及其特征）			
		柱身材料	木材	柱身收分	无	栌斗、托木	有	雀替	有			
		柱础	有	柱础形状	方形	柱础尺寸	600×600					
	台基	台基类型	带勾栏式台基	台基高度	1286	台基地面铺设材料		石				
	其他		——									
装修 (小木作)(彩画)	门(正面)	板门		门楣	有	堆经	有	门帘	无			
	窗（正面）	槛窗		窗楣	无	窗套	无	窗帘	无			
	室内隔扇	隔扇	有	隔扇位置	经堂和佛殿之间							
	室内地面、楼面	地面材料及规格		木板,宽500，长不均		楼面材料及规格		无				
	室内楼梯	楼梯	无	楼梯位置	无	楼梯材料	无	梯段宽度	无			
	天花、藻井	天花	有	天花类型	井口天花	藻井	有	藻井类型	四方变八方			
	彩画	柱头	有	柱身	无	梁架	有	走马板	有			
		门、窗	无	天花	有	藻井	有	其他彩画	——			
	其他	悬塑	无	佛龛	有	匾额	有					
装饰	室内	帷幔	有	幕帘彩绘	无	壁画	有	唐卡	有			
		经幡	有	经幢	有	柱毯	有	其他	——			
	室外	玛尼轮	有	苏勒德	无	宝顶	有	祥麟法轮	有			
		四角经幢	有	经幡	有	铜饰	有	石刻、砖雕	有			
		仙人走兽	1+4	壁画	有	其他						
陈设	室内	主佛像	三时佛、八大菩萨、绿度母			佛像基座		莲花座				
		法座	有	藏经橱	有	经床	有	诵经桌	有	法鼓	有	玛尼轮	有	坛城	无	其他	——
		旗杆	无	苏勒德	无	狮子	有	经幡	有	玛尼轮	有	香炉	有	五供	无	其他	——
	其他		——									
备注		——										
调查日期	2009/10/05	调查人员	房宏伟	整理日期	2010/12/05	整理人员	房宏伟					

大雄宝殿基本概况表1

甘珠尔庙 · 大雄宝殿 · 档案照片

照片名称	斜前方	照片名称	正立面	照片名称	侧立面

照片名称	背立面	照片名称	室外柱子	照片名称	室外柱头

照片名称	室外柱础	照片名称	台基	照片名称	正门

照片名称	室内正面	照片名称	室内侧面	照片名称	室内地面

照片名称	室内天花	照片名称	室内柱子	照片名称	室内柱头

备注	—				
摄影日期	2009/10/05	摄影人员	房宏伟		

大雄宝殿斜前方

大雄宝殿侧面

大雄宝殿正门（左图）
大雄宝殿室外柱头
（右图）

1.2　甘珠尔庙·显宗殿

单位：毫米

建筑名称	汉语正式名称	法相殿			俗称			却仁独贡			
概述	初建年	光绪十六年（1890年）			建筑朝向		南向		建筑层数		一
	建筑简要描述	汉藏混合样式									
	重建重修记载	2004年重建、2008年重修									
	信息来源	调研访谈记录									
结构规模	结构形式	砖木混合	相连的建筑	无				室内天井		无	
	建筑平面形式	"凸"字形	外廊形式	前廊							
	通面阔	20000	开间数	5	明间	3600	次间	3600	梢间	——	次梢间 —— 尽间 3800
	通进深	11680	进深数	4	进深尺寸（前→后）		3000→1100→5000→1000				
	柱子数量	——	柱子间距	横向尺寸	——		（藏式建筑结构体系填写此栏，不含廊柱）				
				纵向尺寸	——						
	其他	——									
建筑主体（大木作）（石作）（瓦作）	屋顶	屋顶形式	歇山				瓦作	布瓦			
	外墙	主体材料	青砖	材料规格	青砖，规格不详		饰面颜色	红			
		墙体收分	无	边玛檐墙	无		边玛材料	无			
	斗栱、梁架	斗栱	有	平身科斗口尺寸	120		梁架关系	台梁式，五檩前廊			
	柱、柱式（前廊柱）	形式	汉式	柱身断面形状	圆形	断面尺寸	直径D=240		（在没有前廊柱的情况下，填写室内柱及其特征）		
		柱身材料	木材	柱身收分	无	栌斗、托木	无	雀替	有		
		柱础	有	柱础形状	圆形	柱础尺寸	直径D=350				
	台基	台基类型	普通台基	台基高度	490	台基地面铺设材料		石			
	其他	——									
装修（小木作）（彩画）	门(正面)	隔扇门		门楣	有	堆经	有	门帘	无		
	窗（正面）	槛窗		窗楣	无	窗套	无	窗帘	无		
	室内隔扇	隔扇	无	隔扇位置	无						
	室内地面、楼面	地面材料及规格	方砖600×600		楼面材料及规格		无				
	室内楼梯	楼梯	无	楼梯位置	无	楼梯材料	无	楼段宽度	无		
	天花、藻井	天花	无	天花类型	无	藻井	无	藻井类型	无		
	彩画	柱头	有	柱身	无	梁架	有	走马板	有		
		门、窗	无	天花	无	藻井	无	其他彩画	——		
	其他	悬塑	无	佛龛	无	匾额		有			
装饰	室内	帷幔	无	幕帘彩绘	有	壁画	有	唐卡	有		
		经幡	无	经幢	无	柱毯	无	其他	——		
	室外	玛尼轮	无	苏勒德	无	宝顶	有	祥麟法轮	有		
		四角经幢	无	经幡	有	铜饰	无	石刻、砖雕	有		
		仙人走兽	5	壁画	有	其他		——			
陈设	室内	主佛像	三世佛			佛像基座	莲花座				
		法座	有	藏经橱	无	经床	无	诵经桌	无	法鼓 无 玛尼轮 无 坛城 有 其他 ——
	室外	旗杆	无	苏勒德	无	狮子	无	经幡	有	玛尼轮 无 香炉 有 五供 无 其他 ——
	其他	——									
备注	——										

调查日期	2009/10/05	调查人员	房宏伟	整理日期	2010/12/05	整理人员	房宏伟

甘珠尔庙·显宗殿·档案照片

照片名称	斜前方	照片名称	正立面	照片名称	侧立面

照片名称	背立面	照片名称	室外柱子	照片名称	室外柱头

照片名称	室外柱础	照片名称	台基	照片名称	正门

照片名称	室内正面	照片名称	室内侧面	照片名称	室内地面

照片名称	室内顶棚	照片名称	室内柱头	照片名称	佛像

备注	——				
摄影日期	2009/10/05	摄影人员	房宏伟		

显宗殿斜前方

显宗殿正门（左图）
显宗殿室外柱子（右图）

显宗殿侧面

1.3　甘珠尔庙·十八罗汉殿

单位：毫米

建筑名称	汉语正式名称	十八罗汉殿			俗称		罗汉殿			
概述	初建年	——			建筑朝向	南向		建筑层数	一	
	建筑简要描述	汉式结构体系								
	重建重修记载	无								
		信息来源	——							
结构规模	结构形式	砖木混合		相连的建筑	无			室内天井	无	
	建筑平面形式	长方形		外廊形式	回廊					
	通面阔	19110	开间数	5	明间 3500	次间 3500	梢间 ——	次梢间 ——	尽间 3320	
	通进深	5000	进深数	1	进深尺寸（前→后）		5000			
	柱子数量	——	柱子间距	横向尺寸	——		（藏式建筑结构体系填写此栏，不含廊柱）			
				纵向尺寸	——					
	其他	——								
建筑主体（大木作）（石作）（瓦作）	屋顶	屋顶形式	歇山			瓦作	琉璃瓦			
	外墙	主体材料	青砖	材料规格	青砖，规格不详	饰面颜色	红			
		墙体收分	无	边玛檐墙	无	边玛材料	无			
	斗栱、梁架	斗栱	有	平身科斗口尺寸	120	梁架关系	七檩前后廊			
	柱、柱式（前廊柱）	形式	汉式	柱身断面形状	圆形	断面尺寸	直径 D=240	（在没有前廊柱的情况下，填写室内柱及其特征）		
		柱身材料	木材	柱身收分	无	栌斗、托木	无	雀替	无	
		柱础	有	柱础形状	圆形	柱础尺寸	直径 D=340			
	台基	台基类型	普通台基	台基高度	400	台基地面铺设材料	石			
	其他	——								
装修（小木作）（彩画）	门(正面)	隔扇门		门楣	有	堆经	有	门帘	无	
	窗（正面）	槛窗		窗楣	无	窗套	无	窗帘	无	
	室内隔扇	隔扇	无	隔扇位置	无					
	室内地面、楼面	地面材料及规格	方砖600×600		楼面材料及规格	——				
	室内楼梯	楼梯	无	楼梯位置	无	楼梯材料	无	楼段宽度	无	
	天花、藻井	天花	无	天花类型	无	藻井	无	藻井类型	无	
	彩画	柱头	有	柱身	无	梁架	有	走马板	有	
		门、窗	无	天花	无	藻井	无	其他彩画	——	
	其他	悬塑	无	佛龛	有	匾额	有			
装饰	室内	帷幔	无	幕帘彩绘	无	壁画	无	唐卡	无	
		经幡	无	经幢	无	柱毯	无	其他	——	
	室外	玛尼轮	无	苏勒德	无	宝顶	无	祥麟法轮	无	
		四角经幢	无	经幡	无	铜饰	无	石刻、砖雕	有	
		仙人走兽	无	壁画	无	其他				
陈设	室内	主佛像	佛祖、十八罗汉		佛像基座		莲花座			
		法座 无	藏经橱 无	经床 无	诵经桌 无	法鼓 无	玛尼轮 无	坛城 无	其他 ——	
	室外	旗杆 无	苏勒德 无	狮子 无	经幡 无	玛尼轮 无	香炉 有	五供 无	其他 ——	
	其他	——								
备注	——									
调查日期	2009/10/05	调查人员	房宏伟	整理日期	2010/12/05	整理人员	房宏伟			

甘珠尔庙·十八罗汉殿·档案照片

照片名称	斜前方	照片名称	正立面	照片名称	侧立面

照片名称	背立面	照片名称	室外柱子	照片名称	室外柱头

照片名称	室外柱础	照片名称	台基	照片名称	正门

照片名称	室内正面	照片名称	室内侧面	照片名称	室内地面

照片名称	室内顶棚	照片名称	室内柱子	照片名称	室内柱础

备注	———				
摄影日期	2009/10/05	摄影人员	房宏伟		

十八罗汉殿斜前方

十八罗汉殿正门（左图）
十八罗汉殿室外柱子
（右图）

十八罗汉殿斜后方

1.4　甘珠尔庙·桑吉德莫洛姆殿

单位：毫米

建筑名称	汉语正式名称	十轮金刚殿					俗称		东科尔殿	
概述	初建年	1930年				建筑朝向	南向		建筑层数	一
	建筑简要描述	汉藏混合								
	重建重修记载	2003年重建，2008年重修								
		信息来源	调研访谈记录							
结构规模	结构形式	砖木混合	相连的建筑		无			室内天井	有	
	建筑平面形式	长方形	外廊形式		无廊					
	通面阔	12600	开间数	3	明间 5000	次间 3000	梢间 ——	次梢间 ——	尽间 ——	
	通进深	12600	进深数	3	进深尺寸（前→后）	3000→5000→5000				
	柱子数量	4	柱子间距	横向尺寸 ——		（藏式建筑结构体系填写此栏，不含廊柱）				
				纵向尺寸 ——						
	其他	——								
建筑主体（大木作）（石作）（瓦作）	屋顶	屋顶形式	组合屋顶形式,歇山和平顶				瓦作	琉璃瓦		
	外墙	主体材料	青砖	材料规格	青砖，规格不详		饰面颜色	白		
		墙体收分	有	边玛檐墙	有		边玛材料	砖		
	斗栱、梁架	斗栱	有	平身科斗口尺寸	120		梁架关系	汉藏混合		
	柱、柱式（前廊柱）	形式	汉式	柱身断面形状	圆形	断面尺寸	直径 D=360	（在没有前廊柱的情况下，填写室内柱及其特征）		
		柱身材料	石材	柱身收分	无	栌斗、托木	无	雀替	无	
		柱础	无	柱础形状	——	柱础尺寸				
	台基	台基类型	普通台基	台基高度	490	台基地面铺设材料	石			
	其他	——								
装修（小木作）（彩画）	门(正面)	隔扇门		门楣	有	堆经	无	门帘	无	
	窗（正面）	槛窗		窗楣	有	窗套	有	窗帘	无	
	室内隔扇	隔扇	无	隔扇位置	无					
	室内地面、楼面	地面材料及规格	方砖600×600		楼面材料及规格	无				
	室内楼梯	楼梯	无	楼梯位置	——	楼梯材料	——	梯段宽度	——	
	天花、藻井	天花	无	天花类型	——	藻井	无	藻井类型	——	
	彩画	柱头	无	柱身	无	梁架	有	走马板	有	
		门、窗	有	天花	无	藻井	无	其他彩画	——	
	其他	悬塑	无	佛龛	有	匾额	有			
装饰	室内	帷幔	无	幕帘彩绘	无	壁画	有	唐卡	无	
		经幡	无	经幢	无	柱毯	无	其他		
	室外	玛尼轮	无	苏勒德	无	宝顶	有	祥麟法轮	无	
		四角经幢	有	经幡	无	铜饰	无	石刻、砖雕	无	
		仙人走兽	1+4	壁画	无	其他	——			
陈设	室内	主佛像	宗喀巴			佛像基座	莲花座			
		法座 无	藏经橱 无	经床 无	诵经桌 无	法鼓 无	玛尼轮 无	坛城 无	其他 ——	
	室外	旗杆 无	苏勒德 无	狮子 无	经幡 无	玛尼轮 无	香炉 无	五供 无	其他 ——	
	其他	——								
备注	此殿名称最先为桑吉德莫洛姆殿，但由于战乱及"文化大革命"被毁，后新建，自此当地人将其正式名称改为十轮金刚殿									
调查日期	2009/10/05	调查人员	房宏伟	整理日期	2009/12/05	整理人员	房宏伟			

甘珠尔庙·桑吉德莫洛姆殿·档案照片

照片名称	斜前方	照片名称	正立面	照片名称	侧立面

照片名称	背立面	照片名称	台基	照片名称	正门

照片名称	檐部	照片名称	室外局部1	照片名称	室外局部2

照片名称	室内正面	照片名称	室内侧面	照片名称	室内地面

照片名称	室内顶棚	照片名称	室内柱子	照片名称	室内柱头

备注	—				
摄影日期	2009/10/05	摄影人员	房宏伟		

桑吉德莫洛姆殿正前方

桑吉德莫洛姆殿室内佛像
（左图）

桑吉德莫洛姆殿背面
（右图）

桑吉德莫洛姆殿斜前方

1.5　甘珠尔庙·其他建筑

释迦八塔

山门斜前方（左图）
钟楼斜前方（右图）

配殿斜前方（左图）
僧侣住所（右图）

2

新巴尔虎西庙(达西朋斯克庙)

② 新巴尔虎西庙（达西朋斯克庙）Western New Barag Temple

新巴尔虎西庙

　　西庙为原呼伦贝尔新巴尔虎右翼正黄旗寺庙，系该旗第二佐领的第二座寺庙及现新巴尔虎右旗现存唯一一座藏传佛教寺庙。

　　同治六年（1867年），正黄旗第二佐领达木丁扎布与席力图喇嘛格鲁格主持民众，在淖古其其格音塔拉之地新建达西朋苏格庙。淖古其其格音塔拉之地意为淖古花平原，此处除达西朋苏格庙外另有3座寺庙，即同治四年（1865年）由正黄旗三个佐领共同出资建造的旗庙朋苏格却恩呼尔庙、同年所建正黄旗第一佐寺庙图布丹达尔嘉庙、同治十三年（1874年）由正黄旗第三佐领玛尼巴达日为首的民众所建格松帕拉佳庙，即第三佐庙。淖古花平原盛产被称为"淖古"的一种黄花，故将达西朋苏格庙与格松帕拉佳庙两座寺庙统称为"西拉淖古庙"，即黄淖古庙。两座寺庙相距10公里，故又分别称为西庙（西西拉淖古）、东庙（东西拉淖古）。

　　寺庙建筑风格为藏式建筑。该庙朝克钦殿占地面积310平方米。

　　"文化大革命"中寺庙财产严重受损，但寺庙殿宇因作为阿尔山牧场仓库，留存至今。1985年起修复此庙，并正式恢复法会，成为党的宗教政策得到贯彻落实后在呼伦贝尔盟境内率先恢复法事的藏传佛教寺庙。寺庙现占地面积9212平方米，有大殿、东西耳房，另有接待室、仓库、僧舍等房屋12间。

参考文献：

［1］米希格道尔吉.达西朋苏格庙（蒙古文）（内部资料）.新巴尔虎右旗文化中心,2000.
［2］讷黑图.新巴尔虎右旗地名志（蒙古文）.海拉尔：内蒙古文化出版社,2011.
［3］调研访谈记录，2009.

新巴尔虎西庙群体建筑
（左图）
新巴尔虎西庙大雄宝殿
（右图）

新巴尔虎西庙 · 基本概况 1

寺院蒙古语藏语名称	蒙古语	ᠣᠶᠢᠷᠠᠳ ᠮᠡᠳ	寺院汉语名称	汉语正式名称	达西朋斯格庙
	藏语	བཀྲ་ཤིས་ཕུན་ཚོགས་གླིང།		俗称	西庙
历史曾用名		——	寺院汉语名称的由来		——
所在地		呼伦贝尔市新巴尔虎右旗阿尔山苏木		东经 116° 55′	北纬 48° 42′
初建年		——	保护等级		自治区级文物保护单位
盛期时间		——	盛期喇嘛僧/现有喇嘛僧数		1000余/18

历史沿革	1867年，新建寺庙。 "文化大革命"中寺庙严重受损。 1985年，修缮寺庙。 2006年，再次修缮大殿
资料来源	[1] 调研访谈记录，2009. [2] 唐吉思.蒙古族佛教文化调查研究.沈阳:辽宁民族出版社,2010. [3] 呼盟史志编纂委员会.呼伦贝尔盟志（下）.海拉尔:内蒙古文化出版社,1999.

现状描述	新巴尔虎西庙共6座建筑，大殿为遗存建筑，寺院有两个院墙围城，第一个院内较空，左边有几个喇嘛住所，进入第二个院内，有一大殿和两个配殿	描述时间	2009/10/06
		描述人	房宏伟

新巴尔虎西庙 · 基本概况 2

现存建筑	大殿	东、西配殿	山门	已毁建筑	——	——
	——	——	——		——	——
	——	——	——		——	——
	——	——	——	信息来源	调研访谈记录	

区位图

呼伦贝尔市地图

审图号：蒙S（2020）027号

内蒙古自治区测绘地理信息局　监制

总平面图

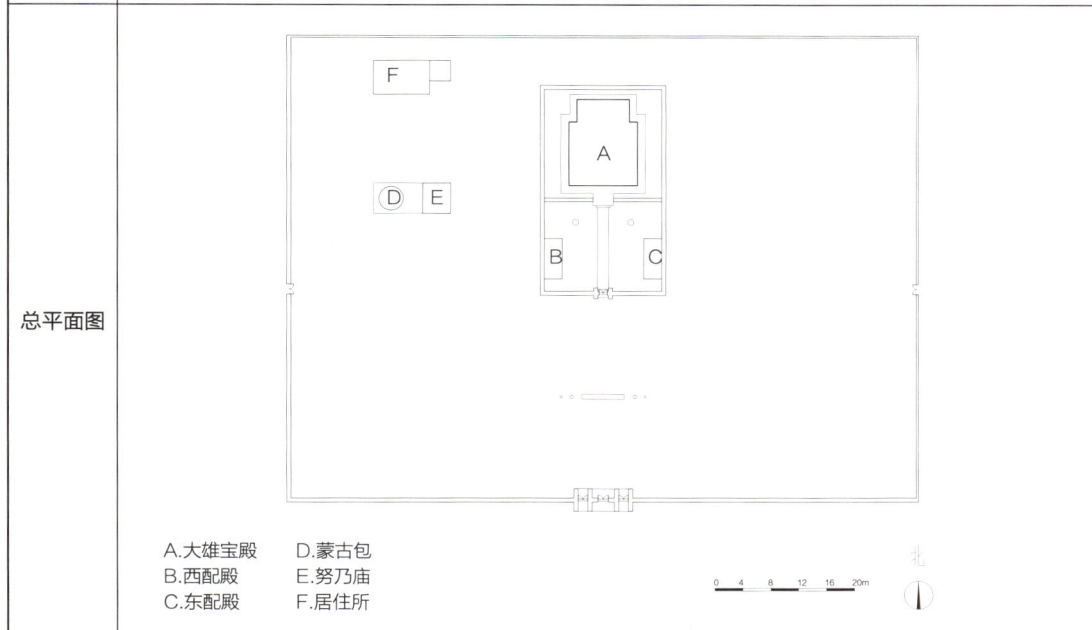

A.大雄宝殿　　D.蒙古包
B.西配殿　　　E.努乃庙
C.东配殿　　　F.居住所

北

调查日期	2009/10/06	调查人员	房宏伟、宝山

新巴尔虎西庙基本概况
表2

A.大雄宝殿　　D.蒙古包
B.西配殿　　　E.努乃庙
C.东配殿　　　F.居住所

0　　4　　8　　12　　16　　20m

北

新巴尔虎西庙总平面图

2.1 新巴尔虎西庙·大雄宝殿

单位：毫米

建筑名称	汉语正式名称				俗称		大雄宝殿		
概述	初建年	—			建筑朝向	南向	建筑层数	—	
	建筑简要描述	汉式结构体系							
	重建重修记载	1985年重修，2006年修过一次							
		信息来源	调研访谈记录						
结构规模	结构形式	砖木混合	相连的建筑	无			室内天井	无	
	建筑平面形式	"凸"字形	外廊形式	前廊					
	通面阔	10825	开间数	3	明间 2900	次间 3000	梢间 —	次梢间 —	尽间 —
	通进深	10374	进深数	7	进深尺寸（前→后）		1000→1300→1460→1250→1500→1100		
	柱子数量	—	柱子间距	横向尺寸	—		（藏式建筑结构体系填写此栏，不含廊柱）		
				纵向尺寸	—				
	其他	—							
建筑主体（大木作）（石作）（瓦作）	屋顶	屋顶形式	组合屋顶形式,歇山+硬山			瓦作	布瓦		
	外墙	主体材料	青砖	材料规格	青砖，270×60×140	饰面颜色	灰		
		墙体收分	无	边玛檐墙	无	边玛材料	无		
	斗栱、梁架	斗栱	有	平身科斗口尺寸	120	梁架关系	不详（有吊顶）		
	柱、柱式（前廊柱）	形式	汉式	柱身断面形状	圆	断面尺寸	直径D=200	（在没有前廊柱的情况下，填写室内柱及其特征）	
		柱身材料	木材	柱身收分	无	栌斗、托木	无	雀替	有
		柱础	有	柱础形状	圆	柱础尺寸	直径D=350		
	台基	台基类型	普通式台基	台基高度	450	台基地面铺设材料	石		
	其他	—							
装修（小木作）（彩画）	门(正面)	隔扇门		门楣	无	堆经	无	门帘	无
	窗（正面）	槛窗		窗楣	无	窗套	无	窗帘	无
	室内隔扇	隔扇	有	隔扇位置	经堂与佛殿之间				
	室内地面、楼面	地面材料及规格	木板,宽150，长不定	楼面材料及规格		无			
	室内楼梯	楼梯	无	楼梯位置	无	楼梯材料	无	梯段宽度	无
	天花、藻井	天花	有	天花类型	井口天花	藻井	无	藻井类型	—
	彩画	柱头	有	柱身	有	梁架	有	走马板	无
		门、窗	无	天花	有	藻井	无	其他彩画	无
	其他	悬塑	无	佛龛	有	匾额	无		
装饰	室内	帷幔	有	幕帘彩绘	无	壁画	无	唐卡	有
		经幡	无	经幢	有	柱毯	有	其他	—
	室外	玛尼轮	无	苏勒德	无	宝顶	有	祥麟法轮	无
		四角经幢	有	经幡	有	铜饰	无	石刻、砖雕	有
		仙人走兽	3	壁画	无	其他	—		
陈设	室内	主佛像	吉祥天母、十大护法、土葬王菩萨		佛像基座	莲花座			
		法座	有	藏经橱 有	经床 有	诵经桌 有	法鼓 有	玛尼轮 无	坛城 无	其他 —
	室外	旗杆	有	苏勒德 无	狮子 有	经幡 有	玛尼轮 有	香炉 无	五供 无	其他 —
	其他	—							
备注	—								
调查日期	2009/10/6	调查人员	房宏伟	整理日期	2010/12/6	整理人员	房宏伟		

大雄宝殿基本概况表1

新巴尔虎西庙·大雄宝殿·档案照片

照片名称	正立面	照片名称	斜前方	照片名称	侧立面

照片名称	斜后方	照片名称	室外柱子	照片名称	室外柱头

照片名称	室外柱础	照片名称	门	照片名称	窗

照片名称	室内正面	照片名称	室内侧面	照片名称	室内地面

照片名称	室内天花	照片名称	室内柱子	照片名称	室内柱头

备注	——				
摄影日期	2009/10/06	摄影人员	房宏伟		

大雄宝殿正前方

大雄宝殿侧面

大雄宝殿室外柱头
（左图）
大雄宝殿斜后方（右图）

大雄宝殿斜前方

大雄宝殿正门（左图）
大雄宝殿柱头（右图）

大雄宝殿室内侧面

2.2　新巴尔虎西庙·其他建筑

山门正前方

乃奴庙正前方（左图）
乃奴庙背面（右图）

配殿正前方（左图）
配殿斜前方（右图）

第三部分

附录

Part Three Appendix

其他召庙 Other Temples

达力克庙·基本概况表

总平面图·现状照片	 A.大雄宝殿 D.僧 舍 G.释迦八塔 B.夏仲活佛住处 E.寺庙管委会 H.厨 房 C.活佛住处 F.白 塔	

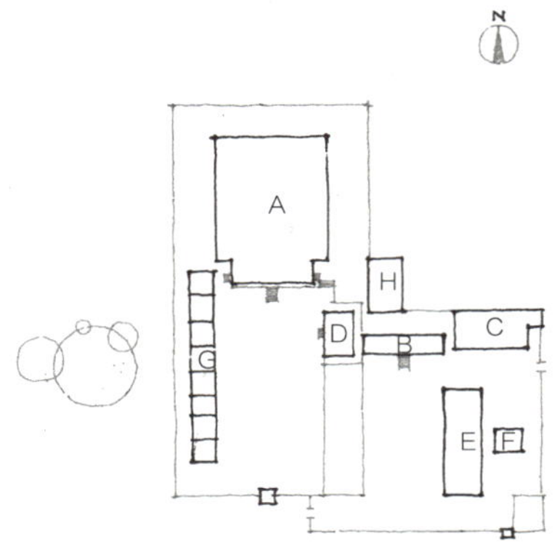

达力克庙建筑群（上图）
大雄宝殿正立面（左图）
大雄宝殿斜前方（右图）

寺庙简介

　　达力克庙为原阿拉善和硕特旗寺庙，该寺为北寺9座属庙之一。

　　乾隆四十六年（1781年），阿拉善头等台吉协理那木吉勒道尔吉奉命赴藏迎回在拉萨研习佛法的道布增呼图克图，在藏期间朝拜萨迦博格达，决心在家乡建寺弘法，故从藏地获取一幅珍贵的度母像。回阿拉善途中先在乌尼格图之地搭建毡包供奉，后将五大神佛像留在原处，将度母像与宗喀巴像迎回定远营，建一座小庙（旧称三间庙）加以供奉。嘉庆二十四年（1819年），在阿查宝拉格之地建造一座寺庙，将定远营供奉的度母像献于该寺，并称该寺庙为"达日额和庙"，即度母庙。因蒙古语连音读法，简称为"达日和庙"，亦写作"达力克庙"，寺庙又称巴音卓如庙。

　　寺庙建筑风格为汉藏结合式建筑。至"文化大革命"前寺庙有49间双层大雄宝殿、49间双层度母殿、30间密宗殿、9间仁尼殿、3间龙王殿5座殿宇，9间沙布隆喇嘛拉布隆及4处庙仓房舍共计56间。僧舍院39处，共计234间，8座佛塔。

　　达力克庙有仁尼学部、密宗学部两座学部。

　　"文化大革命"中寺庙严重受损，仅存大雄宝殿与3间拉布隆。1983年起在第三世沙布隆嘉木杨丹毗勒尼玛的带领下修缮、扩建寺庙建筑，短期内完成重建工作，正式恢复了法会。现寺庙殿堂、房舍共有94间。

参考文献：

[1] 松儒布.阿拉善北寺史（蒙古文）.北京：民族出版社,2003,4.

[2] 贺·却木布拉，图布吉日嘎拉.阿拉善宗教史录（蒙古文）.巴音森布尔，总70-71期，72-73期.

单位：毫米

寺院蒙古语藏语名称	蒙古语	ᠳᠠᠷᠢ ᠡᠬᠡ ᠶᠢᠨ ᠰᠦᠮᠡ	汉语名称	汉语正式名称	达力克庙				
	藏语	དངོས་གྲུབ་ཀྱི་འབྱུང་གནས།		俗称	达力克庙				
所在地		阿拉善左旗豪斯布尔都苏木陶力嘎查			东经	104° 27′		北纬	39° 46′
初建年		始建于嘉庆二十四年（1819年）	保护等级		自治区级文物保护单位				
主要建筑基本概况	汉语正式名称		大雄宝殿	俗称	大经堂	初建年	雍正元年（1723年）		
	建筑简要描述	大殿整体结构完好，未受损，外墙近期加固		结构形式	砖木混合	建筑层数	2		
	通面阔	20060	开间数	7	明间 3755	次间 3255	梢间 3250	次梢间 2740	尽间 ——
	通进深	28670	进深数	9	进深尺寸（前→后）	——			
	柱子数量	36根	柱子间距	横向尺寸	——	（藏式建筑结构体系填写此栏，不含廊柱）			
				纵向尺寸	——				
调查日期	2010/08/21	调查人员	李国保、付瑞峰	摄影日期	2010/08/21	摄影人员	高 旭		

阿拉腾特布西庙（上图）
大雄宝殿正立面（左图）
密宗殿正立面（右图）

阿拉腾特布西庙 · 基本概况表

<table>
<tr><td rowspan="2">总平面图 · 现状照片</td><td></td><td colspan="2"></td></tr>
<tr><td> 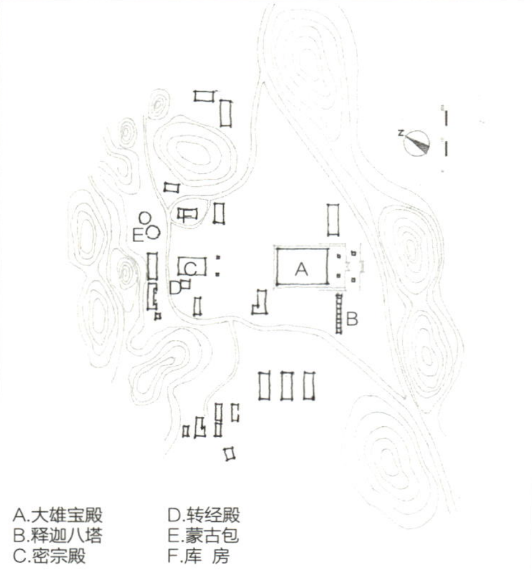A.大雄宝殿　　D.转经殿
B.释迦八塔　　E.蒙古包
C.密宗殿　　　F.库房</td><td colspan="2"></td></tr>
</table>

寺庙简介

　　阿拉腾特布西庙为原阿拉善和硕特旗寺庙，系旗扎萨克衙门所管辖的2座属庙之一。

　　民国27年（1938年）初，喀尔喀部第六世诺木齐活佛罗桑丹毕多麦从青海塔尔寺到阿拉善旗弘法，在地方民众的请求与支持下在阿拉腾特布西山纳布其娜荷芽洪阔尔之地初建寺庙，习称阿拉腾特布西庙，简称特布希庙。修建寺庙时，甘肃张掖、山丹地区无偿提供营造工匠与建筑木材，新疆和布克赛尔地区及额济纳旗捐献了大量资财。

　　寺庙建筑风格为汉藏结合式建筑。从1938—1949年的十余年间寺庙规模迅速扩大，拥有重檐歇山顶大雄宝殿、藏式希日瓦卡木参殿、汉式赞巴卡木参殿等3座大殿，宝塔殿、法轮殿等2座小殿，诺木齐活佛院、额尔德尼喇嘛院、喇嘛葛根活佛院、诺颜呼图克图活佛院、额杰喇嘛院、扎斯莱活佛院等6座拉布隆，7座庙仓及60余间僧舍。诺木齐活佛有新旧两座拉布隆。大雄宝殿南有近300平方米的大院。

　　"文化大革命"期间寺庙被完全拆毁。1985年起第七世诺木齐活佛丹赞的带领下寺庙僧人与地方信众集资修建，至1998年建设工程基本完工，建成具有大雄宝殿、诺木齐活佛拉布隆、喇嘛葛根舍利殿、古尼喇嘛舍利殿及11间僧舍的中等规模的寺院。

参考文献：

[1] 斯·苏雅拉图.阿拉腾特布西庙（蒙古文,汉文）.呼和浩特:内蒙古人民出版社,2001.8.

[2] 勃儿吉斤·道尔格.阿拉善和硕特（上册）（蒙古文）.海拉尔:内蒙古文化出版社, 2002, 5.

单位：毫米

<table>
<tr><td rowspan="2">寺院蒙古语藏语名称</td><td>蒙古语</td><td colspan="2" rowspan="2"></td><td rowspan="2">汉语名称</td><td>汉语正式名称</td><td colspan="4">阿拉腾特布西庙</td></tr>
<tr><td>藏语</td><td>俗称</td><td colspan="4">特布西庙</td></tr>
<tr><td>所在地</td><td colspan="4">阿拉善盟阿拉善右旗朝格苏木驻地南15公里的阿拉腾特布希山顶</td><td>东经</td><td colspan="2">100° 50′</td><td>北纬</td><td>39° 13′</td></tr>
<tr><td>初建年</td><td colspan="4">1938年</td><td>保护等级</td><td colspan="5">内蒙古自治区旗县级重点文物保护单位</td></tr>
<tr><td rowspan="6">主要建筑基本概况</td><td>汉语正式名称</td><td colspan="3">大雄宝殿</td><td>俗称</td><td colspan="2">大殿</td><td>初建年</td><td colspan="2">2002年</td></tr>
<tr><td>建筑简要描述</td><td colspan="3">汉藏混合结构体系，藏式装饰风格</td><td>结构形式</td><td colspan="2">砖混结构</td><td>建筑层数</td><td colspan="2">2</td></tr>
<tr><td>通面阔</td><td>13200</td><td>开间数</td><td>5</td><td>明间</td><td>3200</td><td>次间</td><td>3200</td><td>梢间</td><td>3200</td></tr>
<tr><td></td><td></td><td></td><td></td><td>次梢间</td><td>——</td><td></td><td>尽间</td><td colspan="2">——</td></tr>
<tr><td>通进深</td><td>18000</td><td>进深数</td><td>7</td><td>进深尺寸（前→后）</td><td colspan="5">——</td></tr>
<tr><td rowspan="2">柱子数量</td><td rowspan="2">20根</td><td rowspan="2">柱子间距</td><td rowspan="2"></td><td>横向尺寸</td><td colspan="5" rowspan="2">（藏式建筑结构体系填写此栏，不含廊柱）</td></tr>
<tr><td>纵向尺寸</td><td>——</td></tr>
</table>

北寺·基本概况表

总平面图·现状照片	 A.大雄宝殿 B.大经堂

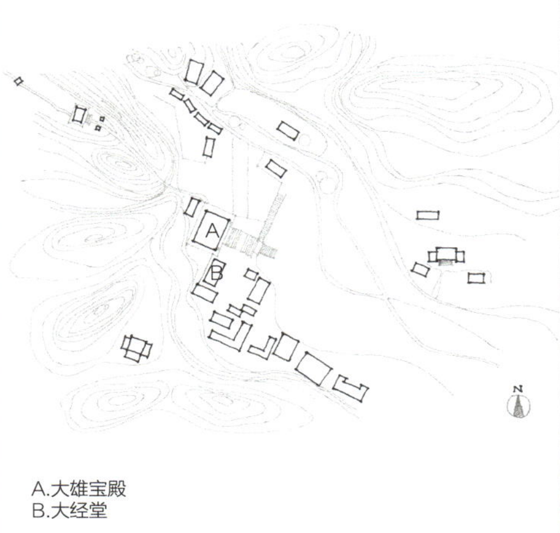

北寺鸟瞰图（上图）
大经堂斜前方（左图）
大经堂正立面（右图）

寺庙简介

北寺为原阿拉善和硕特旗寺庙，为阿拉善三大寺庙系统及八大寺庙之一。嘉庆十一年（1806年），清廷御赐满、蒙古、汉、藏四体"福因寺"匾额。寺庙管辖达力克庙、呼热图庙、库日木图庙、查拉嘎尔庙、色格日庙、敖陶亥庙、额济纳庙、白塔庙、巴日斯图殿等9座属庙。北寺为著名佛学大师、大学者阿拉善拉让巴-阿格旺丹达尔的本寺。

18世纪90年代，阿拉善和硕特旗三代王爷罗布桑道尔吉之五子罗布桑丹毕贡布将延福寺显宗学部分离于原寺管辖，带领一些弟子到定远营之北苏布日嘎河河畔建造两座独贡，新建一座寺院。依据寺院所处方位习称东寺。后迁至巴音郭勒之地新建殿堂。

寺庙建筑风格为汉藏结合式建筑。至民国22年（1933年），寺庙占地面积约为0.3平方公里，有106间三层大雄宝殿、49间金塔殿、25间仁尼殿、35间菩提道学殿、35间密宗殿、49间显宗殿、9间北殿、9间阿木尼殿、5间达勒哈殿等11座殿堂，74间活佛拉布隆、23间诺颜拉布隆等4座活佛府，5座庙仓及僧舍779间，共计1498间。

"文化大革命"期间寺庙严重受损，建筑无

一幸存。1983年起北寺僧人开始了重建工作。1984年，北寺第四世道布增呼图克图、第五世卫藏喇嘛罗仁钦嘉木苏、第三世药师沙布隆嘉木杨丹毕尼玛等三位活佛共同主持了夏季祈愿法会。经十余年的建设，修建大雄宝殿、显宗殿等两座殿宇及庙仓、僧舍100余间。至2010寺庙复建与修缮工作仍在持续。

参考文献：

[1] 松儒布.阿拉善北寺史（蒙古文）.北京:民族出版社,2003,4.

单位：毫米

寺院蒙古语藏语名称	蒙古语	ᠮᠡᠯᠡ᠎ᠢ		汉语名称	汉语正式名称		福因寺		
	藏语	དགེ་རྒྱུད་གླིང༌།			俗称		阿拉善北寺		
所在地	阿拉善左旗					东经	105° 54′	北纬	38° 58′
初建年	嘉庆四年(1799年)			保护等级	内蒙古自治区市县级文物保护单位				
主要建筑基本概况	汉语正式名称	大经堂		俗称	——		初建年	——	
	建筑简要描述	——		结构形式	——		建筑层数	——	
	通面阔	——	开间数	——	明间	——	次间	——	梢间 —— 次梢间 —— 尽间 ——
	通进深	——	进深数	——	进深尺寸（前→后）				
	柱子数量	——	柱子间距	横向尺寸	——	（藏式建筑结构体系填写此栏，不含廊柱）			
				纵向尺寸	——				
调查日期	2010/08/17	调查人员	李国保	摄影日期	2010/08/17		摄影人员	高旭	

库日木图庙建筑群
（上图）
大雄宝殿正立面
（左图）
时轮金刚殿正立面
（右图）

库日木图庙·基本概况表

总平面图·现状照片	

A.大雄宝殿　　　D.僧舍
B.时轮金刚殿　　E.释迦八塔
C.接待室

寺庙简介

库日木图庙为原阿拉善和硕特旗寺庙,系北寺9座属庙之一。

北寺一世道布增呼图克图罗布桑丹毕贡布在藏修行期间达赖喇嘛应其所愿给其介绍了迪巴喇嘛与一名卫藏地区的高僧辅助其在阿拉善之地弘法。卫藏高僧名曰阿格旺达西嘉木苏,该僧来到阿拉善后在雅布赖山一处山洞里闭关苦修。咸丰十年（1860年）,在施主的支持下,经旗衙获准,在山洞旁新建一座寺庙,俗称库日木图庙,也称阿贵庙。同治六年（1867年）,在哈毕日格宝拉格之地新建一座殿宇,因在施工过程中遇到问题,故迁至距此30华里外的查干朝鲁台之地新建寺庙。50余年后寺庙因失火而烧毁,寺庙又迁回哈毕日格宝拉格之地。关于寺庙名称释义有两种观点,“库日木”系蒙古语,意为上衣、马褂。相传一位名叫哈日巴特尔将军的武将在此突破敌人的包围,将马褂和帽子放在雅布赖山下的河谷,从此人们称此河为库日木图郭勒。而另一说法为,17世纪30年代察哈尔林丹汗战败往青海转移时路经此处扔下一件上衣,故称此地为库日木图。

寺庙建筑风格为汉藏结合式建筑。至1957年该庙有青瓦顶汉式朝克钦殿、西拉布隆、东拉布隆等主要建筑,2座庙仓及2座佛塔。朝克钦殿外有450余平方米的大院。

“文化大革命”期间该庙严重受损。1983年起开始重建寺庙。经20余年的建设,修复并新建了主要殿堂,并正式恢复法会。

参考文献:

[1] 松儒布.阿拉善北寺史（蒙古文）.北京:民族出版社,2003,4.
[2] 斯·苏雅拉图.神奇的巴丹吉林（蒙古文,汉文）.呼和浩特:内蒙古人民出版社,2011,8.

单位：毫米

寺院蒙古语藏语名称	蒙古语	ᠬᠦᠷᠢᠮᠲᠦ ᠶᠢᠨ ᠰᠦᠮᠡ	汉语名称	汉语正式名称		库日木图庙
	藏语	བྱང་ཆུབ་དར་རྒྱས་གླིང༌།		俗称		阿贵庙(石窟寺)
所在地		阿拉善盟阿拉善右旗雅布赖苏木境内		东经	103°04′	北纬	39°40′
初建年		始建于咸丰十年(1860年)		保护等级		内蒙古自治区市县级文物保护单位

主要建筑基本概况	汉语正式名称	大雄宝殿		俗称	朝克庆都贡		初建年	2009年
	建筑简要描述	新建于2009年,汉藏式结构体系		结构形式	砖木混合		建筑层数	2
	通面阔	——	开间数	5	明间 ——	次间 ——	梢间 ——	次梢间 ——	尽间 ——
	通进深	——	进深数	7	进深尺寸（前→后）	——		
	柱子数量	20根	柱子间距	横向尺寸 ——	（藏式建筑结构体系填写此栏,不含廊柱）			
				纵向尺寸 ——				
调查日期	2010/08/21	调查人员	付瑞峰、宝山	摄影日期	2010/08/21	摄影人员	王志强	

朝克图库伦庙 · 基本概况表

总平面图·现状照片	 A.大雄宝殿　　D.六世达赖大殿 B.观音殿 C.白哈五王殿　　E.白　塔	

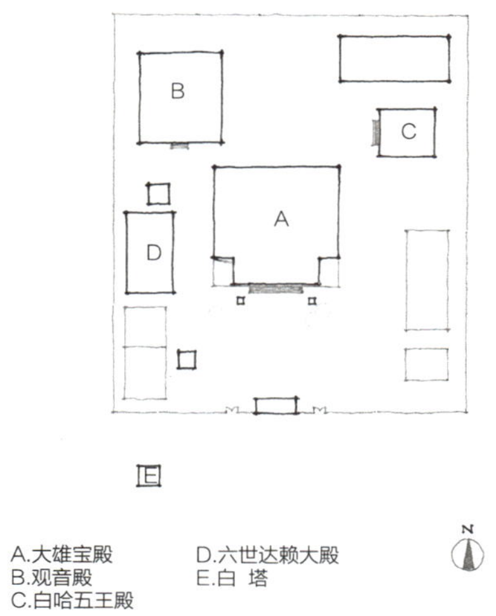

大雄宝殿正立面（上图）
白哈五王殿正立面（左图）
弥勒殿斜前方（右图）

<table>
<tr><td rowspan="3">寺庙简介</td><td colspan="2">

　　朝克图库伦庙为原阿拉善和硕特旗寺庙，系阿拉善八大寺庙之一。光绪二十九年（1903年），清廷御赐满、蒙古、汉、藏四体"昭化寺"匾额。该寺为南寺9座属庙之一。

　　而此地早在辽代时已有一座供奉三怙主的小庙。乾隆四年（1739年）在仓央嘉措的建议下，包括朝克图老人在内的众施主禀报旗衙，获准以三怙主小庙为基础，增建两座殿宇。起初称寺庙为"潘代嘉木苏林"，之后取朝格图老人之名与原营地之"库伦"一字，合称为"朝克图库伦"。乾隆二十二年（1757年），将该寺全盘迁至南寺，三十年后第二世达格布呼图克图遵照二世嘉木杨活佛的提议，在原遗址上重建了朝克图库伦庙。后在同治年间回民起义中寺庙被毁，从光绪二十三年（1897年）起阿拉善旗衙与地方民众在三年内重建了寺庙，殿堂开间与庙仓、僧舍数量超出原有规模。

　　寺庙建筑风格为汉藏结合式建筑。光绪年间重建，民国年间扩建的寺庙有49间大雄宝殿、25间密宗殿、38间观音殿、12间后殿、13间斋戒殿等5座殿宇，有三怙主庙、4间法轮殿及四周的灵藏室等小殿宇，庙仓、僧舍共计950间。
</td></tr>
</table>

朝克图库伦庙有密宗学部、菩提道学部两大学部。

　　"文化大革命"期间寺庙严重损毁，大雄宝殿、密宗殿两座殿堂被用于存放粮食，故留存至今。1979年起该庙喇嘛逐渐恢复法事，1984年起修缮殿堂，两年后正式举行寺庙开光仪式。该寺现有殿宇共74间，房舍共计217间。

参考文献：

[1] 松儒布.阿拉善南寺史（蒙古文）.北京:民族出版社,2004,5.

[2] 贾拉森.缘起南寺.呼和浩特:内蒙古大学出版社,2003,8.

[3] 贺·却木布拉,图布吉日嘎拉.阿拉善宗教史录（蒙古文）.巴音森布尔,总70-71期,72-73期.

单位：毫米

寺院蒙古语藏语名称	蒙古语	ᠴᠣᠭᠲᠤ ᠬᠦᠷᠢᠶ᠎ᠡ ᠶᠢᠨ ᠰᠦᠮ᠎ᠡ	汉语名称	汉语正式名称	昭化寺		
	藏语	དཔལ་བདེ་ཆེན་མཆོག་འཁྱིལ།		俗称	昭化寺		
所在地		阿拉善盟阿拉善右旗朝克图呼热苏木驻地	东经	108° 08′	北纬	38° 02′	
初建年		乾隆四年（1739年）	保护等级		自治区级重点文物保护单位		

主要建筑基本概况	汉语正式名称	大雄宝殿		俗称	——		初建年	乾隆四年（1739年）
	建筑简要描述	汉藏式结构体系，藏式装饰风格		结构形式	砖木混合		建筑层数	2
	通面阔	22230	开间数	7	明间 3060　次间 3060　梢间 3060　次梢间 3060　尽间 ——			
	通进深	22500	进深数	9	进深尺寸（前→后）		2500→2500→2500→2500→2500→2500→2500→2500→2500	
	柱子数量	36根	柱子间距	横向尺寸	——		（藏式建筑结构体系填写此栏，不含廊柱）	
				纵向尺寸	——			

图库木庙 · 基本概况表

总平面图 · 现状照片

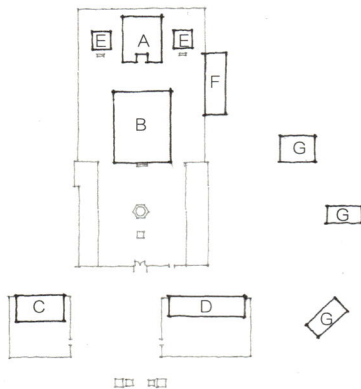

A.观音殿　　D.大仓署　　G.民居
B.大雄宝殿　E.白塔
C.活佛府　　F.管院住处

大雄宝殿正立面（上图）
观音殿斜前方（左图）
喇嘛住所斜前方（右图）

寺庙简介

图库木庙为原阿拉善和硕特旗寺庙，系阿拉善八大寺庙之一。民国元年（1912年），民国政府赐蒙古、汉、藏三体"妙华寺"匾额。该寺为南寺9座属庙之一。咸丰二年（1852年），阿拉善旗扎萨克衙门颁赐该寺政教合一印书，使寺庙成为协管边防事务的特殊寺庙。

寺庙所处区域巴音图库木在清朝时曾为边防要地，阿拉善和硕特旗设卡伦驻守于此。乾隆五十余年南寺二世格布呼图克图从喀尔喀回阿拉善时途经此地，示意卡伦梅林拜音珠儿在此建庙。乾隆六十年（1795年），在巴音图库木河巴音茅都之地初建寺庙，北寺一世道布增呼图克图罗桑丹比贡布赐予该寺一尊和硕特固始汗曾供奉的檀香木佛祖像，赐名图库木庙，并决定隶属北寺。嘉庆二十四年（1819年），在南寺二世达格布呼图克图的建议下寺庙迁至多伦胡都格之地，初建蒙古包诵经。后新建佛殿，南寺派专人管理此庙，图库木庙正式成为南寺属庙。

寺庙建筑风格为汉藏结合式建筑。至"文化大革命"前该庙有72间双层大雄宝殿、30间双层上殿、30间双层密宗殿、12间斋戒殿、12间医药殿、12间后殿、3座法轮殿共计38间等7座大小

殿宇，10间活佛拉布隆及18座庙仓，僧舍900余间。

图库木庙有显宗学部、密宗学部、菩提道学部等三大学部。

"文化大革命"期间寺庙被完全拆毁。1983年起以达西道尔吉为首的寺庙僧人搭建蒙古包与帐篷正式恢复法会，1986年，在距原址东侧约10公里处新建寺庙主要建筑。经20余年的建设，已建全寺庙的主要建筑。

参考文献：
[1]松儒布.阿拉善南寺史（蒙古文）.北京:民族出版社,2004,5.
[2]贺·却木布拉,图布吉日嘎拉.阿拉善宗教史录（蒙古文）.巴音森布尔,总70-71期,72-73期.

单位：毫米

寺院蒙古语藏语名称	蒙古语	᠊		汉语名称	汉语正式名称	妙华寺	
	藏语	᠊			俗称	图库木庙	
所在地	内蒙古自治区阿拉善盟阿拉善左旗图库木苏木境内				东经	105° 51′	北纬 40° 42′
初建年	乾隆二十二年（1757年）			保护等级	自治区级重点文物保护单位		
主要建筑基本概况	汉语正式名称	大雄宝殿		俗称	——	初建年	1986年
	建筑简要描述	大雄宝殿建于1986年，汉藏结合的结构体系		结构形式	砖木	建筑层数	2
	通面阔	13500	开间数 3	明间 2980	次间 2950	梢间 —— 次梢间 ——	尽间 ——
	通进深	17200	进深数 5	进深尺寸（前→后）	5300→2800→2800→3600→2100		
	柱子数量	6根	柱子间距	横向尺寸 ——	（藏式建筑结构体系填写此栏，不含廊柱）		
				纵向尺寸 ——			
调查日期	2010/08/26	调查人员	李国保、付瑞峰	摄影日期	2010/08/26	摄影人员	高旭

沙日扎庙 · 基本概况表

总平面图 · 现状照片

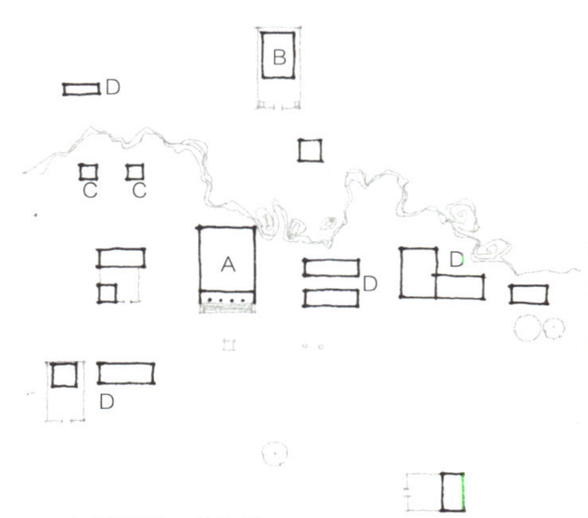

A.大雄宝殿　C.白塔
B.密宗殿　　D.民居

大雄宝殿正立面（上图）
密宗殿斜后方（下图）

寺庙简介

沙日扎庙为原阿拉善和硕特旗寺庙，该寺为南寺9座属庙之一。由于该庙地处国界与盟界，故阿拉善旗衙指定沙日扎庙担任边防任务，委派僧人充任边防巡视与征收税赋等政教合一职务，寺庙管理十分严格。

乾隆末年，阿拉善僧人东都格从安多藏区学经归来，在巴音茅都之地搭建茅舍行医。后在信众支持下，经旗衙准许，在沙日扎山南麓呼布音郭勒之地新建一座小庙。嘉庆二年（1797年），南寺达格布呼图克图为该寺颁赐寺名"达西查日巴布林"，亲定寺规，规定寺庙所有法事仪轨遵照南寺，并委派东都格喇嘛为该寺住持。因寺庙所在地盛产内含水珠的白色小石砾，故习称沙日扎庙。

寺庙建筑风格为汉藏结合式建筑。至"文化大革命"前寺庙有63间大雄宝殿、49间双层得都活佛（六世达赖仓央嘉措在阿拉善的尊称）殿、12间大后殿、12间小后殿、12间弥勒殿、12间斋戒殿、9间过堂山门、5间大法轮殿、2间小法轮殿等9座殿宇，10间活佛拉布隆、9间喇嘛坦拉布隆及庙仓院共8处，共计96间，其他房舍32处，共计330间，僧舍540余间，寺庙还有一顶被称为达赖查干的大型毡帐及70余顶蒙古包与帐篷。

沙日扎庙有显宗学部一座学部。

"文化大革命"期间寺庙被全部拆毁。1984年起几名原寺喇嘛在寺庙遗址上搭建蒙古包正式恢复法会，至1989年，已建成一座中等规模的寺庙。

参考文献：

［1］贺·却木布拉，图布吉日嘎拉.阿拉善宗教史录（蒙古文）.巴音森布尔，总70-71期，72-73期.
［2］松儒布.阿拉善南寺史（蒙古文）.北京：民族出版社，2004，5.

单位：毫米

寺院蒙古语藏语名称	蒙古语	ᠱᠠᠷᠠ ᠳᠠ ᠵᠢᠩ	汉语名称	汉语正式名称	——
	藏语	བཀྲ་ཤེས་ཆར་འབེབས་གླིང་		俗称	沙日扎
所在地	阿拉善盟阿拉善左旗乌力吉苏木境内			东经 104° 29′	北纬 40° 43′
初建年	嘉庆二年（1797年）		保护等级	阿拉善盟重点文物保护单位	

主要建筑基本概况	汉语正式名称	大雄宝殿		俗称	——		初建年	2008年
	建筑简要描述	汉藏混合结构体系，汉藏结合的装饰风格		结构形式	砖木混合		建筑层数	2
	通面阔	14910	开间数	5	明间 2980	次间 3000	梢间 ——	次梢间 ——	尽间 ——
	通进深	17750	进深数	6	进深尺寸（前→后）	3040→2720→2950→3050→3000→3000		
	柱子数量	20根	柱子间距	横向尺寸	——	（藏式建筑结构体系填写此栏，不含廊柱）		
				纵向尺寸	——			

调查日期	2010/08/26	调查人员	李国保、付瑞峰	摄影日期	2010/08/26	摄影人员	王志强

夏日格庙·基本概况表

<table>
<tr><td rowspan="2">总平
面图
·
现状
照片</td><td>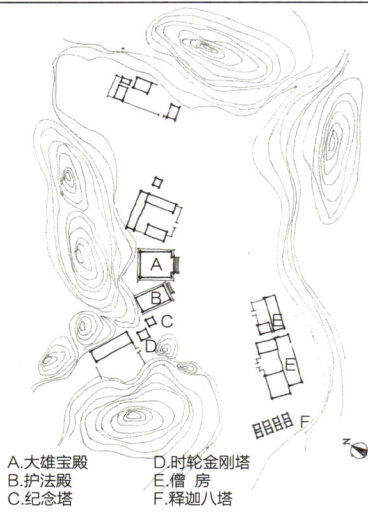
A.大雄宝殿　　D.时轮金刚塔
B.护法殿　　　E.僧　房
C.纪念塔　　　F.释迦八塔</td><td></td></tr>
</table>

大雄宝殿斜前方（上图）
夏日格建筑群（左图）
护法殿斜前方（右图）

寺庙简介

夏日格庙为原阿拉善和硕特旗寺庙，系衙门庙11座属庙之一。

乾隆三十三年（1768年），原卓素图盟土默特左翼旗蒙古贞部喇嘛查干呼图克图在阿拉善旗宝日嘎苏台宝日的一处山洞中修建观世音菩萨塔，闭关苦修，后阿拉善旗一名梅林从衙门庙请来一部乌兰甘珠尔经供奉于该庙中。

寺庙建筑风格为汉藏结合式建筑。占地面积约1000平方米。

"文化大革命"期间寺庙被完全拆毁。1985年起该庙僧人与地方信众集资修建寺庙。

参考文献:

［1］勃儿吉斤·道尔格.阿拉善和硕特（上册）（蒙古文）.海拉尔:内蒙古文化出版社,2002，5.

单位：毫米

<table>
<tr><td rowspan="2">寺院蒙古语藏语名称</td><td>蒙古语</td><td colspan="2">ᠱᠠᠷ ᠤᠨ ᠬᠡᠢᠢᠳ</td><td rowspan="2">汉语名称</td><td>汉语正式名称</td><td colspan="4">——</td></tr>
<tr><td>藏语</td><td colspan="2">ཕུན་བཙུན་ཚོས་འཁོར་གླིང་།</td><td>俗称</td><td colspan="4">夏日格庙</td></tr>
<tr><td>所在地</td><td colspan="4">阿拉善盟阿拉善右旗阿拉坦敖包苏木境内</td><td>东经</td><td>104° 30′</td><td>北纬</td><td colspan="2">40° 16′</td></tr>
<tr><td>初建年</td><td colspan="4">乾隆三十三年（1768年）</td><td>保护等级</td><td colspan="4">自治区市县级文物保护单位</td></tr>
<tr><td rowspan="6">主要建筑基本概况</td><td>汉语正式名称</td><td colspan="3">大雄宝殿</td><td>俗称</td><td>大殿</td><td>初建年</td><td colspan="2">1999年</td></tr>
<tr><td>建筑简要描述</td><td colspan="3">汉藏混合，汉式结构体系，汉藏结合的装饰风格</td><td>结构形式</td><td>砖木混合</td><td>建筑层数</td><td colspan="2">2</td></tr>
<tr><td>通面阔</td><td>14408</td><td>开间数</td><td>5</td><td>明间</td><td>3000</td><td>次间</td><td>2850</td><td>梢间</td></tr>
<tr><td>2855</td><td>次梢间</td><td>——</td><td>尽间</td><td>——</td><td></td><td></td><td></td><td></td></tr>
<tr><td>通进深</td><td>17920</td><td>进深数</td><td>6</td><td>进深尺寸（前→后）</td><td colspan="4">3250→2850→2950→3050→3000→2820</td></tr>
<tr><td rowspan="2">柱子数量</td><td rowspan="2">16根</td><td rowspan="2">柱子间距</td><td>横向尺寸</td><td colspan="2">——</td><td colspan="3" rowspan="2">（藏式建筑结构体系填写此栏，
不含廊柱）</td></tr>
<tr><td>纵向尺寸</td><td colspan="2">——</td></tr>
<tr><td>调查日期</td><td>2010/08/21</td><td>调查人员</td><td colspan="2">付瑞峰、宝山</td><td>摄影日期</td><td colspan="2">2010/08/21</td><td>摄影人员</td><td>高旭</td></tr>
</table>

红塔庙·基本概况表

	总平面图·现状照片		

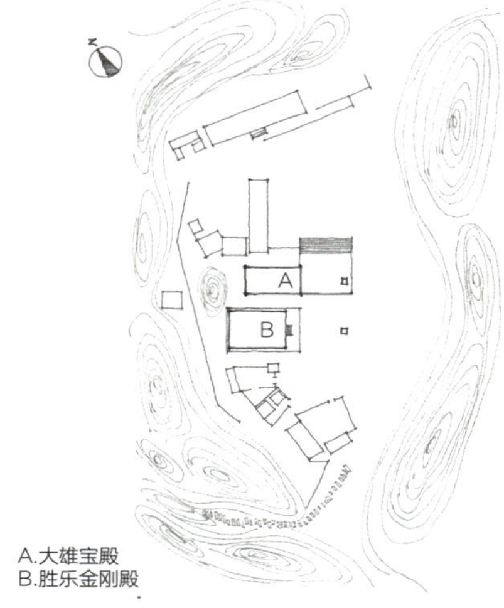

A.大雄宝殿
B.胜乐金刚殿

寺庙简介

　　红塔庙为原阿拉善和硕特旗寺庙，系衙门庙11座属庙之一。另传，该庙为阿贵庙的属庙，而阿贵庙亦为衙门庙的属庙。
　　寺庙建筑风格为藏式建筑。

参考文献:
[1] 苏瓦迪.莲花生洞（蒙古文）.北京:民族出版社,2008，4.

单位：毫米

寺院蒙古语藏语名称	蒙古语	ᠬᠤᠢᠲᠤ ᠬᠤᠪᠠᠯ ᠦᠨ ᠰᠦᠮᠡ	汉语名称	汉语正式名称		——
	藏语	——		俗称		红塔庙
所在地		阿拉善盟阿拉善左旗敖伦布拉格镇境内		东经	103° 31′	北纬	35° 48′

所在地	阿拉善盟阿拉善左旗敖伦布拉格镇境内			东经	103° 31′	北纬	35° 48′
初建年	——			保护等级	阿拉善左旗重点文物保护单位		

主要建筑基本概况	汉语正式名称	大雄宝殿		俗称	——	初建年	1986年
	建筑简要描述	藏式结构体系，藏式装饰风格		结构形式	砖木混合	建筑层数	——
	通面阔	8060	开间数 3	明间 2930	次间 2300	梢间 ——	次梢间 —— 尽间 ——
	通进深	15980	进深数 5	进深尺寸（前→后）		1750→2720→2270→3250→3560	
	柱子数量	4根	柱子间距	横向尺寸	——	（藏式建筑结构体系填写此栏，不含廊柱）	
				纵向尺寸	——		

调查日期	2010/08/27	调查人员	付瑞峰、宝山	摄影日期	2010/08/27	摄影人员	王志强

539

喀尔喀庙·基本概况表

总平面图·现状照片	 A.大雄宝殿	

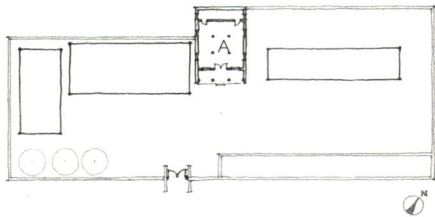

大雄宝殿正立面（上图）
大雄宝殿斜前方（左图）
喀尔喀庙其他建筑
（右图）

寺庙简介

　　喀尔喀庙为原额济纳旧土尔扈特旗寺庙，系额济纳三座寺庙之一。该寺由班禅大师制定寺规。

　　民国10年（1921年）前后，喀尔喀赛音诺彦汗部巴拉丹扎萨克旗部分僧人与牧民迁入额济纳旗境内，并替代位于边境之地的查干苏布日嘎庙，经额济纳旧土尔扈特旗札萨克图布辛巴雅尔苏木准许，在额济纳旗新建寺庙，命名为丹巴达尔加庙，俗称喀尔喀庙。

　　寺庙建筑风格为汉藏结合式建筑。该寺在其最盛时有传经殿堂、活佛拉布隆、扎刚、朝克钦仓、亥林仓及多处僧舍。

　　"文化大革命"期间寺庙部分建筑被拆毁。20世纪80年代开始重建寺庙。1985年合并至西庙。

参考文献：
［1］额济纳旗宗教局资料.
［2］策仁扣.额济纳旗历史文化文献笔记（蒙古文）.呼和浩特:内蒙古人民出版社,2011，4.

单位：毫米

寺院蒙古语藏语名称	蒙古语	ᠬᠠᠯᠬ᠎ᠠ	汉语名称	汉语正式名称	——		
	藏语	བཀྲ་ཤིས་དར་རྒྱས་གླིང་།		俗称	哈拉哈庙		
所在地	阿拉善盟额济纳旗达来呼布镇苏泊淖尔苏木驻地			东经	101° 4'	北纬	42° 7'
初建年	民国22年（1933年）		保护等级	——			

主要建筑基本概况	汉语正式名称	传经殿堂		俗称	——		初建年	——
	建筑简要描述	——		结构形式	——		建筑层数	——
	通面阔	——	开间数	——	明间	——	次间 ——	梢间 ——	次梢间 ——	尽间 ——
	通进深	——	进深数	——	进深尺寸（前→后）	——		
	柱子数量	——	柱子间距	横向尺寸	——		（藏式建筑结构体系填写此栏，不含廊柱）	
				纵向尺寸	——			

调查日期	2010/08/25	调查人员	李国保、付瑞峰	摄影日期	2010/08/25	摄影人员	王志强

额济纳西庙·基本概况表

总平面图·现状照片

H
G
F
E
D
A
C
B
N
A.大雄宝殿
B.供佛灯
C.佛 塔
D.点佛灯
E.做佛灯
F.办公室
G.餐 厅
H.厨 房
I.嘛呢杆

大雄宝殿正立面（上图）
大雄宝殿斜前方（左图）
额济纳西庙白塔（右图）

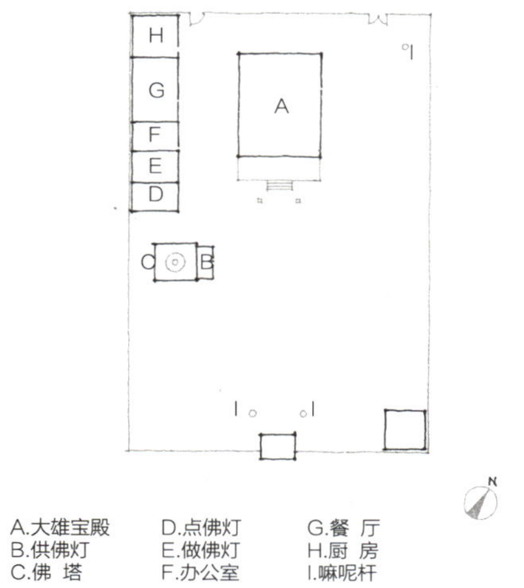

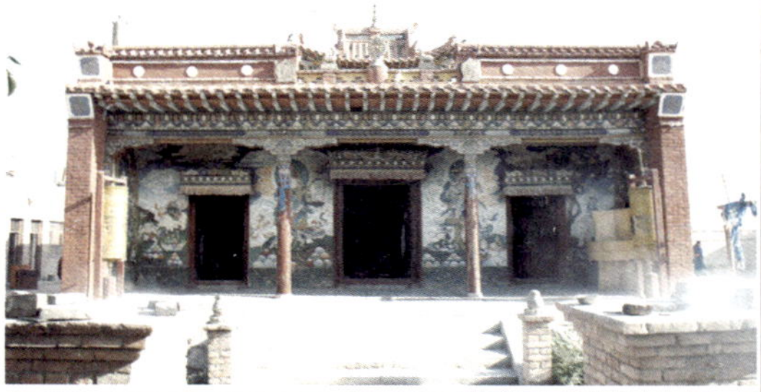

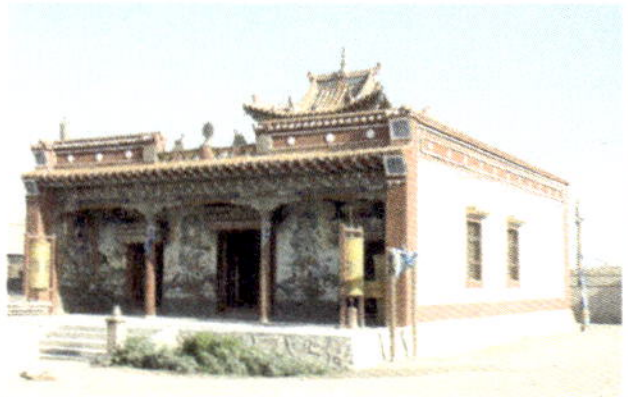

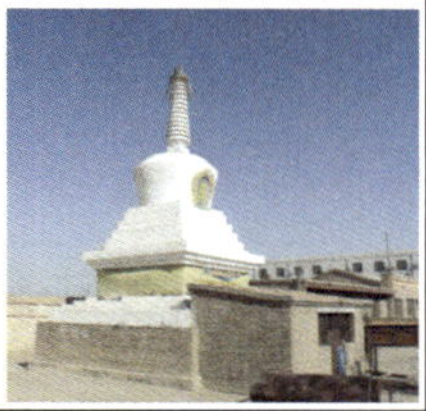

寺庙简介

西庙为原额济纳旧土尔扈特旗寺庙，系额济纳三座寺庙之一，也是额济纳旗建立最早的寺院。由八世达赖喇嘛强白嘉措为该寺制定寺规并赐予寺名“达西却林”。

康熙年间土尔扈特台吉阿拉布珠尔率所部迁移至额济纳，当时以若格巴巴图为首的14名喇嘛负责主持日常祭祀、诵经事务。乾隆三十二年（1767年）至乾隆四十八年（1783年），贝勒旺吉勒彻凌在位时建造一座阿拉坦庙。达西却林庙在被修建后由于自然灾害与社会动乱迁址数次。后将其原庙址上的寺庙称为东庙，迁出的新庙称西庙。光绪十一年（1885年），从达西却林庙中又分出一座庙，故旧寺被称为“老西庙”，新寺江其布那木达林被称为“新西庙”。

寺庙建筑风格为汉藏结合式建筑,有大雄宝殿、度母仓殿、双层额杰喇嘛拉布隆及两座白塔。

西庙有医药学部、密宗学部、菩提道学部、纳格巴学部、其巧格学部等五座学部。

“文化大革命”期间寺庙严重受损。1984年起重建寺庙，正式恢复了法会。

参考文献:

[1] 额济纳旗文史资料（蒙古文）（专辑二）.额济纳旗政协文史资料研究委员会出版,1986，8.

[2] 永红,阿拉腾其其格等.额济纳旗文史资料（专辑三）.呼和浩特:内蒙古人民出版社,2006,11.

单位：毫米

寺院蒙古语藏语名称	蒙古语	[illegible]	汉语名称	汉语正式名称	达西却灵庙
	藏语	བཀྲ་ཤིས་ཆོས་གླིང་།		俗称	西庙

所在地	阿拉善盟额济纳旗达来呼布镇驻地	东经	101° 04′	北纬	41° 57′
初建年	乾隆十六年（1751年）	保护等级	——		

主要建筑基本概况	汉语正式名称	大雄宝殿			俗称	大殿			初建年	1995年				
	建筑简要描述	汉藏混合结构体系，藏式装饰风格.正立面彩画残损			结构形式	砖木混合			建筑层数	——				
	通面阔	10870	开间数	3	明间	1800	次间	1800	梢间	1250	次梢间	——	尽间	——
	通进深	14700	进深数	4	进深尺寸（前→后）	3930→3420→6350								
	柱子数量	4根	柱子间距	横向尺寸	——	（藏式建筑结构体系填写此栏，不含廊柱）								
				纵向尺寸	——									

调查日期	2010/08/25	调查人员	付瑞峰、宝山	摄影日期	2010/08/25	摄影人员	高 旭

额济纳新西庙·基本概况表

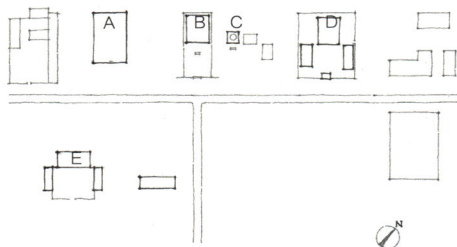

<table>
<tr>
<td rowspan="2">总平面图·现状照片</td>
<td colspan="2">

</td>
</tr>
<tr>
<td>
A.大雄宝殿　　D.宫日阁
B.观音殿　　　E.活佛行宫
C.活佛舍利殿
</td>
<td>

</td>
</tr>
</table>

寺庙简介	

　　新西庙为原额济纳旧土尔扈特旗寺庙，系额济纳三座寺庙之一。

　　额济纳旗第五代扎萨克旺吉勒彻凌之孙格里格朝格丹在安多西藏之地研修佛法，回额济纳后成为达西却令庙寺主，全旗宗教事务的住持。格里格朝格丹在额济纳大力弘法，先去除掉本土萨满教——额杰信仰，故被人称为"额杰喇嘛"。后依据藏区寺庙的严格寺规改替原庙寺规，将僧人分为严守寺规的常住者与参加诵经会的暂住者两组，故引起多名僧人的反抗。光绪十一年（1882年），格里格朝格丹带领15名弟子离开达西却林庙，在额恒吉格德赛日之地新建一座寺庙。后从西庙先后请来50名善于经文的喇嘛，并分得一些器物，由此成为独立的寺庙，俗称额杰喇嘛庙或新西庙。较之西庙，该庙以戒律尽然、经学严谨而著称。

　　寺庙建筑风格为汉藏结合式建筑。该庙在其最盛时有80间大雄宝殿、40间观音殿、40间双层额杰喇嘛拉布隆、12间普明佛殿、朝克钦仓等5大殿堂，5座庙仓与1座佛仓，2座佛塔。

　　"文化大革命"期间寺庙部分建筑被拆毁。20世纪80年代开始重建寺庙。1985年合并至西庙。

参考文献：
[1]额济纳旗文史资料（蒙古文）（专辑二）.额济纳旗政协文史资料研究委员会出版,1986,8.
[2]策仁扣.额济纳旗历史文化文献笔记（蒙古文）.呼和浩特:内蒙古人民出版社,2011,4.

单位：毫米

<table>
<tr>
<td rowspan="2">寺院蒙古语藏语名称</td>
<td>蒙古语</td>
<td colspan="2">ᠠᠯᠠᠱᠠ᠁</td>
<td rowspan="2">汉语名称</td>
<td colspan="3">汉语正式名称</td>
<td colspan="2">——</td>
</tr>
<tr>
<td>藏语</td>
<td colspan="2">བཀྲ་ཤིས་ཆོས་གླིང་།</td>
<td colspan="3">俗称</td>
<td colspan="2">新西庙</td>
</tr>
<tr>
<td>所在地</td>
<td colspan="4">阿拉善盟额济纳旗东风城宝日乌拉嘎查境内</td>
<td>东经</td>
<td colspan="2">101°08′</td>
<td>北纬</td>
<td>42°13′</td>
</tr>
<tr>
<td>初建年</td>
<td colspan="4">光绪十一年(1882年)</td>
<td colspan="2">保护等级</td>
<td colspan="3">自治区级重点文物保护单位</td>
</tr>
<tr>
<td rowspan="6">主要建筑基本概况</td>
<td colspan="2">汉语正式名称</td>
<td colspan="2">宫日格殿</td>
<td colspan="2">俗称</td>
<td>——</td>
<td colspan="2">初建年</td>
<td>光绪十一年（1882年）</td>
</tr>
<tr>
<td colspan="2">建筑简要描述</td>
<td colspan="2">汉藏混合结构体系，藏式装饰风格</td>
<td colspan="2">结构形式</td>
<td>砖木混合</td>
<td colspan="2">建筑层数</td>
<td></td>
</tr>
<tr>
<td colspan="2">通面阔</td>
<td>11280</td>
<td>开间数</td>
<td>3</td>
<td>明间</td>
<td>3480</td>
<td>次间</td>
<td>3290</td>
<td>梢间</td>
<td>——　次梢间　——　尽间　——</td>
</tr>
<tr>
<td colspan="2">通进深</td>
<td>14120</td>
<td>进深数</td>
<td>4</td>
<td colspan="2">进深尺寸（前→后）</td>
<td colspan="4"></td>
</tr>
<tr>
<td colspan="2" rowspan="2">柱子数量</td>
<td rowspan="2">4根</td>
<td rowspan="2">柱子间距</td>
<td>横向尺寸</td>
<td colspan="2">——</td>
<td colspan="4" rowspan="2">（藏式建筑结构体系填写此栏，不含廊柱）</td>
</tr>
<tr>
<td>纵向尺寸</td>
<td colspan="2">——</td>
</tr>
</table>

东升庙·基本概况表

总平面图·现状照片	 A.大雄宝殿　　C.念佛堂 B.观音殿　　　D.库　房	

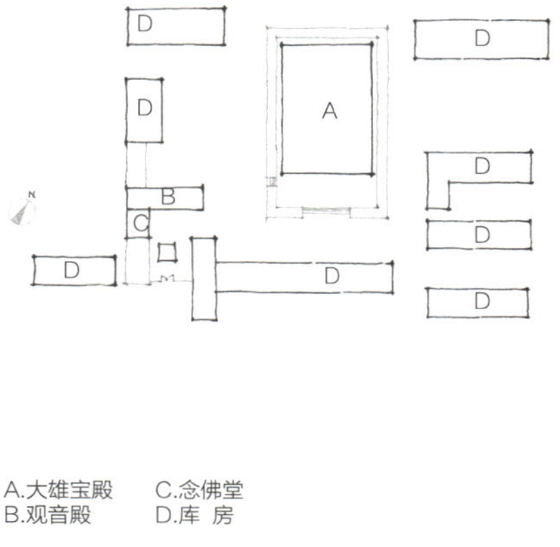

大雄宝殿斜前方（上图）
观音殿正立面（左图）
观音殿侧立面（右图）

| 寺庙简介 | 　东升庙为原乌兰察布盟乌拉特西公旗寺庙,系该旗旗庙梅日更庙的一座属庙。
　乾隆十五年（1750年）, 始建该寺。
　寺庙建筑风格为藏式建筑,中华人民共和国成立前有大雄宝殿、法轮殿、佛殿等5座殿宇, 4座庙仓。
　东升庙有一位呼比勒汗转世体系, 共转几世已无从考证。
　"文化大革命"期间寺庙严重受损, 仅存1座大殿。2000年后开始修缮寺庙, 正式恢复法会。 | 参考文献:
［1］（清）葛尔丹旺楚克多尔济, 巴·孟和校注.梅日更庙创建史（蒙古文）.海拉尔:内蒙古文化出版社,1994, 4.
［2］倪玉明.图说巴彦诺尔.呼和浩特:远方出版社,2007, 12.
［3］政协乌拉特后旗文史编委会.乌拉特后旗文史（蒙古文）（第三辑）, 2011.

单位: 毫米 |

寺院蒙古语藏语名称	蒙古语	ᠳᠣᠩᠱᠢᠩ ᠤᠨ ᠰᠦᠮᠡ	汉语名称	汉语正式名称	——		
	藏语	——		俗称	东升庙		
所在地	巴彦淖尔盟乌拉特后旗巴音宝力格镇			东经	107° 04′	北纬	41° 05′
初建年	乾隆十五年（1750年）		保护等级	自治区级重点文物保护单位			

主要建筑基本概况	汉语正式名称	大雄宝殿		俗称	——	初建年	乾隆十五年（1750年）
	建筑简要描述	纯藏式石木混合结构体系, 汉藏结合装饰风格		结构形式	石木混合	建筑层数	2
	通面阔	12920	开间数	5	明间 —— 次间 —— 梢间 —— 次梢间 —— 尽间 ——		
	通进深	18940	进深数	10	进深尺寸（前→后）　——		
	柱子数量	20根	柱子间距	横向尺寸	2890→2880→2910	（藏式建筑结构体系填写此栏,不含廊柱）	
				纵向尺寸	1590→1890→1950→1520		

调查日期	2010/10/30	调查人员	付瑞峰	摄影日期	2010/10/30	摄影人员	乔恩懋

哈日朝鲁庙·基本概况表

总平面图·现状照片

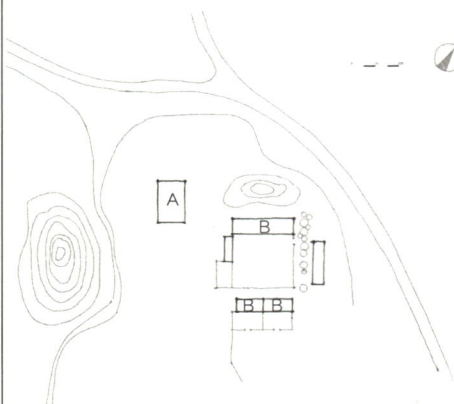

A.大雄宝殿
B.民　居

大雄宝殿鸟瞰图（上图）
大雄宝殿正立面（左图）
大雄宝殿侧立面（右图）

寺庙简介

　　哈日朝鲁庙为原乌兰察布盟乌拉特中公旗寺庙,系巴音善岱庙7座属庙之一。

　　寺庙新建于道光二十一年（1841年）。

　　寺庙建筑风格为藏式建筑。寺庙有殿宇2座,大小庙仓2座。

　　"文化大革命"期间寺庙严重受损,仅存一座殿宇。因年久失修而破败严重。

参考文献:

［1］毛乐尔.内蒙古名刹——巴音善岱庙（蒙古文,汉文,藏文,英文）.海拉尔:内蒙古文化出版社,2009,7.

［2］巴图苏和提供.哈日朝鲁庙.乌拉特后旗政协文件,2012,2.

单位：毫米

寺院蒙古语藏语名称	蒙古语		汉语名称	汉语正式名称	——			
	藏语	——		俗称	哈日朝鲁庙			
所在地	巴彦淖尔盟乌拉特后旗潮格温都尔苏木境内			东经	107° 03′	北纬	41° 04′	
初建年	——		保护等级	——				
主要建筑基本概况	汉语正式名称	大雄宝殿		俗称	——	初建年	——	
	建筑简要描述	纯藏式结构体系，装饰残损		结构形式	砖木混合	建筑层数	2	
	通面阔	12730	开间数	5	明间	次间	梢间	次梢间	尽间
	通进深	19450	进深数	7	进深尺寸（前→后）	——		
	柱子数量	20根	柱子间距	横向尺寸	2450→2460→2850	（藏式建筑结构体系填写此栏，不含廊柱）		
				纵向尺寸	2550→2560→2430→2600			
调查日期	2010/10/30	调查人员	付瑞峰、宝山	摄影日期	2010/10/30	摄影人员	乔恩懋	

鄂托克召·基本概况表

总平面图·现状照片

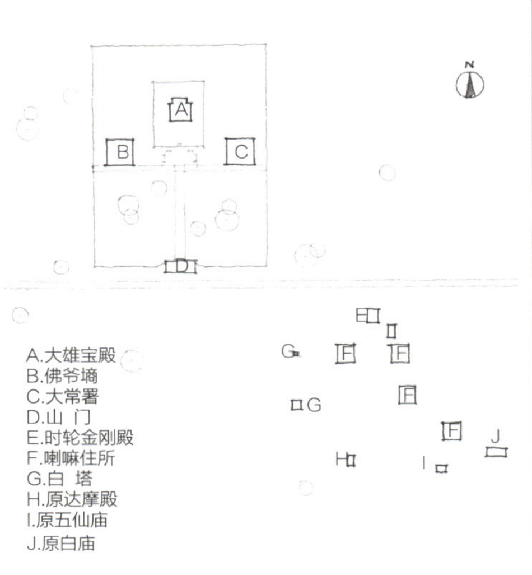

A.大雄宝殿
B.佛爷塘
C.大常署
D.山 门
E.时轮金刚殿
F.喇嘛住所
G.白 塔
H.原达摩殿
I.原五仙庙
J.原白庙

大雄宝殿斜前方（上图）
山门斜前方（左图）
大雄宝殿正立面（右图）

寺庙简介

鄂托克召为原伊克昭盟鄂尔多斯右翼中旗（鄂托克旗）寺庙，系该旗旗庙规模最为宏大的寺庙，作为王爷庙该寺统管鄂托克旗49座寺院的法事活动。康熙年间，清廷赐名"吉祥慧瑞寺"。

顺治九年（1652年），鄂托克旗第一任扎萨克贝勒善丹，遵照五世达赖喇嘛的旨意，在王府所在地新建王爷庙，称为乌力吉图沙日召。经历任扎萨克的扩建，成为鄂尔多斯知名寺院。后寺庙面临被沙土掩埋的危险，道光四年（1824年），第八任扎萨克索纳木若布杰根敦及福晋瑙敏吉德将寺庙迁至伊和乌苏之地。迁址时将五大神殿与密宗学部留在原址，将其余建筑迁至新址，故将留在原址上的庙宇称为豪沁召，意为旧召，而将新建寺庙称为新召，亦称新乌苏召。

寺庙建筑多为藏式建筑，部分建筑为汉式建筑。"文化大革命"前寺庙有81间双层藏式大雄宝殿、25间三重檐绿色琉璃瓦大殿、45间藏式参尼殿、35间藏式密宗殿、35间时轮殿等五大殿堂，有9间骑狮护法神殿、9间大黑天殿、12间多闻天王殿、12间藏式白殿、9间五大神殿、5间持斋殿、10间显宗殿等7座小殿，鄂托克王爷府、黄拉布隆、时轮喇嘛府、密宗喇嘛府等活佛、达喇嘛及王爷府邸6座，共67间，庙仓4座，僧舍118座共计485间。寺庙建筑被分在显宗、密宗、时轮三大学部区域内。

鄂托克召有显宗学部、密宗学部、时轮学部、医药学部等四大学部。在原庙址有一处密宗学部，乾隆五十五年（1790年），在阿尔巴斯山创建医药学部，作为鄂托克召分学部。该学部有45间双层藏式医药殿，寺庙迁至时未迁该部。在乌兰吉力木庙创建时轮学部，作为该寺分学部。

"文化大革命"期间寺庙严重受损，大小12座殿堂全部被拆毁，仅存几座房舍。1984年将寺庙定为鄂托克旗宗教活动点，1985年正式恢复法会。经20余年的建设，恢复了以琉璃殿为主的部分建筑。

参考文献：

[1] 仁钦道尔吉.鄂托克召今昔（蒙古文,汉文）.呼和浩特:阿儿含只文化有限责任公司,2009,7.
[2] 萨·那日松辑录.鄂尔多斯人历史文献集（第五辑）.内蒙古伊克昭盟档案馆,1984,9.

单位：毫米

寺院蒙古语藏语名称	蒙古语	ᠣᠷᠲᠤᠭ ᠭᠣᠣ		汉语名称	汉语正式名称	吉祥慧瑞寺
	藏语	བཀྲ་ཤིས་དཔལ་འཕེལ་དར་རྒྱས་གླིང་།			俗称	鄂托克召、新召
所在地	内蒙古鄂尔多斯市鄂托克旗阿尔巴斯镇脑高岱嘎查			东经	107°48′	北纬	39°27′
初建年	不详			保护等级		

主要建筑基本概况	汉语正式名称	吉祥慧瑞寺大雄宝殿			俗称	朝格钦独贡	初建年	2007年
	建筑简要描述	汉藏结合式			结构形式	砖木结构	建筑层数	2
	通面阔	23100	开间数	7	明间 3300	次间 3300	梢间 3300	次梢间 —— 尽间 ——
	通进深	23100	进深数	7	进深尺寸（前→后）		3300	
	柱子数量	28	柱子间距	横向尺寸 ——	（藏式建筑结构体系填写此栏，不含廊柱）			
				纵向尺寸 ——				

调查日期	2010/08/05	调查人员	杜娟	摄影日期	2010/08/05	摄影人员	高亚涛

展旦召·基本概况表

<table>
<tr><td rowspan="2">总平面图·现状照片</td><td colspan="2">

A.大雄宝殿
B.大常署
C.药神殿
D.门 房
E.四大天王殿
F.山 门
G.舍利殿
H.喇嘛食宿处
</td><td>
</td></tr>
<tr><td></td><td></td></tr>
</table>

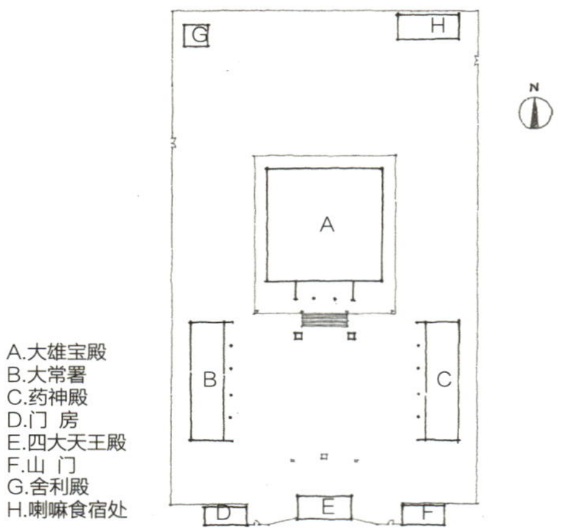

大雄宝殿正立面（上图）
观音殿斜前方（左图）
观音殿正立面（右图）

寺庙简介

　　展旦召为原伊克昭盟鄂尔多斯左翼后旗（达拉特旗）寺庙，系该旗旗庙，统管达拉特旗72座寺院的法事活动。

　　康熙年间，达拉特旗第二任扎萨克呼如斯和布在巴拉和顺唐和斯之地初建该寺，至同治年间，由于召庙被沙漠逐渐吞噬，展旦召活佛阿格旺东日布将寺庙东迁至离原庙址十里处的汗台河西岸。因该寺召殿的主梁为檀香木，蒙古语称为展旦，故称该寺为展旦召。

　　寺庙建筑以汉式建筑为主，兼有藏式建筑。寺庙在其最盛时有81间藏式双层大雄宝殿、35间铺设绿色琉璃瓦的重檐汉式召殿、49间藏式金塔殿（显宗殿）、6间汉式药师殿、6间汉式吉祥天女殿、12间藏式五大神殿、12间藏式丹珠尔殿、49间汉式东殿、39间汉式密集金刚殿、25间汉式甘珠尔殿、25间汉式护法殿、6间汉式舍利殿、6间汉式展旦召殿、6间汉式度母殿、6间藏式多闻天王殿、6间藏式骑狮护法神殿、3间汉式天王殿等殿堂。寺庙6间膳房外有四方院墙，顺着院墙内立有108座佛塔，寺院东、西、北侧有活佛仓、度牒达喇嘛仓及庙仓以及僧舍几百间。寺院四角各有

1间灵藏室，院正北有5座白塔。民国31年（1942年）时有大殿3座，小殿7座，僧舍30余间。

　　展旦召有显宗学部、医药学部两大学部。

　　寺庙于日军空袭下成为一片废墟，后该寺度牒达喇嘛希日布朋苏克主持修缮一处位于原寺院东北侧的曼巴扎仓殿，恢复法会。"文化大革命"中寺庙重遭拆毁，大殿因作为库房使用而留存至今。1999年重修寺庙，正式恢复了法会。

参考文献：
[1]萨·那日松，特木尔巴特尔.鄂尔多斯寺院（蒙古文）.海拉尔:内蒙古文化出版社,2000,5.
[2]蒙藏委员会调查室.伊盟左翼三旗调查报告书.1941,12.
[3]内蒙古图书馆.鄂托克富源调查记,准郡两旗旅行调查记,伊盟左翼三旗调查报告书,伊盟右翼四旗调查报告书（上册）.呼和浩特:远方出版社,2007,11.

单位：毫米

<table>
<tr><td rowspan="2">寺院蒙古语藏语名称</td><td>蒙古语</td><td colspan="2"></td><td rowspan="2">汉语名称</td><td colspan="2">汉语正式名称</td><td colspan="2">——</td></tr>
<tr><td>藏语</td><td colspan="2"></td><td>俗称</td><td colspan="3">展旦召</td></tr>
<tr><td colspan="3">所在地</td><td colspan="3">内蒙古鄂尔多斯市达拉特旗展旦召镇展旦召嘎查</td><td>东经</td><td>108°41′</td><td>北纬</td><td>40°18′</td></tr>
<tr><td colspan="3">初建年</td><td colspan="3">康熙年间</td><td colspan="2">保护等级</td><td colspan="2">——</td></tr>
<tr><td rowspan="7">主要建筑基本概况</td><td colspan="2">汉语正式名称</td><td colspan="2">大雄宝殿</td><td>俗称</td><td>朝格钦独贡</td><td>初建年</td><td colspan="2">康熙年间或以后</td></tr>
<tr><td colspan="2">建筑简要描述</td><td colspan="2">汉藏结合式</td><td>结构形式</td><td>砖木结构</td><td>建筑层数</td><td colspan="2">2</td></tr>
<tr><td colspan="2">通面阔</td><td>19300</td><td>开间数</td><td>7</td><td>明间3300</td><td>次间3000</td><td>梢间3000</td><td>次梢间——</td><td>尽间2000</td></tr>
<tr><td colspan="2">通进深</td><td>33080</td><td>进深数</td><td>7</td><td colspan="2">进深尺寸（前→后）</td><td colspan="3">3000→3000→3000→3300→3000→3000→3000</td></tr>
<tr><td colspan="2" rowspan="2">柱子数量</td><td rowspan="2">36</td><td rowspan="2">柱子间距</td><td>横向尺寸</td><td colspan="2">——</td><td colspan="3" rowspan="2">（藏式建筑结构体系填写此栏，不含廊柱）</td></tr>
<tr><td>纵向尺寸</td><td colspan="2">——</td></tr>
</table>

公尼召 · 基本概况表

<table>
<tr>
<td rowspan="2">总平面图 · 现状照片</td>
<td colspan="2">
A.大雄宝殿　D.成吉思汗纪念塔　G.喇嘛饮食处
B.青　塔　　E.佛爷塔
C.舍利塔　　F.僧　舍</td>
<td></td>
</tr>
<tr>
<td colspan="3"></td>
</tr>
</table>

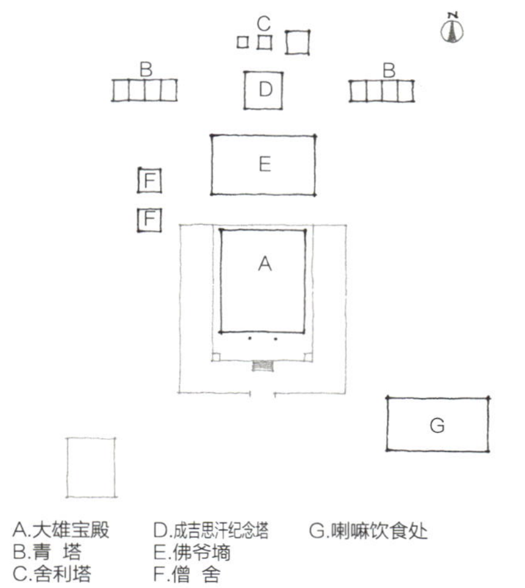

大雄宝殿斜正立面（上图）

山门正立面（下图）

寺庙简介

　　公尼召为原伊克昭盟鄂尔多斯左翼中旗（郡王旗）寺庙。乾隆四十九年（1784年），清廷赐名"绥福寺"。

　　乾隆四十年（1775年），君王旗扎萨克镇国公斯布登诺日布始建寺庙，故称公尼召，即公爷的庙。

　　寺庙建筑风格为汉藏结合式建筑。该庙在同治年间回民起义后复建49间大雄宝殿、49间召殿、35间密宗殿、3间若呼日殿、14间扎仓召等5座殿宇，活佛府及僧舍共计200余间。

　　公尼召具有显宗学部、时轮学部、密宗学部等三座学部。

　　"文化大革命"期间寺庙严重受损。1997年在原大雄宝殿遗址上新建一座殿宇。

参考文献：

[1] 伯苏金高娃.公尼召活佛及其训谕诗（蒙古文）.呼和浩特:内蒙古教育出版社,2008,4.

[2] 萨·那日松,特木尔巴特尔.鄂尔多斯寺院（蒙古文）.海拉尔:内蒙古文化出版社,2000,5.

[3] 绥远通志稿（第七册）.

单位：毫米

<table>
<tr>
<td rowspan="2">寺院蒙古语藏语名称</td>
<td>蒙古语</td>
<td>ᠬᠥᠩ ᠨᠢ ᠵᠣᠣ</td>
<td rowspan="2">汉语名称</td>
<td>汉语正式名称</td>
<td colspan="3">绥福寺</td>
</tr>
<tr>
<td>藏语</td>
<td>བཀྲ་ཤེས་མི་འགྱུར་གླིང་།</td>
<td>俗称</td>
<td colspan="3">公尼召</td>
</tr>
<tr>
<td>所在地</td>
<td colspan="4">鄂尔多斯市伊金霍洛旗公尼召苏木喇嘛敖包嘎查</td>
<td>东经</td>
<td>109° 33′</td>
<td>北纬</td>
<td>39° 27′</td>
</tr>
<tr>
<td>初建年</td>
<td colspan="4">乾隆四十年（1775年）</td>
<td>保护等级</td>
<td colspan="3">——</td>
</tr>
<tr>
<td rowspan="6">主要建筑基本概况</td>
<td colspan="2">汉语正式名称</td>
<td colspan="2">大雄宝殿</td>
<td>俗称</td>
<td>朝格钦独贡</td>
<td>初建年</td>
<td>不详</td>
</tr>
<tr>
<td colspan="2">建筑简要描述</td>
<td colspan="2">汉藏结合式</td>
<td>结构形式</td>
<td>砖木结构</td>
<td>建筑层数</td>
<td>1</td>
</tr>
<tr>
<td>通面阔</td>
<td>9250</td>
<td>开间数</td>
<td>3</td>
<td>明间 3970</td>
<td>次间 2640</td>
<td>梢间 ——</td>
<td>次梢间 —— 尽间 ——</td>
</tr>
<tr>
<td>通进深</td>
<td>9500</td>
<td>进深数</td>
<td>4</td>
<td>进深尺寸（前→后）</td>
<td colspan="3">2950→3950→2600</td>
</tr>
<tr>
<td rowspan="2">柱子数量</td>
<td rowspan="2">4</td>
<td rowspan="2">柱子间距</td>
<td>横向尺寸</td>
<td colspan="4">——</td>
</tr>
<tr>
<td>纵向尺寸</td>
<td colspan="4">（藏式建筑结构体系填写此栏，不含廊柱）</td>
</tr>
<tr>
<td>调查日期</td>
<td colspan="2">2010/07/29</td>
<td>调查人员</td>
<td>杜娟</td>
<td>摄影日期</td>
<td>2010/07/29</td>
<td>摄影人员 高亚涛</td>
</tr>
</table>

乌兰木伦庙·基本概况表

总平面图·现状照片

A.佛爷埫　　D.白塔　　　G.大雄宝殿　　J.喇嘛住所
B.白塔　　　E.圆满宝堂寺　H.大常署　　　K.喇嘛生活区
C.喇嘛庙　　F.苏力德庙　　I.后建蒙古包

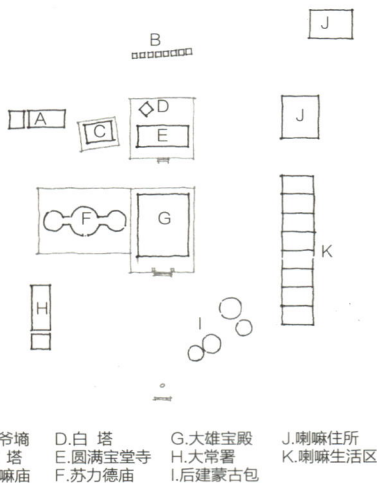

大雄宝殿斜前方（上图）
圆满宝堂寺斜前方（左图）
圆满宝堂寺正立面（右图）

寺庙简介

乌兰木伦庙曾为原伊克昭盟鄂尔多斯左翼中旗（郡王旗）寺庙，后成为达尔扈特八座寺庙之一。寺庙在成吉思汗黑苏力德龙年大祭仪式中有着更换与供奉的特殊任务。

寺庙修建于嘉庆元年（1796年），另一说为康熙六十年（1721年）。据传该寺住持与达尔扈特格楚庙的活佛共同修建了寺庙。君王旗道格新王时期新建了乌兰木伦庙，后君王旗第十一任扎萨克郡王巴布道尔吉以该庙换取了苏力德达尔扈特的吉劳钦庙。由于乌兰木伦庙所处位置近于苏力德霍洛，而吉劳钦庙近于郡王旗王府仓，故双方互换寺庙，乌兰木伦庙成为达尔扈特东亚门特仓之寺庙。

寺庙建筑风格为汉藏结合式建筑。"文化大革命"前有49间大雄宝殿、49间召殿、25间喇嘛殿、25间护法殿、10间度母殿、2间法轮殿、6间显宗院、49间参尼殿、24间拉布隆仓等建筑。

寺庙经"土地改革"与"文化大革命"已破败不堪。1989年起原乌兰木伦庙喇嘛嘉木杨旺珠尔决定复建寺庙，初建几间房舍，后经十余年的化缘与积攒，在地方信众的支持下，至2006年建起

49间大雄宝殿、16间召殿、9间赞康殿、5间大庙仓、5间喇嘛仓、9间僧舍、6间膳房、4间仓库等建筑以及大小佛塔9座，基本恢复了寺庙原有建筑规模。

参考文献：
［1］乌力吉松布尔.达尔扈特石灰庙及乌兰木伦庙（蒙古文）.呼和浩特:内蒙古人民出版社,2010,12.
［2］萨·那日松,特木尔巴特尔.鄂尔多斯寺院（蒙古文）.海拉尔:内蒙古文化出版社,2000,5.
［3］王楚格.成吉思汗陵.呼和浩特:内蒙古人民出版社,2004,4.

单位：毫米

寺院蒙古语藏语名称	蒙古语		汉语名称	汉语正式名称	吉祥果芒寺			
	藏语			俗称	乌兰木伦庙			
所在地	鄂尔多斯市伊金霍洛旗乌兰木伦镇				东经	110° 11′	北纬	39° 17′
初建年	嘉庆元年（1796年）			保护等级	——			
主要建筑基本概况	汉语正式名称	吉祥果芒寺		俗称	无	初建年	不详	
	建筑简要描述	汉藏结合式		结构形式	钢筋混凝土结构	建筑层数	2	
	通面阔	16700	开间数	5	明间 4000	次间 2800	梢间 3170	次梢间 ——	尽间 —
	通进深	19100	进深数	5	进深尺寸（前→后）	3260→3020→4000→3120→1720		
	柱子数量	16	柱子间距	横向尺寸	——	（藏式建筑结构体系填写此栏，不含廊柱）		
				纵向尺寸	——			
调查日期	2010/07/28	调查人员	杜娟	摄影日期	2010/07/28	摄影人员	高亚涛	

乌拉庙 · 基本概况表

总平面图 · 现状照片	A.大雄宝殿 B.佛爷塘 C.白 塔 D.活佛府 E.护法殿 F.宗喀巴殿 G.北方神殿 H.僧 舍 I.大雄宝殿 J.客 房 K.接待处 L.西配殿 M.西转经阁 N.山 门 O.东转经阁 P.东配殿

大雄宝殿斜前方（上图）
山门正立面（下图）

寺庙简介

乌拉庙为原伊克昭盟鄂尔多斯右翼前末旗（扎萨克旗）寺庙。乌拉庙是乌兰活佛的家庙。乾隆四十四年（1779年），六世班禅途径鄂尔多斯，为该寺赐名"若西苏德纳木达日杰令"。

乾隆元年（1736年）至乾隆九年（1744年），扎萨克旗第一位扎萨克定赞若西听取前来本期弘法的查干乔尔吉阿格旺希巴拉丹丹毕若米之劝谏，在哈布塔日盖（现位于山西神木县境内）之地挖掘石窟，修建一座寺庙，故又称阿贵庙。乾隆四十九年（1784年），寺庙迁至扎萨克旗南部茅都图（现位于山西神木县境内）之地，俗称茅都图庙。光绪末年再次迁址，最终在乌拉西里之地新建殿宇，习称扎萨克乌拉庙，简称乌拉庙。后将扎萨克旗南部的胡鲁斯台庙迁至乌拉西里，与乌拉庙合并。

寺庙建筑风格为汉藏结合式建筑。至"文化大革命"时期该庙有25间大雄宝殿、5间哲仁布切殿、3间护法殿、3间护法殿、3间塔庙、1间斋戒殿、3间舍利殿、1间龙王殿、2间法轮殿等大小9座殿宇，乌兰活佛仓两进院落，20间房舍，僧舍100余间。该寺乌兰活佛在青海省塔尔寺有一处活

佛院，原称鄂尔多斯嘎日巴。

"文化大革命"期间寺庙完全被拆毁。1987—1997年历经十年的复建工程，寺庙建筑面积达万余平方米，超出了原先的建筑规模。

参考文献：

[1]热格瓦.吉祥福慧寺暨乌兰活佛（蒙古文,汉文）.呼和浩特:远方出版社,2009,4.
[2]萨·那日松,特木尔巴特尔.鄂尔多斯寺院（蒙古文）.海拉尔:内蒙古文化出版社,2000,5.
[3]齐·巴图朝鲁,图雅图.传教者之弘法事迹（内部资料）（蒙古文）.鄂尔多斯市民族事务委员会出版,2010,10.

单位：毫米

寺院蒙古语藏语名称	蒙古语	ꡖꡖꡖꡖ ꡖꡖ ꡖꡖꡖꡖ	汉语名称	汉语正式名称		吉祥福慧寺			
	藏语	བཀྲ་ཤིས་བསོད་ནམས་དར་རྒྱས་གླིང་།		俗称		乌拉庙			
所在地	内蒙古鄂尔多斯市伊金霍洛旗扎萨克镇孟克庆嘎查			东经	109° 46′	北纬	39° 14′		
初建年	1736—1744年			保护等级	——				
主要建筑基本概况	汉语正式名称	大雄宝殿		俗称	朝格钦独贡	初建年	不详		
	建筑简要描述	汉藏结合式		结构形式	砖木结构	建筑层数	2		
	通面阔	16500	开间数	5	明间	3300	次间	3300	梢间	3300	次梢间	——	尽间	——
	通进深	16500	进深数	5	进深尺寸（前→后）		3300			
	柱子数量	——	柱子间距	横向尺寸	——	（藏式建筑结构体系填写此栏，不含廊柱）			
				纵向尺寸	——				
调查日期	2010/07/30	调查人员	杜娟	摄影日期	2010/07/30	摄影人员	高亚涛		

哈日根图庙 · 基本概况表

<table>
<tr><td rowspan="2">总平面图 · 现状照片</td><td>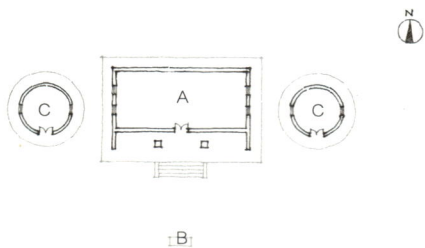
A.吉祥大乘寺
B.苏力德
C.蒙古包</td><td></td></tr>
</table>

大雄宝殿正立面（上图）
大雄宝殿斜前方（下图）

寺庙简介	

哈日根图庙为原伊克昭盟鄂尔多斯右翼中旗（鄂托克旗）寺庙，系建造时间仅次于鄂托克召的本旗最早建立的寺庙。

顺治九年（1652年），五世达赖喇嘛进京觐见顺治帝，回藏途中路经鄂尔多斯。地方施主西楞班扎尔拜谒达赖喇嘛，并遵从其意将该地哈日陶勒盖山上的3间小庙移至哈日根图山上，新建20间殿宇。雍正六年（1728年），施主巴吉木道尔吉与僧人囊素海日布带头扩建了寺庙。故寺庙又称"巴吉庙"或"囊素庙"。

寺庙建筑风格为汉、藏建筑共存。寺庙原建筑风格可能以汉式建筑为主，同治年间回民起义后重建成藏式召庙。1937年大雄宝殿被烧毁后重建了一座汉式重檐大雄宝殿。"文化大革命"前寺庙有49间汉式大雄宝殿、3间药师殿、3间法轮殿、3间哲仁布切殿、3间骑狮护法神殿、3间五大神殿、3间吉祥天女殿、3间斋戒殿等殿堂，8座佛塔、7间嘎清喇嘛仓、9间班迪达喇嘛仓、7间大庙仓及3间膳房，35处喇嘛住宅院落。转经道外有2处1间灵藏室。该庙的一大特征为，在寺庙四周离庙数十里处分别有一座佛殿：即庙南有5间普明佛

殿、庙北有5间时轮殿、庙东有9间解脱殿、庙西有5间药师殿。

"文化大革命"期间寺庙严重受损。1994年起地方信徒与僧人申请恢复法会。至1997年，建成一座小型寺庙。

参考文献：
[1] 阿日宾巴雅尔，曹纳木.鄂托克寺庙（蒙古文）.海拉尔：内蒙古文化出版社，1998,8.

单位：毫米

寺院蒙古语藏语名称	蒙古语	（蒙古文）	汉语名称	汉语正式名称		吉祥大乘寺		
	藏语	（藏文）		俗称		哈日根图庙、巴吉庙		
所在地	鄂尔多斯市鄂托克前旗干陶勒盖苏木哈日根图嘎查				东经	108° 04′	北纬	38° 14′
初建年	顺治九年（1652年）			保护等级		——		
主要建筑基本概况	汉语正式名称	——		俗称	——		初建年	——
	建筑简要描述	——		结构形式	——		建筑层数	——
	通面阔	——	开间数	——	明间 ——	次间 ——	梢间 ——	次梢间 —— 尽间 ——
	通进深	——	进深数	——	进深尺寸（前→后）	——		
	柱子数量	——	柱子间距	横向尺寸	——	（藏式建筑结构体系填写此栏，不含廊柱）		
				纵向尺寸	——			
调查日期	2010/08/02	调查人员	宝山	摄影日期	2010/08/02	摄影人员	高亚涛	

阿日赖庙·基本概况表

总平面图·现状照片

A
B
C
C
F
C
D
E
G
C
C
H
H
A.白 塔
B.接待处
C.喇嘛住所
D.护法殿
E.大雄宝殿
F.度母殿
G.新建佛殿
H.苏力德

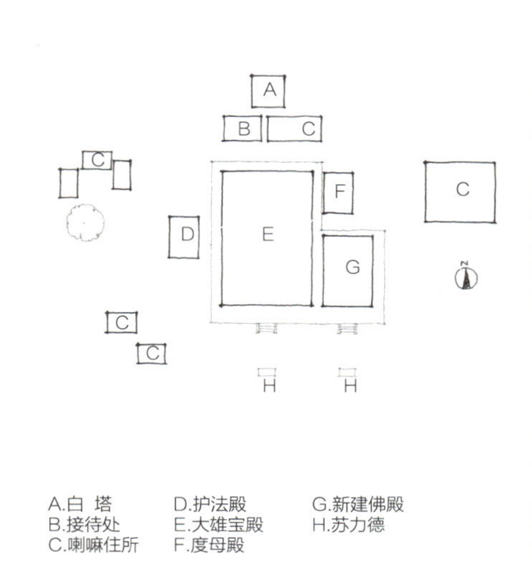

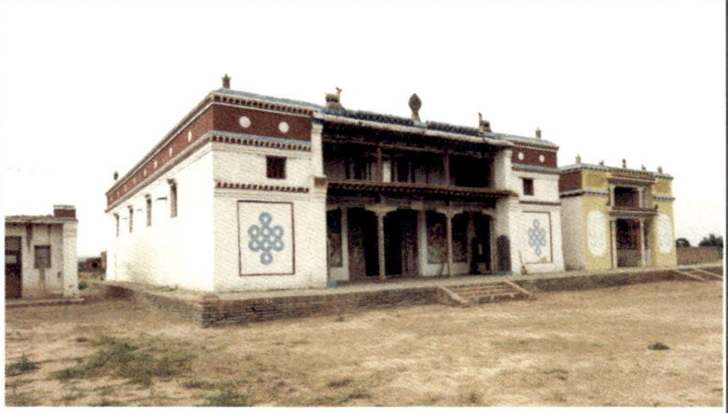

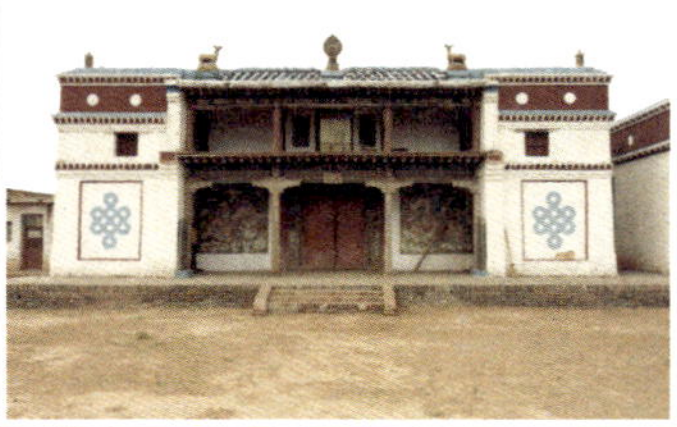

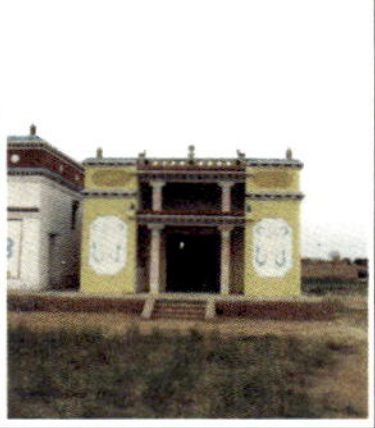

大雄宝殿斜前方（上图）
大雄宝殿正立面（左图）
新殿正立面（右图）

寺庙简介

阿日赖庙为原伊克昭盟鄂尔多斯右翼中旗（俗称鄂托克旗）寺庙，系鄂托克旗第二大寺庙额日和图庙8座属庙之一。

寺庙由3座小庙（或诵经会）合并而建成。此3座庙为：以今阿日赖庙为中心，东10公里处呼和淖尔湖之东南曾有1间吉祥天母殿；庙北7.5公里处呼和和硕哈马尔之地曾有1间莲花生殿；庙西南10公里处哈日乐带岩洞，曾有两名来自喀尔喀的迪彦其喇嘛苦修于此。在同治回民起义中鄂尔多斯地区寺庙多数受损，光绪九年（1883年），地方施主门德扎兰与其亲友将三座庙合为一庙，在现今庙址初建2间莲花生殿。民国24年（1935年），遵照九世班禅的旨意，扩建寺庙。

寺庙建筑为藏式建筑。“文化大革命”前寺庙有35间双层藏式大雄宝殿、4间吉祥天母赞康，2座佛塔、4座庙仓，7处喇嘛住宅院。

“文化大革命”期间部分建筑被拆毁，仅存大小3座殿堂及5处喇嘛住宅院。1982年正式恢复法会。

参考文献：

［1］阿日宾巴雅尔，曹纳木.鄂托克寺庙（蒙古文）.海拉尔:内蒙古文化出版社,1998,8.
［2］萨·那日松,特木尔巴特尔.鄂尔多斯寺院（蒙古文）.海拉尔:内蒙古文化出版社,2000,5.

单位：毫米

<table>
<tr><td rowspan="2">寺院蒙古语藏语名称</td><td>蒙古语</td><td colspan="3">[illegible]</td><td rowspan="2">汉语名称</td><td colspan="2">汉语正式名称</td><td colspan="4">——</td></tr>
<tr><td>藏语</td><td colspan="3">བཀྲ་ཤིས་ཐེག་ཆེན་གླིང་།</td><td colspan="2">俗称</td><td colspan="4">阿日赖庙</td></tr>
<tr><td>所在地</td><td colspan="7">鄂尔多斯市鄂托克前旗昂素镇阿日赖嘎查</td><td>东经</td><td>108° 04′</td><td>北纬</td><td>38° 14′</td></tr>
<tr><td>初建年</td><td colspan="4">光绪十五年（1889年）</td><td>保护等级</td><td colspan="6">——</td></tr>
<tr><td rowspan="6">主要建筑基本概况</td><td>汉语正式名称</td><td colspan="3">阿日赖庙大雄宝殿</td><td>俗称</td><td colspan="2">朝格钦独贡</td><td colspan="2">初建年</td><td colspan="2">1935年</td></tr>
<tr><td>建筑简要描述</td><td colspan="3">藏式建筑</td><td>结构形式</td><td colspan="2">砖木结构</td><td colspan="2">建筑层数</td><td colspan="2">1</td></tr>
<tr><td>通面阔</td><td>11850</td><td>开间数</td><td>5</td><td>明间 2850</td><td>次间 2250</td><td>梢间 2250</td><td>次梢间 ——</td><td colspan="3">尽间 ——</td></tr>
<tr><td>通进深</td><td>15750</td><td>进深数</td><td>7</td><td colspan="3">进深尺寸（前→后）</td><td colspan="4">2250</td></tr>
<tr><td rowspan="2">柱子数量</td><td rowspan="2">20</td><td rowspan="2">柱子间距</td><td>横向尺寸</td><td colspan="3">2250→2250→2850→2250</td><td colspan="4" rowspan="2">（藏式建筑结构体系填写此栏，不含廊柱）</td></tr>
<tr><td>纵向尺寸</td><td colspan="3">2250</td></tr>
<tr><td>调查日期</td><td>2010/08/03</td><td>调查人员</td><td colspan="2">杜娟</td><td>摄影日期</td><td colspan="2">2010/08/03</td><td colspan="2">摄影人员</td><td colspan="2">高亚涛</td></tr>
</table>

苏里格庙·基本概况表

总平面图·现状照片

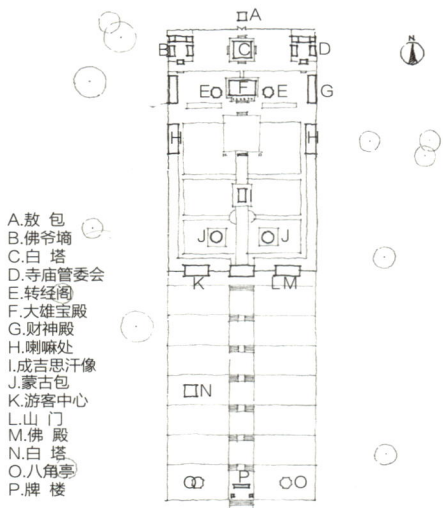

A.敖 包
B.佛爷墒
C.白 塔
D.寺庙管委会
E.转经阁
F.大雄宝殿
G.财神殿
H.喇嘛处
I.成吉思汗像
J.蒙古包
K.游客中心
L.山 门
M.佛 殿
N.白 塔
O.八角亭
P.牌 楼

大雄宝殿斜前方（上图）
观音殿正立面（下图）

寺庙简介

　　苏里格庙为原伊克昭盟鄂尔多斯右翼中旗（鄂托克旗）寺庙，系鄂托克旗第二大寺庙额日和图庙8座属庙之一。

　　民国4年（1915年）（一说为光绪三十三年，1907年），鄂托克旗第十三任扎萨克贝勒嘎拉桑若勒玛旺吉勒嘉木苏时期，查干陶勒盖图堪布罗布桑普仁赖与地方施主新建25间大雄宝殿。1916年，人称桑格斯巴唐古特（蒙古语称安多藏区人为唐古特，全意为长发藏僧）的藏区僧人与地方施主若西巴拉丹在大殿东侧新建12间护法殿。因寺庙地处希古日黑之地，故称希古日黑庙，常写作苏里格庙。

　　寺庙建筑以藏式建筑为主，只有1座硬山顶庙仓。"文化大革命"前寺庙有25间单层藏式大雄宝殿、12间护法殿等2座殿堂，1座佛塔、9间庙仓、7间大庙仓、2间膳房、15处喇嘛住宅院，共计75间。

　　"文化大革命"期间寺庙严重受损，后复建寺庙，新建寺庙规模超出原有规模，并于2002年进行开光仪式。

参考文献：
[1]吉日嘎拉.美丽富饶的苏力格（蒙古文）.海拉尔:内蒙古文化出版社,2006,8.
[2]阿日宾巴雅尔,曹纳木.鄂托克寺庙（蒙古文）.海拉尔:内蒙古文化出版社,1998,8.
[3]萨·那日松,特木尔巴特尔.鄂尔多斯寺院（蒙古文）.海拉尔:内蒙古文化出版社,2000,5.

单位：毫米

寺院蒙古语藏语名称	蒙古语		汉语名称	汉语正式名称		吉祥贤德寺				
	藏语			俗称		苏里格庙				
所在地	鄂尔多斯市鄂托克前旗苏米图镇苏里格嘎查					东经	108°47′	北纬	38°36′	
初建年	1907年			保护等级		自治区级重点文物保护单位				
主要建筑基本概况	汉语正式名称	大雄宝殿		俗称	朝格钦独贡		初建年		2000年	
	建筑简要描述	汉式建筑（有藏式元素）		结构形式	钢筋混凝土结构		建筑层数		2	
	通面阔	21700	开间数	5	明间	3100	次间	3100	梢间	3100	次梢间	——	尽间	3100
	通进深	12000	进深数	4	进深尺寸（前→后）		3000			
	柱子数量	10	柱子间距	横向尺寸	3100		（藏式建筑结构体系填写此栏，不含廊柱）			
				纵向尺寸	3000					

沙日召 · 基本概况表

A.白塔　　D.苏力德
B.护法殿　E.佛塔
C.大雄宝殿　F.喇嘛住所

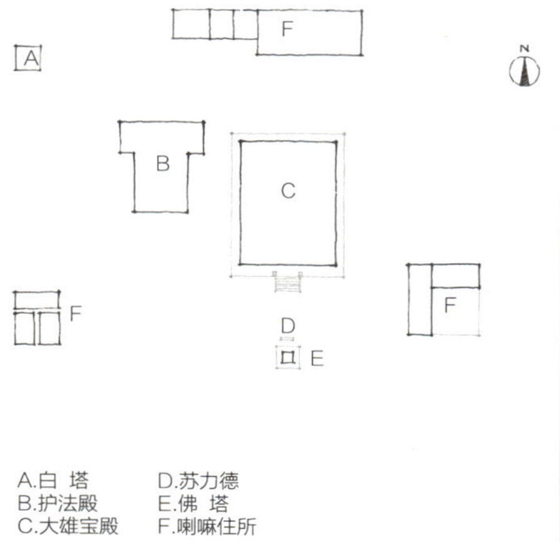

大雄宝殿斜前方（上图）
大雄宝殿正立面（左图）
护法殿正立面（右图）

总平面图·现状照片		

寺庙简介

沙日召位于原伊克昭盟鄂尔多斯右翼后旗（杭锦旗）管辖地域，系鄂尔多斯七旗共同管辖的召庙。乾隆年间，清廷赐名"广惠寺"。在该寺度牒喇嘛衙管辖下，有乌兰额日格庙、新庙、热布金巴庙、布日都独贡、亚希乐图独贡、毕力贡希图根庙等6座属庙。寺庙在20世纪20年代曾为内蒙古人民革命党重要根据地，著名诗人、革命家劳瑞桑宝为该寺僧人。

康熙三十六年（1697年），喀尔喀赛因诺颜汗部清苏格图诺门汗诺日布希日布应杭锦旗扎萨克贝勒之邀，到杭锦旗修建三座寺庙，其一为沙日召。因大雄宝殿顶铺设黄色琉璃瓦，故寺庙俗称为沙日召，即黄庙。寺庙因建于博格图老人之墓地，亦称博格图沙日召。该寺有十名苏干岱（寺庙管理员），其中掌印达管车由达拉特旗、副达喇嘛由乌审旗、度牒达喇嘛由杭锦旗、达执法喇嘛由鄂托克旗、达果尼尔由准格尔旗、达领诵喇嘛由扎萨克旗喇嘛分别充任。鄂尔多斯七旗共同承担僧侣生活用费及寺庙修建费用。

寺庙建筑以汉式建筑为主，部分建筑为藏式建筑。"文化大革命"前寺庙有49间双层汉式大雄宝殿、25间绿色琉璃瓦顶汉式参尼殿、12间

藏式佛祖殿、6间汉式吉祥天女殿、6间汉式度母殿、12间藏式扎仓殿、12间藏式后殿、12间藏式护法殿、12间天王殿、2座门楼、3座塔、1座灵藏室、10间清苏苏格图诺门汗仓、10间西喇嘛仓、8间东喇嘛仓、15间斋戒仓、19间学部仓及僧舍百余间。

沙日召有显宗学部、密宗学部两大学部。

民国时期寺庙遭受多次战乱洗劫，在"文化大革命"中寺庙重遭严重损毁，少部分土房因治沙站等单位占用而幸免于难。1983年起，寺庙逐渐恢复法事。经20余年的建设，修建了2座殿、2座庙仓、2座佛塔、僧舍6间、僧人自建房舍11座。

参考文献：
[1]其木德,朋斯克.沙日召（蒙古文）.呼和浩特:内蒙古人民出版社,2008,12.
[2]萨·那日松,特木尔巴特尔.鄂尔多斯寺院（蒙古文）.海拉尔:内蒙古文化出版社,2000,5.

单位：毫米

寺院蒙古语藏语名称	蒙古语	ᠱᠠᠷ᠎ᠠ ᠵᠤᠤ		汉语名称	汉语正式名称		广慧寺	
	藏语	ཤེས་རབ་འཕེལ་བ་གླིང་			俗称		沙日庙	
所在地	鄂尔多斯市杭锦旗独贵塔拉镇沙日召嘎查					东经	108°41′	北纬	40°31′
初建年	康熙三十六年（1697年）			保护等级			——		
主要建筑基本概况	汉语正式名称	大雄宝殿		俗称	朝格钦独贡	初建年	不详	
	建筑简要描述	藏式建筑		结构形式	砖木结构	建筑层数	1	
	通面阔	11700	开间数	5	明间 3300	次间 2100	梢间 2100	次梢间 ——	尽间 ——
	通进深	12400	进深数	5	进深尺寸（前→后）	2000→2600→2600→2600→2600		
	柱子数量	12	柱子间距	横向尺寸	2100→2100→3300→2100	（藏式建筑结构体系填写此栏，不含廊柱）		
				纵向尺寸	2600			
调查日期	2010/08/07	调查人员	杜娟	摄影日期	2010/08/07	摄影人员	高亚涛	

沙日特莫图庙·基本概况表

总平面图·现状照片

A.敖 包
B.弥勒殿
C.配 殿
D.吉祥谷积塔
E.筹备室
F.朝拜室
G.菩提白塔
H.大雄宝殿
I.度母殿
J.冬季念经处
K.天王殿
L.门 卫
M.活佛塆
N.喇嘛住所
O.接室处
P.释迦牟尼像

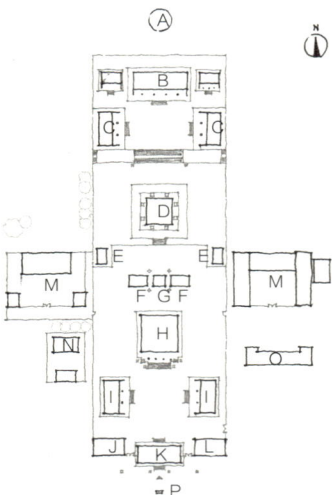

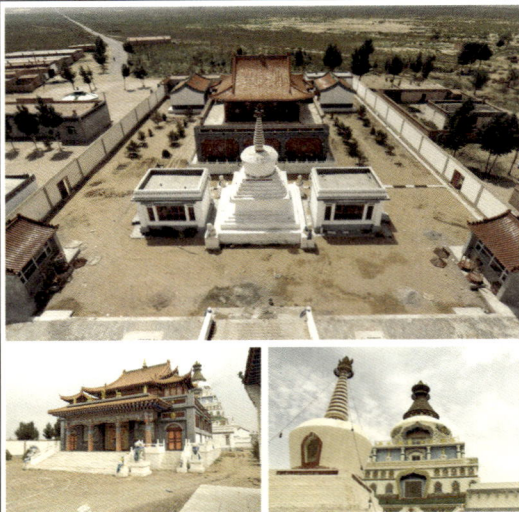

单位：毫米

寺庙简介

沙日特莫图庙为原伊克昭盟鄂尔多斯右翼后旗（杭锦旗）寺庙，先为杭锦旗豪沁召属庙，在杭锦旗第十三任扎萨克贝勒巴图芒乃执政时期（1868年）成为希图根庙5座属庙之一。20世纪90年代希图根庙又成为沙日特莫图庙属庙。该寺以供奉宗喀巴而著称。

据一份1941年档案记载，该庙新建于同治年间（有记载称1862年）。而新近的文物鉴定数据证明该寺兴建于明初（1368—1435年）。据传，明初有两位精通佛法的京城呼图克图各骑黄色骆驼与青色公牛到蒙古草原弘法宣教。二人到呼仁陶勒盖之地时所骑黄骆驼驻步不前，故在此地新建寺庙。后称为黄骆驼庙，蒙古语称沙日特莫图庙。

寺庙建筑风格为汉藏结合式建筑。同治年间回民起义后重建的寺庙包括49间大雄宝殿、35间汉式护法殿、2间风马殿、2间天王殿，13座庙仓，僧舍院19座，近50间，大小4座佛塔。

民国时期寺庙遭受多次战乱洗劫，在"文化大革命"期间寺庙重遭严重损毁，仅存1座护法殿。1989年，该庙成为杭锦旗佛教活动点，是年正式恢复法会。1989—2000年，在北京雍和宫主

持堪布嘉木杨图布登等人的大力支持下，经10余年的建设，修缮并扩建了殿堂与僧舍，使寺庙规模超过原有规模。

参考文献：
[1] 贺希格布仁.菩提济度寺（蒙古文）.呼和浩特:内蒙古人民出版社,2006,7.
[2] 萨·那日松,特木尔巴特尔.鄂尔多斯寺院（蒙古文）.海拉尔:内蒙古文化出版社,2000,5.

寺院蒙古语藏语名称	蒙古语	ᠪᠣᠳᠢ ᠶᠢᠨ ᠰᠤᠪᠠ	汉语名称	汉语正式名称		菩提济度寺		
	藏语	རྣམ་གྲོལ་བྱང་ཆུབ་གླིང་།		俗称		沙日特莫图		
所在地	内蒙古鄂尔多斯市杭锦旗伊和乌苏苏木宝日胡术嘎查				东经	108° 19'	北纬	40° 12'
初建年	同治元年（1862年）			保护等级		——		
主要建筑基本概况	汉语正式名称	大雄宝殿		俗称	朝格钦独贡	初建年		1987年
	建筑简要描述	汉藏结合式		结构形式	砖木结构	建筑层数		2
	通面阔	14900	开间数	5	明间 3300	次间 2900	梢间 2900	次梢间 ——	尽间 ——
	通进深	15300	进深数	5	进深尺寸（前→后）		3000→3000→3300→3000→3000		
	柱子数量	16	柱子间距	横向尺寸	——	（藏式建筑结构体系填写此栏，不含廊柱）		
				纵向尺寸	——			
调查日期	2010/08/07	调查人员	杜娟	摄影日期	2010/08/07	摄影人员	高亚涛	

哈毕日格庙·基本概况表

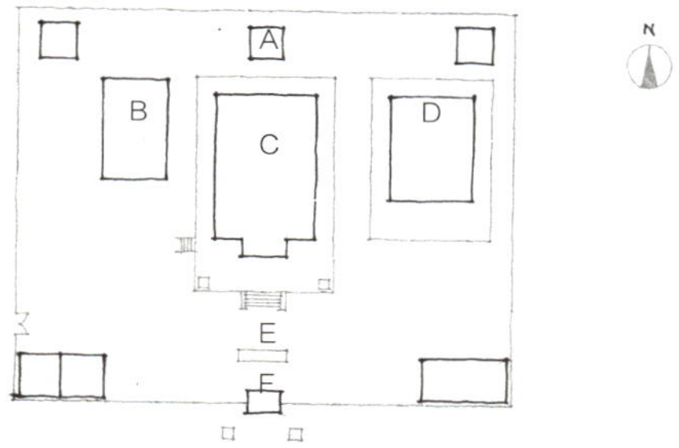

A.白 塔　D.度母殿
B.五道庙　E.苏力德
C.大雄宝殿　F.山 门

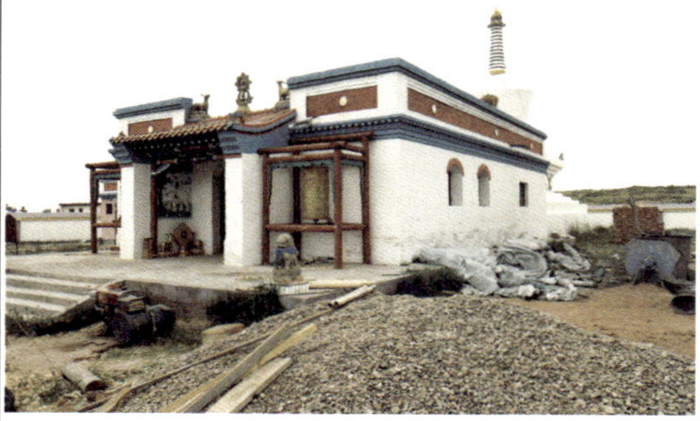

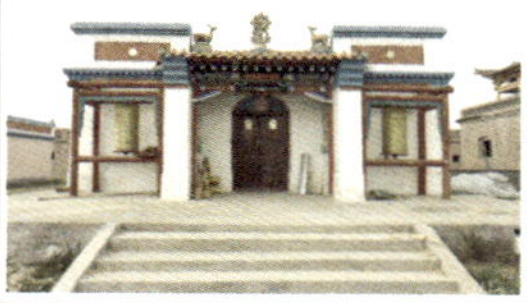

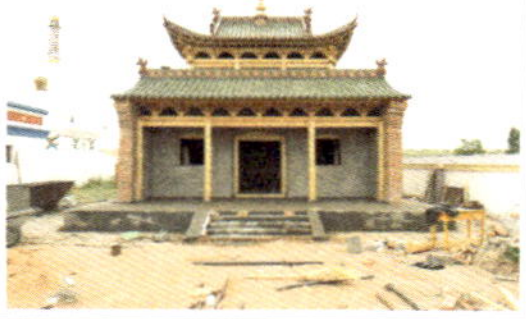

大雄宝殿斜前方（上图）
大雄宝殿正立面（左图）
度母殿正立面（右图）

寺庙简介

　　哈毕日格庙为原伊克昭盟鄂尔多斯右翼后旗（杭锦旗）寺庙，系该旗扎日格庙的属庙。

　　寺庙新建于清道光年间，据传，曾回避农垦地，迁至巴音宝拉格之地重建了寺庙。

　　寺庙建筑风格为汉藏结合式建筑。"文化大革命"前寺庙包括3座殿宇，共计43间，僧舍54间。

　　"文化大革命"期间寺庙严重受损，仅存1座小殿。后修缮该殿，成为杭锦旗佛教活动场所之一。

参考文献：
[1] 萨·那日松,特木尔巴特尔.鄂尔多斯寺院（蒙古文）.海拉尔:内蒙古文化出版社,2000, 5.
[2] 班泽尔斯迪,珠荣嘎.杭锦地名（蒙古文）.呼和浩特:内蒙古人民出版社,2009, 12.
[3] 陶都,白·额尔德尼.杭锦旗地名由来（蒙古文）.呼和浩特:内蒙古人民出版社,2009, 7.

单位：毫米

寺院蒙古语藏语名称	蒙古语		汉语名称	汉语正式名称		修心寺	
	藏语			俗称		哈毕日格庙	
所在地	鄂尔多斯市杭锦旗阿日斯楞图苏木巴音宝力格嘎查				东经 108° 42′		北纬 39° 50′
初建年	道光年间			保护等级	——		

主要建筑基本概况	汉语正式名称	大雄宝殿		俗称	朝格钦独贡	初建年	不详
	建筑简要描述	藏式建筑		结构形式	砖木结构	建筑层数	1
	通面阔	7500	开间数 3	明间 2700	次间 2400	梢间 — 次梢间 —	尽间 —
	通进深	11000	进深数 5	进深尺寸（前→后）	1600→3200→2000→2900→1300		
	柱子数量	8	柱子间距 横向尺寸	2400→3700→2400	（藏式建筑结构体系填写此栏，不含廊柱）		
			纵向尺寸	1600→3200→2000→2900			

调查日期	2010/08/06	调查人员	杜娟	摄影日期	2010/08/06	摄影人员	高亚涛

查干庙·基本概况表

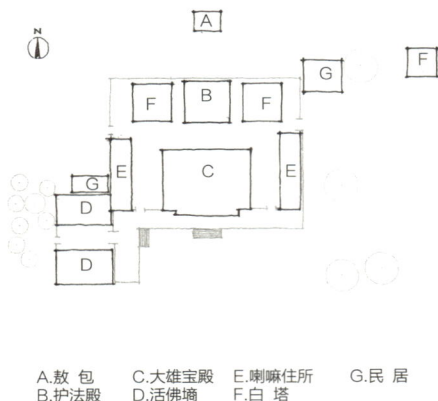

总平面图 · 现状照片	 A.敖 包　　C.大雄宝殿　E.喇嘛住所　G.民 居 B.护法殿　　D.活佛墹　　F.白 塔

寺庙简介

　　查干庙为伊克昭盟鄂尔多斯右翼前旗（乌审旗）寺庙，系乌审召18座属庙之一及乌审召活佛仓所辖避暑庙。

　　雍正三年（1725年），名叫罗布桑的喇嘛始建一座诵经会，雍正十一年（1733年），名叫忠乃的牧民出资扩建了寺庙。

　　寺庙建筑风格为汉藏结合式建筑。至"文化大革命"前寺庙有25间双层大雄宝殿、5间后殿、14间乌审召活佛仓等主要建筑，僧舍80余间。

　　"文化大革命"期间寺庙被完全拆毁，后新建3间房舍及1座佛塔。2008年重建寺庙。

参考文献：
[1] 萨·那日松,特木尔巴特尔.鄂尔多斯寺院（蒙古文）.海拉尔:内蒙古文化出版社,2000,5.
[2] 阿·哈斯朝格图,额尔克固特·巴布.乌审召—历史悠久的乌审召暨乌审召修缮记（蒙古文）.呼和浩特:阿儿含只文化有限责任公司,2007,6.

单位：毫米

寺院蒙古语藏语名称	蒙古语	ꡯꡥꡢ ꡩꡡꡠ		汉语名称	汉语正式名称		——		
	藏语	བཀྲ་ཤེས་དཔལ་ལྡན་གླིང་			俗称		查干庙		
所在地	鄂尔多斯市乌审旗乌审召镇查干庙嘎查					东经	109° 00′	北纬	39° 13′
初建年	雍正三年（1725年）			保护等级		——			
主要建筑基本概况	汉语正式名称	大雄宝殿		俗称	朝格钦独贡		初建年	不详	
	建筑简要描述	汉藏结合式		结构形式	钢筋混凝土结构		建筑层数	2	
	通面阔	15500	开间数	5	明间	3500	次间	3000	梢间	3000	次梢间	——	尽间	——
	通进深	10050	进深数	3	进深尺寸（前→后）		3025→4000→3025			
	柱子数量	8	柱子间距	横向尺寸	——		（藏式建筑结构体系填写此栏，不含廊柱）			
				纵向尺寸	——					
调查日期	2010/07/31	调查人员	杜娟	摄影日期	2010/07/31	摄影人员	高亚涛		

陶日木庙 · 基本概况表

A.西厢房
B.时轮塔
C.东厢房
D.西侧房
E.中 室
F.东侧房
G.大雄宝殿
H.西 殿
I.东 殿
J.吉祥天女殿
K.僧 舍
L.餐 厅
M.四大天王殿
N.喇嘛埻主殿
O.喇嘛埻
P.菩萨殿
Q.牌 楼
R.白 塔
S.民 居

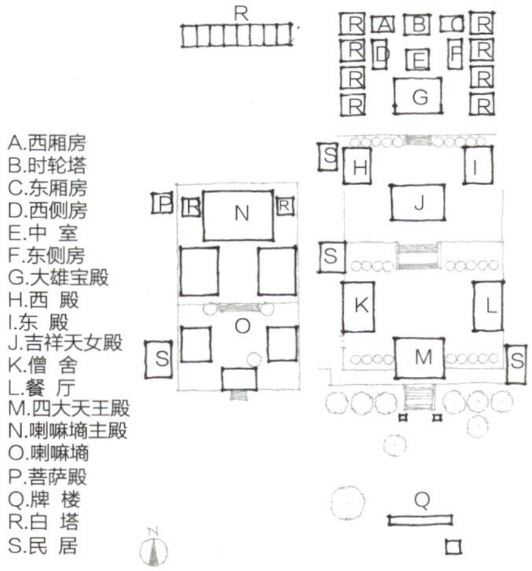

大雄宝殿正前方（上图）
山门斜前方（下图）

寺庙简介

　　陶日木庙为原伊克昭盟鄂尔多斯右翼前旗（乌审旗）寺庙，系乌审召18座属庙之一。

　　道光十年（1830年），由名为班迪达罗布桑的藏族喇嘛初建。因寺庙位于陶日木湖岸一处山丘上，故被称为陶日木庙。另有一说为，班迪达罗布桑又名拉白，人称拉白唐古特，最初由藏区云游至内蒙古地区，发家致富，后受戒成为僧人，建造此庙。

　　寺庙建筑风格为汉藏结合式建筑。至"文化大革命"前该庙有25间双层大雄宝殿、25间时轮殿、9间仁布切殿、9间吉祥天母殿、3间骑狮护法神殿、3间护法殿、3间甘珠尔殿、1间法轮殿、1座时轮金刚塔及数座小佛塔，庙仓及僧舍200余间。

　　"文化大革命"期间寺庙严重受损，仅存20余间喇嘛仓房舍。1984年起小规模复建寺庙，2003年起正式启动寺庙复建工程，新建25间双层时轮殿、3间五大神殿、3间度母殿、3间骑狮护法神殿、双层吉祥天母殿、3间法轮殿等殿堂与20余间僧舍，基本恢复了寺庙原有规模。

参考文献：

[1] 阿·哈斯朝格图, 额尔克固特·巴布.乌审召——历史悠久的乌审召暨乌审召修缮记（蒙古文）.呼和浩特:阿儿含只文化有限责任公司,2007,6.
[2] 政协鄂尔多斯市委员会文史资料委员会.鄂尔多斯文史资料（第二辑）（蒙古文）,2005,12.
[3] 齐·巴图朝鲁,图雅图.传教者之弘法事迹（内部资料）（蒙古文）.鄂尔多斯市民族事务委员会出版,2010,10.

单位：毫米

寺院蒙古语藏语名称	蒙古语	ᠲᠣᠢᠷᠢᠮ ᠤᠨ ᠬᠡᠶᠢᠳ	汉语名称	汉语正式名称	──	
	藏语	བཀྲ་ཤིས་ཆོས་འཁོར་གླིང་།		俗称	陶日木庙	
所在地		鄂尔多斯市乌审旗陶利苏木陶日木庙嘎查		东经 108° 38′	北纬	28° 20′
初建年		道光十年（1830年）	保护等级	──		

主要建筑基本概况	汉语正式名称	──		俗称	──	初建年	──
	建筑简要描述	──		结构形式	──	建筑层数	──
	通面阔	──	开间数	──	明间 ──	次间 ──	梢间 ──	次梢间 ──	尽间 ──
	通进深	──	进深数	──	进深尺寸（前→后）	──	
	柱子数量	──	柱子间距	横向尺寸 ──	（藏式建筑结构体系填写此栏，不含廊柱）		
				纵向尺寸 ──			

调查日期	2010/08/01	调查人员	宝山	摄影日期	2010/08/01	摄影人员	高亚涛

乃莫齐召·基本概况表

<table>
<tr>
<td rowspan="2">总平面图·现状照片</td>
<td>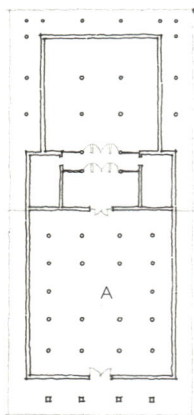
A.大雄宝殿</td>
<td rowspan="2"></td>
</tr>
</table>

大雄宝殿斜前方（上图）
大雄宝殿正立面（下图）

寺庙简介

　　乃莫齐召为呼和浩特七大召之一。康熙三十四年（1695年），清廷御赐满、蒙古、汉三体"隆寿寺"匾额。寺庙管辖扎兰召（隆福寺）、普真寺、全庆寺3座属庙。

　　康熙八年（1669年），达赖乔尔吉喇嘛于归化城北初建该寺，并经清廷准许，成为该寺扎萨克喇嘛。该僧精通医术，清初常被征入京，为帝后医病，遂特为建寺。俗称"额木齐召"，即"医士召"。

　　乃莫齐召建筑风格为汉式建筑。寺庙由五进院落构成，全寺房屋百余间，有一座佛塔。

　　"文化大革命"期间寺庙严重受损，仅存一座大雄宝殿被玻璃厂占用。2004年，内蒙古自治区宗教事务局和呼和浩特市政府批准隆寿寺为内蒙古自治区佛教协会直属寺庙。2009年起开始修缮该殿，建有一座藏式庙仓及佛塔。大雄宝殿北侧为内蒙古自治区佛教协会办公楼。

参考文献：
[1]金峰.呼和浩特召庙（蒙古文）.呼和浩特：内蒙古人民出版社，1982,11.
[2]绥远通志馆.绥远通志稿（第二册 卷九至卷十八）.呼和浩特：内蒙古人民出版社，2007.
[3]调研访谈记录.2011,12.

单位：毫米

<table>
<tr>
<td rowspan="2">寺院蒙古语藏语名称</td>
<td>蒙古语</td>
<td colspan="2">ᠨᠠᠢᠮᠠᠨ ᠵᠤᠤ</td>
<td rowspan="2">汉语名称</td>
<td>汉语正式名称</td>
<td colspan="4">隆寿寺</td>
</tr>
<tr>
<td>藏语</td>
<td colspan="2">——</td>
<td>俗称</td>
<td colspan="4">乃莫齐召、额木齐召</td>
</tr>
<tr>
<td colspan="2">所在地</td>
<td colspan="5">呼和浩特市玉泉区</td>
<td>东经</td>
<td>111°38′</td>
<td>北纬</td>
<td>40°48′</td>
</tr>
<tr>
<td colspan="2">初建年</td>
<td colspan="4">康熙八年（1669年）</td>
<td colspan="2">保护等级</td>
<td colspan="3">市级文物保护单位</td>
</tr>
<tr>
<td rowspan="6">主要建筑基本概况</td>
<td colspan="2">汉语正式名称</td>
<td colspan="3">大雄宝殿</td>
<td>俗称</td>
<td colspan="2">佛殿</td>
<td>初建年</td>
<td>康熙八年（1669年）</td>
</tr>
<tr>
<td colspan="2">建筑简要描述</td>
<td colspan="3">汉式建筑</td>
<td>结构形式</td>
<td colspan="2">砖木结构</td>
<td>建筑层数</td>
<td>1</td>
</tr>
<tr>
<td colspan="2">通面阔</td>
<td>10700</td>
<td>开间数</td>
<td>3</td>
<td>明间</td>
<td>3420</td>
<td>次间</td>
<td>无法测到</td>
<td>梢间 —— 次梢间 —— 尽间 ——</td>
</tr>
<tr>
<td colspan="2">通进深</td>
<td>10700</td>
<td>进深数</td>
<td>4</td>
<td colspan="2">进深尺寸（前→后）</td>
<td colspan="3">1800→3100→3350→无法测到</td>
</tr>
<tr>
<td colspan="2">柱子数量</td>
<td>——</td>
<td>柱子间距</td>
<td>横向尺寸</td>
<td colspan="2">——</td>
<td colspan="3" rowspan="2">（藏式建筑结构体系填写此栏，不含廊柱）</td>
</tr>
<tr>
<td colspan="2"></td>
<td></td>
<td></td>
<td>纵向尺寸</td>
<td colspan="2">——</td>
</tr>
<tr>
<td colspan="2">调查日期</td>
<td colspan="2">2010/11/10</td>
<td>调查人员</td>
<td colspan="2">白丽艳、萨日朗</td>
<td>摄影日期</td>
<td>2010/11/02</td>
<td>摄影人员 白丽艳、萨日朗</td>
</tr>
</table>

王府庙 · 基本概况表

总平面图·现状照片	 A.大雄宝殿　D.石　碑　G.香炉 B.扎仓殿　　E.苏力德 C.佛　塔　　F.玛尼杆	 王府庙建筑群（上图） 大雄宝殿侧立面（左图） 扎仓殿斜前方（右图）

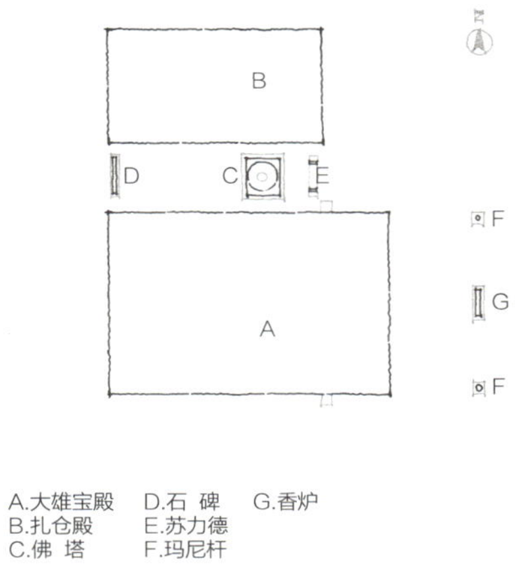

寺庙简介

　　王府庙为原乌兰察布盟四子部落旗寺庙，系该旗扎萨克王家庙及全旗境内24座藏传佛教寺庙中最晚建造的寺庙。

　　光绪三十四年（1908年），四子部落旗第十三任扎萨克亲王拉旺诺日布在王府（1905年始建，为汉式砖瓦结构府邸）南侧主持兴建寺庙，由于寺庙无清廷御赐的匾额，且由王府出资修建，故称寺庙为王府庙。相传，在修建寺庙时使用了位于西拉哈达西侧的苏日图庙木材，并将该寺供奉的主尊请至王府庙。

　　寺庙建筑风格为藏式建筑。至"文化大革命"前寺庙有朝克钦殿、扎仓殿等2座大殿及独贡仓、学部仓、玛尼仓等3座庙仓，1座医药学部院落。两座大殿并排位于王府南侧，殿宇与王府均朝东。

　　王府庙有医药学部。

　　寺庙在"文化大革命"期间严重受损，但两座大殿被用作粮库，从而留存至今。1989年起开始修缮一座大殿。至2011年，已修缮两座大殿，期间新建一座舍利塔。

参考文献：

[1]满都麦，莫德尔图.乌兰察布寺院（蒙古文）.海拉尔:内蒙古文化出版社,1996,5.

[2]斌巴,同贝.古若迪娲活佛（蒙古文）.呼和浩特:内蒙古人民出版社,2005,6.

单位：毫米

寺院蒙古语藏语名称	蒙古语	ᠸᠠᠩ ᠤᠨ ᠰᠦᠮ᠎ᠡ		汉语名称	汉语正式名称		——		
	藏语	——			俗称		王府庙		
所在地		乌兰察布市四子王旗红格尔苏木				东经	40°47′	北纬	40°47′
初建年		光绪三十四年（1908年）			保护等级		——		
主要建筑基本概况	汉语正式名称		大雄宝殿		俗称	朝克钦独贡		初建年	——
	建筑简要描述		藏风格，前经堂后佛殿		结构形式	石木结构		建筑层数	——
	通面阔	16750	开间数	——	明间	——	次间	—— 梢间 ——	次梢间 —— 尽间 ——
	通进深	32500	进深数	——	进深尺寸（前→后）	——			
	柱子数量	——	柱子间距	横向尺寸	——		（藏式建筑结构体系填写此栏，不含廊柱）		
				纵向尺寸	——				
调查日期	2012/08/27	调查人员	张宇	摄影日期	2012/08/27	摄影人员	张宇		

阿贵庙·基本概况表

总平面图·现状照片	

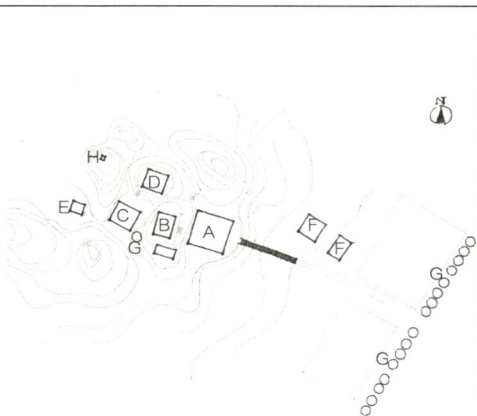

A.大雄宝殿　　D.冈肯殿　　G.蒙古包
B.活佛府　　　E.阿贵洞　　H.敖包
C.章肯殿　　　F.僧舍

大雄宝殿正立面（上图）
阿贵洞正立面（左图）
章肯殿斜前方（右图）

寺庙简介

阿贵庙为原察哈尔正黄旗寺庙。清廷御赐"善福寺"匾额。

康熙年间，青海色尔库寺堪布喇嘛桑杰嘉木苏背着一尊千手观音像，云游至蒙古地区。相传，名叫博克日达的大力士为了报答桑杰嘉木苏的救命之恩，在阿日图山上用三块巨板石为其搭建一处山洞。从此该僧人在此洞中背靠刻有六字真言的巨板石，苦修坐禅。洞庙，即阿贵庙之称由此而来。

寺庙建筑风格为汉藏结合式风格。寺庙至"文化大革命"时期有大雄宝殿、呼屯殿、乌兰庙、后殿、护法殿、法轮殿、藏式满经殿等7座殿宇与1座活佛拉布隆，庙仓院有20余间，商院有30余处房舍，山脚下有僧舍49间。寺庙所处地势独特，殿宇分布于山上与山下，间有石阶。20世纪初该寺修建最后一座殿宇——满经殿于山脚下，将每日满经诵定于此殿内，从而免去了僧侣与施主们攀登石阶的辛劳。

阿贵庙有密宗学部。

寺庙在"文化大革命"期间严重受损，建筑全部被拆毁，仅剩一处山洞。20世纪50年代该庙

曾建立蒙医疗养院，服务于周边民众。2000年起开始恢复修建寺庙。

参考文献：
[1]满都麦,莫德尔图.乌兰察布寺院（蒙古文).海拉尔:内蒙古文化出版社,1996,5.

单位：毫米

寺院蒙古语藏语名称	蒙古语	ᠪᠠᠶᠠᠨ ᠮᠠᠶᠢᠳᠠᠷ	汉语名称	汉语正式名称	善福寺		
	藏语	བཀྲ་ཤིས་དགའ་བདེ་ཁང		俗称	阿贵庙		
所在地	内蒙古乌兰察布市察哈尔右翼后旗哈彦忽洞苏木			东经 113° 14'		北纬 41° 25'	
初建年	康熙八年（1669年）			保护等级	——		
主要建筑基本概况	汉语正式名称	大雄宝殿		俗称	——	初建年	康熙年间
	建筑简要描述	汉式风格		结构形式	砖木结构	建筑层数	1
	通面阔	16000	开间数 5	明间 3200	次间 3200	梢间 3200	次梢间 3200	尽间 3200
	14800	33080	进深数 4	进深尺寸（前→后）	2400→3200→3200→3200→2400		
	柱子数量	——	柱子间距 横向尺寸	——	（藏式建筑结构体系填写此栏，不含廊柱）		
			纵向尺寸	——			
调查日期	2010/10/03	调查人员	张 宇	摄影日期	2010/10/03	摄影人员	张 宇

查干陶勒盖诵经会 · 基本概况表

总平面图 · 现状照片	 A.小经堂 B.庙仓	

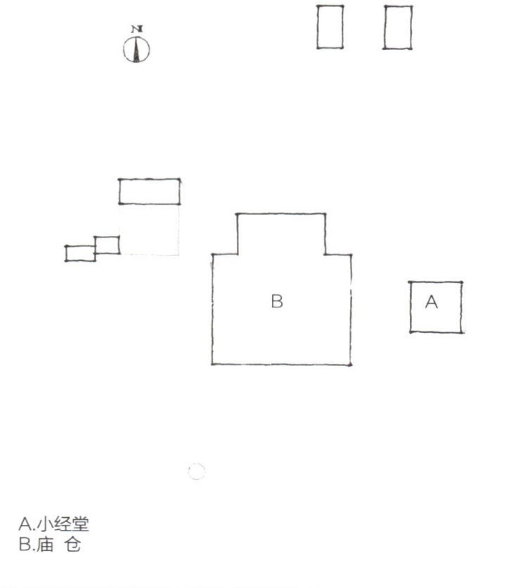

小经堂正立面（上图）
庙仓斜前方（下图）

寺庙简介

查干陶勒盖诵经会为原锡林郭勒盟苏尼特左翼旗诵经会。

诵经会最初由却都布托音喇嘛始建，后在额布根托音喇嘛时在查干陶勒盖之地建造一座佛殿，供奉大黑天，据传已有120年的历史。

诵经会建筑风格为藏式建筑。诵经会有甘珠尔仓、玛尼仓、善行仓、千供仓、斋戒仓、解脱仓、若尼仓等7座庙仓。1920年时有80余名喇嘛、3000余头牲畜。

1958年起诵经会被拆除，仅存小经堂与庙仓正房两座建筑，均被改成住房与牲畜棚圈。

参考文献：

［1］达·查干.苏尼特左旗寺庙（蒙古文）（内部资料）.苏尼特左旗政协文史办公室出版,2000,12.

单位：毫米

寺院蒙古语藏语名称	蒙古语	ᠴᠠᠭᠠᠨ ᠲᠣᠯᠤᠭᠠᠢ ᠶᠢᠨ ᠬᠤᠷᠠᠯ	汉语名称	汉语正式名称		查干陶勒盖诵经会	
	藏语	——		俗称		——	
所在地	锡林郭勒盟苏尼特左旗达尔汗乌拉苏木			东经	111° 56′	北纬	44° 50′
初建年	约1879年		保护等级		——		

主要建筑基本概况	汉语正式名称	查干陶勒盖诵经会·僧房		俗称	——	初建年	不明
	建筑简要描述	建筑主体保存完好，屋顶残破		结构形式	混合结构	建筑层数	1
	通面阔	6150	开间数	3	明间 —— 次间 —— 梢间 —— 次梢间 —— 尽间 ——		
	通进深	6150	进深数	3	进深尺寸（前→后） ——		
	柱子数量	4	柱子间距	横向尺寸	1940→1440→1920	（藏式建筑结构体系填写此栏，	
				纵向尺寸	1290→1390→1900	不含廊柱）	
调查日期	2010/08/04	调查人员	白雪	摄影日期	2010/08/03	摄影人员	贺龙、白雪

敖兰胡都格诵经会 · 基本概况表

<table>
<tr>
<td rowspan="2">总平
面图
·
现状
照片</td>
<td colspan="2">
A.大雄宝殿</td>
</tr>
</table>

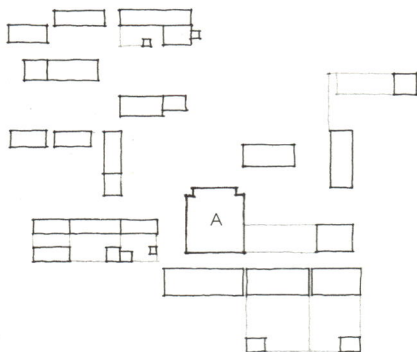

经堂斜前方（上图）
经堂斜后方（下图）

<table>
<tr>
<td rowspan="2">寺庙
简介</td>
<td>

　　敖兰胡都格诵经会为原锡林郭勒盟苏尼特左翼旗诵经会。系该旗查干敖包庙下属12座诵经会之一。嘉庆二十四年（1819年），取藏名"根敦若布杰令"。

　　嘉庆十九年（1814年），始建寺庙于敖兰胡都格之地。

　　寺庙建筑风格为藏式建筑。寺庙最盛时期的建筑规模已无从考证。但从现存三座建筑体的风格布局来判断，应为大雄宝殿、僧舍及庙仓。

　　诵经会住持喇嘛为当地人塔亚雅。

　　该诵经会于20世纪50年代至"文化大革命"初期逐渐被废弃，仅剩3座建筑。1963年在敖兰胡都格建立达尔汗乌拉苏木，在诵经会建筑群周边

</td>
<td>

建立学校、邮电局、苏木政府、服务队、兽医站等机构。大雄宝殿成为苏木粮库。2000年后将达尔罕乌拉苏木并入赛罕戈壁苏木后，苏木区内常住人口减少，寺庙遗存建筑被废弃，大雄宝殿成为个体户存放饲草料的仓库。

参考文献：

[1] 达·查干.查干敖包庙—查干葛根扎木彦力格希德扎木苏（蒙古文）.呼和浩特:内蒙古人民出版社,2008.

[2] 那·布和哈达.锡林郭勒寺院（蒙古文）.海拉尔:内蒙古文化出版社,1999,4.

</td>
</tr>
</table>

单位：毫米

<table>
<tr>
<td rowspan="2">寺院蒙
古语藏
语名称</td>
<td>蒙古语</td>
<td colspan="3">ᠣᠢᠷ᠎ᠠ ᠬᠤᠳᠳᠤᠭ ᠤᠨ ᠠᠢᠮᠠᠭ</td>
<td rowspan="2">汉语
名称</td>
<td>汉语正式名称</td>
<td colspan="3">敖兰胡都格诵经会</td>
</tr>
<tr>
<td>藏语</td>
<td colspan="3">དགེ་འདུན་རབ་རྒྱས་གླིང་།</td>
<td>俗称</td>
<td colspan="3">敖兰胡都格诵经会</td>
</tr>
<tr>
<td colspan="2">所在地</td>
<td colspan="4">锡林郭勒盟苏尼特左旗赛汗戈壁苏木达尔汗乌拉区</td>
<td>东经</td>
<td>112° 37′</td>
<td>北纬</td>
<td>40° 02′</td>
</tr>
<tr>
<td colspan="2">初建年</td>
<td colspan="4">嘉庆十九年（1814年）</td>
<td>保护等级</td>
<td colspan="3">——</td>
</tr>
<tr>
<td rowspan="6">主要
建筑
基本
概况</td>
<td colspan="2">汉语正式名称</td>
<td colspan="3">大雄宝殿</td>
<td>俗称</td>
<td>多口井地方的诵经会</td>
<td>初建年</td>
<td colspan="2">嘉庆二十四年（1819年）</td>
</tr>
<tr>
<td colspan="2">建筑简要描述</td>
<td colspan="3">——</td>
<td>结构形式</td>
<td>砖木结构</td>
<td>建筑层数</td>
<td colspan="2">1</td>
</tr>
<tr>
<td colspan="2">通面阔</td>
<td>6150</td>
<td>开间数</td>
<td>3</td>
<td>明间 ——</td>
<td>次间 ——</td>
<td>梢间 ——</td>
<td>次梢间 ——</td>
<td>尽间 ——</td>
</tr>
<tr>
<td colspan="2">通进深</td>
<td>6150</td>
<td>进深数</td>
<td>3</td>
<td colspan="2">进深尺寸（前→后）</td>
<td colspan="3">——</td>
</tr>
<tr>
<td colspan="2" rowspan="2">柱子数量</td>
<td rowspan="2">4</td>
<td colspan="2" rowspan="2">柱子间距</td>
<td>横向尺寸</td>
<td colspan="4">1940→1440→1920</td>
</tr>
<tr>
<td>纵向尺寸</td>
<td colspan="4">1290→1390→1900　（藏式建筑结构体系填写此栏，不含廊柱）</td>
</tr>
</table>

吉日嘎朗图庙·基本概况表

总平面图·现状照片	 A.后七间殿	

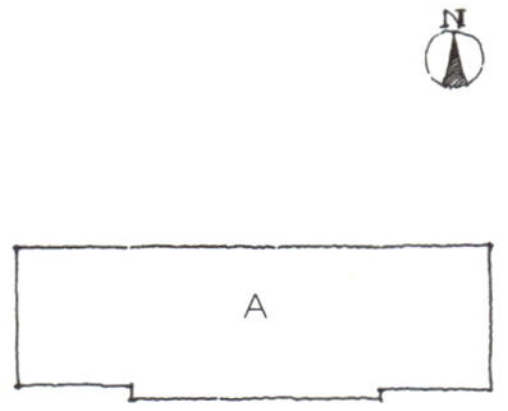

喇嘛神殿背立面（上图）
喇嘛神殿斜后方（下图）

寺庙简介

　　吉日嘎朗图庙为原锡林郭勒盟阿巴嘎右翼旗寺庙。咸丰十年（1860年），清廷御赐"隆福寺"匾额。

　　乾隆三十五年（1770年），名为巴拉吉日隆都布的僧人在乌兰胡都格之地搭建帐篷始建诵经会。此诵经会成为吉日嘎朗图庙的前身。约于咸丰五年（1855年），罗布桑额布木在华敖包南新建七间殿。后建造了西红院与前七间、后七间两大殿。

　　寺庙建筑风格为汉式建筑。寺庙分东西两大红院，俗称东庙与西庙，东庙内有16间大雄宝殿、释迦牟尼殿、东西配殿与天王殿等5座殿宇，西庙内有以菩提道学殿、活佛拉布隆为主的近40间建筑，大小庙仓共有12座。

　　吉日嘎朗图庙有菩提道学部。

　　寺庙于20世纪50年代起逐渐被拆除，至1970年时仅存原为堪布喇嘛神殿的后七间殿，现位于边防某连后院。

参考文献：
[１]巴仁达.阿巴嘎寺院（蒙古文）（内部资料）.阿巴嘎旗党史地方志整理办公室.
[２]那·布和哈达.锡林郭勒寺院（蒙古文）.海拉尔:内蒙古文化出版社,1999,4.

单位：毫米

寺院蒙古语藏语名称	蒙古语	ᠵᠢᠷᠭᠠᠯᠠᠩ ᠲᠦ ᠰᠦᠮᠡ	汉语名称	汉语正式名称		隆福寺	
	藏语	——		俗称		吉日嘎朗图庙	

所在地	锡林郭勒盟阿巴嘎旗那仁宝拉格苏木吉日嘎朗图嘎查			东经	113° 57′	北纬	44° 44′
初建年	乾隆三十五年（1770年）		保护等级	——			

主要建筑基本概况	汉语正式名称	堪布喇嘛神殿		俗称	后七间殿	初建年	——
	建筑简要描述	——		结构形式	——	建筑层数	1
	通面阔	——	开间数	——	明间	次间	梢间 次梢间 尽间
	通进深	——	进深数	——	进深尺寸（前→后）	——	
	柱子数量		柱子间距	横向尺寸	——	（藏式建筑结构体系填写此栏，不含廊柱）	
				纵向尺寸	——		

调查日期	2010/08/04	调查人员	白雪	摄影日期	2010/08/04	摄影人员	贺龙、白雪

汉贝庙·基本概况表

总平面图·现状照片

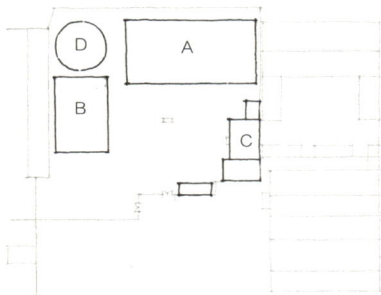

A.经　堂
B.办　公
C.僧　舍
D.蒙古包

寺庙简介

汉贝庙为原锡林郭勒盟阿巴哈纳尔右翼旗寺庙，系该旗寺庙中属中等规模的寺庙。清廷御赐"善源寺"匾额。

雍正五年（1727年），阿巴哈纳尔右翼旗纳木吉勒贝勒执政时期始建寺庙，并从西藏扎什伦布寺附近请来热布占巴希日布嘉木苏作为寺庙住持喇嘛。后该僧获得堪布称号，故其后事一直沿用该称号，寺庙也被称作"堪布庙"，又写作"汉贝庙"。寺庙修建后共迁庙址三次，并在每一处庙址上都建造了经堂。最初在昌图音布日都，后迁至浩特布朗，后又迁至得力格尔和硕胡日顿宝拉格，约于光绪六年（1880年），第四次迁至现今所在地——查干朝鲁图音塔拉。

寺庙建筑风格为汉式建筑。最终定址后的寺庙有5间护法殿、双层重檐歇山顶大雄宝殿等7座殿宇，共计70余间，大小庙仓共10余座，庙仓与

僧房共计50余座。

汉贝庙有医药学部、密宗学部、菩提道学部等三大学部。

寺庙在"文化大革命"期间严重受损，仅存一座僧房。1984年，政府为汉贝庙提供一处原主庙东北角的四合院做庙院。20世纪90年代，该旗蒙医达木丁扎布先生扩建、装修寺庙，院内东西两侧各建两座红砖房，作为配殿。在正房东侧、后侧加盖了连体的房子，扩大了正殿室内空间。

参考文献：
[1]巴仁达.阿巴嘎寺院（蒙古文）（内部资料）.

单位：毫米

寺院蒙古语藏语名称	蒙古语	ᠬᠠᠨ᠎ᠠᠶᠢᠨ ᠬᠡᠢᠳ		汉语名称	汉语正式名称	善源寺		
	藏语	——			俗称	汉贝庙		
所在地	锡林郭勒盟阿巴嘎旗别力古台镇				东经 114° 57′	北纬 44° 02′		
初建年	雍正五年（1727年）			保护等级	——			
主要建筑基本概况	汉语正式名称	经殿		俗称	——	初建年	光绪元年（1875年）	
	建筑简要描述	该建筑与东西配殿在二层有外廊联系，廊为砖砌		结构形式	前为砖木结构，后为砖混结构	建筑层数	1	
	通面阔	5150	开间数	2	明间 ——	次间 ——	梢间 ——	次梢间 ——	尽间 ——
	通进深	8790	进深数	3	进深尺寸（前→后）			
	柱子数量	2	柱子间距	横向尺寸	——	（藏式建筑结构体系填写此栏，不含廊柱）		
				纵向尺寸	——			

浩勒图庙·基本概况表

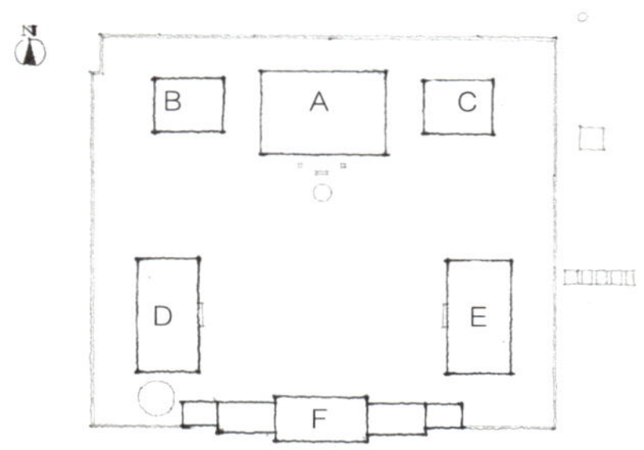

A.大雄宝殿　C.东 仓　E.药师佛殿
B.西 仓　D.度母殿　F.山 门

寺庙简介

浩勒图庙为原锡林郭勒盟乌珠穆沁右翼旗寺庙，系该旗旗属六大寺院之一及最早修建的寺庙。第三世活佛时期，清廷御赐"施恩寺"匾额。

约于清顺治十三年（1656年），被民众称为"奶奶沙布隆"的西藏托钵僧勒根在乌珠穆沁右翼旗西南角搭建草棚，始建诵经会。雍正六年（1728年），勒根之弟子，当地人鲁东在宝日和硕之地新建大雄宝殿，供奉弥勒佛。民国元年（1912年），寺庙东迁至乌兰陶勒盖之地，即现今所在地。因寺庙地处浩勒图河畔，故称浩勒图庙。

寺庙建筑风格为汉式建筑。该庙在其最盛时有80间大雄宝殿、贡嘎热木巴殿、护法殿、显宗殿、释迦牟尼殿等5大殿，另有药师殿、罗汉殿、普明佛殿、度母殿、天王殿、钟楼、鼓楼等殿宇，近10座庙仓。

浩勒图庙有密宗学部、显宗学部、医药学部等为主的五座学部。

寺庙在"文化大革命"期间严重受损，黑日巴喇嘛仓的几所房子由于是浩勒图苏木粮站粮仓，故幸免于难。这所喇嘛仓位于原庙址的东南角，其旧建筑——山门、两座耳房、两座配殿成为今日浩勒图庙的主要建筑。

参考文献：

[1]纳·布和哈达,斯仁那德木德.锡林郭勒盟寺院志（蒙古文）（手稿），2012,1.

[2]朋·斯钦巴特尔.西乌珠穆沁旗寺院概况（蒙古文）.赤峰:内蒙古科学技术出版社,1999,5.

单位：毫米

寺院蒙古语藏语名称	蒙古语	ᠬᠡᠰᠢᠭ ᠦᠨ ᠰᠦᠮ᠎ᠡ		汉语名称	汉语正式名称		施恩寺	
	藏语				俗称		浩勒图庙	
所在地	锡林郭勒盟西乌珠穆沁旗浩勒图音高勒镇镇政府所在地				东经	117° 39′	北纬	44° 19′
初建年	顺治十三年（1656年）			保护等级				
主要建筑基本概况	汉语正式名称	施恩寺		俗称	朝克沁独贡		初建年	——
	建筑简要描述	——		结构形式	砖木混合结构		建筑层数	1
	通面阔	12000	开间数	4	明间	——	次间	梢间	次梢间 ——	尽间 ——
	通进深	7240	进深数	2	进深尺寸（前→后）			
	柱子数量	4	柱子间距	横向尺寸	2610→3300→3200→2650		（藏式建筑结构体系填写此栏，不含廊柱）	
				纵向尺寸	4310→1190			
调查日期	2010/08/09	调查人员	白雪	摄影日期	2010/08/09	摄影人员	贺龙、白雪	

乌兰哈拉嘎庙·基本概况表

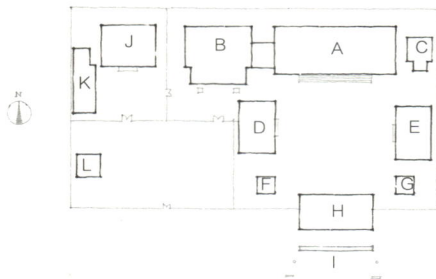

<table>
<tr>
<td rowspan="2">总平面图·现状照片</td>
<td>

A.活佛府　D.西配殿　G.钟楼　J.小经堂
B.经堂　　E.东配殿　H.山门　K.僧舍
C.舍利殿　F.鼓楼　　I.照壁　L.佛塔
</td>
<td>

</td>
</tr>
</table>

乌兰哈拉嘎庙（上图）
山门正立面（下图）

寺庙简介

乌兰哈拉嘎庙为原锡林郭勒盟乌珠穆沁右翼旗寺庙，系该旗旗属六大寺院之一。乾隆十一年（1746年），清廷御赐满、蒙古、汉、藏四体"宝成寺"匾额。该庙为乌珠穆沁右翼旗建造时间早（仅次于浩勒图庙），影响深远的寺庙。乌珠穆沁右翼旗6大寺庙中的3座寺庙——喇嘛库伦庙、新庙、宝拉格庙的创建者均出自乌兰哈拉嘎庙。寺庙管辖塔宾庙1座属庙。

约于顺治七年（1650年），原扎鲁特左翼旗嘎海庙达喇嘛阿格旺金巴在乌珠穆沁右翼旗哈拉嘎曼哈之地初建1间经堂与1顶蒙古包，建立了该庙。阿格旺德巴续建寺庙，建造了大雄宝殿等主要殿宇，该寺俗称为哈拉嘎庙、巴格希庙。

寺庙建筑风格为汉式建筑。该庙在其最盛时占地面积为518400平方米，东西720米，南北720米。有80间双层大雄宝殿、55间双层显宗殿、3间密宗殿、3间医学殿、3间时轮殿、5间大黑天殿、3间宗喀巴殿、5间弥勒殿、3间释迦牟尼殿、5间五大神殿、5.5间大红司令主殿、10间三世佛殿、6间舍利殿、3间天王殿及该寺最早建的达日杰令殿等15座殿宇，24间双层活佛拉布隆、

5间茅都图拉布隆、6间温都尔拉布隆等3座拉布隆，9座塔、10余个庙仓。

乌兰哈拉嘎庙有显宗学部、密宗学部、时轮学部、医药学部等四大学部（未算斋戒学部）。

1946年乌珠穆沁旗人民政府建立于该庙。次年在该庙建立乌珠穆沁草原第一所小学。1966年寺院全部建筑被拆毁。1982年修建一座1间经堂，正式恢复法会。1985年，十世班禅赐名"福全教盛寺"。

参考文献：

[1]吉·道尔吉.宝成寺——乌兰哈拉嘎庙（蒙古文）.内蒙古人民出版社,2010,3.

单位：毫米

<table>
<tr>
<td rowspan="2">寺院蒙古语藏语名称</td>
<td>蒙古语</td>
<td colspan="2"></td>
<td rowspan="2">汉语名称</td>
<td colspan="2">汉语正式名称</td>
<td colspan="3">宝成寺</td>
</tr>
<tr>
<td>藏语</td>
<td colspan="2"></td>
<td colspan="2">俗称</td>
<td colspan="3">哈拉嘎庙</td>
</tr>
<tr>
<td>所在地</td>
<td colspan="5">锡林郭勒盟西乌珠穆沁旗乌兰哈拉嘎苏木政府所在地</td>
<td>东经</td>
<td>117°50′</td>
<td>北纬</td>
<td>44°46′</td>
</tr>
<tr>
<td>初建年</td>
<td colspan="5">顺治七年（1650年）</td>
<td>保护等级</td>
<td colspan="3">——</td>
</tr>
<tr>
<td rowspan="7">主要建筑基本概况</td>
<td colspan="2">汉语正式名称</td>
<td colspan="2">四大天王殿</td>
<td>俗称</td>
<td>——</td>
<td>初建年</td>
<td colspan="2">17世纪末</td>
</tr>
<tr>
<td colspan="2">建筑简要描述</td>
<td colspan="2">汉式建筑</td>
<td>结构形式</td>
<td>砖木混合结构</td>
<td>建筑层数</td>
<td colspan="2">1</td>
</tr>
<tr>
<td colspan="2">通面阔</td>
<td>10400</td>
<td>开间数</td>
<td>3</td>
<td>明间 3450</td>
<td>次间 3270</td>
<td>梢间 2960</td>
<td>次梢间 —— 尽间</td>
</tr>
<tr>
<td colspan="2">通进深</td>
<td>6780</td>
<td>进深数</td>
<td>1</td>
<td colspan="4">进深尺寸（前→后）</td>
</tr>
<tr>
<td colspan="2" rowspan="2">柱子数量</td>
<td colspan="2" rowspan="2">4</td>
<td rowspan="2">柱子间距</td>
<td>横向尺寸</td>
<td>——</td>
<td colspan="2" rowspan="2">（藏式建筑结构体系填写此栏，不含廊柱）</td>
</tr>
<tr>
<td>纵向尺寸</td>
<td>——</td>
</tr>
</table>

<table>
<tr>
<td>调查日期</td>
<td>2010/08/09</td>
<td>调查人员</td>
<td>白雪</td>
<td>摄影日期</td>
<td>2010/08/09</td>
<td>摄影人员</td>
<td>贺龙、白雪</td>
</tr>
</table>

喇嘛库伦庙 · 基本概况表

总平面图·现状照片	 A.大雄宝殿　D.钟鼓楼 B.东配殿　E.佛塔 C.西配殿　F.山门

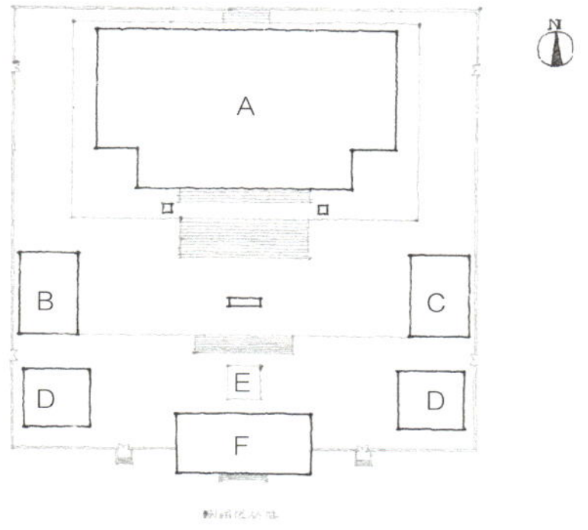

大雄宝殿斜前方（上图）
喇嘛库伦建筑群（左图）
山门正立面（右图）

寺庙简介

喇嘛库伦庙为原锡林郭勒盟乌珠穆沁右翼旗寺庙，系该旗旗属六座寺院之一，蒙古地区三大库伦之"中库伦"。嘉庆二年（1797年），清廷御赐"集慧寺"匾额。寺庙管辖乔尔吉庙、浩日古席力图庙、宝拉格庙、达布孙庙等4座属庙。

乾隆四十六年（1781年），原乌珠穆沁右翼旗乌兰哈拉嘎庙密宗院主持罗布桑贡楚格若西带领20名徒弟离开本寺，在道劳陶乐盖山下搭建蒙古包围成圆形古列延（现译库伦）诵经修炼，"喇嘛库伦"一称由此而来。

寺庙建筑风格为汉式建筑，仅有1座藏式佛殿。该庙在其最盛时拥有5大院落，有80间双层大雄宝殿、80间三层弥勒殿、74间双层显宗殿、密宗东殿、密宗西殿、医药殿、时轮殿、火供殿、舍利殿、度母殿、法轮殿、钟楼、鼓楼、天王殿等20余座殿堂及北第二院内有主拉布隆、双层活佛拉布隆、降神拉布隆及东西厢房各3间等活佛拉布隆建筑。寺庙有25座庙仓及3个浩仁（专为寺院服务的平民组织，20户为一浩仁）。寺院曾有两座印经处。该寺在青海塔尔寺有一处院仓。

喇嘛库伦庙有显宗学部、密宗学部、时轮学部、医药学部等四大学部，后加设古如胡力红教诵经会，建全五大学部。

寺庙在"文化大革命"期间严重受损，所有建筑被拆除。1982年恢复法会，次年建成二层藏式佛殿。经20余年的建设，至2008年重建了大雄宝殿及僧舍、庙前广场等主要建筑设施。

参考文献：
[1]纳·布和哈达.集慧寺——莫罗木喇嘛库伦（蒙古文）（上下册）.海拉尔:内蒙古文化出版社,2007,10.
[2]朋-斯钦巴尔特.西乌珠穆沁旗寺庙概况（蒙古文）.赤峰:内蒙古科学技术出版社,1998,5.

单位：毫米

寺院蒙古语藏语名称	蒙古语	ᠵᠢᠷᠦᠬᠡᠨ ᠭᠤᠷ ᠤᠨ ᠰᠦᠮᠡ	汉语名称	汉语正式名称	集慧寺						
	藏语	བྱིན་ཆགས་གླིང་།		俗称	喇嘛库伦						
所在地	锡林郭勒盟东乌珠穆沁旗乌力雅苏台镇				东经	117° 02′	北纬	45° 29′			
初建年	乾隆四十六年（1781年）		保护等级		——						
主要建筑基本概况	汉语正式名称	大雄宝殿		俗称	朝克钦独贡	初建年	2006年				
	建筑简要描述	汉式建筑		结构形式	砖木结构	建筑层数	2				
	通面阔	25170	开间数	9	明间	16750	次间	13350	梢间	9850	次梢间	3150	尽间	1450
	通进深	18600	进深数	7	进深尺寸（前→后）		1700→3500→3500→3400→1700→1500				
	柱子数量	6	柱子间距	横向尺寸	——		（藏式建筑结构体系填写此栏，不含廊柱）				
				纵向尺寸	——						
调查日期	2010/08/07	调查人员	白雪	摄影日期	2010/08/07	摄影人员	贺龙、白雪				

宝拉格庙·基本概况表

总平面图·现状照片

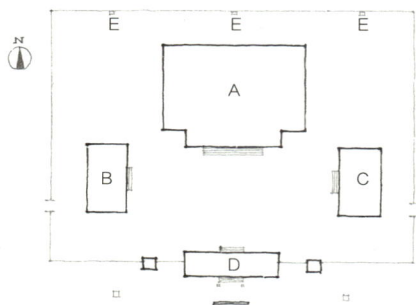

A.大雄宝殿　C.东配殿　　E.佛 殿
B.西配殿　　D.山 门

大雄宝殿正立面（上图）
配殿斜前方（左图）
山门正立面（右图）

寺庙简介

宝拉格庙为原锡林郭勒盟乌珠穆沁右翼旗寺庙，系喇嘛库伦庙4座属庙之一。同治九年（1870年），清廷御赐"永学寺"，故成为独立寺庙。

乾隆年间，嘎沁希日布固始喇嘛带两名弟子离开乌珠穆沁右翼旗乌兰哈拉嘎庙，于乾隆五十六年（1791年），在瑟苏木隆布之地始建寺庙，俗称宝拉格庙。

寺庙建筑风格为汉式建筑。寺庙在其最盛时由前后两大红院组成。前院内有天王殿、大雄宝殿、密宗殿、安居殿、舍利殿等5座殿宇，后院内有活佛府与护法拉布隆。寺庙有8座庙仓，4座膳房。该寺有1个浩仁。

1960年该庙被拆毁，之后重建一座土坯经堂，毁于1966年。2007年起开始筹划复建宝拉格庙，购买原宝拉格苏木小学房屋，开设蒙医诊所。2009年始建宝拉格庙，但未在原址上复建，而在原址以东15公里处，原宝拉格苏木政府所在地建成。至2010年8月时寺庙建筑群大致已建成，由大雄宝殿、舍利殿、诵经殿、山门、佛塔、法轮殿组成，在后墙上贴建三处佛龛式小佛殿，分别为药师殿、度母殿、龙王殿。

参考文献：
[1]朋·斯钦巴尔特.西乌珠穆沁旗寺庙概况（蒙古文）.赤峰:内蒙古科学技术出版社,1998,5.
[2]纳·布和哈达.集惠寺—莫罗木喇嘛库伦（蒙古文、汉文）（上、下册）.海拉尔:内蒙古文化出版社,2007,10.

单位：毫米

寺院蒙古语藏语名称	蒙古语	ᠪᠣᠣ ᠯᠠ ᠭᠢᠶᠢᠨ		汉语名称	汉语正式名称	永学寺（填表人译）		
	藏语	——			俗称	宝拉格庙		
所在地	锡林郭勒盟东乌珠穆沁旗宝拉格苏木				东经	117° 33′	北纬	45° 40′
初建年	乾隆五十六年（1791年）			保护等级	——			
主要建筑基本概况	汉语正式名称	大雄宝殿			俗称	朝克钦独贡	初建年	乾隆五十六年（1791年）
	建筑简要描述	汉藏结合式建筑			结构形式	砖木混合结构	建筑层数	1
	通面阔	16500	开间数	5	明间 3350	次间 3350	梢间 3150	次梢间 —— ｜ 尽间
	通进深	20300	进深数	3	进深尺寸（前→后）		1900→6050→1900	
	柱子数量	8	柱子间距	横向尺寸	2860	（藏式建筑结构体系填写此栏，不含廊柱）		
				纵向尺寸	2850			

嘎黑拉庙 · 基本概况表

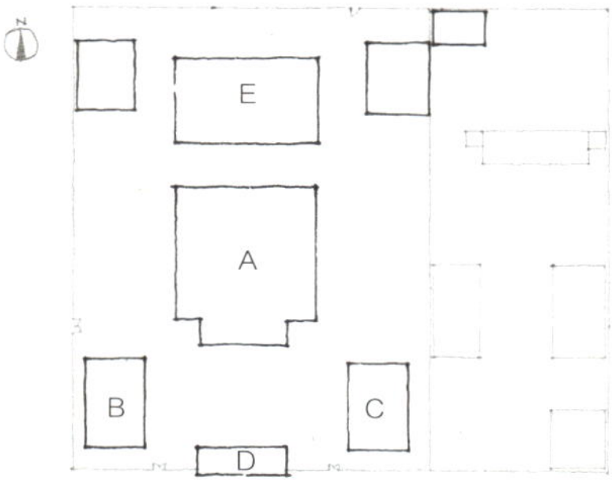

A.大雄宝殿　C.弥勒殿　E.活佛府
B.罗汉殿　　D.山门

大雄宝殿斜前方（上图）
配殿正立面（左图）
山门正立面（右图）

寺庙简介	嘎黑拉庙为原锡林郭勒盟乌珠穆沁左翼旗寺庙，系该旗6座寺庙中留存至今的唯一一座寺庙。乾隆三十七年（1772年），清廷御赐"盛法寺"匾额。 康熙五十七年（1792年），后划归至乌珠穆沁左翼旗的70户牧民、狩猎民（俗称达兰额布古德）最初在卓绥胡硕之地建立诵经会，从多伦诺尔请来"大般若波罗蜜多经"，并分户定期诵经。雍正二年（1724年），青海僧人丹巴嘉木苏云游至该地，在主持该诵经会日常供奉法事的同时，作为匠人为民众服务。后该僧成为住持喇嘛，于乾隆二十四年（1759年），在卓绥胡硕之地始建一座小木殿。乾隆六十年（1795年），寺庙迁至吉日嘎朗图，即现今所在地。由于70户被分编为大小嘎黑拉两个佐领，故称其庙宇为"嘎黑拉庙"。 寺庙建筑以汉式建筑为主，兼有藏式建筑。寺庙在其最盛时有80间汉式大雄宝殿、15间主佛殿、7间护法殿东西各一、7间西南殿、4间西北殿、60间双层藏式殿、3间天王殿等殿宇，2座佛塔及5座庙仓。 嘎黑拉庙有显宗学部、密宗学部、医药学部三座学部。 "文化大革命"期间寺庙严重受损，仅存几座僧房，其中一座藏式小僧房现位于新建寺庙院落的东南角，其余建筑被原乌拉盖苏木区内的居民所占用。1984年起寺庙正式恢复法会，并于1989至1990年重建寺庙，建起一座大雄宝殿、东西配殿、天王殿及佛塔等建筑。1988年，该寺达喇嘛去北京迎来班禅大师所赐蒙古、满、汉、藏四体"教盛法轮寺"匾额。 参考文献： ［1］斯仁东如布.嘎黑拉庙史录（蒙古文）（内部资料），2010.

单位：毫米

寺院蒙古语藏语名称	蒙古语	ᠭᠡᠬᠡᠷᠠ	汉语名称	汉语正式名称		教盛法轮寺		
	藏语	བཀྲ་ཤིས་ཆོས་འཁོར་གླིང་		俗称		——		
所在地	锡林郭勒盟东乌珠穆沁旗道特淖尔镇嘎黑拉区			东经	118° 25′		北纬	45° 44′
初建年	道光八年（1828年）			保护等级		——		
主要建筑基本概况	汉语正式名称	——		俗称	朝克钦独贡		初建年	1989年
	建筑简要描述	汉藏结合式建筑		结构形式	砖木混合结构		建筑层数	2
	通面阔	10280	开间数	3	明间	—— 次间 —— 梢间 —— 次梢间 —— 尽间 ——		
	通进深	13850	进深数	4	进深尺寸（前→后）			
	柱子数量	8	柱子间距	横向尺寸	2100→5200→2100	（藏式建筑结构体系填写此栏，不含廊柱）		
				纵向尺寸	3000→3100→3000→3000			
调查日期	2010/08/08	调查人员	白雪	摄影日期	2010/08/08	摄影人员	贺龙、白雪	

哈音海日瓦庙·基本概况表

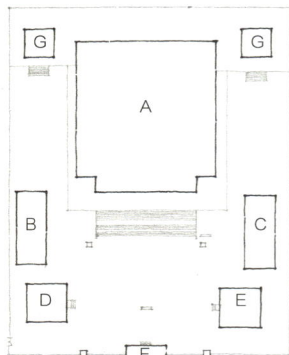

<table>
<tr><td rowspan="2">总平面图·现状照片</td><td>

A.大雄宝殿　　C.东配殿　　E.钟楼　　G.佛塔
B.西配殿　　D.鼓楼　　F.山门

</td><td>

</td></tr>
</table>

院落斜前方（上图）
院落背立面（下图）

寺庙简介

哈音海日瓦庙为原察哈尔上都马群驼群旗寺庙，系该旗旗庙。康熙四十八年（1709年），清廷御赐满、蒙古、汉、藏四体"广益寺"（又译大慈寺）匾额。该寺珍藏乾隆帝钦赐蒙文丹珠尔经一部，1958年内蒙古自治区人民政府运往呼和浩特市，从而挽救了这一部珍贵的文化遗产，这部经文现存于内蒙古社会科学院。

约于康熙五年（1666年），名为德庆的藏区托钵僧在上都马群驼群旗弘法。后在宝音德力格尔山（今化德县白土卜子乡）下，在该地领主伯特那颜供佛祈愿的毡帐旧址上建造一座4间佛殿一心诵经祈祷。后增建佛殿，经上都马群驼群旗云丹安班上奏朝廷，清廷御赐寺名，并赐重达16斤的银制哈音海尔瓦神一尊，故称哈音海日瓦庙，即马王神庙。后经扩建，成为察哈尔地区规模宏大的一座寺庙。因清末民初移民实边政策的实施，上都马群旗三次割让土地，牧民北移，寺庙被围困于新垦地中，寺庙财产遭受马贼土匪的多次洗劫。故于民国25年（1936年），该庙北迁至劳图，即当今所在地。

寺庙建筑风格为汉式建筑。寺庙在其最盛时

有大小18座殿宇，其中有81间大雄宝殿、显宗殿、时轮殿、医学殿、密宗殿、菩提道学殿等5大殿宇，另有斋戒殿、护法殿等10余座小殿宇。寺庙有5座庙仓，500余座僧房。

哈音海日瓦庙有显宗学部、密宗学部、医药学部、时轮学部、菩提道学部等五大学部。

"文化大革命"期间寺庙建筑全部被拆毁。1988年正式恢复法会。2005至2008年间修建大雄宝殿及配套建筑。该庙现为镶黄旗唯一一座延续正常法事的寺庙。

参考文献：
［1］沙·布仁朝克图,齐·巴岱.察哈尔镶黄旗寺庙录（蒙古文）.呼和浩特:内蒙古人民出版社,2008,12.
［2］正镶白旗政协文史学习委员会.正镶白旗文史（1—7辑合订本）.2009,8.

单位：毫米

<table>
<tr><td rowspan="2">寺院蒙古语藏语名称</td><td>蒙古语</td><td colspan="3" style="text-align:center">ᠬᠠᠶᠢᠨᠬᠠᠶᠢᠷᠠᠪᠠ</td><td rowspan="2">汉语名称</td><td>汉语正式名称</td><td colspan="4">广益寺（又译大慈寺）</td></tr>
<tr><td>藏语</td><td colspan="3" style="text-align:center">——</td><td>俗称</td><td colspan="4">马王庙</td></tr>
<tr><td>所在地</td><td colspan="5" style="text-align:center">锡林郭勒盟镶黄旗新宝拉格镇</td><td>东经</td><td>111° 35′</td><td>北纬</td><td>42° 14′</td></tr>
<tr><td>初建年</td><td colspan="5" style="text-align:center">康熙五年（1666年）</td><td>保护等级</td><td colspan="4" style="text-align:center">县（市）级保护单位</td></tr>
<tr><td rowspan="7">主要建筑基本概况</td><td colspan="2">汉语正式名称</td><td colspan="3" style="text-align:center">大雄宝殿</td><td>俗称</td><td>却仁独贡</td><td>初建年</td><td colspan="2">2005—2008年</td></tr>
<tr><td colspan="2">建筑简要描述</td><td colspan="3" style="text-align:center">汉式建筑</td><td>结构形式</td><td>砖木混合结构</td><td>建筑层数</td><td colspan="2">2</td></tr>
<tr><td colspan="2">通面阔</td><td>22800</td><td>开间数</td><td>7</td><td>明间</td><td>3200</td><td>次间 3200</td><td>梢间 3200</td><td>次梢间 2970　尽间 ——</td></tr>
<tr><td colspan="2">通进深</td><td>22650</td><td>进深数</td><td>7</td><td colspan="2">进深尺寸（前→后）</td><td colspan="3">2500（廊）→3000→3100→3220→3200
→3250→3150→2950</td></tr>
<tr><td colspan="2" rowspan="2">柱子数量</td><td rowspan="2">36</td><td rowspan="2">柱子间距</td><td>横向尺寸</td><td colspan="2">——</td><td colspan="3" rowspan="2">（藏式建筑结构体系填写此栏，不含廊柱）</td></tr>
<tr><td>纵向尺寸</td><td colspan="2">——</td></tr>
</table>

明如拉葛根庙 · 基本概况表

A.庙仓

总平面图 · 现状照片		

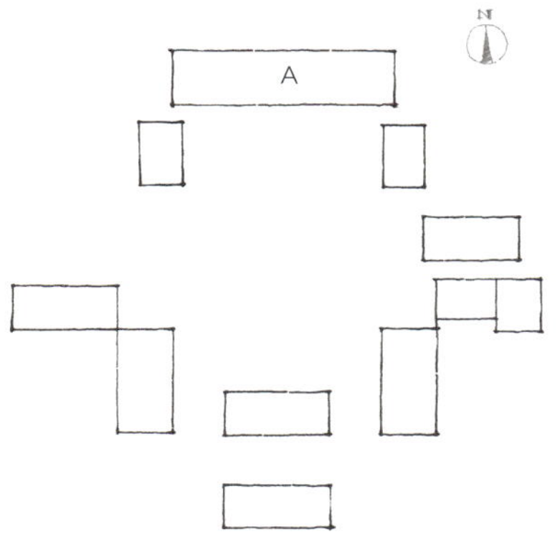

寺庙简介

　　寺庙建筑风格为汉式建筑。寺庙在其最盛时有大雄宝殿及众多庙仓建筑。明如拉活佛共转7世。该活佛为青海郭莽寺（广惠寺）住持，第一世曾为拉萨哲蚌寺果芒僧院堪布，后修建青海郭莽寺。第二世时任多伦诺尔喇嘛印务处掌印扎萨克达喇嘛一职，其后世常驻锡于多伦诺尔之地，兼任原察哈尔明干旗敖兰诺尔庙的住持喇嘛一职。

　　1950年，新成立正蓝旗五一牧场时由于房屋缺少，该庙多数房屋曾被当作居民房舍。寺庙现存青砖硬山顶房屋10余座，多数已被遗弃，破败不堪。

参考文献：

[1]额·代青,章楚布.多伦诺尔三域十四位活佛沙比纳尔（蒙古文）.正蓝旗政协文史编委会,2008,11.

[2]那·布和哈达.锡林郭勒寺院（蒙古文）.海拉尔:内蒙古文化出版社,1999.

[3]蒙古学百科全书编委会.蒙古学百科全书·宗教卷（蒙古文）.呼和浩特:内蒙古人民出版社,2007,7.

单位：毫米

寺院蒙古语藏语名称	蒙古语			汉语名称	汉语正式名称		明如拉活佛府			
	藏语	——			俗称		明德庙			
所在地	锡林郭勒盟正蓝旗五一牧场					东经	115° 51′	北纬	42° 19′	
初建年	——			保护等级		——				
主要建筑基本概况	汉语正式名称	——		俗称	——		初建年	——		
	建筑简要描述	——		结构形式	——		建筑层数	——		
	通面阔	——	开间数	——	明间	——	次间	——	梢间	——	次梢间	——	尽间	——
	通进深	——	进深数	——	进深尺寸（前→后）	——				
	柱子数量	——	柱子间距	横向尺寸	——		（藏式建筑结构体系填写此栏，不含廊柱）			
				纵向尺寸	——					
调查日期	2010/08/12	调查人员	白雪	摄影日期	2010/08/12	摄影人员	贺龙、白雪			

玛拉日图庙·基本概况表

总平面图·现状照片

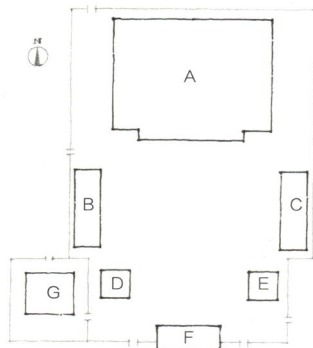

A.大雄宝殿　C.东配殿　E.钟楼　G.佛塔
B.西配殿　D.鼓楼　F.山门

大雄宝殿正立面（上图）
山门斜前方（左图）
大雄宝殿室内（右图）

寺庙简介

　　玛拉日图庙为原察哈尔太卜寺右翼牧群寺庙，系该牧群正黄、正红、镶蓝、镶红四个骒马群的寺庙。寺庙无清廷御赐匾额。

　　20世纪初，正红、镶蓝骒马群西南部草原被大量开垦，牧民陆续北迁。1936—1940年，寺庙将所有建筑拆卸并运至巴嘎呼拉乎邦康山南麓，即现今的地方，重建一座新庙。

　　寺庙建筑风格为汉式建筑。迁址前的寺庙有16间双层大雄宝殿、3间普明佛殿、3间药师殿、3间密集金刚殿（该殿两侧各有1间耳房，西侧为老爷殿、东侧为喇嘛殿）、3间马头明王殿、钟楼、鼓楼、3间天王殿等殿宇，其外围有一大红院。寺庙有3座庙仓，有正黄院、正红院、镶蓝院、镶红院等4座僧院，每座院内有10余间僧舍。迁移庙址后不仅重建了所有殿宇，又加建10余间房舍。

　　"文化大革命"期间寺庙严重受损，仅存残缺的钟楼、鼓楼与天王殿。2008年起，新建大雄宝殿、东西配殿、接待室、佛塔与院墙，至2010年8月仍未完工，喇嘛住所及一些必要设施仍未建成。现有几名喇嘛住在院中搭建的蒙古包内，轮

流看管寺庙。2010年7月19日举行了寺庙开光典礼。

参考文献：
[1]沙·东希格.察哈尔寺庙（蒙古文）（手稿）.
[2]那·布和哈达.锡林郭勒寺院（蒙古文）.海拉尔:内蒙古文化出版社,1999.

单位：毫米

寺院蒙古语藏语名称	蒙古语	ᠮᠠᠷᠠᠲᠦ᠋ ᠶᠢᠨ ᠰᠦᠮᠡ	汉语名称	汉语正式名称		禧盛寺	
	藏语	དགའ་ལྡན་འཕེལ་རྒྱས་གླིང་		俗称		玛拉日图庙	
所在地		锡林郭勒盟正蓝旗上都镇		东经	115° 59′	北纬	42° 15′
初建年		——		保护等级		——	
主要建筑基本概况	汉语正式名称		大雄宝殿	俗称	朝克钦独贡	初建年	2009年
	建筑简要描述		——	结构形式	砖木结构	建筑层数	2
	通面阔	28230	开间数	7	明间 3150	次间 3150	梢间 4000	次梢间 3600	尽间 3600
	通进深	20250	进深数	5	进深尺寸（前→后）		3600→4000→4000→4000	
	柱子数量	24	柱子间距	横向尺寸	——	（藏式建筑结构体系填写此栏，不含廊柱）	
				纵向尺寸	——		
调查日期	2010/08/11	调查人员	白雪	摄影日期	2010/08/11	摄影人员	贺龙、白雪

玛拉盖庙 · 基本概况表

<table>
<tr>
<td rowspan="2">总平面图 · 现状照片</td>
<td colspan="2"> 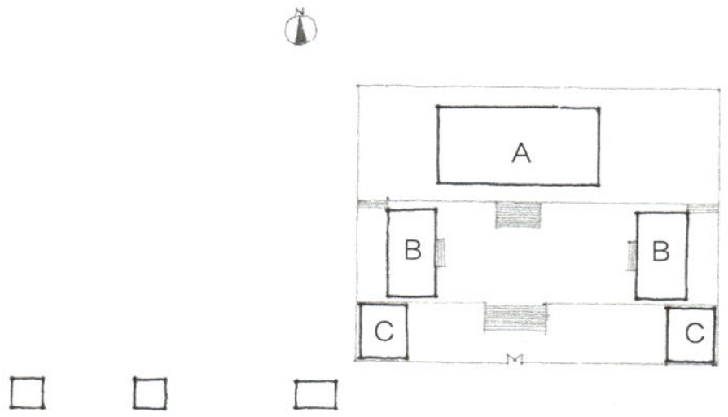</td>
</tr>
<tr>
<td>A.大召殿
B.配殿
C.喇嘛僧舍</td>
<td></td>
</tr>
</table>

大雄宝殿正立面（上图）
大雄宝殿前方（左图）
厢房正立面（右图）

| 寺庙简介 | 玛拉盖庙为原察哈尔太仆寺左翼旗寺庙。清廷御赐"咸安寺"匾额。

寺庙始建于康熙末年，竣工于雍正二年（1724年）。据传，察哈尔布日尼亲王逃避清朝追兵至此地，帽子被风刮下，却未捡而去。后察哈尔人在此建庙纪念布日尼亲王，将此庙命名为玛拉盖庙，即帽子庙。

寺庙建筑风格为汉式建筑。寺庙在其最盛时有山门、天王殿、钟楼、鼓楼、大雄宝殿、释迦牟尼殿、护法殿、藏经阁等近10座殿堂。其外有院墙。其两侧分布着镶黄、正白、镶白、正蓝和骟马院等五旗喇嘛自筹经费修建的僧舍院及四大学部院。

玛拉盖庙有医药学部、时轮学部、密宗学部、菩提道学部等四大学部。 | "文化大革命"中寺庙严重受损。2004年8月开始组织修建玛拉盖庙，历经两年竣工，于2006年11月8日举行了开光典礼。

参考文献：
[1]那·布和哈达.锡林郭勒寺院（蒙古文）.海拉尔:内蒙古文化出版社,1999. |

单位：毫米

<table>
<tr>
<td rowspan="2">寺院蒙古语藏语名称</td>
<td>蒙古语</td>
<td colspan="2" style="text-align:center">ᠮᠠᠯᠠᠭᠠᠢ ᠶᠢᠨ ᠰᠦᠮᠡ</td>
<td rowspan="2">汉语名称</td>
<td>汉语正式名称</td>
<td colspan="4">咸安寺</td>
</tr>
<tr>
<td>藏语</td>
<td colspan="2">——</td>
<td>俗称</td>
<td colspan="4">玛拉盖庙</td>
</tr>
<tr>
<td>所在地</td>
<td colspan="4" style="text-align:center">锡林郭勒盟太仆寺旗贡宝拉格苏木</td>
<td>东经</td>
<td colspan="2">115° 09′</td>
<td>北纬</td>
<td>41° 42′</td>
</tr>
<tr>
<td>初建年</td>
<td colspan="4" style="text-align:center">康熙末年</td>
<td>保护等级</td>
<td colspan="4" style="text-align:center">——</td>
</tr>
<tr>
<td rowspan="5">主要建筑基本概况</td>
<td>汉语正式名称</td>
<td colspan="3" style="text-align:center">大雄宝殿</td>
<td>俗称</td>
<td>朝克钦独贡</td>
<td>初建年</td>
<td colspan="2">2004年</td>
</tr>
<tr>
<td>建筑简要描述</td>
<td colspan="3" style="text-align:center">汉式建筑</td>
<td>结构形式</td>
<td>砖木混合</td>
<td>建筑层数</td>
<td colspan="2">2</td>
</tr>
<tr>
<td>通面阔</td>
<td>12480</td>
<td>开间数</td>
<td>5</td>
<td>明间</td>
<td>2920 次间</td>
<td>梢间</td>
<td>次梢间</td>
<td>尽间</td>
</tr>
<tr>
<td>通进深</td>
<td>6760</td>
<td>进深数</td>
<td>2</td>
<td>进深尺寸（前→后）</td>
<td colspan="4" style="text-align:center">1480（廊）→3220→1460</td>
</tr>
<tr>
<td>柱子数量</td>
<td>4</td>
<td>柱子间距</td>
<td>横向尺寸
纵向尺寸</td>
<td>——
——</td>
<td colspan="4" style="text-align:center">（藏式建筑结构体系填写此栏，不含廊柱）</td>
</tr>
<tr>
<td>调查日期</td>
<td colspan="2" style="text-align:center">2010/08/12</td>
<td>调查人员</td>
<td>白雪</td>
<td>摄影日期</td>
<td colspan="2">2010/08/12</td>
<td>摄影人员</td>
<td>贺龙、白雪</td>
</tr>
</table>

善达庙·基本概况表

总平
面图
·
现状
照片

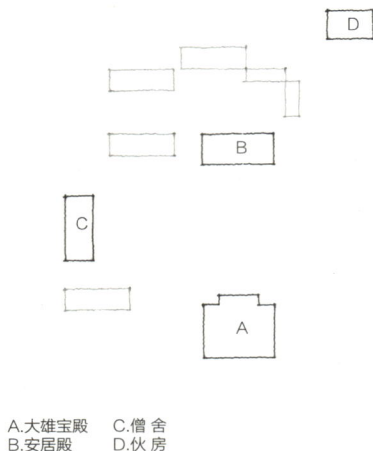

A.大雄宝殿　　C.僧　舍
B.安居殿　　　D.伙　房

大雄宝殿斜前方（上图）
僧房斜后方（左图）
安居殿斜前方（右图）

寺庙
简介

　　善达庙为原察哈尔镶白旗寺庙，系该旗第十二苏木，即土尔扈特厄鲁特苏木的寺庙。乾隆年间，清廷御赐满、蒙古、汉、藏四体匾额。

　　雍正年间，青海罗布桑丹津率部反清，叛乱被镇压后，部分土尔扈特厄鲁特蒙古人从青海迁至镶白旗牧地，其僧人诵经于宝日陶勒盖庙，后僧人之间出现纠纷，土尔扈特厄鲁特人离别旗庙，到巴音朱日和敖包一带，在荒漠中凿井饮水，建造一座庙，蒙古语称沙井为善达，故该庙俗称善达庙，也称巴音朱日和庙。该庙地处浑善达克沙漠腹地，相传在建庙时由于车辆难行，就用山羊拉砖建成。

　　寺庙建筑风格为汉式建筑。寺庙在其最盛时有天王殿、安居殿、24间大雄宝殿、9间释迦牟尼殿等4座大殿，法轮殿、佛仓殿、2间藏经殿、2间甘珠尔殿、3间东护法殿、3间西护法殿等6座小殿，外有大红院。其东侧有1座拉布隆及僧舍，西侧有僧舍院共4座，共计近20间。寺庙有7座庙仓。

　　寺庙在"文化大革命"期间严重受损。大雄宝殿、安居殿由于作为善达公社粮站、供销社仓库，从而幸免于难。现存的两个大殿位于一个中轴

线上，东侧有一座伙房，西南侧有一座僧房。大雄宝殿现已被遗弃，建筑破败严重。供销社解体后，安居殿成为个体户的仓库。伙房成为个体户的小仓库，僧房则被遗弃。

参考文献：
[1]吉格米德彻仁.善达庙（蒙古文）（手稿本）.2010,11.
[2]正镶白旗政协文史学习委员会.正镶白旗文史（1—7辑合订本）.2009,8.

单位：毫米

寺院蒙古语藏语名称	蒙古语	ᠱᠠᠩᠳᠠ ᠶᠢᠨ ᠰᠦᠮᠡ	汉语名称	汉语正式名称	——		
	藏语	——		俗称	——		
所在地	锡林郭勒盟正镶白旗伊和淖尔苏木善达区			东经	115° 09′	北纬	42° 37′
初建年	——			保护等级	——		
主要建筑基本概况	汉语正式名称	正南房		俗称	朝克钦独贡	初建年	——
	建筑简要描述	汉式建筑		结构形式	砖木混合	建筑层数	1
	通面阔	10880	开间数	3	明间 —— 次间 —— 梢间 —— 次梢间 —— 尽间 ——		
	通进深	10670	进深数	5	进深尺寸（前→后）		
	柱子数量	8	柱子间距	横向尺寸 ——	（藏式建筑结构体系填写此栏，不含廊柱）		
				纵向尺寸 ——			
调查日期	2010/08/12	调查人员	白雪	摄影日期	2010/08/12	摄影人员	贺龙、白雪

扎嘎苏台庙 · 基本概况表

总平面图 · 现状照片	A.佛 殿 B.僧 舍	

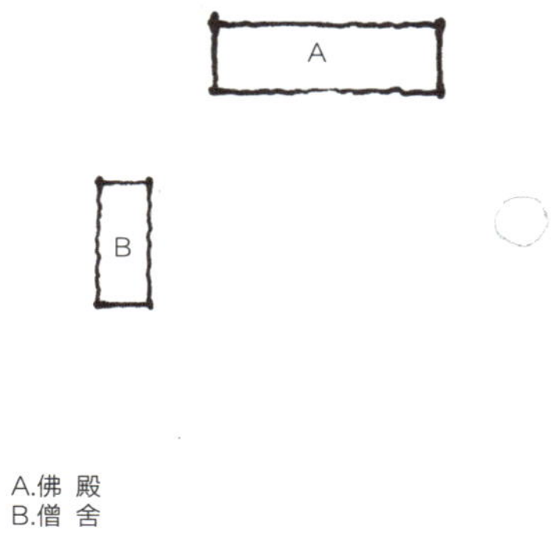

佛殿正前方（上图）
僧舍斜前方（下图）

寺庙简介	扎嘎苏台庙为原察哈尔正蓝旗寺庙，系该旗第一、第二、第五、第六四个苏木的寺庙。该寺有清廷御赐寺名。寺庙管辖会苏庙、伊和宝日汗庙2座属庙。 　据传，雍正末年至乾隆初年，寺庙初建于正蓝旗第二苏木高日班塔拉之地，原称高日班塔拉庙，有3间正方形佛殿三座，20余间房舍。晚近时期才迁至扎嘎苏台湖畔，并新建殿宇，故俗称扎嘎苏台庙。 　寺庙建筑风格为汉式建筑。迁址后的寺庙有40间双层汉式大雄宝殿、7间安居殿、4间天王殿等5座殿宇，5座庙仓，庙仓及僧舍200余间。1931年由日本学者江上波夫等人组成的考察队曾路经扎嘎苏台庙，并拍摄全景照片，留下珍贵的历史资料（其中也有其属庙伊和宝日汗庙的正殿照片）。据此可以看到寺庙布局，大雄宝殿后有一座殿，前有两座配殿，山门、影壁，共处一座长方形院落内。其两侧为庙仓及僧房。 　扎嘎苏台庙有医药学部。 　"文化大革命"期间该庙被拆毁，仅存的两座建筑位于扎嘎苏台苏木政府所在地西北角，破败	严重，至今未恢复法会。 参考文献： ［1］沙·东希格.察哈尔寺庙（蒙古文）（手稿）. ［2］那·布和哈达.锡林郭勒寺院（蒙古文）.海拉尔:内蒙古文化出版社,1999年. ［3］（日）江上波夫等.蒙古高原行纪.赵令志译.呼和浩特:内蒙古人民出版社,2007,12.

单位：毫米

寺院蒙古语藏语名称	蒙古语	ᠵᠠᠭᠠᠰᠤᠲᠠᠢ ᠰᠦᠮᠡ	汉语名称	汉语正式名称	——		
	藏语	འདི་ཆེན་ཆོས་འཁོར་གླིང་		俗称	扎嘎苏台庙		

所在地	锡林郭勒盟正蓝旗扎嘎苏台苏木政府所在地		东经	115° 48′	北纬	42° 52′

初建年	雍正末年（乾隆初年）	保护等级	——

主要建筑基本概况	汉语正式名称	扎格斯台庙		俗称	——		初建年		雍正末年（乾隆初年）
	建筑简要描述	无瓦，建筑残破		结构形式	砖木混合		建筑层数		1
	通面阔	11630	开间数	5	明间 3200	次间 3150	梢间 ——	次梢间 3100	尽间 ——
	通进深	8950	进深数	3	进深尺寸（前→后）				
	柱子数量	2	柱子间距	横向尺寸	——	（藏式建筑结构体系填写此栏，不含廊柱）			
				纵向尺寸	——				

毕如庙·基本概况表

总平面图·现状照片

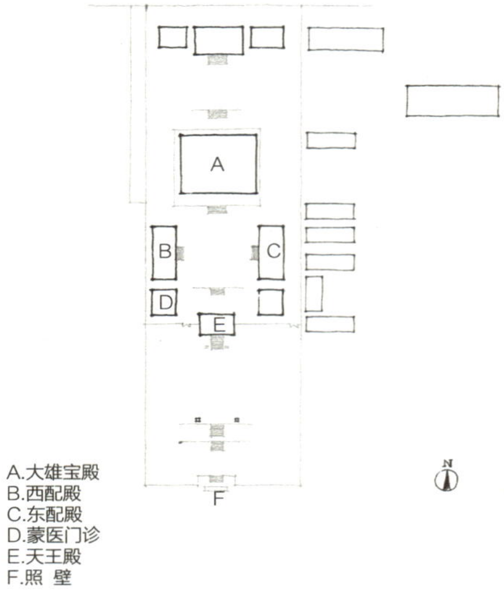

A.大雄宝殿
B.西配殿
C.东配殿
D.蒙医门诊
E.天王殿
F.照 壁

大雄宝殿正立面（上图）
山门正立面（下图）

寺庙简介

　　毕如庙为原昭乌达盟克什克腾旗寺庙，系该旗旗庙及全旗最早兴建的藏传佛教寺院之一。清廷御赐"庆宁寺"匾额。

　　寺庙始建于康熙三年（1664年），克什克腾旗扎萨克玛纳呼执政时期。初为土木结构，乾隆二十五年（1760年），改建为砖木结构。后经三次重修，建成现有规模。

　　寺庙建筑风格为汉式风格。寺庙在其最盛时占地面积1万平方米，寺院随山势高低形成阶梯式院落，有重檐歇山顶双层大雄宝殿、罗汉殿、双层藏经楼、释迦牟尼殿、白伞盖佛母殿、胜乐金刚殿、1间土地神殿、1间观音殿等殿宇，有6座庙仓。殿宇皆为青砖灰瓦木架结构。

　　1947年，寺庙档案在"土地改革"运动中荡然无存，寺庙建筑严重受损。2005年，旦却坚赞法师任该寺住持，次年开始筹备复建寺庙，于2008年正式恢复法事。

参考文献：
[1]嘉木杨·凯朝.中国蒙古族地区佛教文化.北京:民族出版社,2009.
[2]嘎拉增,呼格吉乐图等.昭乌达寺院（蒙古文）.海拉尔:内蒙古文化出版社,1994.
[3]克什克腾旗志编纂委员会.克什克腾旗志.呼和浩特:内蒙古人民出版社,1993.

单位：毫米

寺院蒙古语藏语名称	蒙古语	ᠮᠣᠩᠭᠣᠯ	汉语名称	汉语正式名称		庆宁寺	
	藏语	༺		俗称		毕如庙	
所在地	赤峰市克什克腾旗经棚镇			东经	117° 31′	北纬	43° 14′
初建年	康熙三年（1664年）			保护等级	内蒙古自治区级重点文物保护单位		
主要建筑基本概况	汉语正式名称	大雄宝殿		俗称	——	初建年	康熙三年（1664年）
	建筑简要描述	汉式砖木混合结构体系，汉藏结合装饰风格，歇山式屋顶		结构形式	砖木混合	建筑层数	3
	通面阔	——	开间数	7	明间	—— 次间 —— 梢间 —— 次梢间 —— 尽间 ——	
	通进深	——	进深数	7	进深尺寸（前→后）	——	
	柱子数量	——	柱子间距	横向尺寸	——	（藏式建筑结构体系填写此栏，不含廊柱）	
				纵向尺寸	——		
调查日期	2010/10/19	调查人员	宝山	摄影日期	2010/10/19	摄影人员	乔恩懋

板子庙·基本概况表

总平面图·现状照片	

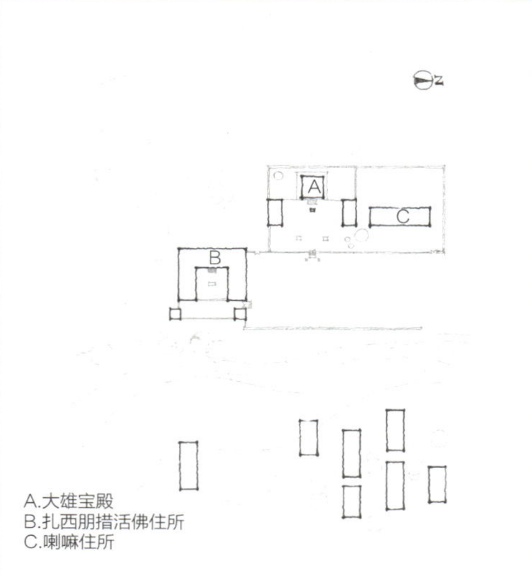

A.大雄宝殿
B.扎西朋措活佛住所
C.喇嘛住所

大雄宝殿正前方（上图）
喇嘛僧舍斜前方（下图）

寺庙简介

　　板子庙是原昭乌达盟扎鲁特右翼旗寺庙，系该旗扎萨克王的家庙。咸丰年间，清廷御赐满、蒙古、汉、藏四体"宝光寺"匾额。

　　扎鲁特右翼旗扎萨克王最初为一位西域游僧建造了用木板搭建的小庙。咸丰九年（1859年），在王府西北加格日图华之地原木板庙基础上建造寺庙，俗称西诺颜庙。后将大雄宝殿扩至60间，改为藏式庙宇。

　　寺庙建筑风格为汉藏结合式。寺庙在其最盛时有大雄宝殿、时轮殿、显宗殿、千佛殿、罗汉殿等9座殿堂，5座庙仓。

　　寺庙在"土地改革"及"文化大革命"中全部被拆毁。1985年，在原庙遗址上修建一间佛殿。2002年经旗人民政府批准，聘来梅林庙第七世活佛扎西朋措，任命其为板子庙住持。2007年，扎西朋措活佛开始筹建板子庙新殿，从青海省塔尔寺请来了工匠，经过3年的努力，于2009年10月正式建成。新殿的建筑风格为藏式建筑，总面积为900平方米，整体建筑由主殿和侧殿组成。

参考文献：
［1］板子庙管委会.板子庙施舍功德录，2009.
［2］呼日勒沙.哲里木寺院（蒙古文）.海拉尔:内蒙古文化出版社,1993.

单位：毫米

寺院蒙古语藏语名称	蒙古语	——		汉语名称	汉语正式名称		宝光寺	
	藏语	བག་ཤེས་ཕྱུན་ཚོགས་གླིང་།			俗称		板子庙	
所在地	内蒙古自治区通辽市扎鲁特旗格日朝鲁苏木巴彦宝力格嘎查境内				东经	120° 54′	北纬	44° 32′
初建年	——				保护等级	县（市）级保护单位（遗址）		
主要建筑基本概况	汉语正式名称	大雄宝殿		俗称	——		初建年	——
	建筑简要描述	——		结构形式	砖混结构		建筑层数	1
	通面阔	8115	开间数	3	明间	2640	次间	2312	梢间	——	次梢间	——	尽间	——
	通进深	7264	进深数	——	进深尺寸（前→后）	——			
	柱子数量	——	柱子间距	横向尺寸	——	（藏式建筑结构体系填写此栏，不含廊柱）		
				纵向尺寸	——			
调查日期	2010/10/12	调查人员	李国保	摄影日期	2010/10/12	摄影人员	乔恩懋	

王爷庙·基本概况表

总平面图·现状照片

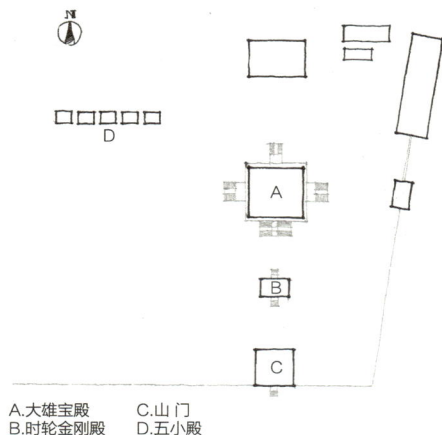

A.大雄宝殿　C.山门
B.时轮金刚殿　D.五小殿

大雄宝殿正立面（上图）
天王殿斜前方（左图）
山门斜前方（右图）

寺庙简介

王爷庙为原哲里木盟科尔沁右翼前旗（俗称扎萨克图旗）寺庙，系该旗扎萨克王的家庙。康熙年间，清廷赐名"普惠寺"。1947年5月1日内蒙古自治区政府在此成立，并将王爷庙正式改名为乌兰浩特市。今日的乌兰浩特市曾一度被称为王爷庙。

康熙三十年（1691年），由扎萨克图旗第三代扎萨克郡王鄂齐尔新建寺庙。另有一说为，郡王将位于塔斯日海之地的固始喇嘛庙南迁至现今所在地，建成了家庙。寺庙建成后，从乌珠穆沁旗请来乔尔吉喇嘛主持法事，寺庙习称王爷庙。

寺庙建筑风格为藏式风格。寺庙最初由81间大雄宝殿、81间显宗殿两座主殿与两座庙仓组成，僧舍300余间。乌泰事件后寺庙被毁，民国30年（1941年）重建后规模大为缩小，只有正殿1座，房屋49间。

王爷庙有时轮学部。

"文化大革命"，期间寺庙建筑全部被拆毁。2003年，乌兰浩特市决定复建寺庙，聘请通辽市希拉木仁庙住持包天虎自筹化缘建设王爷庙。现今寺庙未建在原址上，其建筑风格、布局也与原寺不同，寺庙占地13万平方米，主体建筑

沿中轴线对称布局，从南到北依次为山门、天王殿、大雄宝殿、密宗殿，中轴线以东靠后的部分为喇嘛生活区，中轴线以西为五小庙。

参考文献：
[1] 政协内蒙古自治区委员会文史资料委员会.内蒙古喇嘛教纪例（第四十五辑），1997,1.
[2] 蒙古学百科全书编委会.蒙古学百科全书·宗教卷（蒙古文）.呼和浩特:内蒙古人民出版社，2007,7.

单位：毫米

寺院蒙古语藏语名称	蒙古语	ᠣᠺ ᠣ ᠣᠣᠣᠺ		汉语名称	汉语正式名称	普惠寺		
	藏语	——			俗称	王爷庙		
所在地	内蒙古自治区乌兰浩特市普惠街				东经	122° 03′	北纬	46° 05′
初建年	始建于1691—1694年			保护等级	——			
主要建筑基本概况	汉语正式名称	大雄宝殿		俗称	——	初建年		2003年
	建筑简要描述	汉式结构体系		结构形式	钢筋结构	建筑层数		3
	通面阔	28800	开间数	7	明间 5100 次间 4600 梢间 ——	次梢间 3400	尽间	2200
	通进深	24000	进深数	3	进深尺寸（前→后）	6000→8450→5600		
	柱子数量	——	柱子间距	横向尺寸 ——		（藏式建筑结构体系填写此栏，不含廊柱）		
				纵向尺寸 ——				
调查日期	2009/09/29	调查人员	宝山	摄影日期	2009/09/29	摄影人员	房宏伟	

昂日格庙·基本概况表

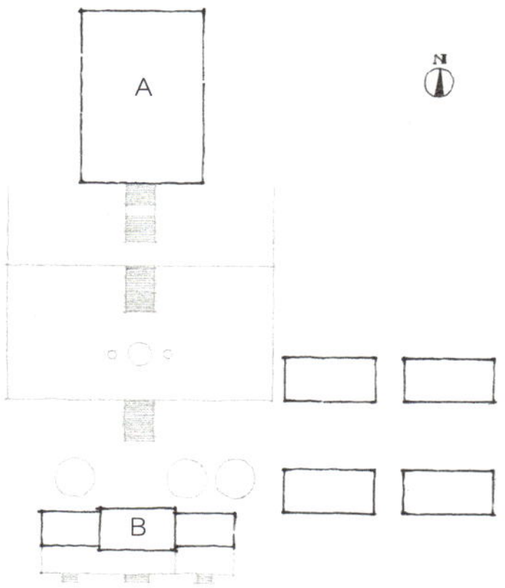

A.大雄宝殿
B.时轮金刚殿

单位：毫米

大雄宝殿正前方（上图）
大雄宝殿斜前方（右图）
山门斜前方（左图）

寺庙简介	昂格日庙为原哲里木盟扎赉特旗寺庙。乾隆年间，清廷御赐寺名"藏福寺"。 寺庙最初由扎赉特旗左翼哈代汗努图克的台吉们于康熙年间兴建，称巴音查干庙或查干庙。光绪三十年（1904年），在日俄战争期间，寺庙毁于战乱，后在昂格日山山坡上重建寺庙，俗称为昂格日庙或比勒其格尔庙。 寺庙建筑风格为汉式建筑。寺庙在其最盛时总建筑面积1万余平方米，前后建有11座殿宇、2座庙仓。光绪年间，被毁后重建的寺庙有1座殿宇、30余间房舍。 "文化大革命"期间，寺庙严重受损。近年来，大规模复建寺庙，并正式恢复了法会。

参考文献：
[1]寺庙宣传单，2010.
[2]蒙古学百科全书编委会.蒙古学百科全书·宗教卷（蒙古文）.呼和浩特:内蒙古人民出版社,2007.

寺院蒙古语藏语名称	蒙古语	ᠣᠩᠭᠣᠨ ᠤ ᠰᠦᠮ᠎ᠡ	汉语名称	汉语正式名称	藏福寺
	藏语	——		俗称	昂日格庙、鹦鸽庙、白庙子

所在地	兴安盟扎赉特旗巴彦扎拉嘎		东经	122° 42′	北纬	46° 54′
初建年	始建于康熙年间	保护等级	——			

主要建筑基本概况	汉语正式名称	大雄宝殿		俗称	——		初建年		2009年
	建筑简要描述	汉式结构体系		结构形式	砖木混合		建筑层数		3
	通面阔	18500	开间数	5	明间	3400	次间	3220	梢间 —— 次梢间 3550 尽间 ——
	通进深	22370	进深数	4	进深尺寸（前→后）		5500→5000→5600→5000		
	柱子数量	——	柱子间距	横向尺寸	——		（藏式建筑结构体系填写此栏，不含廊柱）		
				纵向尺寸	——				

调查日期	2010/09/28	调查人员	栗建元	摄影日期	2010/09/28	摄影人员	房宏伟

阿尔山庙·基本概况表

总平面图·现状照片

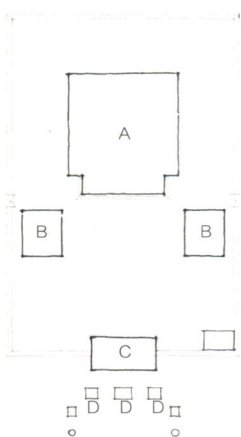

A. 大雄宝殿
B. 配殿
C. 山门
D. 白塔

阿尔山建筑群（上图）
大雄宝殿正立面（左图）
山门正立面（右图）

寺庙简介

阿尔山庙为原呼伦贝尔新巴尔虎右翼寺庙。九世班禅曲吉尼玛赐寺名"瑟木丕勒毕都日亚林"。

民国14年（1925年），新巴尔虎左翼总管额日和木巴图始建一座医药学部——医学神庙。宣统元年（1909年）冬，呼伦贝尔遭受雪灾，时任新巴尔虎左翼正白旗佐领的额日和木巴图迁至喀尔喀过冬，畜群遭受严重损失，归来后，地方民众慷慨捐助，使其很快发家致富。为答谢乡民的帮助，额日和木巴图以私财建造该庙，从喀尔喀叶古者日庙请来四名喇嘛教授医明，从左翼四旗拨来千余名喇嘛研习医学。寺庙建筑式样取自五当召，工匠请自安班浩特（今海拉尔）。寺庙俗称阿尔山庙，意即圣水庙，又名延寿宝明寺。

寺庙建筑风格为藏式风格。寺庙原有10间正殿、2间庙仓房、20余间僧舍，外有院墙与山门。

阿尔山庙有医药学部。

"文化大革命"期间，寺庙严重受损，仅存一座药库。1984年，寺庙正式恢复法会，修缮并扩建药库，作为大殿，并增建左、右配殿。因寺庙距甘珠尔庙很近，甘珠尔庙建成之前，其喇嘛一度曾住在该庙。

参考文献：
[1] 宝力德巴特尔.活佛隆登扎木苏（蒙古文）.海拉尔:内蒙古文化出版社,2008,3.
[2] 调研访谈记录，2009,10.

单位：毫米

寺院蒙古语藏语名称	蒙古语	ᠠᠷᠠᠱᠠᠨ ᠰᠦᠮ᠎ᠡ		汉语名称	汉语正式名称		延寿宝明寺	
	藏语	——			俗称		阿尔山庙	
所在地		呼伦贝尔市新巴尔虎左旗			东经	118°14′	北纬	48°13′
初建年		1925年		保护等级	——			
主要建筑基本概况	汉语正式名称	——		俗称	大雄宝殿		初建年	1928年
	建筑简要描述	汉藏混合		结构形式	砖木混合		建筑层数	1
	通面阔	13150	开间数	3	明间	3900	次间	1350	梢间	——	次梢间	——	尽间	——
	通进深	8130	进深数	4	进深尺寸（前→后）		3800→2280→3055→1800	
	柱子数量	8	柱子间距	横向尺寸	——		（藏式建筑结构体系填写此栏，不含廊柱）	
				纵向尺寸	——			
调查日期	2009/10/05	调查人员	房宏伟	摄影日期	2009/10/05	摄影人员	房宏伟	

达尔吉林寺 · 基本概况表

<table>
<tr><td rowspan="2">总平面图 · 现状照片</td><td>

A.山 门
B.钟鼓楼
C.天王殿
E.兜率尊胜殿
F.三学日光殿

</td><td>

</td></tr>
</table>

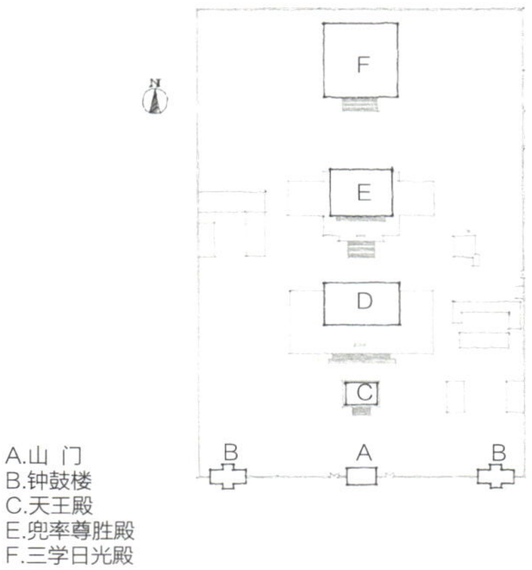

达尔吉林寺 （上图）
兜率尊胜殿正前方（左图）
三学日光殿正立面（右图）

寺庙简介	达尔吉林寺位于呼伦贝尔市海拉尔区西北的山坡上。 2007年，由阿鲁德公司新建该寺，该庙以恢复原海拉尔区安本庙的名义修建，但名称、建筑风格、历史传承都与安本庙无关，为全新的一座寺院。 寺庙建筑风格为汉式风格。寺庙占地4万平方米，有山门、天王殿、三学日光殿、三层汉藏结合式兜率尊胜殿、佛学院这5座殿宇。殿宇均布置于中轴线上，山门左右分别是鼓楼和钟楼，两楼都建于院墙上。庙内东侧有喇嘛住所和斋堂，西侧为活佛府。寺庙殿宇体量都很大，建筑依山而建，逐个升高。庙西北有一座释迦塔。	参考文献： [1] 调研访谈记录，2009.

单位：毫米

寺院蒙古语藏语名称	蒙古语	᠊᠊᠊᠊᠊		汉语名称	汉语正式名称		达尔吉林寺	
	藏语	᠊᠊᠊᠊᠊			俗称		安板大庙	
所在地		呼伦贝尔市，海拉尔区			东经	119° 42′	北纬	49° 15′
初建年		2007年			保护等级	——		

主要建筑基本概况	汉语正式名称	兜率尊胜殿		俗称	大雄宝殿		初建年	2007年	
	建筑简要描述	汉藏混合		结构形式	砖木混合		建筑层数	3	
	通面阔	35500	开间数	9	明间	3400	次间	2500	梢间 2500 次梢间 2500 尽间 4300
	通进深	23000	进深数	6	进深尺寸（前→后）		8000→2800→2800→2800→2800→2000		
	柱子数量	26	柱子间距	横向尺寸	——		（藏式建筑结构体系填写此栏，不含廊柱）		
				纵向尺寸	——				

调查日期	2009/10/09	调查人员	房宏伟	摄影日期	2009/10/09	摄影人员	房宏伟

巴音库仁庙·基本概况表

<table>
<tr><td rowspan="2">总平
面图
·
现状
照片</td><td>

A.大雄宝殿　　C.山门
B.时轮金刚殿　D.喇嘛住所
</td><td>

</td></tr>
</table>

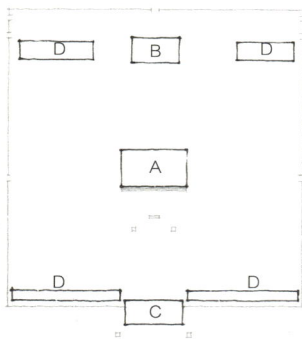

大雄宝殿斜前方（上图）
大雄宝殿正前方（左图）
山门斜前方（右图）

寺庙简介：

巴音库仁庙为原呼伦贝尔陈巴尔虎寺庙。

寺庙建于光绪四年（1878年），俗称巴音库仁庙、呼和道布庙、齐卜钦庙。藏语名为达喜达日扎林，俗称达日扎林。

寺庙建筑均由青砖建成。寺庙建筑面积为2744平方米，由大殿、东西厢房、天王殿及两座塔形庙宇组成。外有100平方米的熨房，127.4平方米的庙仓。

"文化大革命"期间寺庙被拆毁，庙址后被城镇占用。2003年，又在市区西面郊区由道怒日佈扎本苏新建了寺庙，占地1万平方米。庙宇建筑采用了钢筋混凝土结构。寺院呈中轴对称，由山门、大殿、护法殿及僧舍等建筑组成，山门两侧及护法殿两侧为喇嘛住所。大殿是重檐歇山顶汉式建筑，面阔七间，进深三间。

参考文献：
［1］调研访谈记录，2009.
［2］呼盟史志编纂委员会.呼伦贝尔盟志（下）.海拉尔:内蒙古文化出版社,1999.

单位：毫米

<table>
<tr><td rowspan="2">寺院蒙古语藏语名称</td><td>蒙古语</td><td>ᠭᠡᠭᠡᠨ ᠰᠦᠮ᠎ᠡ</td><td rowspan="2">汉语名称</td><td>汉语正式名称</td><td colspan="3">盛祥寺</td></tr>
<tr><td>藏语</td><td>བཀྲ་ཤིས་དར་རྒྱས་གླིང་།</td><td>俗称</td><td colspan="3">达日扎楞</td></tr>
<tr><td>所在地</td><td colspan="3">呼伦贝尔市陈旗巴音库仁镇</td><td>东经</td><td>119° 25′</td><td>北纬</td><td>49° 19′</td></tr>
<tr><td>初建年</td><td colspan="4">光绪四年（1878年）</td><td>保护等级</td><td colspan="3">——</td></tr>
<tr><td rowspan="6">主要建筑基本概况</td><td>汉语正式名称</td><td colspan="3">——</td><td>俗称</td><td>大雄宝殿</td><td>初建年</td><td>光绪四年（1878年）</td></tr>
<tr><td>建筑简要描述</td><td colspan="3">汉式结构体系</td><td>结构形式</td><td>石木混合</td><td>建筑层数</td><td>2</td></tr>
<tr><td>通面阔</td><td>20400</td><td>开间数</td><td>5</td><td colspan="4">明间 4600　次间 3600　梢间 ——　次梢间 ——　尽间 3100</td></tr>
<tr><td>通进深</td><td>9300</td><td>进深数</td><td>2</td><td>进深尺寸（前→后）</td><td colspan="3">4100→4100</td></tr>
<tr><td rowspan="2">柱子数量</td><td rowspan="2">36</td><td rowspan="2">柱子间距</td><td>横向尺寸</td><td colspan="2">——</td><td colspan="2" rowspan="2">（藏式建筑结构体系填写此栏，不含廊柱）</td></tr>
<tr><td>纵向尺寸</td><td colspan="2">——</td></tr>
</table>

呼和庙·基本概况表

A.大雄宝殿
B.僧房
C.法物流通处

单位：毫米

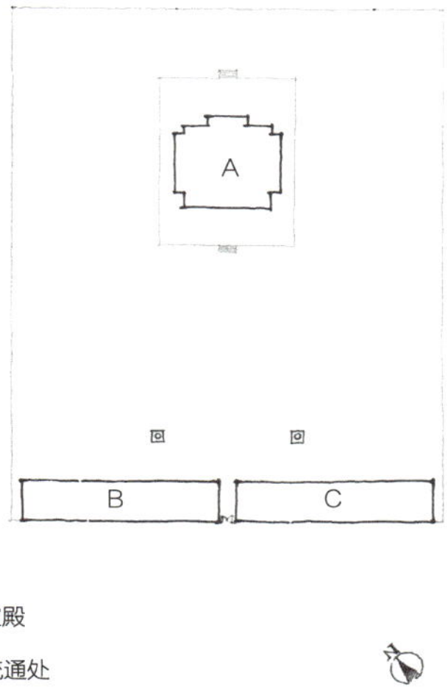

大雄宝殿斜前方（上图）
山门正立面（左图）
大雄宝殿正立面（右图）

寺庙简介	呼和庙为原呼伦贝尔索伦左翼旗寺庙。嘉庆七年（1802年），清廷赐名"广慧寺"。 　　乾隆四十九年（1784年），索伦左翼旗在胡吉托海（今巴彦托海镇）建成此庙。嘉庆八年（1803年），范恰布之后人倭格精额移住庙西，奎苏之后人泰庆阿移住庙东，从而慢慢形成鄂温克旗早期村落。因寺庙建筑为青砖青瓦建筑，故俗称此庙为呼和苏莫，即青砖寺。因寺庙位于盟府附近和南部，又俗称安本庙、南庙。 　　寺庙建筑风格为汉藏结合式风格。寺庙初建时，占地面积2000多平方米，有5间正殿，东西厢房各3间，3间门殿。 　　寺庙在"文化大革命"期间严重受损。2005年起开始筹备复建寺庙，至2010年，已建成山门、大雄宝殿及僧舍，并正式恢复法会。	参考文献： ［1］调研访谈记录，2010. ［2］呼盟史志编纂委员会.呼伦贝尔盟志（下）.海拉尔:内蒙古文化出版社,1999.

寺院蒙古语藏语名称	蒙古语	ᠬᠥᠬᠡ ᠰᠦᠮᠡ	汉语名称	汉语正式名称		广慧寺	
	藏语	——		俗称		呼和庙	

所在地	呼伦贝尔市鄂温克旗巴音镇			东经	119°45′	北纬	49°08′
初建年	乾隆四十九年（1784年）			保护等级		——	

主要建筑基本概况	汉语正式名称	——		俗称		——		初建年		2010年
	建筑简要描述	汉藏混合式		结构形式		砖木混合		建筑层数		2
	通面阔	25600	开间数	5	明间	4000	次间	5500	梢间 —— 次梢间 —— 尽间 3700
	通进深	25500	进深数	5	进深尺寸（前→后）		3700→3700→3700→3700→3700
	柱子数量	14	柱子间距	横向尺寸	——	（藏式建筑结构体系填写此栏，不含廊柱）
				纵向尺寸	——	

调查日期	2010/09/23	调查人员	房宏伟	摄影日期	2010/09/23	摄影人员	房宏伟

锡尼河庙·基本概况表

总平
面图
·
现状
照片

A.大雄宝殿
B.白 塔
C.西护法殿
D.博格达殿
E.东护法殿
F.显宗殿
G.西配殿
H.东配殿
I.山 门
J.喇嘛僧舍

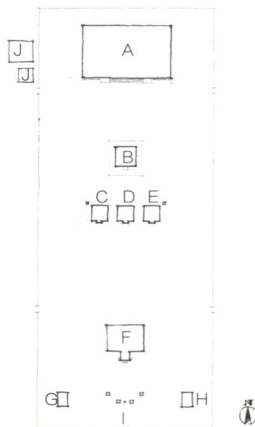

大雄宝殿正前方（上图）
大雄宝殿斜前方（右图）
显宗殿正前方（左图）

寺庙简介

　　锡尼河庙为原呼伦贝尔索伦旗寺庙，系布里亚特人在呼伦贝尔境内修建的第一座藏传佛教寺庙。九世班禅曲吉尼玛，为寺庙选定庙址，赐寺名"达西松都布林"。民国20年（1931年），九世班禅亲临该寺，更改寺名为"丹巴达日杰林"，并赐予金字八千诵经文及儿时衣物作为纪念。

　　民国11年（1922年），百余户布里亚特人经呼伦贝尔副都统衙门准许，从俄罗斯境内迁至呼伦贝尔锡尼河地区，后移民日渐增多，将原四个佐领改为左右翼两旗八个佐领。布里亚特人为了延续在故土时已信奉的佛法传统，开始筹备修建寺庙。民国15年（1926年），布里亚特旗嘎拉达扎·阿尤西等喇嘛请示副都统衙门，并经厄鲁特旗嘎拉达那木德格同意后，修缮锡尼河西岸原厄鲁特旧庙（有记载称为一座已破败的弥勒佛庙）。修建工程始于民国17年（1928年），次年竣工。

　　寺庙建筑风格为汉藏结合式。寺庙有大雄宝殿、护法殿、玛尼殿等殿宇及1座博克达拉布隆，另有木房及1顶白布制成的大帐，8座庙仓。

　　锡尼河庙有显宗学部。

　　"文化大革命"期间，寺庙严重受损。1982

年起开始重建寺庙，十余名僧人在庙址旁搭建毡包，正式恢复法会。至2009年，已建成三层重檐歇山顶大雄宝殿。新建寺院呈中轴对称，依次为山门、左右配殿、显宗殿、三座小殿（西护法殿、博克达拉布隆、东护法殿）、大雄宝殿。

参考文献：
［1］都·呼·勒格其得.锡尼河庙回忆录（蒙古文）（内部资料），2008.
［2］苏勇.呼伦贝尔民族志.呼和浩特:内蒙古人民出版社,1997.
［3］调研访谈记录，2010.

单位：毫米

寺院蒙古语藏语名称	蒙古语	ᠬᠢᠨᠢ ᠬᠢᠳ		汉语名称	汉语正式名称	丹巴达杰陵寺		
	藏语	བསྟན་པ་དར་རྒྱས་གླིང་།			俗称	锡尼河庙		
所在地	呼伦贝尔市鄂温克旗				东经	119° 45′	北纬	49° 08′
初建年	1928年			保护等级	——			
主要建筑基本概况	汉语正式名称	——		俗称	大雄宝殿	初建年	2008年	
	建筑简要描述	汉藏混合		结构形式	石木混合	建筑层数	3	
	通面阔	27720	开间数	7	明间 4300	次间 2870	梢间 ——	次梢间 2990 尽间 3420
	通进深	15230	进深数	2	进深尺寸（前→后）	6759→6759		
	柱子数量	30	柱子间距	横向尺寸 ——	（藏式建筑结构体系填写此栏，不含廊柱）			
				纵向尺寸 ——				

召庙名称对照表 Comparison Table of Temple Name

地区	俗称	汉语正式名称	藏语名称	蒙古语俗称	蒙古语正式名称
阿拉善盟	南寺	广宗寺	དགའ་ལྡན་བསྟན་རྒྱས་གླིང་།	[illegible]	[illegible]
	衙门寺	延福寺	དགེ་རྒྱས་གླིང་།	[illegible]	[illegible]
	巴丹吉林庙	——	དཀའ་ལྡན་ཕུན་ཚོགས་རབ་རྒྱས་གླིང་།	[illegible]	[illegible]
	北寺	福因寺	དགེ་རྒྱུད་ གླིང་།	[illegible]	[illegible]
	阿拉腾特布西庙	——	ལྷ་རིན་ཀུན་དགའ་ལྡན་ཆོས་གླིང་།	[illegible]	[illegible]
	达力克庙	——	དངོས་གྲུབ་ཀུན་འབྱུང་གླིང་།	[illegible]	——
	库日木图庙	——	བཤད་སྒྲུབ་དར་རྒྱས་གླིང་།	[illegible]	——
	朝克图库伦庙	昭化寺	ཕན་བདེ་རྒྱ་མཚོ་གླིང་།	[illegible]	[illegible]
	图库木庙	妙华寺	ཟབ་འབྱུང་ཆོས་ཀྱི་སྣང་སྐྱེ་གླིང་།	[illegible]	[illegible]
	沙日扎庙	——	བཀྲ་ཤིས་ཆར་འབེབས་གླིང་།	[illegible]	[illegible]
	夏日格庙	——	ཐུབ་བསྟན་ཆོས་འཁོར་གླིང་།	[illegible]	——
	红塔庙	——	——	[illegible]	——
	喀尔喀庙	——	བསྟན་པ་དར་རྒྱས་གླིང་།	[illegible]	[illegible]
	额济纳西庙	——	བཀྲ་ཤིས་ཆོས་གླིང་།	[illegible]	[illegible]
	额济纳新西庙	——	བཀྲ་ཤིས་ཆོས་གླིང་།	[illegible]	[illegible]
巴彦淖尔市	点布斯格庙	寿华寺	——	[illegible]	[illegible]
	阿贵庙	宗乘寺	དམ་པ་དར་རྒྱས་གླིང་།	[illegible]	[illegible]
	善岱古庙（乌盖庙）	咸化寺	ཀུན་བདེ་གླིང་།	[illegible]	——
	东升庙	——	——	[illegible]	——
	哈日朝鲁庙	——	——	[illegible]	——
鄂尔多斯市	准格尔召（西召）	宝堂寺	དགའ་ལྡན་བཤད་སྒྲུབ་དར་རྒྱས་གླིང་།	[illegible]	[illegible]
	乌审召	甘珠尔庙	བདེ་ཆེན་དམ་ཆོས་བཀའ་གསལ་གླིང་།	[illegible]	[illegible]
	海流图庙	——	དམ་པ་དར་རྒྱས་གླིང་།	[illegible]	[illegible]
	陶亥召	吉祥如意寺新庙	བཀྲ་ཤིས་ཕུན་ཚོགས་གླིང་།	[illegible]	[illegible]
	特布德庙	吉祥大乘寺	བཀྲ་ཤིས་ཐེག་ཆེན་གླིང་།	[illegible]	[illegible]
	鄂托克召（新召）	吉祥慧瑞寺	བཀྲ་ཤིས་དཔལ་ལྡན་དར་རྒྱས་གླིང་།	[illegible]	[illegible]
	展旦召	——	བཀྲ་ཤིས་རྣམ་རྒྱལ་ཆོས་འཁོར་གླིང་།	[illegible]	——
	公尼召	绥福寺	བཀྲ་ཤིས་མི་འགྱུར་གླིང་།	[illegible]	[illegible]
	乌兰木伦庙	吉祥果芒寺	བཀྲ་ཤིས་བསོད་ནམས་དར་རྒྱས་གླིང་།	[illegible]	——
	乌拉庙	吉祥福慧寺	བཀྲ་ཤིས་བསོད་ནམས་དར་རྒྱས་གླིང་།	[illegible]	[illegible]
	哈日根图庙	吉祥大乘寺	བཀྲ་ཤིས་ཐེག་ཆེན་གླིང་།	[illegible]	[illegible]
	阿日赖庙	——	བཀྲ་ཤིས་ཐེག་ཆེན་གླིང་།	[illegible]	[illegible]
	苏里格庙	吉祥贤德寺	བཀྲ་ཤིས་དཔལ་བཟང་གླིང་།	[illegible]	[illegible]
	沙日召	广慧寺	ཤེས་རབ་འཕེལ་བ་གླིང་།	[illegible]	[illegible]
	沙日特莫图庙	菩提济度寺	རྣམ་གྲོལ་བྱང་ཆུབ་གླིང་།	[illegible]	[illegible]
	哈毕日格庙	修心寺	བཤད་སྒྲུབ་བསམ་གཏན་གླིང་།	[illegible]	——
	查干庙	——	བཀྲ་ཤིས་དཔལ་ལྡན་གླིང་།	[illegible]	——
	陶日木庙	——	བཀྲ་ཤིས་ཆོས་འཁོར་གླིང་།	[illegible]	——
包头市	美岱召	灵觉寺	——	[illegible]	——
	五当召	广觉寺	རྒྱ་ཆེན་རྟོགས་ལྡན་གླིང་།	[illegible]	[illegible]
	昆都仑召	法禧寺	——	[illegible]	[illegible]
	梅日更召	昌梵寺	——	[illegible]	[illegible]
	百灵庙	广福寺	བསོད་ནམས་འཕར་བྱེད་གླིང་།	[illegible]	[illegible]
	希拉木仁庙	普会寺	ཀུན་མཐུན་གླིང་།	[illegible]	[illegible]

续表

地区	俗称	汉语正式名称	藏语名称	蒙古语俗称	蒙古语正式名称
呼和浩特市	大召	无量寺	དཔལ་མེད་སྒྲུབ།		
	席力图召	延寿寺	བྱང་ཆུབ་སྒྲུབ།		
	小召	崇福寺			
	五塔寺	慈灯寺	——		
	乌素图召	庆缘寺			
	喇嘛洞召	广化寺	ཀུན་འདུལ་སྒྲུབ།		
	乃莫齐召	隆寿寺			
乌兰察布市	希拉木仁庙	普和寺	དཀར་ཚལ་སྒྲུབ།		
	阿贵庙	善福寺	འབོད་ནམས་བཟང་པོ་སྒྲུབ།		
	王府庙	——			
锡林郭勒盟	毕鲁图庙	完满贝勒寺	ཕུན་ཚོགས་བདེ་ཆེན་སྒྲུབ།		
	查干敖包庙	——			
	巴音乌素诵经会	——	དགེ་འཕེལ་སྒྲུབ།		——
	杨都庙	施善寺、钦定寿昌寺	——		
	贝子庙	崇善寺	དགེ་འཕེལ་སྒྲུབ།		
	新庙	密宗昌盛寺	——		
	王盖庙	大乘法胤法轮寺	བཀ་ཤེས་ཆོས་སྒྲུབ།		
	浩齐特庙	广祥寺	——		
	汇宗寺	汇宗寺	——		
	善因寺	善因寺	——		
	宝日陶勒盖庙	——	བྱབ་ཚོར་སྒྲུབ།		
	布日都庙	——			
	查干陶勒盖诵经会	——			——
	敖兰胡都格诵经会	——	དགེ་འདུན་རབ་རྒྱས་སྒྲུབ།		——
	吉日嘎朗图庙	隆福寺			
	汉贝庙	善源寺			
	浩勒图庙	施恩寺	བྱིན་སྒྲོ་སྒྲུབ།		
	乌兰哈拉嘎庙	宝成寺	རིན་ཆེན་མཆོག་སྒྲུབ།		
	喇嘛库伦庙	集惠寺	བྱིན་ཚོགས་སྒྲུབ།		
	宝拉格庙	永学寺	——		
	嘎黑拉庙	教盛法轮寺	བསྟན་དར་ཆོས་འཁོར་སྒྲུབ།		
	哈音海日瓦庙	广益寺（又译大慈寺）	དཀར་ཕྱུན་འཁོར་རྒྱས་སྒྲུབ།		
	明如拉葛根庙	——			——
	玛拉日图庙	禧盛寺	དཀར་ཕུན་འཁོར་རྒྱས་སྒྲུབ།		——
	玛拉盖庙	咸安寺	——		
	善达庙	——			
	扎嘎苏台庙	——	བདེ་ཆེན་ཆོས་འཁོར་སྒྲུབ།		

续表

地区	俗称	汉语正式名称	藏语名称	蒙古语俗称	蒙古语正式名称
赤峰市	东瓦房庙	荟福寺	——	᠊	᠊
	格里布尔召	善福寺	——	᠊	᠊
	查干布热庙	梵宗寺	——	᠊	᠊
	罕庙（罕五庙）	戴恩寺	དགའ་ཡིས་གཡང་ཉེན་སྒྲིང་།	᠊	᠊
	巴拉奇如德庙	宝善寺	——	᠊	᠊
	根坯庙	广佑寺	དགེ་འཕེལ་སྒྲིང་།	᠊	᠊
	龙泉寺	——	——	᠊	——
	福会寺	——	——		᠊
	马日图庙	法轮寺	བཀྲ་ཤིས་ཆོས་འཁོར་སྒྲིང་།	᠊	᠊
	灵悦寺	——	མཆོན་པར་དགའ་བ་སྒྲིང་།	——	᠊
	毕如庙	——	དགའ་བདེ་སྒྲིང་།	᠊	᠊
通辽市	兴源寺	兴源寺	དགའ་ལྡན་ཆོས་གྲགས་སྒྲིང་།	——	᠊
	象教寺	象教寺	——		᠊
	福缘寺	福缘寺	——		᠊
	吉祥天女庙	——	——	᠊	——
	迈达日葛根庙	寿因寺	——	᠊	᠊
	希拉木仁庙	吉祥密乘大乐林寺	དགའ་ཆོས་སྒྲིང་།	᠊	᠊
	板子庙	宝光寺	བཀྲ་ཤིས་ཕུན་ཆོགས་སྒྲིང་།	᠊	᠊
兴安盟	巴音和硕庙	遐福寺	——	᠊	᠊
	陶赖图葛根庙	梵通寺	——	᠊	᠊
	王爷庙	普惠寺	——	᠊	᠊
	昂格日庙	藏福寺	——	᠊	——
呼伦贝尔盟	甘珠尔庙	寿宁寺	——	᠊	᠊
	新巴尔虎西庙	达西朋斯格庙	བཀྲ་ཤིས་ཕུན་ཆོགས་སྒྲིང་།	᠊	᠊
	阿尔山庙	——	——	᠊	——
	巴音库仁庙	盛祥寺	བཀྲ་ཤིས་དར་རྒྱས་སྒྲིང་།	᠊	——
	呼和庙	广慧寺	——	᠊	᠊
	锡尼河庙	丹巴达杰陵寺	བསྟན་པ་དར་རྒྱས་སྒྲིང་།	᠊	——
	达尔吉林庙	达尔吉林寺	དར་རྒྱས་སྒྲིང་།	᠊	——

内蒙古各盟旗曾有召庙名称

编者依据文献整理出了内蒙古地域历史上曾有过的召庙名录。共有1196座召庙。

注明：

1. 寺庙分布范围不仅局限于今日内蒙古行政区划内。

2. 未列诵经会名称。内蒙古地区曾有大量的诵经会，如原锡林郭勒盟约有140余座诵经会。

3. 未列道观、民间庙宇（如娘娘庙、龙王庙、老君庙、关帝庙、老爷庙等）等寺宇。（虽然也有内蒙古人主持建造上述庙宇）

4. 寺庙名称仅供参考，由于时间、文献等多种原因，未作详细的考证。

5. 同名召庙很多，因此对一些旗境内的同名召庙加以注释，以示创建年代的不同。

6. 以红色字体注明的召庙为课题组已调研召庙。

7. 内蒙古地区的召庙类型繁多，从大型的召庙到家族的召庙，遍布于整个内蒙古地区。在收录寺庙时每个文献的侧重点也不同，有些书将仅有三间房舍的家庙也收录进去，有些书籍仅选择有影响的大中型召庙。

今阿拉善地区：共40座

阿拉善旗：

1.南寺；2.衙门庙；3.北寺；4.沙日扎庙；5.朝克图库伦庙；6.图克木庙；7.额日彦陶乐盖庙；8.查干郭勒庙；9.门吉林庙；10.达日巴照格洞庙；11.额尔德尼召庙；12.道布吉林庙；13.巴丹吉林庙；14.夏日格庙；15.红塔庙；16.阿贵庙；17.宝日汗乌拉庙；18.宝日嘎苏台庙；19.额日波黑庙；20.夏日陶乐盖庙；21.固始庙；22.玛尼图庙；23.敖包图庙；24.达力克庙；25.库日木图庙；26.呼热图庙；27.查拉嘎尔庙；28.色格日庙；29.敖陶亥庙；30.白塔庙；31.巴日斯图殿；32.广福寺；33.阿拉腾特布西庙；34.达兰图如庙；35.斡日格庙；36.阿尔山庙；37.宝日庙

额济纳旗：

38.额济纳西庙；39.额济纳新西庙；40.喀尔喀庙

参考文献：

［1］贺·却木布拉,图布吉日嘎拉.阿拉善宗教史录.巴音森布尔，总70-71及72-73期.

今巴彦淖尔市、包头市部分地区：共71座

乌拉特西公旗：

1.梅日更召；2.点布斯格庙；3.公庙；4.吉日嘎朗图庙；5.乌布日苏布日嘎庙；6.达巴庙；7.督若庙；8.西格台庙；9.额尔德尼宝拉格庙；10.乌布日西热庙；11.查干宝力格庙；12.苏布日嘎庙；13.敖宝拉格庙；14.扎仓庙；15.毛盖图庙；16.齐格里庙；17.博里格庙；18.海流图庙；19.比齐格庙；20.西热庙；21.玛尼图庙；22.宝日汗图庙；23.哈西雅图庙；24.查干浩特庙；25.陶乐盖图庙；26.陶木庙；27.乌兰胡热图庙；28.劳丙庙；29.朝鲁浩特庙；30.东升庙

乌拉特中公旗：

1.昆都仑召；2.查干郭勒庙；3.克日戈呼拉尔庙；4.萨木黛庙；5.布日嘎苏台庙；6.阿如胡都嘎庙；7.本巴台庙；8.沙巴格庙；9.德都希利庙；10.东达布拉格庙；11.恩格尔庙；12.乌力吉图庙；13.温根特格庙；14.巴音宝日庙；15.哈太庙；16.宝日汗图庙；17.阿拉腾布斯庙；18.毕勒其庙；19.阿如伊百勒庙；20.伊恒查干庙；21.胡鲁斯台庙；22.杭嘎勒庙；23.甲格勒更庙；24.道劳齐庙；25.巴音善黛庙；26.都嘎尔庙；27.乌兰陶乐盖庙；28.珲都斯查干乌拉庙；29.巴勒庙；30.阿尔奇庙；31.老本庙；32.扎仓庙；33.乌兰宝拉格庙

乌拉特东公旗：

1.阿贵图庙；2.道尔吉胡都嘎庙；3.陶来胡勒庙；4.阿格鲁庙；5.宝拉格庙；6.杭格勒庙；7.福因寺；8.普福寺

参考文献：

［1］（清）葛尔丹旺楚克多尔济.巴·孟和.梅日更召创建史（蒙文）.海拉尔：内蒙古文化出版社，1994,4.

［2］莫德力图.乌兰察布史略（第十一辑）政协乌兰察布盟委员会文史资料研究委员会编.1997,10.

［3］绥远通志馆.绥远通志稿（第七册）.呼和浩特：内蒙古人民出版社，2007.

今鄂尔多斯地区：共325座

左翼中旗（郡王旗）：

1.伊克召；2.公尼召；3.陶亥召；4.台吉纳召；5.浩同庙；6.巴音柴达木庙；7.乌拉希利庙；8.查干额日格召；9.陶日木庙；10.宝日特格召；11.甘珠尔庙；12.洪金庙；13.满扎庙；14.阿巴亥庙；15.吉劳钦庙；16.扎门郭勒庙；17.夏日哈达庙；18.木日古其格庙；19.查柴庙；20.额乐苏台庙；21.观音庙；22.韩台庙；23.毛盖图庙；24.根坯庙；25.吉如和庙；26.查干朝鲁庙；27.巴音陶勒盖庙；28.修古日庙；29.查干庙；30.萨日塔庙；31.宝日嘎苏台庙；32.萨特庙；33.巴音宝拉格塔丙庙

左翼前旗（准噶尔旗）：

1.准噶尔召；2.准噶尔郭勒召；3.药王庙；4.格达日玛庙；5.敖日和齐庙；6.塔宾庙；7.西敖萨拉庙；8.东敖萨拉庙；9.钦达木尼庙；10.查干和硕阿贵庙；11.药王庙；12.巴音图库木庙；13.拉白乌拉庙；14.西巴日台庙；15.寨子阿贵庙；16.夏日格庙；17.宝日汗图阿贵庙；18.哈日郭勒阿贵庙；19.渥巴锡诺颜召；20.浩雅日乌孙庙；21.胡仁郭勒庙；22.柴达木庙；23.那日松茂顿庙；24.贝子诺颜的仓庙；25.哈音海日瓦庙；26.达诺颜赞康庙；27.巴日庙

左翼后旗（达拉特旗）：

1.展旦召；2.扎西却令庙；3.浩如干召；4.新庙（光绪）；5.释迦牟尼庙；6.蒙古贞庙；7.曼巴庙；8.乌德日格庙；9.宝如勒庙；10.苏吉庙；11.葛根庙；12.柴达木庙；13.恩格贝庙；14.敖格塔日贵庙；15.哈日根图庙；16.固始庙（同治）；17.善岱古庙；18.班禅召；19.诺门罕庙；20.新庙（同治）；21.图日卡庙；22.苏布日嘎庙（光绪）；23.巴日亥庙；24.达布绥庙；25.固始庙（光绪）；26.柴吉庙；27.萨特庙；28.瑟布呼勒庙；29.朱日海其庙；30.巴嘎召；31.哲格苏台塔丙庙；32.上哈西拉嘎庙；33.下哈西拉嘎庙；34.察木哈格庙；35.哈日宝拉格庙；36.毛盖图庙；37.噶布楚庙；38.阿贵庙；39.鸿召；40.萨召；41.花陶勒盖庙；42.图门台庙；43.苏布日嘎庙；44.花和硕庙；45.赞康庙；46.西都日古庙；47.宝日噶苏台庙；48.扎门郭勒庙；49.毛胡日阿贵庙；50.公格淖尔庙；51.哈来庙；52.哲格苏台固始庙；53.新嘎日查格庙；54.图希庙；55.阿贵庙；56.丹巴老本召；57.巴百庙；58.夏日朱乐根额恒庙

右翼中旗（鄂托克旗）：

1.旧召；2.哈日根图庙；3.哈日格坦庙；4.班禅庙；5.吉祥白莲寺；6.教盛寺；7.敖包图庙；8.陶古斯图庙；9.伊日盖图庙；10.阿日乐庙；11.毛盖图庙；12.西拉合硕庙；13.额日和图喇嘛庙；14.道伦阿贵庙；15.道伦昔日给庙；16.老本召；17.照哈庙；18.达日巴庙；19.囊苏庙；20.满巴热桑；21.热希忠庙；22.吉如和庙；23.哈达图庙（西哈达图）；24.乌兰哲里木庙；25.鄂托克召；26.巴朗都贡；27.陶日呼庙；28.陶日木庙；29.察布查尔庙；30.巴日僧固庙；31.套麦庙；32.宝乐胡乃庙；33.海流图庙；34.敖其尔宝同庙；35.吉日木图庙；36.巴彦陶力盖庙；37.道崩洞；38.其格勒庙；39.宝日敖包庙；40.马新布日都庙；41.塔宾庙；42.巴嘎莫瑞庙；43.衮乌素庙；44.阿德海庙；45.查干敖包庙；46.庙敖包都贡；47.库伦都贡；48.红盖庙；49.科布尔庙；50.查干朝鲁图庙；51.伊和乌素庙；52.毛脑海庙；53.布朗庙；54.查干扎盖庙；55.达日巴庙（苏莫图）；56.库图勒庙；57.哈图庙；58.德日苏台庙；59.格朱尔庙；60.阿日赖庙；61.哈达图庙（东哈达图）；62.乌兰柴达木洞；63.赤腊文柏庙；64.吉格日格尼图庙；65.查干哲里木庙；66.玛拉达庙；67.玛尼图庙；68.乌力吉图庙；69.苏力格庙；70.锡利庙；71.阿日萨楞图庙；72.查干德和格庙；73.毛乌素庙；74.夏拉音其日嘎庙；75.漫瀚图庙；76.瑟布胡勒庙；77.上海庙；78.桑堆庙；79.陶立庙；80.特布德庙；81.典阿贵庙；82.敖兰宝力格庙；83.吉然庙；84.吉然海拉苏庙；85.呼希耶洞；86.哈拉占宝力格庙

右翼前旗（乌审旗）：

1.乌审召；2.沙日力格庙；3.西巴庙；4.海流图庙；5.陶日木庙；6.巴音陶勒盖庙；7.努恒哈达庙；8.查干庙；9.布日都庙；10.胡吉日图庙；11.梅林庙；12.嘎鲁图庙；13.芒哈图庙；14.陶古勒岱庙；15.达尔罕喇嘛庙；16.新庙；17.宝日和硕庙；18.乌兰陶勒盖庙；19.巴日松嘎庙；20.拉布隆庙；21.苏布日嘎庙；

22.呼和淖尔新庙；23.陶利庙；24.江干庙；25.布日都新庙；26.布日都庙；27.巴嘎西巴日药王庙；28.夏日塔拉庙；29.乌隆庙；30.班禅庙；31.巴日苏海塔丙庙；32.班迪达庙

右翼后旗（杭锦旗）：

1.贝勒召；2.哈日扎日格庙；3.沙日召；4.浩钦召；5.希图根庙；6.甘珠尔庙；7.扎德东嘎庙；8.梅林庙；9.敖拉玖日庙；10.老本召；11.察哈尔庙；12.东萨拉庙；13.新纳嘎日庙；14.古日丹巴庙；15.洪辉庙；16.伊和苏布日干庙；17.乌兰额日格庙；18.夏日朱乐根额恒庙；19.苏布日嘎庙；20.沙日特莫图庙；21.苏鲁克希图根庙；22.菩萨庙；23.诺木齐陶亥庙；24.浩如干召；25.乌兰阿贵庙；26.阿门其日嘎庙；27.新庙；28.敖日贵庙；29.特古斯宝拉格庙；30.拉布隆庙；31.哈毕日嘎庙；32.葛根陶海庙；33.张嘉庙；34.浩昭庙；35.戴青召；36.阿尔山庙；37.八嘎庙；38.伊和乌孙庙；39.胡吉日台庙；40.特格格庙；41.宝日敖包庙；42.善达庙；43.毕利贡希图根庙；44.查干扎日格庙；45.敖兰宝拉格庙；46.敖其日宝通庙；47.那仁郭都庙；48.青格勒庙；49.西巴格呼日勒庙；50.额日古勒庙；51.阿哥庙；52.乌力吉图库伦庙；53.西和日乌孙庙；54.查干淖尔庙；55.巴音图库木庙；56.乌兰乌孙庙；57.热占巴庙；58.布日都庙；59.雅苏图庙；60.西萨拉庙；61.塔日巴嘎庙；62.德木齐庙；63.毗勒毕庙；64.舍利庙；65.萨哈勒庙；66.孟根其日格庙；67.亚希勒图庙；68.胡吉日淖尔庙；69.宝都日根图庙；70.吉日嘎郎图庙；71.巴音陶勒盖庙

右翼前末旗（扎萨克旗）：

1.班迪达庙；2.扎萨克召；3.喇嘛庙；4.温古查台庙；5.安多庙；6.郭勒庙；7.陶古拉黛庙；8.格勒当庙；9.奴很哈达庙；10.乌拉庙

达尔扈特：

1.石灰庙；2.希里庙；3.斋桑召；4.夏日塔拉庙；5.齐日毕庙；6.格楚庙；7.脑干宝拉格庙；8.乌兰木仑庙

参考文献：

[1]萨·那日松，特木尔巴特尔.鄂尔多斯寺院（蒙古文）.海拉尔：内蒙古文化出版社，2000,5.
[2]阿日宾巴雅尔，曹纳木.鄂托克寺庙.海拉尔：内蒙古文化出版社，1998,8.

今包头市部分地区：共26座

达尔罕、茂明安两旗：

1.百灵庙；2.朝格查庙；3.满德拉庙；4.西查干哈达庙；5.嘎顺庙；6.高齐得查干哈达庙；7.哈西雅图庙；8.其那日图庙；9.托音喇嘛庙；10.塔本茂顿庙；11.和热音嘎顺庙；12.吉木斯台庙；13.巴彦华庙；14.哲格苏台庙；15.宝日汗图庙；16.北玛尼图庙；17.南玛尼图庙；18.查干敖包庙；19.夏日朝鲁庙；20.敖日格勒庙；21.满达拉庙；22.库伦庙；23.达嘎庙；24.阿顿朝鲁庙；25.达里克庙；26.哈布塔盖音吉萨庙

参考文献：

　　[1] 满都麦，莫德尔图主编.乌兰察布寺院（蒙古文）.海拉尔：内蒙古文化出版社,1996.5.

今呼和浩特地区：共38座

1.大召；2.席力图召；3.小召；4.朋苏克召；5.拉布齐召；6.班第达召；7.乃穆齐召；8.西喇嘛洞；9.西乌素图召；10.什报齐召；11.东喇嘛洞；12.美岱召；13.太平召；14.加蓝召；15.东乌素图召；16.查干哈达召；17.西拉木伦庙；18.五塔寺；19.岱海召；20.登奴素山召；21.吉特库召；22.里素召；23.乔尔吉召；24.常黑赖召；25.呼塞召；26.朱儿沟召；27.福慧寺；28.永福寺；29.广法寺；30.公和寺；31.塔梁召；32.都贵召；33.后呼塞召；34.沙比召；35.南喇嘛洞召；36.朱勒钦召；37.讨和其召；38.把什板升召

参考文献：

　　[1]绥远通志馆.绥远通志稿（第二册）.呼和浩特：内蒙古人民出版社，2007.
　　[2]德勒格.内蒙古喇嘛教史.呼和浩特：内蒙古人民出版社，1998,8.
　　[3]呼和浩特文史资料（第七辑），1986，1.

今乌兰察布市地区：共72座

四子王旗：

1.希拉木仁庙；2.夏日哈达庙；3.浩特郭勒庙；4.萨奇庙；5.鸿台庙；6.扎门阿尔山图庙；7.阿尔斯楞庙；8.巴荣扫庙；9.图库木庙；10.和热庙；11.哈达阿尔山图庙；12.艾日格庙；13.萨如拉庙；14.宝勒台庙；15.胡鲁苏台庙；16.百乃庙；17.哈布其勒庙；18.塔本呼都格庙；19.乔尔吉庙；20.赛音呼都格庙；21.日惕德庙；22.葛根庙；23.王府庙；24.满德拉庙

察哈尔右翼三旗：

1.阿贵庙；2.花庙；3.木日古吉；4.扎然巴庙；5.日惕庙；6.板升图庙；7.巴音陶亥庙；8.胡日都图庙；9.乌孙图如庙；10.阿拉坦布斯庙；11.雄图庙；12.呼和乌苏庙；13.查干庙；14.那木乌孙庙；15.照拉齐庙；16.呼图克图庙；17.玛尼其庙；18.固始庙；19.博格达庙；20.哲格苏庙；21.塔拉庙；22.查本布庙；23.贝奴格庙；24.新乌孙图如庙；25.达鲁奇庙；26.扎萨庙；27.巴音塔拉庙；28.葛根庙；29.巴音查干庙；30.伊和海拉苏台庙；31.正红旗旗庙；32.镶蓝旗旗庙；33.阿贵庙；34.博格达庙；35.汗乌拉庙；36.阿尔山图庙；37.喇嘛阿贵庙；38.哈达图希图根庙；39.达嘎庙；40.阿拉坦西热图庙；41.玛尼图庙；42.桑杰庙；43.乔尔吉庙；44.观音庙；45.美岱庙；46.苏日布勒吉图赛胡苏庙；47.海拉苏台庙；48.乌孙图如庙

参考文献：

　　[1]满都麦，莫德尔图.乌兰察布寺院（蒙古文）.海拉尔：内蒙古文化出版社，1996,5.
　　[2]李德尔道尔吉.解放前四子部概况.呼和浩特：内蒙古人民出版社，2010,7.

今锡林郭勒盟地区：共146座

苏尼特两旗：

1.浩日古庙；2.迪彦其庙；3.杨萨庙；4.陶高图庙；5.毕力图庙；6.查干敖包庙；（西苏）7.乌日图郭勒庙；8.乌兰甘珠尔庙；9.茂顿庙；10.达赖乔尔吉庙；11.那木海热占巴庙；12.温都尔庙；13.毕希日勒图庙；14.查干敖包庙（东苏)；15.巴荣扎热庙；16.和硕庙；17.宝日汗喇嘛庙；18.呼和陶勒盖庙；19.哈拉图庙；20.巴音庙；21.准扎热庙；22.巴音淖尔庙；23.贝勒庙；24.满स拉图庙；25.额尔德尼庙；26.库伦庙；27.达赖庙；28.敖兰淖尔庙

阿巴嘎.阿巴哈纳尔四旗：

1.杨都庙；2.彻格勒庙；3.昌图庙；4.吉日嘎郎图庙；5.扎热庙；6.红格尔庙；7.敏都布庙；8.公庙；9.玛农葛根庙；10.浩勒图喇嘛庙；11.岱喇嘛庙；12.汉贝庙；13.哈伊庙；14.僧森庙；15.贝子庙

浩奇特两旗：

1.乌格业木尔庙；2.巴拉淖尔庙；3.王庙；4.塔塔尔庙；5.喇嘛庙；6.哈达和硕庙；7.达奇庙；8.脑干五台庙；9.玛尼图庙；10.堪布庙；11.新庙；12.得乐庙；13.甘珠尔庙；

乌珠穆沁两旗：

1.浩勒图庙；2.敖包图庙；3.乌兰哈拉嘎庙；4.喇嘛库伦庙；5.新庙；6.彦吉干庙；7.宝拉格庙；8.堪布庙；9.乔尔吉庙；10.浩日古西热图庙；11.达布孙庙；12.迪彦庙；13.王盖庙；14.塔丙庙；15.西吉日台庙；16.乌珠穆沁左翼旗旗庙；17.布利彦庙；18.嘎黑拉庙；19.喇嘛庙；20.奴胡庙；21.农乃庙

察哈尔左翼旗：

1.吉嘎苏台庙；2.会苏庙；3.伊和宝日汗庙；4.浩勒图庙；5.黑邦庙；6.古噶苏台庙；7.贡嘎贾拉森庙；8.那黛庙；9.西巴日台庙；10.西博庙；11.胡亚格图庙；12.额木格德庙；13.宝日陶勒盖庙；14.巴音都楞庙；15.查干乌拉庙；16.海流台庙；17.哈那哈达庙；18.布日都庙；19.善达庙；20.毕力格胡庙；21.德勒庙；22.会庙；23.巴都日亚庙；24.满德拉图庙；25.伊苏庙；26.惠明寺27.那日图庙；28.乌兰察布庙；29.公主庙；30.宝音德力格尔庙；31.慧精通庙；32.鸿图庙；33.阿日班道劳庙；34.陶来庙；35.会苏庙；36.哈音海日瓦庙；37.慈福寺38.固始庙；39.巴德马图庙；40.宝日切吉庙；41.敖瑞宝力格庙；42.拉白宝力格庙；43.翁公庙；44.乌兰陶立盖庙；45.阿贵庙；46.柴日图庙；47.胶汗庙；48.希拉哈达庙；49.新庙；50.宝日庙；51.迪彦其庙；52.哈达和硕庙；53.恩格尔庙；54.敖兰淖尔庙；55.扎安班庙；56.阿贵庙；57.乌兰陶勒盖庙；58.玛拉盖庙；59.都木达喇嘛庙；60.葫芦图庙；61.乌和日花庙；62.迪彦其庙；63.茂顿庙；64.达拉其庙；65.马拉日图庙；66.查干庙；67.汇宗寺；68.善因寺；69.明如拉活佛庙

参考文献：

［1］那·布和哈达.锡林郭勒寺院（蒙古文）海拉尔：内蒙古文化出版社，1999,4.

［2］巴仁达.阿巴嘎寺院（蒙古文）.内部资料.阿巴嘎旗党史地方志整理办公室.

［3］朋·斯钦巴尔特.西乌珠穆沁旗寺庙概况（蒙古文）.赤峰：内蒙古科学技术出版社，1998,5.

［4］沙·布仁朝克图，齐·巴岱.察哈尔镶黄旗寺庙录（蒙古文）.呼和浩特：内蒙古人民出版社，2008,12.

［5］诺民敖日格勒.正镶白旗寺庙（蒙古文）.呼和浩特：内蒙古人民出版社，2011,11.

今赤峰地区：共241座

巴林二旗：

1.西瓦房庙；2.东瓦房庙；3.阿贵庙；4.古日古勒带庙；5.床金庙；6.朱拉沁庙；7.要力图庙；8.洪格尔庙；9.贝子庙；10.嘎拉都斯台庙；11.会庙；12.西拉新西勒庙；13.新庙；14.东拉新西勒庙；15.太本庙；16.板升庙；17.乌牛台庙；18.苏比высок庙；19.岗根庙；20.苏布日嘎庙；21.平顶庙；22.阿力木图庙；23.乌拉庙；24.亚马图庙；25.大庆庙；26.甘珠尔庙；27.格鲁巴尔召；28.喇嘛庙；29.格日僧山迪彦其喇嘛庙；30.翁公山迪彦其喇嘛庙；31.阿里曼迪彦其庙；32.巴汗宝力格迪彦其喇嘛庙；33.乌布日召庙；34.宗喀巴庙；35.衙门庙；36.海立更太庙

阿鲁科尔沁旗：

1.敖包亥庙；2.其巴嘎庙；3.巴拉奇如德庙；4.汗塔本庙；5.阿根庙；6.英噶图庙；7.都楞塔拉庙；8.加蓝庙；9.登基格庙；10.陶丹庙；11.哈比日格庙；12.吉嘎苏台庙；13.替布里庙；14.诺颜庙；15.拉什寺庙；16.根坯庙；17.塔本陶勒盖南庙；18.甘珠尔庙；19.噶布楚庙；20.格吉格图喇嘛海庙；21.巴拉奇如德西庙；22.塔本陶勒盖北庙；23.塔丙庙；24.浩赖图庙；25.宝日和硕庙

翁牛特二旗：

1.莲花图庙；2.查干布热庙；3.达尔罕庙；4.堪布庙；5.夏金图庙；6.其根庙；7.胡日呼庙；8.苏布日嘎庙；9.哈达图庙；10.塔丙庙；11.展旦召；12.朱日和洞庙；13.玛尼庙；14.海拉苏庙；15.迪彦其庙；16.那什汗庙；17.胡日和热庙；18.高日苏庙；19.佛法寺；20.公主陵大庙；21.普庆寺；22.福兴寺；23.都日博乐金庙；24.巴嘎庙；25.笃庆寺；26.平安寺；27.兴教寺；28.紫霞寺；29.法陵寺；30.宝泉寺；31.福祥寺；32.寿兴寺

克什克腾旗：

1.阿尔山庙；2.陶利庙；3.毕如庙；4.库伦庙；5.米僧庙；6.甘珠尔庙；7.荟宁寺；8.经棚庙

敖汉旗：

1.图拉嘎庙；2.阿吉庙；3.永海寺；4.额布庙；5.额驸庙；6.正觉寺；7.乌力吉图庙；8.永寿寺；9.青城寺；10.贝尼格庙；11.福佛寺；12.福法寺；13.花和

硕庙；14.胡日和热庙；15.岗干庙；16.葛根庙；17.高日苏庙；18.公音霍洛庙；19.禁兴寺；20.舍利庙；21.塔丙庙；22.敖瑞庙；23.大木勒庙；24.德日苏陶亥庙；25.查干郭勒庙；26.朝鲁图庙；27.吉布胡郎图庙；28.王庙

喀喇沁三旗：

1.灵悦寺；2.福广寺；3.土城庙；4.广慧寺；5.乌力吉阿贵庙；6.菩萨庙；7.江干图庙；8.普承寺；9.甘肃庙；10.孤峰寺；11.龙泉寺；12.善通寺；13.积善生乐寺；14.显应寺；15.天王殿；16.吉畅寺；17.金华寺；18.普音寺；19.九神庙；20.福会寺；21.福善寺；22.福凯寺；23.甘珠尔庙；24.特古斯庙；25.达布胡尔庙；26.美岱庙；27.德木楚格庙；28.固始庙；29.阿贵庙；30.阿木古郎图庙；31.阿木日灵贵庙；32.北喇嘛庙；33.阿日班格日庙；34.财神庙；35.雅玛图庙；36.益寿寺；37.榆林寺；38.药王庙（1823年建）；39.药王；40.五龙台庙；41.法轮寺；42.如意寺；43.吉祥寺；44.成仁寺；45.长寿寺；46.西庙；47.西大鬼庙；48.博格达庙；49.宝鲁达如庙；50.富裕寺；51.福寿寺；52.延福寺；53.那顺庙；54.福心寺；55.宝日汗阿贵图庙；56.宝日汗庙；57.宝日汗图庙；58.饽饽山庙；59.大塔庙；60.卜登沟庙；61.哈敦庙；62.哈日努德庙；63.浩日劳庙；64.宏庙；65.大慈寺；66.高日班庙；67.广法寺；68.喇嘛阿萨尔庙；69.喇嘛庙（1870年建）；70.喇嘛庙（1616年建）；71.喇嘛庙；72.喇嘛庙（乾隆年间建）；73.岭镇寺；74.美岱庙；75.蒙古庙；76.鼋神庙；77.萨布塔格庙；78.大神庙；79.增善寺；80.石喇嘛庙；81.太平庙；82.唐宁寺；83.唐土沟庙；84.天行寺；85.普祥寺；86.图勒格庙；87.大城子庙；88.阐法寺；89.查干庙；90.石佛寺；91.石头老爷庙；92.群英庙；93.章京艾勒庙；94.张家营子庙；95.扎兰布鲁格庙；96.东和布其古德庙；97.东大鬼庙；98.金善寺；99.讲堂寺；100.鸡爪子沟庙；101.马市营子庙；102.伊和芒牛德庙；103.九神庙（1870年建）；104.九神庙；105.永济寺；106.永极法轮寺；107.王管营子庙；108.万庆寺；109.卧龙寺；110.法广寺；111.法成寺；112.昆仑庙

参考文献：

［1］嘎拉增.呼格吉乐图等.昭乌达寺院（蒙古文）.海拉尔：内蒙古文化出版社，1994,10.

［2］道尔基桑布.巴林右旗寺庙（蒙古文）.海拉尔：内蒙古文化出版社，2008,5.

今通辽市地区：共171座

扎鲁特旗：

1.嘎海庙；2.伊和塔拉庙；3.公庙；4.和硕庙；5.苏布日嘎庙；6.昆都仑庙；7.嘎达苏庙；8.宝如勒金庙；9.贝勒庙；10.贝勒庙；11.葛根庙；12.查干陶勒盖庙；13.药王庙；14.板子庙；15.道坦召庙；16.塔丙庙；17.固始庙；18.塔本陶勒盖庙；19.图布信扎那庙；20.公庙；21.拉白庙；22.衙木庙；23.海日汗庙；24.塔丙庙；25.冒都图花庙；26.达庙；27.希日古勒

庙；28.阿贵庙；29.阿贵庙；30.格拉嘎那图庙；31.扎巴图庙；32.老爷庙；33.哈日茂都召庙

库伦旗：

1.兴源寺；2.象教寺；3.福缘寺；4.吉祥天女庙；5.韩王庙；6.麦达日葛根庙；7.夏布塔格庙；8.东亚日乃庙；9.西亚日乃庙；10.嘎布楚庙；11.十八罗汉庙；12.三世佛庙；13.乔尔吉庙；14.确京庙；15.察哈尔三庙；16.苏斯阿贵庙；17.喇嘛沟庙；18.瓦房庙；19.四方庙；20.新庙；21.辉斯庙；22.查干庙

奈曼旗：

1.达庆庙；2.蒙楚格庙；3.达拉达如都庙；4.塔丙庙；5.乔尔吉喇嘛庙；6.江古台庙；7.博尔台庙；8.哈都格庙；9.协领庙；10.塞罕庙；11.胡鲁苏台庙；12.芒希庙；13.衙门庙；14.苏布日嘎庙；15.芒公庙；16.西热格庙；17.古日班宝拉格庙；18.巴彦塔拉庙；19.会苏庙；20.西当庙；21.敖瑞哈日格勒庙；22.都贵庙；23.和硕庙；24.宝日和硕庙；25.伊苏木庙

科尔沁左翼二旗：

1.伊和塔拉庙；2.登吉庙；3.崇化寺；4.莫瑞庙；5.昆都庙；6.阿尤西庙；7.胡如格庙；8.胡日胡庙；9.陶布庙；10.那日嘎庙；11.向库尔庙；12.药王庙；13.伊达木庙；14.永慕寺；15.察哈尔庙；16.巴音芒哈庙；17.海流图庙；18.夏日塔拉庙；19.会拉塔日庙；20.召庙；21.哈伦宝拉格图庙；22.苏艾勒庙；23.伊和庙；24.宝日汗台庙；25.古日班茂顿庙；26.新庙；27.胡苏台庙；28.塞罕胡都格庙；29.爱新庙；30.恰克图庙（可被认作今通辽市吉祥密乘大乐林寺的前身）；31.协理庙；32.嘎查庙；33.哈丹庙；34.亚玛图庙；35.甘珠尔庙；36.慧丰寺；37.唐格日格庙；38.玛尼图庙；39.昆都庙；40.哈格庙；41.大黑天庙；42.昆都庙（咸丰年间建）；43.衍寿寺；44.宣教寺；45.施信寺；46.伊孙格日庙；47.浩坦阿贵庙；48.普祥寺；49.浩特拉比利格图庙；50.长寿庙；51.阿拉坦昔日古拉庙；52.苏布日嘎庙；53.额古日德庙；54.阐教寺；55.乌格里格其庙；56.嘎日迪向克尔庙；57.乌格里格塞斯胡朗图庙；58.塔本陶乐盖庙；59.崇福寺；60.达纳巴拉其庙；61.阿主庙；62.阿贵庙；63.席力图阿贵庙；64.永仁寺；65.扎拉嘎夏日庙；66.陶客套温都尔庙；67.宝音德格吉日古勒呼庙；68.阿尤西庙；69.郭勒茫哈庙；70.嘎格查苏合格庙；71.公府庙；72.西慧庙；73.大爷庙；74.乌力吉都博格其胡庙；75.巴彦华阿贵庙；76.嘉善寺；77.西慧庙；78.宝善寺；79.普照寺；80.查干蜡白庙；81.乌力吉图阿贵庙；82.阿贵庙；83.老爷庙；84.裹胡洞庙；85.乔勒盖庙；86.特古斯塞斯胡郎庙；87.吉祥法轮寺；88.公主陵庙；89.塔本胡都格庙；90.温古琴陶布庙；91.普度寺

参考文献：

［1］呼日勒沙.哲里木寺院（蒙古文）.海拉尔：内蒙古文化出版社，1993,4.

今兴安盟地区：共35座

科尔沁右翼二旗寺庙：

1.陶赖图葛根庙；2.王爷庙；3.哈尔根庙；4.阿尔山庙；5.珲梯庙；6.德伯斯庙；7.毛好庙；8.和硕庙；9.葛根庙；10.和硕庙；11.塔拉和硕庙；12.新庙；13.布特庙；14.巴音呼硕庙；15.嘎什庙；16.葛根庙；17.照日格勒庙；18.白音华庙；19.莫尔根葛根庙；20.隆拉海庙；21.哈屯庙；22.全伯勒根庙；23.宝音图庙；24.塔拉庙；25.葛根庙

扎赉特旗：

1.前德牟尼庙；2.音德尔庙；3.胡勒斯台庙；4.巴格台庙；5.巴拉嘎庙；6.都尔本庙；7.阿尔山庙；8.达格都庙；9.乌雅庙；10.昂格日庙

参考文献：

［1］德勒格.内蒙古喇嘛教史.呼和浩特：内蒙古人民出版社，1998，8.

［2］唐吉思.蒙古族佛教文化调查研究.沈阳：辽宁民族出版社，2010，12.

今呼伦贝尔地区：共31座

巴尔虎三旗：

1.甘珠尔庙；2.同布庙；3.将军庙；4.呼硕庙；5.拉日木庙；6.阿拉善庙；7.英根庙；8.那木古尔庙；9.巴音查干庙；10.胡博查干庙；11.巴彦德力苏庙 12.嘎拉布尔庙；13.红同庙；14.罗林庙；15.东庙；16.蓝旗呼硕庙；17.西庙；18.宝彦图布尔德庙；19.和叶格宝鲁如庙；20.查干诺尔庙；21.巴伦额尔盖庙；22.巴音德尔苏庙；23.阿顿朝鲁庙；24.乌力吉呼拉尔庙；25.呼硕庙；26.巴音库仑庙

鄂温克旗：

1.锡尼河庙；2.阿贵图庙；3.呼和庙；4.达什达拉庙

海拉尔区：

1.安本庙（今达尔吉林寺）

参考文献：

［1］德勒格.内蒙古喇嘛教史.呼和浩特：内蒙古人民出版社，1998,8.

参考文献 Bibliography

汉文文献

[1]《元史》本纪；卷一二五"铁哥传"中华书局点校本,1983.

[2]《明英宗实录》卷三七 正统二年十二月甲子条；《明英宗实录》卷一三七.正统十一年夏四月己酉条.

[3]《明实录》卷三八〇 嘉靖二十五年十二月丁未条.

[4] 胡宗宪.陈愚见以裨裨边务疏.明经史文编.卷二九五.

[5] 程钜夫.海云简和尚塔碑.雪楼集.卷六.

[6] 虞集.嵩山少林寺裕和尚碑.道园学古录.卷八.

[7] 念常.佛祖历代通载.卷三二.频伽藏本.

[8] 念常.佛祖历代通载.大正大藏经版.

[9] 萨迦世系史（汉文版）.拉萨.1989.

[10] 陈庆英.藏文史籍《贤哲喜宴》（汉译版）《藏学研究论丛》第5期.拉萨:西藏人民出版社,1993.

[11] 田村实造等.明代满蒙史料明实录抄——蒙古篇.京都大学文学部东洋史研究室.昭和33年.

[12] 绥远通志馆编纂.绥远通志稿.民国26年（1937年）.内蒙古人民出版社整理再版.绥远通志稿（第七册 卷50至卷60）,2007,8.

[13] 边疆通讯社修撰.伊盟左翼三旗调查报告书.民国28年（1939年）.内蒙古图书馆编.《鄂托克富源调查记、准郡两旗旅行调查记、伊盟左翼三旗调查报告书、伊盟右翼四旗调查报告书、伊克昭盟志、伊克昭盟概况》（下册）.呼和浩特:远方出版社,2007,11.

[14] 四子部落旗实录（四子王旗文史资料第五辑）,2005,10.

[15] 贻谷等修，高赓恩纂.归绥道志（光绪三十三年）（中册）.呼和浩特:远方出版社,2007,8.

蒙古文、藏文文献

[1] 安多政教史（藏文版）.兰州:甘肃人民出版社,1982.

[2] 萨迦世系史（藏文版）.北京,1986.

[3] 蒙古源流（库伦本）.

[4] 乌拉特寺庙名录.内蒙古师范大学图书馆藏古籍（编号02077）.嘉庆十六年（1811）编.

[5]（德）W·海西希·宝鬘（伊西班丹著"蒙古喇嘛寺院及蒙古编年史"1835年成书).哥本哈根影印版,1961.

[6]（清）葛尔丹旺楚克多尔济,巴·孟和校注.梅日更召创建史.海拉尔:内蒙古文化出版社,1994,4.

[7] 萨·那日松辑录.鄂尔多斯人历史文献集（第四辑、第五辑）.内蒙古伊克昭盟档案馆,1984,9.

[8] 贺希格都仁翻译.阿拉善盟史志资料选编（第一辑）.阿拉善盟地方志办公室编印,1989.

[9] 智贡巴·贡却丹巴绕杰.安多政教史（藏文版）.兰州:甘肃人民出版社,1982.

[10] 阿旺贡噶索南萨迦世系史（藏文版）.北京：中国藏学出版社，1986.

[11] 萨囊彻辰.乌拉特寺庙名录.内蒙古师范大学图书馆藏古籍（编号为02077）.嘉庆十六年（1811）编.

[12] 罗桑却丹著.蒙古风俗鉴.内蒙古社会科学院图书馆抄本.

[13] 帕·都古尔译，纳·布和哈达.白螺之音.东乌珠穆沁旗政协文史丛书第九辑,2002,6.

汉文论著

［1］中共中央内蒙古分局宗教问题委员会.内蒙古喇嘛教（上册），1951,3.

［2］乔吉.内蒙古寺庙.呼和浩特:内蒙古人民出版社,1994,8.

［3］乔吉.蒙古佛教史——北元时期1368—1634.呼和浩特:内蒙古人民出版社,2007,11.

［4］乔吉.蒙古族全史（宗教卷）.呼和浩特:内蒙古大学出版社,2011.

［5］德勒格.内蒙古喇嘛教史.呼和浩特:内蒙古人民出版社,1998,8.

［6］德格勒,乌云高娃.内蒙古喇嘛教近现代史.呼和浩特:远方出版社,2003.

［7］贾拉森.缘起南寺.呼和浩特:内蒙古大学出版社,2003,8.

［8］贾拉森.再现辉煌的广宗寺1757—2007.阿拉善广宗寺印,2007.

［9］政协内蒙古自治区委员会文史资料委员会.内蒙古喇嘛教纪例（第四十五辑），1997,1.

［10］珠荣嘎译注.阿勒坦汗传.呼和浩特:内蒙古人民出版社,1991.

［11］政协喀喇沁旗文史资料委员会.喀喇沁旗文史资料（第二辑）.1985,12.

［12］莫德力图.政协乌兰察布盟委员会文史资料研究委员会编.乌兰察布史略（第十一辑），1997,10.

［13］周清澍.内蒙古历史地理.内蒙古大学新技术公司排印,1991,5.

［14］内蒙古社会科学院历史研究所,呼和浩特市塞北文化研究会.阿勒坦汗——纪念阿勒坦汗诞辰五百周年.呼和浩特:内蒙古大学出版社,2008.

［15］任月海.多伦汇宗寺.北京:民族出版社,2005,6.

［16］陈耀东.中国藏族建筑.北京:中国建筑工业出版社,2006.

［17］刘冰,顾亚丽.草原姻盟——下嫁赤峰的清公主.呼和浩特:远方出版社,2007,4.

［18］乌兰.蒙古源流研究.沈阳:辽宁人民出版社,2000.

［19］荣祥,荣赓麟.土默特沿革（征求意见稿）.土默特左旗文化局编辑,1981,6.

［20］孙懿.从萨满教到喇嘛教——蒙古族文化的演变.北京:中央民族大学出版社,1998.

［21］杨永忠.延福寺与佛教.阿拉善盟文史（第十辑），2004,12.

［22］倪玉明.图说巴彦诺尔.呼和浩特:远方出版社,2007,12.

［23］金峰.大青山下的美岱召.呼和浩特:内蒙古人民出版社,2011,7.

［24］王楚格.成吉思汗陵.呼和浩特:内蒙古人民出版社,2004,4.

［25］韩福海,韩钧宇.美丽的准格尔召.呼和浩特:内蒙古人民出版社,2008,4.

［26］内蒙古草原文化保护发展基金会.2010中国第七届草原文化百家论坛·蒙古族建筑与艺术研究论文集,2010,9.

［27］张鹏举.内蒙古地域藏传佛教建筑形态研究.天津大学博士论文,2011,12.

［28］（日）长尾雅人.蒙古学问寺.白音朝鲁译.呼和浩特:内蒙古人民出版社,2004,8.

［29］（日）佐口透.撒里畏兀的历史发展.东洋文库研究部论文（第44期），东京.1986.

［30］（俄）阿马波慈德涅夫.蒙古及蒙古人.刘汉明等译.呼和浩特:内蒙古人民出版社,1983,5.

［31］政协呼和浩特市委员会文史资料组编.呼和浩特文史资料（第一辑）（内部资料）,1982,12.

［32］额尔敦昌.内蒙古喇嘛教.呼和浩特:内蒙古大学出版社,1991,7.

［33］恩和.锡林浩特贝子庙简史（内部资料）,2006,9.

［34］任月海编译.多伦文史资料（第一辑—第三辑）.呼和浩特:内蒙古大学出版社,2007,4.

［35］（日）江上波夫等.蒙古高原行纪.赵令志译.呼和浩特:内蒙古人民出版社,2007,12.

［36］（瑞典）斯文·赫定.亚洲腹地探险八年（第4版）.徐十周等译.乌鲁木齐:新疆人民出版社,2001,6.

［37］徐世明.昭乌达风情.北京:中国文史出版社,1991,8.

［38］通辽市科尔沁区政协提案文史学习委员会.科尔沁文史——吉祥密乘大乐林寺.2005,12.

［39］孛·蒙赫达赖.甘珠尔庙喇嘛教史.海拉尔:内蒙古文化出版社,2003,7.

［40］李萍.甘珠尔庙外记.海拉尔:内蒙古文化出版社,1998,12.

［41］嘉木杨·凯朝.中国蒙古族地区佛教文化.北京:民族出版社,2009,12.

［42］唐吉思.蒙古族佛教文化调查研究.沈阳:辽宁民族出版社,2010,12.

［43］克什克腾旗志编纂委员会.克什克腾旗志.呼和浩特:内蒙古人民出版社,1993,10.

［44］喀喇沁旗志编纂委员会.喀喇沁旗志.呼和浩特:内蒙古人民出版社,1998,11.

［45］宁城县志编委会.宁城县志.呼和浩特:内蒙古人民出版社,1992,10.

［46］呼伦贝尔盟史志编纂委员会.呼伦贝尔盟志（下）.海拉尔:内蒙古文化出版社,1999,6.

［47］内蒙古自治区地图制印院.内蒙古自治区地图集.北京:中国地图出版社,2007,10.

蒙古文论著

［1］萨·那日松,特木尔巴特尔.鄂尔多斯寺院.海拉尔:内蒙古文化出版社,2000,5.

［2］满都麦,莫德尔图.乌兰察布寺院.海拉尔:内蒙古文化出版社,1996,5.

［3］那·布和哈达.锡林郭勒寺院.海拉尔:内蒙古文化出版社,1999,4.

［4］嘎拉增,呼格吉乐图等.昭乌达寺院.海拉尔:内蒙古文化出版社,1994,10.

［5］呼日勒沙.哲里木寺院.海拉尔:内蒙古文化出版社,1993,4.

［6］蒙古学百科全书编辑委员会"宗教卷"编辑委员会.蒙古学百科全书·宗教卷.呼和浩特:内蒙古人民出版社,2007,7.

［7］达·查干.苏尼特左旗寺庙（内部资料）.苏尼特左旗政协文史办公室,2000,12.

［8］金峰整理注释.呼和浩特召庙.呼和浩特:内蒙古人民出版社,1982,11.

［9］贺·却木布拉,图布吉日嘎拉.阿拉善宗教史录.巴音森布尔,总70-71期,72-73期.

［10］松儒布.阿拉善北寺史.北京:民族出版社,2003,4.

［11］松儒布.阿拉善南寺史.北京:民族出版社,2004,5.

［12］勃儿吉斤·道尔格.阿拉善和硕特（上册）.海拉尔:内蒙古文化出版社,2002,5.

［13］额济纳旗文史资料（专辑二）.额济纳旗政协文史资料研究委员会,1986,8.

［14］永红,阿拉腾其其格等.额济纳旗文史资料（专辑三）.呼和浩特:内蒙古人民出版社,2006,11.

［15］策仁扣汇.额济纳旗历史文化文献笔记.呼和浩特:内蒙古人民出版社,2011,4.

［16］苏瓦迪.莲花生洞.北京:民族出版社,2008,4.

［17］阿日宾巴雅尔,曹纳木.鄂托克寺庙.海拉尔:内蒙古文化出版社,1998,8.

［18］乌力吉松布尔.达尔扈特石灰庙及乌兰木伦庙.呼和浩特:内蒙古人民出版社,2010,12.

［19］哈斯朝鲁.陶亥召.呼和浩特:内蒙古人民出版社,2008,9.

［20］彻·哈斯毕力格图.陶亥召——新庙（内部资料）.2002,10.

［21］伯苏金高娃整理.公尼召活佛及其训谕诗.呼和浩特:内蒙古教育出版社,2008,4.

［22］莫·哈斯苏度.乌审召史."阿拉腾甘德尔"期刊专辑,1989,3.

［23］色·那日松,和日布忠乃.博格多活佛与乌审召.呼和浩特:内蒙古人民出版社, 2008,12.

［24］阿·哈斯朝格图,额尔克固特·巴布.乌审召——历史悠久的乌审召暨乌审召修缮记.呼和浩特:阿儿含只文化有限责任公司,2007,6.

［25］阿拉腾巴戞纳.乌审海流图庙.呼和浩特:内蒙古人民出版社,2007,12.

［26］吉日嘎拉.美丽富饶的苏力格.海拉尔:内蒙古文化出版社,2006,8.

［27］其木德,朋斯克.沙日召.呼和浩特:内蒙古人民出版社,2008,12.

［28］贺希格布仁.菩提济度寺.呼和浩特:内蒙古人民出版社,2006,7.

［29］政协鄂尔多斯市委员会文史资料委员会.鄂尔多斯文史资料（第二辑）.2005,12.

［30］曹纳木,金花编辑整理.鄂托克前旗寺庙与喇嘛.呼和浩特:内蒙古人民出版社,2011,12.

［31］班泽尔斯迪,珠荣嘎整理.杭锦地名.呼和浩特:内蒙古人民出版社,2009,12.

［32］陶都,白·额尔德尼.杭锦旗地名由来.呼和浩特:内蒙古人民出版社,2009,7.

［33］齐·巴图朝鲁,图雅图.传教者之弘法事迹（内部资料）.鄂尔多斯:鄂尔多斯市民族事务委员会,2010,10.

［34］色力和扎布,勒·乌云毕力格.五当召.赤峰:内蒙古科学技术出版社,1991,3.

［35］青格勒扎布.五当召三百年.呼和浩特:内蒙古人民出版社,2003,11.

［36］巴·孟和.梅日更葛根罗桑丹毕坚赞研究.海拉尔:内蒙古文化出版社,1995,5.

［37］傲特恒贺希格,勒·乌云毕力格整理.昆都仑召（内部资料）.包头市少数民族古籍整理办公室,1991,12.

［38］白春花等.百灵庙.呼和浩特:内蒙古人民出版社,1997,12.

［39］白春花.美岱召.呼和浩特:内蒙古人民出版社,1998,11.

［40］白春花等整理.包头市被毁寺庙.呼和浩特:内蒙古人民出版社,2001,4.

［41］拉·乌云毕力格.希拉穆仁庙.呼和浩特:内蒙古人民出版社,1999,12.

［42］孟和等.梅日更召.海拉尔:内蒙古文化出版社,1996,10.

［43］李德尔道尔吉.解放前四子部概况.呼和浩特:内蒙古人民出版社,2010,7.

［44］丹·赛音巴雅尔.四子王旗简史.四子王旗地方志办公室出版,1997,12.

［45］米希格道尔吉.达西朋苏格庙（内部资料）.新巴尔虎右旗文化中心,2000,11.

［46］宝敦古德·阿毕德,华赛·都古尔扎布校订.布里亚特蒙古简史.海拉尔:内蒙古文化出版社,1983,1.

［47］都·呼·勒格其得.锡尼河庙回忆录（内部资料）.2008,6.

［48］乌·那仁巴图,贾拉森等.蒙古佛教文化.海拉尔:内蒙古文化出版社,1997,5.

［49］斯·苏雅拉图.阿拉腾特布西庙（蒙古、汉）.呼和浩特:内蒙古人民出版社,2001,8.

［50］斯·苏雅拉图.神奇的巴丹吉林（蒙古、汉）.呼和浩特:内蒙古人民出版社,2011,8.

［51］毛乐尔.内蒙古名刹——巴音善岱庙（蒙古、汉、藏、英）.海拉尔:内蒙古文化出版社,2009,7.

［52］热格瓦.吉祥福慧寺暨乌兰活佛（蒙古、汉）.呼和浩特:远方出版社,2009,4.

［53］仁钦道尔吉.鄂托克召今昔（蒙古、汉）.呼和浩特:阿儿含只文化有限责任公司,2009,7.

［54］杨·道尔吉.阴山五当召（蒙古、汉）.孟和译.呼和浩特:内蒙古人民出版社,2008,9.

［55］（日）桥本光宝,蒙古喇嘛教.海勒图惕·陶克敦巴雅尔译.呼和浩特:内蒙古人民出版社,2009,12.

［56］金峰整理.漠南大活佛传.海拉尔：内蒙古文化出版社，2009,12.

［57］土默特志（下卷）.斯楞扎木苏等译.呼和浩特：内蒙古人民出版社，1990,3.

［58］四子王旗地方志办公室.希拉木仁庙史.1993,10.

［59］普和寺活佛传略.四子王旗文史资料（第六集），2007,10.

［60］乌兰察布市政协文史资料编委会.乌兰察布文史资料（第一辑），1984,10.

［61］斌巴，同贝.古若迪娲活佛.呼和浩特：内蒙古人民出版社，2005,6.

［62］嘎林达尔.毕鲁图庙史.呼和浩特：内蒙古新闻出版局，2009,8.

［63］达·查干.查干敖包庙——查干葛根扎木彦力格希德扎木苏.呼和浩特：内蒙古人民出版社，2008,9.

［64］巴仁达.阿巴嘎寺院（内部资料）.阿巴嘎旗党史地方志整理办公室.

［65］巴拉哈.班迪塔格根庙简史（内部资料），1984 .

［66］恩和.锡林浩特贝子庙简史（内部资料），2006,9.

［67］朋-斯钦巴尔特.西乌珠穆沁旗寺庙概况.赤峰：内蒙古科学技术出版社，1998,5.

［68］帕·都古尔，纳·布和哈达.密宗广普寺.东乌珠穆沁旗政协文史丛书第十辑.，2002,6.

［69］纳·德里格尔.拨暗法轮寺——新庙（东乌旗政协文史丛书第十四期），2004.

［70］斯仁东如布.嘎黑拉庙史录（内部资料），2010.

［71］吉·道尔吉.宝成寺——乌兰哈拉嘎庙.呼和浩特：内蒙古人民出版社，2010,3.

［72］斯琴呼.施缘寺——彦吉嘎庙.呼和浩特：内蒙古人民出版社，2006,11.

［73］图·云丹.东浩奇特旗王庙历史概要1700-2000（内部资料），2000.

［74］额·代青，章楚布.多伦诺尔三域十四位活佛沙比纳尔.正蓝旗政协文史编委会，2008,11.

［75］沙·布仁朝克图，齐·巴岱.察哈尔镶黄旗寺庙录.呼和浩特：内蒙古人民出版社， 2008,12.

［76］正镶白旗政协文史学习委员会.正镶白旗文史（1—7辑合订本）.2009,8.

［77］诺民敖日格勒.正镶白旗寺庙.呼和浩特：内蒙古人民出版社，2011,11.

［78］拉希其仁.察哈尔文化摇篮.赤峰：内蒙古科学技术出版社，2009,12.

［79］纳·布和哈达.集惠寺——莫罗木喇嘛库伦.海拉尔：内蒙古文化出版社，2007,10.

［80］沙·东希格.察哈尔寺庙（手稿），2011,11.

［81］吉格米德彻仁.善达庙（手稿），2010,11.

［82］纳·布和哈达，斯仁那德木德.锡林郭勒盟寺院志（手稿），2012,1.

［83］道尔基桑布.巴林右旗寺庙.海拉尔:内蒙古文化出版社,2008,5.

［84］满都拉.阿鲁科尔沁文史（第七辑）.呼和浩特:内蒙古党校印刷厂,2004,7.

［85］阿旺格力格吉木彦扎木苏.第五世云僧活佛吉木彦作品选.海拉尔:内蒙古文化出版社, 1992,4.

［86］阿旺格力格扎木彦扎木苏.第五世杨松活佛——阿旺格力格扎木彦扎木苏文集.呼和浩特:内蒙古人民出版社,2008,12.

[87] 宝音达来.根丕庙佛教文化资料（一）（内部资料），2002.

[88] 业喜巴拉珠儿.召庙古今奇观.赤峰:内蒙古科学技术出版社,2010,5.

[89] 叁布拉诺日布,阿日贵.吉祥密乘大乐林寺史.北京:民族出版社,2008,10.

[90] 罗布僧希日布扎拉森,格日勒图.陶赖图葛根庙.兴安盟佛教协会,2001,4.

[91] 图雅.诺彦呼图克图葛根庙堪布老布僧希日布扎拉森活佛.海拉尔:内蒙古文化出版社,2009,10.

[92] 巴达仁贵朝克图等.科尔沁右翼前旗文化史（下）.海拉尔:内蒙古文化出版社, 2006,12.

[93] 贺希格.甘珠尔庙.海拉尔:内蒙古文化出版社,2003,7.

[94] 米希格道尔吉.达西朋苏格庙（内部资料）.新巴尔虎右旗文化中心,2000,11.

[95] 宝力德巴特尔.活佛隆登扎木苏.海拉尔:内蒙古文化出版社,2008,3.

课题组调研报告及相关部门档案文件

[1] 高旭等.内蒙古阿拉善盟藏传佛教寺庙调查报告，2010,8.

[2] 韩英等.内蒙古包头地区藏传佛教建筑调查，2010,10.

[3] 杜娟等.内蒙古鄂尔多斯市藏传佛教寺庙调研报告，2010,9.

[4] 韩英等.内蒙古中西部局部地区藏传佛教建筑现状调查，2010,8.

[5] 白丽燕等.内蒙古呼和浩特市藏传佛教寺庙调查报告，2010,10.

[6] 白雪等.关于锡林郭勒盟藏传佛教寺庙实地调研的情况，2010,9.

[7] 李国保等.内蒙古赤峰、通辽地区藏传佛教寺庙调查报告，2010,11.

[8] 房宏伟等.内蒙古兴安盟、呼伦贝尔市部分藏传佛教寺庙建筑调研报告，2009,10.

[9] 额尔德木图等.内蒙古四子王旗、察哈尔右翼三旗寺庙调研报告，2012,4.

[10] 巴图苏和提供.哈日朝鲁庙.乌拉特后旗政协文件，2012,2.

[11] 巴图苏和提供.关于善岱古庙文史情况的调研报告.乌拉特后旗政协文件，2012,2.

[12] 乌审旗民族事务局.分管民族问题和宗教问题（内部资料）.

[13] 金启倧.呼和浩特召庙、清真寺历史概述.中国蒙古史学会1981年年会论文集.

图书在版编目（CIP）数据

内蒙古召庙建筑．下册 = INNER MONGOLIA TEMPLE
ARCHITECTURE（VOL.2）/ 张鹏举著．-- 北京 ：中国建
筑工业出版社，2020.12
ISBN 978-7-112-24565-9

Ⅰ．①内… Ⅱ．①张… Ⅲ．①喇嘛宗－宗教建筑－研
究－内蒙古 Ⅳ．① TU-098.3

中国版本图书馆 CIP 数据核字（2019）第 286155 号

本书作为多项国家自然科学基金资助项目的研究成果之一，
是对内蒙古地区召庙建筑全面调研和测绘基础上的系统归档以及
发生、发展和特征的综述，将成为此类课题后续研究的基础素材。
本书适用于建筑学等相关科研人员、高校教师和学生阅读参考。

责任编辑：唐　旭　吴　绫　张　华
文字编辑：李东禧
版式设计：李国保　张　宇
责任校对：王　烨

内蒙古召庙建筑　下册
INNER MONGOLIA TEMPLE ARCHITECTURE（VOL.2）
张鹏举 著
ZHANG PENGJU
*
中国建筑工业出版社出版、发行（北京海淀三里河路 9 号）
各地新华书店、建筑书店经销
北京富诚彩色印刷有限公司印刷
*
开本：880 毫米 ×1230 毫米　1/16　印张：38¾　字数：1158 千字
2020 年 12 月第一版　2020 年 12 月第一次印刷
定价：358.00 元
ISBN 978-7-112-24565-9
　　　（35146）